2019年贵州省科技创新评价报告

贵州省科学技术情报研究所
贵州省科技发展战略研究院 编
贵州省科技情报学会

2019 NIAN GUIZHOUSHENG
KEJI CHUANGXIN PINGJIA BAOGAO

科学技术文献出版社
·北京·

图书在版编目（CIP）数据

2019年贵州省科技创新评价报告 / 贵州省科学技术情报研究所，贵州省科技发展战略研究院，贵州省科技情报学会编. —北京：科学技术文献出版社，2021.12
 ISBN 978-7-5189-8886-0

Ⅰ.①2… Ⅱ.①贵… ②贵… ③贵… Ⅲ.①技术进步—研究报告—贵州—2019 Ⅳ.①G322.773

中国版本图书馆CIP数据核字（2021）第280853号

2019年贵州省科技创新评价报告

| 策划编辑：李 蕊 | 责任编辑：张 红 | 责任校对：王瑞瑞 | 责任出版：张志平 |

出 版 者	科学技术文献出版社
地 址	北京市复兴路15号　邮编 100038
编 务 部	（010）58882938，58882087（传真）
发 行 部	（010）58882868，58882870（传真）
邮 购 部	（010）58882873
官方网址	www.stdp.com.cn
发 行 者	科学技术文献出版社发行　全国各地新华书店经销
印 刷 者	北京虎彩文化传播有限公司
版 次	2021年12月第1版　2021年12月第1次印刷
开 本	889×1194　1/16
字 数	581千
印 张	27.25
书 号	ISBN 978-7-5189-8886-0
定 价	98.00元

版权所有　违法必究

购买本社图书，凡字迹不清、缺页、倒页、脱页者，本社发行部负责调换

《2019年贵州省科技创新评价报告》编委会

主　　　　　　　　编　　范　勇　田晓琴
市（州）分　篇　主　编　　许大英
县（市、区、特区）分篇主编　　王　淼　石庆义
高　等　院　校　分　篇　主　编　　张卓婧
科　研　院　所　分　篇　主　编　　何昀昆
产　业　园　区　分　篇　主　编　　陈金良
重　点　企　业　分　篇　主　编　　周　黎　石庆义

编　撰　人（排名不分先后）
　　　　王　淼　石庆义　许大英　何昀昆
　　　　张卓婧　陈金良　周　黎　田晓琴
　　　　范　勇　郝　芳　张　璐

Preface 序言

党的十八大以来，在以习近平同志为核心的党中央坚强领导下，贵州省坚持以习近平新时代中国特色社会主义思想为指导，聚焦同步小康、聚焦重大需求、聚焦国民经济主战场，坚持以创新驱动发展，推动科技与经济社会发展深度融合，助推脱贫攻坚和生态环境保护，以变革性技术推动产业变革，有力支撑了经济社会高质量发展。

科技创新评价起于国家创新调查制度的建立和完善，也是面向新时代高质量发展科技管理制度创新的重要实践，对于优化科技创新资源布局、在新发展阶段构建新发展格局、强化创新对经济社会体系建设的战略支撑具有重要作用。持续近十年的贵州省科技创新统计监测工作，全面客观地反映了地区科技创新取得的进步及有待解决的问题，对进一步推动全省科技创新发展具有重要意义。《2019年贵州省科技创新评价报告》（以下简称《评价报告》）是以贵州省科技创新体系建设和评价为主题的全面性、综合性和连续性的年度研究报告，以科技部《建立国家创新调查制度工作方案》《中国区域科技创新评价报告》《中国区域创新能力评价报告》《中国企业创新能力评价报告》等系列国家创新调查制度报告为指导，结合贵州省区域创新发展重点和难点，从科技创新环境、科技投入、科技产出和科技创新促进经济社会发展等方面，全面、客观、动态地展示了区域及各监测主体的创新水平、发展态势和薄弱环节，为各级政府及科技管理部门摸清科技创新家底、全面推进贵州省特色科技强省建设提供了决策参考和政策依据。

《评价报告》选取全省9个市（州）、88个县（市、区、特区）、21所高等院校、46所科研院所、108家产业园区、748家重点企业作为评价对象，以2019年的统计调查数据为基础，尽可能选择和使用质量可靠、来源清楚、标准规范的统计数据，并与上期报告结果进行对比，经过整理汇编，最终形成市（州）、县（市、区、特区）、高等院校、科研院所、产业园区、重点企业6个部分的科技创新评价报告。

贵州省深入推进以科技创新为核心的全面创新，不同评价主体创新的重点不尽相同，整体评价工作较为复杂。另外，本报告由编委会成员集体完成，加之时间紧迫，经验有限，虽数易其稿，仍会存在一些不尽如人意之处，在此恳请读者提出宝贵意见。希望社会各界在本报告的基础上，深挖细掘，为贵州省实现创新驱动经济社会高质量发展贡献力量。

《2019年贵州省科技创新评价报告》编委会

2021年12月

Contents 目 录

第一部分 市（州）报告 ... 001

一、市（州）科技创新一级指标评价 ... 002
（一）科技创新环境和基础 ... 002
（二）科技投入 ... 003
（三）科技产出 ... 004
（四）科技促进经济社会发展 ... 005

二、市（州）科技创新水平评价 ... 005
（一）贵阳市 ... 005
（二）六盘水市 ... 008
（三）遵义市 ... 010
（四）安顺市 ... 012
（五）毕节市 ... 014
（六）铜仁市 ... 016
（七）黔西南州 ... 018
（八）黔东南州 ... 020
（九）黔南州 ... 022

第二部分 县（市、区、特区）科技创新评价报告 ... 024

一、县（市、区、特区）科技创新一级指标评价 ... 026
（一）科技投入 ... 026
（二）科技环境和基础 ... 027
（三）科技产出 ... 028

二、县（市、区、特区）科技创新水平评价　　028
（一）贵阳市　　028
（二）六盘水市　　040
（三）遵义市　　045
（四）安顺市　　062
（五）铜仁市　　070
（六）黔西南州　　082
（七）毕节市　　092
（八）黔东南州　　101
（九）黔南州　　120

三、分类评价　　135
（一）城区　　135
（二）县域第一方阵　　136
（三）县域第二方阵　　137
（四）县域第三方阵甲类　　138
（五）县域第三方阵乙类　　139

第三部分　高等院校科技创新评价报告　　140

一、高等院校综合科技创新水平评价　　140
二、高等院校科技创新一级指标评价　　141
（一）科技创新环境和基础　　141
（二）科技投入　　142
（三）科技产出　　143
（四）创新绩效　　144

三、高等院校科技创新水平评价　　145
（一）贵州大学　　145
（二）贵州医科大学　　147
（三）贵州中医药大学　　148
（四）贵州师范大学　　150
（五）遵义医科大学　　151
（六）贵州民族大学　　153
（七）贵州师范学院　　154

（八）贵州财经大学　　156
　　（九）贵州理工学院　　157
　　（十）遵义师范学院　　159
　　（十一）铜仁学院　　160
　　（十二）黔南民族师范学院　　162
　　（十三）六盘水师范学院　　163
　　（十四）贵阳学院　　165
　　（十五）贵州工程应用技术学院　　166
　　（十六）安顺学院　　168
　　（十七）茅台学院　　170
　　（十八）凯里学院　　171
　　（十九）贵州商学院　　173
　　（二十）兴义民族师范学院　　175
　　（二十一）贵州警察学院　　176

第四部分　科研院所科技创新评价报告　　178

　一、公益类科研院所综合科技创新水平评价　　178
　二、公益类科研院所科技创新一级指标评价　　180
　　（一）科技创新环境和基础　　180
　　（二）科技投入　　181
　　（三）科技产出　　182
　　（四）创新绩效　　184
　三、公益类科研院所科技创新水平评价　　186
　　（一）贵州省中科院天然产物化学重点实验室　　186
　　（二）贵州省草业研究所　　188
　　（三）贵州省林业科学研究院　　190
　　（四）贵州省油菜研究所　　191
　　（五）贵州省园艺研究所　　193
　　（六）贵州省生物技术研究所　　194
　　（七）贵州省旱粮研究所　　196
　　（八）贵州省亚热带作物研究所　　197
　　（九）贵州省生物研究所　　199

（十）贵州省土壤肥料研究所　　200
（十一）贵州省植物保护研究所　　202
（十二）贵州省果树科学研究所　　203
（十三）贵州省畜牧兽医研究所　　205
（十四）贵州省环境科学研究设计院　　206
（十五）贵州省蚕业（辣椒）研究所　　208
（十六）贵州省油料研究所　　209
（十七）贵州省水稻研究所　　211
（十八）贵州省茶叶研究所　　212
（十九）贵州省山地资源研究所　　214
（二十）贵州省农作物品种资源研究所　　215
（二十一）贵州省水产研究所　　217
（二十二）贵州省科学技术情报研究所　　218
（二十三）贵州省山地农业机械研究所　　220
（二十四）贵州省分析测试研究院　　221
（二十五）贵州省现代农业发展研究所　　223
（二十六）贵州省复合改性聚合物材料工程技术研究中心　　224
（二十七）贵州省植物园　　226
（二十八）贵州省农业科技信息研究所　　227
（二十九）贵州省水利科学研究院　　229
（三十）贵州省劳动保护科学技术研究院　　230
（三十一）贵州省冶金科学研究室　　232
（三十二）贵州省粮油科研设计所　　233

四、开发类科研院所综合科技创新水平评价　　235

五、开发类科研院所科技创新一级指标评价　　236
（一）科技创新环境和基础　　236
（二）科技投入　　237
（三）科技产出　　239
（四）创新绩效　　239

六、开发类科研院所科技创新水平评价　　241
（一）贵州省矿山安全科学研究院　　241
（二）贵州省化工研究院　　243

（三）贵州省交通科学研究院　　244
　　（四）贵州省新材料研究开发基地　　246
　　（五）贵州省生物技术研究开发基地　　247
　　（六）贵州省冶金设计研究院　　249
　　（七）贵州省轻工业科学研究所　　250
　　（八）贵州省冶金化工研究所　　252
　　（九）贵州省建筑材料科学研究设计院　　253
　　（十）贵州省新技术研究所　　255
　　（十一）贵州省电子工业研究所　　256
　　（十二）贵州省机电研究设计院　　258
　　（十三）贵州省工艺美术研究所　　259
　　（十四）贵州省商业科学研究所　　260

第五部分　产业园区科技创新评价报告　　263

一、产业园区综合科技创新水平评价　　263
二、产业园区科技创新一级指标评价　　264
　　（一）科技创新环境　　264
　　（二）科技投入　　265
　　（三）创新产出　　266
　　（四）创新绩效　　266
三、产业园区科技创新统计监测指数排位　　267
　　（一）产业园区综合科技创新水平指数排位　　267
　　（二）产业园区科技创新统计监测一级指数排位　　271

第六部分　重点企业科技创新评价报告　　290

一、重点企业综合科技创新水平评价　　290
二、重点企业科技创新一级指标评价　　291
　　（一）科技创新条件及基础　　291
　　（二）创新产出　　292
　　（三）创新效益　　292
　　（四）科技投入　　293

三、重点企业科技创新统计监测指数排位　　294
（一）重点企业综合科技创新水平指数排位　　294
（二）重点企业科技创新统计监测一级指数排位　　316

附录A　科技创新统计监测指标体系　　411
附录B　监测方法　　418
附录C　主要指标解释　　419

第一部分 市（州）报告

根据综合科技创新水平指数，可将全省9个市（州）划分为3类。

第一类：综合科技创新水平指数高于80%的地区，为贵阳市和遵义市；

第二类：综合科技创新水平指数低于80%，但高于69.81%的地区，为黔南州和黔西南州；

第三类：综合科技创新水平指数低于69.81%的地区，为安顺市、铜仁市、六盘水市、黔东南州和毕节市。

2019年，贵阳市、遵义市仍居前2位；六盘水市、毕节市仍分别居第7位和第9位；黔南州较上年上升1位，由第4位上升至第3位；黔西南州较上年下降1位，由第3位下降至第4位；安顺市较上年上升1位，由第6位上升至第5位；铜仁市较上年上升2位，由第8位上升至第6位；黔东南州较上年下降3位，由第5位下降至第8位（图1-1）。

2019年与2018年监测结果比较，9个市（州）综合科技创新水平指数平均水平较上年提高4.37个百分点。其中，科技创新环境和基础较上年下降9.95个百分点，科技投入较上年提高4.25个百分点，科技产出较上年提高9.87个百分点，科技促进经济社会发展较上年提高7.08个百分点（图1-2）。

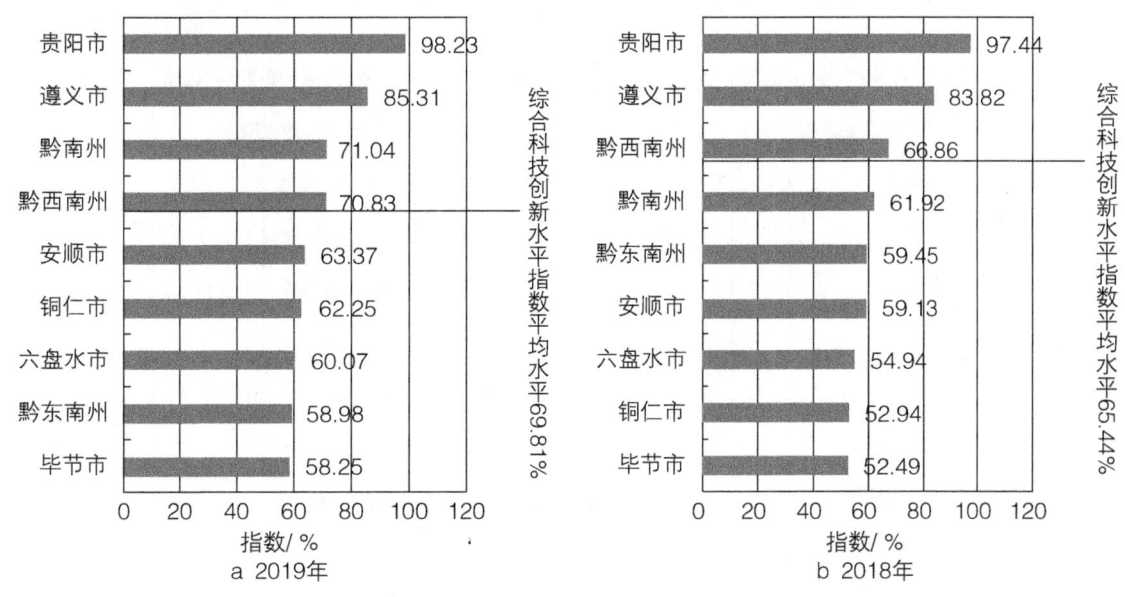

图1-1 综合科技创新水平指数排序

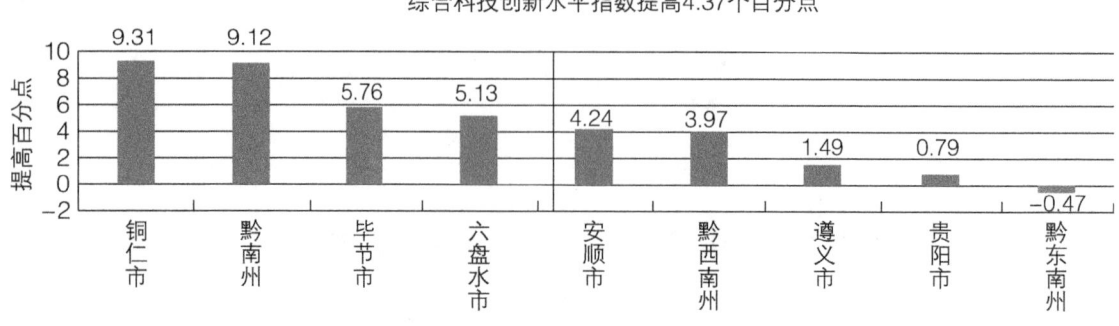

图1-2 综合科技创新水平指数提高百分点排序

一、市（州）科技创新一级指标评价

（一）科技创新环境和基础

科技创新环境和基础指数高于70%的市（州）有1个，即贵阳市，占全部市（州）的11.11%，低于70%但高于全省平均水平（47.34%）的市（州）有2个，即遵义市和黔西南州，占全部市（州）的22.22%，其余6个市（州）均低于全省平均水平，占全部市（州）的66.67%。

参照2018年科技创新环境和基础指数排序，黔南州、铜仁市、安顺市、六盘水市位次较上年有所上升，均上升1位；毕节市、黔东南州位次下降，其中黔东南州位次下降较快（下降3位）；贵阳市、遵义市、黔西南州位次不变（图1-3）。

2019年与2018年监测结果相比，科技创新环境和基础指数平均水平较上年下降9.95个百分点，9个市（州）中黔东南州、黔西南州、毕节市、黔南州、遵义市、铜仁市、安顺市低于上年水平，其中黔东南州的降幅最大。其余市（州）均高于上年水平，其中六盘水市增幅最大（图1-4）。

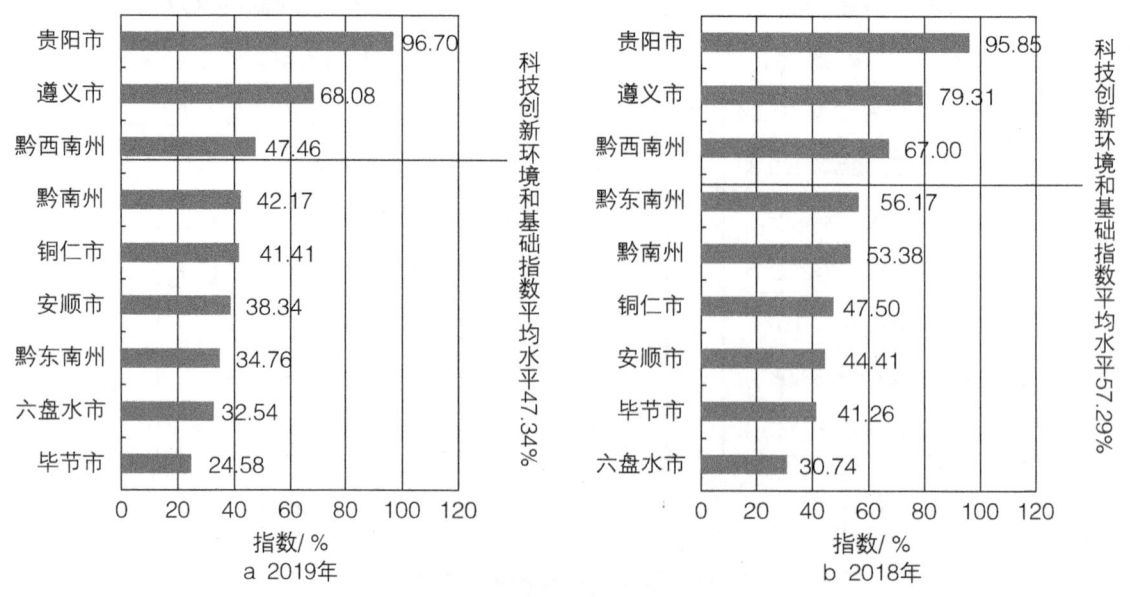

图1-3 科技创新环境和基础指数排序

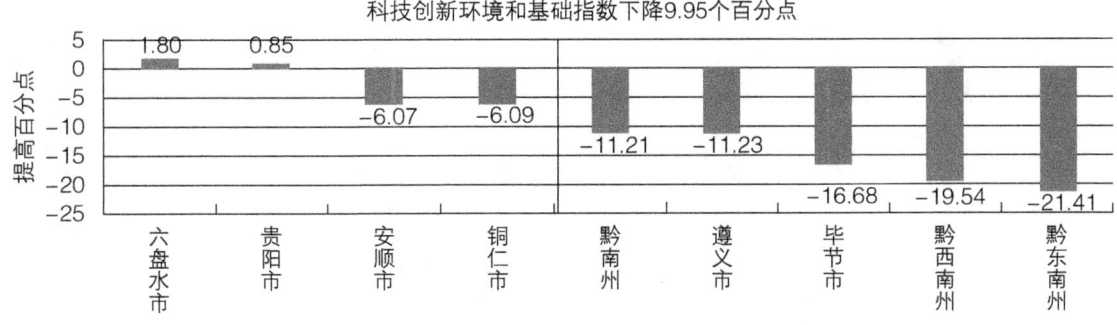

图 1-4 科技创新环境和基础指数提高百分点排序

（二）科技投入

科技投入指数高于80%的市（州）有4个，即贵阳市、黔西南州、遵义市、黔南州，占全部市（州）的44.44%，低于80%但高于全省平均水平（78.74%）的市（州）有0个，其余5个市（州）均低于全省平均水平，占全部市（州）的55.56%。

参照2018年科技投入指数排序，黔南州、安顺市位次较上年有所上升，其中黔南州位次上升最快（上升2位）；六盘水市、毕节市、黔东南州位次下降，均下降1位；贵阳市、黔西南州、遵义市、铜仁市位次不变（图1-5）。

2019年与2018年监测结果相比，科技投入指数平均水平较上年上升4.25个百分点，9个市（州）中黔东南州低于上年水平。其余市（州）均高于上年水平，其中黔南州增幅最大（图1-6）。

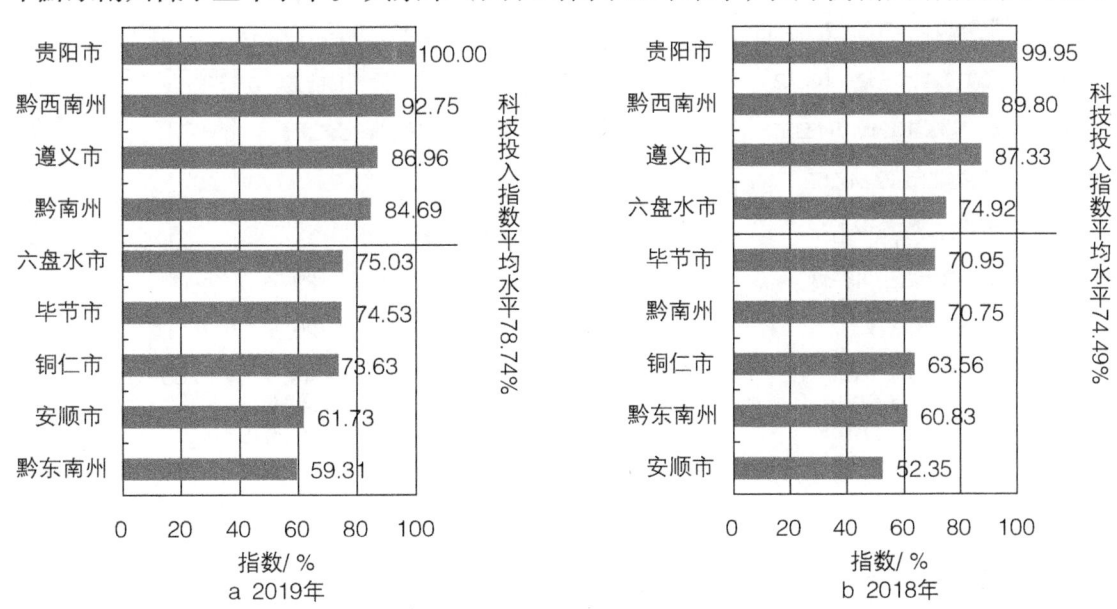

图 1-5 科技投入指数排序

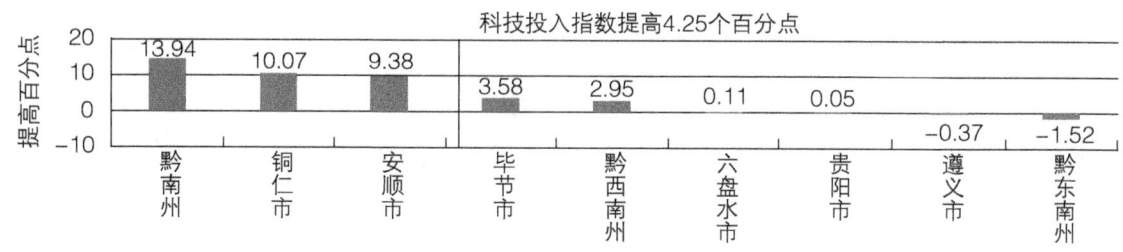

图 1-6　科技投入指数提高百分点排序

（三）科技产出

科技产出指数高于 80% 的市（州）有 2 个，即贵阳市、遵义市，占全部市（州）的 22.22%，低于 80% 但高于全省平均水平（60.75%）的市（州）有 1 个，即安顺市，占全部市（州）的 11.11%，其余 6 个市（州）均低于全省平均水平，占全部市（州）的 66.67%。

参照 2018 年科技产出指数排序，毕节市、黔南州位次较上年有所上升，其中毕节市位次上升最快（上升 2 位）；黔东南州、铜仁市、六盘水市位次下降，均下降 1 位；贵阳市、遵义市、安顺市、黔西南州位次不变（图 1-7）。

2019 年与 2018 年监测结果相比，科技产出指数平均水平较上年上升 9.87 个百分点，9 个市（州）均高于上年水平，其中毕节市增幅最大（图 1-8）。

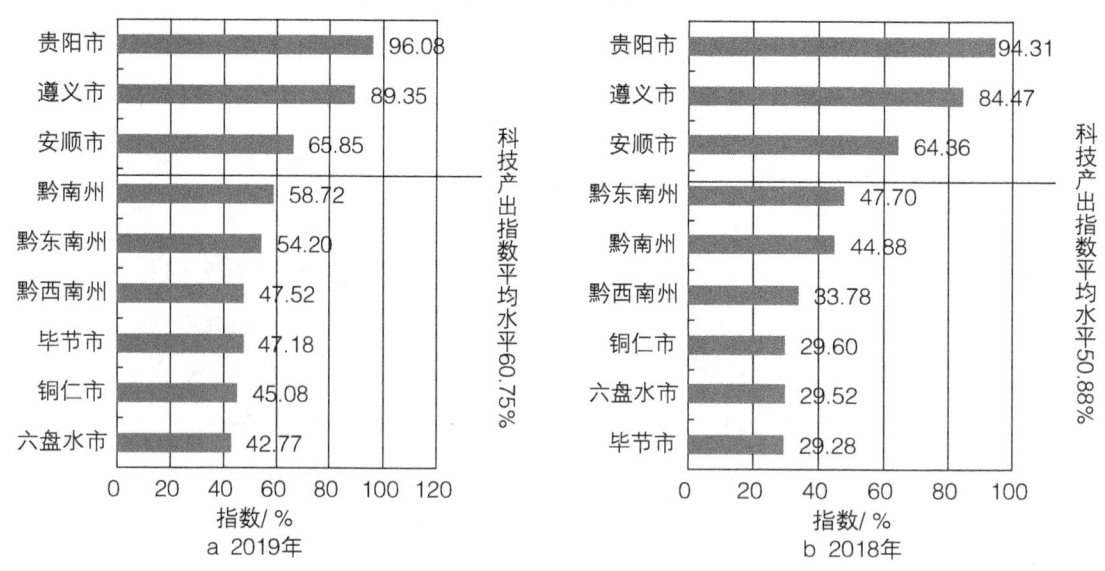

图 1-7　科技产出指数排序

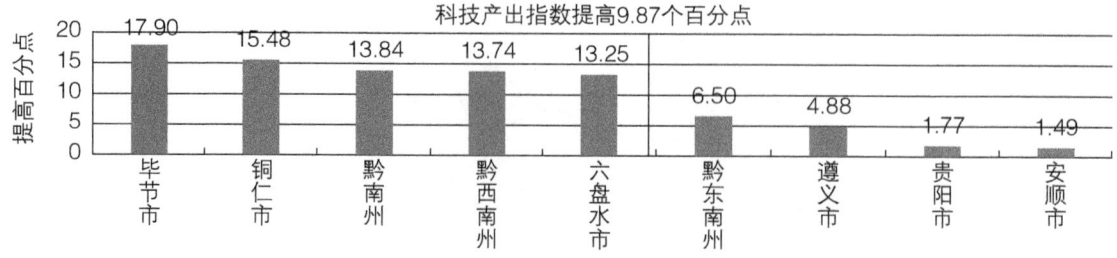

图 1-8　科技产出指数提高百分点排序

(四)科技促进经济社会发展

科技促进经济社会发展指数高于全省平均水平(84.65%)的市(州)有4个,即贵阳市、遵义市、黔南州、黔西南州,占全部市(州)的44.44%,其余5个市(州)均低于全省平均水平,占全部市(州)的55.56%。

参照2018年科技促进经济社会发展指数排序,黔西南州、铜仁市位次较上年有所上升,其中黔西南州位次上升最快(上升2位);黔东南州、六盘水市位次下降,其中六盘水市位次下降较快(下降3位);贵阳市、遵义市、黔南州、安顺市、毕节市位次不变(图1-9)。

2019年与2018年监测结果相比,科技促进经济社会发展指数平均水平较上年上升7.08个百分点,9个市(州)均高于上年水平,其中铜仁市增幅最大(图1-10)。

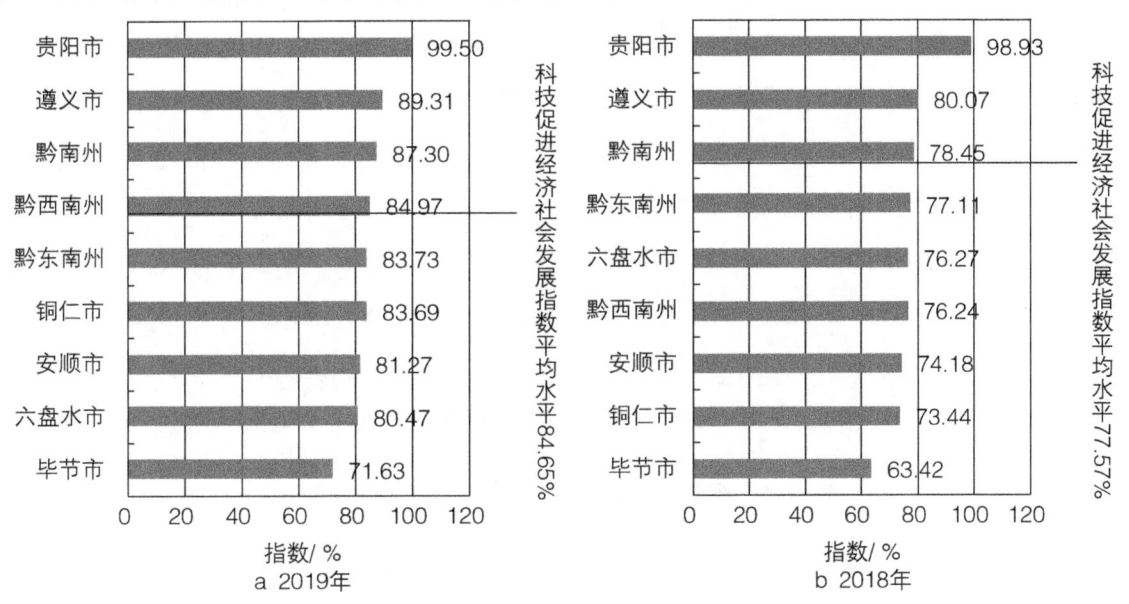

图1-9 科技促进经济社会发展指数排序

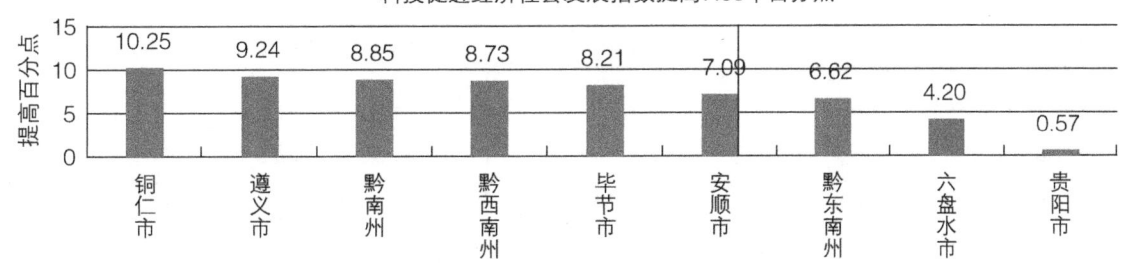

图1-10 科技促进经济社会发展指数提高百分点排序

二、市(州)科技创新水平评价

(一)贵阳市

年末常住人口497.14万人;地区生产总值4039.60亿元,居全省第1位;人均GDP 8.13万元,居全省第 1 位。全社会劳动生产率 14.52 万元 / 人，居全省第 1 位；综合能耗产出率 1.81 万元 / 吨标准煤，居全省第 3 位。

R&D 人员数 32 156 人，万人 R&D 人员数 64.68 人，居全省第 1 位；万人大专以上学历人数 1808.35 人，居全省第 1 位。

全社会 R&D 经费支出占地区生产总值比重 1.76%，居全省第 1 位；财政支出中科学技术支出占公共财政预算支出比重 3.96%，居全省第 1 位；规模以上工业企业 R&D 经费支出和技术改造经费支出占主营业务收入比重 1.69%，居全省第 3 位。

万人发明专利授权量 1.96 件，居全省第 1 位；万人发明专利拥有量 13.64 件，居全省第 1 位；高新技术企业数占规模以上工业企业数比重 107.28%，居全省第 1 位；万人互联网宽带接入用户数 17 504.12 户，居全省第 1 位；百人固定电话和移动电话用户数 180.03 户，居全省第 1 位。

贵阳市综合科技创新水平指数为 98.23%，居全省第 1 位，位次不变；高于全省平均水平 28.42 个百分点，较上年上升 0.79 个百分点，增幅居第 8 位。一级指数中，科技创新环境和基础指数为 96.70%，高于全省平均水平 49.36 个百分点，居全省第 1 位，较上年上升 0.85 个百分点，位次不变；科技投入指数为 100.00%，高于全省平均水平 21.26 个百分点，居全省第 1 位，较上年上升 0.05 个百分点，位次不变；科技产出指数为 96.08%，高于全省平均水平 35.33 个百分点，居全省第 1 位，较上年上升 1.77 个百分点，位次不变；科技促进经济社会发展指数为 99.50%，高于全省平均水平 14.85 个百分点，居全省第 1 位，较上年上升 0.57 个百分点，位次不变（表 1-1）。

表 1-1　贵阳市各级监测指标和位次与上年比较

指标名称	三级指标值		位次	
	2019 年	2018 年	2019 年	2018 年
综合科技创新水平指数 /%	98.23	97.44	1	1
科技创新环境和基础 /%	96.70	95.85	1	1
科技意识 /%	100.00	100.00	1	1
万人发明专利申请量 / 件	13.10	11.78	1	1
科技创新条件及载体 /%	93.41	91.70	1	1
万名就业人员拥有的创新机构数 / 个	0.27	0.25	1	1
规模以上工业企业办科研机构数占规模以上工业企业数比重 /%	16.67	16.91	2	2
创新园区系数	4.68	4.34	3	2
科技投入 /%	100.00	99.95	1	1
人力投入 /%	100.00	100.00	1	1
万人大专以上学历人数 / 人	1808.35	1841.50	1	1

续表

指标名称	三级指标值		位次	
	2019 年	2018 年	2019 年	2018 年
万人 R&D 人员数 / 人	64.68	58.96	1	1
财力投入 /%	100.00	99.90	1	1
全社会 R&D 经费支出占地区生产总值比重 /%	1.76	1.53	1	1
财政支出中科学技术支出占公共财政预算支出比重 /%	3.96	3.97	1	1
规模以上工业企业 R&D 经费支出和技术改造经费支出占主营业务收入比重 /%	1.69	1.49	3	4
科技产出 /%	96.08	94.31	1	1
创新成果 /%	100.00	100.00	1	1
获上级部门科技奖励系数	9.92	9.62	1	1
万人发明专利授权量 / 件	1.96	2.38	1	1
万人发明专利拥有量 / 件	13.64	12.60	1	1
品牌建设 /%	100.00	100.00	1	1
品牌建设系数	1101.95	484.40	1	1
高新技术产业化 /%	90.20	85.77	2	2
高新技术产业产值占工业总产值比重 /%	40.20	36.16	2	2
规模以上工业企业新产品销售收入占主营业务收入比重 /%	0.10	0.08	2	5
高新技术企业数占规模以上工业企业数比重 /%	107.28	81.21	1	1
科技促进经济社会发展 /%	99.50	98.93	1	1
经济发展方式转变 /%	100.00	97.12	1	1
全社会劳动生产率 /（万元 / 人）	14.52	13.73	1	1
综合能耗产出率 /（万元 / 吨标准煤）	1.81	1.67	3	1
环境改善 /%	95.05	95.05	3	3
环境质量指数 /%	91.55	91.55	7	7
环境污染治理指数 /%	97.38	97.38	2	2
社会生活信息化 /%	100.00	100.00	1	1
人均电信业务总量 / 元	13 926.06	9365.41	1	1
百人固定电话和移动电话用户数 / 户	180.03	180.90	1	1
万人互联网宽带接入用户数 / 户	17 504.12	16 725.25	1	1

（二）六盘水市

年末常住人口295.05万人；地区生产总值1265.97亿元，居全省第6位；人均GDP 4.29万元，居全省第5位。全社会劳动生产率7.57万元/人，居全省第4位；综合能耗产出率0.80万元/吨标准煤，居全省第9位。

R&D人员数5122人，万人R&D人员数17.36人，居全省第3位；万人大专以上学历人数554.80人，居全省第7位。

全社会R&D经费支出占地区生产总值比重0.88%，居全省第3位；财政支出中科学技术支出占公共财政预算支出比重1.72%，居全省第6位；规模以上工业企业R&D经费支出和技术改造经费支出占主营业务收入比重1.80%，居全省第2位。

万人发明专利授权量0.17件，居全省第7位；万人发明专利拥有量0.89件，居全省第8位；高新技术企业数占规模以上工业企业数比重9.21%，居全省第7位；万人互联网宽带接入用户数11 791.90户，居全省第6位；百人固定电话和移动电话用户数125.89户，居全省第5位。

六盘水市综合科技创新水平指数为60.07%，居全省第7位，位次不变；低于全省平均水平9.74个百分点，较上年上升5.13个百分点，增幅居第4位。一级指数中，科技创新环境和基础指数为32.54%，低于全省平均水平14.80个百分点，居全省第8位，较上年上升1.80个百分点，位次上升1位；科技投入指数为75.03%，低于全省平均水平3.71个百分点，居全省第5位，较上年上升0.11个百分点，位次下降1位；科技产出指数为42.77%，低于全省平均水平17.98个百分点，居全省第9位，较上年上升13.25个百分点，位次下降1位；科技促进经济社会发展指数为80.47%，低于全省平均水平4.18个百分点，居全省第8位，较上年上升4.20个百分点，位次下降3位（表1-2）。

表1-2 六盘水市各级监测指标和位次与上年比较

指标名称	三级指标值 2019年	三级指标值 2018年	位次 2019年	位次 2018年
综合科技创新水平指数/%	60.07	54.94	7	7
科技创新环境和基础/%	32.54	30.74	8	9
科技意识/%	16.67	18.47	7	9
万人发明专利申请量/件	1.20	0.96	7	8
科技创新条件及载体/%	48.41	43.00	8	6
万名就业人员拥有的创新机构数/个	0.04	0.03	7	5
规模以上工业企业办科研机构数占规模以上工业企业数比重/%	12.28	8.78	4	3
创新园区系数	1.34	1.36	9	9
科技投入/%	75.03	74.92	5	4

续表

指标名称	三级指标值		位次	
	2019 年	2018 年	2019 年	2018 年
人力投入 /%	67.47	66.46	8	8
万人大专以上学历人数 / 人	554.80	557.30	7	7
万人 R&D 人员数 / 人	17.36	15.80	3	3
财力投入 /%	82.60	83.38	3	3
全社会 R&D 经费支出占地区生产总值比重 /%	0.88	0.70	3	3
财政支出中科学技术支出占公共财政预算支出比重 /%	1.72	1.90	6	4
规模以上工业企业 R&D 经费支出和技术改造经费支出占主营业务收入比重 /%	1.80	1.77	2	3
科技产出 /%	42.77	29.52	9	8
创新成果 /%	24.69	23.72	8	7
获上级部门科技奖励系数	0.08	0.08	5	7
万人发明专利授权量 / 件	0.17	0.18	7	6
万人发明专利拥有量 / 件	0.89	0.80	8	8
品牌建设 /%	36.00	17.89	7	8
品牌建设系数	144.00	71.56	7	8
高新技术产业化 /%	61.42	42.61	8	8
高新技术产业产值占工业总产值比重 /%	23.39	17.89	8	8
规模以上工业企业新产品销售收入占主营业务收入比重 /%	0.03	0.04	7	7
高新技术企业数占规模以上工业企业数比重 /%	9.21	4.07	7	6
科技促进经济社会发展 /%	80.47	76.27	8	5
经济发展方式转变 /%	63.13	75.65	9	3
全社会劳动生产率 / (万元 / 人)	7.57	9.17	4	2
综合能耗产出率 / (万元 / 吨标准煤)	0.80	0.93	9	9
环境改善 /%	87.07	87.07	9	9
环境质量指数 /%	92.24	92.24	6	6
环境污染治理指数 /%	83.63	83.63	9	9
社会生活信息化 /%	84.49	74.91	6	5
人均电信业务总量 / 元	10 543.30	5670.51	4	5
百人固定电话和移动电话用户数 / 户	125.89	123.30	5	4
万人互联网宽带接入用户数 / 户	11 791.90	10 821.16	6	6

(三)遵义市

年末常住人口630.20万人；地区生产总值3483.32亿元，居全省第2位；人均GDP 5.53万元，居全省第2位。全社会劳动生产率9.48万元/人，居全省第2位；综合能耗产出率1.97万元/吨标准煤，居全省第1位。

R&D人员数6441人，万人R&D人员数10.22人，居全省第5位；万人大专以上学历人数688.56人，居全省第4位。

全社会R&D经费支出占地区生产总值比重0.37%，居全省第7位；财政支出中科学技术支出占公共财政预算支出比重1.47%，居全省第7位；规模以上工业企业R&D经费支出和技术改造经费支出占主营业务收入比重0.54%，居全省第9位。

万人发明专利授权量0.82件，居全省第2位；万人发明专利拥有量2.98件，居全省第2位；高新技术企业数占规模以上工业企业数比重24.58%，居全省第2位；万人互联网宽带接入用户数12 201.05户，居全省第4位；百人固定电话和移动电话用户数125.58户，居全省第6位。

遵义市综合科技创新水平指数为85.31%，居全省第2位，位次不变；高于全省平均水平15.50个百分点，较上年上升1.49个百分点，增幅居第7位。一级指数中，科技创新环境和基础指数为68.08%，高于全省平均水平20.74个百分点，居全省第2位，较上年下降11.23个百分点，位次不变；科技投入指数为86.96%，高于全省平均水平8.22个百分点，居全省第3位，较上年下降0.37个百分点，位次不变；科技产出指数为89.35%，高于全省平均水平28.60个百分点，居全省第2位，较上年上升4.88个百分点，位次不变；科技促进经济社会发展指数为89.31%，高于全省平均水平4.66个百分点，居全省第2位，较上年上升9.24个百分点，位次不变（表1-3）。

表1-3 遵义市各级监测指标和位次与上年比较

指标名称	三级指标值		位次	
	2019年	2018年	2019年	2018年
综合科技创新水平指数/%	85.31	83.82	2	2
科技创新环境和基础/%	68.08	79.31	2	2
科技意识/%	61.60	95.02	2	2
万人发明专利申请量/件	2.58	5.48	2	2
科技创新条件及载体/%	74.55	63.60	3	3
万名就业人员拥有的创新机构数/个	0.05	0.05	4	3
规模以上工业企业办科研机构数占规模以上工业企业数比重/%	10.33	7.04	6	5
创新园区系数	5.30	4.70	1	1
科技投入/%	86.96	87.33	3	3

续表

指标名称	三级指标值		位次	
	2019年	2018年	2019年	2018年
人力投入/%	93.33	95.94	2	2
万人大专以上学历人数/人	688.56	692.00	4	4
万人R&D人员数/人	10.22	13.22	5	4
财力投入/%	80.59	78.72	4	4
全社会R&D经费支出占地区生产总值比重/%	0.37	0.46	7	6
财政支出中科学技术支出占公共财政预算支出比重/%	1.47	1.32	7	6
规模以上工业企业R&D经费支出和技术改造经费支出占主营业务收入比重/%	0.54	0.62	9	8
科技产出/%	89.35	84.47	2	2
创新成果/%	100.00	98.25	1	2
获上级部门科技奖励系数	1.18	0.82	2	2
万人发明专利授权量/件	0.82	0.73	2	2
万人发明专利拥有量/件	2.98	2.52	2	3
品牌建设/%	100.00	87.98	1	2
品牌建设系数	932.11	351.92	2	2
高新技术产业化/%	73.37	71.51	5	4
高新技术产业产值占工业总产值比重/%	23.37	21.51	9	7
规模以上工业企业新产品销售收入占主营业务收入比重/%	0.08	0.10	5	3
高新技术企业数占规模以上工业企业数比重/%	24.58	11.63	2	2
科技促进经济社会发展/%	89.31	80.07	2	2
经济发展方式转变/%	96.88	85.59	2	2
全社会劳动生产率/(万元/人)	9.48	8.21	2	3
综合能耗产出率/(万元/吨标准煤)	1.97	1.64	1	2
环境改善/%	98.89	98.89	1	1
环境质量指数/%	97.79	97.79	1	1
环境污染治理指数/%	99.62	99.62	1	1
社会生活信息化/%	85.79	75.81	4	4
人均电信业务总量/元	9852.90	5562.06	8	7
百人固定电话和移动电话用户数/户	125.58	123.82	6	3
万人互联网宽带接入用户数/户	12201.05	11142.62	4	4

（四）安顺市

年末常住人口 236.36 万人；地区生产总值 923.94 亿元，居全省第 9 位；人均 GDP 3.91 万元，居全省第 7 位。全社会劳动生产率 6.62 万元/人，居全省第 7 位；综合能耗产出率 1.65 万元/吨标准煤，居全省第 6 位。

R&D 人员数 2883 人，万人 R&D 人员数 12.20 人，居全省第 4 位；万人大专以上学历人数 595.82 人，居全省第 6 位。

全社会 R&D 经费支出占地区生产总值比重 0.80%，居全省第 4 位；财政支出中科学技术支出占公共财政预算支出比重 1.46%，居全省第 8 位；规模以上工业企业 R&D 经费支出和技术改造经费支出占主营业务收入比重 1.39%，居全省第 4 位。

万人发明专利授权量 0.44 件，居全省第 3 位；万人发明专利拥有量 2.74 件，居全省第 3 位；高新技术企业数占规模以上工业企业数比重 19.35%，居全省第 3 位；万人互联网宽带接入用户数 11 319.17 户，居全省第 8 位；百人固定电话和移动电话用户数 116.98 户，居全省第 7 位。

安顺市综合科技创新水平指数为 63.37%，居全省第 5 位，位次上升 1 位；低于全省平均水平 6.44 个百分点，较上年上升 4.24 个百分点，增幅居第 5 位。一级指数中，科技创新环境和基础指数为 38.34%，低于全省平均水平 9.00 个百分点，居全省第 6 位，较上年下降 6.07 个百分点，位次上升 1 位；科技投入指数为 61.73%，低于全省平均水平 17.01 个百分点，居全省第 8 位，较上年上升 9.38 个百分点，位次上升 1 位；科技产出指数为 65.85%，高于全省平均水平 5.10 个百分点，居全省第 3 位，较上年上升 1.49 个百分点，位次不变；科技促进经济社会发展指数为 81.27%，低于全省平均水平 3.38 个百分点，居全省第 7 位，较上年上升 7.09 个百分点，位次不变（表 1-4）。

表 1-4　安顺市各级监测指标和位次与上年比较

指标名称	三级指标值		位次	
	2019 年	2018 年	2019 年	2018 年
综合科技创新水平指数/%	63.37	59.13	5	6
科技创新环境和基础/%	38.34	44.41	6	7
科技意识/%	19.75	58.20	4	6
万人发明专利申请量/件	1.63	4.54	3	3
科技创新条件及载体/%	56.94	30.62	7	8
万名就业人员拥有的创新机构数/个	0.05	0.03	4	5
规模以上工业企业办科研机构数占规模以上工业企业数比重/%	10.48	3.77	5	9
创新园区系数	1.84	1.55	8	8
科技投入/%	61.73	52.35	8	9

续表

指标名称	三级指标值		位次	
	2019年	2018年	2019年	2018年
人力投入 /%	57.10	55.54	9	9
万人大专以上学历人数 / 人	595.82	598.48	6	6
万人 R&D 人员数 / 人	12.20	9.58	4	5
财力投入 /%	66.36	49.17	8	8
全社会 R&D 经费支出占地区生产总值比重 /%	0.80	0.60	4	4
财政支出中科学技术支出占公共财政预算支出比重 /%	1.46	1.30	8	7
规模以上工业企业 R&D 经费支出和技术改造经费支出占主营业务收入比重 /%	1.39	1.04	4	5
科技产出 /%	65.85	64.36	3	3
创新成果 /%	56.05	62.46	3	3
获上级部门科技奖励系数	0.00	0.55	7	3
万人发明专利授权量 / 件	0.44	0.46	3	3
万人发明专利拥有量 / 件	2.74	2.73	3	2
品牌建设 /%	30.12	18.73	9	7
品牌建设系数	120.47	74.92	9	7
高新技术产业化 /%	100.00	100.00	1	1
高新技术产业产值占工业总产值比重 /%	76.00	75.50	1	1
规模以上工业企业新产品销售收入占主营业务收入比重 /%	0.09	0.10	3	3
高新技术企业数占规模以上工业企业数比重 /%	19.35	8.79	3	3
科技促进经济社会发展 /%	81.27	74.18	7	7
经济发展方式转变 /%	76.43	69.06	6	7
全社会劳动生产率 / (万元 / 人)	6.62	6.12	7	7
综合能耗产出率 / (万元 / 吨标准煤)	1.65	1.46	6	7
环境改善 /%	91.93	91.93	8	8
环境质量指数 /%	92.35	92.35	5	5
环境污染治理指数 /%	91.65	91.65	8	8
社会生活信息化 /%	81.13	73.10	8	7
人均电信业务总量 / 元	10 227.62	5788.96	6	4
百人固定电话和移动电话用户数 / 户	116.98	116.40	7	7
万人互联网宽带接入用户数 / 户	11 319.17	10 605.16	8	7

（五）毕节市

年末常住人口671.43万人；地区生产总值1901.36亿元，居全省第3位；人均GDP 2.83万元，居全省第9位。全社会劳动生产率5.40万元/人，居全省第9位；综合能耗产出率1.65万元/吨标准煤，居全省第6位。

R&D人员数3122人，万人R&D人员数4.65人，居全省第9位；万人大专以上学历人数349.18人，居全省第9位。

全社会R&D经费支出占地区生产总值比重0.34%，居全省第8位；财政支出中科学技术支出占公共财政预算支出比重2.74%，居全省第2位；规模以上工业企业R&D经费支出和技术改造经费支出占主营业务收入比重0.65%，居全省第8位。

万人发明专利授权量0.03件，居全省第9位；万人发明专利拥有量0.26件，居全省第9位；高新技术企业数占规模以上工业企业数比重9.87%，居全省第6位；万人互联网宽带接入用户数9076.30户，居全省第9位；百人固定电话和移动电话用户数95.04户，居全省第9位。

毕节市综合科技创新水平指数为58.25%，居全省第9位，位次不变；低于全省平均水平11.56个百分点，较上年上升5.76个百分点，增幅居第3位。一级指数中，科技创新环境和基础指数为24.58%，低于全省平均水平22.76个百分点，居全省第9位，较上年下降16.68个百分点，位次下降1位；科技投入指数为74.53%，低于全省平均水平4.21个百分点，居全省第6位，较上年上升3.58个百分点，位次下降1位；科技产出指数为47.18%，低于全省平均水平13.57个百分点，居全省第7位，较上年上升17.90个百分点，位次上升2位；科技促进经济社会发展指数为71.63%，低于全省平均水平13.02个百分点，居全省第9位，较上年上升8.21个百分点，位次不变（表1-5）。

表1-5　毕节市各级监测指标和位次与上年比较

指标名称	三级指标值		位次	
	2019年	2018年	2019年	2018年
综合科技创新水平指数 /%	58.25	52.49	9	9
科技创新环境和基础 /%	24.58	41.26	9	8
科技意识 /%	14.27	51.99	8	8
万人发明专利申请量 / 件	0.57	0.68	9	9
科技创新条件及载体 /%	34.89	30.53	9	9
万名就业人员拥有的创新机构数 / 个	0.02	0.02	8	8
规模以上工业企业办科研机构数占规模以上工业企业数比重 /%	6.58	5.42	9	6
创新园区系数	2.18	1.77	7	7

续表

指标名称	三级指标值		位次	
	2019年	2018年	2019年	2018年
科技投入 /%	74.53	70.95	6	5
人力投入 /%	79.29	78.63	5	6
万人大专以上学历人数 / 人	349.18	350.65	9	9
万人 R&D 人员数 / 人	4.65	3.97	9	9
财力投入 /%	69.76	63.26	6	5
全社会 R&D 经费支出占地区生产总值比重 /%	0.34	0.26	8	9
财政支出中科学技术支出占公共财政预算支出比重 /%	2.74	2.73	2	2
规模以上工业企业 R&D 经费支出和技术改造经费支出占主营业务收入比重 /%	0.65	0.57	8	9
科技产出 /%	47.18	29.28	7	9
创新成果 /%	10.16	13.39	9	9
获上级部门科技奖励系数	0.00	0.08	7	7
万人发明专利授权量 / 件	0.03	0.04	9	9
万人发明专利拥有量 / 件	0.26	0.27	9	9
品牌建设 /%	60.24	26.04	3	5
品牌建设系数	240.95	104.16	3	5
高新技术产业化 /%	65.16	43.63	7	7
高新技术产业产值占工业总产值比重 /%	31.86	34.80	4	3
规模以上工业企业新产品销售收入占主营业务收入比重 /%	0.01	0.01	9	9
高新技术企业数占规模以上工业企业数比重 /%	9.87	1.86	6	9
科技促进经济社会发展 /%	71.63	63.42	9	9
经济发展方式转变 /%	68.95	68.80	7	8
全社会劳动生产率 /（万元 / 人）	5.40	5.48	9	8
综合能耗产出率 /（万元 / 吨标准煤）	1.65	1.62	6	3
环境改善 /%	93.55	93.55	4	4
环境质量指数 /%	93.09	93.09	3	3
环境污染治理指数 /%	93.85	93.85	6	6
社会生活信息化 /%	69.26	57.58	9	9
人均电信业务总量 / 元	8926.47	4630.95	9	9
百人固定电话和移动电话用户数 / 户	95.04	92.09	9	9
万人互联网宽带接入用户数 / 户	9076.30	8276.72	9	9

（六）铜仁市

年末常住人口318.85万人；地区生产总值1249.16亿元，居全省第7位；人均GDP 3.92万元，居全省第6位。全社会劳动生产率7.42万元／人，居全省第5位；综合能耗产出率1.83万元／吨标准煤，居全省第2位。

R&D人员数2128人，万人R&D人员数6.67人，居全省第7位；万人大专以上学历人数685.96人，居全省第5位。

全社会R&D经费支出占地区生产总值比重0.56%，居全省第5位；财政支出中科学技术支出占公共财政预算支出比重1.77%，居全省第5位；规模以上工业企业R&D经费支出和技术改造经费支出占主营业务收入比重0.90%，居全省第7位。

万人发明专利授权量0.23件，居全省第4位；万人发明专利拥有量1.19件，居全省第5位；高新技术企业数占规模以上工业企业数比重8.71%，居全省第8位；万人互联网宽带接入用户数11 678.85户，居全省第7位；百人固定电话和移动电话用户数115.88户，居全省第8位。

铜仁市综合科技创新水平指数为62.25%，居全省第6位，位次上升2位；低于全省平均水平7.56个百分点，较上年上升9.31个百分点，增幅居第1位。一级指数中，科技创新环境和基础指数为41.41%，低于全省平均水平5.93个百分点，居全省第5位，较上年下降6.09个百分点，位次上升1位；科技投入指数为73.63%，低于全省平均水平5.11个百分点，居全省第7位，较上年上升10.07个百分点，位次不变；科技产出指数为45.08%，低于全省平均水平15.67个百分点，居全省第8位，较上年上升15.48个百分点，位次下降1位；科技促进经济社会发展指数为83.69%，低于全省平均水平0.96个百分点，居全省第6位，较上年上升10.25个百分点，位次上升2位（表1-6）。

表1-6　铜仁市各级监测指标和位次与上年比较

指标名称	三级指标值		位次	
	2019年	2018年	2019年	2018年
综合科技创新水平指数／%	62.25	52.94	6	8
科技创新环境和基础／%	41.41	47.50	5	6
科技意识／%	17.86	54.99	6	7
万人发明专利申请量／件	1.23	2.77	6	5
科技创新条件及载体／%	64.95	40.02	4	7
万名就业人员拥有的创新机构数／个	0.05	0.03	4	5
规模以上工业企业办科研机构数占规模以上工业企业数比重／%	13.65	4.51	3	8
创新园区系数	3.32	2.86	5	5

续表

指标名称	三级指标值		位次	
	2019年	2018年	2019年	2018年
科技投入/%	73.63	63.56	7	7
人力投入/%	78.72	78.94	6	5
万人大专以上学历人数/人	685.96	690.22	5	5
万人R&D人员数/人	6.67	6.94	7	7
财力投入/%	68.55	48.18	7	9
全社会R&D经费支出占地区生产总值比重/%	0.56	0.50	5	5
财政支出中科学技术支出占公共财政预算支出比重/%	1.77	1.11	5	8
规模以上工业企业R&D经费支出和技术改造经费支出占主营业务收入比重/%	0.90	0.66	7	6
科技产出/%	45.08	29.60	8	7
创新成果/%	34.27	40.78	4	4
获上级部门科技奖励系数	0.08	0.22	5	5
万人发明专利授权量/件	0.23	0.32	4	4
万人发明专利拥有量/件	1.19	1.05	5	5
品牌建设/%	35.01	16.12	8	9
品牌建设系数	140.05	64.48	8	9
高新技术产业化/%	60.74	31.34	9	9
高新技术产业产值占工业总产值比重/%	24.29	17.47	6	9
规模以上工业企业新产品销售收入占主营业务收入比重/%	0.03	0.02	7	8
高新技术企业数占规模以上工业企业数比重/%	8.71	2.50	8	7
科技促进经济社会发展/%	83.69	73.44	6	8
经济发展方式转变/%	84.53	72.48	4	6
全社会劳动生产率/(万元/人)	7.42	6.37	5	6
综合能耗产出率/(万元/吨标准煤)	1.83	1.54	2	4
环境改善/%	93.12	93.12	6	6
环境质量指数/%	91.32	91.32	8	8
环境污染治理指数/%	94.32	94.32	5	5
社会生活信息化/%	82.11	70.90	7	8
人均电信业务总量/元	10451.94	5566.14	5	6
百人固定电话和移动电话用户数/户	115.88	112.02	8	8
万人互联网宽带接入用户数/户	11678.85	10375.22	7	8

（七）黔西南州

年末常住人口288.60万人；地区生产总值1272.80亿元，居全省第5位；人均GDP 4.41万元，居全省第4位。全社会劳动生产率7.37万元/人，居全省第6位；综合能耗产出率1.68万元/吨标准煤，居全省第5位。

R&D人员数7979人，万人R&D人员数27.65人，居全省第2位；万人大专以上学历人数739.67人，居全省第3位。

全社会R&D经费支出占地区生产总值比重0.91%，居全省第2位；财政支出中科学技术支出占公共财政预算支出比重2.59%，居全省第3位；规模以上工业企业R&D经费支出和技术改造经费支出占主营业务收入比重3.40%，居全省第1位。

万人发明专利授权量0.20件，居全省第5位；万人发明专利拥有量1.03件，居全省第6位；高新技术企业数占规模以上工业企业数比重4.59%，居全省第9位；万人互联网宽带接入用户数11 880.46户，居全省第5位；百人固定电话和移动电话用户数125.95户，居全省第4位。

黔西南州综合科技创新水平指数为70.83%，居全省第4位，位次下降1位；高于全省平均水平1.02个百分点，较上年上升3.97个百分点，增幅居第6位。一级指数中，科技创新环境和基础指数为47.46%，高于全省平均水平0.12个百分点，居全省第3位，较上年下降19.54个百分点，位次不变；科技投入指数为92.75%，高于全省平均水平14.01个百分点，居全省第2位，较上年上升2.95个百分点，位次不变；科技产出指数为47.52%，低于全省平均水平13.23个百分点，居全省第6位，较上年上升13.74个百分点，位次不变；科技促进经济社会发展指数为84.97%，高于全省平均水平0.32个百分点，居全省第4位，较上年上升8.73个百分点，位次上升2位（表1-7）。

表1-7 黔西南州各级监测指标和位次与上年比较

指标名称	三级指标值		位次	
	2019年	2018年	2019年	2018年
综合科技创新水平指数/%	70.83	66.86	4	3
科技创新环境和基础/%	47.46	67.00	3	3
科技意识/%	18.31	65.02	5	3
万人发明专利申请量/件	1.34	3.20	5	4
科技创新条件及载体/%	76.60	68.98	2	2
万名就业人员拥有的创新机构数/个	0.09	0.08	2	2
规模以上工业企业办科研机构数占规模以上工业企业数比重/%	26.20	23.01	1	1
创新园区系数	2.64	1.95	6	6
科技投入/%	92.75	89.80	2	2

续表

指标名称	三级指标值		位次	
	2019年	2018年	2019年	2018年
人力投入 /%	88.27	88.33	4	4
万人大专以上学历人数 / 人	739.67	743.35	3	3
万人 R&D 人员数 / 人	27.65	30.50	2	2
财力投入 /%	97.23	91.27	2	2
全社会 R&D 经费支出占地区生产总值比重 /%	0.91	0.77	2	2
财政支出中科学技术支出占公共财政预算支出比重 /%	2.59	2.52	3	3
规模以上工业企业 R&D 经费支出和技术改造经费支出占主营业务收入比重 /%	3.40	2.95	1	1
科技产出 /%	47.52	33.78	6	6
创新成果 /%	29.02	22.03	7	8
获上级部门科技奖励系数	0.20	0.00	4	9
万人发明专利授权量 / 件	0.20	0.15	5	8
万人发明专利拥有量 / 件	1.03	0.89	6	6
品牌建设 /%	40.08	19.76	6	6
品牌建设系数	160.32	79.04	6	6
高新技术产业化 /%	66.97	53.11	6	6
高新技术产业产值占工业总产值比重 /%	29.78	24.71	5	5
规模以上工业企业新产品销售收入占主营业务收入比重 /%	0.17	0.11	1	2
高新技术企业数占规模以上工业企业数比重 /%	4.59	2.24	9	8
科技促进经济社会发展 /%	84.97	76.24	4	6
经济发展方式转变 /%	81.49	74.08	5	4
全社会劳动生产率 /（万元 / 人）	7.37	6.78	6	4
综合能耗产出率 /（万元 / 吨标准煤）	1.68	1.50	5	5
环境改善 /%	93.12	93.12	6	6
环境质量指数 /%	91.14	91.14	9	9
环境污染治理指数 /%	94.44	94.44	4	4
社会生活信息化 /%	84.79	74.44	5	6
人均电信业务总量 / 元	10 157.31	5511.37	7	8
百人固定电话和移动电话用户数 / 户	125.95	120.69	4	6
万人互联网宽带接入用户数 / 户	11 880.46	10 957.62	5	5

(八)黔东南州

年末常住人口355.20万人；地区生产总值1123.04亿元，居全省第8位；人均GDP 3.16万元，居全省第8位。全社会劳动生产率5.41万元/人，居全省第8位；综合能耗产出率1.39万元/吨标准煤，居全省第8位。

R&D人员数2179人，万人R&D人员数6.13人，居全省第8位；万人大专以上学历人数552.92人，居全省第8位。

全社会R&D经费支出占地区生产总值比重0.31%，居全省第9位；财政支出中科学技术支出占公共财政预算支出比重1.12%，居全省第9位；规模以上工业企业R&D经费支出和技术改造经费支出占主营业务收入比重1.36%，居全省第5位。

万人发明专利授权量0.18件，居全省第6位；万人发明专利拥有量1.02件，居全省第7位；高新技术企业数占规模以上工业企业数比重18.64%，居全省第4位；万人互联网宽带接入用户数12 631.19户，居全省第2位；百人固定电话和移动电话用户数128.96户，居全省第2位。

黔东南州综合科技创新水平指数为58.98%，居全省第8位，位次下降3位；低于全省平均水平10.83个百分点，较上年下降0.47个百分点，增幅居第9位。一级指数中，科技创新环境和基础指数为34.76%，低于全省平均水平12.58个百分点，居全省第7位，较上年下降21.41个百分点，位次下降3位；科技投入指数为59.31%，低于全省平均水平19.43个百分点，居全省第9位，较上年下降1.52个百分点，位次下降1位；科技产出指数为54.20%，低于全省平均水平6.55个百分点，居全省第5位，较上年上升6.50个百分点，位次下降1位；科技促进经济社会发展指数为83.73%，低于全省平均水平0.92个百分点，居全省第5位，较上年上升6.62个百分点，位次下降1位（表1-8）。

表1-8 黔东南州各级监测指标和位次与上年比较

指标名称	三级指标值		位次	
	2019年	2018年	2019年	2018年
综合科技创新水平指数/%	58.98	59.45	8	5
科技创新环境和基础/%	34.76	56.17	7	4
科技意识/%	12.08	63.21	9	4
万人发明专利申请量/件	0.77	2.32	8	6
科技创新条件及载体/%	57.44	49.12	6	4
万名就业人员拥有的创新机构数/个	0.02	0.02	8	8
规模以上工业企业办科研机构数占规模以上工业企业数比重/%	9.32	7.29	7	4
创新园区系数	4.82	4.20	2	3

续表

指标名称	三级指标值		位次	
	2019 年	2018 年	2019 年	2018 年
科技投入 /%	59.31	60.83	9	8
人力投入 /%	70.19	69.11	7	7
万人大专以上学历人数 / 人	552.92	555.06	8	8
万人 R&D 人员数 / 人	6.13	4.58	8	8
财力投入 /%	48.44	52.56	9	6
全社会 R&D 经费支出占地区生产总值比重 /%	0.31	0.44	9	7
财政支出中科学技术支出占公共财政预算支出比重 /%	1.12	1.10	9	9
规模以上工业企业 R&D 经费支出和技术改造经费支出占主营业务收入比重 /%	1.36	1.81	5	2
科技产出 /%	54.20	47.70	5	4
创新成果 /%	30.42	34.35	6	5
获上级部门科技奖励系数	0.00	0.28	7	4
万人发明专利授权量 / 件	0.18	0.22	6	5
万人发明专利拥有量 / 件	1.02	0.88	7	7
品牌建设 /%	51.29	26.47	4	4
品牌建设系数	205.16	105.88	4	4
高新技术产业化 /%	74.21	73.64	4	3
高新技术产业产值占工业总产值比重 /%	24.21	23.64	7	6
规模以上工业企业新产品销售收入占主营业务收入比重 /%	0.09	0.15	3	1
高新技术企业数占规模以上工业企业数比重 /%	18.64	8.68	4	4
科技促进经济社会发展 /%	83.73	77.11	5	4
经济发展方式转变 /%	63.29	56.79	8	9
全社会劳动生产率 /（万元 / 人）	5.41	5.02	8	9
综合能耗产出率 /（万元 / 吨标准煤）	1.39	1.20	8	8
环境改善 /%	95.43	95.43	2	2
环境质量指数 /%	94.46	94.46	2	2
环境污染治理指数 /%	96.08	96.08	3	3
社会生活信息化 /%	87.90	80.29	2	2
人均电信业务总量 / 元	11 018.58	6363.79	2	2
百人固定电话和移动电话用户数 / 户	128.96	126.14	2	2
万人互联网宽带接入用户数 / 户	12 631.19	11 746.88	2	2

（九）黔南州

年末常住人口330.12万人；地区生产总值1518.04亿元，居全省第4位；人均GDP 4.60万元，居全省第3位。全社会劳动生产率7.74万元/人，居全省第3位；综合能耗产出率1.77万元/吨标准煤，居全省第4位。

R&D人员数3187人，万人R&D人员数9.65人，居全省第6位；万人大专以上学历人数808.91人，居全省第2位。

全社会R&D经费支出占地区生产总值比重0.54%，居全省第6位；财政支出中科学技术支出占公共财政预算支出比重2.07%，居全省第4位；规模以上工业企业R&D经费支出和技术改造经费支出占主营业务收入比重0.97%，居全省第6位。

万人发明专利授权量0.14件，居全省第8位；万人发明专利拥有量1.34件，居全省第4位；高新技术企业数占规模以上工业企业数比重10.92%，居全省第5位；万人互联网宽带接入用户数12 473.65户，居全省第3位；百人固定电话和移动电话用户数126.77户，居全省第3位。

黔南州综合科技创新水平指数为71.04%，居全省第3位，位次上升1位；高于全省平均水平1.23个百分点，较上年上升9.12个百分点，增幅居第2位。一级指数中，科技创新环境和基础指数为42.17%，低于全省平均水平5.17个百分点，居全省第4位，较上年下降11.21个百分点，位次上升1位；科技投入指数为84.69%，高于全省平均水平5.95个百分点，居全省第4位，较上年上升13.94个百分点，位次上升2位；科技产出指数为58.72%，低于全省平均水平2.03个百分点，居全省第4位，较上年上升13.84个百分点，位次上升1位；科技促进经济社会发展指数为87.30%，高于全省平均水平2.65个百分点，居全省第3位，较上年上升8.85个百分点，位次不变（表1-9）。

表1-9　黔南州各级监测指标和位次与上年比较

指标名称	三级指标值		位次	
	2019年	2018年	2019年	2018年
综合科技创新水平指数/%	71.04	61.92	3	4
科技创新环境和基础/%	42.17	53.38	4	5
科技意识/%	20.68	60.96	3	5
万人发明专利申请量/件	1.39	2.23	4	7
科技创新条件及载体/%	63.67	45.80	5	5
万名就业人员拥有的创新机构数/个	0.06	0.04	3	4
规模以上工业企业办科研机构数占规模以上工业企业数比重/%	8.11	4.69	8	7
创新园区系数	3.68	3.25	4	4

续表

指标名称	三级指标值		位次	
	2019年	2018年	2019年	2018年
科技投入 /%	84.69	70.75	4	6
人力投入 /%	91.65	90.00	3	3
万人大专以上学历人数 / 人	808.91	811.15	2	2
万人 R&D 人员数 / 人	9.65	7.27	6	6
财力投入 /%	77.74	51.50	5	7
全社会 R&D 经费支出占地区生产总值比重 /%	0.54	0.31	6	8
财政支出中科学技术支出占公共财政预算支出比重 /%	2.07	1.81	4	5
规模以上工业企业 R&D 经费支出和技术改造经费支出占主营业务收入比重 /%	0.97	0.63	6	7
科技产出 /%	58.72	44.88	4	5
创新成果 /%	33.41	32.53	5	6
获上级部门科技奖励系数	0.38	0.20	3	6
万人发明专利授权量 / 件	0.14	0.17	8	7
万人发明专利拥有量 / 件	1.34	1.25	4	4
品牌建设 /%	50.59	34.78	5	3
品牌建设系数	202.37	139.12	5	3
高新技术产业化 /%	83.79	61.71	3	5
高新技术产业产值占工业总产值比重 /%	36.21	29.03	3	4
规模以上工业企业新产品销售收入占主营业务收入比重 /%	0.07	0.06	6	6
高新技术企业数占规模以上工业企业数比重 /%	10.92	4.90	5	5
科技促进经济社会发展 /%	87.30	78.45	3	3
经济发展方式转变 /%	85.66	73.66	3	5
全社会劳动生产率 /（万元 / 人）	7.74	6.73	3	5
综合能耗产出率 /（万元 / 吨标准煤）	1.77	1.50	4	5
环境改善 /%	93.13	93.13	5	5
环境质量指数 /%	93.01	93.01	4	4
环境污染治理指数 /%	93.21	93.21	7	7
社会生活信息化 /%	86.93	77.72	3	3
人均电信业务总量 / 元	10 776.08	5925.09	3	3
百人固定电话和移动电话用户数 / 户	126.77	122.74	3	5
万人互联网宽带接入用户数 / 户	12 473.65	11 507.55	3	3

第二部分　县（市、区、特区）科技创新评价报告

根据科技创新水平指数，可将全省 88 个县（市、区、特区）划分为 3 类（图 2-1）。

第一类：科技创新水平指数高于全省平均水平（69.63%）的县（市、区、特区）有 41 个，占全部县（市、区、特区）的 46.59%；

第二类：科技创新水平指数高于 45%，但低于全省平均水平的县（市、区、特区）有 47 个，占全部县（市、区、特区）的 53.41%；

第三类：科技创新水平指数低于 45% 的县（市、区、特区）有 0 个。

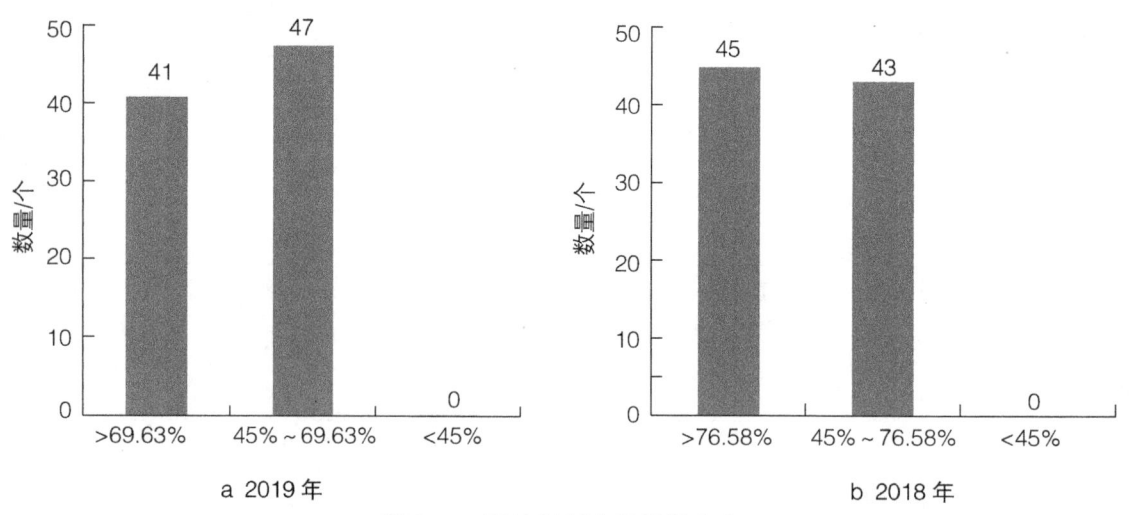

图 2-1　科技创新水平指数分布

2019 年与 2018 年监测结果相比，有 14 个县（市、区、特区）科技创新水平指数实现正增长。88 个县（市、区、特区）科技创新水平指数均在 45% 及以上，其中有 65 个县（市、区、特区）高于 60%。

参照 2018 年科技创新水平指数排序，云岩区居首位；位次上升 10 位及以上的县（市、区、特区）有 17 个，其中松桃县上升最快，较上年上升 47 位；位次下降 10 位及以上的县（市、区、特区）有 21 个，其中织金县下降最多，较上年下降 38 位（表 2-1）。

表 2-1 县（市、区、特区）科技创新水平指数排位

县（市、区、特区）	指数/%	位次	增降幅 指数/%	增降幅 位次	县（市、区、特区）	指数/%	位次	增降幅 指数/%	增降幅 位次
云岩区	98.8	1	0.8	0	安龙县	68.62	45	−12.06	−7
南明区	98.72	2	0.92	0	镇远县	68.5	46	−3.12	8
花溪区	96.54	3	−1.24	0	兴仁市	68.49	47	−11.17	−8
观山湖区	96.45	4	−0.87	0	正安县	68.43	48	−0.19	14
白云区	88.77	5	−8.4	0	思南县	68.04	49	−13.09	−12
凯里市	87.48	6	−8.18	2	息烽县	67.19	50	−16.39	−18
播州区	87.3	7	−6.6	3	习水县	66.71	51	−7.84	−2
西秀区	87.19	8	−8.38	1	织金县	66.53	52	−23.11	−38
七星关区	86.57	9	−1.08	12	湄潭县	66.51	53	0.17	18
乌当区	86.29	10	−9.81	−3	威宁县	65.55	54	−13.35	−12
清镇市	85.79	11	−6.65	0	普定县	65.18	55	−9.77	−7
碧江区	85.56	12	−1.71	11	印江县	64.48	56	4.3	21
红花岗区	84.06	13	−5.49	2	册亨县	63.62	57	−12.55	−11
福泉市	83.96	14	−3.77	6	罗甸县	63.19	58	−4.36	9
龙里县	83.21	15	−8.36	−3	三穗县	62.9	59	−9.23	−6
惠水县	82.51	16	−5.63	3	丹寨县	62.24	60	−9.18	−5
兴义市	82.49	17	−14.09	−11	石阡县	62.08	61	15.68	25
长顺县	81.83	18	7.31	32	平塘县	61.75	62	1.83	17
钟山区	81.67	19	−7.22	−1	务川县	61.66	63	−6.04	3
瓮安县	81.62	20	−3.43	8	三都县	60.74	64	−9.07	−4
都匀市	80.97	21	2.57	23	德江县	60.26	65	3.09	17
独山县	79.83	22	−2.36	12	施秉县	59.02	66	−11.77	−9
开阳县	79.44	23	−10.88	−10	晴隆县	58.5	67	−19.41	−22
盘州市	79.25	24	−5.12	6	剑河县	58.15	68	−9.93	−4
平坝区	79.1	25	−9.88	−8	镇宁县	57.9	69	−11.63	−8
玉屏县	78.33	26	−8.58	−2	麻江县	57.47	70	−7.1	3
汇川区	77.86	27	−3.72	9	望谟县	57.37	71	−17.75	−24
绥阳县	77.74	28	−8.56	−3	余庆县	55.46	72	−7.1	3
修文县	77.37	29	−11.78	−13	普安县	55.06	73	−17.32	−21
水城县	76.52	30	−2.7	10	从江县	54.93	74	−0.04	9
松桃县	75.71	31	15.63	47	台江县	54.91	75	−13.06	−10
贞丰县	75.19	32	−9.64	−3	锦屏县	53.9	76	−8.19	0

续表

县（市、区、特区）	指数/%	位次	增降幅 指数/%	增降幅 位次	县（市、区、特区）	指数/%	位次	增降幅 指数/%	增降幅 位次
六枝特区	74.07	33	8.66	39	凤冈县	53.04	77	−10.85	−3
黔西县	73.78	34	−9.06	−1	江口县	52.97	78	−15.64	−15
金沙县	73.48	35	−10.55	−4	黄平县	52.07	79	−18.67	−21
仁怀市	73.17	36	−6.05	4	天柱县	50.76	80	−20.35	−24
桐梓县	72.82	37	−12.27	−10	关岭县	50.48	81	−20.26	−23
大方县	72.72	38	−13.09	−12	紫云县	50.25	82	−8.26	−2
岑巩县	72.62	39	−9.29	−4	沿河县	49.03	83	−18.07	−14
赤水市	72.22	40	−1.32	11	黎平县	48.83	84	−5.82	0
赫章县	70.19	41	11.8	40	道真县	48.33	85	2.49	2
纳雍县	69.38	42	2.33	28	雷山县	47.61	86	−2.96	−1
万山区	69.02	43	−9.67	0	荔波县	46.69	87	−20.78	−19
贵定县	68.98	44	−18.47	−22	榕江县	45.06	88	−0.31	0

一、县（市、区、特区）科技创新一级指标评价

（一）科技投入

科技投入指数高于全省平均水平（86.61%）的县（市、区、特区）有51个，占全部县（市、区、特区）的57.95%；低于全省平均水平但高于45%的县（市、区、特区）有36个，占全部县（市、区、特区）的40.91%；低于45%的县（市、区、特区）有1个，占全部县（市、区、特区）的1.14%（图2-2）。

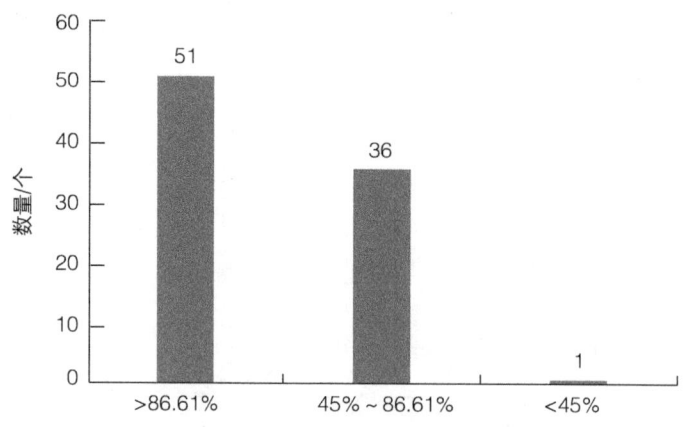

图 2-2　科技投入指数分布

2019年与2018年监测结果相比,科技投入指数平均水平比上年提高了3.24个百分点,有34个县(市、区、特区)高于这一增幅,其中石阡县增幅最大,达到70.98个百分点;有37个县(市、区、特区)呈现负增长,分别为桐梓县、贞丰县、大方县、龙里县、望谟县、白云区、花溪区、凯里市、乌当区、威宁县、织金县、万山区、晴隆县、开阳县、思南县、岑巩县、清镇市、平坝区、红花岗区、兴仁市、镇宁县、修文县、贵定县、普安县、钟山区、息烽县、金沙县、荔波县、施秉县、天柱县、江口县、剑河县、沿河县、关岭县、黄平县、汇川区、台江县。

参照2018年科技投入指数排序,位次上升10位及以上的县(市、区、特区)共计26个,其中上升较快的为赫章县,由上年的第74位上升至第1位,上升了73位;位次下降10位及以上的县(市、区、特区)共计26个,其中下降较多为荔波县,由上年的第8位下降至第71位,下降了63位。

(二)科技环境和基础

科技环境和基础指数高于全省平均水平(58.50%)的县(市、区、特区)有38个,占全部县(市、区、特区)的43.18%;低于全省平均水平但高于45%的县(市、区、特区)有43个,占全部县(市、区、特区)的48.86%;低于45%的县(市、区、特区)有7个,占全部县(市、区、特区)的7.95%(图2-3)。

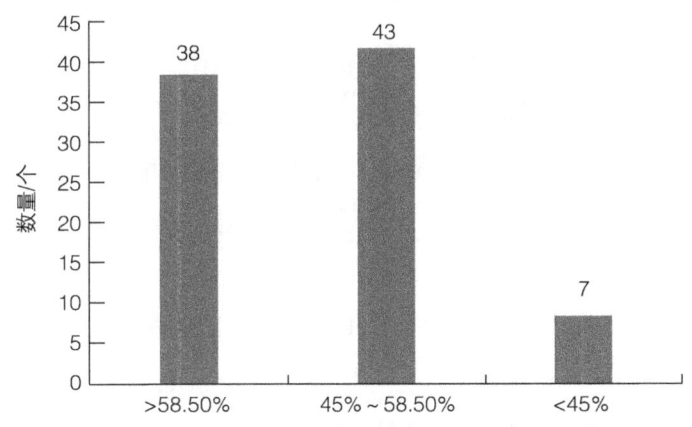

图2-3 科技环境和基础指数分布

2019年与2018年监测结果相比,有14个县(市、区、特区)科技环境和基础指数实现正增长。81个县(市、区、特区)科技环境和基础指数在45%及以上,其中有25个县(市、区、特区)高于60%。

参照2018年科技环境和基础指数排序,位次上升10位及以上的县(市、区、特区)共计31个,其中上升较快的为都匀市,由上年的第87位上升至第14位,上升了73位;位次下降10位及以上的县(市、区、特区)共计41个,其中下降较多为沿河县,由上年的第1位下降至第85位,下降了84位。

（三）科技产出

科技产出指数高于全省平均水平（62.18%）的县（市、区、特区）有41个，占全部县（市、区、特区）的46.59%；低于全省平均水平但高于45%的县（市、区、特区）有24个，占全部县（市、区、特区）的27.27%；低于45%的县（市、区、特区）有23个，占全部县（市、区、特区）的26.14%（图2-4）。

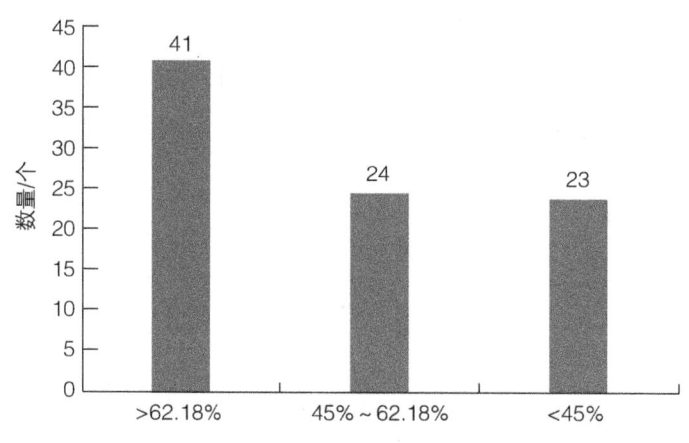

图2-4 科技产出指数分布

2019年与2018年监测结果相比，科技产出指数平均水平比上年提高了7.27个百分点，有42个县（市、区、特区）高于这一增幅，其中六枝特区增幅最大，达到33.19个百分点；有19个县（市、区、特区）呈现负增长，分别为观山湖区、凯里市、都匀市、兴义市、贵定县、习水县、台江县、丹寨县、罗甸县、织金县、普定县、安龙县、雷山县、镇宁县、册亨县、凤冈县、三都县、晴隆县、望谟县。

参照2018年科技产出指数排序，位次上升10位及以上的县（市、区、特区）共计12个，其中上升较快的为六枝特区，由上年的第72位上升至第38位，上升了34位；位次下降10位及以上的县（市、区、特区）共计12个，其中下降较多为三都县，由上年的第53位下降至第81位，下降了28位。

二、县（市、区、特区）科技创新水平评价

（一）贵阳市

1. 南明区

财政支出中科学技术支出15 946.00万元，居全省第14位。财政支出中科学技术支出占一般公共预算支出比重2.18%，居全省第33位。规模以上企业R&D人员数2183人，居全省第2位。万人规模以上企业研究与发展（R&D）人员数23.55人，居全省第13位。有R&D活动的企业11

家，居全省第33位。有R&D活动的企业占比36.67%，居全省第21位。专利申请量5342件，居全省第1位。万人专利申请量57.63件，居全省第3位。有效发明专利拥有量1159件，居全省第3位。万人有效发明专利拥有量12.50件，居全省第5位。高新技术企业数135家，居全省第3位。高新技术企业数占规模以上企业比例450.00%，居全省第2位。技术合同交易额388 145.20万元，居全省第2位。万人技术合同交易额4187.11万元，居全省第3位。高新技术产业产值53.42亿元，居全省第22位。9项增长率指标中，1项指标增长率为0或负数。

南明区综合科技创新水平指数为98.72%，居全省第2位，与上年相比监测值提高0.92个百分点，位次不变。在3个一级指标中，科技投入指数为96.35%，居全省第26位，与上年相比监测值提高1.16个百分点，上升11位。科技环境和基础指数为100.00%，居全省第1位，与上年相比监测值不变，位次不变。科技产出指数为100.00%，居全省第1位，与上年相比监测值提高1.48个百分点，上升2位（表2-2）。

表2-2　南明区各级监测指标和位次与上年比较

指标名称	二级指标值		位次	
	2019年	2018年	2019年	2018年
综合科技创新水平指数	98.72	97.80	2	2
科技投入/%	96.35	95.19	26	37
规模以上工业企业R&D经费支出增长率/%	36.08	228.75	44	23
财政支出中科学技术支出占一般公共预算支出比重/%	2.18	2.85	33	20
财政支出中科学技术支出占一般公共预算支出比重增长率/%	-23.54	-2.00	77	49
科技环境和基础/%	100.00	100.00	1	1
万人规模以上工业企业研究与发展（R&D）人员数/人	23.55	4.49	13	38
万人规模以上工业企业研究与发展（R&D）人员数增长率/%	185.15	46.38	16	28
有R&D活动的企业占比/%	36.67	26.67	21	34
有R&D活动的企业占比增长率/%	42.08	21.90	49	47
万人专利申请量/件	57.63	42.43	3	3
万人专利申请量增长率/%	26.86	53.81	14	24
科技产出/%	100.00	98.52	1	3
万人有效发明专利拥有量/件	12.50	10.92	5	6
万人有效发明专利拥有量增长率/%	14.48	8.62	37	64
高新技术企业数占规模以上企业比例/%	450.00	300.00	2	2
高新技术企业数占规模以上企业比例增长率/%	62.21	48.00	37	24
万人技术合同交易额/万元	4187.11	1479.22	3	2
万人技术合同交易额增长率/%	33.67	231.21	36	12
高新技术产业产值/亿元	53.42	16.97	22	37
高新技术产业产值增长率/%	35.00	-12.12	20	46

2. 云岩区

财政支出中科学技术支出17 187.00万元，居全省第10位。财政支出中科学技术支出占一般公共预算支出比重3.10%，居全省第12位。规模以上企业R&D人员数813人，居全省第17位。万人规模以上企业研究与发展（R&D）人员数8.46人，居全省第29位。有R&D活动的企业7家，居全省第51位。有R&D活动的企业占比28.00%，居全省第30位。专利申请量3907件，居全省第3位。万人专利申请量40.64件，居全省第4位。有效发明专利拥有量985件，居全省第4位。万人有效发明专利拥有量10.25件，居全省第7位。高新技术企业数88家，居全省第4位。高新技术企业数占规模以上企业比例352.00%，居全省第3位。技术合同交易额231 349.30万元，居全省第4位。万人技术合同交易额2406.38万元，居全省第6位。高新技术产业产值31.35亿元，居全省第32位。9项增长率指标中，3项指标增长率为0或负数。

云岩区综合科技创新水平指数为98.80%，居全省第1位，与上年相比监测值提高0.80个百分点，位次不变。在3个一级指标中，科技投入指数为100.00%，居全省第1位，与上年相比监测值提高2.86个百分点，上升20位。科技环境和基础指数为97.67%，居全省第2位，与上年相比监测值降低0.66个百分点，上升23位。科技产出指数为98.57%，居全省第2位，与上年相比监测值不变，位次不变（表2-3）。

表2-3 云岩区各级监测指标和位次与上年比较

指标名称	二级指标值		位次	
	2019年	2018年	2019年	2018年
综合科技创新水平指数	98.80	98.00	1	1
科技投入/%	100.00	97.14	1	21
规模以上工业企业R&D经费支出增长率/%	53.60	-26.88	36	67
财政支出中科学技术支出占一般公共预算支出比重/%	3.10	2.88	12	19
财政支出中科学技术支出占一般公共预算支出比重增长率/%	7.56	18.00	41	23
科技环境和基础/%	97.67	98.33	2	25
万人规模以上工业企业研究与发展（R&D）人员数/人	8.46	13.72	29	19
万人规模以上工业企业研究与发展（R&D）人员数增长率/%	-17.39	-38.23	61	66
有R&D活动的企业占比/%	28.00	37.04	30	15
有R&D活动的企业占比增长率/%	-16.00	23.46	74	46
万人专利申请量/件	40.64	33.79	4	5
万人专利申请量增长率/%	13.36	48.25	25	25
科技产出/%	98.57	98.57	2	2
万人有效发明专利拥有量/件	10.25	10.97	7	5
万人有效发明专利拥有量增长率/%	-6.60	6.68	78	70

续表

指标名称	二级指标值		位次	
	2019年	2018年	2019年	2018年
高新技术企业数占规模以上企业比例/%	352.00	296.30	3	3
高新技术企业数占规模以上企业比例增长率/%	37.74	100.00	49	8
万人技术合同交易额/万元	2406.38	385.72	6	15
万人技术合同交易额增长率/%	36.72	97.13	34	19
高新技术产业产值/亿元	31.35	32.58	32	28
高新技术产业产值增长率/%	1.42	-68.04	54	80

3. 花溪区

财政支出中科学技术支出 19 382.00 万元，居全省第 8 位。财政支出中科学技术支出占一般公共预算支出比重 1.98%，居全省第 37 位。规模以上企业 R&D 人员数 2672 人，居全省第 1 位。万人规模以上企业研究与发展（R&D）人员数 36.75 人，居全省第 6 位。有 R&D 活动的企业 38 家，居全省第 3 位。有 R&D 活动的企业占比 28.79%，居全省第 29 位。专利申请量 4987 件，居全省第 2 位。万人专利申请量 68.60 件，居全省第 2 位。有效发明专利拥有量 1842 件，居全省第 1 位。万人有效发明专利拥有量 25.34 件，居全省第 2 位。高新技术企业数 150 家，居全省第 2 位。高新技术企业数占规模以上企业比例 113.64%，居全省第 4 位。技术合同交易额 90 738.40 万元，居全省第 6 位。万人技术合同交易额 1248.12 万元，居全省第 13 位。高新技术产业产值 309.83 亿元，居全省第 2 位。9 项增长率指标中，5 项指标增长率为 0 或负数。

花溪区综合科技创新水平指数为 96.54%，居全省第 3 位，与上年相比监测值降低 1.24 个百分点，位次不变。在 3 个一级指标中，科技投入指数为 95.27%，居全省第 29 位，与上年相比监测值降低 2.19 个百分点，位次下降 13 位。科技环境和基础指数为 97.33%，居全省第 3 位，与上年相比监测值降低 2.67 个百分点，位次下降 2 位。科技产出指数为 97.14%，居全省第 6 位，与上年相比监测值提高 0.96 个百分点，位次下降 2 位（表 2-4）。

表 2-4 花溪区各级监测指标和位次与上年比较

指标名称	二级指标值		位次	
	2019年	2018年	2019年	2018年
综合科技创新水平指数	96.54	97.78	3	3
科技投入/%	95.27	97.46	29	16
规模以上工业企业 R&D 经费支出增长率/%	17.27	25.60	52	48
财政支出中科学技术支出占一般公共预算支出比重/%	1.98	2.93	37	18
财政支出中科学技术支出占一般公共预算支出比重增长率/%	-32.45	71.00	78	12

续表

指标名称	二级指标值 2019 年	二级指标值 2018 年	位次 2019 年	位次 2018 年
科技环境和基础 /%	97.33	100.00	3	1
万人规模以上工业企业研究与发展（R&D）人员数 / 人	36.75	46.19	6	5
万人规模以上工业企业研究与发展（R&D）人员数增长率 /%	-22.49	4.99	63	43
有 R&D 活动的企业占比 /%	28.79	29.71	29	27
有 R&D 活动的企业占比增长率 /%	-9.62	26.01	71	45
万人专利申请量 / 件	68.60	75.60	2	1
万人专利申请量增长率 /%	-12.19	11.82	44	52
科技产出 /%	97.14	96.18	6	4
万人有效发明专利拥有量 / 件	25.34	23.21	2	2
万人有效发明专利拥有量增长率 /%	9.18	23.26	48	46
高新技术企业数占规模以上企业比例 /%	113.64	77.04	4	4
高新技术企业数占规模以上企业比例增长率 /%	43.37	66.00	44	18
万人技术合同交易额 / 万元	1248.12	790.80	13	4
万人技术合同交易额增长率 /%	-38.98	8.20	56	27
高新技术产业产值 / 亿元	309.83	265.07	2	2
高新技术产业产值增长率 /%	11.22	-33.60	37	58

4. 乌当区

财政支出中科学技术支出 9626.00 万元，居全省第 27 位。财政支出中科学技术支出占一般公共预算支出比重 2.85%，居全省第 17 位。规模以上企业 R&D 人员数 958 人，居全省第 13 位。万人规模以上企业研究与发展（R&D）人员数 37.22 人，居全省第 5 位。有 R&D 活动的企业 25 家，居全省第 11 位。有 R&D 活动的企业占比 29.76%，居全省第 28 位。专利申请量 929 件，居全省第 14 位。万人专利申请量 36.09 件，居全省第 8 位。有效发明专利拥有量 519 件，居全省第 7 位。万人有效发明专利拥有量 20.16 件，居全省第 3 位。高新技术企业数 54 家，居全省第 7 位。高新技术企业数占规模以上企业比例 64.29%，居全省第 6 位。技术合同交易额 42478.12 万元，居全省第 11 位。万人技术合同交易额 1650.28 万元，居全省第 9 位。高新技术产业产值 156.68 亿元，居全省第 6 位。9 项增长率指标中，3 项指标增长率为 0 或负数。

乌当区综合科技创新水平指数为 86.29%，居全省第 10 位，与上年相比监测值降低 9.81 个百分点，位次下降 3 位。在 3 个一级指标中，科技投入指数为 94.60%，居全省第 31 位，与上年相比监测值降低 1.58 个百分点，上升 1 位。科技环境和基础指数为 65.37%，居全省第 16 位，与上年相比监测值降低 31.90 个百分点，上升 27 位。科技产出指数为 95.90%，居全省第 7 位，与上年相比监测值提高 0.88 个百分点，位次下降 2 位（表 2-5）。

表 2-5　乌当区各级监测指标和位次与上年比较

指标名称	二级指标值		位次	
	2019 年	2018 年	2019 年	2018 年
综合科技创新水平指数	86.29	96.10	10	7
科技投入 /%	94.60	96.18	31	32
规模以上工业企业 R&D 经费支出增长率 /%	5.47	37.52	54	45
财政支出中科学技术支出占一般公共预算支出比重 /%	2.85	3.09	17	12
财政支出中科学技术支出占一般公共预算支出比重增长率 /%	-7.80	-3.00	66	51
科技环境和基础 /%	65.37	97.27	16	43
万人规模以上工业企业研究与发展（R&D）人员数 / 人	37.22	54.63	5	3
万人规模以上工业企业研究与发展（R&D）人员数增长率 /%	-14.07	-3.61	60	48
有 R&D 活动的企业占比 /%	29.76	32.22	28	24
有 R&D 活动的企业占比增长率 /%	-3.57	11.54	68	52
万人专利申请量 / 件	36.09	26.94	8	8
万人专利申请量增长率 /%	19.74	0.79	17	58
科技产出 /%	95.90	95.02	7	5
万人有效发明专利拥有量 / 件	20.16	19.15	3	3
万人有效发明专利拥有量增长率 /%	5.32	7.53	56	68
高新技术企业数占规模以上企业比例 /%	64.29	58.02	6	5
高新技术企业数占规模以上企业比例增长率 /%	8.48	63.00	66	20
万人技术合同交易额 / 万元	1650.28	567.69	9	11
万人技术合同交易额增长率 /%	6.02	-56.77	43	45
高新技术产业产值 / 亿元	156.68	141.34	6	6
高新技术产业产值增长率 /%	5.13	-8.81	44	44

5. 白云区

财政支出中科学技术支出 68 952.00 万元，居全省第 2 位。财政支出中科学技术支出占一般公共预算支出比重 12.16%，居全省第 2 位。规模以上企业 R&D 人员数 2068 人，居全省第 4 位。万人规模以上企业研究与发展（R&D）人员数 68.66 人，居全省第 1 位。有 R&D 活动的企业 44 家，居全省第 2 位。有 R&D 活动的企业占比 33.85%，居全省第 22 位。专利申请量 1197 件，居全省第 9 位。万人专利申请量 39.74 件，居全省第 5 位。有效发明专利拥有量 575 件，居全省第 6 位。万人有效发明专利拥有量 19.09 件，居全省第 4 位。高新技术企业数 75 家，居全省第 5 位。高新技术企业数占规模以上企业比例 57.69%，居全省第 7 位。技术合同交易额 109 786.20 万元，居全省第 5 位。万人技术合同交易额 3644.96 万元，居全省第 4 位。高新技术产业产值 218.91 亿元，居全省第 3 位。9 项增长率指标中，3 项指标增长率为 0 或负数。

白云区综合科技创新水平指数为88.77%，居全省第5位，与上年相比监测值降低8.40个百分点，位次不变。在3个一级指标中，科技投入指数为96.65%，居全省第25位，与上年相比监测值降低1.16个百分点，位次下降10位。科技环境和基础指数为68.28%，居全省第13位，与上年相比监测值降低31.72个百分点，位次下降12位。科技产出指数为98.46%，居全省第4位，与上年相比监测值提高4.35个百分点，上升3位（表2-6）。

表2-6 白云区各级监测指标和位次与上年比较

指标名称	二级指标值		位次	
	2019年	2018年	2019年	2018年
综合科技创新水平指数	88.77	97.17	5	5
科技投入/%	96.65	97.81	25	15
规模以上工业企业R&D经费支出增长率/%	41.30	52.86	42	44
财政支出中科学技术支出占一般公共预算支出比重/%	12.16	14.34	2	1
财政支出中科学技术支出占一般公共预算支出比重增长率/%	-15.18	76.00	74	11
科技环境和基础/%	68.28	100.00	13	1
万人规模以上工业企业研究与发展（R&D）人员数/人	68.66	65.99	1	1
万人规模以上工业企业研究与发展（R&D）人员数增长率/%	-1.94	25.58	48	34
有R&D活动的企业占比/%	33.85	39.84	22	13
有R&D活动的企业占比增长率/%	-16.34	81.66	75	22
万人专利申请量/件	39.74	31.10	5	7
万人专利申请量增长率/%	14.91	18.92	22	46
科技产出/%	98.46	94.11	4	7
万人有效发明专利拥有量/件	19.09	14.00	4	4
万人有效发明专利拥有量增长率/%	36.40	42.01	17	29
高新技术企业数占规模以上企业比例/%	57.69	38.17	7	8
高新技术企业数占规模以上企业比例增长率/%	21.90	34.00	61	30
万人技术合同交易额/万元	3644.96	667.99	4	7
万人技术合同交易额增长率/%	122.77	-40.30	14	38
高新技术产业产值/亿元	218.91	189.68	3	4
高新技术产业产值增长率/%	15.12	0.62	33	39

6. 观山湖区

财政支出中科学技术支出96 532.00万元，居全省第1位。财政支出中科学技术支出占一般公共预算支出比重12.22%，居全省第1位。规模以上企业R&D人员数833人，居全省第16位。万人规模以上企业研究与发展（R&D）人员数22.50人，居全省第14位。有R&D活动的企业14家，居全省第27位。有R&D活动的企业占比31.82%，居全省第27位。专利申请量3486件，居全省第 4 位。万人专利申请量 94.14 件，居全省第 1 位。有效发明专利拥有量 1483 件，居全省第 2 位。万人有效发明专利拥有量 40.05 件，居全省第 1 位。高新技术企业数 260 家，居全省第 1 位。高新技术企业数占规模以上企业比例 590.91%，居全省第 1 位。技术合同交易额 468013.80 万元，居全省第 1 位。万人技术合同交易额 12638.77 万元，居全省第 1 位。高新技术产业产值 86.26 亿元，居全省第 16 位。9 项增长率指标中，4 项指标增长率为 0 或负数。

观山湖区综合科技创新水平指数为 96.45%，居全省第 4 位，与上年相比监测值降低 0.87 个百分点，位次不变。在 3 个一级指标中，科技投入指数为 97.14%，居全省第 15 位，与上年相比监测值提高 1.94 个百分点，上升 21 位。科技环境和基础指数为 93.17%，居全省第 4 位，与上年相比监测值降低 3.50 个百分点，上升 43 位。科技产出指数为 98.57%，居全省第 2 位，与上年相比监测值降低 1.43 个百分点，位次下降 1 位（表 2-7）。

表 2-7 观山湖区各级监测指标和位次与上年比较

指标名称	二级指标值		位次	
	2019 年	2018 年	2019 年	2018 年
综合科技创新水平指数	96.45	97.32	4	4
科技投入 /%	97.14	95.20	15	36
规模以上工业企业 R&D 经费支出增长率 /%	−21.22	−35.15	67	70
财政支出中科学技术支出占一般公共预算支出比重 /%	12.22	9.67	1	2
财政支出中科学技术支出占一般公共预算支出比重增长率 /%	26.41	125.00	20	6
科技环境和基础 /%	93.17	96.67	4	47
万人规模以上工业企业研究与发展（R&D）人员数 / 人	22.50	22.12	14	13
万人规模以上工业企业研究与发展（R&D）人员数增长率 /%	−8.08	−27.25	55	64
有 R&D 活动的企业占比 /%	31.82	35.00	27	19
有 R&D 活动的企业占比增长率 /%	−13.03	70.62	73	25
万人专利申请量 / 件	94.14	70.95	1	2
万人专利申请量增长率 /%	18.61	−2.08	18	62
科技产出 /%	98.57	100.00	2	1
万人有效发明专利拥有量 / 件	40.05	41.87	1	1
万人有效发明专利拥有量增长率 /%	−4.34	5.47	73	73
高新技术企业数占规模以上企业比例 /%	590.91	443.90	1	1
高新技术企业数占规模以上企业比例增长率 /%	36.11	57.00	51	22
万人技术合同交易额 / 万元	12638.77	2632.17	1	1
万人技术合同交易额增长率 /%	81.86	99.06	25	18
高新技术产业产值 / 亿元	86.26	50.97	16	19
高新技术产业产值增长率 /%	82.68	35.56	7	25

7. 开阳县

财政支出中科学技术支出 3464.00 万元,居全省第 65 位。财政支出中科学技术支出占一般公共预算支出比重 1.10%,居全省第 61 位。规模以上企业 R&D 人员数 284 人,居全省第 31 位。万人规模以上企业研究与发展(R&D)人员数 7.27 人,居全省第 30 位。有 R&D 活动的企业 12 家,居全省第 31 位。有 R&D 活动的企业占比 21.43%,居全省第 47 位。专利申请量 194 件,居全省第 34 位。万人专利申请量 4.97 件,居全省第 41 位。有效发明专利拥有量 43 件,居全省第 38 位。万人有效发明专利拥有量 1.10 件,居全省第 43 位。高新技术企业数 7 家,居全省第 29 位。高新技术企业数占规模以上企业比例 12.50%,居全省第 39 位。技术合同交易额 33 084.24 万元,居全省第 13 位。万人技术合同交易额 847.44 万元,居全省第 19 位。高新技术产业产值 114.09 亿元,居全省第 10 位。9 项增长率指标中,5 项指标增长率为 0 或负数。

开阳县综合科技创新水平指数为 79.44%,居全省第 23 位,与上年相比监测值降低 10.88 个百分点,位次下降 10 位。在 3 个一级指标中,科技投入指数为 93.71%,居全省第 37 位,与上年相比监测值降低 3.28 个百分点,位次下降 12 位。科技环境和基础指数为 57.23%,居全省第 51 位,与上年相比监测值降低 41.15 个百分点,位次下降 27 位。科技产出指数为 84.20%,居全省第 20 位,与上年相比监测值提高 7.46 个百分点,位次下降 3 位(表 2-8)。

表 2-8 开阳县各级监测指标和位次与上年比较

指标名称	二级指标值		位次	
	2019 年	2018 年	2019 年	2018 年
综合科技创新水平指数	79.44	90.32	23	13
科技投入 /%	93.71	96.99	37	25
规模以上工业企业 R&D 经费支出增长率 /%	50.90	603.48	38	17
财政支出中科学技术支出占一般公共预算支出比重 /%	1.10	0.89	61	67
财政支出中科学技术支出占一般公共预算支出比重增长率 /%	23.75	-55.00	22	76
科技环境和基础 /%	57.23	98.38	51	24
万人规模以上工业企业研究与发展(R&D)人员数 / 人	7.27	2.03	30	61
万人规模以上工业企业研究与发展(R&D)人员数增长率 /%	-2.48	211.10	49	13
有 R&D 活动的企业占比 /%	21.43	10.00	47	62
有 R&D 活动的企业占比增长率 /%	5.49	86.67	65	21
万人专利申请量 / 件	4.97	16.46	41	15
万人专利申请量增长率 /%	-73.35	0.03	83	59
科技产出 /%	84.20	76.74	20	17
万人有效发明专利拥有量 / 件	1.10	1.17	43	36
万人有效发明专利拥有量增长率 /%	-6.16	6.84	77	69

续表

指标名称	二级指标值		位次	
	2019年	2018年	2019年	2018年
高新技术企业数占规模以上企业比例 /%	12.50	4.69	39	40
高新技术企业数占规模以上企业比例增长率 /%	166.67	-6.00	12	48
万人技术合同交易额 / 万元	847.44	619.22	19	10
万人技术合同交易额增长率 /%	-78.13	0.19	76	28
高新技术产业产值 / 亿元	114.09	139.05	10	7
高新技术产业产值增长率 /%	-11.66	136.12	71	8

8. 息烽县

财政支出中科学技术支出 2507.00 万元，居全省第 73 位。财政支出中科学技术支出占一般公共预算支出比重 1.02%，居全省第 68 位。规模以上企业 R&D 人员数 65 人，居全省第 63 位。万人规模以上企业研究与发展（R&D）人员数 2.62 人，居全省第 62 位。有 R&D 活动的企业 3 家，居全省第 71 位。有 R&D 活动的企业占比 6.67%，居全省第 85 位。专利申请量 114 件，居全省第 51 位。万人专利申请量 4.60 件，居全省第 43 位。有效发明专利拥有量 52 件，居全省第 30 位。万人有效发明专利拥有量 2.10 件，居全省第 25 位。高新技术企业数 4 家，居全省第 39 位。高新技术企业数占规模以上企业比例 8.89%，居全省第 46 位。技术合同交易额 7416.04 万元，居全省第 50 位。万人技术合同交易额 299.28 万元，居全省第 44 位。高新技术产业产值 44.23 亿元，居全省第 26 位。9 项增长率指标中，4 项指标增长率为 0 或负数。

息烽县综合科技创新水平指数为 67.19%，居全省第 50 位，与上年相比监测值降低 16.39 个百分点，位次下降 18 位。在 3 个一级指标中，科技投入指数为 83.64%，居全省第 58 位，与上年相比监测值降低 6.10 个百分点，位次下降 10 位。科技环境和基础指数为 49.07%，居全省第 74 位，与上年相比监测值降低 47.60 个百分点，位次下降 27 位。科技产出指数为 66.26%，居全省第 36 位，与上年相比监测值提高 0.06 个百分点，位次下降 8 位（表 2-9）。

表 2-9 息烽县各级监测指标和位次与上年比较

指标名称	二级指标值		位次	
	2019年	2018年	2019年	2018年
综合科技创新水平指数	67.19	83.58	50	32
科技投入 /%	83.64	89.74	58	48
规模以上工业企业 R&D 经费支出增长率 /%	154.69	30.73	15	47
财政支出中科学技术支出占一般公共预算支出比重 /%	1.02	1.05	68	62
财政支出中科学技术支出占一般公共预算支出比重增长率 /%	-2.53	-45.00	56	74

续表

指标名称	二级指标值 2019年	二级指标值 2018年	位次 2019年	位次 2018年
科技环境和基础 /%	49.07	96.67	74	47
万人规模以上工业企业研究与发展（R&D）人员数 / 人	2.62	7.97	62	27
万人规模以上工业企业研究与发展（R&D）人员数增长率 /%	145.46	-15.05	22	57
有 R&D 活动的企业占比 /%	6.67	12.24	85	54
有 R&D 活动的企业占比增长率 /%	8.89	34.69	63	39
万人专利申请量 / 件	4.60	5.43	43	54
万人专利申请量增长率 /%	-21.73	-22.59	48	69
科技产出 /%	66.26	66.20	36	28
万人有效发明专利拥有量 / 件	2.10	1.73	25	25
万人有效发明专利拥有量增长率 /%	21.56	42.68	27	28
高新技术企业数占规模以上企业比例 /%	8.89	8.16	46	28
高新技术企业数占规模以上企业比例增长率 /%	8.89	100.00	65	8
万人技术合同交易额 / 万元	299.28	3.70	44	67
万人技术合同交易额增长率 /%	-26.30	0.00	49	0
高新技术产业产值 / 亿元	44.23	49.09	26	23
高新技术产业产值增长率 /%	-19.36	-72.83	81	82

9. 修文县

财政支出中科学技术支出 1888.00 万元，居全省第 76 位。财政支出中科学技术支出占一般公共预算支出比重 0.70%，居全省第 77 位。规模以上企业 R&D 人员数 1563 人，居全省第 6 位。万人规模以上企业研究与发展（R&D）人员数 54.65 人，居全省第 2 位。有 R&D 活动的企业 26 家，居全省第 10 位。有 R&D 活动的企业占比 25.49%，居全省第 37 位。专利申请量 234 件，居全省第 29 位。万人专利申请量 8.18 件，居全省第 27 位。有效发明专利拥有量 77 件，居全省第 23 位。万人有效发明专利拥有量 2.69 件，居全省第 17 位。高新技术企业数 18 家，居全省第 16 位。高新技术企业数占规模以上企业比例 17.65%，居全省第 29 位。技术合同交易额 8533.93 万元，居全省第 47 位。万人技术合同交易额 298.39 万元，居全省第 45 位。高新技术产业产值 139.91 亿元，居全省第 7 位。9 项增长率指标中，4 项指标增长率为 0 或负数。

修文县综合科技创新水平指数为 77.37%，居全省第 29 位，与上年相比监测值降低 11.78 个百分点，位次下降 13 位。在 3 个一级指标中，科技投入指数为 86.09%，居全省第 53 位，与上年相比监测值降低 5.05 个百分点，位次下降 8 位。科技环境和基础指数为 57.70%，居全省第 46 位，与上年相比监测值降低 40.63 个百分点，位次下降 21 位。科技产出指数为 85.51%，居全省第 18

位，与上年相比监测值提高 6.22 个百分点，位次下降 4 位（表 2-10）。

表 2-10　修文县各级监测指标和位次与上年比较

指标名称	二级指标值		位次	
	2019 年	2018 年	2019 年	2018 年
综合科技创新水平指数	77.37	89.15	29	16
科技投入 /%	86.09	91.14	53	45
规模以上工业企业 R&D 经费支出增长率 /%	17.99	1015.44	51	11
财政支出中科学技术支出占一般公共预算支出比重 /%	0.70	0.71	77	74
财政支出中科学技术支出占一般公共预算支出比重增长率 /%	-2.20	-59.00	54	79
科技环境和基础 /%	57.70	98.33	46	25
万人规模以上工业企业研究与发展（R&D）人员数 / 人	54.65	51.19	2	4
万人规模以上工业企业研究与发展（R&D）人员数增长率 /%	-2.96	470.76	50	10
有 R&D 活动的企业占比 /%	25.49	21.98	37	39
有 R&D 活动的企业占比增长率 /%	6.60	38.63	64	35
万人专利申请量 / 件	8.18	10.40	27	26
万人专利申请量增长率 /%	-21.56	-3.87	47	64
科技产出 /%	85.51	79.29	18	14
万人有效发明专利拥有量 / 件	2.69	2.71	17	17
万人有效发明专利拥有量增长率 /%	-0.49	18.75	69	52
高新技术企业数占规模以上企业比例 /%	17.65	9.78	29	24
高新技术企业数占规模以上企业比例增长率 /%	35.29	78.00	52	14
万人技术合同交易额 / 万元	298.39	82.34	45	33
万人技术合同交易额增长率 /%	89.20	145.77	22	14
高新技术产业产值 / 亿元	139.91	125.23	7	10
高新技术产业产值增长率 /%	11.94	71.38	36	14

10. 清镇市

财政支出中科学技术支出 5557.00 万元，居全省第 48 位。财政支出中科学技术支出占一般公共预算支出比重 1.32%，居全省第 55 位。规模以上企业 R&D 人员数 551 人，居全省第 22 位。万人规模以上企业研究与发展（R&D）人员数 10.96 人，居全省第 27 位。有 R&D 活动的企业 18 家，居全省第 21 位。有 R&D 活动的企业占比 16.67%，居全省第 60 位。专利申请量 541 件，居全省第 19 位。万人专利申请量 10.76 件，居全省第 23 位。有效发明专利拥有量 44 件，居全省第 36 位。万人有效发明专利拥有量 0.87 件，居全省第 46 位。高新技术企业数 20 家，居全省第 14 位。高新技术企业数占规模以上企业比例 18.52%，居全省第 25 位。技术合同交易额 245 685.40 万元，居全省第 3 位。万人技术合同交易额 4885.37 万元，居全省第 2 位。高新技术产业产值 49.60 亿元，居全省第 23 位。9 项增长率指标中，2 项指标增长率为 0 或负数。

清镇市综合科技创新水平指数为 85.79%，居全省第 11 位，与上年相比监测值降低 6.65 个百分点，位次不变。在 3 个一级指标中，科技投入指数为 92.41%，居全省第 43 位，与上年相比监测值降低 4.17 个百分点，位次下降 16 位。科技环境和基础指数为 63.48%，居全省第 19 位，与上年相比监测值降低 36.52 个百分点，位次下降 18 位。科技产出指数为 98.28%，居全省第 5 位，与上年相比监测值提高 16.45 个百分点，上升 7 位（表 2-11）。

表 2-11　清镇市各级监测指标和位次与上年比较

指标名称	二级指标值		位次	
	2019 年	2018 年	2019 年	2018 年
综合科技创新水平指数	85.79	92.44	11	11
科技投入 /%	92.41	96.58	43	27
规模以上工业企业 R&D 经费支出增长率 /%	60.19	81.09	33	40
财政支出中科学技术支出占一般公共预算支出比重 /%	1.32	1.35	55	52
财政支出中科学技术支出占一般公共预算支出比重增长率 /%	-2.33	16.00	55	25
科技环境和基础 /%	63.48	100.00	19	1
万人规模以上工业企业研究与发展（R&D）人员数 / 人	10.96	3.16	27	49
万人规模以上工业企业研究与发展（R&D）人员数增长率 /%	76.82	7.33	29	40
有 R&D 活动的企业占比 /%	16.67	10.75	60	58
有 R&D 活动的企业占比增长率 /%	74.07	50.54	38	29
万人专利申请量 / 件	10.76	9.21	23	32
万人专利申请量增长率 /%	13.07	146.79	26	7
科技产出 /%	98.28	81.83	5	12
万人有效发明专利拥有量 / 件	0.87	0.88	46	42
万人有效发明专利拥有量增长率 /%	-0.52	11.13	70	59
高新技术企业数占规模以上企业比例 /%	18.52	11.70	25	19
高新技术企业数占规模以上企业比例增长率 /%	58.25	55.00	38	23
万人技术合同交易额 / 万元	4885.37	62.87	2	34
万人技术合同交易额增长率 /%	307.03	28.60	10	25
高新技术产业产值 / 亿元	49.60	49.79	23	21
高新技术产业产值增长率 /%	3.29	21.47	49	28

（二）六盘水市

1. 钟山区

财政支出中科学技术支出 1139.00 万元，居全省第 82 位。财政支出中科学技术支出占一般公共预算支出比重0.32%，居全省第81位。规模以上企业R&D人员数1900人，居全省第5位。万人规模以上企业研究与发展（R&D）人员数31.00人，居全省第8位。有R&D活动的企业9家，居全省第41位。有R&D活动的企业占比13.64%，居全省第66位。专利申请量1149件，居全省第12位。万人专利申请量18.75件，居全省第13位。有效发明专利拥有量137件，居全省第14位。万人有效发明专利拥有量2.24件，居全省第22位。高新技术企业数20家，居全省第14位。高新技术企业数占规模以上企业比例30.30%，居全省第15位。技术合同交易额17967.00万元，居全省第26位。万人技术合同交易额293.15万元，居全省第46位。高新技术产业产值44.27亿元，居全省第25位。9项增长率指标中，2项指标增长率为0或负数。

钟山区综合科技创新水平指数为81.67%，居全省第19位，与上年相比监测值降低7.22个百分点，位次下降1位。在3个一级指标中，科技投入指数为83.72%，居全省第57位，与上年相比监测值降低10.49个百分点，位次下降18位。科技环境和基础指数为69.85%，居全省第10位，与上年相比监测值降低28.48个百分点，上升15位。科技产出指数为89.76%，居全省第14位，与上年相比监测值提高14.30个百分点，上升4位（表2-12）。

表2-12 钟山区各级监测指标和位次与上年比较

指标名称	二级指标值		位次	
	2019年	2018年	2019年	2018年
综合科技创新水平指数	81.67	88.89	19	18
科技投入/%	83.72	94.21	57	39
规模以上工业企业R&D经费支出增长率/%	24.92	-12.91	48	62
财政支出中科学技术支出占一般公共预算支出比重/%	0.32	4.27	81	5
财政支出中科学技术支出占一般公共预算支出比重增长率/%	-92.58	-5.00	88	54
科技环境和基础/%	69.85	98.33	10	25
万人规模以上工业企业研究与发展（R&D）人员数/人	31.00	27.57	8	10
万人规模以上工业企业研究与发展（R&D）人员数增长率/%	18.00	-20.22	45	61
有R&D活动的企业占比/%	13.64	14.61	66	47
有R&D活动的企业占比增长率/%	12.81	30.00	61	42
万人专利申请量/件	18.75	17.17	13	14
万人专利申请量增长率/%	9.71	5.50	30	55
科技产出/%	89.76	75.46	14	18
万人有效发明专利拥有量/件	2.24	2.00	22	21
万人有效发明专利拥有量增长率/%	11.73	28.68	40	39
高新技术企业数占规模以上企业比例/%	30.30	16.48	15	16
高新技术企业数占规模以上企业比例增长率/%	83.84	193.00	30	2
万人技术合同交易额/万元	293.15	5.17	46	65

续表

指标名称	二级指标值		位次	
	2019年	2018年	2019年	2018年
万人技术合同交易额增长率/%	413.74	-86.75	7	64
高新技术产业产值/亿元	44.27	72.82	25	14
高新技术产业产值增长率/%	-16.94	-12.43	78	47

2. 六枝特区

财政支出中科学技术支出 11 836.00 万元，居全省第 20 位。财政支出中科学技术支出占一般公共预算支出比重 3.13%，居全省第 11 位。规模以上企业 R&D 人员数 183 人，居全省第 41 位。万人规模以上企业研究与发展（R&D）人员数 3.61 人，居全省第 50 位。有 R&D 活动的企业 4 家，居全省第 65 位。有 R&D 活动的企业占比 13.79%，居全省第 65 位。专利申请量 230 件，居全省第 30 位。万人专利申请量 4.54 件，居全省第 44 位。有效发明专利拥有量 22 件，居全省第 51 位。万人有效发明专利拥有量 0.43 件，居全省第 63 位。高新技术企业数 2 家，居全省第 50 位。高新技术企业数占规模以上企业比例 6.90%，居全省第 53 位。技术合同交易额 3909.16 万元，居全省第 62 位。万人技术合同交易额 77.16 万元，居全省第 65 位。高新技术产业产值 21.85 亿元，居全省第 38 位。9 项增长率指标中，没有指标增长率为 0 或负数的情况。

六枝特区综合科技创新水平指数为 74.07%，居全省第 33 位，与上年相比监测值提高 8.66 个百分点，上升 39 位。在 3 个一级指标中，科技投入指数为 100.00%，居全省第 1 位，与上年相比监测值提高 22.06 个百分点，上升 60 位。科技环境和基础指数为 54.06%，居全省第 60 位，与上年相比监测值降低 35.61 个百分点，上升 6 位。科技产出指数为 65.29%，居全省第 38 位，与上年相比监测值提高 33.19 个百分点，上升 34 位（表 2-13）。

表 2-13 六枝特区各级监测指标和位次与上年比较

指标名称	二级指标值		位次	
	2019年	2018年	2019年	2018年
综合科技创新水平指数	74.07	65.41	33	72
科技投入/%	100.00	77.94	1	61
规模以上工业企业 R&D 经费支出增长率/%	139.48	-92.88	17	82
财政支出中科学技术支出占一般公共预算支出比重/%	3.13	1.46	11	49
财政支出中科学技术支出占一般公共预算支出比重增长率/%	113.86	-20.00	5	67
科技环境和基础/%	54.06	89.67	60	66
万人规模以上工业企业研究与发展（R&D）人员数/人	3.61	1.19	50	71
万人规模以上工业企业研究与发展（R&D）人员数增长率/%	82.60	-75.58	27	78

续表

指标名称	二级指标值		位次	
	2019年	2018年	2019年	2018年
有R&D活动的企业占比/%	13.79	5.00	65	73
有R&D活动的企业占比增长率/%	185.06	35.00	18	37
万人专利申请量/件	4.54	3.07	44	73
万人专利申请量增长率/%	47.12	137.75	9	8
科技产出/%	65.29	32.10	38	72
万人有效发明专利拥有量/件	0.43	0.42	63	61
万人有效发明专利拥有量增长率/%	4.53	10.20	57	62
高新技术企业数占规模以上企业比例/%	6.90	3.23	53	54
高新技术企业数占规模以上企业比例增长率/%	113.79	-3.00	18	46
万人技术合同交易额/万元	77.16	0.40	65	81
万人技术合同交易额增长率/%	18.03	298.81	40	11
高新技术产业产值/亿元	21.85	1.41	38	71
高新技术产业产值增长率/%	2.15	-59.83	53	77

3. 水城县

财政支出中科学技术支出4972.00万元，居全省第51位。财政支出中科学技术支出占一般公共预算支出比重0.79%，居全省第76位。规模以上企业R&D人员数1137人，居全省第11位。万人规模以上企业研究与发展（R&D）人员数14.95人，居全省第23位。有R&D活动的企业24家，居全省第12位。有R&D活动的企业占比22.86%，居全省第44位。专利申请量312件，居全省第24位。万人专利申请量4.10件，居全省第50位。有效发明专利拥有量35件，居全省第41位。万人有效发明专利拥有量0.46件，居全省第59位。高新技术企业数5家，居全省第32位。高新技术企业数占规模以上企业比例4.76%，居全省第60位。技术合同交易额64347.38万元，居全省第8位。万人技术合同交易额846.12万元，居全省第20位。高新技术产业产值94.83亿元，居全省第15位。9项增长率指标中，5项指标增长率为0或负数。

水城县综合科技创新水平指数为76.52%，居全省第30位，与上年相比监测值降低2.70个百分点，上升10位。在3个一级指标中，科技投入指数为85.71%，居全省第54位，与上年相比监测值提高2.28个百分点，上升1位。科技环境和基础指数为58.66%，居全省第35位，与上年相比监测值降低32.67个百分点，上升28位。科技产出指数为82.65%，居全省第25位，与上年相比监测值提高18.03个百分点，上升5位（表2-14）。

表 2-14 水城县各级监测指标和位次与上年比较

指标名称	二级指标值		位次	
	2019 年	2018 年	2019 年	2018 年
综合科技创新水平指数	76.52	79.22	30	40
科技投入 /%	85.71	83.43	54	55
规模以上工业企业 R&D 经费支出增长率 /%	−19.68	−81.45	66	76
财政支出中科学技术支出占一般公共预算支出比重 /%	0.79	1.71	76	44
财政支出中科学技术支出占一般公共预算支出比重增长率 /%	−54.05	−7.00	83	60
科技环境和基础 /%	58.66	91.33	35	63
万人规模以上工业企业研究与发展（R&D）人员数 / 人	14.95	1.20	23	70
万人规模以上工业企业研究与发展（R&D）人员数增长率 /%	−24.51	−81.63	66	81
有 R&D 活动的企业占比 /%	22.86	4.17	44	76
有 R&D 活动的企业占比增长率 /%	−26.74	−41.67	78	72
万人专利申请量 / 件	4.10	1.20	50	86
万人专利申请量增长率 /%	144.51	−29.09	2	73
科技产出 /%	82.65	64.62	25	30
万人有效发明专利拥有量 / 件	0.46	0.44	59	60
万人有效发明专利拥有量增长率 /%	5.56	56.73	55	22
高新技术企业数占规模以上企业比例 /%	4.76	4.00	60	47
高新技术企业数占规模以上企业比例增长率 /%	19.05	140.00	62	6
万人技术合同交易额 / 万元	846.12	1.85	20	78
万人技术合同交易额增长率 /%	4723.09	1296.30	1	6
高新技术产业产值 / 亿元	94.83	48.74	15	24
高新技术产业产值增长率 /%	−8.05	−29.91	66	54

4. 盘州市

财政支出中科学技术支出 34 184.00 万元，居全省第 4 位。财政支出中科学技术支出占一般公共预算支出比重 3.05%，居全省第 13 位。规模以上企业 R&D 人员数 1540 人，居全省第 7 位。万人规模以上企业研究与发展（R&D）人员数 14.39 人，居全省第 24 位。有 R&D 活动的企业 14 家，居全省第 27 位。有 R&D 活动的企业占比 7.33%，居全省第 83 位。专利申请量 737 件，居全省第 17 位。万人专利申请量 6.88 件，居全省第 31 位。有效发明专利拥有量 69 件，居全省第 25 位。万人有效发明专利拥有量 0.64 件，居全省第 51 位。高新技术企业数 9 家，居全省第 25 位。高新技术企业数占规模以上企业比例 4.71%，居全省第 61 位。技术合同交易额 5419.43 万元，居全省第 55 位。万人技术合同交易额 50.63 万元，居全省第 69 位。高新技术产业产值 111.58 亿元，居全省第 12 位。9 项增长率指标中，2 项指标增长率为 0 或负数。

盘州市综合科技创新水平指数为79.25%，居全省第24位，与上年相比监测值降低5.12个百分点，上升6位。在3个一级指标中，科技投入指数为97.26%，居全省第14位，与上年相比监测值提高3.13个百分点，上升26位。科技环境和基础指数为64.95%，居全省第17位，与上年相比监测值降低33.38个百分点，上升8位。科技产出指数为73.49%，居全省第34位，与上年相比监测值提高10.85个百分点，上升2位（表2-15）。

表2-15 盘州市各级监测指标和位次与上年比较

指标名称	二级指标值		位次	
	2019年	2018年	2019年	2018年
综合科技创新水平指数	79.25	84.37	24	30
科技投入/%	97.26	94.13	14	40
规模以上工业企业R&D经费支出增长率/%	2.12	-5.78	56	60
财政支出中科学技术支出占一般公共预算支出比重/%	3.05	1.93	13	39
财政支出中科学技术支出占一般公共预算支出比重增长率/%	57.48	-5.00	10	54
科技环境和基础/%	64.95	98.33	17	25
万人规模以上工业企业研究与发展（R&D）人员数/人	14.39	5.93	24	31
万人规模以上工业企业研究与发展（R&D）人员数增长率/%	52.61	-64.38	33	73
有R&D活动的企业占比/%	7.33	6.56	83	71
有R&D活动的企业占比增长率/%	-42.28	0.00	81	0
万人专利申请量/件	6.88	5.08	31	57
万人专利申请量增长率/%	36.81	151.74	11	6
科技产出/%	73.49	62.64	34	36
万人有效发明专利拥有量/件	0.64	0.54	51	53
万人有效发明专利拥有量增长率/%	18.37	51.99	33	25
高新技术企业数占规模以上企业比例/%	4.71	2.65	61	59
高新技术企业数占规模以上企业比例增长率/%	78.12	142.00	32	5
万人技术合同交易额/万元	50.63	4.98	69	66
万人技术合同交易额增长率/%	-40.76	-63.17	58	51
高新技术产业产值/亿元	111.58	75.44	12	13
高新技术产业产值增长率/%	47.91	-16.36	16	49

（三）遵义市

1. 红花岗区

财政支出中科学技术支出6031.00万元，居全省第46位。财政支出中科学技术支出占一般公共预算支出比重0.80%，居全省第73位。规模以上企业R&D人员数489人，居全省第26位。万人规模以上企业研究与发展（R&D）人员数5.64人，居全省第39位。有R&D活动的企业17家，居全省第 22 位。有 R&D 活动的企业占比 18.89%，居全省第 56 位。专利申请量 1726 件，居全省第 6 位。万人专利申请量 19.91 件，居全省第 11 位。有效发明专利拥有量 361 件，居全省第 9 位。万人有效发明专利拥有量 4.16 件，居全省第 12 位。高新技术企业数 50 家，居全省第 8 位。高新技术企业数占规模以上企业比例 55.56%，居全省第 8 位。技术合同交易额 27 137.87 万元，居全省第 19 位。万人技术合同交易额 313.08 万元，居全省第 42 位。高新技术产业产值 130.14 亿元，居全省第 9 位。9 项增长率指标中，4 项指标增长率为 0 或负数。

红花岗区综合科技创新水平指数为 84.06%，居全省第 13 位，与上年相比监测值降低 5.49 个百分点，上升 2 位。在 3 个一级指标中，科技投入指数为 88.69%，居全省第 49 位，与上年相比监测值降低 2.31 个百分点，位次下降 3 位。科技环境和基础指数为 74.03%，居全省第 6 位，与上年相比监测值降低 23.21 个百分点，上升 38 位。科技产出指数为 88.02%，居全省第 15 位，与上年相比监测值提高 6.51 个百分点，位次下降 2 位（表 2-16）。

表 2-16　红花岗区各级监测指标和位次与上年比较

指标名称	二级指标值		位次	
	2019 年	2018 年	2019 年	2018 年
综合科技创新水平指数	84.06	89.55	13	15
科技投入 /%	88.69	91.00	49	46
规模以上工业企业 R&D 经费支出增长率 /%	-25.99	2.11	68	56
财政支出中科学技术支出占一般公共预算支出比重 /%	0.80	0.68	73	76
财政支出中科学技术支出占一般公共预算支出比重增长率 /%	17.85	-59.00	28	79
科技环境和基础 /%	74.03	97.24	6	44
万人规模以上工业企业研究与发展（R&D）人员数 / 人	5.64	8.02	39	25
万人规模以上工业企业研究与发展（R&D）人员数增长率 /%	-51.50	0.62	78	46
有 R&D 活动的企业占比 /%	18.89	8.89	56	64
有 R&D 活动的企业占比增长率 /%	-25.49	0.74	77	55
万人专利申请量 / 件	19.91	16.26	11	16
万人专利申请量增长率 /%	18.29	57.98	20	20
科技产出 /%	88.02	81.51	15	13
万人有效发明专利拥有量 / 件	4.16	3.45	12	14
万人有效发明专利拥有量增长率 /%	20.79	13.61	30	57
高新技术企业数占规模以上企业比例 /%	55.56	56.34	8	6
高新技术企业数占规模以上企业比例增长率 /%	16.01	69.00	63	16
万人技术合同交易额 / 万元	313.08	51.16	42	37
万人技术合同交易额增长率 /%	-74.00	-66.56	72	52
高新技术产业产值 / 亿元	130.14	137.74	9	8
高新技术产业产值增长率 /%	0.08	-52.89	57	71

2. 汇川区

财政支出中科学技术支出539.00万元，居全省第85位。财政支出中科学技术支出占一般公共预算支出比重0.14%，居全省第86位。规模以上企业R&D人员数935人，居全省第14位。万人规模以上企业研究与发展（R&D）人员数16.12人，居全省第21位。有R&D活动的企业33家，居全省第5位。有R&D活动的企业占比41.77%，居全省第17位。专利申请量2110件，居全省第5位。万人专利申请量36.37件，居全省第7位。有效发明专利拥有量646件，居全省第5位。万人有效发明专利拥有量11.13件，居全省第6位。高新技术企业数59家，居全省第6位。高新技术企业数占规模以上企业比例74.68%，居全省第5位。技术合同交易额15310.78万元，居全省第33位。万人技术合同交易额263.89万元，居全省第51位。高新技术产业产值104.97亿元，居全省第13位。9项增长率指标中，5项指标增长率为0或负数。

汇川区综合科技创新水平指数为77.86%，居全省第27位，与上年相比监测值降低3.72个百分点，上升9位。在3个一级指标中，科技投入指数为67.86%，居全省第83位，与上年相比监测值降低2.12个百分点，位次下降7位。科技环境和基础指数为78.54%，居全省第5位，与上年相比监测值降低19.79个百分点，上升20位。科技产出指数为87.27%，居全省第17位，与上年相比监测值提高8.46个百分点，位次下降2位（表2-17）。

表2-17 汇川区各级监测指标和位次与上年比较

指标名称	二级指标值		位次	
	2019年	2018年	2019年	2018年
综合科技创新水平指数	77.86	81.58	27	36
科技投入/%	67.86	69.98	83	76
规模以上工业企业R&D经费支出增长率/%	-16.11	66.27	63	42
财政支出中科学技术支出占一般公共预算支出比重/%	0.14	0.36	86	82
财政支出中科学技术支出占一般公共预算支出比重增长率/%	-61.09	-74.00	84	84
科技环境和基础/%	78.54	98.33	5	25
万人规模以上工业企业研究与发展（R&D）人员数/人	16.12	19.04	21	16
万人规模以上工业企业研究与发展（R&D）人员数增长率/%	-26.73	5.63	69	42
有R&D活动的企业占比/%	41.77	23.71	17	37
有R&D活动的企业占比增长率/%	34.60	-14.85	55	66
万人专利申请量/件	36.37	36.88	7	4
万人专利申请量增长率/%	-5.11	8.56	38	53
科技产出/%	87.27	78.81	17	15
万人有效发明专利拥有量/件	11.13	10.22	6	7
万人有效发明专利拥有量增长率/%	8.99	19.35	49	51
高新技术企业数占规模以上企业比例/%	74.68	51.72	5	7

续表

指标名称	二级指标值		位次	
	2019 年	2018 年	2019 年	2018 年
高新技术企业数占规模以上企业比例增长率 /%	38.24	32.00	47	31
万人技术合同交易额 / 万元	263.89	60.29	51	36
万人技术合同交易额增长率 /%	−52.10	−81.35	61	61
高新技术产业产值 / 亿元	104.97	72.23	13	15
高新技术产业产值增长率 /%	14.88	−39.61	34	62

3. 播州区

财政支出中科学技术支出 8830.00 万元，居全省第 35 位。财政支出中科学技术支出占一般公共预算支出比重 1.81%，居全省第 43 位。规模以上企业 R&D 人员数 1147 人，居全省第 10 位。万人规模以上企业研究与发展（R&D）人员数 16.58 人，居全省第 20 位。有 R&D 活动的企业 53 家，居全省第 1 位。有 R&D 活动的企业占比 43.09%，居全省第 14 位。专利申请量 788 件，居全省第 16 位。万人专利申请量 11.39 件，居全省第 20 位。有效发明专利拥有量 158 件，居全省第 12 位。万人有效发明专利拥有量 2.28 件，居全省第 21 位。高新技术企业数 31 家，居全省第 10 位。高新技术企业数占规模以上企业比例 25.20%，居全省第 18 位。技术合同交易额 31 845.11 万元，居全省第 16 位。万人技术合同交易额 460.32 万元，居全省第 35 位。高新技术产业产值 189.26 亿元，居全省第 5 位。9 项增长率指标中，1 项指标增长率为 0 或负数。

播州区综合科技创新水平指数为 87.30%，居全省第 7 位，与上年相比监测值降低 6.60 个百分点，上升 3 位。在 3 个一级指标中，科技投入指数为 98.83%，居全省第 12 位，与上年相比监测值提高 2.45 个百分点，上升 18 位。科技环境和基础指数为 66.17%，居全省第 15 位，与上年相比监测值降低 33.83 个百分点，位次下降 14 位。科技产出指数为 93.88%，居全省第 8 位，与上年相比监测值提高 7.67 个百分点，上升 3 位（表 2-18）。

表 2-18 播州区各级监测指标和位次与上年比较

指标名称	二级指标值		位次	
	2019 年	2018 年	2019 年	2018 年
综合科技创新水平指数	87.30	93.90	7	10
科技投入 /%	98.83	96.38	12	30
规模以上工业企业 R&D 经费支出增长率 /%	70.36	1310.95	32	9
财政支出中科学技术支出占一般公共预算支出比重 /%	1.81	1.54	43	48
财政支出中科学技术支出占一般公共预算支出比重增长率 /%	17.30	−1.00	29	48
科技环境和基础 /%	66.17	100.00	15	1

续表

指标名称	二级指标值 2019年	二级指标值 2018年	位次 2019年	位次 2018年
万人规模以上工业企业研究与发展（R&D）人员数/人	16.58	20.52	20	15
万人规模以上工业企业研究与发展（R&D）人员数增长率/%	41.30	1178.02	36	4
有R&D活动的企业占比/%	43.09	47.98	14	9
有R&D活动的企业占比增长率/%	115.45	913.51	27	4
万人专利申请量/件	11.39	10.01	20	28
万人专利申请量增长率/%	11.10	19.42	28	45
科技产出/%	93.88	86.21	8	11
万人有效发明专利拥有量/件	2.28	2.09	21	19
万人有效发明专利拥有量增长率/%	9.21	30.24	47	38
高新技术企业数占规模以上企业比例/%	25.20	11.50	18	20
高新技术企业数占规模以上企业比例增长率/%	101.63	17.00	21	36
万人技术合同交易额/万元	460.32	127.42	35	27
万人技术合同交易额增长率/%	-9.76	41.16	47	21
高新技术产业产值/亿元	189.26	175.81	5	5
高新技术产业产值增长率/%	7.88	101.27	39	10

4. 桐梓县

财政支出中科学技术支出9395.00万元，居全省第29位。财政支出中科学技术支出占一般公共预算支出比重1.88%，居全省第40位。规模以上企业R&D人员数99人，居全省第54位。万人规模以上企业研究与发展（R&D）人员数1.86人，居全省第69位。有R&D活动的企业4家，居全省第65位。有R&D活动的企业占比9.76%，居全省第81位。专利申请量280件，居全省第26位。万人专利申请量5.26件，居全省第37位。有效发明专利拥有量68件，居全省第26位。万人有效发明专利拥有量1.28件，居全省第35位。高新技术企业数4家，居全省第39位。高新技术企业数占规模以上企业比例9.76%，居全省第42位。技术合同交易额2425.00万元，居全省第67位。万人技术合同交易额45.56万元，居全省第70位。高新技术产业产值21.75亿元，居全省第39位。9项增长率指标中，3项指标增长率为0或负数。

桐梓县综合科技创新水平指数为72.82%，居全省第37位，与上年相比监测值降低12.27个百分点，位次下降10位。在3个一级指标中，科技投入指数为99.20%，居全省第11位，与上年相比监测值降低0.76个百分点，位次下降7位。科技环境和基础指数为52.42%，居全省第63位，与上年相比监测值降低40.14个百分点，位次下降2位。科技产出指数为63.94%，居全省第40位，与上年相比监测值提高0.12个百分点，位次下降8位（表2-19）。

表 2-19 桐梓县各级监测指标和位次与上年比较

指标名称	二级指标值		位次	
	2019 年	2018 年	2019 年	2018 年
综合科技创新水平指数	72.82	85.09	37	27
科技投入 /%	99.20	99.96	11	4
规模以上工业企业 R&D 经费支出增长率 /%	47.08	224.49	40	24
财政支出中科学技术支出占一般公共预算支出比重 /%	1.88	1.79	40	43
财政支出中科学技术支出占一般公共预算支出比重增长率 /%	5.02	52.00	44	17
科技环境和基础 /%	52.42	92.56	63	61
万人规模以上工业企业研究与发展（R&D）人员数 / 人	1.86	4.10	69	42
万人规模以上工业企业研究与发展（R&D）人员数增长率 /%	-54.01	140.75	80	14
有 R&D 活动的企业占比 /%	9.76	8.33	81	67
有 R&D 活动的企业占比增长率 /%	14.63	27.78	60	44
万人专利申请量 / 件	5.26	5.59	37	52
万人专利申请量增长率 /%	-7.82	-28.09	39	72
科技产出 /%	63.94	63.82	40	32
万人有效发明专利拥有量 / 件	1.28	0.93	35	41
万人有效发明专利拥有量增长率 /%	37.97	112.72	15	10
高新技术企业数占规模以上企业比例 /%	9.76	8.51	42	27
高新技术企业数占规模以上企业比例增长率 /%	14.63	-18.00	64	56
万人技术合同交易额 / 万元	45.56	139.46	70	25
万人技术合同交易额增长率 /%	-68.46	0.00	68	0
高新技术产业产值 / 亿元	21.75	10.41	39	48
高新技术产业产值增长率 /%	2.16	-37.63	52	61

5. 绥阳县

财政支出中科学技术支出 3010.00 万元，居全省第 68 位。财政支出中科学技术支出占一般公共预算支出比重 1.07%，居全省第 65 位。规模以上企业 R&D 人员数 184 人，居全省第 40 位。万人规模以上企业研究与发展（R&D）人员数 4.76 人，居全省第 44 位。有 R&D 活动的企业 14 家，居全省第 27 位。有 R&D 活动的企业占比 45.16%，居全省第 13 位。专利申请量 194 件，居全省第 34 位。万人专利申请量 5.02 件，居全省第 40 位。有效发明专利拥有量 161 件，居全省第 11 位。万人有效发明专利拥有量 4.16 件，居全省第 13 位。高新技术企业数 17 家，居全省第 17 位。高新技术企业数占规模以上企业比例 54.84%，居全省第 9 位。技术合同交易额 1752.68 万元，居全省第 73 位。万人技术合同交易额 45.34 万元，居全省第 71 位。高新技术产业产值 12.85 亿元，居全省第 46 位。9 项增长率指标中，1 项指标增长率为 0 或负数。

绥阳县综合科技创新水平指数为 77.74%，居全省第 28 位，与上年相比监测值降低 8.56 个百分点，位次下降 3 位。在 3 个一级指标中，科技投入指数为 93.44%，居全省第 40 位，与上年相比监测值提高 3.65 个百分点，上升 7 位。科技环境和基础指数为 59.38%，居全省第 27 位，与上年相比监测值降低 35.62 个百分点，上升 29 位。科技产出指数为 77.77%，居全省第 29 位，与上年相比监测值提高 2.41 个百分点，位次下降 10 位（表 2-20）。

表 2-20 绥阳县各级监测指标和位次与上年比较

指标名称	二级指标值		位次	
	2019 年	2018 年	2019 年	2018 年
综合科技创新水平指数	77.74	86.30	28	25
科技投入 /%	93.44	89.79	40	47
规模以上工业企业 R&D 经费支出增长率 /%	339.13	622.07	11	16
财政支出中科学技术支出占一般公共预算支出比重 /%	1.07	0.81	65	71
财政支出中科学技术支出占一般公共预算支出比重增长率 /%	31.80	0.00	19	45
科技环境和基础 /%	59.38	95.00	27	56
万人规模以上工业企业研究与发展（R&D）人员数 / 人	4.76	2.26	44	57
万人规模以上工业企业研究与发展（R&D）人员数增长率 /%	177.42	-8.61	18	52
有 R&D 活动的企业占比 /%	45.16	7.23	13	69
有 R&D 活动的企业占比增长率 /%	316.49	-18.67	10	68
万人专利申请量 / 件	5.02	8.11	40	37
万人专利申请量增长率 /%	-40.23	-8.96	59	66
科技产出 /%	77.77	75.36	29	19
万人有效发明专利拥有量 / 件	4.16	3.82	13	13
万人有效发明专利拥有量增长率 /%	8.99	68.61	50	18
高新技术企业数占规模以上企业比例 /%	54.84	18.07	9	13
高新技术企业数占规模以上企业比例增长率 /%	203.44	67.00	9	17
万人技术合同交易额 / 万元	45.34	0.52	71	80
万人技术合同交易额增长率 /%	945.60	-99.76	3	78
高新技术产业产值 / 亿元	12.85	15.10	46	40
高新技术产业产值增长率 /%	0.71	-46.45	55	67

6. 正安县

财政支出中科学技术支出 9070.00 万元，居全省第 34 位。财政支出中科学技术支出占一般公共预算支出比重 1.70%，居全省第 46 位。规模以上企业 R&D 人员数 269 人，居全省第 33 位。万人规模以上企业研究与发展（R&D）人员数 6.89 人，居全省第 33 位。有 R&D 活动的企业 19 家，居全省第 20 位。有 R&D 活动的企业占比 40.43%，居全省第 18 位。专利申请量 366 件，居全省第 21 位。万人专利申请量 9.37 件，居全省第 25 位。有效发明专利拥有量 44 件，居全省第 36 位。万人有效发明专利拥有量 1.13 件，居全省第 42 位。高新技术企业数 4 家，居全省第 39 位。高新技术企业数占规模以上企业比例 8.51%，居全省第 47 位。技术合同交易额 5273.07 万元，居全省第 57 位。万人技术合同交易额 135.03 万元，居全省第 59 位。高新技术产业产值 0.70 亿元，居全省第 75 位。9 项增长率指标中，1 项指标增长率为 0 或负数。

正安县综合科技创新水平指数为 68.43%，居全省第 48 位，与上年相比监测值降低 0.19 个百分点，上升 14 位。在 3 个一级指标中，科技投入指数为 93.64%，居全省第 39 位，与上年相比监测值提高 9.64 个百分点，上升 14 位。科技环境和基础指数为 61.25%，居全省第 21 位，与上年相比监测值降低 38.75 个百分点，位次下降 20 位。科技产出指数为 49.38%，居全省第 60 位，与上年相比监测值提高 23.05 个百分点，上升 19 位（表 2-21）。

表 2-21 正安县各级监测指标和位次与上年比较

指标名称	二级指标值		位次	
	2019 年	2018 年	2019 年	2018 年
综合科技创新水平指数	68.43	68.62	48	62
科技投入 /%	93.64	84.00	39	53
规模以上工业企业 R&D 经费支出增长率 /%	20.31	32.43	50	46
财政支出中科学技术支出占一般公共预算支出比重 /%	1.70	1.57	46	47
财政支出中科学技术支出占一般公共预算支出比重增长率 /%	8.54	2.00	38	39
科技环境和基础 /%	61.25	100.00	21	1
万人规模以上工业企业研究与发展（R&D）人员数 / 人	6.89	4.16	33	39
万人规模以上工业企业研究与发展（R&D）人员数增长率 /%	48.91	99.54	35	21
有 R&D 活动的企业占比 /%	40.43	15.58	18	46
有 R&D 活动的企业占比增长率 /%	148.77	168.83	23	10
万人专利申请量 / 件	9.37	12.49	25	21
万人专利申请量增长率 /%	-26.62	32.12	51	38
科技产出 /%	49.38	26.33	60	79
万人有效发明专利拥有量 / 件	1.13	0.67	42	48
万人有效发明专利拥有量增长率 /%	68.62	116.17	5	9
高新技术企业数占规模以上企业比例 /%	8.51	0.00	47	68
高新技术企业数占规模以上企业比例增长率 /%	580.85	0.00	2	0
万人技术合同交易额 / 万元	135.03	16.58	59	51
万人技术合同交易额增长率 /%	618.47	-88.14	5	66
高新技术产业产值 / 亿元	0.70	0.23	75	86
高新技术产业产值增长率 /%	2.94	-73.56	50	83

7. 道真县

财政支出中科学技术支出259.00万元，居全省第88位。财政支出中科学技术支出占一般公共预算支出比重0.10%，居全省第87位。规模以上企业R&D人员数90人，居全省第58位。万人规模以上企业研究与发展（R&D）人员数3.62人，居全省第49位。有R&D活动的企业10家，居全省第39位。有R&D活动的企业占比25.64%，居全省第36位。专利申请量190件，居全省第37位。万人专利申请量7.63件，居全省第30位。有效发明专利拥有量31件，居全省第45位。万人有效发明专利拥有量1.25件，居全省第39位。高新技术企业数5家，居全省第32位。高新技术企业数占规模以上企业比例12.82%，居全省第38位。技术合同交易额508.90万元，居全省第85位。万人技术合同交易额20.45万元，居全省第82位。高新技术产业产值5.75亿元，居全省第53位。9项增长率指标中，4项指标增长率为0或负数。

道真县综合科技创新水平指数为48.33%，居全省第85位，与上年相比监测值提高2.49个百分点，上升2位。在3个一级指标中，科技投入指数为36.00%，居全省第88位，与上年相比监测值提高23.14个百分点，位次不变。科技环境和基础指数为59.33%，居全省第28位，与上年相比监测值降低22.45个百分点，上升53位。科技产出指数为51.22%，居全省第56位，与上年相比监测值提高3.20个百分点，位次下降5位（表2-22）。

表2-22 道真县各级监测指标和位次与上年比较

指标名称	二级指标值		位次	
	2019年	2018年	2019年	2018年
综合科技创新水平指数	48.33	45.84	85	87
科技投入/%	36.00	12.86	88	88
规模以上工业企业R&D经费支出增长率/%	28.02	-19.17	46	64
财政支出中科学技术支出占一般公共预算支出比重/%	0.10	0.12	87	85
财政支出中科学技术支出占一般公共预算支出比重增长率/%	-21.91	-93.00	76	86
科技环境和基础/%	59.33	81.78	28	81
万人规模以上工业企业研究与发展（R&D）人员数/人	3.62	0.60	49	78
万人规模以上工业企业研究与发展（R&D）人员数增长率/%	22.84	49.58	41	26
有R&D活动的企业占比/%	25.64	1.82	36	86
有R&D活动的企业占比增长率/%	43.59	-3.64	47	60
万人专利申请量/件	7.63	12.58	30	20
万人专利申请量增长率/%	-38.93	75.77	57	17
科技产出/%	51.22	48.02	56	51
万人有效发明专利拥有量/件	1.25	0.81	39	44
万人有效发明专利拥有量增长率/%	54.44	398.59	7	1

续表

指标名称	二级指标值		位次	
	2019 年	2018 年	2019 年	2018 年
高新技术企业数占规模以上企业比例 /%	12.82	5.36	38	37
高新技术企业数占规模以上企业比例增长率 /%	139.32	195.00	14	1
万人技术合同交易额 / 万元	20.45	0.00	82	84
万人技术合同交易额增长率 /%	-40.41	-100.00	57	79
高新技术产业产值 / 亿元	5.75	6.89	53	52
高新技术产业产值增长率 /%	-13.66	-17.68	76	50

8. 务川县

财政支出中科学技术支出8000.00万元，居全省第37位。财政支出中科学技术支出占一般公共预算支出比重1.98%，居全省第38位。规模以上企业R&D人员数99人，居全省第54位。万人规模以上企业研究与发展（R&D）人员数3.04人，居全省第58位。有R&D活动的企业9家，居全省第41位。有R&D活动的企业占比64.29%，居全省第3位。专利申请量113件，居全省第52位。万人专利申请量3.47件，居全省第56位。有效发明专利拥有量50件，居全省第31位。万人有效发明专利拥有量1.54件，居全省第33位。高新技术企业数1家，居全省第60位。高新技术企业数占规模以上企业比例7.14%，居全省第52位。技术合同交易额1259.04万元，居全省第77位。万人技术合同交易额38.72万元，居全省第73位。高新技术产业产值1.70亿元，居全省第70位。9项增长率指标中，2项指标增长率为0或负数。

务川县综合科技创新水平指数为61.66%，居全省第63位，与上年相比监测值降低6.04个百分点，上升3位。在3个一级指标中，科技投入指数为83.35%，居全省第60位，与上年相比监测值提高3.49个百分点，位次下降3位。科技环境和基础指数为58.50%，居全省第38位，与上年相比监测值降低26.81个百分点，上升35位。科技产出指数为42.69%，居全省第67位，与上年相比监测值提高2.26个百分点，位次下降7位（表2-23）。

表2-23 务川县各级监测指标和位次与上年比较

指标名称	二级指标值		位次	
	2019 年	2018 年	2019 年	2018 年
综合科技创新水平指数	61.66	67.70	63	66
科技投入 /%	83.35	79.86	60	57
规模以上工业企业 R&D 经费支出增长率 /%	88.15	0.00	27	0
财政支出中科学技术支出占一般公共预算支出比重 /%	1.98	2.09	38	34
财政支出中科学技术支出占一般公共预算支出比重增长率 /%	-5.25	1.00	62	43

续表

指标名称	二级指标值		位次	
	2019 年	2018 年	2019 年	2018 年
科技环境和基础 /%	58.50	85.31	38	73
万人规模以上工业企业研究与发展（R&D）人员数 / 人	3.04	0.28	58	84
万人规模以上工业企业研究与发展（R&D）人员数增长率 /%	252.27	0.00	13	0
有 R&D 活动的企业占比 /%	64.29	6.90	3	70
有 R&D 活动的企业占比增长率 /%	166.33	0.00	20	0
万人专利申请量 / 件	3.47	9.54	56	30
万人专利申请量增长率 /%	-57.99	18.06	77	49
科技产出 /%	42.69	40.43	67	60
万人有效发明专利拥有量 / 件	1.54	0.68	33	46
万人有效发明专利拥有量增长率 /%	126.43	99.44	2	12
高新技术企业数占规模以上企业比例 /%	7.14	3.45	52	51
高新技术企业数占规模以上企业比例增长率 /%	107.14	0.00	20	0
万人技术合同交易额 / 万元	38.72	11.73	73	55
万人技术合同交易额增长率 /%	26.10	373.68	38	10
高新技术产业产值 / 亿元	1.70	2.14	70	66
高新技术产业产值增长率 /%	32.81	8.63	23	38

9. 凤冈县

财政支出中科学技术支出 3192.00 万元，居全省第 67 位。财政支出中科学技术支出占一般公共预算支出比重 1.06%，居全省第 66 位。规模以上企业 R&D 人员数 39 人，居全省第 76 位。万人规模以上企业研究与发展（R&D）人员数 1.24 人，居全省第 76 位。有 R&D 活动的企业 3 家，居全省第 71 位。有 R&D 活动的企业占比 11.11%，居全省第 75 位。专利申请量 266 件，居全省第 27 位。万人专利申请量 8.43 件，居全省第 26 位。有效发明专利拥有量 54 件，居全省第 29 位。万人有效发明专利拥有量 1.71 件，居全省第 28 位。高新技术企业数 1 家，居全省第 60 位。高新技术企业数占规模以上企业比例 3.70%，居全省第 67 位。技术合同交易额 524.25 万元，居全省第 84 位。万人技术合同交易额 16.61 万元，居全省第 86 位。高新技术产业产值 1.37 亿元，居全省第 71 位。9 项增长率指标中，2 项指标增长率为 0 或负数。

凤冈县综合科技创新水平指数为 53.04%，居全省第 77 位，与上年相比监测值降低 10.85 个百分点，位次下降 3 位。在 3 个一级指标中，科技投入指数为 74.93%，居全省第 73 位，与上年相比监测值提高 0.79 个百分点，位次下降 1 位。科技环境和基础指数为 51.09%，居全省第 66 位，与上年相比监测值降低 33.55 个百分点，上升 12 位。科技产出指数为 32.83%，居全省第 80 位，与上年相比监测值降低 3.04 个百分点，位次下降 15 位（表 2-24）。

表 2-24　凤冈县各级监测指标和位次与上年比较

指标名称	二级指标值		位次	
	2019 年	2018 年	2019 年	2018 年
综合科技创新水平指数	53.04	63.89	77	74
科技投入 /%	74.93	74.14	73	72
规模以上工业企业 R&D 经费支出增长率 /%	386.38	−91.15	9	81
财政支出中科学技术支出占一般公共预算支出比重 /%	1.06	0.75	66	73
财政支出中科学技术支出占一般公共预算支出比重增长率 /%	40.44	58.00	17	15
科技环境和基础 /%	51.09	84.64	66	78
万人规模以上工业企业研究与发展（R&D）人员数 / 人	1.24	0.89	76	73
万人规模以上工业企业研究与发展（R&D）人员数增长率 /%	76.60	−41.82	30	68
有 R&D 活动的企业占比 /%	11.11	3.70	75	79
有 R&D 活动的企业占比增长率 /%	211.11	−51.85	15	76
万人专利申请量 / 件	8.43	9.51	26	31
万人专利申请量增长率 /%	−11.67	42.02	43	32
科技产出 /%	32.83	35.87	80	65
万人有效发明专利拥有量 / 件	1.71	1.18	28	34
万人有效发明专利拥有量增长率 /%	45.39	8.55	10	65
高新技术企业数占规模以上企业比例 /%	3.70	3.57	67	50
高新技术企业数占规模以上企业比例增长率 /%	3.70	93.00	67	11
万人技术合同交易额 / 万元	16.61	6.36	86	62
万人技术合同交易额增长率 /%	−44.50	−87.27	60	65
高新技术产业产值 / 亿元	1.37	0.29	71	83
高新技术产业产值增长率 /%	1270.00	−48.21	1	68

10. 湄潭县

财政支出中科学技术支出 4526.00 万元，居全省第 54 位。财政支出中科学技术支出占一般公共预算支出比重 1.41%，居全省第 52 位。规模以上企业 R&D 人员数 226 人，居全省第 39 位。万人规模以上企业研究与发展（R&D）人员数 5.88 人，居全省第 38 位。有 R&D 活动的企业 23 家，居全省第 14 位。有 R&D 活动的企业占比 41.82%，居全省第 16 位。专利申请量 229 件，居全省第 31 位。万人专利申请量 5.96 件,居全省第 35 位。有效发明专利拥有量 84 件,居全省第 22 位。万人有效发明专利拥有量 2.19 件,居全省第 23 位。高新技术企业数 3 家,居全省第 45 位。高新技术企业数占规模以上企业比例 5.45%,居全省第 58 位。技术合同交易额 1294.07 万元,居全省第 76 位。万人技术合同交易额 33.67 万元,居全省第 77 位。高新技术产业产值 2.40 亿元,居全省第 67 位。9 项增长率指标中,1 项指标增长率为 0 或负数。

湄潭县综合科技创新水平指数为 66.51%,居全省第 53 位,与上年相比监测值提高 0.17 个百分点,上升 18 位。在 3 个一级指标中,科技投入指数为 95.96%,居全省第 28 位,与上年相比监测值提高 17.94 个百分点,上升 32 位。科技环境和基础指数为 60.09%,居全省第 25 位,与上年相比监测值降低 24.97 个百分点,上升 52 位。科技产出指数为 42.57%,居全省第 68 位,与上年相比监测值提高 3.96 个百分点,位次下降 6 位(表 2-25)。

表 2-25 湄潭县各级监测指标和位次与上年比较

指标名称	二级指标值		位次	
	2019 年	2018 年	2019 年	2018 年
综合科技创新水平指数	66.51	66.34	53	71
科技投入 /%	95.96	78.02	28	60
规模以上工业企业 R&D 经费支出增长率 /%	77.74	-31.62	29	68
财政支出中科学技术支出占一般公共预算支出比重 /%	1.41	1.35	52	52
财政支出中科学技术支出占一般公共预算支出比重增长率 /%	4.94	17.00	45	24
科技环境和基础 /%	60.09	85.06	25	77
万人规模以上工业企业研究与发展(R&D)人员数 / 人	5.88	0.71	38	75
万人规模以上工业企业研究与发展(R&D)人员数增长率 /%	449.07	-66.32	5	74
有 R&D 活动的企业占比 /%	41.82	3.37	16	82
有 R&D 活动的企业占比增长率 /%	1182.42	-58.11	2	80
万人专利申请量 / 件	5.96	3.92	35	67
万人专利申请量增长率 /%	34.97	-55.18	12	83
科技产出 /%	42.57	38.61	68	62
万人有效发明专利拥有量 / 件	2.19	1.72	23	26
万人有效发明专利拥有量增长率 /%	26.78	40.13	20	31
高新技术企业数占规模以上企业比例 /%	5.45	4.35	58	43
高新技术企业数占规模以上企业比例增长率 /%	25.45	29.00	58	32
万人技术合同交易额 / 万元	33.67	3.40	77	69
万人技术合同交易额增长率 /%	-78.34	-88.38	77	67
高新技术产业产值 / 亿元	2.40	1.57	67	69
高新技术产业产值增长率 /%	52.87	-63.82	15	79

11. 余庆县

财政支出中科学技术支出 3706.00 万元，居全省第 60 位。财政支出中科学技术支出占一般公共预算支出比重 1.61%，居全省第 49 位。规模以上企业 R&D 人员数 48 人，居全省第 72 位。万人规模以上企业研究与发展（R&D）人员数 1.99 人，居全省第 67 位。有 R&D 活动的企业 7 家，居全省第 51 位。有 R&D 活动的企业占比 25.93%，居全省第 35 位。专利申请量 188 件，居全省第 39 位。万人专利申请量 7.80 件，居全省第 28 位。有效发明专利拥有量 39 件，居全省第 39 位。万人有效发明专利拥有量 1.62 件，居全省第 30 位。高新技术企业数 0 家，居全省第 73 位。高新技术企业数占规模以上企业比例 0.00%，居全省第 73 位。技术合同交易额 1222.56 万元，居全省第 78 位。万人技术合同交易额 50.75 万元，居全省第 68 位。高新技术产业产值 0.60 亿元，居全省第 79 位。9 项增长率指标中，4 项指标增长率为 0 或负数。

余庆县综合科技创新水平指数为 55.46%，居全省第 72 位，与上年相比监测值降低 7.10 个百分点，上升 3 位。在 3 个一级指标中，科技投入指数为 77.92%，居全省第 69 位，与上年相比监测值提高 2.50 个百分点，位次下降 2 位。科技环境和基础指数为 59.31%，居全省第 29 位，与上年相比监测值降低 30.13 个百分点，上升 38 位。科技产出指数为 29.69%，居全省第 82 位，与上年相比监测值提高 3.04 个百分点，位次下降 4 位（表 2-26）。

表 2-26 余庆县各级监测指标和位次与上年比较

指标名称	二级指标值		位次	
	2019 年	2018 年	2019 年	2018 年
综合科技创新水平指数	55.46	62.56	72	75
科技投入 /%	77.92	75.42	69	67
规模以上工业企业 R&D 经费支出增长率 /%	−27.79	−83.80	69	78
财政支出中科学技术支出占一般公共预算支出比重 /%	1.61	1.59	49	46
财政支出中科学技术支出占一般公共预算支出比重增长率 /%	1.28	86.00	48	8
科技环境和基础 /%	59.31	89.44	29	67
万人规模以上工业企业研究与发展（R&D）人员数 /人	1.99	0.67	67	76
万人规模以上工业企业研究与发展（R&D）人员数增长率 /%	99.25	−40.91	25	67
有 R&D 活动的企业占比 /%	25.93	12.50	35	52
有 R&D 活动的企业占比增长率 /%	65.93	−6.25	42	62
万人专利申请量 /件	7.80	10.58	28	25
万人专利申请量增长率 /%	−26.26	18.90	50	47
科技产出 /%	29.69	26.65	82	78
万人有效发明专利拥有量 /件	1.62	1.38	30	32
万人有效发明专利拥有量增长率 /%	17.74	199.13	35	5

续表

指标名称	二级指标值		位次	
	2019年	2018年	2019年	2018年
高新技术企业数占规模以上企业比例 /%	0.00	0.00	73	68
高新技术企业数占规模以上企业比例增长率 /%	0.00	−100.00	68	57
万人技术合同交易额 / 万元	50.75	0.00	68	84
万人技术合同交易额增长率 /%	−30.70	−100.00	50	79
高新技术产业产值 / 亿元	0.60	0.58	79	77
高新技术产业产值增长率 /%	3.45	−34.83	48	59

12. 习水县

财政支出中科学技术支出 13 770.00 万元，居全省第 17 位。财政支出中科学技术支出占一般公共预算支出比重 2.52%，居全省第 27 位。规模以上企业 R&D 人员数 78 人，居全省第 60 位。万人规模以上企业研究与发展（R&D）人员数 1.48 人，居全省第 74 位。有 R&D 活动的企业 5 家，居全省第 61 位。有 R&D 活动的企业占比 11.36%，居全省第 74 位。专利申请量 128 件，居全省第 48 位。万人专利申请量 2.43 件，居全省第 71 位。有效发明专利拥有量 45 件，居全省第 35 位。万人有效发明专利拥有量 0.85 件，居全省第 47 位。高新技术企业数 2 家，居全省第 50 位。高新技术企业数占规模以上企业比例 4.55%，居全省第 62 位。技术合同交易额 880.08 万元，居全省第 82 位。万人技术合同交易额 16.72 万元，居全省第 85 位。高新技术产业产值 29.78 亿元，居全省第 34 位。9 项增长率指标中，2 项指标增长率为 0 或负数。

习水县综合科技创新水平指数为 66.71%，居全省第 51 位，与上年相比监测值降低 7.84 个百分点，位次下降 2 位。在 3 个一级指标中，科技投入指数为 81.24%，居全省第 63 位，与上年相比监测值提高 4.87 个百分点，上升 2 位。科技环境和基础指数为 55.64%，居全省第 58 位，与上年相比监测值降低 30.21 个百分点，上升 13 位。科技产出指数为 61.67%，居全省第 42 位，与上年相比监测值降低 1.37 个百分点，位次下降 8 位（表 2-27）。

表 2-27　习水县各级监测指标和位次与上年比较

指标名称	二级指标值		位次	
	2019年	2018年	2019年	2018年
综合科技创新水平指数	66.71	74.55	51	49
科技投入 /%	81.24	76.37	63	65
规模以上工业企业 R&D 经费支出增长率 /%	72.92	−54.95	30	74
财政支出中科学技术支出占一般公共预算支出比重 /%	2.52	2.19	27	31
财政支出中科学技术支出占一般公共预算支出比重增长率 /%	15.15	8.00	31	30

续表

指标名称	二级指标值		位次	
	2019 年	2018 年	2019 年	2018 年
科技环境和基础 /%	55.64	85.85	58	71
万人规模以上工业企业研究与发展（R&D）人员数 / 人	1.48	0.40	74	82
万人规模以上工业企业研究与发展（R&D）人员数增长率 /%	38.76	39.47	38	30
有 R&D 活动的企业占比 /%	11.36	2.94	74	83
有 R&D 活动的企业占比增长率 /%	157.58	108.82	22	16
万人专利申请量 / 件	2.43	5.09	71	56
万人专利申请量增长率 /%	-53.46	24.29	72	42
科技产出 /%	61.67	63.04	42	34
万人有效发明专利拥有量 / 件	0.85	0.69	47	45
万人有效发明专利拥有量增长率 /%	24.53	99.24	23	13
高新技术企业数占规模以上企业比例 /%	4.55	1.47	62	67
高新技术企业数占规模以上企业比例增长率 /%	54.55	0.00	40	40
万人技术合同交易额 / 万元	16.72	104.86	85	30
万人技术合同交易额增长率 /%	-76.54	0.00	73	0
高新技术产业产值 / 亿元	29.78	19.92	34	34
高新技术产业产值增长率 /%	15.88	14.09	31	35

13. 赤水市

财政支出中科学技术支出 6380.00 万元，居全省第 43 位。财政支出中科学技术支出占一般公共预算支出比重 1.84%，居全省第 42 位。规模以上企业 R&D 人员数 59 人，居全省第 67 位。万人规模以上企业研究与发展（R&D）人员数 2.39 人，居全省第 63 位。有 R&D 活动的企业 6 家，居全省第 57 位。有 R&D 活动的企业占比 10.34%，居全省第 78 位。专利申请量 282 件，居全省第 25 位。万人专利申请量 11.43 件，居全省第 19 位。有效发明专利拥有量 38 件，居全省第 40 位。万人有效发明专利拥有量 1.54 件，居全省第 32 位。高新技术企业数 7 家，居全省第 29 位。高新技术企业数占规模以上企业比例 12.07%，居全省第 41 位。技术合同交易额 931.72 万元，居全省第 81 位。万人技术合同交易额 37.77 万元，居全省第 74 位。高新技术产业产值 18.51 亿元，居全省第 41 位。9 项增长率指标中，3 项指标增长率为 0 或负数。

赤水市综合科技创新水平指数为 72.22%，居全省第 40 位，与上年相比监测值降低 1.32 个百分点，上升 11 位。在 3 个一级指标中，科技投入指数为 80.84%，居全省第 64 位，与上年相比监测值提高 6.05 个百分点，上升 5 位。科技环境和基础指数为 60.33%，居全省第 23 位，与上年相比监测值降低 24.78 个百分点，上升 51 位。科技产出指数为 73.78%，居全省第 33 位，与上年相比监测值提高11.41个百分点，上升4位（表2-28）。

表2-28 赤水市各级监测指标和位次与上年比较

指标名称	二级指标值		位次	
	2019年	2018年	2019年	2018年
综合科技创新水平指数	72.22	73.54	40	51
科技投入/%	80.84	74.79	64	69
规模以上工业企业R&D经费支出增长率/%	−19.57	−90.63	65	80
财政支出中科学技术支出占一般公共预算支出比重/%	1.84	1.88	42	41
财政支出中科学技术支出占一般公共预算支出比重增长率/%	−1.82	−34.00	53	70
科技环境和基础/%	60.33	85.11	23	74
万人规模以上工业企业研究与发展（R&D）人员数/人	2.39	1.47	63	67
万人规模以上工业企业研究与发展（R&D）人员数增长率/%	15.12	−83.23	46	82
有R&D活动的企业占比/%	10.34	2.56	78	84
有R&D活动的企业占比增长率/%	168.97	−52.56	19	77
万人专利申请量/件	11.43	10.92	19	24
万人专利申请量增长率/%	−1.53	88.19	35	14
科技产出/%	73.78	62.37	33	37
万人有效发明专利拥有量/件	1.54	1.43	32	29
万人有效发明专利拥有量增长率/%	8.04	20.35	51	49
高新技术企业数占规模以上企业比例/%	12.07	7.69	41	29
高新技术企业数占规模以上企业比例增长率/%	56.90	0.00	39	40
万人技术合同交易额/万元	37.77	14.26	74	53
万人技术合同交易额增长率/%	27.42	−73.17	37	55
高新技术产业产值/亿元	18.51	22.34	41	33
高新技术产业产值增长率/%	7.37	145.76	43	6

14. 仁怀市

财政支出中科学技术支出17672.00万元，居全省第9位。财政支出中科学技术支出占一般公共预算支出比重2.11%，居全省第35位。规模以上企业R&D人员数308人，居全省第30位。万人规模以上企业研究与发展（R&D）人员数5.44人，居全省第40位。有R&D活动的企业9家，居全省第41位。有R&D活动的企业占比10.00%，居全省第79位。专利申请量737件，居全省第17位。万人专利申请量13.03件，居全省第17位。有效发明专利拥有量97件，居全省第18位。万人有效发明专利拥有量1.71件，居全省第27位。高新技术企业数4家，居全省第39位。高新技术企业数占规模以上企业比例4.44%，居全省第63位。技术合同交易额15053.61万元，居全省第34位。万人技术合同交易额266.11万元，居全省第49位。高新技术产业产值3.01亿元，居全省第 63 位。9 项增长率指标中，2 项指标增长率为 0 或负数。

仁怀市综合科技创新水平指数为 73.17%，居全省第 36 位，与上年相比监测值降低 6.05 个百分点，上升 4 位。在 3 个一级指标中，科技投入指数为 97.14%，居全省第 15 位，与上年相比监测值提高 1.23 个百分点，上升 18 位。科技环境和基础指数为 63.95%，居全省第 18 位，与上年相比监测值降低 24.05 个百分点，上升 50 位。科技产出指数为 57.10%，居全省第 47 位，与上年相比监测值提高 2.08 个百分点，位次不变（表 2-29）。

表 2-29　仁怀市各级监测指标和位次与上年比较

指标名称	二级指标值		位次	
	2019 年	2018 年	2019 年	2018 年
综合科技创新水平指数	73.17	79.22	36	40
科技投入 /%	97.14	95.91	15	33
规模以上工业企业 R&D 经费支出增长率 /%	-81.46	-48.44	87	72
财政支出中科学技术支出占一般公共预算支出比重 /%	2.11	2.10	35	33
财政支出中科学技术支出占一般公共预算支出比重增长率 /%	0.73	1243.00	50	1
科技环境和基础 /%	63.95	88.00	18	68
万人规模以上工业企业研究与发展（R&D）人员数 / 人	5.44	21.85	40	14
万人规模以上工业企业研究与发展（R&D）人员数增长率 /%	-88.01	-4.99	88	50
有 R&D 活动的企业占比 /%	10.00	3.49	79	80
有 R&D 活动的企业占比增长率 /%	74.00	0.00	39	56
万人专利申请量 / 件	13.03	11.23	17	23
万人专利申请量增长率 /%	9.95	44.11	29	30
科技产出 /%	57.10	55.02	47	47
万人有效发明专利拥有量 / 件	1.71	1.39	27	31
万人有效发明专利拥有量增长率 /%	23.74	34.00	25	34
高新技术企业数占规模以上企业比例 /%	4.44	3.45	63	51
高新技术企业数占规模以上企业比例增长率 /%	28.89	48.00	56	24
万人技术合同交易额 / 万元	266.11	161.49	49	23
万人技术合同交易额增长率 /%	479.16	0.00	6	0
高新技术产业产值 / 亿元	3.01	0.67	63	75
高新技术产业产值增长率 /%	100.00	0.00	4	0

（四）安顺市

1. 西秀区

财政支出中科学技术支出 14942.00 万元，居全省第 16 位。财政支出中科学技术支出占一般公共预算支出比重 1.84%，居全省第 41 位。规模以上企业 R&D 人员数 1472 人，居全省第 8 位。万人规模以上企业研究与发展（R&D）人员数 18.36 人，居全省第 17 位。有 R&D 活动的企业 24 家，居全省第 12 位。有 R&D 活动的企业占比 12.18%，居全省第 71 位。专利申请量 1105 件，居全省第 13 位。万人专利申请量 13.78 件，居全省第 16 位。有效发明专利拥有量 417 件，居全省第 8 位。万人有效发明专利拥有量 5.20 件，居全省第 10 位。高新技术企业数 35 家，居全省第 9 位。高新技术企业数占规模以上企业比例 17.77%，居全省第 28 位。技术合同交易额 30310.71 万元，居全省第 17 位。万人技术合同交易额 378.03 万元，居全省第 38 位。高新技术产业产值 198.13 亿元，居全省第 4 位。9 项增长率指标中，3 项指标增长率为 0 或负数。

西秀区综合科技创新水平指数为 87.19%，居全省第 8 位，与上年相比监测值降低 8.38 个百分点，上升 1 位。在 3 个一级指标中，科技投入指数为 98.33%，居全省第 13 位，与上年相比监测值提高 1.17 个百分点，上升 7 位。科技环境和基础指数为 69.28%，居全省第 11 位，与上年相比监测值降低 30.72 个百分点，位次下降 10 位。科技产出指数为 91.39%，居全省第 11 位，与上年相比监测值提高 1.22 个百分点，位次下降 2 位（表 2-30）。

表 2-30　西秀区各级监测指标和位次与上年比较

指标名称	二级指标值		位次	
	2019 年	2018 年	2019 年	2018 年
综合科技创新水平指数	87.19	95.57	8	9
科技投入 /%	98.33	97.16	13	20
规模以上工业企业 R&D 经费支出增长率 /%	36.68	1.67	43	57
财政支出中科学技术支出占一般公共预算支出比重 /%	1.84	1.65	41	45
财政支出中科学技术支出占一般公共预算支出比重增长率 /%	11.65	56.00	33	16
科技环境和基础 /%	69.28	100.00	11	1
万人规模以上工业企业研究与发展（R&D）人员数 / 人	18.36	17.41	17	17
万人规模以上工业企业研究与发展（R&D）人员数增长率 /%	22.38	7.75	42	38
有 R&D 活动的企业占比 /%	12.18	8.74	71	66
有 R&D 活动的企业占比增长率 /%	40.46	70.01	52	26
万人专利申请量 / 件	13.78	16.07	16	17
万人专利申请量增长率 /%	-17.05	14.82	45	50
科技产出 /%	91.39	90.17	11	9
万人有效发明专利拥有量 / 件	5.20	4.66	10	10
万人有效发明专利拥有量增长率 /%	11.59	10.58	41	61
高新技术企业数占规模以上企业比例 /%	17.77	13.78	28	17
高新技术企业数占规模以上企业比例增长率 /%	33.93	48.00	53	24
万人技术合同交易额 / 万元	378.03	134.37	38	26
万人技术合同交易额增长率 /%	-34.33	-46.65	52	40
高新技术产业产值 / 亿元	198.13	213.57	4	3
高新技术产业产值增长率 /%	-8.23	47.58	67	21

2. 平坝区

财政支出中科学技术支出 4267.00 万元，居全省第 55 位。财政支出中科学技术支出占一般公共预算支出比重 0.95%，居全省第 70 位。规模以上企业 R&D 人员数 720 人，居全省第 19 位。万人规模以上企业研究与发展（R&D）人员数 21.88 人，居全省第 15 位。有 R&D 活动的企业 28 家，居全省第 8 位。有 R&D 活动的企业占比 32.94%，居全省第 25 位。专利申请量 405 件，居全省第 20 位。万人专利申请量 12.31 件，居全省第 18 位。有效发明专利拥有量 120 件，居全省第 15 位。万人有效发明专利拥有量 3.65 件，居全省第 14 位。高新技术企业数 28 家，居全省第 11 位。高新技术企业数占规模以上企业比例 32.94%，居全省第 14 位。技术合同交易额 4584.23 万元，居全省第 60 位。万人技术合同交易额 139.34 万元，居全省第 58 位。高新技术产业产值 320.13 亿元，居全省第 1 位。9 项增长率指标中，3 项指标增长率为 0 或负数。

平坝区综合科技创新水平指数为 79.10%，居全省第 25 位，与上年相比监测值降低 9.88 个百分点，位次下降 8 位。在 3 个一级指标中，科技投入指数为 89.74%，居全省第 46 位，与上年相比监测值降低 5.64 个百分点，位次下降 11 位。科技环境和基础指数为 61.67%，居全省第 20 位，与上年相比监测值降低 38.33 个百分点，位次下降 19 位。科技产出指数为 83.40%，居全省第 23 位，与上年相比监测值提高 10.27 个百分点，位次下降 2 位（表 2-31）。

表 2-31　平坝区各级监测指标和位次与上年比较

指标名称	二级指标值		位次	
	2019 年	2018 年	2019 年	2018 年
综合科技创新水平指数	79.10	88.98	25	17
科技投入 /%	89.74	95.38	46	35
规模以上工业企业 R&D 经费支出增长率 /%	110.39	-22.46	22	65
财政支出中科学技术支出占一般公共预算支出比重 /%	0.95	1.10	70	59
财政支出中科学技术支出占一般公共预算支出比重增长率 /%	-13.56	129.00	71	5
科技环境和基础 /%	61.67	100.00	20	1
万人规模以上工业企业研究与发展（R&D）人员数 / 人	21.88	11.56	15	21
万人规模以上工业企业研究与发展（R&D）人员数增长率 /%	82.50	45.67	28	29
有 R&D 活动的企业占比 /%	32.94	14.61	25	47
有 R&D 活动的企业占比增长率 /%	130.59	133.71	24	12
万人专利申请量 / 件	12.31	15.72	18	18
万人专利申请量增长率 /%	-25.06	40.86	49	33
科技产出 /%	83.40	73.13	23	21
万人有效发明专利拥有量 / 件	3.65	4.53	14	11
万人有效发明专利拥有量增长率 /%	-19.44	53.69	85	24

续表

指标名称	二级指标值		位次	
	2019年	2018年	2019年	2018年
高新技术企业数占规模以上企业比例 /%	32.94	17.35	14	14
高新技术企业数占规模以上企业比例增长率 /%	89.90	19.00	28	35
万人技术合同交易额 / 万元	139.34	1.99	58	76
万人技术合同交易额增长率 /%	17.83	-97.50	41	73
高新技术产业产值 / 亿元	320.13	296.03	1	1
高新技术产业产值增长率 /%	7.52	18.36	42	31

3. 普定县

财政支出中科学技术支出4566.00万元，居全省第53位。财政支出中科学技术支出占一般公共预算支出比重1.40%，居全省第53位。规模以上企业R&D人员数32人，居全省第78位。万人规模以上企业研究与发展（R&D）人员数0.81人，居全省第82位。有R&D活动的企业6家，居全省第57位。有R&D活动的企业占比18.75%，居全省第57位。专利申请量108件，居全省第55位。万人专利申请量2.75件，居全省第67位。有效发明专利拥有量48件，居全省第33位。万人有效发明专利拥有量1.22件，居全省第40位。高新技术企业数5家，居全省第32位。高新技术企业数占规模以上企业比例15.63%，居全省第32位。技术合同交易额2123.70万元，居全省第70位。万人技术合同交易额54.00万元，居全省第67位。高新技术产业产值5.34亿元，居全省第54位。9项增长率指标中，3项指标增长率为0或负数。

普定县综合科技创新水平指数为65.18%，居全省第55位，与上年相比监测值降低9.77个百分点，位次下降7位。在3个一级指标中，科技投入指数为82.93%，居全省第61位，与上年相比监测值提高3.55个百分点，位次下降2位。科技环境和基础指数为57.63%，居全省第49位，与上年相比监测值降低35.12个百分点，上升11位。科技产出指数为53.91%，居全省第51位，与上年相比监测值降低1.35个百分点，位次下降5位（表2-32）。

表2-32　普定县各级监测指标和位次与上年比较

指标名称	二级指标值		位次	
	2019年	2018年	2019年	2018年
综合科技创新水平指数	65.18	74.95	55	48
科技投入 /%	82.93	79.38	61	59
规模以上工业企业R&D经费支出增长率 /%	82.07	2121.29	28	6
财政支出中科学技术支出占一般公共预算支出比重 /%	1.40	1.26	53	55

续表

指标名称	二级指标值		位次	
	2019 年	2018 年	2019 年	2018 年
财政支出中科学技术支出占一般公共预算支出比重增长率 /%	10.68	7.00	34	33
科技环境和基础 /%	57.63	92.75	49	60
万人规模以上工业企业研究与发展（R&D）人员数 / 人	0.81	0.66	82	77
万人规模以上工业企业研究与发展（R&D）人员数增长率 /%	356.91	116.50	8	17
有 R&D 活动的企业占比 /%	18.75	10.26	57	60
有 R&D 活动的企业占比增长率 /%	668.75	110.26	7	15
万人专利申请量 / 件	2.75	7.02	67	41
万人专利申请量增长率 /%	-56.12	40.71	75	34
科技产出 /%	53.91	55.26	51	46
万人有效发明专利拥有量 / 件	1.22	1.68	40	27
万人有效发明专利拥有量增长率 /%	-27.31	6.37	87	72
高新技术企业数占规模以上企业比例 /%	15.62	2.44	32	62
高新技术企业数占规模以上企业比例增长率 /%	540.62	0.00	3	0
万人技术合同交易额 / 万元	54.00	2.29	67	73
万人技术合同交易额增长率 /%	122.06	-97.65	15	75
高新技术产业产值 / 亿元	5.34	13.43	54	41
高新技术产业产值增长率 /%	-60.24	-45.98	86	66

4. 镇宁县

财政支出中科学技术支出 4163.00 万元，居全省第 56 位。财政支出中科学技术支出占一般公共预算支出比重 1.62%，居全省第 48 位。规模以上企业 R&D 人员数 55 人，居全省第 68 位。万人规模以上企业研究与发展（R&D）人员数 1.91 人，居全省第 68 位。有 R&D 活动的企业 3 家，居全省第 71 位。有 R&D 活动的企业占比 11.54%，居全省第 73 位。专利申请量 186 件，居全省第 40 位。万人专利申请量 6.47 件，居全省第 33 位。有效发明专利拥有量 48 件，居全省第 33 位。万人有效发明专利拥有量 1.67 件，居全省第 29 位。高新技术企业数 2 家，居全省第 50 位。高新技术企业数占规模以上企业比例 7.69%，居全省第 51 位。技术合同交易额 494.00 万元，居全省第 86 位。万人技术合同交易额 17.19 万元，居全省第 84 位。高新技术产业产值 4.09 亿元，居全省第 58 位。9 项增长率指标中，6 项指标增长率为 0 或负数。

镇宁县综合科技创新水平指数为 57.90%，居全省第 69 位，与上年相比监测值降低 11.63 个百分点，位次下降 8 位。在 3 个一级指标中，科技投入指数为 87.60%，居全省第 51 位，与上年相比监测值降低 5.12 个百分点，位次下降 7 位。科技环境和基础指数为 48.89%，居全省第 75 位，与上年相比监测值降低 31.67 个百分点,上升 8 位。科技产出指数为 35.92%,居全省第 75 位,与上年相比监测值降低 0.97 个百分点,位次下降 11 位(表 2-33)。

表 2-33　镇宁县各级监测指标和位次与上年比较

指标名称	二级指标值		位次	
	2019 年	2018 年	2019 年	2018 年
综合科技创新水平指数	57.90	69.53	69	61
科技投入 /%	87.60	92.72	51	44
规模以上工业企业 R&D 经费支出增长率 /%	-14.30	101.19	62	37
财政支出中科学技术支出占一般公共预算支出比重 /%	1.62	1.08	48	61
财政支出中科学技术支出占一般公共预算支出比重增长率 /%	50.75	7.00	13	33
科技环境和基础 /%	48.89	80.56	75	83
万人规模以上工业企业研究与发展(R&D)人员数 / 人	1.91	2.47	68	54
万人规模以上工业企业研究与发展(R&D)人员数增长率 /%	-50.91	-42.32	77	69
有 R&D 活动的企业占比 /%	11.54	4.55	73	74
有 R&D 活动的企业占比增长率 /%	188.46	-50.00	17	74
万人专利申请量 / 件	6.47	5.01	33	59
万人专利申请量增长率 /%	12.69	-23.46	27	70
科技产出 /%	35.92	36.89	75	64
万人有效发明专利拥有量 / 件	1.67	1.67	29	28
万人有效发明专利拥有量增长率 /%	-0.03	-4.07	60	80
高新技术企业数占规模以上企业比例 /%	7.69	4.00	51	47
高新技术企业数占规模以上企业比例增长率 /%	-3.85	-12.00	85	54
万人技术合同交易额 / 万元	17.19	27.86	84	45
万人技术合同交易额增长率 /%	-81.83	1380.45	80	5
高新技术产业产值 / 亿元	4.09	2.85	58	62
高新技术产业产值增长率 /%	-27.74	313.04	83	2

5. 关岭县

财政支出中科学技术支出 4075.00 万元,居全省第 58 位。财政支出中科学技术支出占一般公共预算支出比重 1.34%,居全省第 54 位。规模以上企业 R&D 人员数 16 人,居全省第 85 位。万人规模以上企业研究与发展(R&D)人员数 0.57 人,居全省第 86 位。有 R&D 活动的企业 1 家,居全省第 85 位。有 R&D 活动的企业占比 5.88%,居全省第 87 位。专利申请量 89 件,居全省第 66 位。万人专利申请量 3.20 件,居全省第 60 位。有效发明专利拥有量 9 件,居全省第 71 位。万人有效发明专利拥有量 0.32 件,居全省第 69 位。高新技术企业数 1 家,居全省第 60 位。高新技术企业数占规模以上企业比例5.88%,居全省第57位。技术合同交易额448.20万元,居全省第87位。万人技术合同交易额16.09万元,居全省第87位。高新技术产业产值1.99亿元,居全省第68位。9项增长率指标中,3项指标增长率为0或负数。

关岭县综合科技创新水平指数为50.48%,居全省第81位,与上年相比监测值降低20.26个百分点,位次下降23位。在3个一级指标中,科技投入指数为71.08%,居全省第79位,与上年相比监测值降低17.07个百分点,位次下降29位。科技环境和基础指数为39.61%,居全省第87位,与上年相比监测值降低57.50个百分点,位次下降42位。科技产出指数为39.20%,居全省第74位,与上年相比监测值提高8.47个百分点,位次下降1位(表2-34)。

表2-34 关岭县各级监测指标和位次与上年比较

指标名称	二级指标值		位次	
	2019年	2018年	2019年	2018年
综合科技创新水平指数	50.48	70.74	81	58
科技投入/%	71.08	88.15	79	50
规模以上工业企业R&D经费支出增长率/%	-78.32	0.00	85	0
财政支出中科学技术支出占一般公共预算支出比重/%	1.34	1.19	54	56
财政支出中科学技术支出占一般公共预算支出比重增长率/%	12.58	-6.00	32	57
科技环境和基础/%	39.61	97.11	87	45
万人规模以上工业企业研究与发展(R&D)人员数/人	0.57	4.60	86	37
万人规模以上工业企业研究与发展(R&D)人员数增长率/%	-73.78	0.00	84	0
有R&D活动的企业占比/%	5.88	21.74	87	40
有R&D活动的企业占比增长率/%	41.18	0.00	51	0
万人专利申请量/件	3.20	6.97	60	42
万人专利申请量增长率/%	-52.17	12.44	68	51
科技产出/%	39.20	30.73	74	73
万人有效发明专利拥有量/件	0.32	0.22	69	76
万人有效发明专利拥有量增长率/%	49.95	2.59	8	76
高新技术企业数占规模以上企业比例/%	5.88	4.17	57	45
高新技术企业数占规模以上企业比例增长率/%	41.18	0.00	46	0
万人技术合同交易额/万元	16.09	5.23	87	64
万人技术合同交易额增长率/%	39.85	-6.12	32	30
高新技术产业产值/亿元	1.99	1.72	68	68
高新技术产业产值增长率/%	15.70	11.69	32	37

6. 紫云县

财政支出中科学技术支出6229.00万元，居全省第45位。财政支出中科学技术支出占一般公共预算支出比重1.72%，居全省第45位。规模以上企业R&D人员数62人，居全省第65位。万人规模以上企业研究与发展（R&D）人员数2.27人，居全省第66位。有R&D活动的企业3家，居全省第71位。有R&D活动的企业占比20.00%，居全省第52位。专利申请量50件，居全省第79位。万人专利申请量1.83件，居全省第81位。有效发明专利拥有量5件，居全省第80位。万人有效发明专利拥有量0.18件，居全省第81位。高新技术企业数1家，居全省第60位。高新技术企业数占规模以上企业比例6.67%，居全省第55位。技术合同交易额978.38万元，居全省第80位。万人技术合同交易额35.75万元，居全省第76位。高新技术产业产值0.16亿元，居全省第86位。9项增长率指标中，4项指标增长率为0或负数。

紫云县综合科技创新水平指数为50.25%，居全省第82位，与上年相比监测值降低8.26个百分点，位次下降2位。在3个一级指标中，科技投入指数为79.75%，居全省第65位，与上年相比监测值提高5.46个百分点，上升6位。科技环境和基础指数为48.74%，居全省第77位，与上年相比监测值降低35.46个百分点，上升3位。科技产出指数为22.05%，居全省第86位，与上年相比监测值提高1.33个百分点，位次下降2位（表2-35）。

表2-35 紫云县各级监测指标和位次与上年比较

指标名称	二级指标值		位次	
	2019年	2018年	2019年	2018年
综合科技创新水平指数	50.25	58.51	82	80
科技投入/%	79.75	74.29	65	71
规模以上工业企业R&D经费支出增长率/%	0.00	0.00	58	0
财政支出中科学技术支出占一般公共预算支出比重/%	1.72	0.90	45	66
财政支出中科学技术支出占一般公共预算支出比重增长率/%	91.22	1.00	6	43
科技环境和基础/%	48.74	84.20	77	80
万人规模以上工业企业研究与发展（R&D）人员数/人	2.27	0.18	66	85
万人规模以上工业企业研究与发展（R&D）人员数增长率/%	100.00	0.00	24	0
有R&D活动的企业占比/%	20.00	38.46	52	14
有R&D活动的企业占比增长率/%	100.00	0.00	31	0
万人专利申请量/件	1.83	6.43	81	46
万人专利申请量增长率/%	-71.27	57.09	82	21
科技产出/%	22.05	20.72	86	84
万人有效发明专利拥有量/件	0.18	0.15	81	84
万人有效发明专利拥有量增长率/%	24.95	-20.03	22	84
高新技术企业数占规模以上企业比例/%	6.67	7.14	55	30

续表

指标名称	二级指标值 2019年	二级指标值 2018年	位次 2019年	位次 2018年
高新技术企业数占规模以上企业比例增长率/%	−6.67	0.00	86	0
万人技术合同交易额/万元	35.75	2.67	76	72
万人技术合同交易额增长率/%	−58.47	−84.44	63	63
高新技术产业产值/亿元	0.16	0.00	86	88
高新技术产业产值增长率/%	60.00	0.00	12	0

（五）铜仁市

1. 碧江区

财政支出中科学技术支出 13 659.00 万元，居全省第 18 位。财政支出中科学技术支出占一般公共预算支出比重 3.84%，居全省第 6 位。规模以上企业 R&D 人员数 151 人，居全省第 48 位。万人规模以上企业研究与发展（R&D）人员数 4.12 人，居全省第 46 位。有 R&D 活动的企业 10 家，居全省第 39 位。有 R&D 活动的企业占比 13.16%，居全省第 69 位。专利申请量 1375 件，居全省第 8 位。万人专利申请量 37.49 件，居全省第 6 位。有效发明专利拥有量 106 件，居全省第 16 位。万人有效发明专利拥有量 2.89 件，居全省第 16 位。高新技术企业数 13 家，居全省第 21 位。高新技术企业数占规模以上企业比例 17.11%，居全省第 30 位。技术合同交易额 12 527.71 万元，居全省第 38 位。万人技术合同交易额 341.54 万元，居全省第 39 位。高新技术产业产值 30.02 亿元，居全省第 33 位。9 项增长率指标中，3 项指标增长率为 0 或负数。

碧江区综合科技创新水平指数为 85.56%，居全省第 12 位，与上年相比监测值降低 1.71 个百分点，上升 11 位。在 3 个一级指标中，科技投入指数为 100.00%，居全省第 1 位，与上年相比监测值提高 0.46 个百分点，上升 4 位。科技环境和基础指数为 70.35%，居全省第 9 位，与上年相比监测值降低 27.98 个百分点，上升 16 位。科技产出指数为 84.15%，居全省第 21 位，与上年相比监测值提高 18.64 个百分点，上升 8 位（表 2-36）。

表 2-36 碧江区各级监测指标和位次与上年比较

指标名称	二级指标值 2019年	二级指标值 2018年	位次 2019年	位次 2018年
综合科技创新水平指数	85.56	87.27	12	23
科技投入/%	100.00	99.54	1	5
规模以上工业企业 R&D 经费支出增长率/%	118.90	218.76	20	25
财政支出中科学技术支出占一般公共预算支出比重/%	3.84	3.05	6	14

续表

指标名称	二级指标值		位次	
	2019年	2018年	2019年	2018年
财政支出中科学技术支出占一般公共预算支出比重增长率/%	25.65	60.00	21	13
科技环境和基础/%	70.35	98.33	9	25
万人规模以上工业企业研究与发展（R&D）人员数/人	4.12	2.86	46	50
万人规模以上工业企业研究与发展（R&D）人员数增长率/%	-33.48	36.51	71	32
有R&D活动的企业占比/%	13.16	9.21	69	63
有R&D活动的企业占比增长率/%	4.07	-24.01	66	71
万人专利申请量/件	37.49	31.27	6	6
万人专利申请量增长率/%	15.17	90.72	21	13
科技产出/%	84.15	65.51	21	29
万人有效发明专利拥有量/件	2.89	2.77	16	16
万人有效发明专利拥有量增长率/%	4.44	42.90	58	27
高新技术企业数占规模以上企业比例/%	17.11	4.60	30	41
高新技术企业数占规模以上企业比例增长率/%	272.04	16.00	7	37
万人技术合同交易额/万元	341.54	93.91	39	32
万人技术合同交易额增长率/%	-72.19	-77.65	71	57
高新技术产业产值/亿元	30.02	31.41	33	30
高新技术产业产值增长率/%	-9.93	139.59	69	7

2. 江口县

财政支出中科学技术支出2839.00万元，居全省第70位。财政支出中科学技术支出占一般公共预算支出比重1.18%，居全省第60位。规模以上企业R&D人员数11人，居全省第87位。万人规模以上企业研究与发展（R&D）人员数0.62人，居全省第85位。有R&D活动的企业2家，居全省第82位。有R&D活动的企业占比40.00%，居全省第19位。专利申请量57件，居全省第76位。万人专利申请量3.22件，居全省第59位。有效发明专利拥有量10件，居全省第66位。万人有效发明专利拥有量0.56件，居全省第54位。高新技术企业数1家，居全省第60位。高新技术企业数占规模以上企业比例20.00%，居全省第23位。技术合同交易额5600.20万元，居全省第54位。万人技术合同交易额316.22万元，居全省第40位。高新技术产业产值0.14亿元，居全省第87位。9项增长率指标中，4项指标增长率为0或负数。

江口县综合科技创新水平指数为52.97%，居全省第78位，与上年相比监测值降低15.64个百分点，位次下降15位。在3个一级指标中，科技投入指数为73.00%，居全省第76位，与上年相比监测值降低3.49个百分点，位次下降12位。科技环境和基础指数为42.49%，居全省第83位，与上年相比监测值降低57.51个百分点，位次下降82位。科技产出指数为41.92%，居全省第70

位，与上年相比监测值提高 8.10 个百分点，位次不变（表 2-37）。

表 2-37　江口县各级监测指标和位次与上年比较

指标名称	二级指标值		位次	
	2019 年	2018 年	2019 年	2018 年
综合科技创新水平指数	52.97	68.61	78	63
科技投入 /%	73.00	76.49	76	64
规模以上工业企业 R&D 经费支出增长率 /%	203.74	359.63	13	21
财政支出中科学技术支出占一般公共预算支出比重 /%	1.18	0.76	60	72
财政支出中科学技术支出占一般公共预算支出比重增长率 /%	54.50	0.00	11	45
科技环境和基础 /%	42.49	100.00	83	1
万人规模以上工业企业研究与发展（R&D）人员数 / 人	0.62	8.01	85	26
万人规模以上工业企业研究与发展（R&D）人员数增长率 /%	-47.94	835.73	75	8
有 R&D 活动的企业占比 /%	40.00	35.71	19	17
有 R&D 活动的企业占比增长率 /%	480.00	1078.57	8	3
万人专利申请量 / 件	3.22	6.70	59	44
万人专利申请量增长率 /%	-53.19	86.45	71	15
科技产出 /%	41.92	33.82	70	70
万人有效发明专利拥有量 / 件	0.56	0.51	54	55
万人有效发明专利拥有量增长率 /%	10.42	-10.41	43	83
高新技术企业数占规模以上企业比例 /%	20.00	3.45	23	51
高新技术企业数占规模以上企业比例增长率 /%	480.00	0.00	4	0
万人技术合同交易额 / 万元	316.22	6.82	40	61
万人技术合同交易额增长率 /%	-87.55	-57.41	82	46
高新技术产业产值 / 亿元	0.14	1.95	87	67
高新技术产业产值增长率 /%	-88.89	-44.29	88	65

3. 玉屏县

财政支出中科学技术支出 7043.00 万元，居全省第 42 位。财政支出中科学技术支出占一般公共预算支出比重 2.39%，居全省第 28 位。规模以上企业 R&D 人员数 265 人，居全省第 34 位。万人规模以上企业研究与发展（R&D）人员数 17.01 人，居全省第 18 位。有 R&D 活动的企业 8 家，居全省第 46 位。有 R&D 活动的企业占比 12.31%，居全省第 70 位。专利申请量 170 件，居全省第 42 位。万人专利申请量 10.91 件，居全省第 22 位。有效发明专利拥有量 93 件，居全省第 20 位。万人有效发明专利拥有量 5.97 件，居全省第 9 位。高新技术企业数 10 家，居全省第 24 位。高新技术企业数占规模以上企业比例 15.38%，居全省第 33 位。技术合同交易额 1495.17 万元，居全省第 74 位。万人技术合同交易额 95.97 万元，居全省第 62 位。高新技术产业产值 111.98 亿元，居全省第 11 位。9 项增长率指标中，4 项指标增长率为 0 或负数。

玉屏县综合科技创新水平指数为 78.33%，居全省第 26 位，与上年相比监测值降低 8.58 个百分点，位次下降 2 位。在 3 个一级指标中，科技投入指数为 97.14%，居全省第 15 位，与上年相比监测值提高 3.41 个百分点，上升 27 位。科技环境和基础指数为 57.45%，居全省第 50 位，与上年相比监测值降低 40.88 个百分点，位次下降 25 位。科技产出指数为 77.43%，居全省第 30 位，与上年相比监测值提高 7.14 个百分点，位次下降 6 位（表 2-38）。

表 2-38 玉屏县各级监测指标和位次与上年比较

指标名称	二级指标值		位次	
	2019 年	2018 年	2019 年	2018 年
综合科技创新水平指数	78.33	86.91	26	24
科技投入 /%	97.14	93.73	15	42
规模以上工业企业 R&D 经费支出增长率 /%	55.27	-35.80	35	71
财政支出中科学技术支出占一般公共预算支出比重 /%	2.39	2.47	28	24
财政支出中科学技术支出占一般公共预算支出比重增长率 /%	-3.28	-10.00	57	63
科技环境和基础 /%	57.45	98.33	50	25
万人规模以上工业企业研究与发展（R&D）人员数 / 人	17.01	30.25	18	8
万人规模以上工业企业研究与发展（R&D）人员数增长率 /%	-23.24	37.95	64	31
有 R&D 活动的企业占比 /%	12.31	8.86	70	65
有 R&D 活动的企业占比增长率 /%	41.54	-20.25	50	70
万人专利申请量 / 件	10.91	19.39	22	11
万人专利申请量增长率 /%	-48.73	21.36	63	43
科技产出 /%	77.43	70.29	30	24
万人有效发明专利拥有量 / 件	5.97	5.61	9	9
万人有效发明专利拥有量增长率 /%	6.36	35.22	53	33
高新技术企业数占规模以上企业比例 /%	15.38	8.70	33	26
高新技术企业数占规模以上企业比例增长率 /%	135.90	37.00	15	29
万人技术合同交易额 / 万元	95.97	32.51	62	43
万人技术合同交易额增长率 /%	-95.92	-92.50	87	70
高新技术产业产值 / 亿元	111.98	50.20	11	20
高新技术产业产值增长率 /%	80.09	18.06	9	32

4. 石阡县

财政支出中科学技术支出3578.00万元，居全省第63位。财政支出中科学技术支出占一般公共预算支出比重1.10%，居全省第63位。规模以上企业R&D人员数35人，居全省第77位。万人规模以上企业研究与发展（R&D）人员数1.18人，居全省第77位。有R&D活动的企业6家，居全省第57位。有R&D活动的企业占比26.09%，居全省第34位。专利申请量127件，居全省第49位。万人专利申请量4.28件，居全省第48位。有效发明专利拥有量10件，居全省第66位。万人有效发明专利拥有量0.34件，居全省第68位。高新技术企业数0家，居全省第73位。高新技术企业数占规模以上企业比例0.00%，居全省第73位。技术合同交易额6378.20万元，居全省第52位。万人技术合同交易额214.83万元，居全省第54位。高新技术产业产值2.47亿元，居全省第65位。9项增长率指标中，4项指标增长率为0或负数。

石阡县综合科技创新水平指数为62.08%，居全省第61位，与上年相比监测值提高15.68个百分点，上升25位。在3个一级指标中，科技投入指数为93.66%，居全省第38位，与上年相比监测值提高70.98个百分点，上升49位。科技环境和基础指数为56.98%，居全省第52位，与上年相比监测值降低43.02个百分点，位次下降51位。科技产出指数为34.88%，居全省第77位，与上年相比监测值提高10.69个百分点，上升3位（表2-39）。

表2-39　石阡县各级监测指标和位次与上年比较

指标名称	二级指标值		位次	
	2019年	2018年	2019年	2018年
综合科技创新水平指数	62.08	46.40	61	86
科技投入/%	93.66	22.68	38	87
规模以上工业企业R&D经费支出增长率/%	155.46	17528.66	14	2
财政支出中科学技术支出占一般公共预算支出比重/%	1.10	0.06	63	86
财政支出中科学技术支出占一般公共预算支出比重增长率/%	1721.07	-95.00	2	87
科技环境和基础/%	56.98	100.00	52	1
万人规模以上工业企业研究与发展（R&D）人员数/人	1.18	3.19	77	48
万人规模以上工业企业研究与发展（R&D）人员数增长率/%	-52.64	985.08	79	5
有R&D活动的企业占比/%	26.09	28.57	34	29
有R&D活动的企业占比增长率/%	22.98	385.71	57	6
万人专利申请量/件	4.28	4.61	48	62
万人专利申请量增长率/%	-7.94	1.73	40	56
科技产出/%	34.88	24.19	77	80
万人有效发明专利拥有量/件	0.34	0.23	68	74
万人有效发明专利拥有量增长率/%	44.97	137.36	11	8

续表

指标名称	二级指标值		位次	
	2019年	2018年	2019年	2018年
高新技术企业数占规模以上企业比例 /%	0.00	0.00	73	68
高新技术企业数占规模以上企业比例增长率 /%	0.00	0.00	68	0
万人技术合同交易额 / 万元	214.83	10.52	54	56
万人技术合同交易额增长率 /%	−91.36	−67.62	83	53
高新技术产业产值 / 亿元	2.47	0.84	65	73
高新技术产业产值增长率 /%	194.05	−59.81	2	76

5. 思南县

财政支出中科学技术支出5436.00万元，居全省第49位。财政支出中科学技术支出占一般公共预算支出比重1.01%，居全省第69位。规模以上企业R&D人员数179人，居全省第42位。万人规模以上企业研究与发展（R&D）人员数3.70人，居全省第48位。有R&D活动的企业33家，居全省第5位。有R&D活动的企业占比57.89%，居全省第7位。专利申请量137件，居全省第46位。万人专利申请量2.83件，居全省第65位。有效发明专利拥有量10件，居全省第66位。万人有效发明专利拥有量0.21件，居全省第78位。高新技术企业数2家，居全省第50位。高新技术企业数占规模以上企业比例3.51%，居全省第69位。技术合同交易额13 091.52万元，居全省第37位。万人技术合同交易额270.26万元，居全省第48位。高新技术产业产值7.26亿元，居全省第51位。9项增长率指标中，4项指标增长率为0或负数。

思南县综合科技创新水平指数为68.04%，居全省第49位，与上年相比监测值降低13.09个百分点，位次下降12位。在3个一级指标中，科技投入指数为93.02%，居全省第41位，与上年相比监测值降低4.30个百分点，位次下降22位。科技环境和基础指数为58.76%，居全省第33位，与上年相比监测值降低40.66个百分点，位次下降10位。科技产出指数为51.00%，居全省第57位，与上年相比监测值提高1.74个百分点，位次下降8位（表2-40）。

表2-40 思南县各级监测指标和位次与上年比较

指标名称	二级指标值		位次	
	2019年	2018年	2019年	2018年
综合科技创新水平指数	68.04	81.13	49	37
科技投入 /%	93.02	97.32	41	19
规模以上工业企业R&D经费支出增长率 /%	109.48	13.83	24	53
财政支出中科学技术支出占一般公共预算支出比重 /%	1.01	0.93	69	64
财政支出中科学技术支出占一般公共预算支出比重增长率 /%	8.24	3.00	39	37

续表

指标名称	二级指标值		位次	
	2019年	2018年	2019年	2018年
科技环境和基础 /%	58.76	99.42	33	23
万人规模以上工业企业研究与发展（R&D）人员数 /人	3.70	2.81	48	51
万人规模以上工业企业研究与发展（R&D）人员数增长率 /%	109.58	7.68	23	39
有 R&D 活动的企业占比 /%	57.89	27.54	7	31
有 R&D 活动的企业占比增长率 /%	276.32	13.04	13	51
万人专利申请量 /件	2.83	5.57	65	53
万人专利申请量增长率 /%	−50.64	112.21	66	10
科技产出 /%	51.00	49.26	57	49
万人有效发明专利拥有量 /件	0.21	0.32	78	64
万人有效发明专利拥有量增长率 /%	−35.60	15.16	88	55
高新技术企业数占规模以上企业比例 /%	3.51	2.56	69	60
高新技术企业数占规模以上企业比例增长率 /%	36.84	77.00	50	15
万人技术合同交易额 /万元	270.26	3.60	48	68
万人技术合同交易额增长率 /%	−70.38	−60.49	69	48
高新技术产业产值 /亿元	7.26	9.67	51	50
高新技术产业产值增长率 /%	−0.68	19.53	59	29

6. 印江县

财政支出中科学技术支出 3391.00 万元，居全省第 66 位。财政支出中科学技术支出占一般公共预算支出比重 0.92%，居全省第 71 位。规模以上企业 R&D 人员数 84 人，居全省第 59 位。万人规模以上企业研究与发展（R&D）人员数 3.05 人，居全省第 57 位。有 R&D 活动的企业 13 家，居全省第 30 位。有 R&D 活动的企业占比 27.66%，居全省第 31 位。专利申请量 86 件，居全省第 68 位。万人专利申请量 3.12 件，居全省第 61 位。有效发明专利拥有量 12 件，居全省第 63 位。万人有效发明专利拥有量 0.44 件，居全省第 62 位。高新技术企业数 0 家，居全省第 73 位。高新技术企业数占规模以上企业比例 0.00%，居全省第 73 位。技术合同交易额 14704.00 万元，居全省第 35 位。万人技术合同交易额 533.53 万元，居全省第 31 位。高新技术产业产值 3.34 亿元，居全省第 59 位。9 项增长率指标中，2 项指标增长率为 0 或负数。

印江县综合科技创新水平指数为 64.48%，居全省第 56 位，与上年相比监测值提高 4.30 个百分点，上升 21 位。在 3 个一级指标中，科技投入指数为 92.40%，居全省第 44 位，与上年相比监测值提高 16.46 个百分点，上升 22 位。科技环境和基础指数为 58.53%，居全省第 37 位，与上年相比监测值降低 18.70 个百分点，上升 49 位。科技产出指数为 41.65%，居全省第 71 位，与上年相比监测值提高 11.84 个百分点，上升 4 位（表 2-41）。

表 2-41 印江县各级监测指标和位次与上年比较

指标名称	二级指标值		位次	
	2019 年	2018 年	2019 年	2018 年
综合科技创新水平指数	64.48	60.18	56	77
科技投入 /%	92.40	75.94	44	66
规模以上工业企业 R&D 经费支出增长率 /%	364.43	-83.20	10	77
财政支出中科学技术支出占一般公共预算支出比重 /%	0.92	0.86	71	69
财政支出中科学技术支出占一般公共预算支出比重增长率 /%	6.92	-42.00	42	72
科技环境和基础 /%	58.53	77.23	37	86
万人规模以上工业企业研究与发展（R&D）人员数 / 人	3.05	0.32	57	83
万人规模以上工业企业研究与发展（R&D）人员数增长率 /%	398.24	-83.96	6	83
有 R&D 活动的企业占比 /%	27.66	1.82	31	86
有 R&D 活动的企业占比增长率 /%	715.96	-85.45	6	83
万人专利申请量 / 件	3.12	1.33	61	85
万人专利申请量增长率 /%	73.44	-73.45	6	87
科技产出 /%	41.65	29.81	71	75
万人有效发明专利拥有量 / 件	0.44	0.25	62	70
万人有效发明专利拥有量增长率 /%	72.86	-27.66	4	85
高新技术企业数占规模以上企业比例 /%	0.00	0.00	73	68
高新技术企业数占规模以上企业比例增长率 /%	0.00	0.00	68	0
万人技术合同交易额 / 万元	533.53	29.69	31	44
万人技术合同交易额增长率 /%	127.04	-58.16	13	47
高新技术产业产值 / 亿元	3.34	4.53	59	57
高新技术产业产值增长率 /%	-29.39	-27.52	84	53

7. 德江县

财政支出中科学技术支出 1351.00 万元，居全省第 79 位。财政支出中科学技术支出占一般公共预算支出比重 0.31%，居全省第 83 位。规模以上企业 R&D 人员数 19 人，居全省第 82 位。万人规模以上企业研究与发展（R&D）人员数 0.53 人，居全省第 87 位。有 R&D 活动的企业 4 家，居全省第 65 位。有 R&D 活动的企业占比 10.00%，居全省第 79 位。专利申请量 198 件，居全省第 33 位。万人专利申请量 5.53 件，居全省第 36 位。有效发明专利拥有量 14 件，居全省第 60 位。万人有效发明专利拥有量 0.39 件，居全省第 64 位。高新技术企业数 1 家，居全省第 60 位。高新技术企业数占规模以上企业比例 2.50%，居全省第 72 位。技术合同交易额 46180.10 万元，居全省第 10 位。万人技术合同交易额 1290.31 万元，居全省第 12 位。高新技术产业产值 3.25 亿元，居全省第 60 位。9 项增长率指标中,4 项指标增长率为 0 或负数。

德江县综合科技创新水平指数为 60.26%,居全省第 65 位,与上年相比监测值提高 3.09 个百分点,上升 17 位。在 3 个一级指标中,科技投入指数为 70.86%,居全省第 80 位,与上年相比监测值提高 21.94 个百分点,上升 2 位。科技环境和基础指数为 49.34%,居全省第 71 位,与上年相比监测值降低 48.99 个百分点,位次下降 46 位。科技产出指数为 59.02%,居全省第 44 位,与上年相比监测值提高 28.88 个百分点,上升 30 位(表 2-42)。

表 2-42 德江县各级监测指标和位次与上年比较

指标名称	二级指标值		位次	
	2019 年	2018 年	2019 年	2018 年
综合科技创新水平指数	60.26	57.17	65	82
科技投入 /%	70.86	48.92	80	82
规模以上工业企业 R&D 经费支出增长率 /%	-50.46	149.03	76	31
财政支出中科学技术支出占一般公共预算支出比重 /%	0.31	0.23	83	83
财政支出中科学技术支出占一般公共预算支出比重增长率 /%	33.03	-78.00	18	85
科技环境和基础 /%	49.34	98.33	71	25
万人规模以上工业企业研究与发展(R&D)人员数 / 人	0.53	2.01	87	62
万人规模以上工业企业研究与发展(R&D)人员数增长率 /%	-56.66	-23.54	81	63
有 R&D 活动的企业占比 /%	10.00	16.07	79	44
有 R&D 活动的企业占比增长率 /%	-12.86	40.62	72	34
万人专利申请量 / 件	5.53	3.43	36	71
万人专利申请量增长率 /%	50.56	34.29	8	36
科技产出 /%	59.02	30.14	44	74
万人有效发明专利拥有量 / 件	0.39	0.16	64	80
万人有效发明专利拥有量增长率 /%	139.53	203.76	1	4
高新技术企业数占规模以上企业比例 /%	2.50	1.64	72	65
高新技术企业数占规模以上企业比例增长率 /%	52.50	-8.00	41	50
万人技术合同交易额 / 万元	1290.31	2.72	12	71
万人技术合同交易额增长率 /%	207.00	-79.75	11	60
高新技术产业产值 / 亿元	3.25	5.63	60	54
高新技术产业产值增长率 /%	-7.41	-58.27	65	74

8. 沿河县

财政支出中科学技术支出 6283.00 万元,居全省第 44 位。财政支出中科学技术支出占一般公共预算支出比重 1.26%,居全省第 56 位。规模以上企业 R&D 人员数 12 人,居全省第 86 位。万人规模以上企业研究与发展（R&D）人员数 0.28 人，居全省第 88 位。有 R&D 活动的企业 2 家，居全省第 82 位。有 R&D 活动的企业占比 14.29%，居全省第 63 位。专利申请量 102 件，居全省第 57 位。万人专利申请量 2.35 件，居全省第 74 位。有效发明专利拥有量 4 件，居全省第 84 位。万人有效发明专利拥有量 0.09 件，居全省第 86 位。高新技术企业数 0 家，居全省第 73 位。高新技术企业数占规模以上企业比例 0.00%，居全省第 73 位。技术合同交易额 32879.50 万元，居全省第 14 位。万人技术合同交易额 756.37 万元，居全省第 21 位。高新技术产业产值 0.18 亿元，居全省第 85 位。9 项增长率指标中，6 项指标增长率为 0 或负数。

沿河县综合科技创新水平指数为 49.03%，居全省第 83 位，与上年相比监测值降低 18.07 个百分点，位次下降 14 位。在 3 个一级指标中，科技投入指数为 71.70%，居全省第 78 位，与上年相比监测值降低 22.06 个百分点，位次下降 37 位。科技环境和基础指数为 40.82%，居全省第 85 位，与上年相比监测值降低 59.18 个百分点，位次下降 84 位。科技产出指数为 33.39%，居全省第 79 位，与上年相比监测值提高 21.16 个百分点，上升 8 位（表 2-43）。

表 2-43　沿河县各级监测指标和位次与上年比较

指标名称	二级指标值 2019 年	二级指标值 2018 年	位次 2019 年	位次 2018 年
综合科技创新水平指数	49.03	67.10	83	69
科技投入 /%	71.70	93.76	78	41
规模以上工业企业 R&D 经费支出增长率 /%	−87.83	320.03	88	22
财政支出中科学技术支出占一般公共预算支出比重 /%	1.26	1.03	56	63
财政支出中科学技术支出占一般公共预算支出比重增长率 /%	22.27	−14.00	23	64
科技环境和基础 /%	40.82	100.00	85	1
万人规模以上工业企业研究与发展（R&D）人员数 / 人	0.28	3.54	88	45
万人规模以上工业企业研究与发展（R&D）人员数增长率 /%	−86.65	701.37	87	9
有 R&D 活动的企业占比 /%	14.29	32.26	63	23
有 R&D 活动的企业占比增长率 /%	−44.44	351.61	82	7
万人专利申请量 / 件	2.35	2.18	74	81
万人专利申请量增长率 /%	−0.48	56.80	34	23
科技产出 /%	33.39	12.23	79	87
万人有效发明专利拥有量 / 件	0.09	0.07	86	87
万人有效发明专利拥有量增长率 /%	37.90	−69.76	16	88
高新技术企业数占规模以上企业比例 /%	0.00	0.00	73	68
高新技术企业数占规模以上企业比例增长率 /%	0.00	0.00	68	0
万人技术合同交易额 / 万元	756.37	14.41	21	52
万人技术合同交易额增长率 /%	1850.15	−14.28	2	32
高新技术产业产值 / 亿元	0.18	0.66	85	76
高新技术产业产值增长率 /%	−14.29	29.41	77	26

9. 松桃县

财政支出中科学技术支出 7544.00 万元，居全省第 39 位。财政支出中科学技术支出占一般公共预算支出比重 1.59%，居全省第 50 位。规模以上企业 R&D 人员数 42 人，居全省第 74 位。万人规模以上企业研究与发展（R&D）人员数 0.87 人，居全省第 80 位。有 R&D 活动的企业 5 家，居全省第 61 位。有 R&D 活动的企业占比 11.11%，居全省第 75 位。专利申请量 92 件，居全省第 63 位。万人专利申请量 1.91 件，居全省第 78 位。有效发明专利拥有量 17 件，居全省第 57 位。万人有效发明专利拥有量 0.35 件，居全省第 66 位。高新技术企业数 8 家，居全省第 27 位。高新技术企业数占规模以上企业比例 17.78%，居全省第 27 位。技术合同交易额 88823.78 万元，居全省第 7 位。万人技术合同交易额 1843.97 万元，居全省第 7 位。高新技术产业产值 9.82 亿元，居全省第 49 位。9 项增长率指标中，4 项指标增长率为 0 或负数。

松桃县综合科技创新水平指数为 75.71%，居全省第 31 位，与上年相比监测值提高 15.63 个百分点，上升 47 位。在 3 个一级指标中，科技投入指数为 89.63%，居全省第 47 位，与上年相比监测值提高 59.61 个百分点，上升 38 位。科技环境和基础指数为 53.02%，居全省第 61 位，与上年相比监测值降低 46.76 个百分点，位次下降 39 位。科技产出指数为 81.23%，居全省第 28 位，与上年相比监测值提高 25.12 个百分点，上升 17 位（表 2-44）。

表 2-44 松桃县各级监测指标和位次与上年比较

指标名称	二级指标值		位次	
	2019 年	2018 年	2019 年	2018 年
综合科技创新水平指数	75.71	60.08	31	78
科技投入 /%	89.63	30.02	47	85
规模以上工业企业 R&D 经费支出增长率 /%	51.31	430.30	37	19
财政支出中科学技术支出占一般公共预算支出比重 /%	1.59	0.03	50	87
财政支出中科学技术支出占一般公共预算支出比重增长率 /%	4820.26	-98.00	1	88
科技环境和基础 /%	53.02	99.78	61	22
万人规模以上工业企业研究与发展（R&D）人员数 / 人	0.87	1.95	80	63
万人规模以上工业企业研究与发展（R&D）人员数增长率 /%	-20.64	66.02	62	25
有 R&D 活动的企业占比 /%	11.11	10.17	75	61
有 R&D 活动的企业占比增长率 /%	75.00	106.78	37	17
万人专利申请量 / 件	1.91	3.64	78	69
万人专利申请量增长率 /%	-48.14	0.87	62	57
科技产出 /%	81.23	56.11	28	45
万人有效发明专利拥有量 / 件	0.35	0.37	66	62
万人有效发明专利拥有量增长率 /%	-3.63	38.88	72	32

续表

指标名称	二级指标值 2019年	二级指标值 2018年	位次 2019年	位次 2018年
高新技术企业数占规模以上企业比例 /%	17.78	3.17	27	56
高新技术企业数占规模以上企业比例增长率 /%	180.00	87.00	11	12
万人技术合同交易额 /万元	1843.96	2.03	7	75
万人技术合同交易额增长率 /%	111.75	15.29	18	26
高新技术产业产值 /亿元	9.82	13.17	49	43
高新技术产业产值增长率 /%	-19.04	70.38	80	16

10. 万山区

财政支出中科学技术支出 9298.00 万元，居全省第 31 位。财政支出中科学技术支出占一般公共预算支出比重 4.08%，居全省第 5 位。规模以上企业 R&D 人员数 236 人，居全省第 38 位。万人规模以上企业研究与发展（R&D）人员数 14.97 人，居全省第 22 位。有 R&D 活动的企业 7 家，居全省第 51 位。有 R&D 活动的企业占比 13.21%，居全省第 68 位。专利申请量 221 件，居全省第 32 位。万人专利申请量 14.02 件，居全省第 15 位。有效发明专利拥有量 102 件，居全省第 17 位。万人有效发明专利拥有量 6.47 件，居全省第 8 位。高新技术企业数 2 家，居全省第 50 位。高新技术企业数占规模以上企业比例 3.77%，居全省第 65 位。技术合同交易额 10391.68 万元，居全省第 43 位。万人技术合同交易额 659.37 万元，居全省第 24 位。高新技术产业产值 4.56 亿元，居全省第 56 位。9 项增长率指标中，5 项指标增长率为 0 或负数。

万山区综合科技创新水平指数为 69.02%，居全省第 43 位，与上年相比监测值降低 9.67 个百分点，位次不变。在 3 个一级指标中，科技投入指数为 94.29%，居全省第 33 位，与上年相比监测值降低 3.68 个百分点，位次下降 20 位。科技环境和基础指数为 57.67%，居全省第 48 位，与上年相比监测值降低 40.66 个百分点，位次下降 23 位。科技产出指数为 53.49%，居全省第 52 位，与上年相比监测值提高 10.91 个百分点，上升 5 位（表 2-45）。

表 2-45 万山区各级监测指标和位次与上年比较

指标名称	二级指标值 2019年	二级指标值 2018年	位次 2019年	位次 2018年
综合科技创新水平指数	69.02	78.69	43	43
科技投入 /%	94.29	97.97	33	13
规模以上工业企业 R&D 经费支出增长率 /%	-45.75	65.63	73	43
财政支出中科学技术支出占一般公共预算支出比重 /%	4.08	4.31	5	4
财政支出中科学技术支出占一般公共预算支出比重增长率 /%	-5.36	16.00	63	25
科技环境和基础 /%	57.67	98.33	48	25

续表

指标名称	二级指标值		位次	
	2019年	2018年	2019年	2018年
万人规模以上工业企业研究与发展（R&D）人员数/人	14.97	16.05	22	18
万人规模以上工业企业研究与发展（R&D）人员数增长率/%	-41.73	112.23	74	18
有R&D活动的企业占比/%	13.21	27.27	68	32
有R&D活动的企业占比增长率/%	-56.90	47.27	85	30
万人专利申请量/件	14.02	10.32	15	27
万人专利申请量增长率/%	60.42	-42.05	7	80
科技产出/%	53.49	42.58	52	57
万人有效发明专利拥有量/件	6.47	7.31	8	8
万人有效发明专利拥有量增长率/%	-11.46	26.07	80	42
高新技术企业数占规模以上企业比例/%	3.77	1.61	65	66
高新技术企业数占规模以上企业比例增长率/%	133.96	-11.00	16	52
万人技术合同交易额/万元	659.37	103.07	24	31
万人技术合同交易额增长率/%	321.06	-79.06	8	59
高新技术产业产值/亿元	4.56	6.33	56	53
高新技术产业产值增长率/%	8.31	16.36	38	34

（六）黔西南州

1. 兴义市

财政支出中科学技术支出23 723.00万元，居全省第6位。财政支出中科学技术支出占一般公共预算支出比重3.17%，居全省第10位。规模以上企业R&D人员数2145人，居全省第3位。万人规模以上企业研究与发展（R&D）人员数25.56人，居全省第9位。有R&D活动的企业37家，居全省第4位。有R&D活动的企业占比23.13%，居全省第43位。专利申请量1186件，居全省第10位。万人专利申请量14.13件，居全省第14位。有效发明专利拥有量196件，居全省第10位。万人有效发明专利拥有量2.34件，居全省第20位。高新技术企业数15家，居全省第20位。高新技术企业数占规模以上企业比例9.38%，居全省第43位。技术合同交易额387.53万元，居全省第88位。万人技术合同交易额4.62万元，居全省第88位。高新技术产业产值73.81亿元，居全省第17位。9项增长率指标中，1项指标增长率为0或负数。

兴义市综合科技创新水平指数为82.49%，居全省第17位，与上年相比监测值降低14.09个百分点，位次下降11位。在3个一级指标中，科技投入指数为100.00%，居全省第1位，与上年相比监测值提高1.70个百分点，上升8位。科技环境和基础指数为70.49%，居全省第8位，与上年相比监测值降低29.51个百分点，位次下降7位。科技产出指数为75.27%，居全省第32位，与上年相比监测值降低16.67个百分点，位次下降24位（表2-46）。

表2-46 兴义市各级监测指标和位次与上年比较

指标名称	二级指标值		位次	
	2019年	2018年	2019年	2018年
综合科技创新水平指数	82.49	96.58	17	6
科技投入 /%	100.00	98.30	1	9
规模以上工业企业R&D经费支出增长率 /%	113.28	92.29	21	38
财政支出中科学技术支出占一般公共预算支出比重 /%	3.17	3.08	10	13
财政支出中科学技术支出占一般公共预算支出比重增长率 /%	2.78	4.00	47	36
科技环境和基础 /%	70.49	100.00	8	1
万人规模以上工业企业研究与发展（R&D）人员数 /人	25.56	8.73	9	24
万人规模以上工业企业研究与发展（R&D）人员数增长率 /%	49.43	81.21	34	23
有R&D活动的企业占比 /%	23.12	16.67	43	43
有R&D活动的企业占比增长率 /%	62.88	95.45	43	19
万人专利申请量 /件	14.13	13.37	14	19
万人专利申请量增长率 /%	1.59	114.54	33	9
科技产出 /%	75.27	91.94	32	8
万人有效发明专利拥有量 /件	2.34	2.14	20	18
万人有效发明专利拥有量增长率 /%	9.31	9.15	46	63
高新技术企业数占规模以上企业比例 /%	9.38	6.17	43	35
高新技术企业数占规模以上企业比例增长率 /%	38.07	16.00	48	37
万人技术合同交易额 /万元	4.62	746.74	88	5
万人技术合同交易额增长率 /%	-93.51	139.88	85	15
高新技术产业产值 /亿元	73.81	60.65	17	17
高新技术产业产值增长率 /%	19.26	91.87	29	11

2. 兴仁市

财政支出中科学技术支出3482.00万元，居全省第64位。财政支出中科学技术支出占一般公共预算支出比重0.80%，居全省第74位。规模以上企业R&D人员数1042人，居全省第12位。万人规模以上企业研究与发展（R&D）人员数24.41人，居全省第10位。有R&D活动的企业27家，居全省第9位。有R&D活动的企业占比33.33%，居全省第23位。专利申请量167件，居全省第43位。万人专利申请量3.91件，居全省第51位。有效发明专利拥有量50件，居全省第31位。万人有效发明专利拥有量1.17件，居全省第41位。高新技术企业数3家，居全省第45位。

高新技术企业数占规模以上企业比例3.70%，居全省第67位。技术合同交易额17 000.70万元，居全省第27位。万人技术合同交易额398.24万元，居全省第37位。高新技术产业产值6.02亿元，居全省第52位。9项增长率指标中，5项指标增长率为0或负数。

兴仁市综合科技创新水平指数为68.49%，居全省第47位，与上年相比监测值降低11.17个百分点，位次下降8位。在3个一级指标中，科技投入指数为88.52%，居全省第50位，与上年相比监测值降低8.50个百分点，位次下降27位。科技环境和基础指数为58.42%，居全省第40位，与上年相比监测值降低38.99个百分点，上升2位。科技产出指数为57.08%，居全省第48位，与上年相比监测值提高9.98个百分点，上升4位（表2-47）。

表2-47 兴仁市各级监测指标和位次与上年比较

指标名称	二级指标值		位次	
	2019年	2018年	2019年	2018年
综合科技创新水平指数	68.49	79.66	47	39
科技投入/%	88.52	97.02	50	23
规模以上工业企业R&D经费支出增长率/%	47.13	104.32	39	36
财政支出中科学技术支出占一般公共预算支出比重/%	0.80	2.46	74	25
财政支出中科学技术支出占一般公共预算支出比重增长率/%	−67.37	−6.00	85	57
科技环境和基础/%	58.42	97.41	40	42
万人规模以上工业企业研究与发展（R&D）人员数/人	24.41	29.50	10	9
万人规模以上工业企业研究与发展（R&D）人员数增长率/%	21.16	0.89	43	45
有R&D活动的企业占比/%	33.33	57.30	23	6
有R&D活动的企业占比增长率/%	−4.04	−3.68	69	61
万人专利申请量/件	3.91	7.44	51	39
万人专利申请量增长率/%	−51.99	29.64	67	39
科技产出/%	57.08	47.10	48	52
万人有效发明专利拥有量/件	1.17	0.87	41	43
万人有效发明专利拥有量增长率/%	34.03	41.74	18	30
高新技术企业数占规模以上企业比例/%	3.70	2.11	67	63
高新技术企业数占规模以上企业比例增长率/%	75.93	0.00	34	0
万人技术合同交易额/万元	398.24	6.85	37	60
万人技术合同交易额增长率/%	−55.00	−10.91	62	31
高新技术产业产值/亿元	6.02	7.34	52	51
高新技术产业产值增长率/%	−17.98	−11.78	79	45

3. 普安县

财政支出中科学技术支出1540.00万元，居全省第78位。财政支出中科学技术支出占一般公共预算支出比重0.55%，居全省第80位。规模以上企业R&D人员数1392人，居全省第9位。万人规模以上企业研究与发展（R&D）人员数53.11人，居全省第3位。有R&D活动的企业22家，居全省第17位。有R&D活动的企业占比52.38%，居全省第9位。专利申请量98件，居全省第58位。万人专利申请量3.74件，居全省第53位。有效发明专利拥有量4件，居全省第84位。万人有效发明专利拥有量0.15件，居全省第82位。高新技术企业数0家，居全省第73位。高新技术企业数占规模以上企业比例0.00%，居全省第73位。技术合同交易额3781.61万元，居全省第63位。万人技术合同交易额144.28万元，居全省第57位。高新技术产业产值3.25亿元，居全省第60位。9项增长率指标中，7项指标增长率为0或负数。

普安县综合科技创新水平指数为55.06%，居全省第73位，与上年相比监测值降低17.32个百分点，位次下降21位。在3个一级指标中，科技投入指数为83.98%，居全省第56位，与上年相比监测值降低16.02个百分点，位次下降55位。科技环境和基础指数为56.67%，居全省第53位，与上年相比监测值降低43.33个百分点，位次下降52位。科技产出指数为24.76%，居全省第85位，与上年相比监测值提高3.66个百分点，位次下降2位（表2-48）。

表2-48 普安县各级监测指标和位次与上年比较

指标名称	二级指标值		位次	
	2019年	2018年	2019年	2018年
综合科技创新水平指数	55.06	72.38	73	52
科技投入/%	83.98	100.00	56	1
规模以上工业企业R&D经费支出增长率/%	-6.31	34 525.32	60	1
财政支出中科学技术支出占一般公共预算支出比重/%	0.55	2.58	80	21
财政支出中科学技术支出占一般公共预算支出比重增长率/%	-78.71	24.00	87	21
科技环境和基础/%	56.67	100.00	53	1
万人规模以上工业企业研究与发展（R&D）人员数/人	53.11	25.72	3	12
万人规模以上工业企业研究与发展（R&D）人员数增长率/%	-4.45	21 890.40	52	1
有R&D活动的企业占比/%	52.38	44.19	9	10
有R&D活动的企业占比增长率/%	67.62	1579.07	41	1
万人专利申请量/件	3.74	7.60	53	38
万人专利申请量增长率/%	-52.49	43.35	70	31
科技产出/%	24.76	21.10	85	83
万人有效发明专利拥有量/件	0.15	0.15	82	82
万人有效发明专利拥有量增长率/%	-0.61	96.93	71	17
高新技术企业数占规模以上企业比例/%	0.00	0.00	73	68
高新技术企业数占规模以上企业比例增长率/%	0.00	0.00	68	0
万人技术合同交易额/万元	144.28	3.07	57	70
万人技术合同交易额增长率/%	43.64	-75.46	30	56
高新技术产业产值/亿元	3.25	3.74	60	58
高新技术产业产值增长率/%	-13.10	249.53	75	4

4. 晴隆县

财政支出中科学技术支出7596.00万元,居全省第38位。财政支出中科学技术支出占一般公共预算支出比重1.96%,居全省第39位。规模以上企业R&D人员数582人,居全省第20位。万人规模以上企业研究与发展(R&D)人员数24.33人,居全省第11位。有R&D活动的企业7家,居全省第51位。有R&D活动的企业占比36.84%,居全省第20位。专利申请量44件,居全省第83位。万人专利申请量1.84件,居全省第79位。有效发明专利拥有量7件,居全省第73位。万人有效发明专利拥有量0.29件,居全省第72位。高新技术企业数0家,居全省第73位。高新技术企业数占规模以上企业比例0.00%,居全省第73位。技术合同交易额1992.26万元,居全省第71位。万人技术合同交易额83.29万元,居全省第63位。高新技术产业产值0.44亿元,居全省第81位。9项增长率指标中,8项指标增长率为0或负数。

晴隆县综合科技创新水平指数为58.50%,居全省第67位,与上年相比监测值降低19.41个百分点,位次下降22位。在3个一级指标中,科技投入指数为93.73%,居全省第36位,与上年相比监测值降低3.65个百分点,位次下降18位。科技环境和基础指数为55.41%,居全省第59位,与上年相比监测值降低44.59个百分点,位次下降58位。科技产出指数为25.93%,居全省第84位,与上年相比监测值降低13.57个百分点,位次下降23位(表2-49)。

表2-49 晴隆县各级监测指标和位次与上年比较

指标名称	二级指标值		位次	
	2019年	2018年	2019年	2018年
综合科技创新水平指数	58.50	77.91	67	45
科技投入/%	93.73	97.38	36	18
规模以上工业企业R&D经费支出增长率/%	−62.43	18.67	80	51
财政支出中科学技术支出占一般公共预算支出比重/%	1.96	2.06	39	36
财政支出中科学技术支出占一般公共预算支出比重增长率/%	−4.79	78.00	61	10
科技环境和基础/%	55.41	100.00	59	1
万人规模以上工业企业研究与发展(R&D)人员数/人	24.33	38.19	11	6
万人规模以上工业企业研究与发展(R&D)人员数增长率/%	−63.13	135.71	82	15
有R&D活动的企业占比/%	36.84	64.00	20	4
有R&D活动的企业占比增长率/%	−39.32	28.00	80	43
万人专利申请量/件	1.84	5.03	79	58
万人专利申请量增长率/%	−63.43	35.32	81	35
科技产出/%	25.93	39.50	84	61
万人有效发明专利拥有量/件	0.29	0.24	72	73
万人有效发明专利拥有量增长率/%	21.20	49.40	28	26

续表

指标名称	二级指标值		位次	
	2019年	2018年	2019年	2018年
高新技术企业数占规模以上企业比例 /%	0.00	0.00	73	68
高新技术企业数占规模以上企业比例增长率 /%	0.00	0.00	68	0
万人技术合同交易额 / 万元	83.29	463.38	63	14
万人技术合同交易额增长率 /%	−35.85	1046.87	53	7
高新技术产业产值 / 亿元	0.44	0.50	81	78
高新技术产业产值增长率 /%	−12.00	−35.06	72	60

5. 贞丰县

财政支出中科学技术支出 11 145.00 万元，居全省第 22 位。财政支出中科学技术支出占一般公共预算支出比重 2.54%，居全省第 24 位。规模以上企业 R&D 人员数 776 人，居全省第 18 位。万人规模以上企业研究与发展（R&D）人员数 24.28 人，居全省第 12 位。有 R&D 活动的企业 23 家，居全省第 14 位。有 R&D 活动的企业占比 63.89%，居全省第 4 位。专利申请量 94 件，居全省第 62 位。万人专利申请量 2.94 件，居全省第 64 位。有效发明专利拥有量 19 件，居全省第 54 位。万人有效发明专利拥有量 0.59 件，居全省第 53 位。高新技术企业数 3 家，居全省第 45 位。高新技术企业数占规模以上企业比例 8.33%，居全省第 49 位。技术合同交易额 4090.90 万元，居全省第 61 位。万人技术合同交易额 128.00 万元，居全省第 60 位。高新技术产业产值 66.08 亿元，居全省第 19 位。9 项增长率指标中，3 项指标增长率为 0 或负数。

贞丰县综合科技创新水平指数为 75.19%，居全省第 32 位，与上年相比监测值降低 9.64 个百分点，位次下降 3 位。在 3 个一级指标中，科技投入指数为 97.14%，居全省第 15 位，与上年相比监测值降低 1.07 个百分点，位次下降 5 位。科技环境和基础指数为 56.62%，居全省第 54 位，与上年相比监测值降低 40.05 个百分点，位次下降 7 位。科技产出指数为 69.17%，居全省第 35 位，与上年相比监测值提高 7.86 个百分点，上升 3 位（表 2-50）。

表 2-50 贞丰县各级监测指标和位次与上年比较

指标名称	二级指标值		位次	
	2019年	2018年	2019年	2018年
综合科技创新水平指数	75.19	84.83	32	29
科技投入 /%	97.14	98.21	15	10
规模以上工业企业 R&D 经费支出增长率 /%	−0.01	199.53	59	27
财政支出中科学技术支出占一般公共预算支出比重 /%	2.54	2.40	24	28
财政支出中科学技术支出占一般公共预算支出比重增长率 /%	5.80	−4.00	43	53

续表

指标名称	二级指标值		位次	
	2019年	2018年	2019年	2018年
科技环境和基础 /%	56.62	96.67	54	47
万人规模以上工业企业研究与发展（R&D）人员数 / 人	24.28	26.83	12	11
万人规模以上工业企业研究与发展（R&D）人员数增长率 /%	-23.50	24.08	65	35
有 R&D 活动的企业占比 /%	63.89	30.95	4	26
有 R&D 活动的企业占比增长率 /%	87.41	-7.14	35	64
万人专利申请量 / 件	2.94	2.84	64	76
万人专利申请量增长率 /%	-3.95	-36.24	37	78
科技产出 /%	69.17	61.31	35	38
万人有效发明专利拥有量 / 件	0.59	0.51	53	56
万人有效发明专利拥有量增长率 /%	16.48	218.67	36	3
高新技术企业数占规模以上企业比例 /%	8.33	6.82	49	34
高新技术企业数占规模以上企业比例增长率 /%	83.33	43.00	31	28
万人技术合同交易额 / 万元	128.00	14.06	60	54
万人技术合同交易额增长率 /%	105.58	-62.60	19	50
高新技术产业产值 / 亿元	66.08	49.48	19	22
高新技术产业产值增长率 /%	33.12	54.29	22	19

6. 望谟县

财政支出中科学技术支出 9363.00 万元，居全省第 30 位。财政支出中科学技术支出占一般公共预算支出比重 2.70%，居全省第 21 位。规模以上企业 R&D 人员数 178 人，居全省第 43 位。万人规模以上企业研究与发展（R&D）人员数 7.27 人，居全省第 31 位。有 R&D 活动的企业 7 家，居全省第 51 位。有 R&D 活动的企业占比 26.92%，居全省第 32 位。专利申请量 24 件，居全省第 87 位。万人专利申请量 0.98 件，居全省第 86 位。有效发明专利拥有量 3 件，居全省第 87 位。万人有效发明专利拥有量 0.12 件，居全省第 85 位。高新技术企业数 0 家，居全省第 73 位。高新技术企业数占规模以上企业比例 0.00%，居全省第 73 位。技术合同交易额 1463.08 万元，居全省第 75 位。万人技术合同交易额 59.77 万元，居全省第 66 位。高新技术产业产值 3.11 亿元，居全省第 62 位。9 项增长率指标中，5 项指标增长率为 0 或负数。

望谟县综合科技创新水平指数为 57.37%，居全省第 71 位，与上年相比监测值降低 17.75 个百分点，位次下降 24 位。在 3 个一级指标中，科技投入指数为 97.14%，居全省第 15 位，与上年相比监测值降低 0.28 个百分点，上升 2 位。科技环境和基础指数为 52.59%，居全省第 62 位，与上年相比监测值降低 45.74 个百分点，位次下降 37 位。科技产出指数为 21.69%，居全省第 87 位，与上年相比监测值降低 11.24 个百分点，位次下降 16 位（表 2-51）。

表 2-51 望谟县各级监测指标和位次与上年比较

指标名称	二级指标值		位次	
	2019 年	2018 年	2019 年	2018 年
综合科技创新水平指数	57.37	75.12	71	47
科技投入 /%	97.14	97.42	15	17
规模以上工业企业 R&D 经费支出增长率 /%	-30.90	21.86	72	49
财政支出中科学技术支出占一般公共预算支出比重 /%	2.70	2.45	21	27
财政支出中科学技术支出占一般公共预算支出比重增长率 /%	10.00	16.00	35	25
科技环境和基础 /%	52.59	98.33	62	25
万人规模以上工业企业研究与发展（R&D）人员数 / 人	7.27	2.74	31	53
万人规模以上工业企业研究与发展（R&D）人员数增长率 /%	-65.79	-30.96	83	65
有 R&D 活动的企业占比 /%	26.92	50.00	32	8
有 R&D 活动的企业占比增长率 /%	-66.67	42.86	86	31
万人专利申请量 / 件	0.98	4.36	86	64
万人专利申请量增长率 /%	-77.51	18.58	84	48
科技产出 /%	21.69	32.93	87	71
万人有效发明专利拥有量 / 件	0.12	0.08	85	86
万人有效发明专利拥有量增长率 /%	47.61	-0.62	9	79
高新技术企业数占规模以上企业比例 /%	0.00	0.00	73	68
高新技术企业数占规模以上企业比例增长率 /%	0.00	0.00	68	0
万人技术合同交易额 / 万元	59.77	695.57	66	6
万人技术合同交易额增长率 /%	308.04	1925.42	9	4
高新技术产业产值 / 亿元	3.11	2.48	62	65
高新技术产业产值增长率 /%	25.40	-30.14	25	55

7. 册亨县

财政支出中科学技术支出 8463.00 万元，居全省第 36 位。财政支出中科学技术支出占一般公共预算支出比重 2.60%，居全省第 22 位。规模以上企业 R&D 人员数 877 人，居全省第 15 位。万人规模以上企业研究与发展（R&D）人员数 47.15 人，居全省第 4 位。有 R&D 活动的企业 22 家，居全省第 17 位。有 R&D 活动的企业占比 81.48%，居全省第 1 位。专利申请量 58 件，居全省第 75 位。万人专利申请量 3.12 件，居全省第 62 位。有效发明专利拥有量 7 件，居全省第 73 位。万人有效发明专利拥有量 0.38 件，居全省第 65 位。高新技术企业数 0 家，居全省第 73 位。高新技术企业数占规模以上企业比例 0.00%，居全省第 73 位。技术合同交易额 592.30 万元，居全省第 83 位。万人技术合同交易额 31.84 万元，居全省第 79 位。高新技术产业产值 5.00 亿元，居全省第55位。9项增长率指标中，4项指标增长率为0或负数。

册亨县综合科技创新水平指数为63.62%，居全省第57位，与上年相比监测值降低12.55个百分点，位次下降11位。在3个一级指标中，科技投入指数为100.00%，居全省第1位，与上年相比监测值提高1.89个百分点，上升10位。科技环境和基础指数为56.22%，居全省第55位，与上年相比监测值降低42.11个百分点，位次下降30位。科技产出指数为33.59%，居全省第78位，与上年相比监测值降低1.63个百分点，位次下降12位（表2-52）。

表2-52 册亨县各级监测指标和位次与上年比较

指标名称	二级指标值		位次	
	2019年	2018年	2019年	2018年
综合科技创新水平指数	63.62	76.17	57	46
科技投入/%	100.00	98.11	1	11
规模以上工业企业R&D经费支出增长率/%	59.28	77.12	34	41
财政支出中科学技术支出占一般公共预算支出比重/%	2.60	2.50	22	23
财政支出中科学技术支出占一般公共预算支出比重增长率/%	4.09	143.00	46	4
科技环境和基础/%	56.22	98.33	55	25
万人规模以上工业企业研究与发展（R&D）人员数/人	47.15	62.23	4	2
万人规模以上工业企业研究与发展（R&D）人员数增长率/%	-9.06	105.51	56	20
有R&D活动的企业占比/%	81.48	61.90	1	5
有R&D活动的企业占比增长率/%	19.83	32.65	59	40
万人专利申请量/件	3.12	4.65	62	61
万人专利申请量增长率/%	-34.52	-3.49	56	63
科技产出/%	33.59	35.22	78	66
万人有效发明专利拥有量/件	0.38	0.21	65	77
万人有效发明专利拥有量增长率/%	75.85	299.36	3	2
高新技术企业数占规模以上企业比例/%	0.00	0.00	73	68
高新技术企业数占规模以上企业比例增长率/%	0.00	0.00	68	0
万人技术合同交易额/万元	31.84	524.38	79	12
万人技术合同交易额增长率/%	-60.69	110.12	64	16
高新技术产业产值/亿元	5.00	2.52	55	64
高新技术产业产值增长率/%	3.95	-52.00	46	70

8. 安龙县

财政支出中科学技术支出11 043.00万元，居全省第24位。财政支出中科学技术支出占一般公共预算支出比重2.53%，居全省第26位。规模以上企业R&D人员数522人，居全省第24位。

万人规模以上企业研究与发展（R&D）人员数 14.17 人，居全省第 25 位。有 R&D 活动的企业 15 家，居全省第 26 位。有 R&D 活动的企业占比 22.39%，居全省第 45 位。专利申请量 109 件，居全省第 54 位。万人专利申请量 2.96 件，居全省第 63 位。有效发明专利拥有量 11 件，居全省第 65 位。万人有效发明专利拥有量 0.30 件，居全省第 71 位。高新技术企业数 0 家，居全省第 73 位。高新技术企业数占规模以上企业比例 0.00%，居全省第 73 位。技术合同交易额 1215.00 万元，居全省第 79 位。万人技术合同交易额 32.99 万元，居全省第 78 位。高新技术产业产值 22.68 亿元，居全省第 37 位。9 项增长率指标中，6 项指标增长率为 0 或负数。

安龙县综合科技创新水平指数为 68.62%，居全省第 45 位，与上年相比监测值降低 12.06 个百分点，位次下降 7 位。在 3 个一级指标中，科技投入指数为 99.81%，居全省第 10 位，与上年相比监测值提高 1.77 个百分点，上升 2 位。科技环境和基础指数为 56.12%，居全省第 56 位，与上年相比监测值降低 42.21 个百分点，位次下降 31 位。科技产出指数为 48.15%，居全省第 62 位，与上年相比监测值降低 0.04 个百分点，位次下降 12 位（表 2-53）。

表 2-53 安龙县各级监测指标和位次与上年比较

指标名称	二级指标值 2019 年	二级指标值 2018 年	位次 2019 年	位次 2018 年
综合科技创新水平指数	68.62	80.68	45	38
科技投入 /%	99.81	98.04	10	12
规模以上工业企业 R&D 经费支出增长率 /%	46.76	185.62	41	29
财政支出中科学技术支出占一般公共预算支出比重 /%	2.53	2.30	26	30
财政支出中科学技术支出占一般公共预算支出比重增长率 /%	9.81	-16.00	36	65
科技环境和基础 /%	56.12	98.33	56	25
万人规模以上工业企业研究与发展（R&D）人员数 / 人	14.17	5.07	25	35
万人规模以上工业企业研究与发展（R&D）人员数增长率 /%	-14.07	127.46	59	16
有 R&D 活动的企业占比 /%	22.39	15.79	45	45
有 R&D 活动的企业占比增长率 /%	-32.84	-17.54	79	67
万人专利申请量 / 件	2.96	5.67	63	51
万人专利申请量增长率 /%	-48.07	28.04	61	41
科技产出 /%	48.15	48.19	62	50
万人有效发明专利拥有量 / 件	0.30	0.25	71	72
万人有效发明专利拥有量增长率 /%	21.13	28.04	29	40
高新技术企业数占规模以上企业比例 /%	0.00	0.00	73	68
高新技术企业数占规模以上企业比例增长率 /%	0.00	0.00	68	0
万人技术合同交易额 / 万元	32.99	1.95	78	77
万人技术合同交易额增长率 /%	-67.34	-93.31	67	72
高新技术产业产值 / 亿元	22.68	22.94	37	32
高新技术产业产值增长率 /%	-2.07	196.38	61	5

（七）毕节市

1. 七星关区

财政支出中科学技术支出44471.00万元，居全省第3位。财政支出中科学技术支出占一般公共预算支出比重4.56%，居全省第4位。规模以上企业R&D人员数374人，居全省第27位。万人规模以上企业研究与发展（R&D）人员数3.20人，居全省第55位。有R&D活动的企业22家，居全省第17位。有R&D活动的企业占比26.83%，居全省第33位。专利申请量1174件，居全省第11位。万人专利申请量10.05件，居全省第24位。有效发明专利拥有量62件，居全省第28位。万人有效发明专利拥有量0.53件，居全省第56位。高新技术企业数21家，居全省第13位。高新技术企业数占规模以上企业比例25.61%，居全省第17位。技术合同交易额36641.22万元，居全省第12位。万人技术合同交易额313.68万元，居全省第41位。高新技术产业产值60.22亿元，居全省第21位。9项增长率指标中，5项指标增长率为0或负数。

七星关区综合科技创新水平指数为86.57%，居全省第9位，与上年相比监测值降低1.08个百分点，上升12位。在3个一级指标中，科技投入指数为97.14%，居全省第15位，与上年相比监测值提高0.71个百分点，上升14位。科技环境和基础指数为68.70%，居全省第12位，与上年相比监测值降低31.30个百分点，位次下降11位。科技产出指数为91.31%，居全省第12位，与上年相比监测值提高23.02个百分点，上升14位（表2-54）。

表2-54 七星关区各级监测指标和位次与上年比较

指标名称	二级指标值 2019年	二级指标值 2018年	位次 2019年	位次 2018年
综合科技创新水平指数	86.57	87.65	9	21
科技投入/%	97.14	96.43	15	29
规模以上工业企业R&D经费支出增长率/%	-46.91	7.08	75	54
财政支出中科学技术支出占一般公共预算支出比重/%	4.56	3.03	4	16
财政支出中科学技术支出占一般公共预算支出比重增长率/%	50.89	38.00	12	18
科技环境和基础/%	68.70	100.00	12	1
万人规模以上工业企业研究与发展（R&D）人员数/人	3.20	3.37	55	47
万人规模以上工业企业研究与发展（R&D）人员数增长率/%	-26.25	23.16	68	37
有R&D活动的企业占比/%	26.83	19.54	33	42
有R&D活动的企业占比增长率/%	104.32	106.57	30	18
万人专利申请量/件	10.05	7.20	24	40
万人专利申请量增长率/%	29.90	56.88	13	22
科技产出/%	91.31	68.29	12	26
万人有效发明专利拥有量/件	0.53	0.56	56	51

续表

指标名称	二级指标值		位次	
	2019年	2018年	2019年	2018年
万人有效发明专利拥有量增长率/%	-5.02	1.15	74	77
高新技术企业数占规模以上企业比例/%	25.61	7.07	17	31
高新技术企业数占规模以上企业比例增长率/%	262.20	23.00	8	34
万人技术合同交易额/万元	313.68	44.33	41	40
万人技术合同交易额增长率/%	-63.62	-52.47	66	44
高新技术产业产值/亿元	60.22	137.62	21	9
高新技术产业产值增长率/%	-44.34	-1.74	85	43

2. 大方县

财政支出中科学技术支出15 955.00万元，居全省第13位。财政支出中科学技术支出占一般公共预算支出比重2.54%，居全省第25位。规模以上企业R&D人员数253人，居全省第37位。万人规模以上企业研究与发展（R&D）人员数3.17人，居全省第56位。有R&D活动的企业8家，居全省第46位。有R&D活动的企业占比24.24%，居全省第42位。专利申请量190件，居全省第37位。万人专利申请量2.38件，居全省第73位。有效发明专利拥有量20件，居全省第53位。万人有效发明专利拥有量0.25件，居全省第75位。高新技术企业数4家，居全省第39位。高新技术企业数占规模以上企业比例12.12%，居全省第40位。技术合同交易额2953.04万元，居全省第65位。万人技术合同交易额37.02万元，居全省第75位。高新技术产业产值22.96亿元，居全省第36位。9项增长率指标中，5项指标增长率为0或负数。

大方县综合科技创新水平指数为72.72%，居全省第38位，与上年相比监测值降低13.09个百分点，位次下降12位。在3个一级指标中，科技投入指数为97.14%，居全省第15位，与上年相比监测值降低2.86个百分点，位次下降14位。科技环境和基础指数为57.69%，居全省第47位，与上年相比监测值降低42.31个百分点，位次下降46位。科技产出指数为61.17%，居全省第43位，与上年相比监测值提高1.71个百分点，位次下降1位（表2-55）。

表2-55 大方县各级监测指标和位次与上年比较

指标名称	二级指标值		位次	
	2019年	2018年	2019年	2018年
综合科技创新水平指数	72.72	85.81	38	26
科技投入/%	97.14	100.00	15	1
规模以上工业企业R&D经费支出增长率/%	139.75	3486.62	16	4
财政支出中科学技术支出占一般公共预算支出比重/%	2.54	3.04	25	15
财政支出中科学技术支出占一般公共预算支出比重增长率/%	-16.69	30.00	75	20

续表

指标名称	二级指标值		位次	
	2019年	2018年	2019年	2018年
科技环境和基础 /%	57.69	100.00	47	1
万人规模以上工业企业研究与发展（R&D）人员数 / 人	3.17	4.99	56	36
万人规模以上工业企业研究与发展（R&D）人员数增长率 /%	−3.11	965.55	51	6
有 R&D 活动的企业占比 /%	24.24	12.28	42	53
有 R&D 活动的企业占比增长率 /%	10.82	225.44	62	8
万人专利申请量 / 件	2.38	2.09	73	82
万人专利申请量增长率 /%	22.06	70.38	15	18
科技产出 /%	61.17	59.46	43	42
万人有效发明专利拥有量 / 件	0.25	0.26	75	68
万人有效发明专利拥有量增长率 /%	−5.17	22.99	75	47
高新技术企业数占规模以上企业比例 /%	12.12	3.13	40	57
高新技术企业数占规模以上企业比例增长率 /%	287.88	0.00	6	0
万人技术合同交易额 / 万元	37.02	32.57	75	42
万人技术合同交易额增长率 /%	−80.64	−44.65	79	39
高新技术产业产值 / 亿元	22.96	30.39	36	31
高新技术产业产值增长率 /%	−24.45	0.10	82	40

3. 黔西县

财政支出中科学技术支出 15 489.00 万元，居全省第 15 位。财政支出中科学技术支出占一般公共预算支出比重 3.19%，居全省第 8 位。规模以上企业 R&D 人员数 511 人，居全省第 25 位。万人规模以上企业研究与发展（R&D）人员数 7.15 人，居全省第 32 位。有 R&D 活动的企业 9 家，居全省第 41 位。有 R&D 活动的企业占比 20.45%，居全省第 50 位。专利申请量 164 件，居全省第 44 位。万人专利申请量 2.29 件，居全省第 75 位。有效发明专利拥有量 22 件，居全省第 51 位。万人有效发明专利拥有量 0.31 件，居全省第 70 位。高新技术企业数 4 家，居全省第 39 位。高新技术企业数占规模以上企业比例 9.09%，居全省第 44 位。技术合同交易额 1814.35 万元，居全省第 72 位。万人技术合同交易额 25.38 万元，居全省第 81 位。高新技术产业产值 64.94 亿元，居全省第 20 位。9 项增长率指标中，3 项指标增长率为 0 或负数。

黔西县综合科技创新水平指数为 73.78%，居全省第 34 位，与上年相比监测值降低 9.06 个百分点，位次下降 1 位。在 3 个一级指标中，科技投入指数为 97.14%，居全省第 15 位，与上年相比监测值提高 3.90 个百分点，上升 28 位。科技环境和基础指数为 59.05%，居全省第 30 位，与上年相比监测值降低 40.95 个百分点，位次下降 29 位。科技产出指数为 63.06%，居全省第 41 位，与上年相比监测值提高 5.33 个百分点，上升 3 位（表 2-56）。

表 2-56 黔西县各级监测指标和位次与上年比较

指标名称	二级指标值		位次	
	2019 年	2018 年	2019 年	2018 年
综合科技创新水平指数	73.78	82.84	34	33
科技投入 /%	97.14	93.24	15	43
规模以上工业企业 R&D 经费支出增长率 /%	71.86	1711.97	31	8
财政支出中科学技术支出占一般公共预算支出比重 /%	3.19	3.54	8	8
财政支出中科学技术支出占一般公共预算支出比重增长率 /%	-9.83	35.00	68	19
科技环境和基础 /%	59.05	100.00	30	1
万人规模以上工业企业研究与发展（R&D）人员数 / 人	7.15	1.63	32	65
万人规模以上工业企业研究与发展（R&D）人员数增长率 /%	169.24	862.86	20	7
有 R&D 活动的企业占比 /%	20.45	10.94	50	57
有 R&D 活动的企业占比增长率 /%	165.91	189.84	21	9
万人专利申请量 / 件	2.29	2.04	75	84
万人专利申请量增长率 /%	-3.37	45.89	36	27
科技产出 /%	63.06	57.73	41	44
万人有效发明专利拥有量 / 件	0.31	0.28	70	67
万人有效发明专利拥有量增长率 /%	9.54	149.02	45	7
高新技术企业数占规模以上企业比例 /%	9.09	3.08	44	58
高新技术企业数占规模以上企业比例增长率 /%	195.45	0.00	10	0
万人技术合同交易额 / 万元	25.38	2.23	81	74
万人技术合同交易额增长率 /%	-36.02	-88.53	54	68
高新技术产业产值 / 亿元	64.94	70.11	20	16
高新技术产业产值增长率 /%	7.79	341.78	41	1

4. 金沙县

财政支出中科学技术支出 13 594.00 万元，居全省第 19 位。财政支出中科学技术支出占一般公共预算支出比重 2.37%，居全省第 29 位。规模以上企业 R&D 人员数 158 人，居全省第 47 位。万人规模以上企业研究与发展（R&D）人员数 2.74 人，居全省第 61 位。有 R&D 活动的企业 4 家，居全省第 65 位。有 R&D 活动的企业占比 7.14%，居全省第 84 位。专利申请量 191 件，居全省第 36 位。万人专利申请量 3.32 件，居全省第 58 位。有效发明专利拥有量 32 件，居全省第 44 位。万人有效发明专利拥有量 0.56 件，居全省第 55 位。高新技术企业数 5 家，居全省第 32 位。高新技术企业数占规模以上企业比例 8.93%，居全省第 45 位。技术合同交易额 32 757.25 万元，居全省第 15 位。万人技术合同交易额 568.90 万元,居全省第 27 位。高新技术产业产值 36.96 亿元,居全省第 30 位。9 项增长率指标中,4 项指标增长率为 0 或负数。

金沙县综合科技创新水平指数为 73.48%,居全省第 35 位,与上年相比监测值降低 10.55 个百分点,位次下降 4 位。在 3 个一级指标中,科技投入指数为 82.14%,居全省第 62 位,与上年相比监测值降低 14.17 个百分点,位次下降 31 位。科技环境和基础指数为 51.97%,居全省第 65 位,与上年相比监测值降低 46.36 个百分点,位次下降 40 位。科技产出指数为 83.25%,居全省第 24 位,与上年相比监测值提高 23.77 个百分点,上升 17 位(表 2-57)。

表 2-57 金沙县各级监测指标和位次与上年比较

指标名称	二级指标值		位次	
	2019 年	2018 年	2019 年	2018 年
综合科技创新水平指数	73.48	84.03	35	31
科技投入 /%	82.14	96.31	62	31
规模以上工业企业 R&D 经费支出增长率 /%	-73.41	193.58	84	28
财政支出中科学技术支出占一般公共预算支出比重 /%	2.37	3.82	29	7
财政支出中科学技术支出占一般公共预算支出比重增长率 /%	-37.94	59.00	80	14
科技环境和基础 /%	51.97	98.33	65	25
万人规模以上工业企业研究与发展(R&D)人员数 / 人	2.74	4.13	61	41
万人规模以上工业企业研究与发展(R&D)人员数增长率 /%	-50.68	314.12	76	11
有 R&D 活动的企业占比 /%	7.14	12.90	84	51
有 R&D 活动的企业占比增长率 /%	37.14	114.19	53	14
万人专利申请量 / 件	3.32	2.56	58	78
万人专利申请量增长率 /%	21.93	-31.90	16	76
科技产出 /%	83.25	59.48	24	41
万人有效发明专利拥有量 / 件	0.56	0.56	55	52
万人有效发明专利拥有量增长率 /%	-0.42	-32.19	67	86
高新技术企业数占规模以上企业比例 /%	8.93	4.17	45	45
高新技术企业数占规模以上企业比例增长率 /%	114.29	94.00	17	10
万人技术合同交易额 / 万元	568.90	0.17	27	82
万人技术合同交易额增长率 /%	40.17	-99.73	31	77
高新技术产业产值 / 亿元	36.96	16.22	30	39
高新技术产业产值增长率 /%	20.12	-53.87	28	73

5. 织金县

财政支出中科学技术支出 20 973.00 万元,居全省第 7 位。财政支出中科学技术支出占一般公共预算支出比重 2.74%,居全省第 20 位。规模以上企业 R&D 人员数 264 人,居全省第 36 位。万人规模以上企业研究与发展（R&D）人员数 3.28 人，居全省第 54 位。有 R&D 活动的企业 3 家，居全省第 71 位。有 R&D 活动的企业占比 8.11%，居全省第 82 位。专利申请量 92 件，居全省第 63 位。万人专利申请量 1.14 件，居全省第 85 位。有效发明专利拥有量 12 件，居全省第 63 位。万人有效发明专利拥有量 0.15 件，居全省第 84 位。高新技术企业数 1 家，居全省第 60 位。高新技术企业数占规模以上企业比例 2.70%，居全省第 71 位。技术合同交易额 3582.65 万元，居全省第 64 位。万人技术合同交易额 44.49 万元，居全省第 72 位。高新技术产业产值 43.60 亿元，居全省第 27 位。9 项增长率指标中，6 项指标增长率为 0 或负数。

织金县综合科技创新水平指数为 66.53%，居全省第 52 位，与上年相比监测值降低 23.11 个百分点，位次下降 38 位。在 3 个一级指标中，科技投入指数为 94.29%，居全省第 33 位，与上年相比监测值降低 5.71 个百分点，位次下降 32 位。科技环境和基础指数为 47.92%，居全省第 79 位，与上年相比监测值降低 52.08 个百分点，位次下降 78 位。科技产出指数为 54.72%，居全省第 50 位，与上年相比监测值降低 15.69 个百分点，位次下降 27 位（表 2-58）。

表 2-58 织金县各级监测指标和位次与上年比较

指标名称	二级指标值		位次	
	2019 年	2018 年	2019 年	2018 年
综合科技创新水平指数	66.53	89.64	52	14
科技投入 /%	94.29	100.00	33	1
规模以上工业企业 R&D 经费支出增长率 /%	-19.50	12813.64	64	3
财政支出中科学技术支出占一般公共预算支出比重 /%	2.74	3.00	20	17
财政支出中科学技术支出占一般公共预算支出比重增长率 /%	-8.78	19.00	67	22
科技环境和基础 /%	47.92	100.00	79	1
万人规模以上工业企业研究与发展（R&D）人员数 / 人	3.28	5.25	54	34
万人规模以上工业企业研究与发展（R&D）人员数增长率 /%	20.59	1996.60	44	2
有 R&D 活动的企业占比 /%	8.11	28.26	82	30
有 R&D 活动的企业占比增长率 /%	114.86	1482.61	28	2
万人专利申请量 / 件	1.14	2.19	85	80
万人专利申请量增长率 /%	-39.73	361.31	58	1
科技产出 /%	54.72	70.41	50	23
万人有效发明专利拥有量 / 件	0.15	0.16	84	81
万人有效发明专利拥有量增长率 /%	-8.08	7.90	79	67
高新技术企业数占规模以上企业比例 /%	2.70	0.00	71	68
高新技术企业数占规模以上企业比例增长率 /%	100.00	0.00	23	0
万人技术合同交易额 / 万元	44.49	278.58	72	18
万人技术合同交易额增长率 /%	-4.25	9966.17	46	1
高新技术产业产值 / 亿元	43.60	45.83	27	25
高新技术产业产值增长率 /%	-2.68	72.16	62	13

6. 纳雍县

财政支出中科学技术支出16 775.00万元，居全省第11位。财政支出中科学技术支出占一般公共预算支出比重2.56%，居全省第23位。规模以上企业R&D人员数159人，居全省第46位。万人规模以上企业研究与发展（R&D）人员数2.31人，居全省第64位。有R&D活动的企业17家，居全省第22位。有R&D活动的企业占比32.69%，居全省第26位。专利申请量110件，居全省第53位。万人专利申请量1.60件，居全省第83位。有效发明专利拥有量5件，居全省第80位。万人有效发明专利拥有量0.07件，居全省第87位。高新技术企业数2家，居全省第50位。高新技术企业数占规模以上企业比例3.85%，居全省第64位。技术合同交易额2183.00万元，居全省第69位。万人技术合同交易额31.71万元，居全省第80位。高新技术产业产值47.32亿元，居全省第24位。9项增长率指标中，4项指标增长率为0或负数。

纳雍县综合科技创新水平指数为69.38%，居全省第42位，与上年相比监测值提高2.33个百分点，上升28位。在3个一级指标中，科技投入指数为97.14%，居全省第15位，与上年相比监测值提高17.31个百分点，上升43位。科技环境和基础指数为58.46%，居全省第39位，与上年相比监测值降低20.17个百分点，上升46位。科技产出指数为50.98%，居全省第58位，与上年相比监测值提高6.65个百分点，位次下降4位（表2-59）。

表2-59 纳雍县各级监测指标和位次与上年比较

指标名称	二级指标值		位次	
	2019年	2018年	2019年	2018年
综合科技创新水平指数	69.38	67.05	42	70
科技投入/%	97.14	79.83	15	58
规模以上工业企业R&D经费支出增长率/%	228.09	2728.11	12	5
财政支出中科学技术支出占一般公共预算支出比重/%	2.56	4.09	23	6
财政支出中科学技术支出占一般公共预算支出比重增长率/%	-37.42	88.00	79	7
科技环境和基础/%	58.46	78.63	39	85
万人规模以上工业企业研究与发展（R&D）人员数/人	2.31	0.15	64	86
万人规模以上工业企业研究与发展（R&D）人员数增长率/%	465.46	99.21	3	22
有R&D活动的企业占比/%	32.69	1.28	26	88
有R&D活动的企业占比增长率/%	782.69	-6.41	5	63
万人专利申请量/件	1.60	2.25	83	79
万人专利申请量增长率/%	-31.11	206.79	53	2
科技产出/%	50.98	44.33	58	54
万人有效发明专利拥有量/件	0.07	0.09	87	85
万人有效发明专利拥有量增长率/%	-17.02	198.82	83	6

续表

指标名称	二级指标值 2019年	二级指标值 2018年	位次 2019年	位次 2018年
高新技术企业数占规模以上企业比例/%	3.85	0.00	64	68
高新技术企业数占规模以上企业比例增长率/%	100.00	0.00	23	0
万人技术合同交易额/万元	31.71	0.07	80	83
万人技术合同交易额增长率/%	-94.59	-99.57	86	76
高新技术产业产值/亿元	47.32	37.84	24	27
高新技术产业产值增长率/%	82.17	35.77	8	24

7. 威宁县

财政支出中科学技术支出28865.00万元，居全省第5位。财政支出中科学技术支出占一般公共预算支出比重3.02%，居全省第14位。规模以上企业R&D人员数171人，居全省第44位。万人规模以上企业研究与发展（R&D）人员数1.32人，居全省第75位。有R&D活动的企业11家，居全省第33位。有R&D活动的企业占比20.75%，居全省第49位。专利申请量79件，居全省第69位。万人专利申请量0.61件，居全省第88位。有效发明专利拥有量4件，居全省第84位。万人有效发明专利拥有量0.03件，居全省第88位。高新技术企业数2家，居全省第50位。高新技术企业数占规模以上企业比例3.77%，居全省第65位。技术合同交易额2391.52万元，居全省第68位。万人技术合同交易额18.44万元，居全省第83位。高新技术产业产值38.49亿元，居全省第29位。9项增长率指标中，4项指标增长率为0或负数。

威宁县综合科技创新水平指数为65.55%，居全省第54位，与上年相比监测值降低13.35个百分点，位次下降12位。在3个一级指标中，科技投入指数为94.57%，居全省第32位，与上年相比监测值降低4.41个百分点，位次下降26位。科技环境和基础指数为50.82%，居全省第68位，与上年相比监测值降低46.04个百分点，位次下降22位。科技产出指数为49.16%，居全省第61位，与上年相比监测值提高5.73个百分点，位次下降6位（表2-60）。

表2-60 威宁县各级监测指标和位次与上年比较

指标名称	二级指标值 2019年	二级指标值 2018年	位次 2019年	位次 2018年
综合科技创新水平指数	65.55	78.90	54	42
科技投入/%	94.57	98.98	32	6
规模以上工业企业R&D经费支出增长率/%	5.06	1937.13	55	7
财政支出中科学技术支出占一般公共预算支出比重/%	3.02	3.27	14	9
财政支出中科学技术支出占一般公共预算支出比重增长率/%	-7.66	80.00	64	9

续表

指标名称	二级指标值		位次	
	2019年	2018年	2019年	2018年
科技环境和基础 /%	50.82	96.86	68	46
万人规模以上工业企业研究与发展（R&D）人员数 / 人	1.32	0.49	75	80
万人规模以上工业企业研究与发展（R&D）人员数增长率 /%	−34.25	248.73	72	12
有R&D活动的企业占比 /%	20.75	11.11	49	56
有R&D活动的企业占比增长率 /%	107.55	77.78	29	24
万人专利申请量 / 件	0.61	1.18	88	87
万人专利申请量增长率 /%	−49.89	154.07	64	5
科技产出 /%	49.16	43.43	61	55
万人有效发明专利拥有量 / 件	0.03	0.02	88	88
万人有效发明专利拥有量增长率 /%	32.78	−40.22	19	87
高新技术企业数占规模以上企业比例 /%	3.77	2.50	65	61
高新技术企业数占规模以上企业比例增长率 /%	50.94	−10.00	43	51
万人技术合同交易额 / 万元	18.44	18.73	83	50
万人技术合同交易额增长率 /%	−92.06	148.83	84	13
高新技术产业产值 / 亿元	38.49	18.63	29	35
高新技术产业产值增长率 /%	91.14	24.53	6	27

8. 赫章县

财政支出中科学技术支出16 215.00万元，居全省第12位。财政支出中科学技术支出占一般公共预算支出比重2.75%，居全省第19位。规模以上企业R&D人员数355人，居全省第29位。万人规模以上企业研究与发展（R&D）人员数5.32人，居全省第42位。有R&D活动的企业23家，居全省第14位。有R&D活动的企业占比60.53%，居全省第5位。专利申请量106件，居全省第56位。万人专利申请量1.59件，居全省第84位。有效发明专利拥有量17件，居全省第57位。万人有效发明专利拥有量0.25件，居全省第74位。高新技术企业数0家，居全省第73位。高新技术企业数占规模以上企业比例0.00%，居全省第73位。技术合同交易额5388.22万元，居全省第56位。万人技术合同交易额80.80万元，居全省第64位。高新技术产业产值14.76亿元，居全省第44位。9项增长率指标中，3项指标增长率为0或负数。

赫章县综合科技创新水平指数为70.19%，居全省第41位，与上年相比监测值提高11.80个百分点，上升40位。在3个一级指标中，科技投入指数为100.00%，居全省第1位，与上年相比监测值提高27.14个百分点，上升73位。科技环境和基础指数为58.75%，居全省第34位，与上年相比监测值降低11.12个百分点，上升54位。科技产出指数为50.19%，居全省第59位，与上年相比监测值提高16.10个百分点，上升8位（表2-61）。

表 2-61 赫章县各级监测指标和位次与上年比较

指标名称	二级指标值		位次	
	2019 年	2018 年	2019 年	2018 年
综合科技创新水平指数	70.19	58.39	41	81
科技投入 /%	100.00	72.86	1	74
规模以上工业企业 R&D 经费支出增长率 /%	1471.79	−100.00	3	83
财政支出中科学技术支出占一般公共预算支出比重 /%	2.75	0.85	19	70
财政支出中科学技术支出占一般公共预算支出比重增长率 /%	223.10	−58.00	3	78
科技环境和基础 /%	58.75	69.87	34	88
万人规模以上工业企业研究与发展（R&D）人员数 / 人	5.32	0.15	42	86
万人规模以上工业企业研究与发展（R&D）人员数增长率 /%	830.29	−81.20	2	80
有 R&D 活动的企业占比 /%	60.53	4.08	5	77
有 R&D 活动的企业占比增长率 /%	1473.68	116.33	1	13
万人专利申请量 / 件	1.59	0.57	84	88
万人专利申请量增长率 /%	177.78	−0.38	1	60
科技产出 /%	50.19	34.09	59	67
万人有效发明专利拥有量 / 件	0.25	0.32	74	66
万人有效发明专利拥有量增长率 /%	−19.39	16.23	84	54
高新技术企业数占规模以上企业比例 /%	0.00	1.92	73	64
高新技术企业数占规模以上企业比例增长率 /%	−100.00	−6.00	88	48
万人技术合同交易额 / 万元	80.80	20.42	64	49
万人技术合同交易额增长率 /%	−81.88	584.03	81	8
高新技术产业产值 / 亿元	14.76	2.92	44	61
高新技术产业产值增长率 /%	141.95	−70.30	3	81

（八）黔东南州

1. 凯里市

财政支出中科学技术支出 9284.00 万元，居全省第 33 位。财政支出中科学技术支出占一般公共预算支出比重 2.08%，居全省第 36 位。规模以上企业 R&D 人员数 372 人，居全省第 28 位。万人规模以上企业研究与发展（R&D）人员数 6.78 人，居全省第 34 位。有 R&D 活动的企业 16 家，居全省第 24 位。有 R&D 活动的企业占比 25.40%，居全省第 38 位。专利申请量 1453 件，居全省第 7 位。万人专利申请量 26.47 件，居全省第 9 位。有效发明专利拥有量 138 件，居全省第 13 位。万人有效发明专利拥有量 2.51 件，居全省第 18 位。高新技术企业数 17 家，居全省第 17 位。高新技术企业数占规模以上企业比例26.98%，居全省第16位。技术合同交易额30169.48万元，居全省第18位。万人技术合同交易额549.64万元，居全省第30位。高新技术产业产值21.26亿元，居全省第40位。9项增长率指标中，2项指标增长率为0或负数。

凯里市综合科技创新水平指数为87.48%，居全省第6位，与上年相比监测值降低8.18个百分点，上升2位。在3个一级指标中，科技投入指数为95.24%，居全省第30位，与上年相比监测值降低1.90个百分点，位次下降9位。科技环境和基础指数为73.40%，居全省第7位，与上年相比监测值降低21.60个百分点，上升49位。科技产出指数为91.78%，居全省第10位，与上年相比监测值降低2.96个百分点，位次下降4位（表2-62）。

表2-62 凯里市各级监测指标和位次与上年比较

指标名称	二级指标值		位次	
	2019年	2018年	2019年	2018年
综合科技创新水平指数	87.48	95.66	6	8
科技投入 /%	95.24	97.14	30	21
规模以上工业企业R&D经费支出增长率 /%	16.75	-14.85	53	63
财政支出中科学技术支出占一般公共预算支出比重 /%	2.08	2.17	36	32
财政支出中科学技术支出占一般公共预算支出比重增长率 /%	-4.49	3.00	60	37
科技环境和基础 /%	73.40	95.00	7	56
万人规模以上工业企业研究与发展（R&D）人员数 /人	6.78	3.44	34	46
万人规模以上工业企业研究与发展（R&D）人员数增长率 /%	38.87	-66.66	37	75
有R&D活动的企业占比 /%	25.40	24.14	38	36
有R&D活动的企业占比增长率 /%	36.22	-52.99	54	79
万人专利申请量 /件	26.47	17.55	9	12
万人专利申请量增长率 /%	37.80	-5.84	10	65
科技产出 /%	91.78	94.74	10	6
万人有效发明专利拥有量 /件	2.51	2.08	18	20
万人有效发明专利拥有量增长率 /%	20.66	23.48	31	45
高新技术企业数占规模以上企业比例 /%	26.98	22.03	16	11
高新技术企业数占规模以上企业比例增长率 /%	22.47	28.00	60	33
万人技术合同交易额 /万元	549.64	639.19	30	8
万人技术合同交易额增长率 /%	-41.99	-5.30	59	29
高新技术产业产值 /亿元	21.26	16.76	40	38
高新技术产业产值增长率 /%	24.69	44.11	27	23

2. 黄平县

财政支出中科学技术支出3595.00万元，居全省第61位。财政支出中科学技术支出占一般公共预算支出比重1.09%，居全省第64位。规模以上企业R&D人员数29人，居全省第80位。万人规模以上企业研究与发展（R&D）人员数 1.08 人，居全省第 79 位。有 R&D 活动的企业 1 家，居全省第 85 位。有 R&D 活动的企业占比 20.00%，居全省第 52 位。专利申请量 65 件，居全省第 71 位。万人专利申请量 2.43 件，居全省第 72 位。有效发明专利拥有量 26 件，居全省第 48 位。万人有效发明专利拥有量 0.97 件，居全省第 44 位。高新技术企业数 1 家，居全省第 60 位。高新技术企业数占规模以上企业比例 20.00%，居全省第 23 位。技术合同交易额 18 258.01 万元，居全省第 25 位。万人技术合同交易额 681.78 万元，居全省第 23 位。高新技术产业产值 0.87 亿元，居全省第 73 位。9 项增长率指标中，8 项指标增长率为 0 或负数。

黄平县综合科技创新水平指数为 52.07%，居全省第 79 位，与上年相比监测值降低 18.67 个百分点，位次下降 21 位。在 3 个一级指标中，科技投入指数为 68.72%，居全省第 82 位，与上年相比监测值降低 19.40 个百分点，位次下降 31 位。科技环境和基础指数为 40.53%，居全省第 86 位，与上年相比监测值降低 43.98 个百分点，位次下降 7 位。科技产出指数为 45.31%，居全省第 65 位，与上年相比监测值提高 3.77 个百分点，位次下降 7 位（表 2-63）。

表 2-63　黄平县各级监测指标和位次与上年比较

指标名称	二级指标值		位次	
	2019 年	2018 年	2019 年	2018 年
综合科技创新水平指数	52.07	70.74	79	58
科技投入 /%	68.72	88.12	82	51
规模以上工业企业 R&D 经费支出增长率 /%	−65.60	732.32	81	12
财政支出中科学技术支出占一般公共预算支出比重 /%	1.09	1.18	64	57
财政支出中科学技术支出占一般公共预算支出比重增长率 /%	−7.68	2.00	65	39
科技环境和基础 /%	40.53	84.51	86	79
万人规模以上工业企业研究与发展（R&D）人员数 / 人	1.08	0.86	79	74
万人规模以上工业企业研究与发展（R&D）人员数增长率 /%	−25.92	−76.86	67	79
有 R&D 活动的企业占比 /%	20.00	40.00	52	11
有 R&D 活动的企业占比增长率 /%	−66.67	20.00	86	49
万人专利申请量 / 件	2.43	5.92	72	49
万人专利申请量增长率 /%	−59.27	−43.80	79	81
科技产出 /%	45.31	41.54	65	58
万人有效发明专利拥有量 / 件	0.97	1.16	44	37
万人有效发明专利拥有量增长率 /%	−16.44	−6.45	81	82
高新技术企业数占规模以上企业比例 /%	20.00	20.00	23	12
高新技术企业数占规模以上企业比例增长率 /%	0.00	0.00	68	40
万人技术合同交易额 / 万元	681.78	217.80	23	20
万人技术合同交易额增长率 /%	85.56	−47.52	23	41
高新技术产业产值 / 亿元	0.87	0.99	73	72
高新技术产业产值增长率 /%	−12.12	−33.11	73	57

3. 施秉县

财政支出中科学技术支出1548.00万元，居全省第77位。财政支出中科学技术支出占一般公共预算支出比重1.04%，居全省第67位。规模以上企业R&D人员数55人，居全省第68位。万人规模以上企业研究与发展（R&D）人员数4.13人，居全省第45位。有R&D活动的企业3家，居全省第71位。有R&D活动的企业占比60.00%，居全省第6位。专利申请量60件，居全省第74位。万人专利申请量4.50件，居全省第45位。有效发明专利拥有量29件，居全省第46位。万人有效发明专利拥有量2.18件，居全省第24位。高新技术企业数2家，居全省第50位。高新技术企业数占规模以上企业比例40.00%，居全省第11位。技术合同交易额16351.25万元，居全省第30位。万人技术合同交易额1227.57万元，居全省第14位。高新技术产业产值0.60亿元，居全省第79位。9项增长率指标中，3项指标增长率为0或负数。

施秉县综合科技创新水平指数为59.02%，居全省第66位，与上年相比监测值降低11.77个百分点，位次下降9位。在3个一级指标中，科技投入指数为75.46%，居全省第72位，与上年相比监测值降低1.94个百分点，位次下降10位。科技环境和基础指数为47.19%，居全省第80位，与上年相比监测值降低48.25个百分点，位次下降26位。科技产出指数为52.73%，居全省第53位，与上年相比监测值提高9.68个百分点，上升3位（表2-64）。

表2-64 施秉县各级监测指标和位次与上年比较

指标名称	二级指标值		位次	
	2019年	2018年	2019年	2018年
综合科技创新水平指数	59.02	70.79	66	57
科技投入/%	75.46	77.40	72	62
规模以上工业企业R&D经费支出增长率/%	33.84	146.26	45	32
财政支出中科学技术支出占一般公共预算支出比重/%	1.04	1.16	67	58
财政支出中科学技术支出占一般公共预算支出比重增长率/%	-10.14	-18.00	69	66
科技环境和基础/%	47.19	95.44	80	54
万人规模以上工业企业研究与发展（R&D）人员数/人	4.13	9.34	45	23
万人规模以上工业企业研究与发展（R&D）人员数增长率/%	-5.53	23.53	53	36
有R&D活动的企业占比/%	60.00	83.33	6	1
有R&D活动的企业占比增长率/%	80.00	42.86	36	31
万人专利申请量/件	4.50	6.25	45	48
万人专利申请量增长率/%	-31.29	-31.09	54	74
科技产出/%	52.73	43.05	53	56
万人有效发明专利拥有量/件	2.18	1.73	24	24
万人有效发明专利拥有量增长率/%	25.61	108.30	21	11
高新技术企业数占规模以上企业比例/%	40.00	16.67	11	15

续表

指标名称	二级指标值		位次	
	2019年	2018年	2019年	2018年
高新技术企业数占规模以上企业比例增长率/%	140.00	0.00	13	40
万人技术合同交易额/万元	1227.57	471.74	14	13
万人技术合同交易额增长率/%	3.05	-14.95	44	33
高新技术产业产值/亿元	0.60	0.42	79	80
高新技术产业产值增长率/%	42.86	16.67	19	33

4. 三穗县

财政支出中科学技术支出2748.00万元，居全省第71位。财政支出中科学技术支出占一般公共预算支出比重1.23%，居全省第57位。规模以上企业R&D人员数162人，居全省第45位。万人规模以上企业研究与发展（R&D）人员数10.23人，居全省第28位。有R&D活动的企业3家，居全省第71位。有R&D活动的企业占比50.00%，居全省第10位。专利申请量53件，居全省第78位。万人专利申请量3.35件，居全省第57位。有效发明专利拥有量13件，居全省第61位。万人有效发明专利拥有量0.82件，居全省第48位。高新技术企业数2家，居全省第50位。高新技术企业数占规模以上企业比例33.33%，居全省第13位。技术合同交易额8987.65万元，居全省第46位。万人技术合同交易额567.40万元，居全省第28位。高新技术产业产值0.69亿元，居全省第76位。9项增长率指标中，2项指标增长率为0或负数。

三穗县综合科技创新水平指数为62.90%，居全省第59位，与上年相比监测值降低9.23个百分点，位次下降6位。在3个一级指标中，科技投入指数为86.55%，居全省第52位，与上年相比监测值提高2.57个百分点，上升2位。科技环境和基础指数为48.78%，居全省第76位，与上年相比监测值降低49.55个百分点，位次下降51位。科技产出指数为51.34%，居全省第55位，与上年相比监测值提高13.53个百分点，上升8位（表2-65）。

表2-65　三穗县各级监测指标和位次与上年比较

指标名称	二级指标值		位次	
	2019年	2018年	2019年	2018年
综合科技创新水平指数	62.90	72.13	59	53
科技投入/%	86.55	83.98	52	54
规模以上工业企业R&D经费支出增长率/%	131.58	112.47	18	35
财政支出中科学技术支出占一般公共预算支出比重/%	1.23	1.44	57	50
财政支出中科学技术支出占一般公共预算支出比重增长率/%	-14.53	-3.00	73	51
科技环境和基础/%	48.78	98.33	76	25
万人规模以上工业企业研究与发展（R&D）人员数/人	10.23	3.55	28	44

续表

指标名称	二级指标值 2019年	二级指标值 2018年	位次 2019年	位次 2018年
万人规模以上工业企业研究与发展（R&D）人员数增长率/%	1052.03	-3.88	1	49
有R&D活动的企业占比/%	50.00	52.17	10	7
有R&D活动的企业占比增长率/%	1050.00	30.43	4	41
万人专利申请量/件	3.35	8.24	57	36
万人专利申请量增长率/%	-60.03	47.07	80	26
科技产出/%	51.34	37.81	55	63
万人有效发明专利拥有量/件	0.82	0.57	48	50
万人有效发明专利拥有量增长率/%	43.81	28.00	12	41
高新技术企业数占规模以上企业比例/%	33.33	4.35	13	43
高新技术企业数占规模以上企业比例增长率/%	666.67	0.00	1	0
万人技术合同交易额/万元	567.40	48.84	28	39
万人技术合同交易额增长率/%	83.70	39.91	24	22
高新技术产业产值/亿元	0.69	0.80	76	74
高新技术产业产值增长率/%	7.81	-20.00	40	51

5. 镇远县

财政支出中科学技术支出2095.00万元，居全省第74位。财政支出中科学技术支出占一般公共预算支出比重1.23%，居全省第58位。规模以上企业R&D人员数18人，居全省第83位。万人规模以上企业研究与发展（R&D）人员数0.87人，居全省第81位。有R&D活动的企业3家，居全省第71位。有R&D活动的企业占比21.43%，居全省第47位。专利申请量92件，居全省第63位。万人专利申请量4.43件，居全省第47位。有效发明专利拥有量26件，居全省第48位。万人有效发明专利拥有量1.25件，居全省第37位。高新技术企业数3家，居全省第45位。高新技术企业数占规模以上企业比例21.43%，居全省第21位。技术合同交易额22649.21万元，居全省第22位。万人技术合同交易额1091.53万元，居全省第15位。高新技术产业产值12.01亿元，居全省第48位。9项增长率指标中，3项指标增长率为0或负数。

镇远县综合科技创新水平指数为68.50%，居全省第46位，与上年相比监测值降低3.12个百分点，上升8位。在3个一级指标中，科技投入指数为79.34%，居全省第66位，与上年相比监测值提高20.62个百分点，上升14位。科技环境和基础指数为46.96%，居全省第81位，与上年相比监测值降低48.04个百分点，位次下降25位。科技产出指数为76.11%，居全省第31位，与上年相比监测值提高11.62个百分点，位次不变（表2-66）。

表 2-66 镇远县各级监测指标和位次与上年比较

指标名称	二级指标值		位次	
	2019 年	2018 年	2019 年	2018 年
综合科技创新水平指数	68.50	71.62	46	54
科技投入 /%	79.34	58.72	66	80
规模以上工业企业 R&D 经费支出增长率 /%	-71.14	-26.56	82	66
财政支出中科学技术支出占一般公共预算支出比重 /%	1.23	0.69	58	75
财政支出中科学技术支出占一般公共预算支出比重增长率 /%	78.22	-73.00	7	83
科技环境和基础 /%	46.96	95.00	81	56
万人规模以上工业企业研究与发展（R&D）人员数 / 人	0.87	2.42	81	55
万人规模以上工业企业研究与发展（R&D）人员数增长率 /%	-78.39	-71.70	85	77
有 R&D 活动的企业占比 /%	21.43	27.27	47	32
有 R&D 活动的企业占比增长率 /%	57.14	-20.13	45	69
万人专利申请量 / 件	4.43	4.69	47	60
万人专利申请量增长率 /%	-9.22	-19.48	41	68
科技产出 /%	76.11	64.49	31	31
万人有效发明专利拥有量 / 件	1.25	1.06	37	39
万人有效发明专利拥有量增长率 /%	17.78	56.53	34	23
高新技术企业数占规模以上企业比例 /%	21.43	4.55	21	42
高新技术企业数占规模以上企业比例增长率 /%	371.43	0.00	5	0
万人技术合同交易额 / 万元	1091.53	286.85	15	17
万人技术合同交易额增长率 /%	35.65	-31.51	35	36
高新技术产业产值 / 亿元	12.01	11.70	48	46
高新技术产业产值增长率 /%	0.67	45.89	56	22

6. 岑巩县

财政支出中科学技术支出 4103.00 万元，居全省第 57 位。财政支出中科学技术支出占一般公共预算支出比重 1.79%，居全省第 44 位。规模以上企业 R&D 人员数 274 人，居全省第 32 位。万人规模以上企业研究与发展（R&D）人员数 16.74 人，居全省第 19 位。有 R&D 活动的企业 12 家，居全省第 31 位。有 R&D 活动的企业占比 50.00%，居全省第 10 位。专利申请量 46 件，居全省第 82 位。万人专利申请量 2.81 件，居全省第 66 位。有效发明专利拥有量 8 件，居全省第 72 位。万人有效发明专利拥有量 0.49 件，居全省第 58 位。高新技术企业数 5 家，居全省第 32 位。高新技术企业数占规模以上企业比例 20.83%，居全省第 22 位。技术合同交易额 14 338.13 万元，居全省第 36 位。万人技术合同交易额 875.88 万元，居全省第 18 位。高新技术产业产值 7.36 亿元，居全省第 50 位。9 项增长率指标中，3 项指标增长率为 0 或负数。

岑巩县综合科技创新水平指数为 72.62%，居全省第 39 位，与上年相比监测值降低 9.29 个百分点，位次下降 4 位。在 3 个一级指标中，科技投入指数为 92.66%，居全省第 42 位，与上年相比监测值降低 5.30 个百分点，位次下降 28 位。科技环境和基础指数为 57.77%，居全省第 45 位，与上年相比监测值降低 38.90 个百分点，位次上升 2 位。科技产出指数为 65.32%，居全省第 37 位，与上年相比监测值提高 12.11 个百分点，位次上升 11 位（表 2-67）。

表 2-67　岑巩县各级监测指标和位次与上年比较

指标名称	二级指标值		位次	
	2019 年	2018 年	2019 年	2018 年
综合科技创新水平指数	72.62	81.91	39	35
科技投入 /%	92.66	97.96	42	14
规模以上工业企业 R&D 经费支出增长率 /%	27.04	177.44	47	30
财政支出中科学技术支出占一般公共预算支出比重 /%	1.79	2.08	44	35
财政支出中科学技术支出占一般公共预算支出比重增长率 /%	-13.85	7.00	72	33
科技环境和基础 /%	57.77	96.67	45	47
万人规模以上工业企业研究与发展（R&D）人员数 / 人	16.74	6.13	19	30
万人规模以上工业企业研究与发展（R&D）人员数增长率 /%	84.46	-9.48	26	53
有 R&D 活动的企业占比 /%	50.00	32.14	10	25
有 R&D 活动的企业占比增长率 /%	190.00	80.80	16	23
万人专利申请量 / 件	2.81	5.15	66	55
万人专利申请量增长率 /%	-52.26	-36.15	69	77
科技产出 /%	65.32	53.21	37	48
万人有效发明专利拥有量 / 件	0.49	0.49	58	57
万人有效发明专利拥有量增长率 /%	-0.37	32.76	65	35
高新技术企业数占规模以上企业比例 /%	20.83	10.34	22	23
高新技术企业数占规模以上企业比例增长率 /%	101.39	45.00	22	27
万人技术合同交易额 / 万元	875.88	195.29	18	22
万人技术合同交易额增长率 /%	61.42	2726.18	28	2
高新技术产业产值 / 亿元	7.36	4.54	50	56
高新技术产业产值增长率 /%	60.70	-43.25	11	64

7. 天柱县

财政支出中科学技术支出 2848.00 万元，居全省第 69 位。财政支出中科学技术支出占一般公共预算支出比重 0.86%，居全省第 72 位。规模以上企业 R&D 人员数 42 人，居全省第 74 位。万人规模以上企业研究与发展（R&D）人员数 1.58 人，居全省第 73 位。有 R&D 活动的企业 4 家，居全省第 65 位。有 R&D 活动的企业占比 25.00%，居全省第 39 位。专利申请量 67 件，居全省第 70 位。万人专利申请量 2.52 件，居全省第 70 位。有效发明专利拥有量 5 件，居全省第 80 位。万人有效发明专利拥有量 0.19 件，居全省第 80 位。高新技术企业数 0 家，居全省第 73 位。高新技术企业数占规模以上企业比例 0.00%，居全省第 73 位。技术合同交易额 8051.92 万元，居全省第 48 位。万人技术合同交易额 302.93 万元，居全省第 43 位。高新技术产业产值 0.36 亿元，居全省第 82 位。9 项增长率指标中，6 项指标增长率为 0 或负数。

天柱县综合科技创新水平指数为 50.76%，居全省第 80 位，与上年相比监测值降低 20.35 个百分点，位次下降 24 位。在 3 个一级指标中，科技投入指数为 74.81%，居全省第 74 位，与上年相比监测值降低 22.20 个百分点，位次下降 50 位。科技环境和基础指数为 50.28%，居全省第 69 位，与上年相比监测值降低 49.72 个百分点，位次下降 68 位。科技产出指数为 27.11%，居全省第 83 位，与上年相比监测值提高 6.68 个百分点，位次上升 2 位（表 2-68）。

表 2-68　天柱县各级监测指标和位次与上年比较

指标名称	二级指标值		位次	
	2019 年	2018 年	2019 年	2018 年
综合科技创新水平指数	50.76	71.11	80	56
科技投入 /%	74.81	97.01	74	24
规模以上工业企业 R&D 经费支出增长率 /%	-52.89	1226.47	77	10
财政支出中科学技术支出占一般公共预算支出比重 /%	0.86	0.87	72	68
财政支出中科学技术支出占一般公共预算支出比重增长率 /%	-1.41	-7.00	51	60
科技环境和基础 /%	50.28	100.00	69	1
万人规模以上工业企业研究与发展（R&D）人员数 / 人	1.58	2.38	73	56
万人规模以上工业企业研究与发展（R&D）人员数增长率 /%	-9.07	27.99	57	33
有 R&D 活动的企业占比 /%	25.00	29.63	39	28
有 R&D 活动的企业占比增长率 /%	125.00	89.63	25	20
万人专利申请量 / 件	2.52	3.32	70	72
万人专利申请量增长率 /%	-27.48	94.67	52	12
科技产出 /%	27.11	20.43	83	85
万人有效发明专利拥有量 / 件	0.19	0.23	80	75
万人有效发明专利拥有量增长率 /%	-17.01	19.46	82	50
高新技术企业数占规模以上企业比例 /%	0.00	0.00	73	68
高新技术企业数占规模以上企业比例增长率 /%	0.00	0.00	68	0
万人技术合同交易额 / 万元	302.93	8.89	43	57
万人技术合同交易额增长率 /%	37.85	-60.96	33	49
高新技术产业产值 / 亿元	0.36	0.33	82	81
高新技术产业产值增长率 /%	12.50	-93.59	35	86

8. 锦屏县

财政支出中科学技术支出 3880.00 万元，居全省第 59 位。财政支出中科学技术支出占一般公共预算支出比重 1.56%，居全省第 51 位。规模以上企业 R&D 人员数 17 人，居全省第 84 位。万人规模以上企业研究与发展（R&D）人员数 1.08 人，居全省第 78 位。有 R&D 活动的企业 1 家，居全省第 85 位。有 R&D 活动的企业占比 5.26%，居全省第 88 位。专利申请量 65 件，居全省第 71 位。万人专利申请量 4.14 件，居全省第 49 位。有效发明专利拥有量 7 件，居全省第 73 位。万人有效发明专利拥有量 0.45 件，居全省第 61 位。高新技术企业数 1 家，居全省第 60 位。高新技术企业数占规模以上企业比例 5.26%，居全省第 59 位。技术合同交易额 9063.36 万元，居全省第 45 位。万人技术合同交易额 577.65 万元，居全省第 26 位。高新技术产业产值 0.24 亿元，居全省第 84 位。9 项增长率指标中，4 项指标增长率为 0 或负数。

锦屏县综合科技创新水平指数为 53.90%，居全省第 76 位，与上年相比监测值降低 8.19 个百分点，位次不变。在 3 个一级指标中，科技投入指数为 78.02%，居全省第 68 位，与上年相比监测值提高 7.59 个百分点，上升 7 位。科技环境和基础指数为 42.20%，居全省第 84 位，与上年相比监测值降低 48.69 个百分点，位次下降 20 位。科技产出指数为 39.80%，居全省第 72 位，与上年相比监测值提高 10.74 个百分点，位次上升 4 位（表 2-69）。

表 2-69 锦屏县各级监测指标和位次与上年比较

指标名称	二级指标值		位次	
	2019 年	2018 年	2019 年	2018 年
综合科技创新水平指数	53.90	62.09	76	76
科技投入 /%	78.02	70.43	68	75
规模以上工业企业 R&D 经费支出增长率 /%	3258.00	-66.30	2	75
财政支出中科学技术支出占一般公共预算支出比重 /%	1.56	0.93	51	64
财政支出中科学技术支出占一般公共预算支出比重增长率 /%	68.74	8.00	9	30
科技环境和基础 /%	42.20	90.89	84	64
万人规模以上工业企业研究与发展（R&D）人员数 / 人	1.08	2.24	78	58
万人规模以上工业企业研究与发展（R&D）人员数增长率 /%	182.07	-68.61	17	76
有 R&D 活动的企业占比 /%	5.26	22.22	88	38
有 R&D 活动的企业占比增长率 /%	-5.26	-52.78	70	78
万人专利申请量 / 件	4.14	8.39	49	35
万人专利申请量增长率 /%	-54.11	183.51	74	3
科技产出 /%	39.80	29.06	72	76
万人有效发明专利拥有量 / 件	0.45	0.32	61	65
万人有效发明专利拥有量增长率 /%	39.38	24.44	14	44
高新技术企业数占规模以上企业比例 /%	5.26	0.00	59	68

续表

指标名称	二级指标值		位次	
	2019年	2018年	2019年	2018年
高新技术企业数占规模以上企业比例增长率/%	100.00	0.00	23	0
万人技术合同交易额/万元	577.65	274.02	26	19
万人技术合同交易额增长率/%	−37.42	397.59	55	9
高新技术产业产值/亿元	0.24	0.24	84	85
高新技术产业产值增长率/%	0.00	−79.83	58	84

9. 剑河县

财政支出中科学技术支出 3592.00 万元，居全省第 62 位。财政支出中科学技术支出占一般公共预算支出比重 1.22%，居全省第 59 位。规模以上企业 R&D 人员数 64 人，居全省第 64 位。万人规模以上企业研究与发展（R&D）人员数 3.48 人，居全省第 51 位。有 R&D 活动的企业 3 家，居全省第 71 位。有 R&D 活动的企业占比 42.86%，居全省第 15 位。专利申请量 89 件，居全省第 66 位。万人专利申请量 4.83 件，居全省第 42 位。有效发明专利拥有量 13 件，居全省第 61 位。万人有效发明专利拥有量 0.71 件，居全省第 50 位。高新技术企业数 1 家，居全省第 60 位。高新技术企业数占规模以上企业比例 14.29%，居全省第 35 位。技术合同交易额 11 748.60 万元，居全省第 41 位。万人技术合同交易额 638.16 万元，居全省第 25 位。高新技术产业产值 2.46 亿元，居全省第 66 位。9 项增长率指标中，3 项指标增长率为 0 或负数。

剑河县综合科技创新水平指数为 58.15%，居全省第 68 位，与上年相比监测值降低 9.93 个百分点，位次下降 4 位。在 3 个一级指标中，科技投入指数为 72.13%，居全省第 77 位，与上年相比监测值降低 15.37 个百分点，位次下降 25 位。科技环境和基础指数为 49.17%，居全省第 73 位，与上年相比监测值降低 35.94 个百分点，上升 1 位。科技产出指数为 51.87%，居全省第 54 位，与上年相比监测值提高 17.80 个百分点，上升 14 位（表 2-70）。

表 2-70 剑河县各级监测指标和位次与上年比较

指标名称	二级指标值		位次	
	2019年	2018年	2019年	2018年
综合科技创新水平指数	58.15	68.08	68	64
科技投入/%	72.13	87.50	77	52
规模以上工业企业 R&D 经费支出增长率/%	−61.81	382.24	79	20
财政支出中科学技术支出占一般公共预算支出比重/%	1.22	1.39	59	51
财政支出中科学技术支出占一般公共预算支出比重增长率/%	−12.59	183.00	70	3
科技环境和基础/%	49.17	85.11	73	74
万人规模以上工业企业研究与发展（R&D）人员数/人	3.48	4.14	51	40

续表

指标名称	二级指标值 2019年	二级指标值 2018年	位次 2019年	位次 2018年
万人规模以上工业企业研究与发展（R&D）人员数增长率 /%	30.12	-57.96	40	71
有R&D活动的企业占比 /%	42.86	25.00	15	35
有R&D活动的企业占比增长率 /%	92.86	-50.00	34	74
万人专利申请量 /件	4.83	8.67	42	34
万人专利申请量增长率 /%	-50.47	45.24	65	29
科技产出 /%	51.87	34.07	54	68
万人有效发明专利拥有量 /件	0.71	0.44	50	59
万人有效发明专利拥有量增长率 /%	61.88	32.75	6	36
高新技术企业数占规模以上企业比例 /%	14.29	11.11	35	22
高新技术企业数占规模以上企业比例增长率 /%	28.57	-11.00	57	52
万人技术合同交易额 /万元	638.16	1.47	25	79
万人技术合同交易额增长率 /%	16.19	0.00	42	0
高新技术产业产值 /亿元	2.46	1.57	66	69
高新技术产业产值增长率 /%	57.69	70.65	14	15

10. 台江县

财政支出中科学技术支出308.00万元，居全省第86位。财政支出中科学技术支出占一般公共预算支出比重0.17%，居全省第84位。规模以上企业R&D人员数125人，居全省第52位。万人规模以上企业研究与发展（R&D）人员数11.03人，居全省第26位。有R&D活动的企业8家，居全省第46位。有R&D活动的企业占比57.14%，居全省第8位。专利申请量57件，居全省第76位。万人专利申请量5.03件，居全省第39位。有效发明专利拥有量27件，居全省第47位。万人有效发明专利拥有量2.38件，居全省第19位。高新技术企业数5家，居全省第32位。高新技术企业数占规模以上企业比例35.71%，居全省第12位。技术合同交易额16978.98万元，居全省第28位。万人技术合同交易额1498.59万元，居全省第11位。高新技术产业产值1.03亿元，居全省第72位。9项增长率指标中，4项指标增长率为0或负数。

台江县综合科技创新水平指数为54.91%，居全省第75位，与上年相比监测值降低13.06个百分点，位次下降10位。在3个一级指标中，科技投入指数为49.25%，居全省第86位，与上年相比监测值降低3.46个百分点，位次下降5位。科技环境和基础指数为57.89%，居全省第43位，与上年相比监测值降低37.55个百分点，上升11位。科技产出指数为58.02%，居全省第45位，与上年相比监测值降低1.67个百分点，位次下降5位（表2-71）。

表 2-71 台江县各级监测指标和位次与上年比较

指标名称	二级指标值		位次	
	2019年	2018年	2019年	2018年
综合科技创新水平指数	54.91	67.97	75	65
科技投入 /%	49.25	52.71	86	81
规模以上工业企业 R&D 经费支出增长率 /%	-46.28	90.21	74	39
财政支出中科学技术支出占一般公共预算支出比重 /%	0.17	0.59	84	78
财政支出中科学技术支出占一般公共预算支出比重增长率 /%	-70.94	-67.00	86	82
科技环境和基础 /%	57.89	95.44	43	54
万人规模以上工业企业研究与发展（R&D）人员数 / 人	11.03	2.22	26	59
万人规模以上工业企业研究与发展（R&D）人员数增长率 /%	35.27	-14.18	39	56
有 R&D 活动的企业占比 /%	57.14	35.71	8	17
有 R&D 活动的企业占比增长率 /%	42.86	21.43	48	48
万人专利申请量 / 件	5.03	11.52	39	22
万人专利申请量增长率 /%	-57.96	96.10	76	11
科技产出 /%	58.02	59.69	45	40
万人有效发明专利拥有量 / 件	2.38	1.95	19	22
万人有效发明专利拥有量增长率 /%	22.19	68.48	26	19
高新技术企业数占规模以上企业比例 /%	35.71	26.67	12	9
高新技术企业数占规模以上企业比例增长率 /%	33.93	87.00	54	12
万人技术合同交易额 / 万元	1498.59	0.00	11	84
万人技术合同交易额增长率 /%	91.62	-100.00	21	79
高新技术产业产值 / 亿元	1.03	10.51	72	47
高新技术产业产值增长率 /%	-12.98	130.99	74	9

11. 黎平县

财政支出中科学技术支出 565.00 万元，居全省第 84 位。财政支出中科学技术支出占一般公共预算支出比重 0.16%，居全省第 85 位。规模以上企业 R&D 人员数 32 人，居全省第 78 位。万人规模以上企业研究与发展（R&D）人员数 0.81 人，居全省第 83 位。有 R&D 活动的企业 3 家，居全省第 71 位。有 R&D 活动的企业占比 18.75%，居全省第 57 位。专利申请量 138 件，居全省第 45 位。万人专利申请量 3.48 件，居全省第 55 位。有效发明专利拥有量 18 件，居全省第 55 位。万人有效发明专利拥有量 0.45 件，居全省第 60 位。高新技术企业数 1 家，居全省第 60 位。高新技术企业数占规模以上企业比例 6.25%，居全省第 56 位。技术合同交易额 11 217.02 万元，居全省第 42 位。万人技术合同交易额 282.90 万元，居全省第 47 位。高新技术产业产值 4.40 亿元，居全省第57位。9项增长率指标中,4项指标增长率为0或负数。

黎平县综合科技创新水平指数为48.83%,居全省第84位,与上年相比监测值降低5.82个百分点,位次不变。在3个一级指标中,科技投入指数为50.66%,居全省第85位,与上年相比监测值提高11.26个百分点,位次下降2位。科技环境和基础指数为49.20%,居全省第72位,与上年相比监测值降低47.47个百分点,位次下降25位。科技产出指数为46.69%,居全省第64位,与上年相比监测值提高12.81个百分点,位次上升5位(表2-72)。

表2-72 黎平县各级监测指标和位次与上年比较

指标名称	二级指标值		位次	
	2019年	2018年	2019年	2018年
综合科技创新水平指数	48.83	54.65	84	84
科技投入/%	50.66	39.40	85	83
规模以上工业企业R&D经费支出增长率/%	-55.07	681.04	78	13
财政支出中科学技术支出占一般公共预算支出比重/%	0.16	0.16	85	84
财政支出中科学技术支出占一般公共预算支出比重增长率/%	-1.62	8.00	52	30
科技环境和基础/%	49.20	96.67	72	47
万人规模以上工业企业研究与发展(R&D)人员数/人	0.81	1.24	83	69
万人规模以上工业企业研究与发展(R&D)人员数增长率/%	67.66	-15.88	31	59
有R&D活动的企业占比/%	18.75	36.84	57	16
有R&D活动的企业占比增长率/%	25.00	42.76	56	33
万人专利申请量/件	3.48	2.86	55	75
万人专利申请量增长率/%	1.76	-31.39	32	75
科技产出/%	46.69	33.88	64	69
万人有效发明专利拥有量/件	0.45	0.46	60	58
万人有效发明专利拥有量增长率/%	-0.45	5.43	68	74
高新技术企业数占规模以上企业比例/%	6.25	5.00	56	38
高新技术企业数占规模以上企业比例增长率/%	25.00	-5.00	59	47
万人技术合同交易额/万元	282.90	23.26	47	47
万人技术合同交易额增长率/%	-3.77	-78.29	45	58
高新技术产业产值/亿元	4.40	3.02	57	60
高新技术产业产值增长率/%	45.70	263.86	17	3

12. 榕江县

财政支出中科学技术支出272.00万元,居全省第87位。财政支出中科学技术支出占一般公共预算支出比重0.07%,居全省第88位。规模以上企业R&D人员数99人,居全省第54位。万人规模以上企业研究与发展（R&D）人员数3.40人，居全省第52位。有R&D活动的企业5家，居全省第61位。有R&D活动的企业占比25.00%，居全省第39位。专利申请量47件，居全省第81位。万人专利申请量1.61件，居全省第82位。有效发明专利拥有量7件，居全省第73位。万人有效发明专利拥有量0.24件，居全省第77位。高新技术企业数0家，居全省第73位。高新技术企业数占规模以上企业比例0.00%，居全省第73位。技术合同交易额16318.07万元，居全省第31位。万人技术合同交易额559.99万元，居全省第29位。高新技术产业产值0.68亿元，居全省第77位。9项增长率指标中，6项指标增长率为0或负数。

榕江县综合科技创新水平指数为45.06%，居全省第88位，与上年相比监测值降低0.31个百分点，位次不变。在3个一级指标中，科技投入指数为48.44%，居全省第87位，与上年相比监测值提高19.87个百分点，位次下降1位。科技环境和基础指数为52.42%，居全省第63位，与上年相比监测值降低45.91个百分点，位次下降38位。科技产出指数为35.37%，居全省第76位，与上年相比监测值提高18.60个百分点，位次上升10位（表2-73）。

表2-73 榕江县各级监测指标和位次与上年比较

指标名称	二级指标值		位次	
	2019年	2018年	2019年	2018年
综合科技创新水平指数	45.06	45.37	88	88
科技投入/%	48.44	28.57	87	86
规模以上工业企业R&D经费支出增长率/%	−30.34	563.04	71	18
财政支出中科学技术支出占一般公共预算支出比重/%	0.07	0.03	88	87
财政支出中科学技术支出占一般公共预算支出比重增长率/%	162.42	−35.00	4	71
科技环境和基础/%	52.42	98.33	63	25
万人规模以上工业企业研究与发展（R&D）人员数/人	3.40	2.79	52	52
万人规模以上工业企业研究与发展（R&D）人员数增长率/%	−6.96	49.43	54	27
有R&D活动的企业占比/%	25.00	33.33	39	20
有R&D活动的企业占比增长率/%	−25.00	−11.11	76	65
万人专利申请量/件	1.61	3.79	82	68
万人专利申请量增长率/%	−54.10	28.92	73	40
科技产出/%	35.37	16.77	76	86
万人有效发明专利拥有量/件	0.24	0.17	77	79
万人有效发明专利拥有量增长率/%	39.47	24.53	13	43
高新技术企业数占规模以上企业比例/%	0.00	0.00	73	68
高新技术企业数占规模以上企业比例增长率/%	0.00	0.00	68	0
万人技术合同交易额/万元	559.99	0.00	29	84
万人技术合同交易额增长率/%	−98.69	−100.00	88	79
高新技术产业产值/亿元	0.68	0.26	77	84
高新技术产业产值增长率/%	33.33	−81.56	21	85

13. 从江县

财政支出中科学技术支出 1322.00 万元,居全省第 80 位。财政支出中科学技术支出占一般公共预算支出比重 0.32%,居全省第 82 位。规模以上企业 R&D 人员数 54 人,居全省第 71 位。万人规模以上企业研究与发展(R&D)人员数 1.83 人,居全省第 70 位。有 R&D 活动的企业 5 家,居全省第 61 位。有 R&D 活动的企业占比 45.45%,居全省第 12 位。专利申请量 22 件,居全省第 88 位。万人专利申请量 0.74 件,居全省第 87 位。有效发明专利拥有量 10 件,居全省第 66 位。万人有效发明专利拥有量 0.34 件,居全省第 67 位。高新技术企业数 2 家,居全省第 50 位。高新技术企业数占规模以上企业比例 18.18%,居全省第 26 位。技术合同交易额 7867.28 万元,居全省第 49 位。万人技术合同交易额 265.97 万元,居全省第 50 位。高新技术产业产值 0.04 亿元,居全省第 88 位。9 项增长率指标中,4 项指标增长率为 0 或负数。

从江县综合科技创新水平指数为 54.93%,居全省第 74 位,与上年相比监测值降低 0.04 个百分点,上升 9 位。在 3 个一级指标中,科技投入指数为 70.33%,居全省第 81 位,与上年相比监测值提高 6.09 个百分点,位次下降 4 位。科技环境和基础指数为 49.95%,居全省第 70 位,与上年相比监测值降低 31.51 个百分点,上升 12 位。科技产出指数为 43.80%,居全省第 66 位,与上年相比监测值提高 20.82 个百分点,上升 16 位(表 2-74)。

表 2-74 从江县各级监测指标和位次与上年比较

指标名称	二级指标值		位次	
	2019 年	2018 年	2019 年	2018 年
综合科技创新水平指数	54.93	54.97	74	83
科技投入 /%	70.33	64.24	81	77
规模以上工业企业 R&D 经费支出增长率 /%	94.60	-0.36	26	59
财政支出中科学技术支出占一般公共预算支出比重 /%	0.32	0.53	82	80
财政支出中科学技术支出占一般公共预算支出比重增长率 /%	-39.97	-31.00	82	69
科技环境和基础 /%	49.95	81.46	70	82
万人规模以上工业企业研究与发展(R&D)人员数 / 人	1.83	0.54	70	79
万人规模以上工业企业研究与发展(R&D)人员数增长率 /%	198.78	-59.14	15	72
有 R&D 活动的企业占比 /%	45.45	13.33	12	50
有 R&D 活动的企业占比增长率 /%	240.91	-60.00	14	81
万人专利申请量 / 件	0.74	6.31	87	47
万人专利申请量增长率 /%	-90.75	-19.11	88	67
科技产出 /%	43.80	22.98	66	82
万人有效发明专利拥有量 / 件	0.34	0.34	67	63
万人有效发明专利拥有量增长率 /%	-0.41	99.19	66	14
高新技术企业数占规模以上企业比例 /%	18.18	0.00	26	68

续表

指标名称	二级指标值		位次	
	2019年	2018年	2019年	2018年
高新技术企业数占规模以上企业比例增长率 /%	100.00	0.00	23	0
万人技术合同交易额 / 万元	265.97	0.00	50	84
万人技术合同交易额增长率 /%	120.73	−100.00	16	79
高新技术产业产值 / 亿元	0.04	0.04	88	87
高新技术产业产值增长率 /%	−10.00	−60.00	70	78

14. 雷山县

财政支出中科学技术支出 1022.00 万元，居全省第 83 位。财政支出中科学技术支出占一般公共预算支出比重 0.55%，居全省第 79 位。规模以上企业 R&D 人员数 9 人，居全省第 88 位。万人规模以上企业研究与发展（R&D）人员数 0.76 人，居全省第 84 位。有 R&D 活动的企业 1 家，居全省第 85 位。有 R&D 活动的企业占比 25.00%，居全省第 39 位。专利申请量 25 件，居全省第 86 位。万人专利申请量 2.10 件，居全省第 77 位。有效发明专利拥有量 6 件，居全省第 78 位。万人有效发明专利拥有量 0.50 件，居全省第 57 位。高新技术企业数 1 家，居全省第 60 位。高新技术企业数占规模以上企业比例 25.00%，居全省第 19 位。技术合同交易额 12 246.38 万元，居全省第 40 位。万人技术合同交易额 1028.24 万元，居全省第 16 位。高新技术产业产值 0.63 亿元，居全省第 78 位。9 项增长率指标中，6 项指标增长率为 0 或负数。

雷山县综合科技创新水平指数为 47.61%，居全省第 86 位，与上年相比监测值降低 2.96 个百分点，位次下降 1 位。在 3 个一级指标中，科技投入指数为 63.20%，居全省第 84 位，与上年相比监测值提高 28.13 个百分点，位次不变。科技环境和基础指数为 39.04%，居全省第 88 位，与上年相比监测值降低 40.29 个百分点，位次下降 4 位。科技产出指数为 39.37%，居全省第 73 位，与上年相比监测值降低 2.06 个百分点，位次下降 14 位（表 2-75）。

表 2-75 雷山县各级监测指标和位次与上年比较

指标名称	二级指标值		位次	
	2019年	2018年	2019年	2018年
综合科技创新水平指数	47.61	50.57	86	85
科技投入 /%	63.20	35.07	84	84
规模以上工业企业 R&D 经费支出增长率 /%	24.64	−100.00	49	83
财政支出中科学技术支出占一般公共预算支出比重 /%	0.55	0.58	79	79
财政支出中科学技术支出占一般公共预算支出比重增长率 /%	−4.31	−42.00	58	72
科技环境和基础 /%	39.04	79.33	88	84
万人规模以上工业企业研究与发展（R&D）人员数 / 人	0.76	1.85	84	64

续表

指标名称	二级指标值		位次	
	2019年	2018年	2019年	2018年
万人规模以上工业企业研究与发展（R&D）人员数增长率 /%	−35.93	−0.42	73	47
有 R&D 活动的企业占比 /%	25.00	75.00	39	2
有 R&D 活动的企业占比增长率 /%	−50.00	0.00	83	56
万人专利申请量 / 件	2.10	21.06	77	10
万人专利申请量增长率 /%	−90.03	159.32	87	4
科技产出 /%	39.37	41.43	73	59
万人有效发明专利拥有量 / 件	0.50	0.67	57	47
万人有效发明专利拥有量增长率 /%	−25.25	99.16	86	15
高新技术企业数占规模以上企业比例 /%	25.00	0.00	19	68
高新技术企业数占规模以上企业比例增长率 /%	0.00	0.00	68	0
万人技术合同交易额 / 万元	1028.24	8.42	16	59
万人技术合同交易额增长率 /%	22.48	−89.35	39	69
高新技术产业产值 / 亿元	0.63	10.00	78	49
高新技术产业产值增长率 /%	100.00	0.00	4	41

15. 麻江县

财政支出中科学技术支出 11 145.00 万元，居全省第 22 位。财政支出中科学技术支出占一般公共预算支出比重 6.75%，居全省第 3 位。规模以上企业 R&D 人员数 62 人，居全省第 65 位。万人规模以上企业研究与发展（R&D）人员数 4.97 人，居全省第 43 位。有 R&D 活动的企业 2 家，居全省第 82 位。有 R&D 活动的企业占比 33.33%，居全省第 23 位。专利申请量 28 件，居全省第 85 位。万人专利申请量 2.25 件，居全省第 76 位。有效发明专利拥有量 10 件，居全省第 66 位。万人有效发明专利拥有量 0.80 件，居全省第 49 位。高新技术企业数 0 家，居全省第 73 位。高新技术企业数占规模以上企业比例 0.00%，居全省第 73 位。技术合同交易额 22 966.52 万元，居全省第 21 位。万人技术合同交易额 1841.74 万元，居全省第 8 位。高新技术产业产值 0.30 亿元，居全省第 83 位。9 项增长率指标中，4 项指标增长率为 0 或负数。

麻江县综合科技创新水平指数为 57.47%，居全省第 70 位，与上年相比监测值降低 7.10 个百分点，上升 3 位。在 3 个一级指标中，科技投入指数为 83.53%，居全省第 59 位，与上年相比监测值提高 1.28 个百分点，位次下降 3 位。科技环境和基础指数为 44.82%，居全省第 82 位，与上年相比监测值降低 42.88 个百分点，位次下降 13 位。科技产出指数为 42.24%，居全省第 69 位，与上年相比监测值提高 15.18 个百分点，上升 8 位（表 2-76）。

表 2-76 麻江县各级监测指标和位次与上年比较

指标名称	二级指标值		位次	
	2019 年	2018 年	2019 年	2018 年
综合科技创新水平指数	57.47	64.57	70	73
科技投入 /%	83.53	82.25	59	56
规模以上工业企业 R&D 经费支出增长率 /%	110.02	-5.92	23	61
财政支出中科学技术支出占一般公共预算支出比重 /%	6.75	4.65	3	3
财政支出中科学技术支出占一般公共预算支出比重增长率 /%	45.09	616.00	16	2
科技环境和基础 /%	44.82	87.70	82	69
万人规模以上工业企业研究与发展（R&D）人员数 / 人	4.97	1.61	43	66
万人规模以上工业企业研究与发展（R&D）人员数增长率 /%	285.95	4.75	10	44
有 R&D 活动的企业占比 /%	33.33	33.33	23	20
有 R&D 活动的企业占比增长率 /%	0.00	11.11	67	53
万人专利申请量 / 件	2.25	9.98	76	29
万人专利申请量增长率 /%	-78.38	34.13	85	37
科技产出 /%	42.24	27.06	69	77
万人有效发明专利拥有量 / 件	0.80	0.64	49	49
万人有效发明专利拥有量增长率 /%	24.50	32.69	24	37
高新技术企业数占规模以上企业比例 /%	0.00	0.00	73	68
高新技术企业数占规模以上企业比例增长率 /%	0.00	0.00	68	0
万人技术合同交易额 / 万元	1841.74	50.62	8	38
万人技术合同交易额增长率 /%	102.03	-47.86	20	42
高新技术产业产值 / 亿元	0.30	0.33	83	81
高新技术产业产值增长率 /%	-9.09	-25.00	68	52

16. 丹寨县

财政支出中科学技术支出 1176.00 万元，居全省第 81 位。财政支出中科学技术支出占一般公共预算支出比重 0.79%，居全省第 75 位。规模以上企业 R&D 人员数 74 人，居全省第 61 位。万人规模以上企业研究与发展（R&D）人员数 5.92 人，居全省第 37 位。有 R&D 活动的企业 4 家，居全省第 65 位。有 R&D 活动的企业占比 66.67%，居全省第 2 位。专利申请量 97 件，居全省第 60 位。万人专利申请量 7.77 件，居全省第 29 位。有效发明专利拥有量 18 件，居全省第 55 位。万人有效发明专利拥有量 1.44 件，居全省第 34 位。高新技术企业数 3 家，居全省第 45 位。高新技术企业数占规模以上企业比例 50.00%，居全省第 10 位。技术合同交易额 20 193.16 万元，居全省第 24 位。万人技术合同交易额 1616.75 万元，居全省第 10 位。高新技术产业产值 2.62 亿元，居全省第 64 位。9 项增长率指标中，

3项指标增长率为0或负数。

丹寨县综合科技创新水平指数为62.24%，居全省第60位，与上年相比监测值降低9.18个百分点，位次下降5位。在3个一级指标中，科技投入指数为76.64%，居全省第70位，与上年相比监测值提高16.79个百分点，上升9位。科技环境和基础指数为50.94%，居全省第67位，与上年相比监测值降低47.39个百分点，位次下降42位。科技产出指数为57.54%，居全省第46位，与上年相比监测值降低2.39个百分点，位次下降7位（表2-77）。

表2-77 丹寨县各级监测指标和位次与上年比较

指标名称	二级指标值		位次	
	2019年	2018年	2019年	2018年
综合科技创新水平指数	62.24	71.42	60	55
科技投入/%	76.64	59.85	70	79
规模以上工业企业R&D经费支出增长率/%	-29.21	644.79	70	15
财政支出中科学技术支出占一般公共预算支出比重/%	0.79	0.66	75	77
财政支出中科学技术支出占一般公共预算支出比重增长率/%	20.60	-57.00	25	77
科技环境和基础/%	50.94	98.33	67	25
万人规模以上工业企业研究与发展（R&D）人员数/人	5.92	6.59	37	29
万人规模以上工业企业研究与发展（R&D）人员数增长率/%	-12.26	6.07	58	41
有R&D活动的企业占比/%	66.67	75.00	2	2
有R&D活动的企业占比增长率/%	60.00	143.75	44	11
万人专利申请量/件	7.77	4.18	29	66
万人专利申请量增长率/%	85.79	-82.02	4	88
科技产出/%	57.54	59.93	46	39
万人有效发明专利拥有量/件	1.44	1.29	34	33
万人有效发明专利拥有量增长率/%	12.05	-6.26	39	81
高新技术企业数占规模以上企业比例/%	50.00	25.00	10	10
高新技术企业数占规模以上企业比例增长率/%	100.00	0.00	23	40
万人技术合同交易额/万元	1616.75	1405.31	10	3
万人技术合同交易额增长率/%	-34.06	103.20	51	17
高新技术产业产值/亿元	2.62	2.73	64	63
高新技术产业产值增长率/%	3.56	-59.13	47	75

（九）黔南州

1. 都匀市

财政支出中科学技术支出11 367.00万元，居全省第21位。财政支出中科学技术支出占一般公共预算支出比重2.89%，居全省第16位。规模以上企业R&D人员数141人，居全省第50位。

万人规模以上企业研究与发展（R&D）人员数3.00人，居全省第59位。有R&D活动的企业11家，居全省第33位。有R&D活动的企业占比20.37%，居全省第51位。专利申请量890件，居全省第15位。万人专利申请量18.91件，居全省第12位。有效发明专利拥有量87件，居全省第21位。万人有效发明专利拥有量1.85件，居全省第26位。高新技术企业数12家，居全省第22位。高新技术企业数占规模以上企业比例22.22%，居全省第20位。技术合同交易额23 205.16万元，居全省第20位。万人技术合同交易额493.10万元，居全省第34位。高新技术产业产值12.64亿元，居全省第47位。9项增长率指标中，4项指标增长率为0或负数。

都匀市综合科技创新水平指数为80.97%，居全省第21位，与上年相比监测值提高2.57个百分点，上升23位。在3个一级指标中，科技投入指数为89.54%，居全省第48位，与上年相比监测值提高16.39个百分点，上升25位。科技环境和基础指数为66.94%，居全省第14位，与上年相比监测值降低7.50个百分点，上升73位。科技产出指数为84.42%，居全省第19位，与上年相比监测值降低2.62个百分点，位次下降9位（表2-78）。

表2-78 都匀市各级监测指标和位次与上年比较

指标名称	二级指标值		位次	
	2019年	2018年	2019年	2018年
综合科技创新水平指数	80.97	78.40	21	44
科技投入/%	89.54	73.15	48	73
规模以上工业企业R&D经费支出增长率/%	−73.37	−88.95	83	79
财政支出中科学技术支出占一般公共预算支出比重/%	2.89	1.94	16	38
财政支出中科学技术支出占一般公共预算支出比重增长率/%	48.90	−25.00	14	68
科技环境和基础/%	66.94	74.44	14	87
万人规模以上工业企业研究与发展（R&D）人员数/人	3.00	0.15	59	86
万人规模以上工业企业研究与发展（R&D）人员数增长率/%	461.96	−90.45	4	84
有R&D活动的企业占比/%	20.37	1.89	51	85
有R&D活动的企业占比增长率/%	124.07	−71.70	26	82
万人专利申请量/件	18.91	22.93	12	9
万人专利申请量增长率/%	−18.12	61.52	46	19
科技产出/%	84.42	87.04	19	10
万人有效发明专利拥有量/件	1.85	1.81	26	23
万人有效发明专利拥有量增长率/%	1.98	3.26	59	75
高新技术企业数占规模以上企业比例/%	22.22	12.73	20	18
高新技术企业数占规模以上企业比例增长率/%	74.60	125.00	36	7
万人技术合同交易额/万元	493.10	295.19	34	16
万人技术合同交易额增长率/%	−22.67	60.33	48	20
高新技术产业产值/亿元	12.64	13.33	47	42
高新技术产业产值增长率/%	−6.78	−49.47	64	69

2. 福泉市

财政支出中科学技术支出9789.00万元，居全省第26位。财政支出中科学技术支出占一般公共预算支出比重3.18%，居全省第9位。规模以上企业R&D人员数552人，居全省第21位。万人规模以上企业研究与发展（R&D）人员数18.54人，居全省第16位。有R&D活动的企业16家，居全省第24位。有R&D活动的企业占比14.29%，居全省第63位。专利申请量332件，居全省第23位。万人专利申请量11.15件，居全省第21位。有效发明专利拥有量96件，居全省第19位。万人有效发明专利拥有量3.22件，居全省第15位。高新技术企业数9家，居全省第25位。高新技术企业数占规模以上企业比例8.04%，居全省第50位。技术合同交易额21782.52万元，居全省第23位。万人技术合同交易额731.69万元，居全省第22位。高新技术产业产值95.11亿元，居全省第14位。9项增长率指标中，没有指标增长率为0或负数的情况。

福泉市综合科技创新水平指数为83.96%，居全省第14位，与上年相比监测值降低3.77个百分点，上升6位。在3个一级指标中，科技投入指数为100.00%，居全省第1位，与上年相比监测值提高3.30个百分点，上升25位。科技环境和基础指数为61.21%，居全省第22位，与上年相比监测值降低31.72个百分点，上升37位。科技产出指数为87.41%，居全省第16位，与上年相比监测值提高13.11个百分点，上升4位（表2-79）。

表2-79 福泉市各级监测指标和位次与上年比较

指标名称	二级指标值		位次	
	2019年	2018年	2019年	2018年
综合科技创新水平指数	83.96	87.73	14	20
科技投入 /%	100.00	96.70	1	26
规模以上工业企业R&D经费支出增长率 /%	1263.66	-34.05	4	69
财政支出中科学技术支出占一般公共预算支出比重 /%	3.18	3.16	9	10
财政支出中科学技术支出占一般公共预算支出比重增长率 /%	0.83	0.00	49	45
科技环境和基础 /%	61.21	92.93	22	59
万人规模以上工业企业研究与发展（R&D）人员数 /人	18.54	13.24	16	20
万人规模以上工业企业研究与发展（R&D）人员数增长率 /%	298.93	-13.12	9	54
有R&D活动的企业占比 /%	14.29	3.79	63	78
有R&D活动的企业占比增长率 /%	302.86	9.85	12	54
万人专利申请量 /件	11.15	5.73	21	50
万人专利申请量增长率 /%	77.06	-53.05	5	82
科技产出 /%	87.41	74.30	16	20
万人有效发明专利拥有量 /件	3.22	2.90	15	15
万人有效发明专利拥有量增长率 /%	11.33	8.53	42	66
高新技术企业数占规模以上企业比例 /%	8.04	4.96	50	39

续表

指标名称	二级指标值		位次	
	2019年	2018年	2019年	2018年
高新技术企业数占规模以上企业比例增长率/%	41.63	64.00	45	19
万人技术合同交易额/万元	731.69	112.56	22	29
万人技术合同交易额增长率/%	78.93	-17.04	26	34
高新技术产业产值/亿元	95.11	91.41	14	12
高新技术产业产值增长率/%	2.90	81.55	51	12

3. 荔波县

财政支出中科学技术支出5178.00万元，居全省第50位。财政支出中科学技术支出占一般公共预算支出比重2.35%，居全省第30位。规模以上企业R&D人员数23人，居全省第81位。万人规模以上企业研究与发展（R&D）人员数1.73人，居全省第72位。有R&D活动的企业3家，居全省第71位。有R&D活动的企业占比15.79%，居全省第62位。专利申请量34件，居全省第84位。万人专利申请量2.56件，居全省第69位。有效发明专利拥有量2件，居全省第88位。万人有效发明专利拥有量0.15件，居全省第83位。高新技术企业数0家，居全省第73位。高新技术企业数占规模以上企业比例0.00%，居全省第73位。技术合同交易额6932.37万元，居全省第51位。万人技术合同交易额522.02万元，居全省第32位。高新技术产业产值0.80亿元，居全省第74位。9项增长率指标中，5项指标增长率为0或负数。

荔波县综合科技创新水平指数为46.69%，居全省第87位，与上年相比监测值降低20.78个百分点，位次下降19位。在3个一级指标中，科技投入指数为75.80%，居全省第71位，与上年相比监测值降低22.75个百分点，位次下降63位。科技环境和基础指数为48.57%，居全省第78位，与上年相比监测值降低48.10个百分点，位次下降31位。科技产出指数为15.96%，居全省第88位，与上年相比监测值提高4.61个百分点，位次不变（表2-80）。

表2-80 荔波县各级监测指标和位次与上年比较

指标名称	二级指标值		位次	
	2019年	2018年	2019年	2018年
综合科技创新水平指数	46.69	67.47	87	68
科技投入/%	75.80	98.55	71	8
规模以上工业企业R&D经费支出增长率/%	0.80	112.56	57	34
财政支出中科学技术支出占一般公共预算支出比重/%	2.35	2.46	30	25
财政支出中科学技术支出占一般公共预算支出比重增长率/%	-4.39	2.00	59	39
科技环境和基础/%	48.57	96.67	78	47

续表

指标名称	二级指标值		位次	
	2019年	2018年	2019年	2018年
万人规模以上工业企业研究与发展（R&D）人员数/人	1.73	5.66	72	32
万人规模以上工业企业研究与发展（R&D）人员数增长率/%	9.19	71.78	47	24
有R&D活动的企业占比/%	15.79	33.33	62	20
有R&D活动的企业占比增长率/%	47.37	0.00	46	56
万人专利申请量/件	2.56	4.38	69	63
万人专利申请量增长率/%	-42.55	-24.84	60	71
科技产出/%	15.96	11.35	88	88
万人有效发明专利拥有量/件	0.15	0.15	83	83
万人有效发明专利拥有量增长率/%	-0.30	96.98	64	16
高新技术企业数占规模以上企业比例/%	0.00	0.00	73	68
高新技术企业数占规模以上企业比例增长率/%	0.00	0.00	68	0
万人技术合同交易额/万元	522.02	23.32	32	46
万人技术合同交易额增长率/%	-61.61	32.23	65	24
高新技术产业产值/亿元	0.80	0.48	74	79
高新技术产业产值增长率/%	66.67	0.00	10	41

4. 贵定县

财政支出中科学技术支出5602.00万元，居全省第47位。财政支出中科学技术支出占一般公共预算支出比重2.31%，居全省第31位。规模以上企业R&D人员数70人，居全省第62位。万人规模以上企业研究与发展（R&D）人员数2.87人，居全省第60位。有R&D活动的企业8家，居全省第46位。有R&D活动的企业占比10.96%，居全省第77位。专利申请量95件，居全省第61位。万人专利申请量3.90件，居全省第52位。有效发明专利拥有量6件，居全省第78位。万人有效发明专利拥有量0.25件，居全省第76位。高新技术企业数5家，居全省第32位。高新技术企业数占规模以上企业比例6.85%，居全省第54位。技术合同交易额5793.55万元，居全省第53位。万人技术合同交易额237.93万元，居全省第53位。高新技术产业产值27.91亿元，居全省第35位。9项增长率指标中，6项指标增长率为0或负数。

贵定县综合科技创新水平指数为68.98%，居全省第44位，与上年相比监测值降低18.47个百分点，位次下降22位。在3个一级指标中，科技投入指数为84.57%，居全省第55位，与上年相比监测值降低12.00个百分点，位次下降27位。科技环境和基础指数为55.97%，居全省第57位，与上年相比监测值降低44.03个百分点，位次下降56位。科技产出指数为64.54%，居全省第39位，与上年相比监测值降低3.03个百分点，位次下降12位（表2-81）。

表 2-81 贵定县各级监测指标和位次与上年比较

指标名称	二级指标值		位次	
	2019年	2018年	2019年	2018年
综合科技创新水平指数	68.98	87.45	44	22
科技投入 /%	84.57	96.57	55	28
规模以上工业企业R&D经费支出增长率 /%	−81.23	0.00	86	0
财政支出中科学技术支出占一般公共预算支出比重 /%	2.31	1.92	31	40
财政支出中科学技术支出占一般公共预算支出比重增长率 /%	20.17	−8.00	26	62
科技环境和基础 /%	55.97	100.00	57	1
万人规模以上工业企业研究与发展（R&D）人员数 /人	2.87	11.26	60	22
万人规模以上工业企业研究与发展（R&D）人员数增长率 /%	−78.68	0.00	86	0
有R&D活动的企业占比 /%	10.96	21.21	77	41
有R&D活动的企业占比增长率 /%	−74.86	0.00	88	0
万人专利申请量 /件	3.90	9.04	52	33
万人专利申请量增长率 /%	−58.73	21.20	78	44
科技产出 /%	64.54	67.57	39	27
万人有效发明专利拥有量 /件	0.25	0.25	76	71
万人有效发明专利拥有量增长率 /%	−0.08	−0.29	61	78
高新技术企业数占规模以上企业比例 /%	6.85	3.85	54	49
高新技术企业数占规模以上企业比例增长率 /%	78.08	−15.00	33	55
万人技术合同交易额 /万元	237.93	638.50	53	9
万人技术合同交易额增长率 /%	−70.97	−33.51	70	37
高新技术产业产值 /亿元	27.91	17.46	35	36
高新技术产业产值增长率 /%	57.95	−42.41	13	63

5. 瓮安县

财政支出中科学技术支出9491.00万元，居全省第28位。财政支出中科学技术支出占一般公共预算支出比重2.77%，居全省第18位。规模以上企业R&D人员数265人，居全省第34位。万人规模以上企业研究与发展（R&D）人员数6.70人，居全省第35位。有R&D活动的企业11家，居全省第33位。有R&D活动的企业占比13.25%，居全省第67位。专利申请量176件，居全省第41位。万人专利申请量4.45件，居全省第46位。有效发明专利拥有量63件，居全省第27位。万人有效发明专利拥有量1.59件，居全省第31位。高新技术企业数7家，居全省第29位。高新技术企业数占规模以上企业比例8.43%，居全省第48位。技术合同交易额15823.36万元，居全省第32位。万人技术合同交易额400.29万元，居全省第36位。高新技术产业产值66.94亿元，居全省第18位。9项增长率指标中，没有指标增长率为0或负数的情况。

瓮安县综合科技创新水平指数为81.62%，居全省第20位，与上年相比监测值降低3.43个百分点，上升8位。在3个一级指标中，科技投入指数为100.00%，居全省第1位，与上年相比监测值提高4.29个百分点，上升33位。科技环境和基础指数为59.51%，居全省第26位，与上年相比监测值降低31.37个百分点，上升39位。科技产出指数为82.20%，居全省第26位，与上年相比监测值提高12.81个百分点，位次下降1位（表2-82）。

表2-82 瓮安县各级监测指标和位次与上年比较

指标名称	二级指标值		位次	
	2019年	2018年	2019年	2018年
综合科技创新水平指数	81.62	85.05	20	28
科技投入/%	100.00	95.71	1	34
规模以上工业企业R&D经费支出增长率/%	468.09	-0.06	7	58
财政支出中科学技术支出占一般公共预算支出比重/%	2.77	2.31	18	29
财政支出中科学技术支出占一般公共预算支出比重增长率/%	19.87	-2.00	27	49
科技环境和基础/%	59.51	90.88	26	65
万人规模以上工业企业研究与发展（R&D）人员数/人	6.70	3.78	35	43
万人规模以上工业企业研究与发展（R&D）人员数增长率/%	238.88	-15.60	14	58
有R&D活动的企业占比/%	13.25	4.49	67	75
有R&D活动的企业占比增长率/%	98.80	19.85	32	50
万人专利申请量/件	4.45	3.55	46	70
万人专利申请量增长率/%	14.00	-66.04	24	85
科技产出/%	82.20	69.39	26	25
万人有效发明专利拥有量/件	1.59	1.42	31	30
万人有效发明专利拥有量增长率/%	12.22	21.37	38	48
高新技术企业数占规模以上企业比例/%	8.43	5.56	48	36
高新技术企业数占规模以上企业比例增长率/%	51.81	147.00	42	4
万人技术合同交易额/万元	400.29	60.81	36	35
万人技术合同交易额增长率/%	112.15	-69.67	17	54
高新技术产业产值/亿元	66.94	51.71	18	18
高新技术产业产值增长率/%	17.87	48.63	30	20

6. 独山县

财政支出中科学技术支出9294.00万元，居全省第32位。财政支出中科学技术支出占一般公共预算支出比重3.36%，居全省第7位。规模以上企业R&D人员数146人，居全省第49位。万人规模以上企业研究与发展（R&D）人员数5.35人，居全省第41位。有R&D活动的企业11家，居全省第 33 位。有 R&D 活动的企业占比 12.09%，居全省第 72 位。专利申请量 98 件，居全省第 58 位。万人专利申请量 3.59 件，居全省第 54 位。有效发明专利拥有量 34 件，居全省第 42 位。万人有效发明专利拥有量 1.25 件，居全省第 38 位。高新技术企业数 12 家，居全省第 22 位。高新技术企业数占规模以上企业比例 13.19%，居全省第 36 位。技术合同交易额 5084.20 万元，居全省第 59 位。万人技术合同交易额 186.37 万元，居全省第 56 位。高新技术产业产值 35.00 亿元，居全省第 31 位。9 项增长率指标中，2 项指标增长率为 0 或负数。

独山县综合科技创新水平指数为 79.83%，居全省第 22 位，与上年相比监测值降低 2.36 个百分点，上升 12 位。在 3 个一级指标中，科技投入指数为 96.28%，居全省第 27 位，与上年相比监测值提高 7.84 个百分点，上升 22 位。科技环境和基础指数为 58.33%，居全省第 41 位，与上年相比监测值降低 38.34 个百分点，上升 6 位。科技产出指数为 81.81%，居全省第 27 位，与上年相比监测值提高 18.29 个百分点，上升 6 位（表 2-83）。

表 2-83　独山县各级监测指标和位次与上年比较

指标名称	二级指标值		位次	
	2019 年	2018 年	2019 年	2018 年
综合科技创新水平指数	79.83	82.19	22	34
科技投入 /%	96.28	88.44	27	49
规模以上工业企业 R&D 经费支出增长率 /%	485.91	200.57	6	26
财政支出中科学技术支出占一般公共预算支出比重 /%	3.36	3.12	7	11
财政支出中科学技术支出占一般公共预算支出比重增长率 /%	7.76	11.00	40	29
科技环境和基础 /%	58.33	96.67	41	47
万人规模以上工业企业研究与发展（R&D）人员数 / 人	5.35	5.58	41	33
万人规模以上工业企业研究与发展（R&D）人员数增长率 /%	151.17	-5.80	21	51
有 R&D 活动的企业占比 /%	12.09	14.12	72	49
有 R&D 活动的企业占比增长率 /%	302.93	35.88	11	36
万人专利申请量 / 件	3.59	4.34	54	65
万人专利申请量增长率 /%	-81.79	-70.64	86	86
科技产出 /%	81.81	63.52	27	33
万人有效发明专利拥有量 / 件	1.25	1.18	38	35
万人有效发明专利拥有量增长率 /%	6.02	6.43	54	71
高新技术企业数占规模以上企业比例 /%	13.19	7.00	36	32
高新技术企业数占规模以上企业比例增长率 /%	88.38	-1.00	29	45
万人技术合同交易额 / 万元	186.37	21.55	56	48
万人技术合同交易额增长率 /%	-77.95	-93.13	75	71
高新技术产业产值 / 亿元	35.00	32.00	31	29
高新技术产业产值增长率 /%	3.98	11.89	45	36

7. 平塘县

财政支出中科学技术支出 4872.00 万元，居全省第 52 位。财政支出中科学技术支出占一般公共预算支出比重 1.64%，居全省第 47 位。规模以上企业 R&D 人员数 55 人，居全省第 68 位。万人规模以上企业研究与发展（R&D）人员数 2.27 人，居全省第 65 位。有 R&D 活动的企业 9 家，居全省第 41 位。有 R&D 活动的企业占比 19.15%，居全省第 55 位。专利申请量 63 件，居全省第 73 位。万人专利申请量 2.60 件，居全省第 68 位。有效发明专利拥有量 5 件，居全省第 80 位。万人有效发明专利拥有量 0.21 件，居全省第 79 位。高新技术企业数 0 家，居全省第 73 位。高新技术企业数占规模以上企业比例 0.00%，居全省第 73 位。技术合同交易额 12281.86 万元，居全省第 39 位。万人技术合同交易额 506.26 万元，居全省第 33 位。高新技术产业产值 13.12 亿元，居全省第 45 位。9 项增长率指标中，3 项指标增长率为 0 或负数。

平塘县综合科技创新水平指数为 61.75%，居全省第 62 位，与上年相比监测值提高 1.83 个百分点，上升 17 位。在 3 个一级指标中，科技投入指数为 78.33%，居全省第 67 位，与上年相比监测值提高 3.95 个百分点，上升 3 位。科技环境和基础指数为 58.28%，居全省第 42 位，与上年相比监测值降低 27.36 个百分点，上升 30 位。科技产出指数为 48.14%，居全省第 63 位，与上年相比监测值提高 24.72 个百分点，上升 18 位（表 2-84）。

表 2-84　平塘县各级监测指标和位次与上年比较

指标名称	二级指标值		位次	
	2019 年	2018 年	2019 年	2018 年
综合科技创新水平指数	61.75	59.92	62	79
科技投入 /%	78.33	74.38	67	70
规模以上工业企业 R&D 经费支出增长率 /%	107.79	-52.70	25	73
财政支出中科学技术支出占一般公共预算支出比重 /%	1.64	1.10	47	59
财政支出中科学技术支出占一般公共预算支出比重增长率 /%	48.54	-45.00	15	74
科技环境和基础 /%	58.28	85.64	42	72
万人规模以上工业企业研究与发展（R&D）人员数 / 人	2.27	0.45	65	81
万人规模以上工业企业研究与发展（R&D）人员数增长率 /%	174.32	-45.16	19	70
有 R&D 活动的企业占比 /%	19.15	7.69	55	68
有 R&D 活动的企业占比增长率 /%	96.28	-47.69	33	73
万人专利申请量 / 件	2.60	2.07	68	83
万人专利申请量增长率 /%	18.57	84.65	19	16
科技产出 /%	48.14	23.42	63	81
万人有效发明专利拥有量 / 件	0.21	0.21	79	78
万人有效发明专利拥有量增长率 /%	-0.25	66.18	62	20
高新技术企业数占规模以上企业比例 /%	0.00	0.00	73	68

续表

指标名称	二级指标值		位次	
	2019年	2018年	2019年	2018年
高新技术企业数占规模以上企业比例增长率 /%	0.00	0.00	68	0
万人技术合同交易额 / 万元	506.26	8.71	33	58
万人技术合同交易额增长率 /%	134.11	−83.57	12	62
高新技术产业产值 / 亿元	13.12	3.10	45	59
高新技术产业产值增长率 /%	−5.88	58.97	63	18

8. 罗甸县

财政支出中科学技术支出 1951.00 万元，居全省第 75 位。财政支出中科学技术支出占一般公共预算支出比重 0.61%，居全省第 78 位。规模以上企业 R&D 人员数 47 人，居全省第 73 位。万人规模以上企业研究与发展（R&D）人员数 1.79 人，居全省第 71 位。有 R&D 活动的企业 6 家，居全省第 57 位。有 R&D 活动的企业占比 16.67%，居全省第 60 位。专利申请量 133 件，居全省第 47 位。万人专利申请量 5.07 件，居全省第 38 位。有效发明专利拥有量 33 件，居全省第 43 位。万人有效发明专利拥有量 1.26 件，居全省第 36 位。高新技术企业数 1 家，居全省第 60 位。高新技术企业数占规模以上企业比例 2.78%，居全省第 70 位。技术合同交易额 2658.54 万元，居全省第 66 位。万人技术合同交易额 101.36 万元，居全省第 61 位。高新技术产业产值 14.88 亿元，居全省第 43 位。9 项增长率指标中，2 项指标增长率为 0 或负数。

罗甸县综合科技创新水平指数为 63.19%，居全省第 58 位，与上年相比监测值降低 4.36 个百分点，上升 9 位。在 3 个一级指标中，科技投入指数为 73.43%，居全省第 75 位，与上年相比监测值提高 13.35 个百分点，上升 3 位。科技环境和基础指数为 59.05%，居全省第 30 位，与上年相比监测值降低 27.28 个百分点，上升 40 位。科技产出指数为 56.49%，居全省第 49 位，与上年相比监测值降低 2.44 个百分点，位次下降 6 位（表 2-85）。

表 2-85　罗甸县各级监测指标和位次与上年比较

指标名称	二级指标值		位次	
	2019年	2018年	2019年	2018年
综合科技创新水平指数	63.19	67.55	58	67
科技投入 /%	73.43	60.08	75	78
规模以上工业企业 R&D 经费支出增长率 /%	16 428.57	15.57	1	52
财政支出中科学技术支出占一般公共预算支出比重 /%	0.61	0.50	78	81
财政支出中科学技术支出占一般公共预算支出比重增长率 /%	20.78	−65.00	24	81
科技环境和基础 /%	59.05	86.33	30	70
万人规模以上工业企业研究与发展（R&D）人员数 / 人	1.79	2.18	71	60

续表

指标名称	二级指标值 2019年	二级指标值 2018年	位次 2019年	位次 2018年
万人规模以上工业企业研究与发展（R&D）人员数增长率 /%	260.71	-13.90	12	55
有 R&D 活动的企业占比 /%	16.67	10.71	60	59
有 R&D 活动的企业占比增长率 /%	416.67	-3.57	9	59
万人专利申请量 / 件	5.07	2.67	38	77
万人专利申请量增长率 /%	86.90	-61.23	3	84
科技产出 /%	56.49	58.93	49	43
万人有效发明专利拥有量 / 件	1.26	1.15	36	38
万人有效发明专利拥有量增长率 /%	9.75	10.77	44	60
高新技术企业数占规模以上企业比例 /%	2.78	3.23	70	54
高新技术企业数占规模以上企业比例增长率 /%	-13.89	0.00	87	0
万人技术合同交易额 / 万元	101.36	125.77	61	28
万人技术合同交易额增长率 /%	-77.66	-50.16	74	43
高新技术产业产值 / 亿元	14.88	11.85	43	45
高新技术产业产值增长率 /%	25.57	-53.64	24	72

9. 长顺县

财政支出中科学技术支出 2643.00 万元，居全省第 72 位。财政支出中科学技术支出占一般公共预算支出比重 1.10%，居全省第 62 位。规模以上企业 R&D 人员数 120 人，居全省第 53 位。万人规模以上企业研究与发展（R&D）人员数 6.34 人，居全省第 36 位。有 R&D 活动的企业 11 家，居全省第 33 位。有 R&D 活动的企业占比 17.74%，居全省第 59 位。专利申请量 119 件，居全省第 50 位。万人专利申请量 6.29 件，居全省第 34 位。有效发明专利拥有量 17 件，居全省第 57 位。万人有效发明专利拥有量 0.90 件，居全省第 45 位。高新技术企业数 8 家，居全省第 27 位。高新技术企业数占规模以上企业比例 12.90%，居全省第 37 位。技术合同交易额 48810.46 万元，居全省第 9 位。万人技术合同交易额 2579.83 万元，居全省第 5 位。高新技术产业产值 18.05 亿元，居全省第 42 位。9 项增长率指标中，3 项指标增长率为 0 或负数。

长顺县综合科技创新水平指数为 81.83%，居全省第 18 位，与上年相比监测值提高 7.31 个百分点，上升 32 位。在 3 个一级指标中，科技投入指数为 90.81%，居全省第 45 位，与上年相比监测值提高 13.86 个百分点，上升 18 位。科技环境和基础指数为 58.56%，居全省第 36 位，与上年相比监测值降低 26.55 个百分点，上升 38 位。科技产出指数为 92.79%，居全省第 9 位，与上年相比监测值提高 29.77 个百分点，上升 26 位（表 2-86）。

表 2-86 长顺县各级监测指标和位次与上年比较

指标名称	二级指标值		位次	
	2019 年	2018 年	2019 年	2018 年
综合科技创新水平指数	81.83	74.52	18	50
科技投入 /%	90.81	76.95	45	63
规模以上工业企业 R&D 经费支出增长率 /%	393.32	19.66	8	50
财政支出中科学技术支出占一般公共预算支出比重 /%	1.10	1.80	62	42
财政支出中科学技术支出占一般公共预算支出比重增长率 /%	-39.24	2.00	81	39
科技环境和基础 /%	58.56	85.11	36	74
万人规模以上工业企业研究与发展（R&D）人员数 / 人	6.34	1.32	36	68
万人规模以上工业企业研究与发展（R&D）人员数增长率 /%	274.01	-22.08	11	62
有 R&D 活动的企业占比 /%	17.74	3.45	59	81
有 R&D 活动的企业占比增长率 /%	1106.45	65.52	3	27
万人专利申请量 / 件	6.29	6.94	34	43
万人专利申请量增长率 /%	-10.76	-1.76	42	61
科技产出 /%	92.79	63.02	9	35
万人有效发明专利拥有量 / 件	0.90	0.95	45	40
万人有效发明专利拥有量增长率 /%	-5.81	63.20	76	21
高新技术企业数占规模以上企业比例 /%	12.90	8.82	37	25
高新技术企业数占规模以上企业比例增长率 /%	75.48	156.00	35	3
万人技术合同交易额 / 万元	2579.83	5.83	5	63
万人技术合同交易额增长率 /%	679.26	-97.56	4	74
高新技术产业产值 / 亿元	18.05	12.88	42	44
高新技术产业产值增长率 /%	25.00	-12.50	26	48

10. 龙里县

财政支出中科学技术支出 7215.00 万元，居全省第 41 位。财政支出中科学技术支出占一般公共预算支出比重 2.17%，居全省第 34 位。规模以上企业 R&D 人员数 536 人，居全省第 23 位。万人规模以上企业研究与发展（R&D）人员数 32.92 人，居全省第 7 位。有 R&D 活动的企业 30 家，居全省第 7 位。有 R&D 活动的企业占比 19.23%，居全省第 54 位。专利申请量 344 件，居全省第 22 位。万人专利申请量 21.13 件，居全省第 10 位。有效发明专利拥有量 70 件，居全省第 24 位。万人有效发明专利拥有量 4.30 件，居全省第 11 位。高新技术企业数 26 家，居全省第 12 位。高新技术企业数占规模以上企业比例 16.67%，居全省第 31 位。技术合同交易额 16715.20 万元，居全省第 29 位。万人技术合同交易额 1026.73 万元，居全省第 17 位。高新技术产业产值 131.13 亿元，居全省第 8 位。9 项增长率指标中,3 项指标增长率为 0 或负数。

龙里县综合科技创新水平指数为 83.21%,居全省第 15 位,与上年相比监测值降低 8.36 个百分点,位次下降 3 位。在 3 个一级指标中,科技投入指数为 97.14%,居全省第 15 位,与上年相比监测值降低 1.45 个百分点,位次下降 8 位。科技环境和基础指数为 59.01%,居全省第 32 位,与上年相比监测值降低 39.32 个百分点,位次下降 7 位。科技产出指数为 90.02%,居全省第 13 位,与上年相比监测值提高 11.26 个百分点,上升 3 位(表 2-87)。

表 2-87 龙里县各级监测指标和位次与上年比较

指标名称	二级指标值		位次	
	2019 年	2018 年	2019 年	2018 年
综合科技创新水平指数	83.21	91.57	15	12
科技投入 /%	97.14	98.59	15	7
规模以上工业企业 R&D 经费支出增长率 /%	-9.28	665.37	61	14
财政支出中科学技术支出占一般公共预算支出比重 /%	2.17	2.00	34	37
财政支出中科学技术支出占一般公共预算支出比重增长率 /%	8.68	16.00	37	25
科技环境和基础 /%	59.01	98.33	32	25
万人规模以上工业企业研究与发展(R&D)人员数 /人	32.92	33.99	7	7
万人规模以上工业企业研究与发展(R&D)人员数增长率 /%	-33.04	1207.86	70	3
有 R&D 活动的企业占比 /%	19.23	40.00	54	11
有 R&D 活动的企业占比增长率 /%	-53.91	773.33	84	5
万人专利申请量 /件	21.13	17.21	10	13
万人专利申请量增长率 /%	14.17	-40.70	23	79
科技产出 /%	90.02	78.76	13	16
万人有效发明专利拥有量 /件	4.30	4.01	11	12
万人有效发明专利拥有量增长率 /%	7.23	13.68	52	56
高新技术企业数占规模以上企业比例 /%	16.67	11.26	31	21
高新技术企业数占规模以上企业比例增长率 /%	32.46	58.00	55	21
万人技术合同交易额 /万元	1026.73	33.70	17	41
万人技术合同交易额增长率 /%	61.94	37.78	27	23
高新技术产业产值 /亿元	131.13	94.15	8	11
高新技术产业产值增长率 /%	43.11	18.62	18	30

11. 惠水县

财政支出中科学技术支出 10 243.00 万元,居全省第 25 位。财政支出中科学技术支出占一般公共预算支出比重 2.92%,居全省第 15 位。规模以上企业 R&D 人员数 139 人,居全省第 51 位。万人规模以上企业研究与发展(R&D)人员数 3.86 人,居全省第 47 位。有 R&D 活动的企业 7 家,居全省第 51 位。有 R&D 活动的企业占比 5.93%,居全省第 86 位。专利申请量 240 件,居全省第28位。万人专利申请量6.67件,居全省第32位。有效发明专利拥有量23件,居全省第50位。万人有效发明专利拥有量0.64件,居全省第52位。高新技术企业数17家,居全省第17位。高新技术企业数占规模以上企业比例14.41%,居全省第34位。技术合同交易额9152.96万元,居全省第44位。万人技术合同交易额254.46万元,居全省第52位。高新技术产业产值43.32亿元,居全省第28位。9项增长率指标中,1项指标增长率为0或负数。

惠水县综合科技创新水平指数为82.51%,居全省第16位,与上年相比监测值降低5.63个百分点,上升3位。在3个一级指标中,科技投入指数为100.00%,居全省第1位,与上年相比监测值提高5.06个百分点,上升37位。科技环境和基础指数为60.21%,居全省第24位,与上年相比监测值降低39.79个百分点,位次下降23位。科技产出指数为84.14%,居全省第22位,与上年相比监测值提高12.96个百分点,位次不变(表2-88)。

表2-88 惠水县各级监测指标和位次与上年比较

指标名称	二级指标值		位次	
	2019年	2018年	2019年	2018年
综合科技创新水平指数	82.51	88.14	16	19
科技投入/%	100.00	94.94	1	38
规模以上工业企业R&D经费支出增长率/%	587.71	145.79	5	33
财政支出中科学技术支出占一般公共预算支出比重/%	2.92	2.51	15	22
财政支出中科学技术支出占一般公共预算支出比重增长率/%	16.56	-5.00	30	54
科技环境和基础/%	60.21	100.00	24	1
万人规模以上工业企业研究与发展(R&D)人员数/人	3.86	6.89	47	28
万人规模以上工业企业研究与发展(R&D)人员数增长率/%	361.79	107.10	7	19
有R&D活动的企业占比/%	5.93	5.56	86	72
有R&D活动的企业占比增长率/%	73.52	34.72	40	38
万人专利申请量/件	6.67	6.47	32	45
万人专利申请量增长率/%	1.79	45.59	31	28
科技产出/%	84.14	71.18	22	22
万人有效发明专利拥有量/件	0.64	0.53	52	54
万人有效发明专利拥有量增长率/%	20.65	11.52	32	58
高新技术企业数占规模以上企业比例/%	14.41	6.84	34	33
高新技术企业数占规模以上企业比例增长率/%	110.70	5.00	19	39
万人技术合同交易额/万元	254.46	153.35	52	24
万人技术合同交易额增长率/%	58.52	-19.59	29	35
高新技术产业产值/亿元	43.32	42.86	28	26
高新技术产业产值增长率/%	-0.96	-30.62	60	56

12. 三都县

财政支出中科学技术支出7541.00万元,居全省第40位。财政支出中科学技术支出占一般公共预算支出比重2.28%,居全省第32位。规模以上企业R&D人员数92人,居全省第57位。万人规模以上企业研究与发展(R&D)人员数3.38人,居全省第53位。有R&D活动的企业8家,居全省第46位。有R&D活动的企业占比21.62%,居全省第46位。专利申请量50件,居全省第79位。万人专利申请量1.84件,居全省第80位。有效发明专利拥有量7件,居全省第73位。万人有效发明专利拥有量0.26件,居全省第73位。高新技术企业数0家,居全省第73位。高新技术企业数占规模以上企业比例0.00%,居全省第73位。技术合同交易额5188.17万元,居全省第58位。万人技术合同交易额190.81万元,居全省第55位。高新技术产业产值1.79亿元,居全省第69位。9项增长率指标中,5项指标增长率为0或负数。

三都县综合科技创新水平指数为60.74%,居全省第64位,与上年相比监测值降低9.07个百分点,位次下降4位。在3个一级指标中,科技投入指数为94.01%,居全省第35位,与上年相比监测值提高18.67个百分点,上升33位。科技环境和基础指数为57.81%,居全省第44位,与上年相比监测值降低34.75个百分点,上升17位。科技产出指数为29.97%,居全省第81位,与上年相比监测值降低14.83个百分点,位次下降28位(表2-89)。

表2-89 三都县各级监测指标和位次与上年比较

指标名称	二级指标值		位次	
	2019年	2018年	2019年	2018年
综合科技创新水平指数	60.74	69.81	64	60
科技投入 /%	94.01	75.34	35	68
规模以上工业企业R&D经费支出增长率 /%	123.54	5.37	19	55
财政支出中科学技术支出占一般公共预算支出比重 /%	2.28	1.30	32	54
财政支出中科学技术支出占一般公共预算支出比重增长率 /%	75.12	-6.00	8	57
科技环境和基础 /%	57.81	92.56	44	61
万人规模以上工业企业研究与发展(R&D)人员数 /人	3.38	1.07	53	72
万人规模以上工业企业研究与发展(R&D)人员数增长率 /%	55.47	-17.36	32	60
有R&D活动的企业占比 /%	21.62	11.76	46	55
有R&D活动的企业占比增长率 /%	20.46	64.71	58	28
万人专利申请量 /件	1.84	2.88	80	74
万人专利申请量增长率 /%	-34.40	6.57	55	54
科技产出 /%	29.97	44.80	81	53
万人有效发明专利拥有量 /件	0.26	0.26	73	69
万人有效发明专利拥有量增长率 /%	-0.29	16.37	63	53
高新技术企业数占规模以上企业比例 /%	0.00	0.00	73	68

续表

指标名称	二级指标值		位次	
	2019年	2018年	2019年	2018年
高新技术企业数占规模以上企业比例增长率/%	0.00	0.00	68	0
万人技术合同交易额/万元	190.81	202.09	55	21
万人技术合同交易额增长率/%	−78.65	1959.00	78	3
高新技术产业产值/亿元	1.79	5.09	69	55
高新技术产业产值增长率/%	−64.83	61.59	87	17

三、分类评价

（一）城区

18个城区综合科技创新水平指数平均值为86.38%，较上年平均水平（91.49%）降低5.11个百分点，高于全省平均水平16.75个百分点。参照2018年综合科技创新水平指数排序，有6个城区位次较上年同期上升，七星关区位次上升较快，由上年的第14位上升至第9位；有7个城区位次较上年同期下降，兴义市位次下降较快，由上年的第6位下降至第13位（表2-90）。

表2-90　18个城区综合科技创新水平指数排位

城区	2019年		2018年		增降幅	
	指数/%	位次	指数/%	位次	指数/%	位次
云岩区	98.80	1	98.00	1	0.80	0
南明区	98.72	2	97.80	2	0.92	0
花溪区	96.54	3	97.78	3	−1.24	0
观山湖区	96.45	4	97.32	4	−0.87	0
白云区	88.77	5	97.17	5	−8.40	0
凯里市	87.48	6	95.66	8	−8.18	2
播州区	87.30	7	93.90	10	−6.60	3
西秀区	87.19	8	95.57	9	−8.38	1
七星关区	86.57	9	87.65	14	−1.08	5
乌当区	86.29	10	96.10	7	−9.81	−3
碧江区	85.56	11	87.27	15	−1.71	4
红花岗区	84.06	12	89.55	11	−5.49	−1
兴义市	82.49	13	96.58	6	−14.09	−7
钟山区	81.67	14	88.89	13	−7.22	−1
都匀市	80.97	15	78.40	18	2.57	3

续表

城区	2019年		2018年		增降幅	
	指数/%	位次	指数/%	位次	指数/%	位次
平坝区	79.10	16	88.98	12	-9.88	-4
汇川区	77.86	17	81.58	16	-3.72	-1
万山区	69.02	18	78.69	17	-9.67	-1

（二）县域第一方阵

22个县域第一方阵综合科技创新水平指数平均值为75.04%，较上年平均水平（82.85%）降低7.81个百分点，高于全省平均水平5.41个百分点。参照2018年综合科技创新水平指数排序，有8个县（市、区、特区）位次较上年同期上升，六枝特区位次上升较快，由上年的第22位上升至第11位；有10个县（市、区、特区）位次较上年同期下降，织金县位次下降较快，由上年的第4位下降至第21位（表2-91）。

表2-91　22个县域第一方阵综合科技创新水平指数排位

县（市、区、特区）	2019年		2018年		增降幅	
	指数/%	位次	指数/%	位次	指数/%	位次
清镇市	85.79	1	92.44	1	-6.65	0
福泉市	83.96	2	87.73	6	-3.77	4
龙里县	83.21	3	91.57	2	-8.36	-1
瓮安县	81.62	4	85.05	11	-3.43	7
开阳县	79.44	5	90.32	3	-10.88	-2
盘州市	79.25	6	84.37	12	-5.12	6
玉屏县	78.33	7	86.91	7	-8.58	0
绥阳县	77.74	8	86.30	8	-8.56	0
修文县	77.37	9	89.15	5	-11.78	-4
水城县	76.52	10	79.22	17	-2.70	7
六枝特区	74.07	11	65.41	22	8.66	11
黔西县	73.78	12	82.84	15	-9.06	3
金沙县	73.48	13	84.03	13	-10.55	0
仁怀市	73.17	14	79.22	17	-6.05	3
桐梓县	72.82	15	85.09	10	-12.27	-5
大方县	72.72	16	85.81	9	-13.09	-7
赤水市	72.22	17	73.54	20	-1.32	3
兴仁市	68.49	18	79.66	16	-11.17	-2
息烽县	67.19	19	83.58	14	-16.39	-5

续表

县（市、区、特区）	2019年		2018年		增降幅	
	指数/%	位次	指数/%	位次	指数/%	位次
习水县	66.71	20	74.55	19	-7.84	-1
织金县	66.53	21	89.64	4	-23.11	-17
湄潭县	66.51	22	66.34	21	0.17	-1

（三）县域第二方阵

23个县域第二方阵综合科技创新水平指数平均值为64.30%，较上年平均水平（70.96%）降低6.66个百分点，低于全省平均水平5.33个百分点。参照2018年综合科技创新水平指数排序，有7个县（市、区、特区）位次较上年同期上升，松桃县位次上升较快，由上年的第20位上升至第3位；有10个县（市、区、特区）位次较上年同期下降，普安县位次下降较快，由上年的第9位下降至第19位（表2-92）。

表2-92 23个县域第二方阵综合科技创新水平指数排位

县（市、区、特区）	2019年		2018年		增降幅	
	指数/%	位次	指数/%	位次	指数/%	位次
惠水县	82.51	1	88.14	1	-5.63	0
独山县	79.83	2	82.19	4	-2.36	2
松桃县	75.71	3	60.08	20	15.63	17
贞丰县	75.19	4	84.83	3	-9.64	-1
岑巩县	72.62	5	81.91	5	-9.29	0
纳雍县	69.38	6	67.05	16	2.33	10
贵定县	68.98	7	87.45	2	-18.47	-5
安龙县	68.62	8	80.68	7	-12.06	-1
镇远县	68.50	9	71.62	11	-3.12	2
正安县	68.43	10	68.62	14	-0.19	4
思南县	68.04	11	81.13	6	-13.09	-5
普定县	65.18	12	74.95	8	-9.77	-4
三穗县	62.90	13	72.13	10	-9.23	-3
丹寨县	62.24	14	71.42	12	-9.18	-2
务川县	61.66	15	67.70	15	-6.04	0
德江县	60.26	16	57.17	21	3.09	5
麻江县	57.47	17	64.57	17	-7.10	0
余庆县	55.46	18	62.56	19	-7.10	1
普安县	55.06	19	72.38	9	-17.32	-10

续表

县（市、区、特区）	2019年		2018年		增降幅	
	指数/%	位次	指数/%	位次	指数/%	位次
凤冈县	53.04	20	63.89	18	−10.85	−2
天柱县	50.76	21	71.11	13	−20.35	−8
黎平县	48.83	22	54.65	22	−5.82	0
道真县	48.33	23	45.84	23	2.49	0

（四）县域第三方阵甲类

15个县域第三方阵甲类综合科技创新水平指数平均值为58.95%，较上年平均水平（64.93%）降低5.98个百分点，低于全省平均水平10.68个百分点。参照2018年综合科技创新水平指数排序，有6个县（市、区、特区）位次较上年同期上升，石阡县位次上升较快，由上年的第14位上升至第5位；有8个县（市、区、特区）位次较上年同期下降，黄平县位次下降较快，由上年的第5位下降至第13位（表2-93）。

表2-93　15个县域第三方阵甲类综合科技创新水平指数排位

县（市、区、特区）	2019年		2018年		增降幅	
	指数/%	位次	指数/%	位次	指数/%	位次
长顺县	81.83	1	74.52	3	7.31	2
威宁县	65.55	2	78.90	1	−13.35	−1
印江县	64.48	3	60.18	11	4.30	8
罗甸县	63.19	4	67.55	8	−4.36	4
石阡县	62.08	5	46.40	14	15.68	9
平塘县	61.75	6	59.92	12	1.83	6
施秉县	59.02	7	70.79	4	−11.77	−3
晴隆县	58.50	8	77.91	2	−19.41	−6
镇宁县	57.90	9	69.53	6	−11.63	−3
从江县	54.93	10	54.97	13	−0.04	3
台江县	54.91	11	67.97	7	−13.06	−4
锦屏县	53.90	12	62.09	10	−8.19	−2
黄平县	52.07	13	70.74	5	−18.67	−8
沿河县	49.03	14	67.10	9	−18.07	−5
榕江县	45.06	15	45.37	15	−0.31	0

（五）县域第三方阵乙类

10个县域第三方阵乙类综合科技创新水平指数平均值为55.81%，较上年平均水平（66.35%）降低10.54个百分点，低于全省平均水平13.82个百分点。参照2018年综合科技创新水平指数排序，有4个县（市、区、特区）位次较上年同期上升，赫章县位次上升较快，由上年的第9位上升至第1位；有5个县（市、区、特区）位次较上年同期下降，关岭县位次下降较快，由上年的第3位下降至第7位（表2-94）。

表2-94　10个县域第三方阵乙类综合科技创新水平指数排位

县（市、区、特区）	2019年		2018年		增降幅	
	指数/%	位次	指数/%	位次	指数/%	位次
赫章县	70.19	1	58.39	9	11.80	8
册亨县	63.62	2	76.17	1	-12.55	-1
三都县	60.74	3	69.81	4	-9.07	1
剑河县	58.15	4	68.08	6	-9.93	2
望谟县	57.37	5	75.12	2	-17.75	-3
江口县	52.97	6	68.61	5	-15.64	-1
关岭县	50.48	7	70.74	3	-20.26	-4
紫云县	50.25	8	58.51	8	-8.26	0
雷山县	47.61	9	50.57	10	-2.96	1
荔波县	46.69	10	67.47	7	-20.78	-3

第三部分　高等院校科技创新评价报告

一、高等院校综合科技创新水平评价

根据全省高等院校综合科技创新水平指数，全省 21 所高等院校分为 3 类。

第一类：综合科技创新水平指数高于 45% 的高等院校，有 4 所；

第二类：综合科技创新水平指数低于 45%，但高于平均水平（27.35%）的高等院校，有 3 所；

第三类：综合科技创新水平指数低于平均水平的高等院校，有 14 所。

参照 2018 年高等院校综合科技创新水平指数排序，贵州中医药大学上升 2 位、贵州师范学院上升 3 位、贵州理工学院上升 2 位、黔南民族师范学院上升 1 位、六盘水师范学院上升 2 位、安顺学院上升 1 位、茅台学院上升 3 位；贵州师范大学下降 1 位、遵义医科大学下降 1 位、贵州财经大学下降 1 位、遵义师范学院下降 2 位、铜仁学院下降 2 位、贵阳学院下降 2 位、贵州工程应用技术学院下降 1 位、凯里学院下降 2 位、兴义民族师范学院下降 2 位；其余高等院校位次均不变（图 3-1）。

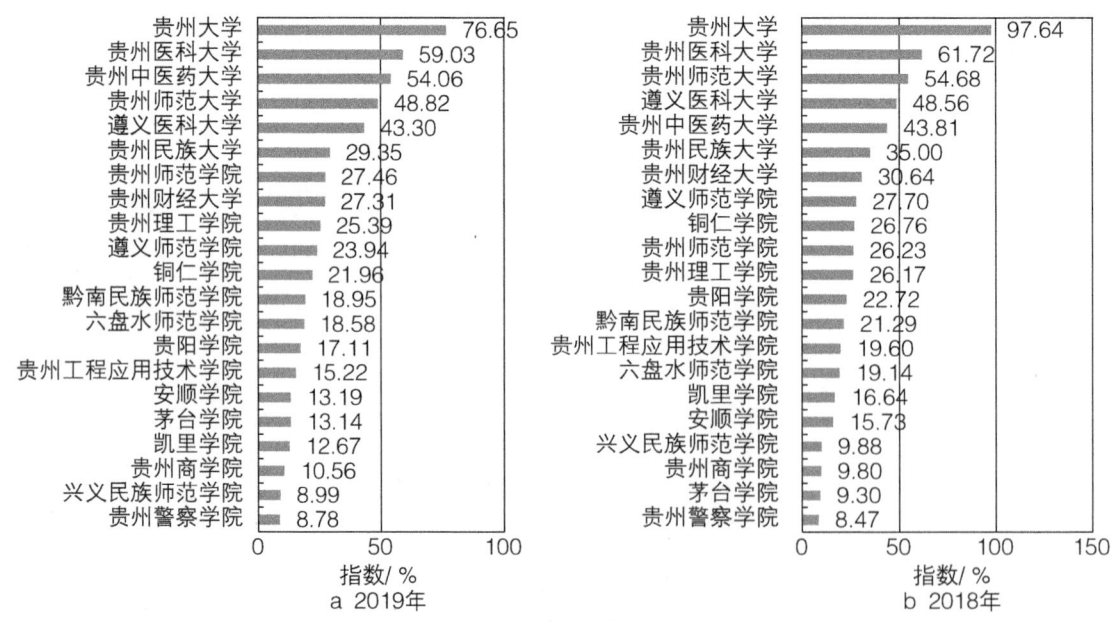

图 3-1　综合科技创新水平指数排序

2019 年与 2018 年监测结果相比，高等院校综合科技创新水平指数平均水平下降 2.72 个百分点，贵州大学、贵州师范大学、贵州民族大学等 10 所高等院校高于这一降幅（图 3-2）。

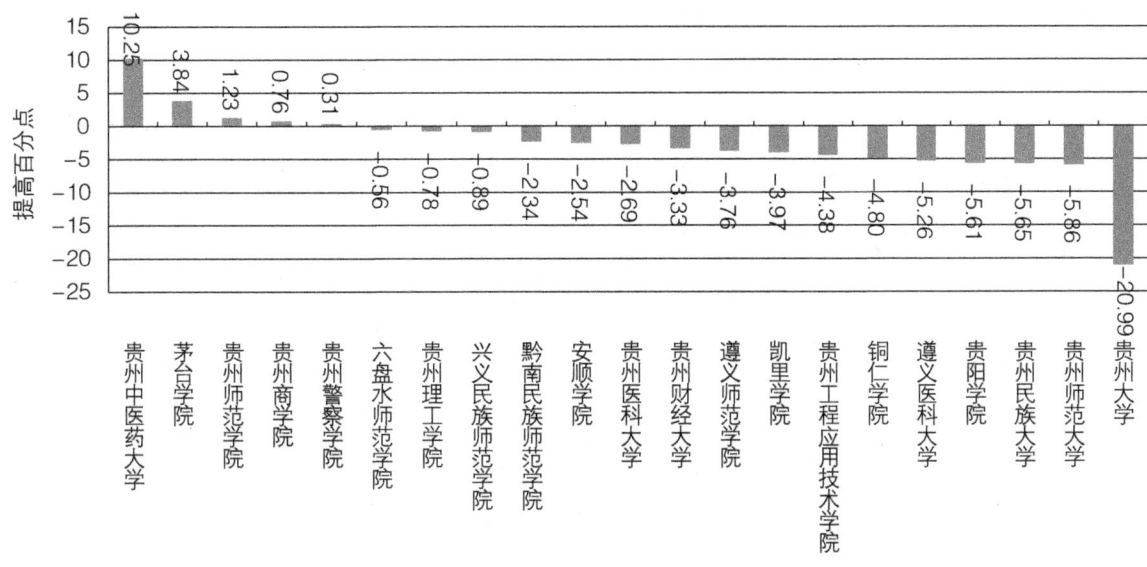

图 3-2 综合科技创新水平指数提高百分点排序

二、高等院校科技创新一级指标评价

(一)科技创新环境和基础

科技创新环境和基础指数高于 50% 的高等院校有 1 所,占全部高等院校的 4.76%;低于 50%,但高于平均水平(15.47%)的高等院校有 6 所,占全部高等院校的 28.57%;低于平均水平的高等院校有 14 所,占全部高等院校的 66.67%。

参照 2018 年高等院校科技创新环境和基础指数排序,位次上升较快的是六盘水师范学院,位次上升 5 位;位次下降较快的是遵义师范学院、贵州师范学院、贵州工程应用技术学院(图 3-3)。

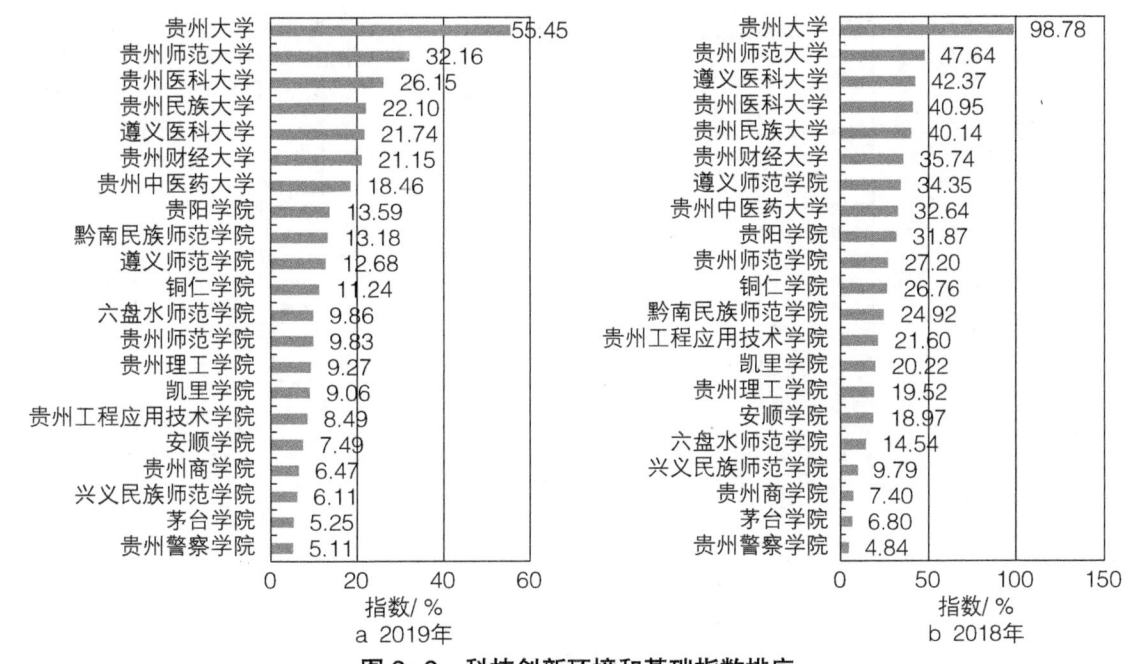

图 3-3 科技创新环境和基础指数排序

2019年与2018年监测结果相比，科技创新环境和基础指数平均水平下降13.44个百分点，贵州大学、遵义师范学院、遵义医科大学等11所高等院校高于这一降幅（图3-4）。

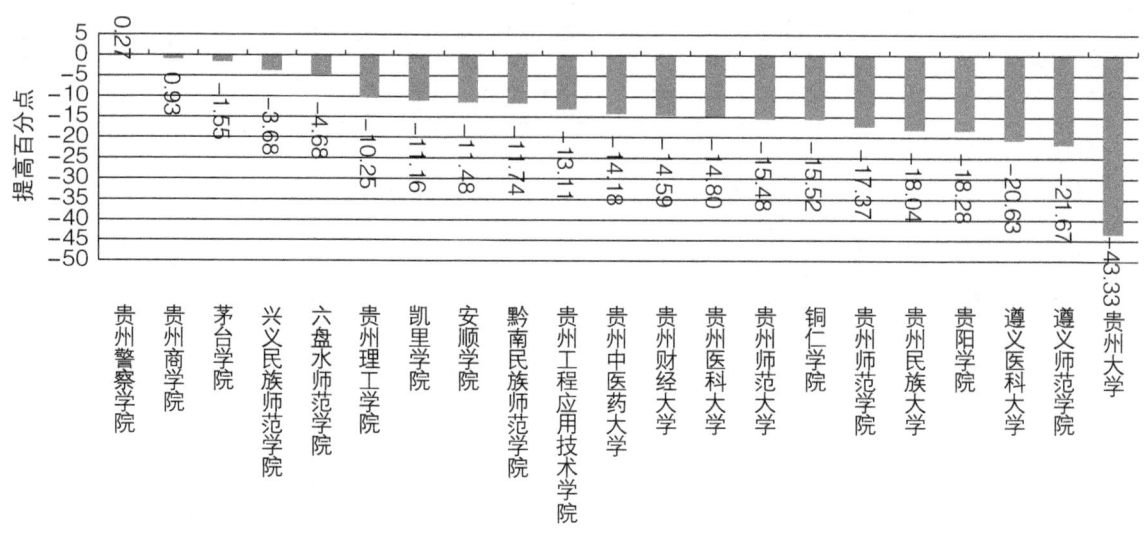

图3-4 科技创新环境和基础指数提高百分点排序

（二）科技投入

科技投入指数高于50%的高等院校有6所，占全部高等院校的28.57%；低于50%，但高于平均水平（42.48%）的高等院校有3所，占全部高等院校的14.29%；低于平均水平的高等院校有12所，占全部高等院校的57.14%。

参照2018年高等院校科技投入指数排序，位次上升较快的是黔南民族师范学院，位次上升4位；位次下降较快的是贵州工程应用技术学院、贵阳学院（图3-5）。

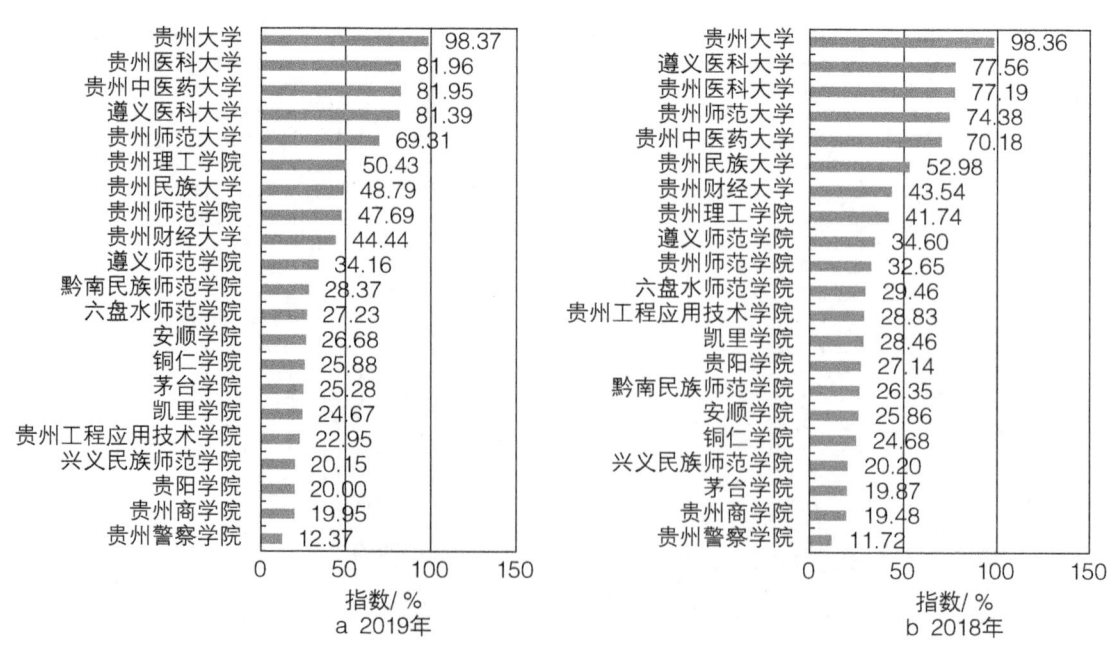

图3-5 科技投入指数排序

2019年与2018年监测结果相比，科技投入指数平均水平提高1.28个百分点，贵州师范学院、贵州中医药大学、贵州理工学院等7所高等院校高于这一增幅（图3-6）。

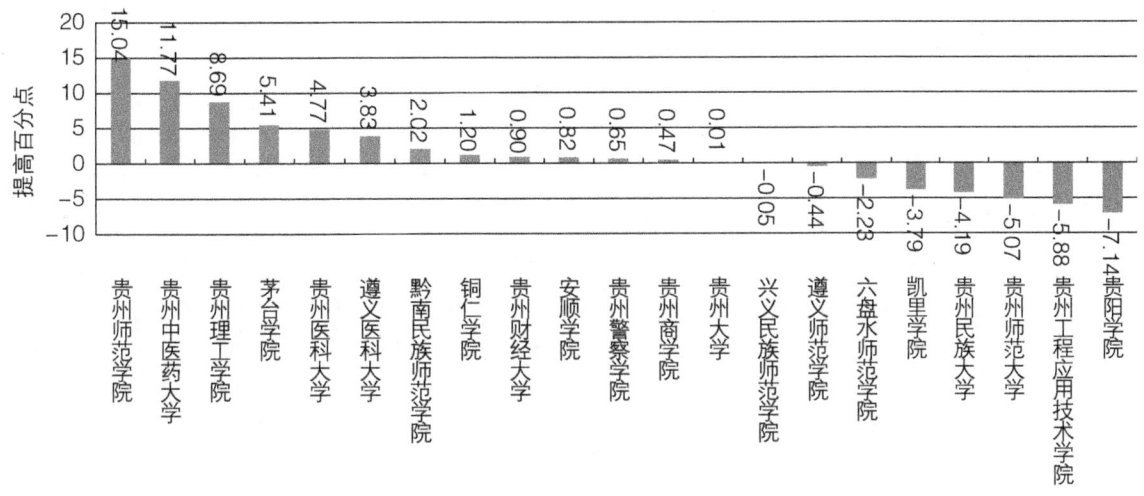

图3-6　科技投入指数提高百分点排序

（三）科技产出

科技产出指数高于50%的高等院校有2所，占全部高等院校的9.52%；低于50%，但高于平均水平（23.72%）的高等院校有7所，占全部高等院校的33.33%；低于平均水平的高等院校有12所，占全部高等院校的57.14%。

参照2018年高等院校科技产出指数排序，位次上升较快的是茅台学院，位次上升3位；位次下降较快的是贵州理工学院，位次下降5位（图3-7）。

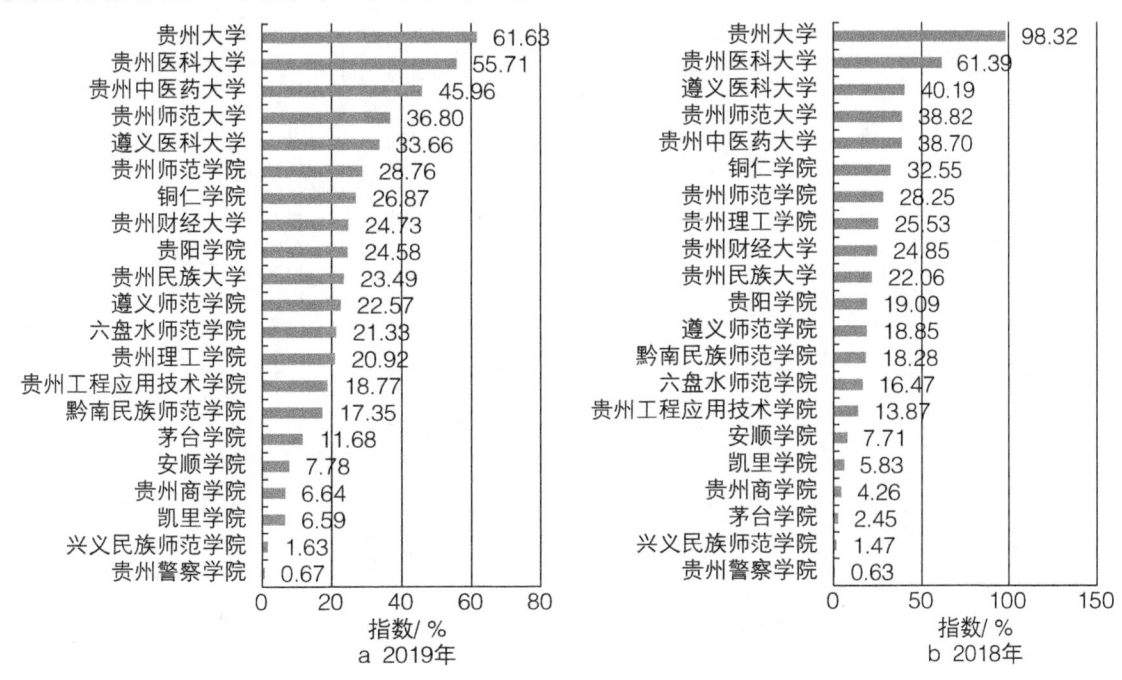

图3-7　科技产出指数排序

2019年与2018年监测结果相比,科技产出指数平均水平下降1.02个百分点,贵州大学、遵义医科大学、铜仁学院等6所高等院校高于这一降幅(图3-8)。

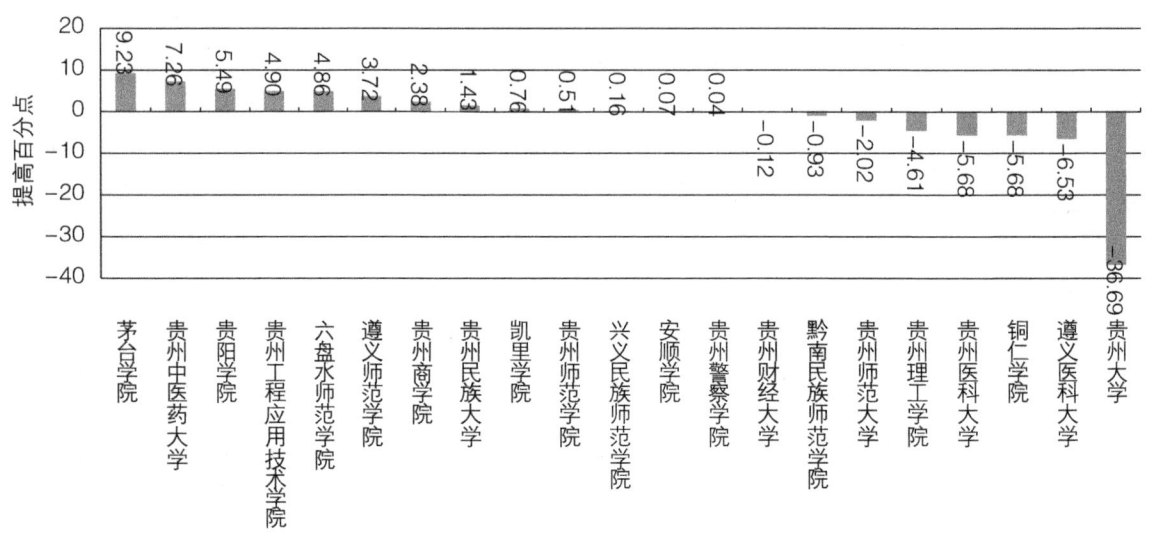

图3-8 科技产出指数提高百分点排序

(四)创新绩效

创新绩效指数高于50%的高等院校有3所,占全部高等院校的14.29%;低于50%,但高于平均水平(17.93%)的高等院校有4所,占全部高等院校的19.05%;低于平均水平的高等院校有14所,占全部高等院校的66.67%。

参照2018年高等院校创新绩效指数排序,位次上升较快的是贵州中医药大学,位次上升4位;位次下降较快的是贵州警察学院、贵州理工学院(图3-9)。

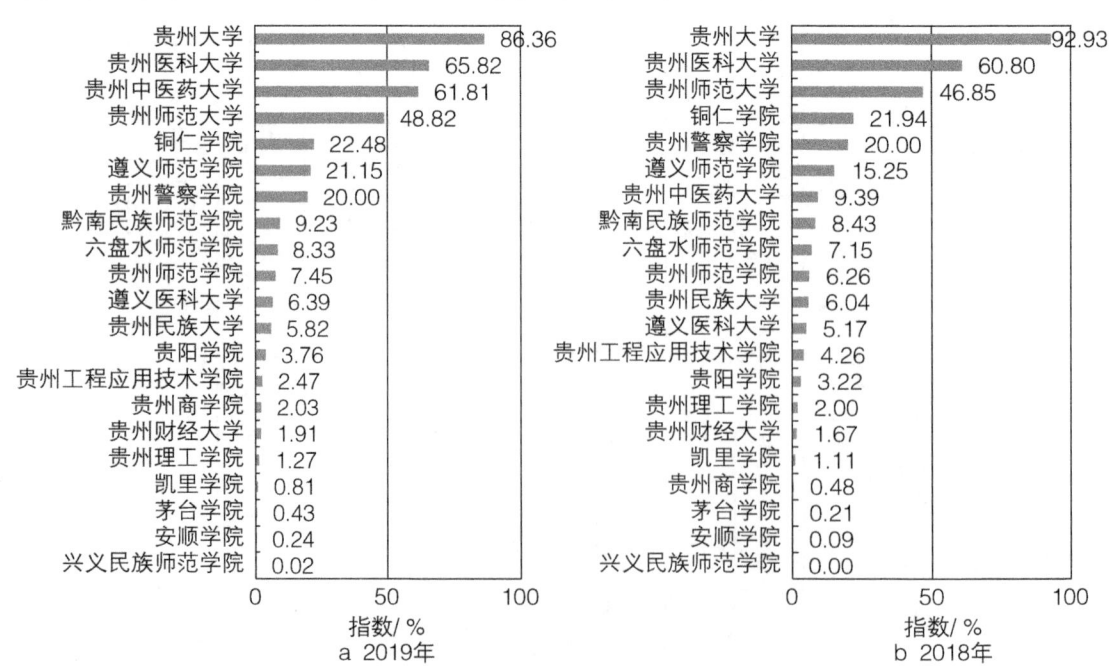

图3-9 创新绩效指数排序

2019年与2018年监测结果相比,创新绩效指数平均水平提高3.01个百分点,贵州中医药大学、遵义师范学院、贵州医科大学等3所高等院校高于这一增幅(图3-10)。

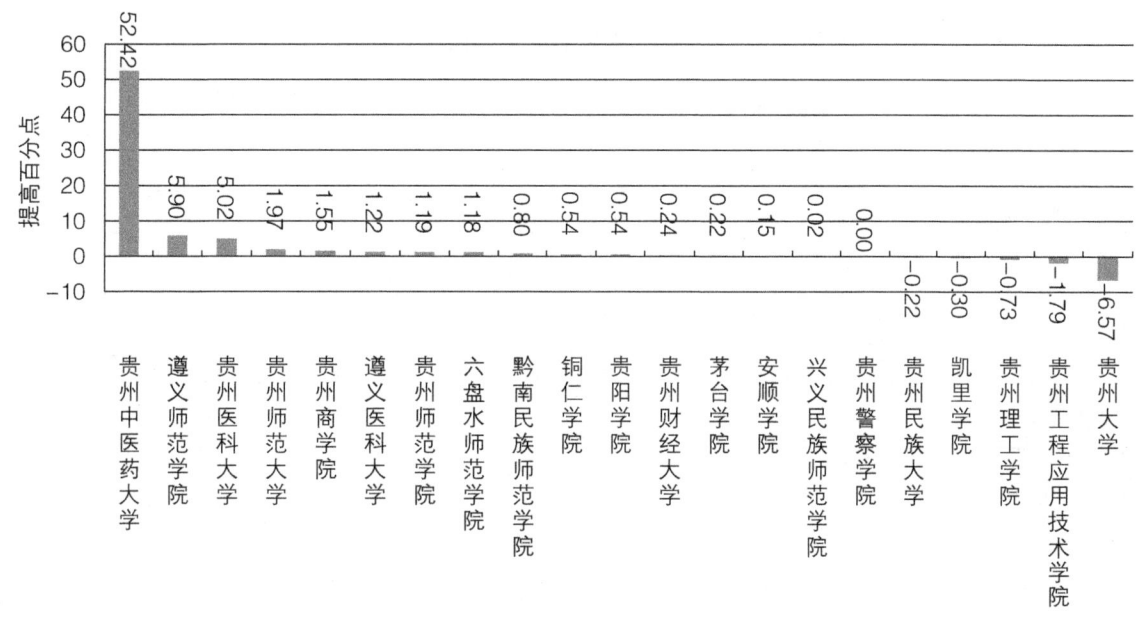

图3-10 创新绩效指数提高百分点排序

三、高等院校科技创新水平评价

(一)贵州大学

年末从业人员3979人;高学历以上人员2629人,占年末从业人员的比例为66.07%,居第12位;高职称以上人员1706人,占年末从业人员的比例为42.88%,居第9位;科研仪器设备资产原值63 060.15万元,人均科研仪器设备资产原值15.85万元,居第3位。

R&D人员2001人,占年末从业人员的比重为50.29%,居第5位;科研经费25 468.79万元,人均科研经费6.40万元,居第2位;R&D经费35 423.50万元,人均R&D经费8.90万元,居第3位。

发表科技论文4113篇(一般科技论文1432篇,核心期刊1857篇,三大检索工具收录824篇),科技论文系数为594.32,居第1位;省内合作项目321项,省外合作项目87项,产学研项目518项,项目合作系数为93.82,居第2位。

科技培训人数42 317人,对外科技咨询项数563项,科技特派员194人,科技服务系数为0.31,居第1位;知识产权创造的直接效益64.90万元,技术服务收入7070.12万元,经济效益系数为2215.36,居第1位。

贵州大学综合科技创新水平指数为76.65%,居第1位,与上年相比,监测值下降20.99个百分点,位次不变。在4个一级指标中,科技创新环境和基础较上年下降43.33个百分点,位次不变。科技投入较上年上升 0.01 个百分点，位次不变。科技产出较上年下降 36.69 个百分点，位次不变。创新绩效较上年下降 6.57 个百分点，位次不变（表 3-1）。

表 3-1 贵州大学各级监测指标和位次与上年比较

指标名称	三级指标值		位次	
	2019 年	2018 年	2019 年	2018 年
综合指数 /%	76.65	97.64	1	1
科技创新环境和基础 /%	55.45	98.78	1	1
人力资源 /%	48.62	96.96	1	1
高层次科技人才系数	0.00	8.40	1	1
高学历以上人员占年末从业人员的比例 /%	66.07	60.15	12	13
高职称以上人员占年末从业人员的比例 /%	42.88	40.95	9	11
创新条件及平台 /%	60.00	100.00	1	1
人均科研仪器设备资产原值 / 万元	15.85	14.11	3	2
省级以上创新平台及载体系数	4.92	4.42	1	1
学科建设系数	0.00	8.75	1	1
研究生在校生人数占总在校生人数的比重 /%	25.44	22.97	1	1
科技投入 /%	98.37	98.36	1	1
人力投入 /%	96.73	96.71	4	4
创新人才团队总量系数	24.18	23.27	1	1
R&D 人员占年末从业人员的比重 /%	50.29	50.05	5	5
经费投入 /%	100.00	100.00	1	1
人均科研经费 / 万元	6.40	7.06	2	1
人均 R&D 经费 / 万元	8.90	7.89	3	2
科技产出 /%	61.63	98.32	1	1
知识产出 /%	100.00	100.00	1	1
科技论文系数	594.32	515.84	1	1
知识产权系数	156.51	169.99	1	1
科技奖励 /%	0.00	100.00	1	1
科技成果系数	0.00	2.24	1	1
技术成果市场化水平 /%	100.00	100.00	1	1
人均技术市场成交合同金额 / 万元	1.97	2.27	1	1
科技合作交流 /%	77.53	88.80	1	1
项目合作系数	93.82	122.00	2	2
论文论著合作系数	205.25	206.12	2	2
创新绩效 /%	86.36	92.93	1	1
科技服务 /%	100.00	100.00	1	1
科技服务系数	0.31	0.32	1	1
产学研结合 /%	65.89	82.33	2	2
产学研结合系数	29.65	37.05	2	2
创造效益 /%	100.00	100.00	1	1
经济效益系数	2215.36	2224.44	1	1

（二）贵州医科大学

年末从业人员 1672 人；高学历以上人员 1095 人，占年末从业人员的比例为 65.49%，居第 13 位；高职称以上人员 623 人，占年末从业人员的比例为 37.26%，居第 17 位；科研仪器设备资产原值 46 356.61 万元，人均科研仪器设备资产原值 27.73 万元，居第 1 位。

R&D 人员 1158 人，占年末从业人员的比重为 69.26%，居第 3 位；科研经费 7469.49 万元，人均科研经费 4.47 万元，居第 3 位；R&D 经费 11 655.30 万元，人均 R&D 经费 6.97 万元，居第 4 位。

发表科技论文 1714 篇（一般科技论文 416 篇，核心期刊 698 篇，三大检索工具收录 600 篇），科技论文系数为 295.11，居第 2 位；省内合作项目 71 项，省外合作项目 50 项，产学研项目 11 125 项，项目合作系数为 677.47，居第 1 位。

科技培训人数 862 人，对外科技咨询项数 31 项，科技服务系数为 0.00，居第 17 位；知识产权创造的直接效益 270.00 万元，技术服务收入 2583.27 万元，经济效益系数为 961.01，居第 4 位。

贵州医科大学综合科技创新水平指数为 59.03%，居第 2 位，与上年相比，监测值下降 2.69 个百分点，位次不变。在 4 个一级指标中，科技创新环境和基础较上年下降 14.80 个百分点，位次上升 1 位。科技投入较上年上升 4.77 个百分点，位次上升 1 位。科技产出较上年下降 5.68 个百分点，位次不变。创新绩效较上年上升 5.02 个百分点，位次不变（表 3-2）。

表 3-2 贵州医科大学各级监测指标和位次与上年比较

指标名称	三级指标值		位次	
	2019 年	2018 年	2019 年	2018 年
综合指数 /%	59.03	61.72	2	2
科技创新环境和基础 /%	26.15	40.95	3	4
人力资源 /%	26.34	51.76	6	3
高层次科技人才系数	0.00	3.42	1	2
高学历以上人员占年末从业人员的比例 /%	65.49	66.34	13	12
高职称以上人员占年末从业人员的比例 /%	37.26	38.88	17	17
创新条件及平台 /%	26.03	33.74	3	5
人均科研仪器设备资产原值 / 万元	27.73	26.36	1	1
省级以上创新平台及载体系数	0.83	0.83	3	3
学科建设系数	0.00	1.25	1	16
研究生在校生人数占总在校生人数的比重 /%	9.77	9.42	3	4
科技投入 /%	81.96	77.19	2	3
人力投入 /%	98.52	97.07	3	3
创新人才团队总量系数	8.45	6.82	2	3
R&D 人员占年末从业人员的比重 /%	69.26	53.82	3	4
经费投入 /%	65.41	57.31	2	2
人均科研经费 / 万元	4.47	5.73	3	2
人均 R&D 经费 / 万元	6.97	4.03	4	6

续表

指标名称	三级指标值 2019年	三级指标值 2018年	位次 2019年	位次 2018年
科技产出 /%	55.71	61.39	2	2
知识产出 /%	100.00	100.00	1	1
科技论文系数	295.11	259.26	2	2
知识产权系数	18.89	16.24	7	7
科技奖励 /%	0.00	18.95	1	4
科技成果系数	0.00	0.36	1	4
技术成果市场化水平 /%	83.53	78.81	3	2
人均技术市场成交合同金额 / 万元	0.47	0.48	3	2
科技合作交流 /%	60.00	60.00	2	2
项目合作系数	677.47	615.41	1	1
论文论著合作系数	0.00	0.00	20	20
创新绩效 /%	65.82	60.80	2	2
科技服务 /%	0.95	0.00	17	16
科技服务系数	0.00	0.00	17	16
产学研结合 /%	100.00	100.00	1	1
产学研结合系数	561.25	511.00	1	1
创造效益 /%	64.07	52.00	4	3
经济效益系数	961.01	779.93	4	3

（三）贵州中医药大学

年末从业人员 1035 人；高学历以上人员 904 人，占年末从业人员的比例为 87.34%，居第 2 位；高职称以上人员 543 人，占年末从业人员的比例为 52.46%，居第 4 位；科研仪器设备资产原值 1859.65 万元，人均科研仪器设备资产原值 1.80 万元，居第 16 位。

R&D 人员 985 人，占年末从业人员的比重为 95.17%，居第 2 位；科研经费 8249.84 万元，人均科研经费 7.97 万元，居第 1 位；R&D 经费 9944.70 万元，人均 R&D 经费 9.61 万元，居第 1 位。

发表科技论文 1309 篇（一般科技论文 959 篇，核心期刊 214 篇，三大检索工具收录 136 篇），科技论文系数为 120.53，居第 5 位；省内合作项目 31 项，省外合作项目 22 项，产学研项目 36 项，项目合作系数为 12.24，居第 6 位。

科技培训人数 275 人，对外科技咨询项数 318 项，科技服务系数为 0.02，居第 10 位；知识产权创造的直接效益 767.25 万元，技术服务收入 4331.49 万元，经济效益系数为 1804.92，居第 2 位。

贵州中医药大学综合科技创新水平指数为 54.06%，居第 3 位，与上年相比，监测值上升 10.25 个百分点，位次上升 2 位。在 4 个一级指标中，科技创新环境和基础较上年下降 14.18 个百分点，位次上升 1 位。科技投入较上年上升 11.77 个百分点，位次上升 2 位。科技产出较上年上升 7.26 个百分点，位次上升 2 位。创新绩效较上年上升 52.42 个百分点，位次上升 4 位（表 3-3）。

表 3-3 贵州中医药大学各级监测指标和位次与上年比较

指标名称	三级指标值 2019年	三级指标值 2018年	位次 2019年	位次 2018年
综合指数 /%	54.06	43.81	3	5
科技创新环境和基础 /%	18.46	32.64	7	8
人力资源 /%	25.20	42.51	7	8
高层次科技人才系数	0.00	2.56	1	5
高学历以上人员占年末从业人员的比例 /%	87.34	78.14	2	4
高职称以上人员占年末从业人员的比例 /%	52.46	60.23	4	2
创新条件及平台 /%	13.96	26.06	6	10
人均科研仪器设备资产原值 / 万元	1.80	3.38	16	11
省级以上创新平台及载体系数	0.58	0.58	4	4
学科建设系数	0.00	1.88	1	14
研究生在校生人数占总在校生人数的比重 /%	8.37	7.43	6	6
科技投入 /%	81.95	70.18	3	5
人力投入 /%	100.00	100.00	1	1
创新人才团队总量系数	5.09	3.73	5	5
R&D 人员占年末从业人员的比重 /%	95.17	107.56	2	2
经费投入 /%	63.91	40.35	3	5
人均科研经费 / 万元	7.97	2.97	1	5
人均 R&D 经费 / 万元	9.61	9.39	1	1
科技产出 /%	45.96	38.70	3	5
知识产出 /%	74.11	71.62	5	5
科技论文系数	120.53	108.11	5	5
知识产权系数	19.46	18.47	5	6
科技奖励 /%	0.00	26.32	1	2
科技成果系数	0.00	0.50	1	2
技术成果市场化水平 /%	84.96	7.59	2	6
人均技术市场成交合同金额 / 万元	0.74	0.08	2	6
科技合作交流 /%	44.89	43.25	6	6
项目合作系数	12.24	8.12	6	6
论文论著合作系数	125.25	92.62	4	4
创新绩效 /%	61.81	9.39	3	7
科技服务 /%	8.85	5.00	10	11
科技服务系数	0.02	0.01	10	11
产学研结合 /%	50.11	4.00	3	8
产学研结合系数	22.55	1.80	3	8
创造效益 /%	100.00	16.97	1	5
经济效益系数	1804.92	254.50	2	5

（四）贵州师范大学

年末从业人员 2590 人；高学历以上人员 1971 人，占年末从业人员的比例为 76.10%，居第 7 位；高职称以上人员 993 人，占年末从业人员的比例为 38.34%，居第 15 位；科研仪器设备资产原值 6150.50 万元，人均科研仪器设备资产原值 2.37 万元，居第 15 位。

R&D 人员 831 人，占年末从业人员的比重为 32.08%，居第 13 位；科研经费 5726.94 万元，人均科研经费 2.21 万元，居第 5 位；R&D 经费 6895.50 万元，人均 R&D 经费 2.66 万元，居第 13 位。

发表科技论文 1323 篇（一般科技论文 163 篇，核心期刊 494 篇，三大检索工具收录 666 篇），科技论文系数为 279.63，居第 3 位；省内合作项目 12 项，省外合作项目 2 项，产学研项目 194 项，项目合作系数为 13.41，居第 5 位。

科技培训人数 1190 人，对外科技咨询项数 194 项，科技特派员 68 人，科技服务系数为 0.11，居第 3 位；技术服务收入 3467.66 万元，经济效益系数为 1105.43，居第 3 位。

贵州师范大学综合科技创新水平指数为 48.82%，居第 4 位，与上年相比，监测值下降 5.86 个百分点，位次下降 1 位。在 4 个一级指标中，科技创新环境和基础较上年下降 15.48 个百分点，位次不变。科技投入较上年下降 5.07 个百分点，位次下降 1 位。科技产出较上年下降 2.02 个百分点，位次不变。创新绩效较上年上升 1.97 个百分点，位次下降 1 位（表 3-4）。

表 3-4 贵州师范大学各级监测指标和位次与上年比较

指标名称	三级指标值		位次	
	2019 年	2018 年	2019 年	2018 年
综合指数 /%	48.82	54.68	4	3
科技创新环境和基础 /%	32.16	47.64	2	2
人力资源 /%	39.88	59.20	2	2
高层次科技人才系数	0.00	2.46	1	6
高学历以上人员占年末从业人员的比例 /%	76.10	74.23	7	6
高职称以上人员占年末从业人员的比例 /%	38.34	40.75	15	13
创新条件及平台 /%	27.02	39.94	2	2
人均科研仪器设备资产原值 / 万元	2.37	1.72	15	14
省级以上创新平台及载体系数	1.67	1.38	2	2
学科建设系数	0.00	2.50	1	9
研究生在校生人数占总在校生人数的比重 /%	9.72	10.08	4	3
科技投入 /%	69.31	74.38	5	4
人力投入 /%	95.02	94.97	5	5
创新人才团队总量系数	7.00	7.64	3	2
R&D 人员占年末从业人员的比重 /%	32.08	31.58	13	13
经费投入 /%	43.59	53.80	5	4
人均科研经费 / 万元	2.21	3.06	5	4

续表

指标名称	三级指标值		位次	
	2019年	2018年	2019年	2018年
人均R&D经费/万元	2.66	2.90	13	11
科技产出/%	36.80	38.82	4	4
知识产出/%	100.00	94.02	1	3
科技论文系数	279.63	220.11	3	3
知识产权系数	24.32	20.36	4	5
科技奖励/%	0.00	11.05	1	5
科技成果系数	0.00	0.21	1	5
技术成果市场化水平/%	0.00	0.00	7	7
人均技术市场成交合同金额/万元	0.00	0.00	7	7
科技合作交流/%	45.36	45.01	5	5
项目合作系数	13.41	12.53	5	5
论文论著合作系数	135.38	93.56	3	3
创新绩效/%	48.82	46.85	4	3
科技服务/%	53.60	55.00	3	3
科技服务系数	0.11	0.11	3	3
产学研结合/%	21.56	17.89	5	4
产学研结合系数	9.70	8.05	5	4
创造效益/%	73.70	71.73	3	2
经济效益系数	1105.43	1076.00	3	2

（五）遵义医科大学

年末从业人员1511人；高学历以上人员1067人，占年末从业人员的比例为70.62%，居第10位；高职称以上人员793人，占年末从业人员的比例为52.48%，居第3位；科研仪器设备资产原值6708.00万元，人均科研仪器设备资产原值4.44万元，居第11位。

R&D人员1511人，占年末从业人员的比重为100.00%，居第1位；科研经费5613.00万元，人均科研经费3.71万元，居第4位；R&D经费13692.30万元，人均R&D经费9.06万元，居第2位。

发表科技论文1858篇（一般科技论文891篇，核心期刊366篇，三大检索工具收录601篇），科技论文系数为262.95，居第4位；省外合作项目1项，产学研项目21项，项目合作系数为1.53，居第15位。

科技培训人数14000人，对外科技咨询项数85项，科技特派员24人，科技服务系数为0.04，居第4位；知识产权创造的直接效益29.00万元，技术服务收入100.00万元，经济效益系数为48.62，居第12位。

遵义医科大学综合科技创新水平指数为43.30%，居第5位，与上年相比，监测值下降5.26个百分点，位次下降1位。在4个一级指标中，科技创新环境和基础较上年下降20.63个百分点，位次下降2位。科技投入较上年上升3.83个百分点，位次下降2位。科技产出较上年下降6.53个百分点，位次下降2位。创新绩效较上年上升1.22个百分点，位次上升1位（表3-5）。

表3-5 遵义医科大学各级监测指标和位次与上年比较

指标名称	三级指标值		位次	
	2019年	2018年	2019年	2018年
综合指数/%	43.30	48.56	5	4
科技创新环境和基础/%	21.74	42.37	5	3
人力资源/%	29.77	51.71	5	4
高层次科技人才系数	0.00	3.05	1	3
高学历以上人员占年末从业人员的比例/%	70.62	68.30	10	10
高职称以上人员占年末从业人员的比例/%	52.48	50.37	3	4
创新条件及平台/%	16.39	36.15	5	3
人均科研仪器设备资产原值/万元	4.44	4.25	11	9
省级以上创新平台及载体系数	0.00	0.50	7	5
学科建设系数	0.00	2.50	1	9
研究生在校生人数占总在校生人数的比重/%	13.04	12.62	2	2
科技投入/%	81.39	77.56	4	2
人力投入/%	100.00	100.00	1	1
创新人才团队总量系数	5.36	4.36	4	4
R&D人员占年末从业人员的比重/%	100.00	100.00	1	1
经费投入/%	62.78	55.13	4	3
人均科研经费/万元	3.71	3.87	4	3
人均R&D经费/万元	9.06	6.65	2	3
科技产出/%	33.66	40.19	5	3
知识产出/%	79.67	76.16	4	4
科技论文系数	262.95	218.63	4	4
知识产权系数	8.90	9.73	15	14
科技奖励/%	0.00	21.05	1	3
科技成果系数	0.00	0.40	1	3
技术成果市场化水平/%	18.36	19.33	5	5
人均技术市场成交合同金额/万元	0.11	0.12	5	5
科技合作交流/%	40.61	40.70	8	7
项目合作系数	1.53	1.76	15	13
论文论著合作系数	264.00	236.88	1	1
创新绩效/%	6.39	5.17	11	12
科技服务/%	20.80	20.00	4	4
科技服务系数	0.04	0.04	4	4
产学研结合/%	2.33	1.44	11	13
产学研结合系数	1.05	0.65	11	13
创造效益/%	3.24	1.48	12	11
经济效益系数	48.62	22.25	12	11

（六）贵州民族大学

年末从业人员 1698 人；高学历以上人员 1286 人，占年末从业人员的比例为 75.74%，居第 8 位；高职称以上人员 717 人，占年末从业人员的比例为 42.23%，居第 12 位；科研仪器设备资产原值 38 228.87 万元，人均科研仪器设备资产原值 22.51 万元，居第 2 位。

R&D 人员 409 人，占年末从业人员的比重为 24.09%，居第 18 位；科研经费 2812.95 万元，人均科研经费 1.66 万元，居第 7 位；R&D 经费 4947.20 万元，人均 R&D 经费 2.91 万元，居第 12 位。

发表科技论文 1002 篇（一般科技论文 625 篇，核心期刊 177 篇，三大检索工具收录 200 篇），科技论文系数为 112.32，居第 6 位；省内合作项目 7 项，省外合作项目 4 项，产学研项目 16 项，项目合作系数为 2.94，居第 12 位。

科技培训人数 860 人，对外科技咨询项数 18 项，科技特派员 6 人，科技服务系数为 0.01，居第 14 位；技术服务收入 450.00 万元，经济效益系数为 138.46，居第 6 位。

贵州民族大学综合科技创新水平指数为 29.35%，居第 6 位，与上年相比，监测值下降 5.65 个百分点，位次不变。在 4 个一级指标中，科技创新环境和基础较上年下降 18.04 个百分点，位次上升 1 位。科技投入较上年下降 4.19 个百分点，位次下降 1 位。科技产出较上年上升 1.43 个百分点，位次不变。创新绩效较上年下降 0.22 个百分点，位次下降 1 位（表 3-6）。

表 3-6 贵州民族大学各级监测指标和位次与上年比较

指标名称	三级指标值		位次	
	2019 年	2018 年	2019 年	2018 年
综合指数 /%	29.35	35.00	6	6
科技创新环境和基础 /%	22.10	40.14	4	5
人力资源 /%	30.13	47.04	4	6
高层次科技人才系数	0.00	2.32	1	7
高学历以上人员占年末从业人员的比例 /%	75.74	70.70	8	7
高职称以上人员占年末从业人员的比例 /%	42.23	45.22	12	7
创新条件及平台 /%	16.74	35.54	4	4
人均科研仪器设备资产原值 / 万元	22.51	0.90	2	18
省级以上创新平台及载体系数	0.00	0.12	7	11
学科建设系数	0.00	4.38	1	2
研究生在校生人数占总在校生人数的比重 /%	7.42	5.81	7	7
科技投入 /%	48.79	52.98	7	6
人力投入 /%	67.00	66.97	9	7
创新人才团队总量系数	1.64	1.64	8	7
R&D 人员占年末从业人员的比重 /%	24.09	23.01	18	18
经费投入 /%	30.58	38.98	6	6
人均科研经费 / 万元	1.66	2.72	7	6

续表

指标名称	三级指标值 2019年	三级指标值 2018年	位次 2019年	位次 2018年
人均R&D经费/万元	2.91	3.31	12	9
科技产出/%	23.49	22.06	10	10
知识产出/%	72.46	69.35	6	6
科技论文系数	112.32	96.74	6	6
知识产权系数	46.51	26.62	3	4
科技奖励/%	0.00	0.00	1	11
科技成果系数	0.00	0.00	1	11
技术成果市场化水平/%	0.00	0.00	7	7
人均技术市场成交合同金额/万元	0.00	0.00	7	7
科技合作交流/%	11.68	8.40	15	15
项目合作系数	2.94	3.00	12	11
论文论著合作系数	13.12	9.00	14	14
创新绩效/%	5.82	6.04	12	11
科技服务/%	4.85	5.00	14	11
科技服务系数	0.01	0.01	14	11
产学研结合/%	2.89	3.89	10	9
产学研结合系数	1.30	1.75	10	9
创造效益/%	9.23	8.72	6	7
经济效益系数	138.46	130.77	6	7

（七）贵州师范学院

年末从业人员1106人；高学历以上人员846人，占年末从业人员的比例为76.49%，居第6位；高职称以上人员521人，占年末从业人员的比例为47.11%，居第5位；科研仪器设备资产原值301.18万元，人均科研仪器设备资产原值0.27万元，居第20位。

R&D人员336人，占年末从业人员的比重为30.38%，居第15位；科研经费1673.51万元，人均科研经费1.51万元，居第8位；R&D经费5182.10万元，人均R&D经费4.69万元，居第5位。

发表科技论文476篇（一般科技论文365篇，核心期刊73篇，三大检索工具收录38篇），科技论文系数为40.89，居第13位；省内合作项目38项，省外合作项目6项，产学研项目44项，项目合作系数为8.82，居第7位。

科技培训人数9856人，对外科技咨询项数132项，科技服务系数为0.01，居第15位；知识产权创造的直接效益54.00万元，技术服务收入166.00万元，经济效益系数为87.54，居第10位。

贵州师范学院综合科技创新水平指数为27.46%，居第7位，与上年相比，监测值上升1.23个百分点，位次上升3位。在4个一级指标中，科技创新环境和基础较上年下降17.37个百分点，位次下降 3 位。科技投入较上年上升 15.04 个百分点，位次上升 2 位。科技产出较上年上升 0.51 个百分点，位次上升 1 位。创新绩效较上年上升 1.19 个百分点，位次不变（表 3-7）。

表 3-7 贵州师范学院各级监测指标和位次与上年比较

指标名称	三级指标值 2019 年	三级指标值 2018 年	位次 2019 年	位次 2018 年
综合指数 /%	27.46	26.23	7	10
科技创新环境和基础 /%	9.83	27.20	13	10
人力资源 /%	23.87	30.38	8	9
高层次科技人才系数	0.00	0.94	1	11
高学历以上人员占年末从业人员的比例 /%	76.49	75.11	6	5
高职称以上人员占年末从业人员的比例 /%	47.11	45.29	5	6
创新条件及平台 /%	0.47	25.08	19	11
人均科研仪器设备资产原值 / 万元	0.27	0.28	20	20
省级以上创新平台及载体系数	0.00	0.25	7	7
学科建设系数	0.00	3.50	1	5
研究生在校人数占总在校生人数的比重 /%	0.28	0.15	9	9
科技投入 /%	47.69	32.65	8	10
人力投入 /%	67.59	47.20	8	11
创新人才团队总量系数	1.64	0.64	8	11
R&D 人员占年末从业人员的比重 /%	30.38	25.53	15	17
经费投入 /%	27.79	18.10	7	8
人均科研经费 / 万元	1.51	0.89	8	10
人均 R&D 经费 / 万元	4.69	2.60	5	13
科技产出 /%	28.76	28.25	6	7
知识产出 /%	58.18	56.20	11	9
科技论文系数	40.89	49.00	13	10
知识产权系数	19.29	13.92	6	8
科技奖励 /%	0.00	0.00	1	11
科技成果系数	0.00	0.00	1	11
技术成果市场化水平 /%	29.27	28.97	4	3
人均技术市场成交合同金额 / 万元	0.24	0.24	4	3
科技合作交流 /%	36.33	37.30	10	9
项目合作系数	8.82	4.24	7	10
论文论著合作系数	41.00	44.50	9	8
创新绩效 /%	7.45	6.26	10	10
科技服务 /%	4.70	5.00	15	11
科技服务系数	0.01	0.01	15	11
产学研结合 /%	10.44	7.44	7	6
产学研结合系数	4.70	3.35	7	6
创造效益 /%	5.84	5.72	10	9
经济效益系数	87.54	85.85	10	9

（八）贵州财经大学

年末从业人员 1970 人；高学历以上人员 1595 人，占年末从业人员的比例为 80.96%，居第 4 位；高职称以上人员 842 人，占年末从业人员的比例为 42.74%，居第 10 位；科研仪器设备资产原值 5902.00 万元，人均科研仪器设备资产原值 3.00 万元，居第 13 位。

R&D 人员 262 人，占年末从业人员的比重为 13.30%，居第 20 位；科研经费 1354.72 万元，人均科研经费 0.69 万元，居第 14 位；R&D 经费 1310.70 万元，人均 R&D 经费 0.67 万元，居第 18 位。

发表科技论文 857 篇（一般科技论文 512 篇，核心期刊 219 篇，三大检索工具收录 126 篇），科技论文系数为 95.42，居第 7 位；省内合作项目 92 项，省外合作项目 112 项，项目合作系数为 43.76，居第 3 位。

科技培训人数 3012 人，对外科技咨询项数 60 项，科技特派员 6 人，科技服务系数为 0.01，居第 13 位。

贵州财经大学综合科技创新水平指数为 27.31%，居第 8 位，与上年相比，监测值下降 3.33 个百分点，位次下降 1 位。在 4 个一级指标中，科技创新环境和基础较上年下降 14.59 个百分点，位次不变。科技投入较上年上升 0.90 个百分点，位次下降 2 位。科技产出较上年下降 0.12 个百分点，位次上升 1 位。创新绩效较上年上升 0.24 个百分点，位次不变（表 3-8）。

表 3-8 贵州财经大学各级监测指标和位次与上年比较

指标名称	三级指标值		位次	
	2019 年	2018 年	2019 年	2018 年
综合指数 /%	27.31	30.64	8	7
科技创新环境和基础 /%	21.15	35.74	6	6
人力资源 /%	34.74	49.98	3	5
高层次科技人才系数	0.00	2.02	1	8
高学历以上人员占年末从业人员的比例 /%	80.96	80.71	4	2
高职称以上人员占年末从业人员的比例 /%	42.74	40.93	10	12
创新条件及平台 /%	12.09	26.24	7	9
人均科研仪器设备资产原值 / 万元	3.00	2.96	13	12
省级以上创新平台及载体系数	0.00	0.25	7	7
学科建设系数	0.00	1.88	1	14
研究生在校生人数占总在校生人数的比重 /%	9.06	8.93	5	5
科技投入 /%	44.44	43.54	9	7
人力投入 /%	78.71	78.52	6	6
创新人才团队总量系数	2.27	2.27	6	6
R&D 人员占年末从业人员的比重 /%	13.30	11.87	20	20
经费投入 /%	10.17	8.56	17	17
人均科研经费 / 万元	0.69	0.79	14	11

续表

指标名称	三级指标值 2019年	三级指标值 2018年	位次 2019年	位次 2018年
人均R&D经费/万元	0.67	0.30	18	20
科技产出/%	24.73	24.85	8	9
知识产出/%	53.68	52.32	13	11
科技论文系数	95.42	76.11	7	8
知识产权系数	10.38	11.13	14	10
科技奖励/%	0.00	3.68	1	8
科技成果系数	0.00	0.07	1	8
技术成果市场化水平/%	0.00	0.00	7	7
人均技术市场成交合同金额/万元	0.00	0.00	7	7
科技合作交流/%	57.51	52.47	3	4
项目合作系数	43.76	31.18	3	4
论文论著合作系数	55.75	55.69	7	6
创新绩效/%	1.91	1.67	16	16
科技服务/%	6.20	5.00	13	11
科技服务系数	0.01	0.01	13	11
产学研结合/%	1.67	1.67	12	12
产学研结合系数	0.75	0.75	12	12
创造效益/%	0.00	0.00	16	15
经济效益系数	0.00	0.00	16	15

（九）贵州理工学院

年末从业人员884人；高学历以上人员723人，占年末从业人员的比例为81.79%，居第3位；高职称以上人员376人，占年末从业人员的比例为42.53%，居第11位；科研仪器设备资产原值2356.00万元，人均科研仪器设备资产原值2.67万元，居第14位。

R&D人员483人，占年末从业人员的比重为54.64%，居第4位；科研经费1573.00万元，人均科研经费1.78万元，居第6位；R&D经费3066.10万元，人均R&D经费3.47万元，居第10位。

发表科技论文534篇（一般科技论文368篇，核心期刊88篇，三大检索工具收录78篇），科技论文系数为54.37，居第12位；省内合作项目12项，省外合作项目2项，项目合作系数为2.00，居第14位。

科技特派员9人，科技服务系数为0.01，居第12位。

贵州理工学院综合科技创新水平指数为25.39%，居第9位，与上年相比，监测值下降0.78个百分点，位次上升2位。在4个一级指标中，科技创新环境和基础较上年下降10.25个百分点，位次上升1位。科技投入较上年上升8.69个百分点，位次上升2位。科技产出较上年下降4.61个百分点，位次下降5位。创新绩效较上年下降0.73个百分点，位次下降2位（表3-9）。

表 3-9 贵州理工学院各级监测指标和位次与上年比较

指标名称	三级指标值		位次	
	2019 年	2018 年	2019 年	2018 年
综合指数 /%	25.39	26.17	9	11
科技创新环境和基础 /%	9.27	19.52	14	15
人力资源 /%	20.52	24.74	12	12
高层次科技人才系数	0.00	0.64	1	14
高学历以上人员占年末从业人员的比例 /%	81.79	78.41	3	3
高职称以上人员占年末从业人员的比例 /%	42.53	43.18	11	9
创新条件及平台 /%	1.77	16.04	16	16
人均科研仪器设备资产原值 / 万元	2.67	1.55	14	15
省级以上创新平台及载体系数	0.00	0.25	7	7
学科建设系数	0.00	2.00	1	13
研究生在校生人数占总在校生人数的比重 /%	0.00	0.00	13	12
科技投入 /%	50.43	41.74	6	8
人力投入 /%	77.14	64.54	7	8
创新人才团队总量系数	2.00	1.36	7	8
R&D 人员占年末从业人员的比重 /%	54.64	56.70	4	3
经费投入 /%	23.72	18.95	8	7
人均科研经费 / 万元	1.78	1.65	6	7
人均 R&D 经费 / 万元	3.47	2.38	10	14
科技产出 /%	20.92	25.53	13	8
知识产出 /%	58.39	66.01	10	7
科技论文系数	54.37	80.05	12	7
知识产权系数	14.26	27.20	12	3
科技奖励 /%	0.00	6.32	1	7
科技成果系数	0.00	0.12	1	7
技术成果市场化水平 /%	0.00	0.00	7	7
人均技术市场成交合同金额 / 万元	0.00	0.00	7	7
科技合作交流 /%	22.70	23.45	12	11
项目合作系数	2.00	1.00	14	15
论文论著合作系数	27.38	28.81	10	10
创新绩效 /%	1.27	2.00	17	15
科技服务 /%	6.35	10.00	12	8
科技服务系数	0.01	0.02	12	8
产学研结合 /%	0.00	0.00	18	18
产学研结合系数	0.00	0.00	18	18
创造效益 /%	0.00	0.00	16	15
经济效益系数	0.00	0.00	16	15

（十）遵义师范学院

年末从业人员 1207 人；高学历以上人员 759 人，占年末从业人员的比例为 62.88%，居第 14 位；高职称以上人员 557 人，占年末从业人员的比例为 46.15%，居第 7 位；科研仪器设备资产原值 8396.20 万元，人均科研仪器设备资产原值 6.96 万元，居第 9 位。

R&D 人员 436 人，占年末从业人员的比重为 36.12%，居第 8 位；科研经费 778.86 万元，人均科研经费 0.65 万元，居第 15 位；R&D 经费 400.60 万元，人均 R&D 经费 0.33 万元，居第 20 位。

发表科技论文 783 篇（一般科技论文 611 篇，核心期刊 91 篇，三大检索工具收录 81 篇），科技论文系数为 68.53，居第 8 位；省内合作项目 9 项，省外合作项目 7 项，产学研项目 14 项，项目合作系数为 3.94，居第 10 位。

科技培训人数 415 人，对外科技咨询项数 3 项，科技特派员 23 人，科技服务系数为 0.03，居第 7 位；知识产权创造的直接效益 217.00 万元，技术服务收入 1565.00 万元，经济效益系数为 615.08，居第 5 位。

遵义师范学院综合科技创新水平指数为 23.94%，居第 10 位，与上年相比，监测值下降 3.76 个百分点，位次下降 2 位。在 4 个一级指标中，科技创新环境和基础较上年下降 21.67 个百分点，位次下降 3 位。科技投入较上年下降 0.44 个百分点，位次下降 1 位。科技产出较上年上升 3.72 个百分点，位次上升 1 位。创新绩效较上年上升 5.90 个百分点，位次不变（表 3-10）。

表 3-10 遵义师范学院各级监测指标和位次与上年比较

指标名称	三级指标值		位次	
	2019 年	2018 年	2019 年	2018 年
综合指数 /%	23.94	27.70	10	8
科技创新环境和基础 /%	12.68	34.35	10	7
人力资源 /%	22.83	43.46	9	7
高层次科技人才系数	0.00	2.81	1	4
高学历以上人员占年末从业人员的比例 /%	62.88	58.65	14	15
高职称以上人员占年末从业人员的比例 /%	46.15	47.92	7	5
创新条件及平台 /%	5.91	28.27	10	8
人均科研仪器设备资产原值 / 万元	6.96	6.93	9	8
省级以上创新平台及载体系数	0.00	0.00	7	12
学科建设系数	0.00	3.50	1	5
研究生在校生人数占总在校生人数的比重 /%	0.00	0.00	13	12
科技投入 /%	34.16	34.60	10	9
人力投入 /%	62.67	62.33	10	9
创新人才团队总量系数	1.36	1.36	10	8
R&D 人员占年末从业人员的比重 /%	36.12	33.22	8	10
经费投入 /%	5.64	6.86	18	18

续表

指标名称	三级指标值		位次	
	2019年	2018年	2019年	2018年
人均科研经费/万元	0.65	0.69	15	14
人均R&D经费/万元	0.33	0.54	20	18
科技产出/%	22.57	18.85	11	12
知识产出/%	63.71	53.45	7	10
科技论文系数	68.53	66.58	8	9
知识产权系数	16.66	12.04	10	9
科技奖励/%	0.00	0.00	1	11
科技成果系数	0.00	0.00	1	11
技术成果市场化水平/%	0.00	0.00	7	7
人均技术市场成交合同金额/万元	0.00	0.00	7	7
科技合作交流/%	23.03	18.79	11	12
项目合作系数	3.94	4.47	10	8
论文论著合作系数	26.81	21.25	11	11
创新绩效/%	21.15	15.25	6	6
科技服务/%	16.40	15.00	7	6
科技服务系数	0.03	0.03	7	6
产学研结合/%	3.67	2.78	9	10
产学研结合系数	1.65	1.25	9	10
创造效益/%	41.01	27.84	5	4
经济效益系数	615.08	417.54	5	4

（十一）铜仁学院

年末从业人员1002人；高学历以上人员572人，占年末从业人员的比例为57.09%，居第18位；高职称以上人员472人，占年末从业人员的比例为47.11%，居第6位；科研仪器设备资产原值7718.90万元，人均科研仪器设备资产原值7.70万元，居第8位。

R&D人员339人，占年末从业人员的比重为33.83%，居第11位；科研经费1433.77万元，人均科研经费1.43万元，居第10位；R&D经费1821.70万元，人均R&D经费1.82万元，居第16位。

发表科技论文266篇（一般科技论文143篇，核心期刊65篇，三大检索工具收录58篇），科技论文系数为33.68，居第14位；省内合作项目109项，省外合作项目19项，产学研项目266项，项目合作系数为34.06，居第4位。

科技培训人数8100人，对外科技咨询项数121项，科技特派员13人，科技服务系数为0.03，居第8位；知识产权创造的直接效益71.50万元，技术服务收入165.00万元，经济效益系数为124.00，居第8位。

铜仁学院综合科技创新水平指数为21.96%，居第11位，与上年相比，监测值下降4.80个百分点，位次下降2位。在4个一级指标中，科技创新环境和基础较上年下降15.52个百分点，位次不变。科技投入较上年上升 1.20 个百分点，位次上升 3 位。科技产出较上年下降 5.68 个百分点，位次下降 1 位。创新绩效较上年上升 0.54 个百分点，位次下降 1 位（表 3-11）。

表 3-11 铜仁学院各级监测指标和位次与上年比较

指标名称	三级指标值		位次	
	2019 年	2018 年	2019 年	2018 年
综合指数 /%	21.96	26.76	11	9
科技创新环境和基础 /%	11.24	26.76	11	11
人力资源 /%	19.63	21.27	13	16
高层次科技人才系数	0.00	0.38	1	16
高学历以上人员占年末从业人员的比例 /%	57.09	54.76	18	18
高职称以上人员占年末从业人员的比例 /%	47.11	42.56	6	10
创新条件及平台 /%	5.64	30.42	12	7
人均科研仪器设备资产原值 / 万元	7.70	7.32	8	7
省级以上创新平台及载体系数	0.00	0.00	7	12
学科建设系数	0.00	3.88	1	3
研究生在校生人数占总在校生人数的比重 /%	0.00	0.00	13	12
科技投入 /%	25.88	24.68	14	17
人力投入 /%	35.18	35.25	15	15
创新人才团队总量系数	0.00	0.00	11	15
R&D 人员占年末从业人员的比重 /%	33.83	34.52	11	8
经费投入 /%	16.58	14.10	12	15
人均科研经费 / 万元	1.43	1.12	10	8
人均 R&D 经费 / 万元	1.82	1.65	16	16
科技产出 /%	26.87	32.55	7	6
知识产出 /%	56.74	58.24	12	8
科技论文系数	33.68	41.21	14	13
知识产权系数	47.24	29.62	2	2
科技奖励 /%	0.00	7.37	1	6
科技成果系数	0.00	0.14	1	6
技术成果市场化水平 /%	9.03	22.20	6	4
人均技术市场成交合同金额 / 万元	0.08	0.20	6	4
科技合作交流 /%	53.62	53.74	4	3
项目合作系数	34.06	34.35	4	3
论文论著合作系数	61.12	53.12	6	7
创新绩效 /%	22.48	21.94	5	4
科技服务 /%	13.40	10.00	8	8
科技服务系数	0.03	0.02	8	8
产学研结合 /%	41.22	39.78	4	3
产学研结合系数	18.55	17.90	4	3
创造效益 /%	8.27	10.08	8	6
经济效益系数	124.00	151.15	8	6

（十二）黔南民族师范学院

年末从业人员748人；高学历以上人员411人，占年末从业人员的比例为54.95%，居第19位；高职称以上人员472人，占年末从业人员的比例为63.10%，居第1位；科研仪器设备资产原值10 856.00万元，人均科研仪器设备资产原值14.51万元，居第4位。

R&D人员238人，占年末从业人员的比重为31.82%，居第14位；科研经费1109.00万元，人均科研经费1.48万元，居第9位；R&D经费3116.80万元，人均R&D经费4.17万元，居第8位。

发表科技论文609篇（一般科技论文399篇，核心期刊143篇，三大检索工具收录67篇），科技论文系数为61.53，居第9位；省内合作项目18项，省外合作项目6项，产学研项目19项，项目合作系数为5.00，居第8位。

科技培训人数420人，对外科技咨询项数50项，科技特派员8人，科技服务系数为0.01，居第11位；知识产权创造的直接效益110.00万元，技术服务收入160.20万元，经济效益系数为127.93，居第7位。

黔南民族师范学院综合科技创新水平指数为18.95%，居第12位，与上年相比，监测值下降2.34个百分点，位次上升1位。在4个一级指标中，科技创新环境和基础较上年下降11.74个百分点，位次上升3位。科技投入较上年上升2.02个百分点，位次上升4位。科技产出较上年下降0.93个百分点，位次下降2位。创新绩效较上年上升0.80个百分点，位次不变（表3-12）。

表3-12 黔南民族师范学院各级监测指标和位次与上年比较

指标名称	三级指标值		位次	
	2019年	2018年	2019年	2018年
综合指数/%	18.95	21.29	12	13
科技创新环境和基础/%	13.18	24.92	9	12
人力资源/%	18.59	24.94	14	11
高层次科技人才系数	0.00	0.97	1	10
高学历以上人员占年末从业人员的比例/%	54.95	52.62	19	20
高职称以上人员占年末从业人员的比例/%	63.10	54.90	1	3
创新条件及平台/%	9.57	24.91	8	12
人均科研仪器设备资产原值/万元	14.51	13.60	4	3
省级以上创新平台及载体系数	0.00	0.00	7	12
学科建设系数	0.00	2.50	1	9
研究生在校生人数占总在校生人数的比重/%	1.51	1.09	8	8
科技投入/%	28.37	26.35	11	15
人力投入/%	34.99	34.83	17	18
创新人才团队总量系数	0.00	0.00	11	15
R&D人员占年末从业人员的比重/%	31.82	30.07	14	15
经费投入/%	21.74	17.87	9	9
人均科研经费/万元	1.48	0.76	9	12

续表

指标名称	三级指标值		位次	
	2019年	2018年	2019年	2018年
人均R&D经费/万元	4.17	3.92	8	7
科技产出/%	17.35	18.28	15	13
知识产出/%	39.23	45.69	15	13
科技论文系数	61.53	46.79	9	12
知识产权系数	8.08	10.90	16	12
科技奖励/%	0.00	0.00	1	11
科技成果系数	0.00	0.00	1	11
技术成果市场化水平/%	0.00	0.00	7	7
人均技术市场成交合同金额/万元	0.00	0.00	7	7
科技合作交流/%	37.20	30.52	9	10
项目合作系数	5.00	4.29	8	9
论文论著合作系数	44.00	36.00	8	9
创新绩效/%	9.23	8.43	8	8
科技服务/%	7.10	5.00	11	11
科技服务系数	0.01	0.01	11	11
产学研结合/%	11.00	10.33	6	5
产学研结合系数	4.95	4.65	6	5
创造效益/%	8.53	8.24	7	8
经济效益系数	127.93	123.62	7	8

（十三）六盘水师范学院

年末从业人员872人；高学历以上人员505人，占年末从业人员的比例为57.91%，居第17位；高职称以上人员305人，占年末从业人员的比例为34.98%，居第18位；科研仪器设备资产原值7686.34万元，人均科研仪器设备资产原值8.81万元，居第5位。

R&D人员379人，占年末从业人员的比重为43.46%，居第6位；科研经费789.74万元，人均科研经费0.91万元，居第12位；R&D经费2684.90万元，人均R&D经费3.08万元，居第11位。

发表科技论文629篇（一般科技论文474篇，核心期刊102篇，三大检索工具收录53篇），科技论文系数为55.53，居第10位；省内合作项目17项，省外合作项目2项，产学研项目12项，项目合作系数为3.29，居第11位。

科技培训人数6人，对外科技咨询项数7项，科技特派员27人，科技服务系数为0.04，居第5位；知识产权创造的直接效益15.00万元，技术服务收入287.24万元，经济效益系数为97.61，居第9位。

六盘水师范学院综合科技创新水平指数为18.58%，居第13位，与上年相比，监测值下降0.56个百分点，位次上升2位。在4个一级指标中，科技创新环境和基础较上年下降4.68个百分点，位次上升 5 位。科技投入较上年下降 2.23 个百分点,位次下降 1 位。科技产出较上年上升 4.86 个百分点,位次上升 2 位。创新绩效较上年上升 1.18 个百分点,位次不变(表 3-13)。

表 3-13　六盘水师范学院各级监测指标和位次与上年比较

指标名称	三级指标值		位次	
	2019 年	2018 年	2019 年	2018 年
综合指数 /%	18.58	19.14	13	15
科技创新环境和基础 /%	9.86	14.54	12	17
人力资源 /%	15.95	17.97	17	17
高层次科技人才系数	0.00	0.42	1	15
高学历以上人员占年末从业人员的比例 /%	57.91	54.81	17	17
高职称以上人员占年末从业人员的比例 /%	34.98	35.32	18	18
创新条件及平台 /%	5.80	12.25	11	17
人均科研仪器设备资产原值 / 万元	8.81	9.49	5	4
省级以上创新平台及载体系数	0.00	0.00	7	12
学科建设系数	0.00	1.00	1	17
研究生在校生人数占总在校生人数的比重 /%	0.00	0.00	13	12
科技投入 /%	27.23	29.46	12	11
人力投入 /%	36.09	43.29	11	12
创新人才团队总量系数	0.00	0.36	11	12
R&D 人员占年末从业人员的比重 /%	43.46	43.42	6	6
经费投入 /%	18.37	15.63	10	12
人均科研经费 / 万元	0.91	0.47	12	15
人均 R&D 经费 / 万元	3.08	3.16	11	10
科技产出 /%	21.33	16.47	12	14
知识产出 /%	61.11	46.02	8	12
科技论文系数	55.53	46.95	10	11
知识产权系数	15.62	10.99	11	11
科技奖励 /%	0.00	0.00	1	11
科技成果系数	0.00	0.00	1	11
技术成果市场化水平 /%	0.00	0.00	7	7
人均技术市场成交合同金额 / 万元	0.00	0.00	7	7
科技合作交流 /%	19.97	17.78	13	13
项目合作系数	3.29	5.06	11	7
论文论著合作系数	23.31	19.69	12	12
创新绩效 /%	8.33	7.15	9	9
科技服务 /%	19.30	20.00	5	4
科技服务系数	0.04	0.04	5	4
产学研结合 /%	4.67	6.44	8	7
产学研结合系数	2.10	2.90	8	7
创造效益 /%	6.51	1.43	9	12
经济效益系数	97.61	21.42	9	12

（十四）贵阳学院

年末从业人员 960 人；高学历以上人员 694 人，占年末从业人员的比例为 72.29%，居第 9 位；高职称以上人员 419 人，占年末从业人员的比例为 43.65%，居第 8 位；科研仪器设备资产原值 8169.34 万元，人均科研仪器设备资产原值 8.51 万元，居第 7 位。

R&D 人员 326 人，占年末从业人员的比重为 33.96%，居第 10 位；科研经费 795.80 万元，人均科研经费 0.83 万元，居第 13 位；R&D 经费 73.40 万元，人均 R&D 经费 0.08 万元，居第 21 位。

发表科技论文 389 篇（一般科技论文 146 篇，核心期刊 156 篇，三大检索工具收录 87 篇），科技论文系数为 55.53，居第 10 位；省内合作项目 23 项，省外合作项目 3 项，产学研项目 9 项，项目合作系数为 4.12，居第 9 位。

科技培训人数 5089 人，对外科技咨询项数 25 项，科技特派员 22 人，科技服务系数为 0.03，居第 6 位。

贵阳学院综合科技创新水平指数为 17.11%，居第 14 位，与上年相比，监测值下降 5.61 个百分点，位次下降 2 位。在 4 个一级指标中，科技创新环境和基础较上年下降 18.28 个百分点，位次上升 1 位。科技投入较上年下降 7.14 个百分点，位次下降 5 位。科技产出较上年上升 5.49 个百分点，位次上升 2 位。创新绩效较上年上升 0.54 个百分点，位次上升 1 位（表 3-14）。

表 3-14 贵阳学院各级监测指标和位次与上年比较

指标名称	三级指标值		位次	
	2019 年	2018 年	2019 年	2018 年
综合指数 /%	17.11	22.72	14	12
科技创新环境和基础 /%	13.59	31.87	8	9
人力资源 /%	20.84	30.03	11	10
高层次科技人才系数	0.00	1.25	1	9
高学历以上人员占年末从业人员的比例 /%	72.29	70.15	9	8
高职称以上人员占年末从业人员的比例 /%	43.65	44.50	8	8
创新条件及平台 /%	8.76	33.09	9	6
人均科研仪器设备资产原值 / 万元	8.51	8.07	7	6
省级以上创新平台及载体系数	0.29	0.29	5	6
学科建设系数	0.00	3.88	1	3
研究生在校生人数占总在校生人数的比重 /%	0.25	0.00	10	12
科技投入 /%	20.00	27.14	19	14
人力投入 /%	35.20	49.66	14	10
创新人才团队总量系数	0.00	0.73	11	10
R&D 人员占年末从业人员的比重 /%	33.96	32.54	10	11

续表

指标名称	三级指标值 2019年	三级指标值 2018年	位次 2019年	位次 2018年
经费投入 /%	4.81	4.61	20	20
人均科研经费 / 万元	0.83	0.72	13	13
人均 R&D 经费 / 万元	0.08	0.17	21	21
科技产出 /%	24.58	19.09	9	11
知识产出 /%	61.11	43.39	8	14
科技论文系数	55.53	37.26	10	14
知识产权系数	18.57	10.78	8	13
科技奖励 /%	0.00	0.00	1	11
科技成果系数	0.00	0.00	1	11
技术成果市场化水平 /%	0.00	0.00	7	7
人均技术市场成交合同金额 / 万元	0.00	0.00	7	7
科技合作交流 /%	41.65	40.50	7	8
项目合作系数	4.12	1.24	9	14
论文论著合作系数	66.25	56.75	5	5
创新绩效 /%	3.76	3.22	13	14
科技服务 /%	16.80	15.00	6	6
科技服务系数	0.03	0.03	6	6
产学研结合 /%	1.00	0.56	13	15
产学研结合系数	0.45	0.25	13	15
创造效益 /%	0.00	0.00	16	15
经济效益系数	0.00	0.00	16	15

（十五）贵州工程应用技术学院

年末从业人员 860 人；高学历以上人员 467 人，占年末从业人员的比例为 54.30%，居第 20 位；高职称以上人员 349 人，占年末从业人员的比例为 40.58%，居第 13 位；科研仪器设备资产原值 4165.80 万元，人均科研仪器设备资产原值 4.84 万元，居第 10 位。

R&D 人员 249 人，占年末从业人员的比重为 28.95%，居第 17 位；科研经费 361.68 万元，人均科研经费 0.42 万元，居第 18 位；R&D 经费 1726.90 万元，人均 R&D 经费 2.01 万元，居第 15 位。

发表科技论文 129 篇（一般科技论文 57 篇，核心期刊 40 篇，三大检索工具收录 32 篇），科技论文系数为17.95，居第17位；省内合作项目1项，产学研项目2项，项目合作系数为0.24，居第17位。

科技培训人数1050人，科技特派员14人，科技服务系数为0.02，居第9位；技术服务收入19.68万元，经济效益系数为6.06，居第14位。

贵州工程应用技术学院综合科技创新水平指数为15.22%，居第15位，与上年相比，监测值下降4.38个百分点，位次下降1位。在4个一级指标中，科技创新环境和基础较上年下降13.11个百分点，位次下降3位。科技投入较上年下降5.88个百分点，位次下降5位。科技产出较上年上升4.90个百分点，位次上升1位。创新绩效较上年下降1.79个百分点，位次下降1位（表3-15）。

表3-15 贵州工程应用技术学院各级监测指标和位次与上年比较

指标名称	三级指标值		位次	
	2019年	2018年	2019年	2018年
综合指数 /%	15.22	19.60	15	14
科技创新环境和基础 /%	8.49	21.60	16	13
人力资源 /%	16.34	22.06	16	15
高层次科技人才系数	0.00	0.75	1	12
高学历以上人员占年末从业人员的比例 /%	54.30	54.11	20	19
高职称以上人员占年末从业人员的比例 /%	40.58	39.61	13	14
创新条件及平台 /%	3.25	21.30	13	13
人均科研仪器设备资产原值 / 万元	4.84	3.96	10	10
省级以上创新平台及载体系数	0.00	0.00	7	12
学科建设系数	0.00	2.88	1	7
研究生在校生人数占总在校生人数的比重 /%	0.11	0.11	11	10
科技投入 /%	22.95	28.83	17	12
人力投入 /%	34.72	41.89	19	14
创新人才团队总量系数	0.00	0.36	11	12
R&D人员占年末从业人员的比重 /%	28.95	28.54	17	16
经费投入 /%	11.18	15.77	16	11
人均科研经费 / 万元	0.42	0.99	18	9
人均R&D经费 / 万元	2.01	2.36	15	15
科技产出 /%	18.77	13.87	14	15
知识产出 /%	53.59	35.34	14	15
科技论文系数	17.95	17.05	17	17

续表

指标名称	三级指标值 2019 年	三级指标值 2018 年	位次 2019 年	位次 2018 年
知识产权系数	17.62	9.58	9	15
科技奖励 /%	0.00	2.63	1	9
科技成果系数	0.00	0.05	1	9
技术成果市场化水平 /%	0.00	0.00	7	7
人均技术市场成交合同金额 / 万元	0.00	0.00	7	7
科技合作交流 /%	17.94	15.65	14	14
项目合作系数	0.24	0.24	17	16
论文论著合作系数	22.31	19.44	13	13
创新绩效 /%	2.47	4.26	14	13
科技服务 /%	10.00	10.00	9	8
科技服务系数	0.02	0.02	9	8
产学研结合 /%	0.78	0.78	14	14
产学研结合系数	0.35	0.35	14	14
创造效益 /%	0.40	4.88	14	10
经济效益系数	6.06	73.20	14	10

（十六）安顺学院

年末从业人员 772 人；高学历以上人员 543 人，占年末从业人员的比例为 70.34%，居第 11 位；高职称以上人员 301 人，占年末从业人员的比例为 38.99%，居第 14 位；科研仪器设备资产原值 1034.98 万元，人均科研仪器设备资产原值 1.34 万元，居第 18 位。

R&D 人员 258 人，占年末从业人员的比重为 33.42%，居第 12 位；科研经费 406.20 万元，人均科研经费 0.53 万元，居第 16 位；R&D 经费 3587.10 万元，人均 R&D 经费 4.65 万元，居第 6 位。

发表科技论文 190 篇（一般科技论文 92 篇，核心期刊 55 篇，三大检索工具收录 43 篇），科技论文系数为 24.79，居第 15 位；产学研项目 2 项，项目合作系数为 0.12，居第 19 位。

科技培训人数 200 人，对外科技咨询项数 1 项，科技特派员 1 人，科技服务系数为 0.00，居第 18 位。

安顺学院综合科技创新水平指数为 13.19%，居第 16 位，与上年相比，监测值下降 2.54 个百分点，位次上升 1 位。在 4 个一级指标中，科技创新环境和基础较上年下降 11.48 个百分点，位次下降 1 位。科技投入较上年上升 0.82 个百分点，位次上升 3 位。科技产出较上年上升 0.07 个百分点，位次下降 1 位。创新绩效较上年上升 0.15 个百分点，位次不变（表 3-16）。

表 3-16 安顺学院各级监测指标和位次与上年比较

指标名称	三级指标值		位次	
	2019 年	2018 年	2019 年	2018 年
综合指数 /%	13.19	15.73	16	17
科技创新环境和基础 /%	7.49	18.97	17	16
人力资源 /%	17.52	22.35	15	14
高层次科技人才系数	0.00	0.69	1	13
高学历以上人员占年末从业人员的比例 /%	70.34	67.99	11	11
高职称以上人员占年末从业人员的比例 /%	38.99	39.15	14	16
创新条件及平台 /%	0.81	16.72	18	15
人均科研仪器设备资产原值 / 万元	1.34	1.00	18	17
省级以上创新平台及载体系数	0.00	0.00	7	12
学科建设系数	0.00	2.50	1	9
研究生在校生人数占总在校生人数的比重 /%	0.00	0.00	13	12
科技投入 /%	26.68	25.86	13	16
人力投入 /%	35.15	35.05	16	16
创新人才团队总量系数	0.00	0.00	11	15
R&D 人员占年末从业人员的比重 /%	33.42	32.41	12	12
经费投入 /%	18.20	16.68	11	10
人均科研经费 / 万元	0.53	0.27	16	18
人均 R&D 经费 / 万元	4.65	4.58	6	4
科技产出 /%	7.78	7.71	17	16
知识产出 /%	24.11	24.26	17	16
科技论文系数	24.79	24.95	15	15
知识产权系数	5.74	5.78	17	16
科技奖励 /%	0.00	0.00	1	11
科技成果系数	0.00	0.00	1	11
技术成果市场化水平 /%	0.00	0.00	7	7
人均技术市场成交合同金额 / 万元	0.00	0.00	7	7
科技合作交流 /%	3.65	2.90	17	16
项目合作系数	0.12	0.12	19	17
论文论著合作系数	4.50	3.56	16	15
创新绩效 /%	0.24	0.09	20	20
科技服务 /%	0.75	0.00	18	16
科技服务系数	0.00	0.00	18	16
产学研结合 /%	0.22	0.22	17	16
产学研结合系数	0.10	0.10	17	16
创造效益 /%	0.00	0.00	16	15
经济效益系数	0.00	0.00	16	15

（十七）茅台学院

年末从业人员 269 人；高学历以上人员 206 人，占年末从业人员的比例为 76.58%，居第 5 位；高职称以上人员 42 人，占年末从业人员的比例为 15.61%，居第 21 位；科研仪器设备资产原值 2366.90 万元，人均科研仪器设备资产原值 8.80 万元，居第 6 位。

R&D 人员 103 人，占年末从业人员的比重为 38.29%，居第 7 位；科研经费 378.00 万元，人均科研经费 1.41 万元，居第 11 位；R&D 经费 978.40 万元，人均 R&D 经费 3.64 万元，居第 9 位。

发表科技论文 49 篇（一般科技论文 27 篇，核心期刊 17 篇，三大检索工具收录 5 篇），科技论文系数为 5.42，居第 20 位；省内合作项目 1 项，产学研项目 1 项，项目合作系数为 0.18，居第 18 位。

科技培训人数 5719 人，科技服务系数为 0.00，居第 19 位；技术服务收入 5.00 万元，经济效益系数为 1.68，居第 15 位。

茅台学院综合科技创新水平指数为 13.14%，居第 17 位，与上年相比，监测值上升 3.84 个百分点，位次上升 3 位。在 4 个一级指标中，科技创新环境和基础较上年下降 1.55 个百分点，位次不变。科技投入较上年上升 5.41 个百分点，位次上升 4 位。科技产出较上年上升 9.23 个百分点，位次上升 3 位。创新绩效较上年上升 0.22 个百分点，位次不变（表 3-17）。

表 3-17　茅台学院各级监测指标和位次与上年比较

指标名称	三级指标值 2019 年	三级指标值 2018 年	位次 2019 年	位次 2018 年
综合指数 /%	13.14	9.30	17	20
科技创新环境和基础 /%	5.25	6.80	20	20
人力资源 /%	8.97	8.32	20	21
高层次科技人才系数	0.00	0.00	1	20
高学历以上人员占年末从业人员的比例 /%	76.58	69.71	5	9
高职称以上人员占年末从业人员的比例 /%	15.61	16.35	21	21
创新条件及平台 /%	2.76	5.78	14	18
人均科研仪器设备资产原值 / 万元	8.80	9.17	6	5
省级以上创新平台及载体系数	0.00	0.00	7	12
学科建设系数	0.00	0.50	1	19
研究生在校生人数占总在校生人数的比重 /%	0.00	0.00	13	12
科技投入 /%	25.28	19.87	15	19
人力投入 /%	35.60	29.58	12	19
创新人才团队总量系数	0.00	0.00	11	15
R&D 人员占年末从业人员的比重 /%	38.29	38.94	7	7

续表

指标名称	三级指标值 2019年	三级指标值 2018年	位次 2019年	位次 2018年
经费投入 /%	14.96	10.16	14	16
人均科研经费 / 万元	1.41	0.16	11	19
人均 R&D 经费 / 万元	3.64	3.68	9	8
科技产出 /%	11.68	2.45	16	19
知识产出 /%	38.90	8.18	16	19
科技论文系数	5.42	6.21	20	20
知识产权系数	11.34	2.08	13	19
科技奖励 /%	0.00	0.00	1	11
科技成果系数	0.00	0.00	1	11
技术成果市场化水平 /%	0.00	0.00	7	7
人均技术市场成交合同金额 / 万元	0.00	0.00	7	7
科技合作交流 /%	0.07	0.00	21	21
项目合作系数	0.18	0.00	18	19
论文论著合作系数	0.00	0.00	20	20
创新绩效 /%	0.43	0.21	19	19
科技服务 /%	0.60	0.00	19	16
科技服务系数	0.00	0.00	19	16
产学研结合 /%	0.67	0.00	15	18
产学研结合系数	0.30	0.00	15	18
创造效益 /%	0.11	0.53	15	14
经济效益系数	1.68	7.90	15	14

（十八）凯里学院

年末从业人员 926 人；高学历以上人员 575 人，占年末从业人员的比例为 62.10%，居第 15 位；高职称以上人员 502 人，占年末从业人员的比例为 54.21%，居第 2 位；科研仪器设备资产原值 1421.27 万元，人均科研仪器设备资产原值 1.53 万元，居第 17 位。

R&D 人员 326 人，占年末从业人员的比重为 35.21%，居第 9 位；科研经费 403.25 万元，人均科研经费 0.44 万元，居第 17 位；R&D 经费 2339.00 万元，人均 R&D 经费 2.53 万元，居第 14 位。

发表科技论文 207 篇（一般科技论文 137 篇，核心期刊 46 篇，三大检索工具收录 24 篇），科技论文系数为 21.21，居第 16 位；省内合作项目 9 项，省外合作项目 6 项，项目合作系数为 2.82，居第 13 位。

对外科技咨询项数 32 项，科技特派员 1 人，科技服务系数为 0.00，居第 16 位；技术服务收入 60.00 万元，经济效益系数为 18.46，居第 13 位。

凯里学院综合科技创新水平指数为 12.67%，居第 18 位，与上年相比，监测值下降 3.97 个百分点，位次下降 2 位。在 4 个一级指标中，科技创新环境和基础较上年下降 11.16 个百分点，位次下降 1 位。科技投入较上年下降 3.79 个百分点，位次下降 3 位。科技产出较上年上升 0.76 个百分点，位次下降 2 位。创新绩效较上年下降 0.30 个百分点，位次下降 1 位（表 3-18）。

表 3-18 凯里学院各级监测指标和位次与上年比较

指标名称	三级指标值		位次	
	2019 年	2018 年	2019 年	2018 年
综合指数 /%	12.67	16.64	18	16
科技创新环境和基础 /%	9.06	20.22	15	14
人力资源 /%	21.02	23.65	10	13
高层次科技人才系数	0.00	0.19	1	18
高学历以上人员占年末从业人员的比例 /%	62.10	59.44	15	14
高职称以上人员占年末从业人员的比例 /%	54.21	67.49	2	1
创新条件及平台 /%	1.08	17.94	17	14
人均科研仪器设备资产原值 / 万元	1.53	1.46	17	16
省级以上创新平台及载体系数	0.00	0.00	7	12
学科建设系数	0.00	2.62	1	8
研究生在校生人数占总在校生人数的比重 /%	0.03	0.03	12	11
科技投入 /%	24.67	28.46	16	13
人力投入 /%	35.31	42.44	13	13
创新人才团队总量系数	0.00	0.36	11	12
R&D 人员占年末从业人员的比重 /%	35.21	34.44	9	9
经费投入 /%	14.02	14.47	15	14
人均科研经费 / 万元	0.44	0.44	17	16
人均 R&D 经费 / 万元	2.53	2.61	14	12
科技产出 /%	6.59	5.83	19	17
知识产出 /%	20.83	15.10	18	17
科技论文系数	21.21	20.68	16	16
知识产权系数	4.98	3.29	18	17
科技奖励 /%	0.00	2.63	1	9

续表

指标名称	三级指标值		位次	
	2019年	2018年	2019年	2018年
科技成果系数	0.00	0.05	1	9
技术成果市场化水平/%	0.00	0.00	7	7
人均技术市场成交合同金额/万元	0.00	0.00	7	7
科技合作交流/%	2.28	2.50	19	17
项目合作系数	2.82	2.00	13	12
论文论著合作系数	1.44	2.12	19	16
创新绩效/%	0.81	1.11	18	17
科技服务/%	1.60	0.00	16	16
科技服务系数	0.00	0.00	16	16
产学研结合/%	0.00	2.78	18	10
产学研结合系数	0.00	1.25	18	10
创造效益/%	1.23	0.00	13	15
经济效益系数	18.46	0.00	13	15

（十九）贵州商学院

年末从业人员689人；高学历以上人员636人，占年末从业人员的比例为92.31%，居第1位；高职称以上人员178人，占年末从业人员的比例为25.83%，居第20位；科研仪器设备资产原值301.23万元，人均科研仪器设备资产原值0.44万元，居第19位。

R&D人员74人，占年末从业人员的比重为10.74%，居第21位；科研经费80.70万元，人均科研经费0.12万元，居第21位；R&D经费3127.50万元，人均R&D经费4.54万元，居第7位。

发表科技论文226篇（一般科技论文180篇，核心期刊39篇，三大检索工具收录7篇），科技论文系数为17.58，居第18位；省外合作项目1项，产学研项目6项，项目合作系数为0.65，居第16位。

技术服务收入214.60万元，经济效益系数为66.03，居第11位。

贵州商学院综合科技创新水平指数为10.56%，居第19位，与上年相比，监测值上升0.76个百分点，位次不变。在4个一级指标中，科技创新环境和基础较上年下降0.93个百分点，位次上升1位。科技投入较上年上升0.47个百分点，位次不变。科技产出较上年上升2.38个百分点，位次不变。创新绩效较上年上升1.55个百分点，位次上升3位（表3-19）。

表 3-19 贵州商学院各级监测指标和位次与上年比较

指标名称	三级指标值		位次	
	2019 年	2018 年	2019 年	2018 年
综合指数 /%	10.56	9.80	19	19
科技创新环境和基础 /%	6.47	7.40	18	19
人力资源 /%	15.80	15.73	18	19
高层次科技人才系数	0.00	0.03	1	19
高学历以上人员占年末从业人员的比例 /%	92.31	91.70	1	1
高职称以上人员占年末从业人员的比例 /%	25.83	24.45	20	20
创新条件及平台 /%	0.24	1.84	20	21
人均科研仪器设备资产原值 / 万元	0.44	0.42	19	19
省级以上创新平台及载体系数	0.00	0.00	7	12
学科建设系数	0.00	0.25	1	20
研究生在校生人数占总在校生人数的比重 /%	0.00	0.00	13	12
科技投入 /%	19.95	19.48	20	20
人力投入 /%	24.69	24.36	20	20
创新人才团队总量系数	0.00	0.00	11	15
R&D 人员占年末从业人员的比重 /%	10.74	10.63	21	21
经费投入 /%	15.21	14.60	13	13
人均科研经费 / 万元	0.12	0.08	21	20
人均 R&D 经费 / 万元	4.54	4.24	7	5
科技产出 /%	6.64	4.26	18	18
知识产出 /%	20.00	13.56	19	18
科技论文系数	17.58	13.79	18	18
知识产权系数	4.94	3.24	19	18
科技奖励 /%	0.00	0.00	1	11
科技成果系数	0.00	0.00	1	11
技术成果市场化水平 /%	0.00	0.00	7	7
人均技术市场成交合同金额 / 万元	0.00	0.00	7	7
科技合作交流 /%	4.26	1.25	16	19
项目合作系数	0.65	0.12	16	17
论文论著合作系数	5.00	1.50	15	18
创新绩效 /%	2.03	0.48	15	18
科技服务 /%	0.00	0.00	21	16
科技服务系数	0.00	0.00	21	16
产学研结合 /%	0.67	0.22	15	16
产学研结合系数	0.30	0.10	15	16
创造效益 /%	4.40	0.99	11	13
经济效益系数	66.03	14.79	11	13

(二十) 兴义民族师范学院

年末从业人员 687 人；高学历以上人员 426 人，占年末从业人员的比例为 62.01%，居第 16 位；高职称以上人员 256 人，占年末从业人员的比例为 37.26%，居第 16 位；科研仪器设备资产原值 145.33 万元，人均科研仪器设备资产原值 0.21 万元，居第 21 位。

R&D 人员 199 人，占年末从业人员的比重为 28.97%，居第 16 位；科研经费 162.50 万元，人均科研经费 0.24 万元，居第 20 位；R&D 经费 746.70 万元，人均 R&D 经费 1.09 万元，居第 17 位。

发表科技论文 64 篇（一般科技论文 39 篇，核心期刊 17 篇，三大检索工具收录 8 篇），科技论文系数为 6.84，居第 19 位。

科技培训人数 11 人，对外科技咨询项数 3 项，科技服务系数为 0.00，居第 20 位。

兴义民族师范学院综合科技创新水平指数为 8.99%，居第 20 位，与上年相比，监测值下降 0.89 个百分点，位次下降 2 位。在 4 个一级指标中，科技创新环境和基础较上年下降 3.68 个百分点，位次下降 1 位。科技投入较上年下降 0.05 个百分点，位次不变。科技产出较上年上升 0.16 个百分点，位次不变。创新绩效较上年上升 0.02 个百分点，位次不变（表 3-20）。

表 3-20 兴义民族师范学院各级监测指标和位次与上年比较

指标名称	三级指标值		位次	
	2019 年	2018 年	2019 年	2018 年
综合指数 /%	8.99	9.88	20	18
科技创新环境和基础 /%	6.11	9.79	19	18
人力资源 /%	15.09	17.09	19	18
高层次科技人才系数	0.00	0.37	1	17
高学历以上人员占年末从业人员的比例 /%	62.01	58.43	16	16
高职称以上人员占年末从业人员的比例 /%	37.26	39.17	16	15
创新条件及平台 /%	0.12	4.92	21	19
人均科研仪器设备资产原值 / 万元	0.21	0.16	21	21
省级以上创新平台及载体系数	0.00	0.00	7	12
学科建设系数	0.00	0.75	1	18
研究生在校生人数占总在校生人数的比重 /%	0.00	0.00	13	12
科技投入 /%	20.15	20.20	18	18
人力投入 /%	34.73	34.90	18	17
创新人才团队总量系数	0.00	0.00	11	15
R&D 人员占年末从业人员的比重 /%	28.97	30.82	16	14
经费投入 /%	5.58	5.49	19	19
人均科研经费 / 万元	0.24	0.06	20	21

续表

指标名称	三级指标值		位次	
	2019年	2018年	2019年	2018年
人均R&D经费/万元	1.09	1.31	17	17
科技产出/%	1.63	1.47	20	20
知识产出/%	4.11	4.49	20	20
科技论文系数	6.84	6.26	19	19
知识产权系数	0.82	0.97	20	20
科技奖励/%	0.00	0.00	1	11
科技成果系数	0.00	0.00	1	11
技术成果市场化水平/%	0.00	0.00	7	7
人均技术市场成交合同金额/万元	0.00	0.00	7	7
科技合作交流/%	2.65	0.80	18	20
项目合作系数	0.00	0.00	20	19
论文论著合作系数	3.31	1.00	17	19
创新绩效/%	0.02	0.00	21	21
科技服务/%	0.10	0.00	20	16
科技服务系数	0.00	0.00	20	16
产学研结合/%	0.00	0.00	18	18
产学研结合系数	0.00	0.00	18	18
创造效益/%	0.00	0.00	16	15
经济效益系数	0.00	0.00	16	15

（二十一）贵州警察学院

年末从业人员391人；高学历以上人员151人，占年末从业人员的比例为38.62%，居第21位；高职称以上人员132人，占年末从业人员的比例为33.76%，居第19位；科研仪器设备资产原值1186.00万元，人均科研仪器设备资产原值3.03万元，居第12位。

R&D人员62人，占年末从业人员的比重为15.86%，居第19位；科研经费161.00万元，人均科研经费0.41万元，居第19位；R&D经费206.70万元，人均R&D经费0.53万元，居第19位。

发表科技论文42篇（一般科技论文40篇，核心期刊2篇），科技论文系数为2.42，居第21位。

科技培训人数50人，对外科技咨询项数5425项，科技服务系数为0.30，居第2位。

贵州警察学院综合科技创新水平指数为8.78%，居第21位，与上年相比，监测值上升0.31个百分点，位次不变。在4个一级指标中，科技创新环境和基础较上年上升0.27个百分点，位次不变。科技投入较上年上升0.65个百分点，位次不变。科技产出较上年上升0.04个百分点，位次不变。创新绩效较上年不变，位次下降2位（表3-21）。

表 3-21 贵州警察学院各级监测指标和位次与上年比较

指标名称	三级指标值		位次	
	2019 年	2018 年	2019 年	2018 年
综合指数 /%	8.78	8.47	21	21
科技创新环境和基础 /%	5.11	4.84	21	21
人力资源 /%	8.89	8.78	21	20
高层次科技人才系数	0.00	0.00	1	20
高学历以上人员占年末从业人员的比例 /%	38.62	36.27	21	21
高职称以上人员占年末从业人员的比例 /%	33.76	34.51	19	19
创新条件及平台 /%	2.59	2.21	15	20
人均科研仪器设备资产原值 / 万元	3.03	1.95	12	13
省级以上创新平台及载体系数	0.17	0.17	6	10
学科建设系数	0.00	0.00	1	21
研究生在校生人数占总在校生人数的比重 /%	0.00	0.00	13	12
科技投入 /%	12.37	11.72	21	21
人力投入 /%	21.33	20.28	21	21
创新人才团队总量系数	0.00	0.00	11	15
R&D 人员占年末从业人员的比重 /%	15.86	14.86	19	19
经费投入 /%	3.42	3.15	21	21
人均科研经费 / 万元	0.41	0.33	19	17
人均 R&D 经费 / 万元	0.53	0.54	19	18
科技产出 /%	0.67	0.63	21	21
知识产出 /%	1.30	1.41	21	21
科技论文系数	2.42	2.21	21	21
知识产权系数	0.24	0.29	21	21
科技奖励 /%	0.00	0.00	1	11
科技成果系数	0.00	0.00	1	11
技术成果市场化水平 /%	0.00	0.00	7	7
人均技术市场成交合同金额 / 万元	0.00	0.00	7	7
科技合作交流 /%	1.90	1.40	20	18
项目合作系数	0.00	0.00	20	19
论文论著合作系数	2.38	1.75	18	17
创新绩效 /%	20.00	20.00	7	5
科技服务 /%	100.00	100.00	1	1
科技服务系数	0.30	0.31	2	2
产学研结合 /%	0.00	0.00	18	18
产学研结合系数	0.00	0.00	18	18
创造效益 /%	0.00	0.00	16	15
经济效益系数	0.00	0.00	16	15

第四部分 科研院所科技创新评价报告

一、公益类科研院所综合科技创新水平评价

根据综合科技创新水平指数,全省 32 所科研院所分为 3 类(图 4-1)。

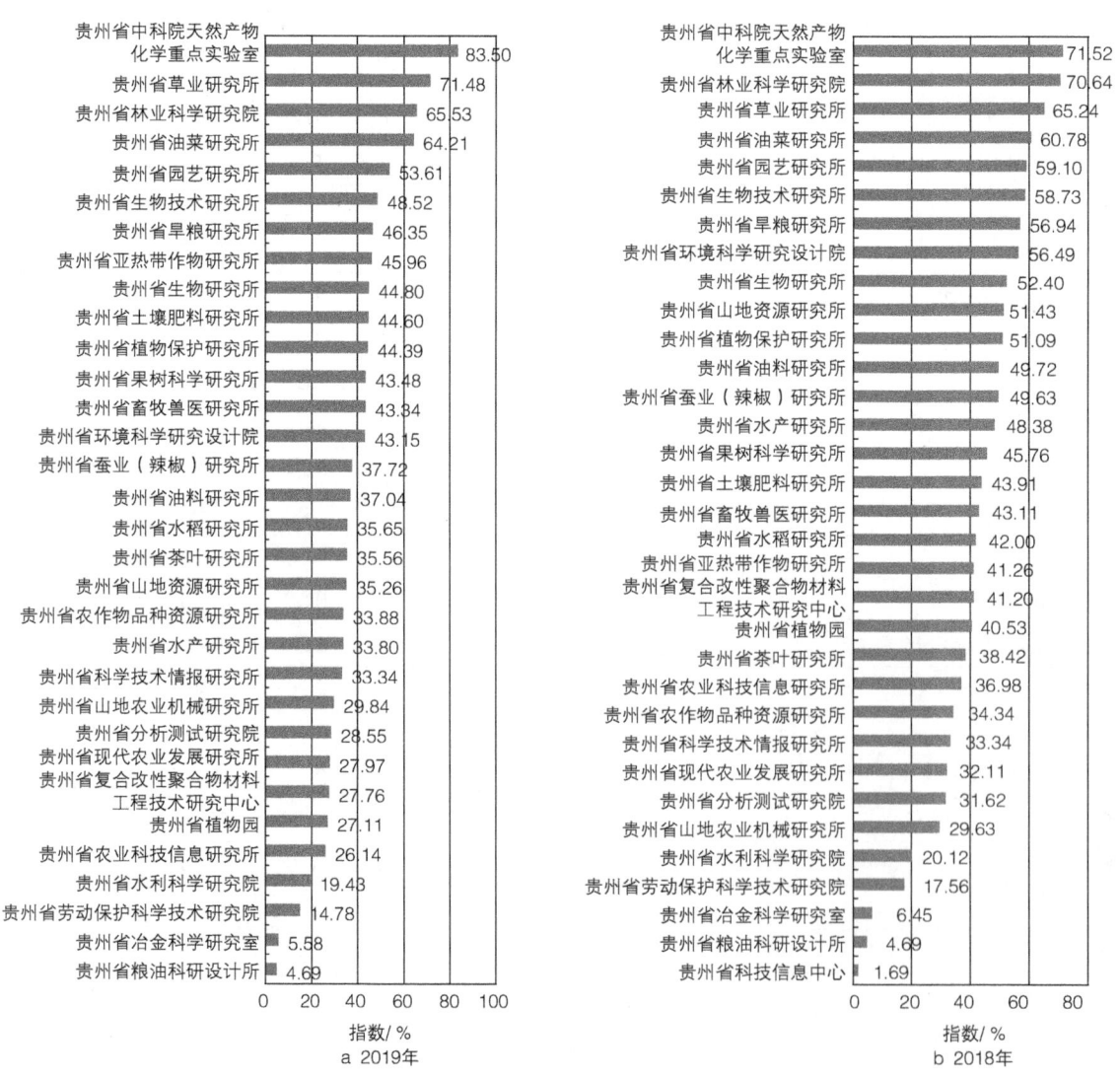

图 4-1 综合科技创新水平指数排序

第一类：综合科技创新水平指数高于60%的科研院所，有4所；

第二类：综合科技创新水平指数低于60%，但高于平均水平（38.66%）的科研院所，有10所；

第三类：综合科技创新水平指数低于平均水平的科研院所，有18所。

参照2018年综合科技创新水平指数排序，贵州省草业研究所上升1位、贵州省亚热带作物研究所上升11位、贵州省土壤肥料研究所上升6位、贵州省果树科学研究所上升3位、贵州省畜牧兽医研究所上升4位、贵州省水稻研究所上升1位、贵州省茶叶研究所上升4位、贵州省农作物品种资源研究所上升4位、贵州省科学技术情报研究所上升3位、贵州省山地农业机械研究所上升5位、贵州省分析测试研究院上升3位、贵州省现代农业发展研究所上升1位；贵州省林业科学研究院下降1位、贵州省环境科学研究设计院下降6位、贵州省蚕业（辣椒）研究所下降2位、贵州省油料研究所下降4位、贵州省山地资源研究所下降9位、贵州省水产研究所下降7位、贵州省复合改性聚合物材料工程技术研究中心下降6位、贵州省植物园下降6位、贵州省农业科技信息研究所下降5位；其余科研院所位次均不变。

2019年与2018年监测结果相比，科研院所综合科技创新水平指数平均水平下降3.36个百分点，贵州省山地资源研究所、贵州省水产研究所、贵州省复合改性聚合物材料工程技术研究中心等16所科研院所高于这一降幅（图4-2）。

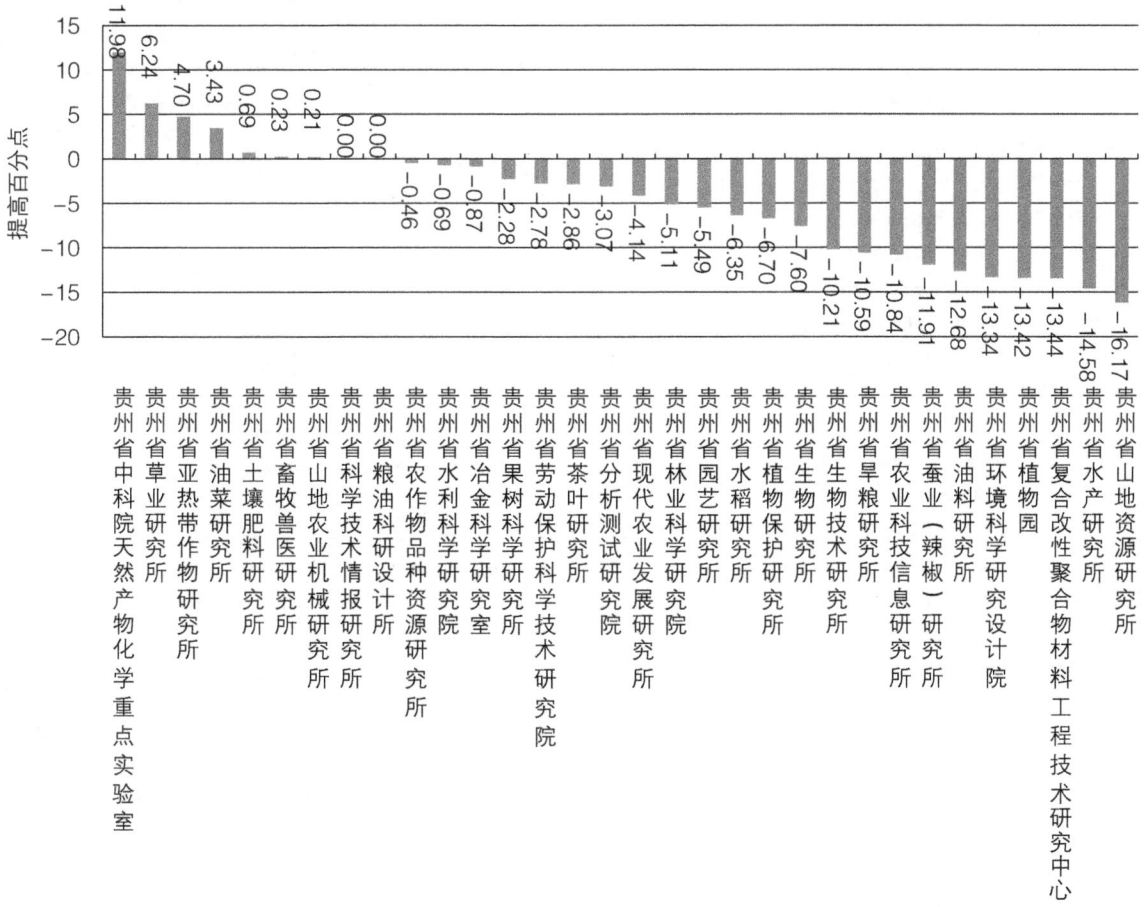

图4-2　综合科技创新水平指数提高百分点排序

二、公益类科研院所科技创新一级指标评价

（一）科技创新环境和基础

科技创新环境和基础指数高于60%的公益类科研院所有10所，占全部公益类科研院所的31.25%；低于60%，但高于平均水平（46.50%）的公益类科研院所有9所，占全部公益类科研院所的28.12%；低于平均水平的公益类科研院所有13所，占全部公益类科研院所的40.62%（图4-3）。

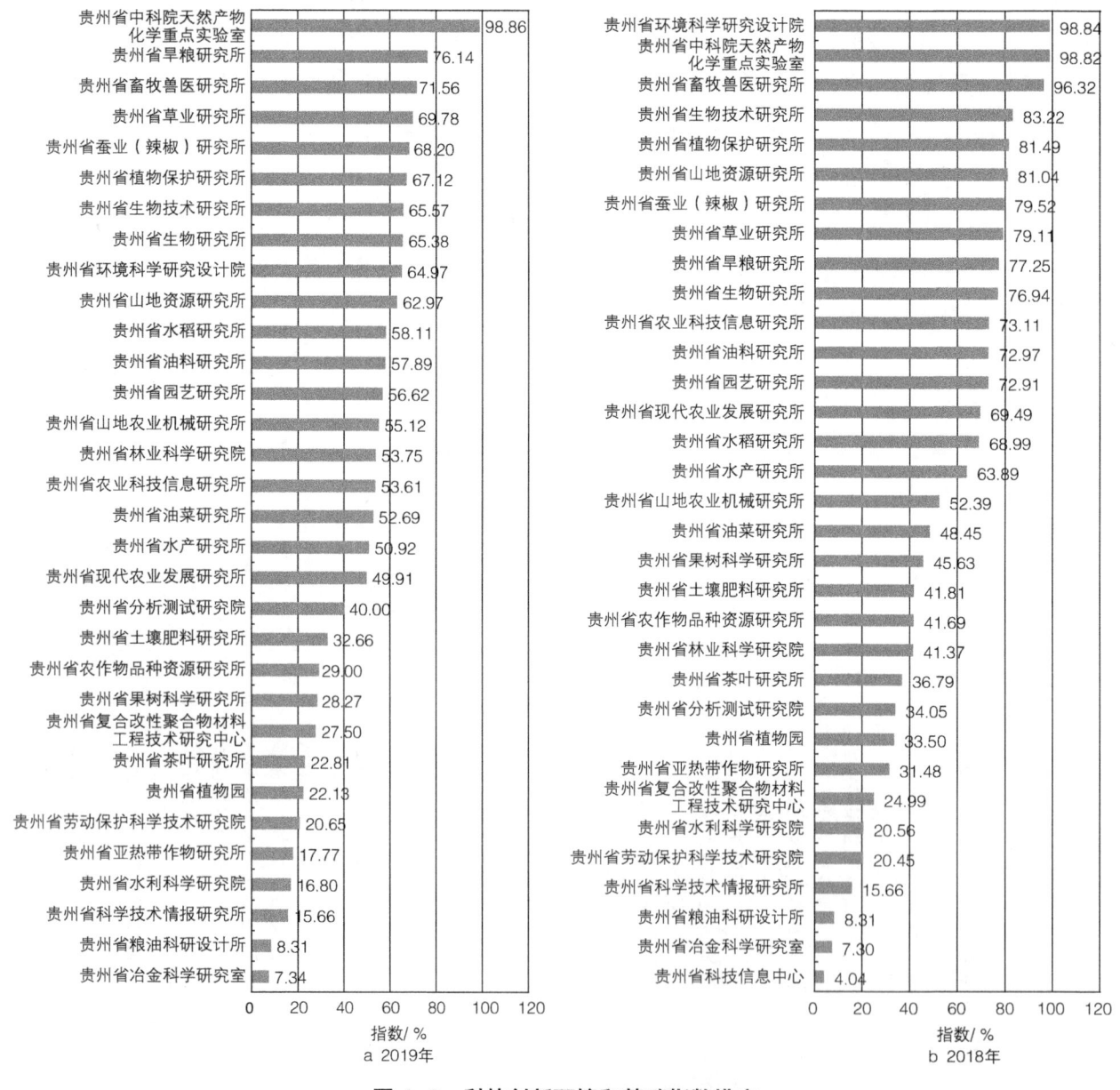

图4-3 科技创新环境和基础指数排序

参照 2018 年科研院所科技创新环境和基础指数排序，位次上升较快的是贵州省旱粮研究所，位次上升 7 位；位次下降较快的是贵州省环境科学研究设计院，下降 8 位。

2019 年与 2018 年监测结果相比，科技创新环境和基础指数平均水平下降 7.51 个百分点，贵州省环境科学研究设计院、贵州省畜牧兽医研究所、贵州省现代农业发展研究所等 20 所科研院所高于这一降幅（图 4-4）。

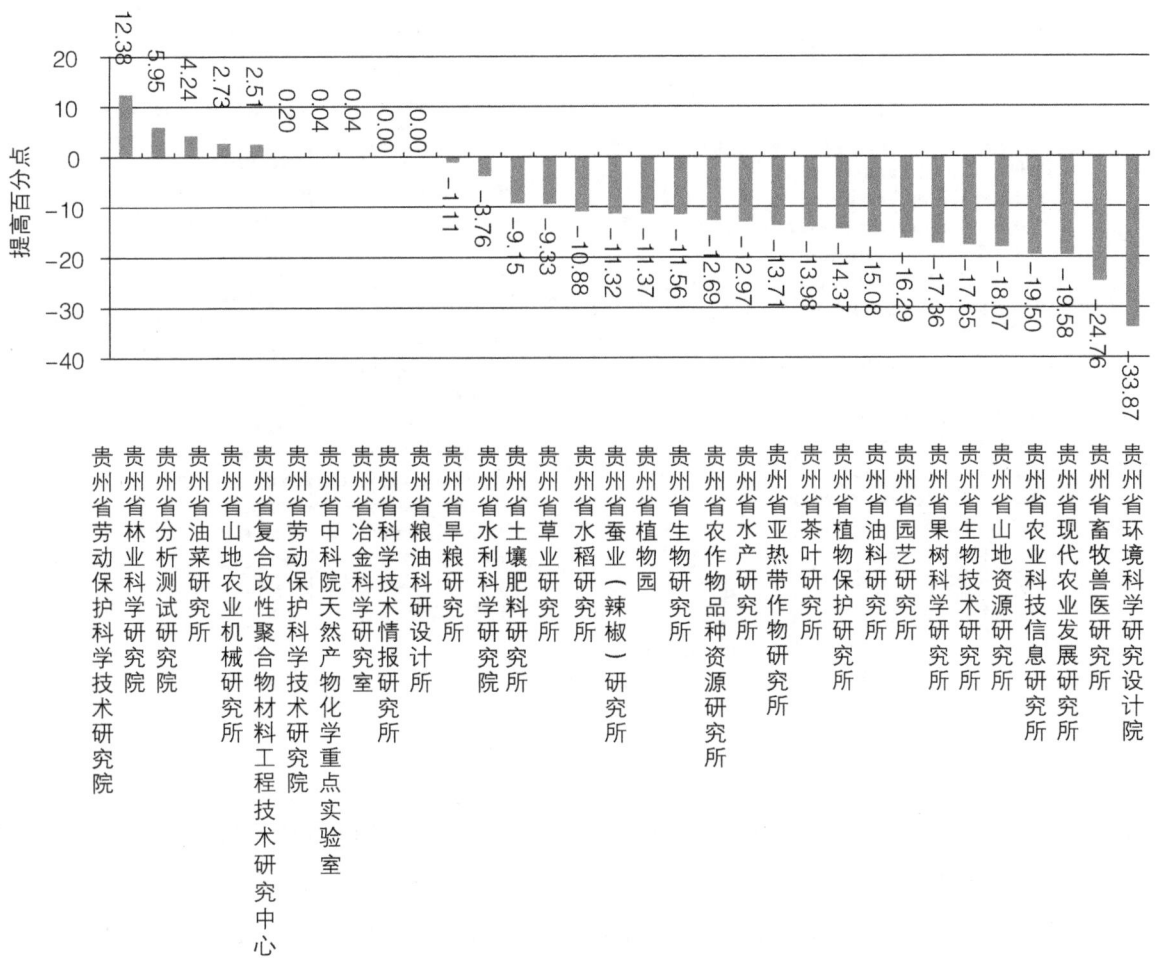

图 4-4　科技创新环境和基础指数提高百分点排序

（二）科技投入

科技投入指数高于 60% 的公益类科研院所有 10 所，占全部公益类科研院所的 31.25%；低于 60%，但高于平均水平（47.70%）的公益类科研院所有 8 所，占全部公益类科研院所的 25.00%；低于平均水平的公益类科研院所有 14 所，占全部公益类科研院所的 43.75%（图 4-5）。

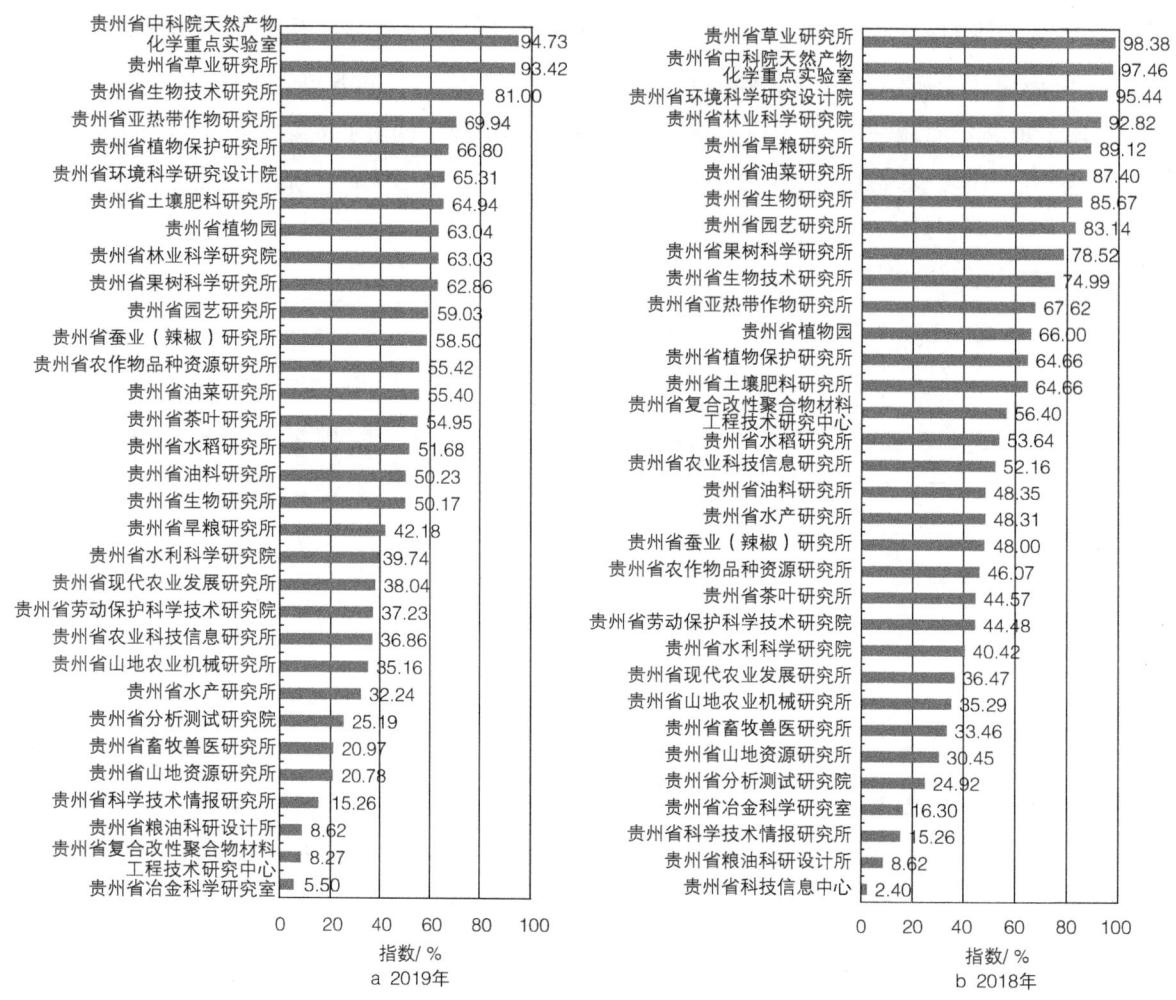

图 4-5 科技投入指数排序

参照 2018 年科研院所科技投入指数排序，位次上升较快的是贵州省植物保护研究所，位次上升 8 位；位次下降较快的是贵州省复合改性聚合物材料工程技术研究中心，下降 15 位。

2019 年与 2018 年监测结果相比，科技投入指数平均水平下降 7.80 个百分点，贵州省复合改性聚合物材料工程技术研究中心、贵州省旱粮研究所、贵州省生物研究所等 13 所科研院所高于这一降幅（图 4-6）。

（三）科技产出

科技产出指数高于 60% 的公益类科研院所有 4 所，占全部公益类科研院所的 12.50%；低于 60%，但高于平均水平（28.75%）的公益类科研院所有 10 所，占全部公益类科研院所的 31.25%；低于平均水平的公益类科研院所有 18 所，占全部公益类科研院所的 56.25%（图 4-7）。

参照 2018 年科研院所科技产出指数排序，位次上升较快的是贵州省畜牧兽医研究所，位次上升 16 位；位次下降较快的是贵州省蚕业（辣椒）研究所，下降 21 位。

第四部分 科研院所科技创新评价报告

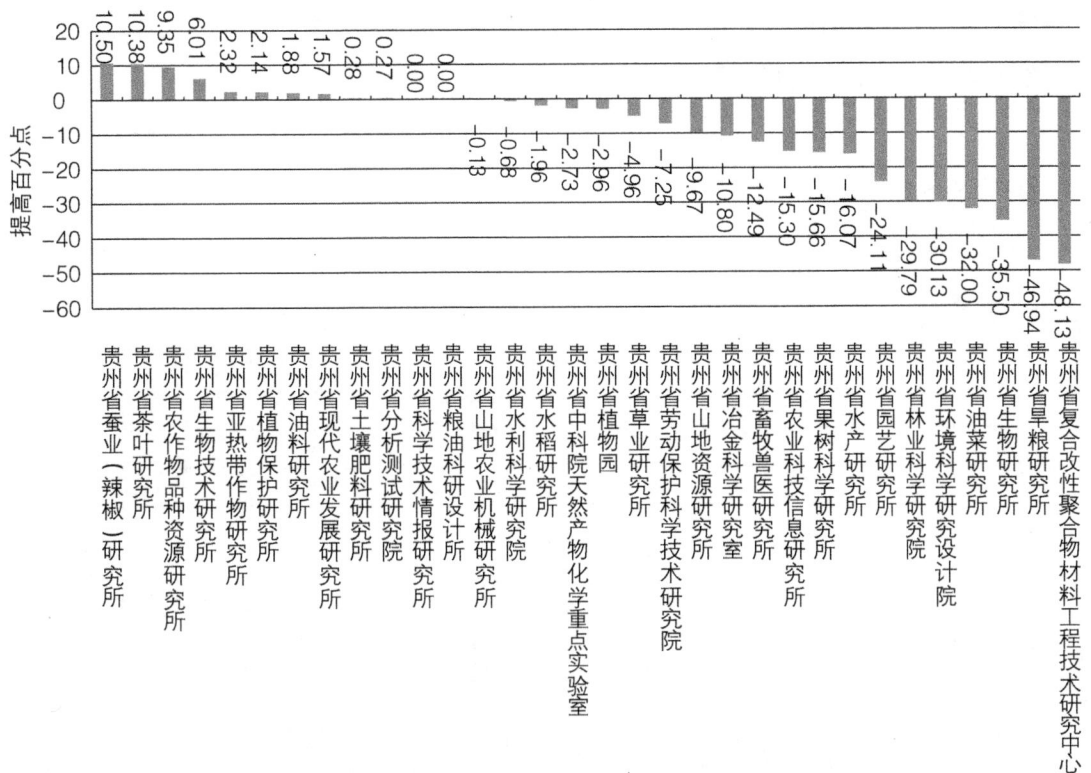

图 4-6　科技投入指数提高百分点排序

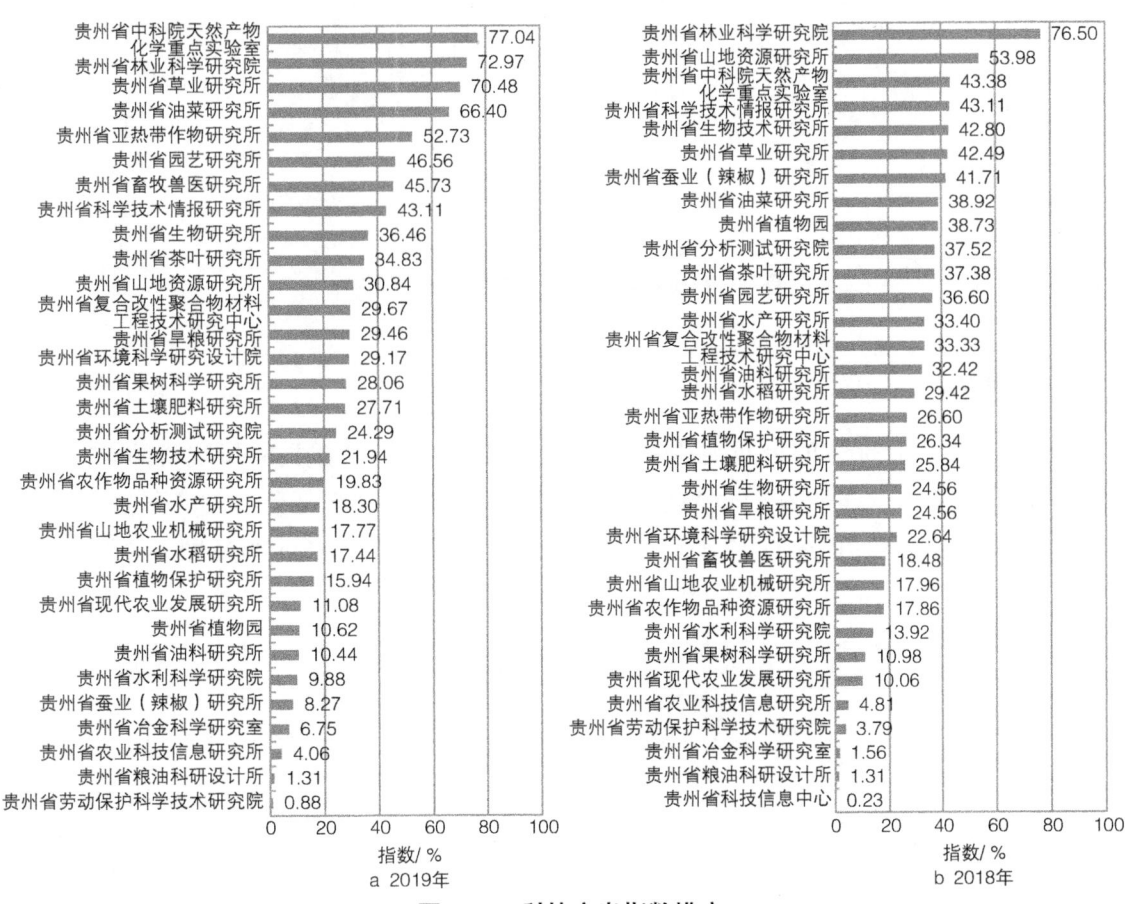

图 4-7　科技产出指数排序

2019年与2018年监测结果相比,科技产出指数平均水平提高1.08个百分点,贵州省中科院天然产物化学重点实验室、贵州省草业研究所、贵州省油菜研究所等13所科研院所高于这一增幅(图4-8)。

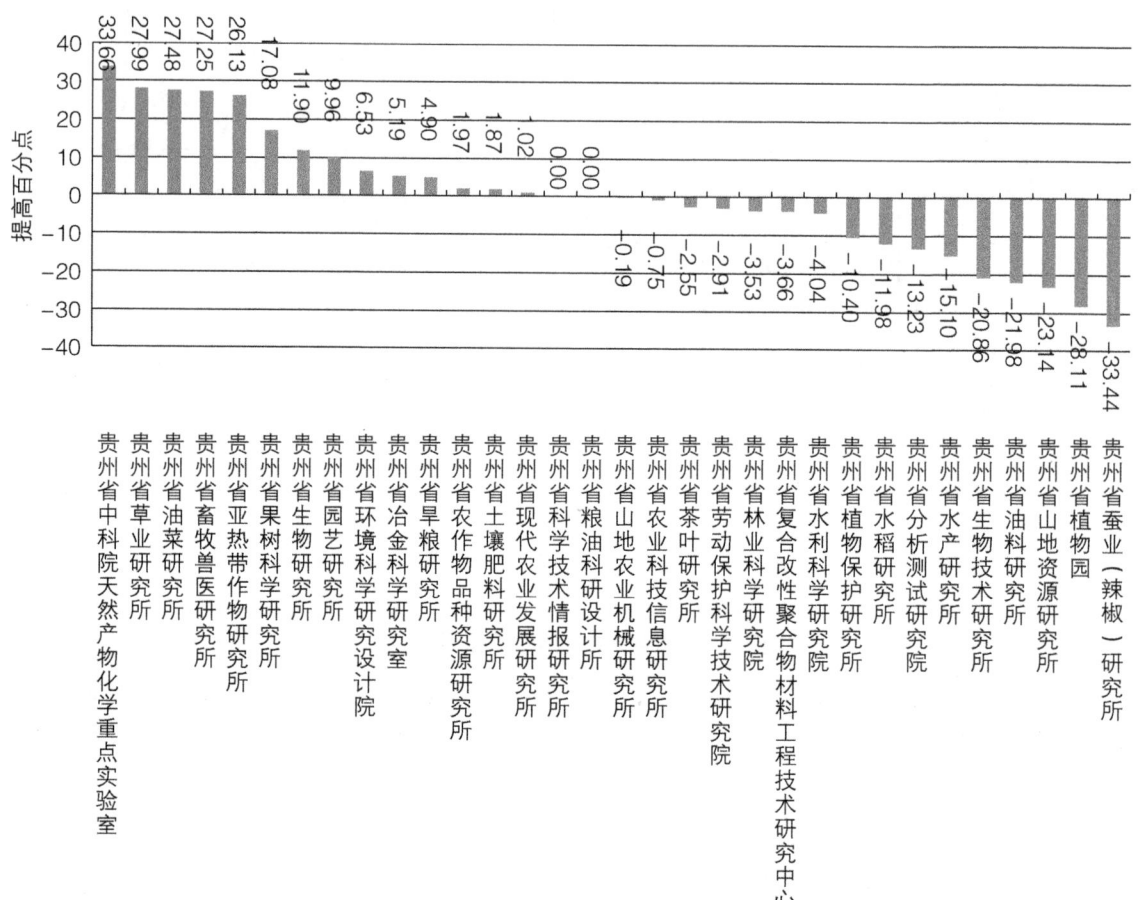

图4-8 科技产出指数提高百分点排序

(四)创新绩效

创新绩效指数高于60%的公益类科研院所有5所,占全部公益类科研院所的15.62%;低于60%,但高于平均水平(33.62%)的公益类科研院所有10所,占全部公益类科研院所的31.25%;低于平均水平的公益类科研院所有17所,占全部公益类科研院所的53.12%(图4-9)。

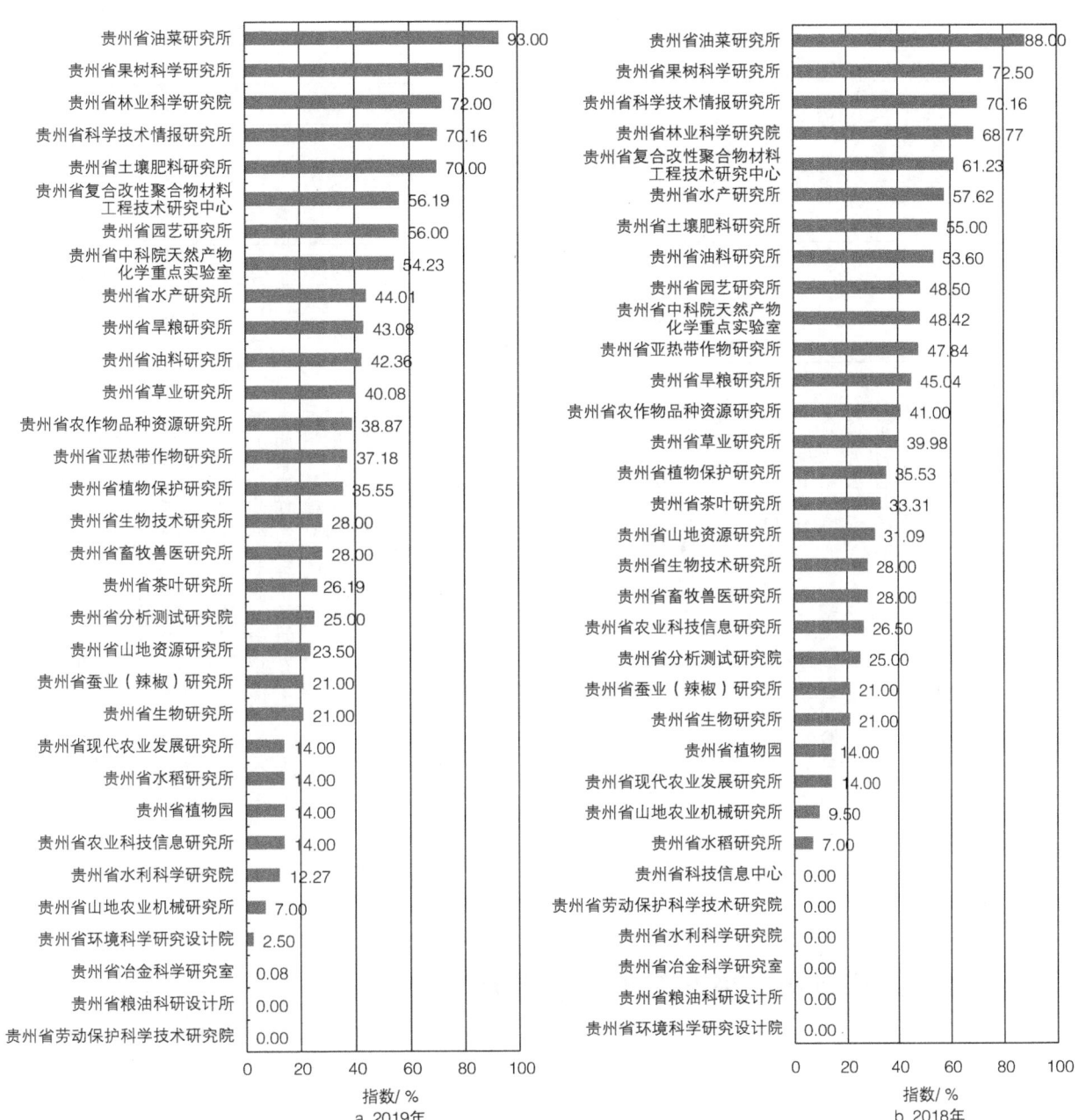

图 4-9　创新绩效指数排序

参照2018年科研院所创新绩效指数排序,位次上升较快的是贵州省水稻研究所,位次上升3位;位次下降较快的是贵州省水产研究所、贵州省油料研究所、贵州省亚热带作物研究所、贵州省山地资源研究所、贵州省农业科技信息研究所、贵州省劳动保护科学技术研究院、贵州省粮油科研设计所。

2019年与2018年监测结果相比,创新绩效指数平均水平提高0.54个百分点,贵州省土壤肥料研究所、贵州省水利科学研究院、贵州省园艺研究所等8所科研院所高于这一增幅(图4-10)。

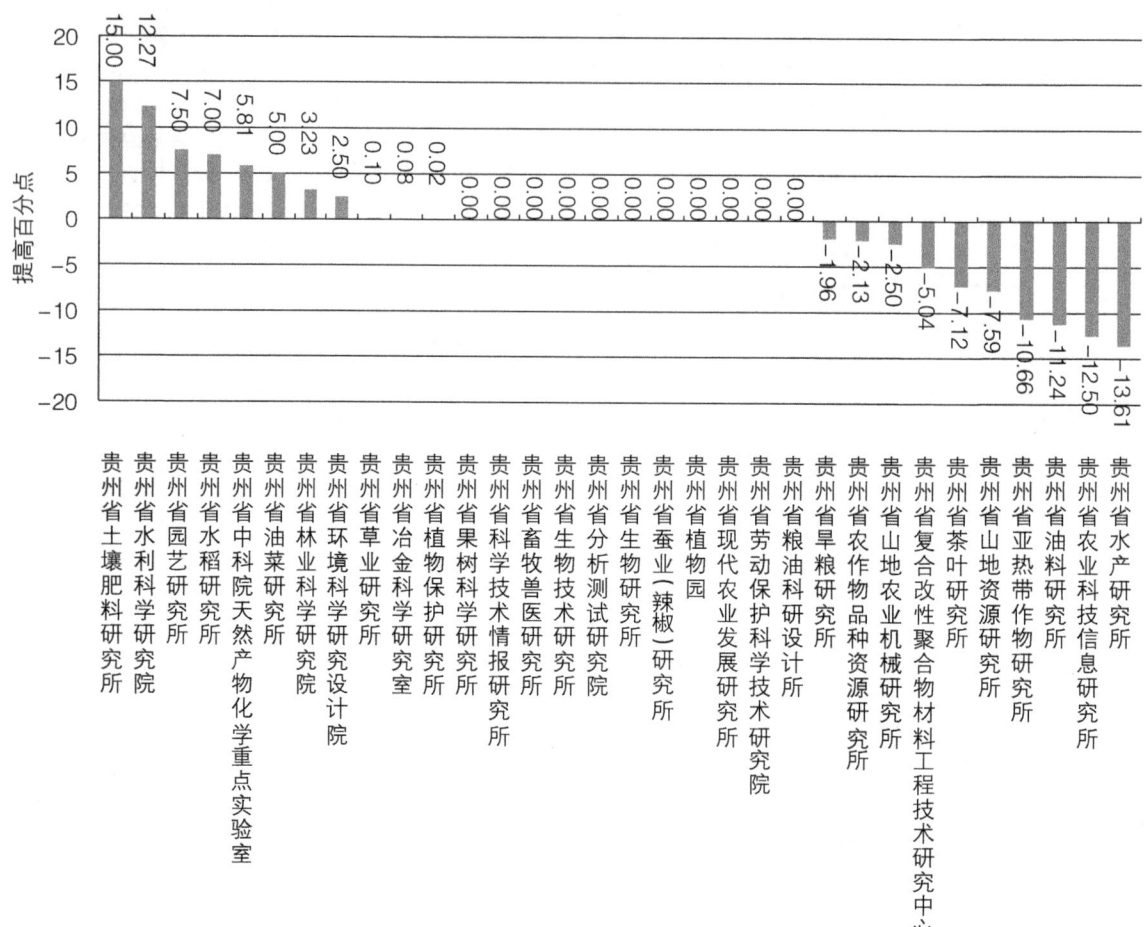

图 4-10　创新绩效指数提高百分点排序

三、公益类科研院所科技创新水平评价

（一）贵州省中科院天然产物化学重点实验室

年末从业人员 117 人；高学历以上人员 96 人，占年末从业人员的比例为 82.05%，居第 1 位；高职称以上人员 25 人，占年末从业人员的比例为 21.37%，居第 29 位；科研仪器设备资产原值 5117.00 万元，人均科研仪器设备资产原值 43.74 万元，居第 1 位。

R&D 人员 117 人，占年末从业人员的比重为 100.00%，居第 1 位；科研经费 1818.75 万元，人均科研经费 15.54 万元，居第 7 位；R&D 经费 34 780.00 万元，人均 R&D 经费 297.26 万元，居第 2 位。

发表科技论文 121 篇（一般科技论文 6 篇，核心期刊 68 篇，三大检索工具收录 47 篇），科技论文系数为 23.42，居第 1 位；省内合作项目 5 项，省外合作项目 4 项，产学研项目 9 项，项目合作系数为 2.29，居第 4 位。

科技培训人数22人，对外科技咨询项数20项，科技特派员3人，科技服务系数为0.01，居第24位；知识产权创造的直接效益60.00万元，技术服务收入68.00万元，经济效益系数为57.85，居第9位。

贵州省中科院天然产物化学重点实验室综合科技创新水平指数为83.50%，居第1位，与上年相比，监测值上升11.98个百分点，位次不变。在4个一级指标中，科技创新环境和基础较上年上升0.04个百分点，位次上升1位。科技投入较上年下降2.73个百分点，位次上升1位。科技产出较上年上升33.66个百分点，位次上升2位。创新绩效较上年上升5.81个百分点，位次上升2位（表4-1）。

表4-1 贵州省中科院天然产物化学重点实验室各级监测指标和位次与上年比较

指标名称	三级指标值		位次	
	2019年	2018年	2019年	2018年
综合指数 /%	83.50	71.52	1	1
科技创新环境和基础 /%	98.86	98.82	1	2
人力资源 /%	97.14	97.06	1	4
高层次科技人才系数	0.79	1.07	1	2
高学历以上人员占年末从业人员的比例 /%	82.05	60.19	1	7
高职称以上人员占年末从业人员的比例 /%	21.37	24.27	29	26
创新条件及平台 /%	100.00	100.00	1	1
人均科研仪器设备资产原值 / 万元	43.74	33.83	1	1
省级以上创新平台及载体系数	0.25	0.42	3	1
科技投入 /%	94.73	97.46	1	2
人力投入 /%	94.00	100.00	1	1
创新人才团队总量系数	0.36	1.36	1	1
R&D人员占年末从业人员的比重 /%	100.00	100.00	1	1
经费投入 /%	95.46	94.91	5	7
人均科研经费 / 万元	15.54	14.40	7	10
人均R&D经费 / 万元	297.26	373.07	2	1
科技产出 /%	77.04	43.38	1	3
知识产出 /%	100.00	100.00	1	1
科技论文系数	23.42	13.37	1	1
知识产权系数	2.27	1.93	5	6
科技奖励 /%	100.00	0.00	1	12

续表

指标名称	三级指标值		位次	
	2019 年	2018 年	2019 年	2018 年
科技成果系数	0.10	0.00	5	12
技术成果市场化水平 /%	0.00	0.00	2	2
人均技术成果成交额 / 万元	0.00	0.00	2	2
科技合作交流 /%	88.17	73.50	1	2
项目合作系数	2.29	1.41	4	8
论文论著合作系数	46.56	28.31	1	1
创新绩效 /%	54.23	48.42	8	10
科技服务 /%	20.00	20.00	24	23
科技服务系数	0.01	0.01	24	23
产学研结合 /%	100.00	100.00	1	1
产学研结合系数	2.95	1.60	1	3
创造效益 /%	28.92	5.69	9	13
经济效益系数	57.85	11.38	9	13

（二）贵州省草业研究所

年末从业人员 80 人；高学历以上人员 41 人，占年末从业人员的比例为 51.25%，居第 14 位；高职称以上人员 29 人，占年末从业人员的比例为 36.25%，居第 12 位；科研仪器设备资产原值 687.17 万元，人均科研仪器设备资产原值 8.59 万元，居第 20 位。

R&D 人员 57 人，占年末从业人员的比重为 71.25%，居第 17 位；科研经费 1139.00 万元，人均科研经费 14.24 万元，居第 9 位；R&D 经费 11 720.00 万元，人均 R&D 经费 146.50 万元，居第 15 位。

发表科技论文 49 篇（一般科技论文 33 篇，核心期刊 13 篇，三大检索工具收录 3 篇），科技论文系数为 4.58，居第 8 位；省内合作项目 9 项，产学研项目 7 项，项目合作系数为 1.47，居第 6 位。

科技培训人数 2100 人，对外科技咨询项数 8 项，科技特派员 28 人，科技服务系数为 0.03，居第 8 位；技术服务收入 41.00 万元，经济效益系数为 12.62，居第 11 位。

贵州省草业研究所综合科技创新水平指数为 71.48%，居第 2 位，与上年相比，监测值上升 6.24 个百分点，位次上升 1 位。在 4 个一级指标中，科技创新环境和基础较上年下降 9.33 个百分点，位次上升 4 位。科技投入较上年下降 4.96 个百分点，位次下降 1 位。科技产出较上年上升 27.99 个百分点，位次上升 3 位。创新绩效较上年上升 0.10 个百分点，位次上升 2 位（表 4-2）。

表 4-2 贵州省草业研究所各级监测指标和位次与上年比较

指标名称	三级指标值		位次	
	2019 年	2018 年	2019 年	2018 年
综合指数 /%	71.48	65.24	2	3
科技创新环境和基础 /%	69.78	79.11	4	8
人力资源 /%	70.79	93.94	4	6
高层次科技人才系数	0.15	1.14	4	1
高学历以上人员占年末从业人员的比例 /%	51.25	47.44	14	14
高职称以上人员占年末从业人员的比例 /%	36.25	38.46	12	8
创新条件及平台 /%	69.10	69.22	12	11
人均科研仪器设备资产原值 / 万元	8.59	8.83	20	15
省级以上创新平台及载体系数	0.17	0.17	4	6
科技投入 /%	93.42	98.38	2	1
人力投入 /%	92.00	100.00	2	1
创新人才团队总量系数	0.36	1.00	1	2
R&D 人员占年末从业人员的比重 /%	71.25	83.33	17	11
经费投入 /%	94.84	96.76	6	5
人均科研经费 / 万元	14.24	18.26	9	7
人均 R&D 经费 / 万元	146.50	139.13	15	14
科技产出 /%	70.48	42.49	3	6
知识产出 /%	88.17	51.08	5	22
科技论文系数	4.58	2.68	8	17
知识产权系数	1.38	0.69	11	19
科技奖励 /%	100.00	50.00	1	7
科技成果系数	0.17	0.05	1	7
技术成果市场化水平 /%	0.00	0.00	2	2
人均技术成果成交额 / 万元	0.00	0.00	2	2
科技合作交流 /%	73.75	58.88	2	7
项目合作系数	1.47	1.47	6	7
论文论著合作系数	3.94	2.75	3	7
创新绩效 /%	40.08	39.98	12	14
科技服务 /%	60.00	60.00	8	9
科技服务系数	0.03	0.03	8	9
产学研结合 /%	43.75	43.75	9	11
产学研结合系数	0.35	0.35	9	11
创造效益 /%	6.31	5.93	11	12
经济效益系数	12.62	11.86	11	12

（三）贵州省林业科学研究院

年末从业人员 170 人；高学历以上人员 68 人，占年末从业人员的比例为 40.00%，居第 18 位；高职称以上人员 52 人，占年末从业人员的比例为 30.59%，居第 19 位；科研仪器设备资产原值 143.00 万元，人均科研仪器设备资产原值 0.84 万元，居第 30 位。

R&D 人员 81 人，占年末从业人员的比重为 47.65%，居第 22 位；科研经费 1480.00 万元，人均科研经费 8.71 万元，居第 16 位；R&D 经费 10 718.00 万元，人均 R&D 经费 63.05 万元，居第 25 位。

发表科技论文 56 篇（一般科技论文 32 篇，核心期刊 17 篇，三大检索工具收录 7 篇），科技论文系数为 6.21，居第 3 位；省内合作项目 10 项，省外合作项目 6 项，产学研项目 29 项，项目合作系数为 4.65，居第 1 位。

科技培训人数 2000 人，对外科技咨询项数 45 项，科技特派员 4 人，科技服务系数为 0.01，居第 24 位；技术服务收入 903.00 万元，经济效益系数为 277.85，居第 3 位。

贵州省林业科学研究院综合科技创新水平指数为 65.53%，居第 3 位，与上年相比，监测值下降 5.11 个百分点，位次下降 1 位。在 4 个一级指标中，科技创新环境和基础较上年上升 12.38 个百分点，位次上升 7 位。科技投入较上年下降 29.79 个百分点，位次下降 5 位。科技产出较上年下降 3.53 个百分点，位次下降 1 位。创新绩效较上年上升 3.23 个百分点，位次上升 1 位（表 4-3）。

表 4-3 贵州省林业科学研究院各级监测指标和位次与上年比较

指标名称	三级指标值		位次	
	2019 年	2018 年	2019 年	2018 年
综合指数 /%	65.53	70.64	3	2
科技创新环境和基础 /%	53.75	41.37	15	22
人力资源 /%	52.80	95.24	7	5
高层次科技人才系数	0.04	0.43	8	15
高学历以上人员占年末从业人员的比例 /%	40.00	32.56	18	23
高职称以上人员占年末从业人员的比例 /%	30.59	27.33	19	21
创新条件及平台 /%	54.39	5.46	18	30
人均科研仪器设备资产原值 / 万元	0.84	1.34	30	30
省级以上创新平台及载体系数	0.17	0.00	4	18
科技投入 /%	63.03	92.82	9	4
人力投入 /%	37.08	96.84	12	3
创新人才团队总量系数	0.00	0.73	4	4
R&D 人员占年末从业人员的比重 /%	47.65	45.35	22	24
经费投入 /%	88.98	88.79	8	8
人均科研经费 / 万元	8.71	9.38	16	18
人均 R&D 经费 / 万元	63.05	56.23	25	23
科技产出 /%	72.97	76.50	2	1

续表

指标名称	三级指标值 2019年	三级指标值 2018年	位次 2019年	位次 2018年
知识产出 /%	100.00	100.00	1	1
科技论文系数	6.21	7.00	3	3
知识产权系数	2.20	1.98	6	5
科技奖励 /%	100.00	100.00	1	1
科技成果系数	0.12	0.10	2	1
技术成果市场化水平 /%	0.00	0.00	2	2
人均技术成果成交额 / 万元	0.00	0.00	2	2
科技合作交流 /%	71.88	86.00	3	1
项目合作系数	4.65	4.00	1	2
论文论著合作系数	1.75	2.88	8	6
创新绩效 /%	72.00	68.77	3	4
科技服务 /%	20.00	20.00	24	23
科技服务系数	0.01	0.01	24	23
产学研结合 /%	100.00	100.00	1	1
产学研结合系数	1.95	1.75	3	2
创造效益 /%	100.00	87.08	1	4
经济效益系数	277.85	174.15	3	4

（四）贵州省油菜研究所

年末从业人员85人；高学历以上人员33人，占年末从业人员的比例为38.82%，居第21位；高职称以上人员37人，占年末从业人员的比例为43.53%，居第4位；科研仪器设备资产原值1016.70万元，人均科研仪器设备资产原值11.96万元，居第13位。

R&D人员74人，占年末从业人员的比重为87.06%，居第7位；科研经费625.00万元，人均科研经费7.35万元，居第19位；R&D经费18669.00万元，人均R&D经费219.64万元，居第7位。

发表科技论文25篇（一般科技论文5篇，核心期刊17篇，三大检索工具收录3篇），科技论文系数为3.74，居第13位；省内合作项目5项，省外合作项目1项，产学研项目6项，项目合作系数为1.24，居第7位。

科技培训人数1310人，科技特派员35人，科技服务系数为0.04，居第5位；知识产权创造的直接效益434.80万元，技术服务收入25.00万元，经济效益系数为275.26，居第4位。

贵州省油菜研究所综合科技创新水平指数为64.21%，居第4位，与上年相比，监测值上升3.43个百分点，位次不变。在4个一级指标中，科技创新环境和基础较上年上升4.24个百分点，位次上升1位。科技投入较上年下降32.00个百分点，位次下降8位。科技产出较上年上升27.48个百分点，位次上升4位。创新绩效较上年上升5.00个百分点，位次不变（表4-4）。

表 4-4 贵州省油莱研究所各级监测指标和位次与上年比较

指标名称	三级指标值		位次	
	2019年	2018年	2019年	2018年
综合指数 /%	64.21	60.78	4	4
科技创新环境和基础 /%	52.69	48.45	17	18
人力资源 /%	92.01	92.63	2	8
高层次科技人才系数	0.32	0.39	2	16
高学历以上人员占年末从业人员的比例 /%	38.82	40.48	21	19
高职称以上人员占年末从业人员的比例 /%	43.53	44.05	4	3
创新条件及平台 /%	26.47	19.00	21	20
人均科研仪器设备资产原值 / 万元	11.96	8.67	13	16
省级以上创新平台及载体系数	0.00	0.00	19	18
科技投入 /%	55.40	87.40	14	6
人力投入 /%	40.00	94.00	4	4
创新人才团队总量系数	0.00	0.36	4	8
R&D 人员占年末从业人员的比重 /%	87.06	86.90	7	8
经费投入 /%	70.80	80.80	15	9
人均科研经费 / 万元	7.35	9.84	19	17
人均 R&D 经费 / 万元	219.64	172.07	7	8
科技产出 /%	66.40	38.92	4	8
知识产出 /%	81.17	89.00	10	6
科技论文系数	3.74	4.68	13	8
知识产权系数	1.51	1.78	10	8
科技奖励 /%	100.00	0.00	1	12
科技成果系数	0.12	0.00	2	12
技术成果市场化水平 /%	0.00	0.00	2	2
人均技术成果成交额 / 万元	0.00	0.00	2	2
科技合作交流 /%	64.42	66.67	6	4
项目合作系数	1.24	1.00	7	11
论文论著合作系数	3.50	4.62	4	3
创新绩效 /%	93.00	88.00	1	1
科技服务 /%	80.00	80.00	5	5
科技服务系数	0.04	0.04	5	5
产学研结合 /%	100.00	87.50	1	6
产学研结合系数	0.80	0.70	4	6
创造效益 /%	100.00	100.00	1	1
经济效益系数	275.26	555.20	4	2

(五)贵州省园艺研究所

年末从业人员 68 人；高学历以上人员 41 人，占年末从业人员的比例为 60.29%，居第 10 位；高职称以上人员 25 人，占年末从业人员的比例为 36.76%，居第 11 位；科研仪器设备资产原值 331.00 万元，人均科研仪器设备资产原值 4.87 万元，居第 23 位。

R&D 人员 50 人，占年末从业人员的比重为 73.53%，居第 14 位；科研经费 859.00 万元，人均科研经费 12.63 万元，居第 11 位；R&D 经费 10 833.00 万元，人均 R&D 经费 159.31 万元，居第 13 位。

发表科技论文 24 篇（一般科技论文 16 篇，核心期刊 7 篇，三大检索工具收录 1 篇），科技论文系数为 2.21，居第 24 位；产学研项目 14 项，项目合作系数为 0.82，居第 13 位。

科技培训人数 52 140 人，对外科技咨询项数 7 项，科技特派员 20 人，科技服务系数为 0.03，居第 8 位。

贵州省园艺研究所综合科技创新水平指数为 53.61%，居第 5 位，与上年相比，监测值下降 5.49 个百分点，位次不变。在 4 个一级指标中，科技创新环境和基础较上年下降 16.29 个百分点，位次不变。科技投入较上年下降 24.11 个百分点，位次下降 3 位。科技产出较上年上升 9.96 个百分点，位次上升 6 位。创新绩效较上年上升 7.50 个百分点，位次上升 2 位（表 4-5）。

表 4-5 贵州省园艺研究所各级监测指标和位次与上年比较

指标名称	三级指标值		位次	
	2019 年	2018 年	2019 年	2018 年
综合指数 /%	53.61	59.10	5	5
科技创新环境和基础 /%	56.62	72.91	13	13
人力资源 /%	51.54	92.32	8	9
高层次科技人才系数	0.03	0.57	10	7
高学历以上人员占年末从业人员的比例 /%	60.29	56.25	10	10
高职称以上人员占年末从业人员的比例 /%	36.76	35.94	11	14
创新条件及平台 /%	60.01	59.97	17	17
人均科研仪器设备资产原值 / 万元	4.87	5.08	23	22
省级以上创新平台及载体系数	0.17	0.17	4	6
科技投入 /%	59.03	83.14	11	8
人力投入 /%	34.51	86.90	13	8
创新人才团队总量系数	0.00	0.36	4	8
R&D 人员占年末从业人员的比重 /%	73.53	73.44	14	15
经费投入 /%	83.55	79.37	10	10
人均科研经费 / 万元	12.63	12.03	11	12
人均 R&D 经费 / 万元	159.31	153.83	13	12
科技产出 /%	46.56	36.60	6	12

续表

指标名称	三级指标值		位次	
	2019年	2018年	2019年	2018年
知识产出 /%	52.58	51.58	21	21
科技论文系数	2.21	2.74	24	16
知识产权系数	0.82	0.69	17	19
科技奖励 /%	100.00	70.00	1	3
科技成果系数	0.12	0.07	2	3
技术成果市场化水平 /%	0.00	0.00	2	2
人均技术成果成交额 / 万元	0.00	0.00	2	2
科技合作交流 /%	13.67	10.83	16	17
项目合作系数	0.82	0.65	13	16
论文论著合作系数	0.00	0.00	12	13
创新绩效 /%	56.00	48.50	7	9
科技服务 /%	60.00	60.00	8	9
科技服务系数	0.03	0.03	8	9
产学研结合 /%	87.50	68.75	5	7
产学研结合系数	0.70	0.55	5	7
创造效益 /%	0.00	0.00	18	16
经济效益系数	0.00	0.00	18	16

（六）贵州省生物技术研究所

年末从业人员 65 人；高学历以上人员 48 人，占年末从业人员的比例为 73.85%，居第 5 位；高职称以上人员 28 人，占年末从业人员的比例为 43.08%，居第 5 位；科研仪器设备资产原值 803.00 万元，人均科研仪器设备资产原值 12.35 万元，居第 12 位。

R&D 人员 45 人，占年末从业人员的比重为 69.23%，居第 18 位；科研经费 718.00 万元，人均科研经费 11.05 万元，居第 13 位；R&D 经费 11 095.00 万元，人均 R&D 经费 170.69 万元，居第 11 位。

发表科技论文 30 篇（一般科技论文 8 篇，核心期刊 16 篇，三大检索工具收录 6 篇），科技论文系数为 4.53，居第 9 位。

科技培训人数 1421 人，对外科技咨询项数 1 项，科技特派员 34 人，科技服务系数为 0.04，居第 5 位。

贵州省生物技术研究所综合科技创新水平指数为 48.52%，居第 6 位，与上年相比，监测值下降 10.21 个百分点，位次不变。在 4 个一级指标中，科技创新环境和基础较上年下降 17.65 个百分点，位次下降 3 位。科技投入较上年上升 6.01 个百分点，位次上升 7 位。科技产出较上年下降 20.86 个百分点，位次下降 13 位。创新绩效较上年不变，位次上升 2 位（表 4-6）。

表 4-6 贵州省生物技术研究所各级监测指标和位次与上年比较

指标名称	三级指标值		位次	
	2019年	2018年	2019年	2018年
综合指数 /%	48.52	58.73	6	6
科技创新环境和基础 /%	65.57	83.22	7	4
人力资源 /%	54.31	98.33	6	2
高层次科技人才系数	0.03	0.50	10	9
高学历以上人员占年末从业人员的比例 /%	73.85	67.19	5	4
高职称以上人员占年末从业人员的比例 /%	43.08	42.19	5	4
创新条件及平台 /%	73.07	73.15	8	6
人均科研仪器设备资产原值 / 万元	12.35	12.55	12	9
省级以上创新平台及载体系数	0.17	0.17	4	6
科技投入 /%	81.00	74.99	3	10
人力投入 /%	85.38	90.80	3	7
创新人才团队总量系数	0.36	0.73	1	4
R&D 人员占年末从业人员的比重 /%	69.23	68.75	18	17
经费投入 /%	76.63	59.18	13	18
人均科研经费 / 万元	11.05	5.86	13	22
人均 R&D 经费 / 万元	170.69	155.16	11	10
科技产出 /%	21.94	42.80	18	5
知识产出 /%	87.75	83.33	6	8
科技论文系数	4.53	4.00	9	11
知识产权系数	1.58	1.49	9	9
科技奖励 /%	0.00	70.00	11	3
科技成果系数	0.00	0.07	11	3
技术成果市场化水平 /%	0.00	0.00	2	2
人均技术成果成交额 / 万元	0.00	0.00	2	2
科技合作交流 /%	0.00	3.88	25	23
项目合作系数	0.00	0.00	25	25
论文论著合作系数	0.00	0.31	12	11
创新绩效 /%	28.00	28.00	16	18
科技服务 /%	80.00	80.00	5	5
科技服务系数	0.04	0.04	5	5
产学研结合 /%	0.00	0.00	17	18
产学研结合系数	0.00	0.00	17	18
创造效益 /%	0.00	0.00	18	16
经济效益系数	0.00	0.00	18	16

(七)贵州省旱粮研究所

年末从业人员 54 人;高学历以上人员 30 人,占年末从业人员的比例为 55.56%,居第 11 位;高职称以上人员 23 人,占年末从业人员的比例为 42.59%,居第 6 位;科研仪器设备资产原值 543.00 万元,人均科研仪器设备资产原值 10.06 万元,居第 14 位。

R&D 人员 37 人,占年末从业人员的比重为 68.52%,居第 19 位;科研经费 330.00 万元,人均科研经费 6.11 万元,居第 22 位;R&D 经费 10278.00 万元,人均 R&D 经费 190.33 万元,居第 9 位。

发表科技论文 29 篇(一般科技论文 8 篇,核心期刊 15 篇,三大检索工具收录 6 篇),科技论文系数为 4.37,居第 10 位;省内合作项目 2 项,产学研项目 2 项,项目合作系数为 0.35,居第 20 位。

科技培训人数 3000 人,对外科技咨询项数 30 项,科技特派员 17 人,科技服务系数为 0.03,居第 8 位;知识产权创造的直接效益 222.00 万元,经济效益系数为 136.62,居第 5 位。

贵州省旱粮研究所综合科技创新水平指数为 46.35%,居第 7 位,与上年相比,监测值下降 10.59 个百分点,位次不变。在 4 个一级指标中,科技创新环境和基础较上年下降 1.11 个百分点,位次上升 7 位。科技投入较上年下降 46.94 个百分点,位次下降 14 位。科技产出较上年上升 4.90 个百分点,位次上升 7 位。创新绩效较上年下降 1.96 个百分点,位次上升 2 位(表 4-7)。

表 4-7 贵州省旱粮研究所各级监测指标和位次与上年比较

指标名称	三级指标值		位次	
	2019 年	2018 年	2019 年	2018 年
综合指数 /%	46.35	56.94	7	7
科技创新环境和基础 /%	76.14	77.25	2	9
人力资源 /%	76.93	86.68	3	12
高层次科技人才系数	0.22	0.89	3	3
高学历以上人员占年末从业人员的比例 /%	55.56	50.94	11	12
高职称以上人员占年末从业人员的比例 /%	42.59	39.62	6	6
创新条件及平台 /%	75.61	70.97	6	9
人均科研仪器设备资产原值 / 万元	10.06	7.17	14	20
省级以上创新平台及载体系数	0.33	0.33	1	2
科技投入 /%	42.18	89.12	19	5
人力投入 /%	27.04	78.24	21	12
创新人才团队总量系数	0.00	0.36	4	8
R&D 人员占年末从业人员的比重 /%	68.52	62.26	19	20
经费投入 /%	57.33	100.00	20	1
人均科研经费 / 万元	6.11	33.06	22	1
人均 R&D 经费 / 万元	190.33	205.98	9	5
科技产出 /%	29.46	24.56	13	20
知识产出 /%	82.25	49.00	9	23

续表

指标名称	三级指标值		位次	
	2019年	2018年	2019年	2018年
科技论文系数	4.37	2.68	10	17
知识产权系数	1.10	0.64	15	21
科技奖励/%	0.00	0.00	11	12
科技成果系数	0.00	0.00	11	12
技术成果市场化水平/%	0.00	0.00	2	2
人均技术成果成交额/万元	0.00	0.00	2	2
科技合作交流/%	35.58	49.25	9	9
项目合作系数	0.35	1.41	20	8
论文论著合作系数	2.38	2.06	7	8
创新绩效/%	43.08	45.04	10	12
科技服务/%	60.00	60.00	8	9
科技服务系数	0.03	0.03	8	9
产学研结合/%	12.50	31.25	13	13
产学研结合系数	0.10	0.25	13	13
创造效益/%	68.31	46.16	5	5
经济效益系数	136.62	92.31	5	5

（八）贵州省亚热带作物研究所

年末从业人员81人；高学历以上人员26人，占年末从业人员的比例为32.10%，居第26位；高职称以上人员17人，占年末从业人员的比例为20.99%，居第30位；科研仪器设备资产原值373.00万元，人均科研仪器设备资产原值4.60万元，居第24位。

R&D人员70人，占年末从业人员的比重为86.42%，居第8位；科研经费2003.00万元，人均科研经费24.73万元，居第5位；R&D经费11840.00万元，人均R&D经费146.17万元，居第16位。

发表科技论文31篇（一般科技论文13篇，核心期刊13篇，三大检索工具收录5篇），科技论文系数为4.05，居第11位；省内合作项目9项，省外合作项目5项，产学研项目1项，项目合作系数为2.59，居第3位。

科技培训人数3075人，科技特派员25人，科技服务系数为0.03，居第8位；技术服务收入30.60万元，经济效益系数为9.42，居第12位。

贵州省亚热带作物研究所综合科技创新水平指数为45.96%，居第8位，与上年相比，监测值上升4.70个百分点，位次上升11位。在4个一级指标中，科技创新环境和基础较上年下降13.71个百分点，位次下降2位。科技投入较上年上升2.32个百分点，位次上升7位。科技产出较上年上升26.13个百分点，位次上升12位。创新绩效较上年下降10.66个百分点，位次下降3位（表4-8）。

表 4-8　贵州省亚热带作物研究所各级监测指标和位次与上年比较

指标名称	三级指标值		位次	
	2019 年	2018 年	2019 年	2018 年
综合指数 /%	45.96	41.26	8	19
科技创新环境和基础 /%	17.77	31.48	28	26
人力资源 /%	29.72	64.03	26	23
高层次科技人才系数	0.00	0.22	14	21
高学历以上人员占年末从业人员的比例 /%	32.10	24.39	26	29
高职称以上人员占年末从业人员的比例 /%	20.99	21.95	30	28
创新条件及平台 /%	9.80	9.78	27	25
人均科研仪器设备资产原值 / 万元	4.60	4.55	24	23
省级以上创新平台及载体系数	0.00	0.00	19	18
科技投入 /%	69.94	67.62	4	11
人力投入 /%	40.00	40.00	4	15
创新人才团队总量系数	0.00	0.00	4	15
R&D 人员占年末从业人员的比重 /%	86.42	91.46	8	4
经费投入 /%	99.87	95.24	4	6
人均科研经费 / 万元	24.73	15.09	5	9
人均 R&D 经费 / 万元	146.17	154.87	16	11
科技产出 /%	52.73	26.60	5	17
知识产出 /%	83.75	74.08	8	10
科技论文系数	4.05	2.89	11	15
知识产权系数	2.49	2.31	4	4
科技奖励 /%	70.00	0.00	7	12
科技成果系数	0.07	0.00	7	12
技术成果市场化水平 /%	0.00	0.00	2	2
人均技术成果成交额 / 万元	0.00	0.00	2	2
科技合作交流 /%	43.17	32.33	8	12
项目合作系数	2.59	1.94	3	4
论文论著合作系数	0.00	0.00	12	13
创新绩效 /%	37.18	47.84	14	11
科技服务 /%	60.00	80.00	8	5
科技服务系数	0.03	0.04	8	5
产学研结合 /%	37.50	37.50	11	12
产学研结合系数	0.30	0.30	11	12
创造效益 /%	4.71	19.34	12	8
经济效益系数	9.42	38.68	12	8

(九)贵州省生物研究所

年末从业人员 84 人；高学历以上人员 45 人，占年末从业人员的比例为 53.57%，居第 12 位；高职称以上人员 23 人，占年末从业人员的比例为 27.38%，居第 22 位；科研仪器设备资产原值 767.00 万元，人均科研仪器设备资产原值 9.13 万元，居第 18 位。

R&D 人员 60 人，占年末从业人员的比重为 71.43%，居第 16 位；科研经费 428.00 万元，人均科研经费 5.10 万元，居第 23 位；R&D 经费 8370.00 万元，人均 R&D 经费 99.64 万元，居第 20 位。

发表科技论文 29 篇（一般科技论文 8 篇，核心期刊 12 篇，三大检索工具收录 9 篇），科技论文系数为 4.95，居第 7 位。

科技培训人数 600 人，对外科技咨询项数 20 项，科技特派员 19 人，科技服务系数为 0.03，居第 8 位。

贵州省生物研究所综合科技创新水平指数为 44.80%，居第 9 位，与上年相比，监测值下降 7.60 个百分点，位次不变。在 4 个一级指标中，科技创新环境和基础较上年下降 11.56 个百分点，位次上升 2 位。科技投入较上年下降 35.50 个百分点，位次下降 11 位。科技产出较上年上升 11.90 个百分点，位次上升 11 位。创新绩效较上年不变，位次上升 1 位（表 4-9）。

表 4-9 贵州省生物研究所各级监测指标和位次与上年比较

指标名称	三级指标值		位次	
	2019 年	2018 年	2019 年	2018 年
综合指数 /%	44.80	52.40	9	9
科技创新环境和基础 /%	65.38	76.94	8	10
人力资源 /%	56.93	88.70	5	11
高层次科技人才系数	0.07	0.88	5	4
高学历以上人员占年末从业人员的比例 /%	53.57	52.05	12	11
高职称以上人员占年末从业人员的比例 /%	27.38	26.03	22	22
创新条件及平台 /%	71.01	69.10	11	12
人均科研仪器设备资产原值 / 万元	9.13	9.25	18	14
省级以上创新平台及载体系数	0.17	0.17	4	6
科技投入 /%	50.17	85.67	18	7
人力投入 /%	39.62	92.93	9	5
创新人才团队总量系数	0.00	0.36	4	8
R&D 人员占年末从业人员的比重 /%	71.43	79.45	16	13
经费投入 /%	60.72	78.41	19	11
人均科研经费 / 万元	5.10	10.48	23	15
人均 R&D 经费 / 万元	99.64	107.33	20	15
科技产出 /%	36.46	24.56	9	20
知识产出 /%	85.83	98.25	7	5

续表

指标名称	三级指标值		位次	
	2019年	2018年	2019年	2018年
科技论文系数	4.95	5.79	7	6
知识产权系数	1.07	1.38	16	10
科技奖励 /%	50.00	0.00	8	12
科技成果系数	0.05	0.00	8	12
技术成果市场化水平 /%	0.00	0.00	2	2
人均技术成果成交额 / 万元	0.00	0.00	2	2
科技合作交流 /%	0.00	0.00	25	26
项目合作系数	0.00	0.00	25	25
论文论著合作系数	0.00	0.00	12	13
创新绩效 /%	21.00	21.00	21	22
科技服务 /%	60.00	60.00	8	9
科技服务系数	0.03	0.03	8	9
产学研结合 /%	0.00	0.00	17	18
产学研结合系数	0.00	0.00	17	18
创造效益 /%	0.00	0.00	18	16
经济效益系数	0.00	0.00	18	16

（十）贵州省土壤肥料研究所

年末从业人员45人；高学历以上人员30人，占年末从业人员的比例为66.67%，居第6位；高职称以上人员19人，占年末从业人员的比例为42.22%，居第7位；科研仪器设备资产原值996.42万元，人均科研仪器设备资产原值22.14万元，居第5位。

R&D人员41人，占年末从业人员的比重为91.11%，居第4位；科研经费1907.84万元，人均科研经费42.40万元，居第1位；R&D经费10681.00万元，人均R&D经费237.36万元，居第5位。

发表科技论文25篇（一般科技论文6篇，核心期刊19篇），科技论文系数为3.32，居第15位；省内合作项目4项，产学研项目9项，项目合作系数为1.00，居第12位。

科技培训人数2021人，对外科技咨询项数192项，科技特派员24人，科技服务系数为0.07，居第4位。

贵州省土壤肥料研究所综合科技创新水平指数为44.60%，居第10位，与上年相比，监测值上升0.69个百分点，位次上升6位。在4个一级指标中，科技创新环境和基础较上年下降9.15个百分点，位次下降1位。科技投入较上年上升0.28个百分点，位次上升6位。科技产出较上年上升1.87个百分点，位次上升3位。创新绩效较上年上升15.00个百分点，位次上升2位（表4-10）。

表 4-10 贵州省土壤肥料研究所各级监测指标和位次与上年比较

指标名称	三级指标值		位次	
	2019 年	2018 年	2019 年	2018 年
综合指数 /%	44.60	43.91	10	16
科技创新环境和基础 /%	32.66	41.81	21	20
人力资源 /%	37.76	60.63	23	24
高层次科技人才系数	0.00	0.15	14	24
高学历以上人员占年末从业人员的比例 /%	66.67	62.22	6	6
高职称以上人员占年末从业人员的比例 /%	42.22	40.00	7	5
创新条件及平台 /%	29.26	29.26	20	18
人均科研仪器设备资产原值 / 万元	22.14	22.14	5	3
省级以上创新平台及载体系数	0.00	0.00	19	18
科技投入 /%	64.94	64.66	7	13
人力投入 /%	29.87	29.33	17	21
创新人才团队总量系数	0.00	0.00	4	15
R&D 人员占年末从业人员的比重 /%	91.11	88.89	4	7
经费投入 /%	100.00	100.00	1	1
人均科研经费 / 万元	42.40	26.67	1	4
人均 R&D 经费 / 万元	237.36	373.04	5	2
科技产出 /%	27.71	25.84	16	19
知识产出 /%	32.67	65.42	26	16
科技论文系数	3.32	5.00	15	7
知识产权系数	0.12	0.57	29	22
科技奖励 /%	50.00	0.00	8	12
科技成果系数	0.05	0.00	8	12
技术成果市场化水平 /%	0.00	0.00	2	2
人均技术成果成交额 / 万元	0.00	0.00	2	2
科技合作交流 /%	18.17	37.92	14	10
项目合作系数	1.00	0.82	12	14
论文论著合作系数	0.12	1.94	11	9
创新绩效 /%	70.00	55.00	5	7
科技服务 /%	100.00	100.00	1	1
科技服务系数	0.07	0.05	4	4
产学研结合 /%	87.50	50.00	5	8
产学研结合系数	0.70	0.40	5	8
创造效益 /%	0.00	0.00	18	16
经济效益系数	0.00	0.00	18	16

（十一）贵州省植物保护研究所

年末从业人员44人；高学历以上人员33人，占年末从业人员的比例为75.00%，居第2位；高职称以上人员21人，占年末从业人员的比例为47.73%，居第2位；科研仪器设备资产原值1189.68万元，人均科研仪器设备资产原值27.04万元，居第2位。

R&D人员44人，占年末从业人员的比重为100.00%，居第1位；科研经费1490.30万元，人均科研经费33.87万元，居第3位；R&D经费15031.00万元，人均R&D经费341.61万元，居第1位。

发表科技论文16篇（一般科技论文1篇，核心期刊10篇，三大检索工具收录5篇），科技论文系数为2.95，居第17位；省内合作项目3项，省外合作项目1项，项目合作系数为0.65，居第15位。

科技培训人数1667人，对外科技咨询项数621项，科技特派员26人，科技服务系数为0.16，居第1位；技术服务收入11.00万元，经济效益系数为4.38，居第14位。

贵州省植物保护研究所综合科技创新水平指数为44.39%，居第11位，与上年相比，监测值下降6.70个百分点，位次不变。在4个一级指标中，科技创新环境和基础较上年下降14.37个百分点，位次下降1位。科技投入较上年上升2.14个百分点，位次上升8位。科技产出较上年下降10.40个百分点，位次下降5位。创新绩效较上年上升0.02个百分点，位次不变（表4-11）。

表4-11 贵州省植物保护研究所各级监测指标和位次与上年比较

指标名称	三级指标值		位次	
	2019年	2018年	2019年	2018年
综合指数/%	44.39	51.09	11	11
科技创新环境和基础/%	67.12	81.49	6	5
人力资源/%	41.24	88.88	21	10
高层次科技人才系数	0.00	0.44	14	12
高学历以上人员占年末从业人员的比例/%	75.00	68.18	2	2
高职称以上人员占年末从业人员的比例/%	47.73	45.45	2	2
创新条件及平台/%	84.38	76.56	4	5
人均科研仪器设备资产原值/万元	27.04	19.09	2	5
省级以上创新平台及载体系数	0.17	0.17	4	6
科技投入/%	66.80	64.66	5	13
人力投入/%	33.60	29.33	14	21
创新人才团队总量系数	0.00	0.00	4	15
R&D人员占年末从业人员的比重/%	100.00	90.91	1	5
经费投入/%	100.00	100.00	1	1
人均科研经费/万元	33.87	26.73	3	3
人均R&D经费/万元	341.61	357.45	1	3
科技产出/%	15.94	26.34	23	18
知识产出/%	52.92	29.67	19	28

续表

指标名称	三级指标值		位次	
	2019年	2018年	2019年	2018年
科技论文系数	2.95	2.11	17	26
知识产权系数	0.68	0.29	19	26
科技奖励 /%	0.00	50.00	11	7
科技成果系数	0.00	0.05	11	7
技术成果市场化水平 /%	0.00	0.00	2	2
人均技术成果成交额 / 万元	0.00	0.00	2	2
科技合作交流 /%	10.83	15.67	18	14
项目合作系数	0.65	0.94	15	12
论文论著合作系数	0.00	0.00	12	13
创新绩效 /%	35.55	35.53	15	15
科技服务 /%	100.00	100.00	1	1
科技服务系数	0.16	0.18	1	1
产学研结合 /%	0.00	0.00	17	18
产学研结合系数	0.00	0.00	17	18
创造效益 /%	2.19	2.12	14	14
经济效益系数	4.38	4.23	14	14

（十二）贵州省果树科学研究所

年末从业人员71人；高学历以上人员34人，占年末从业人员的比例为47.89%，居第17位；高职称以上人员18人，占年末从业人员的比例为25.35%，居第24位；科研仪器设备资产原值699.00万元，人均科研仪器设备资产原值9.85万元，居第15位。

R&D人员48人，占年末从业人员的比重为67.61%，居第20位；科研经费1050.00万元，人均科研经费14.79万元，居第8位；R&D经费7622.00万元，人均R&D经费107.35万元，居第19位。

发表科技论文37篇（一般科技论文9篇，核心期刊25篇，三大检索工具收录3篇），科技论文系数为5.21，居第5位；省内合作项目4项，项目合作系数为0.47，居第16位。

科技培训人数9590人，对外科技咨询项数293项，科技特派员19人，科技服务系数为0.08，居第3位；知识产权创造的直接效益1810.00万元，技术服务收入130.58万元，经济效益系数为1154.02，居第1位。

贵州省果树科学研究所综合科技创新水平指数为43.48%，居第12位，与上年相比，监测值下降2.28个百分点，位次上升3位。在4个一级指标中，科技创新环境和基础较上年下降17.36个百分点，位次下降4位。科技投入较上年下降15.66个百分点，位次下降1位。科技产出较上年上升17.08个百分点，位次上升12位。创新绩效较上年不变，位次不变（表4-12）。

表 4-12 贵州省果树科学研究所各级监测指标和位次与上年比较

指标名称	三级指标值		位次	
	2019 年	2018 年	2019 年	2018 年
综合指数 /%	43.48	45.76	12	15
科技创新环境和基础 /%	28.27	45.63	23	19
人力资源 /%	42.40	86.41	17	13
高层次科技人才系数	0.04	0.49	8	10
高学历以上人员占年末从业人员的比例 /%	47.89	45.95	17	15
高职称以上人员占年末从业人员的比例 /%	25.35	25.68	24	23
创新条件及平台 /%	18.85	18.44	23	21
人均科研仪器设备资产原值 / 万元	9.85	9.32	15	13
省级以上创新平台及载体系数	0.00	0.00	19	18
科技投入 /%	62.86	78.52	10	9
人力投入 /%	32.81	85.84	15	9
创新人才团队总量系数	0.00	0.36	4	8
R&D 人员占年末从业人员的比重 /%	67.61	63.51	20	18
经费投入 /%	92.92	71.21	7	15
人均科研经费 / 万元	14.79	9.20	8	19
人均 R&D 经费 / 万元	107.35	67.43	19	20
科技产出 /%	28.06	10.98	15	27
知识产出 /%	93.42	43.92	4	24
科技论文系数	5.21	2.42	5	19
知识产权系数	1.26	0.57	13	22
科技奖励 /%	0.00	0.00	11	12
科技成果系数	0.00	0.00	11	12
技术成果市场化水平 /%	0.00	0.00	2	2
人均技术成果成交额 / 万元	0.00	0.00	2	2
科技合作交流 /%	18.83	0.00	12	26
项目合作系数	0.47	0.00	16	25
论文论著合作系数	0.88	0.00	9	13
创新绩效 /%	72.50	72.50	2	2
科技服务 /%	100.00	100.00	1	1
科技服务系数	0.08	0.07	3	3
产学研结合 /%	31.25	31.25	12	13
产学研结合系数	0.25	0.25	12	13
创造效益 /%	100.00	100.00	1	1
经济效益系数	1154.02	1105.87	1	1

(十三) 贵州省畜牧兽医研究所

年末从业人员 112 人；高学历以上人员 40 人，占年末从业人员的比例为 35.71%，居第 24 位；高职称以上人员 38 人，占年末从业人员的比例为 33.93%，居第 15 位；科研仪器设备资产原值 1954.00 万元，人均科研仪器设备资产原值 17.45 万元，居第 7 位。

R&D 人员 23 人，占年末从业人员的比重为 20.54%，居第 25 位；科研经费 303.00 万元，人均科研经费 2.71 万元，居第 28 位；R&D 经费 1830.00 万元，人均 R&D 经费 16.34 万元，居第 27 位。

发表科技论文 35 篇（一般科技论文 16 篇，核心期刊 18 篇，三大检索工具收录 1 篇），科技论文系数为 3.95，居第 12 位。

科技特派员 36 人，科技服务系数为 0.04，居第 5 位。

贵州省畜牧兽医研究所综合科技创新水平指数为 43.34%，居第 13 位，与上年相比，监测值上升 0.23 个百分点，位次上升 4 位。在 4 个一级指标中，科技创新环境和基础较上年下降 24.76 个百分点，位次不变。科技投入较上年下降 12.49 个百分点，位次不变。科技产出较上年上升 27.25 个百分点，位次上升 16 位。创新绩效较上年不变，位次上升 2 位（表 4-13）。

表 4-13 贵州省畜牧兽医研究所各级监测指标和位次与上年比较

指标名称	三级指标值		位次	
	2019 年	2018 年	2019 年	2018 年
综合指数 /%	43.34	43.11	13	17
科技创新环境和基础 /%	71.56	96.32	3	3
人力资源 /%	43.92	92.68	15	7
高层次科技人才系数	0.00	0.32	14	17
高学历以上人员占年末从业人员的比例 /%	35.71	32.76	24	22
高职称以上人员占年末从业人员的比例 /%	33.93	32.76	15	15
创新条件及平台 /%	89.98	98.74	2	3
人均科研仪器设备资产原值 / 万元	17.45	16.84	7	6
省级以上创新平台及载体系数	0.17	0.33	4	2
科技投入 /%	20.97	33.46	27	27
人力投入 /%	14.46	16.26	25	27
创新人才团队总量系数	0.00	0.00	4	15
R&D 人员占年末从业人员的比重 /%	20.54	22.41	25	26
经费投入 /%	27.48	50.65	29	21
人均科研经费 / 万元	2.71	6.47	28	21
人均 R&D 经费 / 万元	16.34	18.10	27	27
科技产出 /%	45.73	18.48	7	23
知识产出 /%	62.92	73.92	17	11

续表

指标名称	三级指标值		位次	
	2019 年	2018 年	2019 年	2018 年
科技论文系数	3.95	4.37	12	10
知识产权系数	0.72	0.90	18	17
科技奖励 /%	100.00	0.00	1	12
科技成果系数	0.10	0.00	5	12
技术成果市场化水平 /%	0.00	0.00	2	2
人均技术成果成交额 / 万元	0.00	0.00	2	2
科技合作交流 /%	0.00	0.00	25	26
项目合作系数	0.00	0.00	25	25
论文论著合作系数	0.00	0.00	12	13
创新绩效 /%	28.00	28.00	16	18
科技服务 /%	80.00	80.00	5	5
科技服务系数	0.04	0.04	5	5
产学研结合 /%	0.00	0.00	17	18
产学研结合系数	0.00	0.00	17	18
创造效益 /%	0.00	0.00	18	16
经济效益系数	0.00	0.00	18	16

（十四）贵州省环境科学研究设计院

年末从业人员 102 人；高学历以上人员 52 人，占年末从业人员的比例为 50.98%，居第 15 位；高职称以上人员 46 人，占年末从业人员的比例为 45.10%，居第 3 位；科研仪器设备资产原值 2669.30 万元，人均科研仪器设备资产原值 26.17 万元，居第 3 位。

R&D 人员 48 人，占年末从业人员的比重为 47.06%，居第 23 位；科研经费 3696.70 万元，人均科研经费 36.24 万元，居第 2 位；R&D 经费 24 644.00 万元，人均 R&D 经费 241.61 万元，居第 4 位。

发表科技论文 27 篇（一般科技论文 23 篇，核心期刊 3 篇，三大检索工具收录 1 篇），科技论文系数为 2.00，居第 25 位；省内合作项目 13 项，省外合作项目 4 项，产学研项目 1 项，项目合作系数为 3.82，居第 2 位。

贵州省环境科学研究设计院综合科技创新水平指数为 43.15%，居第 14 位，与上年相比，监测值下降 13.34 个百分点，位次下降 6 位。在 4 个一级指标中，科技创新环境和基础较上年下降 33.87 个百分点，位次下降 8 位。科技投入较上年下降 30.13 个百分点，位次下降 3 位。科技产出较上年上升 6.53 个百分点，位次上升 8 位。创新绩效较上年上升 2.50 个百分点，位次下降 1 位（表 4-14）。

表 4-14 贵州省环境科学研究设计院各级监测指标和位次与上年比较

指标名称	三级指标值		位次	
	2019 年	2018 年	2019 年	2018 年
综合指数 /%	43.15	56.49	14	8
科技创新环境和基础 /%	64.97	98.84	9	1
人力资源 /%	48.43	97.10	9	3
高层次科技人才系数	0.00	0.44	14	12
高学历以上人员占年末从业人员的比例 /%	50.98	44.86	15	16
高职称以上人员占年末从业人员的比例 /%	45.10	36.45	3	13
创新条件及平台 /%	76.00	100.00	5	1
人均科研仪器设备资产原值 / 万元	26.17	20.55	3	4
省级以上创新平台及载体系数	0.12	0.29	18	5
科技投入 /%	65.31	95.44	6	3
人力投入 /%	30.62	91.02	16	6
创新人才团队总量系数	0.00	0.64	4	6
R&D 人员占年末从业人员的比重 /%	47.06	45.79	23	23
经费投入 /%	100.00	99.87	1	4
人均科研经费 / 万元	36.24	24.72	2	5
人均 R&D 经费 / 万元	241.61	105.67	4	16
科技产出 /%	29.17	22.64	14	22
知识产出 /%	66.67	59.25	15	18
科技论文系数	2.00	1.11	25	29
知识产权系数	2.83	2.37	2	3
科技奖励 /%	0.00	0.00	11	12
科技成果系数	0.00	0.00	11	12
技术成果市场化水平 /%	0.00	0.00	2	2
人均技术成果成交额 / 万元	0.00	0.00	2	2
科技合作交流 /%	50.00	31.33	7	13
项目合作系数	3.82	1.88	2	5
论文论著合作系数	0.00	0.00	12	13
创新绩效 /%	2.50	0.00	29	28
科技服务 /%	0.00	0.00	27	27
科技服务系数	0.00	0.00	27	27
产学研结合 /%	6.25	0.00	14	18
产学研结合系数	0.05	0.00	14	18
创造效益 /%	0.00	0.00	18	16
经济效益系数	0.00	0.00	18	16

（十五）贵州省蚕业（辣椒）研究所

年末从业人员 117 人；高学历以上人员 31 人，占年末从业人员的比例为 26.50%，居第 28 位；高职称以上人员 26 人，占年末从业人员的比例为 22.22%，居第 28 位；科研仪器设备资产原值 1549.31 万元，人均科研仪器设备资产原值 13.24 万元，居第 11 位。

R&D 人员 90 人，占年末从业人员的比重为 76.92%，居第 11 位；科研经费 775.00 万元，人均科研经费 6.62 万元，居第 21 位；R&D 经费 20 954.00 万元，人均 R&D 经费 179.09 万元，居第 10 位。

发表科技论文 30 篇（一般科技论文 21 篇，核心期刊 8 篇，三大检索工具收录 1 篇），科技论文系数为 2.68，居第 19 位；省内合作项目 4 项，项目合作系数为 0.47，居第 16 位。

科技培训人数 1300 人，科技特派员 27 人，科技服务系数为 0.03，居第 8 位。

贵州省蚕业（辣椒）研究所综合科技创新水平指数为 37.72%，居第 15 位，与上年相比，监测值下降 11.91 个百分点，位次下降 2 位。在 4 个一级指标中，科技创新环境和基础较上年下降 11.32 个百分点，位次上升 2 位。科技投入较上年上升 10.50 个百分点，位次上升 8 位。科技产出较上年下降 33.44 个百分点，位次下降 21 位。创新绩效较上年不变，位次上升 1 位（表 4-15）。

表 4-15 贵州省蚕业（辣椒）研究所各级监测指标和位次与上年比较

指标名称	三级指标值		位次	
	2019 年	2018 年	2019 年	2018 年
综合指数 /%	37.72	49.63	15	13
科技创新环境和基础 /%	68.20	79.52	5	7
人力资源 /%	38.04	80.73	22	17
高层次科技人才系数	0.00	0.29	14	19
高学历以上人员占年末从业人员的比例 /%	26.50	17.39	28	30
高职称以上人员占年末从业人员的比例 /%	22.22	21.74	28	29
创新条件及平台 /%	88.30	78.71	3	4
人均科研仪器设备资产原值 / 万元	13.24	9.71	11	11
省级以上创新平台及载体系数	0.17	0.17	4	6
科技投入 /%	58.50	48.00	12	20
人力投入 /%	40.00	40.00	4	15
创新人才团队总量系数	0.00	0.00	4	15
R&D 人员占年末从业人员的比重 /%	76.92	90.43	11	6
经费投入 /%	77.00	56.01	12	19
人均科研经费 / 万元	6.62	2.91	21	25
人均 R&D 经费 / 万元	179.09	183.96	10	6
科技产出 /%	8.27	41.71	28	7
知识产出 /%	25.25	42.83	27	25

续表

指标名称	三级指标值		位次	
	2019年	2018年	2019年	2018年
科技论文系数	2.68	3.79	19	12
知识产权系数	0.07	0.27	30	27
科技奖励 /%	0.00	100.00	11	1
科技成果系数	0.00	0.10	11	1
技术成果市场化水平 /%	0.00	0.00	2	2
人均技术成果成交额 / 万元	0.00	0.00	2	2
科技合作交流 /%	7.83	4.00	19	22
项目合作系数	0.47	0.24	16	22
论文论著合作系数	0.00	0.00	12	13
创新绩效 /%	21.00	21.00	21	22
科技服务 /%	60.00	60.00	8	9
科技服务系数	0.03	0.03	8	9
产学研结合 /%	0.00	0.00	17	18
产学研结合系数	0.00	0.00	17	18
创造效益 /%	0.00	0.00	18	16
经济效益系数	0.00	0.00	18	16

（十六）贵州省油料研究所

年末从业人员47人；高学历以上人员29人，占年末从业人员的比例为61.70%，居第9位；高职称以上人员18人，占年末从业人员的比例为38.30%，居第9位；科研仪器设备资产原值197.90万元，人均科研仪器设备资产原值4.21万元，居第26位。

R&D人员41人，占年末从业人员的比重为87.23%，居第6位；科研经费568.00万元，人均科研经费12.09万元，居第12位；R&D经费12306.00万元，人均R&D经费261.83万元，居第3位。

发表科技论文17篇（一般科技论文9篇，核心期刊8篇），科技论文系数为1.74，居第27位；省内合作项目6项，产学研项目6项，项目合作系数为1.06，居第11位。

科技培训人数1250人，科技特派员15人，科技服务系数为0.02，居第19位；知识产权创造的直接效益10.00万元，经济效益系数为6.92，居第13位。

贵州省油料研究所综合科技创新水平指数为37.04%，居第16位，与上年相比，监测值下降12.68个百分点，位次下降4位。在4个一级指标中，科技创新环境和基础较上年下降15.08个百分点，位次不变。科技投入较上年上升1.88个百分点，位次上升1位。科技产出较上年下降21.98个百分点，位次下降11位。创新绩效较上年下降11.24个百分点，位次下降3位（表4-16）。

表 4-16　贵州省油料研究所各级监测指标和位次与上年比较

指标名称	三级指标值		位次	
	2019 年	2018 年	2019 年	2018 年
综合指数 /%	37.04	49.72	16	12
科技创新环境和基础 /%	57.89	72.97	12	12
人力资源 /%	45.87	84.65	12	15
高层次科技人才系数	0.06	0.59	6	6
高学历以上人员占年末从业人员的比例 /%	61.70	57.45	9	9
高职称以上人员占年末从业人员的比例 /%	38.30	38.30	9	9
创新条件及平台 /%	65.91	65.19	14	14
人均科研仪器设备资产原值 / 万元	4.21	3.70	26	26
省级以上创新平台及载体系数	0.33	0.33	1	2
科技投入 /%	50.23	48.35	17	18
人力投入 /%	29.87	27.73	17	23
创新人才团队总量系数	0.00	0.00	4	15
R&D 人员占年末从业人员的比重 /%	87.23	78.72	6	14
经费投入 /%	70.59	68.97	16	16
人均科研经费 / 万元	12.09	11.45	12	13
人均 R&D 经费 / 万元	261.83	259.87	3	4
科技产出 /%	10.44	32.42	26	15
知识产出 /%	24.08	31.00	29	27
科技论文系数	1.74	2.37	27	21
知识产权系数	0.23	0.27	25	27
科技奖励 /%	0.00	70.00	11	3
科技成果系数	0.00	0.07	11	3
技术成果市场化水平 /%	0.00	0.00	2	2
人均技术成果成交额 / 万元	0.00	0.00	2	2
科技合作交流 /%	17.67	14.67	15	15
项目合作系数	1.06	0.88	11	13
论文论著合作系数	0.00	0.00	12	13
创新绩效 /%	42.36	53.60	11	8
科技服务 /%	40.00	40.00	19	19
科技服务系数	0.02	0.02	19	19
产学研结合 /%	68.75	93.75	8	5
产学研结合系数	0.55	0.75	8	5
创造效益 /%	3.46	8.42	13	11
经济效益系数	6.92	16.85	13	11

（十七）贵州省水稻研究所

年末从业人员 71 人；高学历以上人员 37 人，占年末从业人员的比例为 52.11%，居第 13 位；高职称以上人员 25 人，占年末从业人员的比例为 35.21%，居第 13 位；科研仪器设备资产原值 613.30 万元，人均科研仪器设备资产原值 8.64 万元，居第 19 位。

R&D 人员 55 人，占年末从业人员的比重为 77.46%，居第 10 位；科研经费 539.25 万元，人均科研经费 7.60 万元，居第 18 位；R&D 经费 6384.00 万元，人均 R&D 经费 89.92 万元，居第 21 位。

发表科技论文 17 篇（一般科技论文 4 篇，核心期刊 12 篇，三大检索工具收录 1 篇），科技论文系数为 2.37，居第 22 位。

科技培训人数 1732 人，科技特派员 18 人，科技服务系数为 0.02，居第 19 位。

贵州省水稻研究所综合科技创新水平指数为 35.65%，居第 17 位，与上年相比，监测值下降 6.35 个百分点，位次上升 1 位。在 4 个一级指标中，科技创新环境和基础较上年下降 10.88 个百分点，位次上升 4 位。科技投入较上年下降 1.96 个百分点，位次不变。科技产出较上年下降 11.98 个百分点，位次下降 6 位。创新绩效较上年上升 7.00 个百分点，位次上升 4 位（表 4-17）。

表 4-17　贵州省水稻研究所各级监测指标和位次与上年比较

指标名称	三级指标值		位次	
	2019 年	2018 年	2019 年	2018 年
综合指数 /%	35.65	42.00	17	18
科技创新环境和基础 /%	58.11	68.99	11	15
人力资源 /%	43.97	72.80	14	20
高层次科技人才系数	0.00	0.21	14	23
高学历以上人员占年末从业人员的比例 /%	52.11	49.28	13	13
高职称以上人员占年末从业人员的比例 /%	35.21	28.99	13	18
创新条件及平台 /%	67.54	66.45	13	13
人均科研仪器设备资产原值 / 万元	8.64	8.25	19	18
省级以上创新平台及载体系数	0.17	0.17	4	6
科技投入 /%	51.68	53.64	16	16
人力投入 /%	37.33	34.40	11	19
创新人才团队总量系数	0.00	0.00	4	15
R&D 人员占年末从业人员的比重 /%	77.46	72.46	10	16
经费投入 /%	66.03	72.88	17	14
人均科研经费 / 万元	7.60	11.06	18	14
人均 R&D 经费 / 万元	89.92	66.20	21	21
科技产出 /%	17.44	29.42	22	16
知识产出 /%	69.75	57.67	13	19
科技论文系数	2.37	2.37	22	21

续表

指标名称	三级指标值		位次	
	2019年	2018年	2019年	2018年
知识产权系数	1.37	0.91	12	16
科技奖励 /%	0.00	50.00	11	7
科技成果系数	0.00	0.05	11	7
技术成果市场化水平 /%	0.00	0.00	2	2
人均技术成果成交额 / 万元	0.00	0.00	2	2
科技合作交流 /%	0.00	0.00	25	26
项目合作系数	0.00	0.00	25	25
论文论著合作系数	0.00	0.00	12	13
创新绩效 /%	14.00	7.00	23	27
科技服务 /%	40.00	20.00	19	23
科技服务系数	0.02	0.01	19	23
产学研结合 /%	0.00	0.00	17	18
产学研结合系数	0.00	0.00	17	18
创造效益 /%	0.00	0.00	18	16
经济效益系数	0.00	0.00	18	16

（十八）贵州省茶叶研究所

年末从业人员95人；高学历以上人员25人，占年末从业人员的比例为26.32%，居第29位；高职称以上人员26人，占年末从业人员的比例为27.37%，居第23位；科研仪器设备资产原值290.85万元，人均科研仪器设备资产原值3.06万元，居第29位。

R&D人员60人，占年末从业人员的比重为63.16%，居第21位；科研经费640.00万元，人均科研经费6.74万元，居第20位；R&D经费14005.00万元，人均R&D经费147.42万元，居第14位。

发表科技论文27篇（一般科技论文15篇，核心期刊8篇，三大检索工具收录4篇），科技论文系数为3.16，居第16位；省内合作项目1项，产学研项目1项，项目合作系数为0.18，居第21位。

科技培训人数4000人，对外科技咨询项数42项，科技特派员18人，科技服务系数为0.03，居第8位；技术服务收入70.00万元，经济效益系数为21.54，居第10位。

贵州省茶叶研究所综合科技创新水平指数为35.56%，居第18位，与上年相比，监测值下降2.86个百分点，位次上升4位。在4个一级指标中，科技创新环境和基础较上年下降13.98个百分点，位次下降2位。科技投入较上年上升10.38个百分点，位次上升7位。科技产出较上年下降2.55个百分点，位次上升1位。创新绩效较上年下降7.12个百分点，位次下降2位（表4-18）。

表 4-18 贵州省茶叶研究所各级监测指标和位次与上年比较

指标名称	三级指标值		位次	
	2019年	2018年	2019年	2018年
综合指数 /%	35.56	38.42	18	22
科技创新环境和基础 /%	22.81	36.79	25	23
人力资源 /%	45.87	83.43	12	16
高层次科技人才系数	0.06	0.73	6	5
高学历以上人员占年末从业人员的比例 /%	26.32	25.26	29	27
高职称以上人员占年末从业人员的比例 /%	27.37	24.21	23	27
创新条件及平台 /%	7.43	5.69	30	29
人均科研仪器设备资产原值 / 万元	3.06	2.35	29	29
省级以上创新平台及载体系数	0.00	0.00	19	18
科技投入 /%	54.95	44.57	15	22
人力投入 /%	38.74	40.00	10	15
创新人才团队总量系数	0.00	0.00	4	15
R&D 人员占年末从业人员的比重 /%	63.16	84.21	21	10
经费投入 /%	71.16	49.14	14	23
人均科研经费 / 万元	6.74	3.22	20	24
人均 R&D 经费 / 万元	147.42	50.04	14	24
科技产出 /%	34.83	37.38	10	11
知识产出 /%	76.33	77.67	11	9
科技论文系数	3.16	3.32	16	13
知识产权系数	2.57	2.64	3	2
科技奖励 /%	50.00	50.00	8	7
科技成果系数	0.05	0.05	8	7
技术成果市场化水平 /%	0.00	0.00	2	2
人均技术成果成交额 / 万元	0.00	0.00	2	2
科技合作交流 /%	3.00	11.83	22	16
项目合作系数	0.18	0.71	21	15
论文论著合作系数	0.00	0.00	12	13
创新绩效 /%	26.19	33.31	18	16
科技服务 /%	60.00	60.00	8	9
科技服务系数	0.03	0.03	8	9
产学研结合 /%	6.25	25.00	14	16
产学研结合系数	0.05	0.20	14	16
创造效益 /%	10.77	9.23	10	10
经济效益系数	21.54	18.46	10	10

（十九）贵州省山地资源研究所

年末从业人员 85 人；高学历以上人员 63 人，占年末从业人员的比例为 74.12%，居第 4 位；高职称以上人员 29 人，占年末从业人员的比例为 34.12%，居第 14 位；科研仪器设备资产原值 832.50 万元，人均科研仪器设备资产原值 9.79 万元，居第 16 位。

科研经费 843 万元，人均科研经费 9.92 万元，居第 15 位。

发表科技论文 49 篇（一般科技论文 25 篇，核心期刊 22 篇，三大检索工具收录 2 篇），科技论文系数为 5.32，居第 4 位；省内合作项目 10 项，产学研项目 1 项，项目合作系数为 1.24，居第 7 位。

科技培训人数 1250 人，对外科技咨询项数 30 项，科技特派员 22 人，科技服务系数为 0.03，居第 8 位。

贵州省山地资源研究所综合科技创新水平指数为 35.26%，居第 19 位，与上年相比，监测值下降 16.17 个百分点，位次下降 9 位。在 4 个一级指标中，科技创新环境和基础较上年下降 18.07 个百分点，位次下降 4 位。科技投入较上年下降 9.67 个百分点，位次不变。科技产出较上年下降 23.14 个百分点，位次下降 9 位。创新绩效较上年下降 7.59 个百分点，位次下降 3 位（表 4-19）。

表 4-19 贵州省山地资源研究所各级监测指标和位次与上年比较

指标名称	三级指标值 2019 年	三级指标值 2018 年	位次 2019 年	位次 2018 年
综合指数 /%	35.26	51.43	19	10
科技创新环境和基础 /%	62.97	81.04	10	6
人力资源 /%	48.41	98.70	10	1
高层次科技人才系数	0.00	0.44	14	12
高学历以上人员占年末从业人员的比例 /%	74.12	73.97	4	1
高职称以上人员占年末从业人员的比例 /%	34.12	36.99	14	10
创新条件及平台 /%	72.68	69.27	9	10
人均科研仪器设备资产原值 / 万元	9.79	9.33	16	12
省级以上创新平台及载体系数	0.17	0.17	4	6
科技投入 /%	20.78	30.45	28	28
人力投入 /%	0.00	54.00	28	14
创新人才团队总量系数	0.00	0.36	4	8
R&D 人员占年末从业人员的比重 /%	0.00	0.00	28	28
经费投入 /%	41.55	6.90	26	32
人均科研经费 / 万元	9.92	1.88	15	29
人均 R&D 经费 / 万元	0.00	0.00	28	28
科技产出 /%	30.84	53.98	11	2
知识产出 /%	52.67	86.25	20	7
科技论文系数	5.32	6.00	4	5

续表

指标名称	三级指标值		位次	
	2019年	2018年	2019年	2018年
知识产权系数	0.20	0.87	26	18
科技奖励 /%	0.00	50.00	11	7
科技成果系数	0.00	0.05	11	7
技术成果市场化水平 /%	0.00	0.00	2	2
人均技术成果成交额 / 万元	0.00	0.00	2	2
科技合作交流 /%	70.67	69.67	4	3
项目合作系数	1.24	1.18	7	10
论文论著合作系数	6.12	10.38	2	2
创新绩效 /%	23.50	31.09	20	17
科技服务 /%	60.00	60.00	8	9
科技服务系数	0.03	0.03	8	9
产学研结合 /%	6.25	0.00	14	18
产学研结合系数	0.05	0.00	14	18
创造效益 /%	0.00	40.37	18	6
经济效益系数	0.00	80.74	18	6

（二十）贵州省农作物品种资源研究所

年末从业人员44人；高学历以上人员29人，占年末从业人员的比例为65.91%，居第7位；高职称以上人员18人，占年末从业人员的比例为40.91%，居第8位；科研仪器设备资产原值682.20万元，人均科研仪器设备资产原值15.50万元，居第10位。

R&D人员40人，占年末从业人员的比重为90.91%，居第5位；科研经费760.80万元，人均科研经费17.29万元，居第6位；R&D经费7303.00万元，人均R&D经费165.98万元，居第12位。

发表科技论文21篇（一般科技论文9篇，核心期刊10篇，三大检索工具收录2篇），科技论文系数为2.58，居第20位；省内合作项目3项，产学研项目2项，项目合作系数为0.47，居第16位。

科技培训人数2000人，科技特派员24人，科技服务系数为0.03，居第8位；知识产权创造的直接效益4.80万元，经济效益系数为2.95，居第15位。

贵州省农作物品种资源研究所综合科技创新水平指数为33.88%，居第20位，与上年相比，监测值下降0.46个百分点，位次上升4位。在4个一级指标中，科技创新环境和基础较上年下降12.69个百分点，位次下降1位。科技投入较上年上升9.35个百分点，位次上升8位。科技产出较上年上升1.97个百分点，位次上升6位。创新绩效较上年下降2.13个百分点，位次不变（表4-20）。

表 4-20 贵州省农作物品种资源研究所各级监测指标和位次与上年比较

指标名称	三级指标值		位次	
	2019 年	2018 年	2019 年	2018 年
综合指数 /%	33.88	34.34	20	24
科技创新环境和基础 /%	29.00	41.69	22	21
人力资源 /%	41.38	85.00	20	14
高层次科技人才系数	0.03	0.52	10	8
高学历以上人员占年末从业人员的比例 /%	65.91	65.12	7	5
高职称以上人员占年末从业人员的比例 /%	40.91	39.53	8	7
创新条件及平台 /%	20.75	12.81	22	23
人均科研仪器设备资产原值 / 万元	15.50	9.72	10	10
省级以上创新平台及载体系数	0.00	0.00	19	18
科技投入 /%	55.42	46.07	13	21
人力投入 /%	29.33	30.40	19	20
创新人才团队总量系数	0.00	0.00	4	15
R&D 人员占年末从业人员的比重 /%	90.91	97.67	5	3
经费投入 /%	81.50	61.74	11	17
人均科研经费 / 万元	17.29	12.26	6	11
人均 R&D 经费 / 万元	165.98	93.49	12	18
科技产出 /%	19.83	17.86	19	25
知识产出 /%	71.50	68.42	12	13
科技论文系数	2.58	2.21	20	24
知识产权系数	1.98	1.93	8	6
科技奖励 /%	0.00	0.00	11	12
科技成果系数	0.00	0.00	11	12
技术成果市场化水平 /%	0.00	0.00	2	2
人均技术成果成交额 / 万元	0.00	0.00	2	2
科技合作交流 /%	7.83	3.00	19	24
项目合作系数	0.47	0.18	16	23
论文论著合作系数	0.00	0.00	12	13
创新绩效 /%	38.87	41.00	13	13
科技服务 /%	60.00	60.00	8	9
科技服务系数	0.03	0.03	8	9
产学研结合 /%	43.75	50.00	9	8
产学研结合系数	0.35	0.40	9	8
创造效益 /%	1.48	0.00	15	16
经济效益系数	2.95	0.00	15	16

（二十一）贵州省水产研究所

年末从业人员 62 人；高学历以上人员 24 人，占年末从业人员的比例为 38.71%，居第 22 位；高职称以上人员 14 人，占年末从业人员的比例为 22.58%，居第 27 位；科研仪器设备资产原值 448.96 万元，人均科研仪器设备资产原值 7.24 万元，居第 22 位。

R&D 人员 28 人，占年末从业人员的比重为 45.16%，居第 24 位；科研经费 253.00 万元，人均科研经费 4.08 万元，居第 25 位；R&D 经费 4161.00 万元，人均 R&D 经费 67.11 万元，居第 22 位。

发表科技论文 19 篇（一般科技论文 13 篇，核心期刊 3 篇，三大检索工具收录 3 篇），科技论文系数为 2.00，居第 25 位；省内合作项目 10 项，项目合作系数为 1.18，居第 9 位。

科技培训人数 1348 人，对外科技咨询项数 430 项，科技特派员 19 人，科技服务系数为 0.11，居第 2 位；经济效益系数为 72.06，居第 8 位。

贵州省水产研究所综合科技创新水平指数为 33.80%，居第 21 位，与上年相比，监测值下降 14.58 个百分点，位次下降 7 位。在 4 个一级指标中，科技创新环境和基础较上年下降 12.97 个百分点，位次下降 2 位。科技投入较上年下降 16.07 个百分点，位次下降 6 位。科技产出较上年下降 15.10 个百分点，位次下降 7 位。创新绩效较上年下降 13.61 个百分点，位次下降 3 位（表 4-21）。

表 4-21 贵州省水产研究所各级监测指标和位次与上年比较

指标名称	三级指标值		位次	
	2019 年	2018 年	2019 年	2018 年
综合指数 /%	33.80	48.38	21	14
科技创新环境和基础 /%	50.92	63.89	18	16
人力资源 /%	32.10	64.57	24	22
高层次科技人才系数	0.03	0.23	10	20
高学历以上人员占年末从业人员的比例 /%	38.71	41.27	22	18
高职称以上人员占年末从业人员的比例 /%	22.58	19.05	27	30
创新条件及平台 /%	63.47	63.43	15	15
人均科研仪器设备资产原值 / 万元	7.24	7.13	22	21
省级以上创新平台及载体系数	0.17	0.17	4	6
科技投入 /%	32.24	48.31	25	19
人力投入 /%	19.75	19.67	24	26
创新人才团队总量系数	0.00	0.00	4	15
R&D 人员占年末从业人员的比重 /%	45.16	44.44	24	25
经费投入 /%	44.74	76.95	25	13
人均科研经费 / 万元	4.08	17.27	25	8
人均 R&D 经费 / 万元	67.11	44.19	22	25
科技产出 /%	18.30	33.40	20	13
知识产出 /%	44.17	68.00	22	14

续表

指标名称	三级指标值		位次	
	2019年	2018年	2019年	2018年
科技论文系数	2.00	2.16	25	25
知识产权系数	0.66	1.28	20	12
科技奖励 /%	0.00	0.00	11	12
科技成果系数	0.00	0.00	11	12
技术成果市场化水平 /%	0.00	0.00	2	2
人均技术成果成交额 / 万元	0.00	0.00	2	2
科技合作交流 /%	29.04	65.62	11	5
项目合作系数	1.18	4.18	9	1
论文论著合作系数	0.75	1.25	10	10
创新绩效 /%	44.01	57.62	9	6
科技服务 /%	100.00	100.00	1	1
科技服务系数	0.11	0.12	2	2
产学研结合 /%	0.00	50.00	17	8
产学研结合系数	0.00	0.40	17	8
创造效益 /%	36.03	10.47	8	9
经济效益系数	72.06	20.94	8	9

（二十二）贵州省科学技术情报研究所

年末从业人员 80 人；高学历以上人员 25 人，占年末从业人员的比例为 31.25%，居第 27 位；高职称以上人员 13 人，占年末从业人员的比例为 16.25%，居第 31 位；科研仪器设备资产原值 345.00 万元，人均科研仪器设备资产原值 4.31 万元，居第 25 位。

科研经费 615.00 万元，人均科研经费 7.69 万元，居第 17 位。

发表科技论文 35 篇（一般科技论文 30 篇，核心期刊 5 篇），科技论文系数为 2.37，居第 22 位；省内合作项目 6 项，省外合作项目 2 项，产学研项目 5 项，项目合作系数为 1.59，居第 5 位。

科技培训人数 4500 人，对外科技咨询项数 45 项，科技特派员 13 人，科技服务系数为 0.03，居第 8 位；知识产权创造的直接效益 35.00 万元，技术服务收入 168.00 万元，经济效益系数为 73.23，居第 7 位。

贵州省科学技术情报研究所综合科技创新水平指数为 33.34%，居第 22 位，与上年相比，监测值不变，位次上升 3 位。在 4 个一级指标中，科技创新环境和基础较上年不变，位次不变。科技投入较上年不变，位次上升 2 位。科技产出较上年不变，位次下降 4 位。创新绩效较上年不变，位次下降 1 位（表 4-22）。

表 4-22 贵州省科学技术情报研究所各级监测指标和位次与上年比较

指标名称	三级指标值		位次	
	2019年	2018年	2019年	2018年
综合指数 /%	33.34	33.34	22	25
科技创新环境和基础 /%	15.66	15.66	30	30
人力资源 /%	25.54	25.54	28	29
高层次科技人才系数	0.00	0.00	14	26
高学历以上人员占年末从业人员的比例 /%	31.25	31.25	27	25
高职称以上人员占年末从业人员的比例 /%	16.25	16.25	31	31
创新条件及平台 /%	9.08	9.08	28	27
人均科研仪器设备资产原值 / 万元	4.31	4.31	25	24
省级以上创新平台及载体系数	0.00	0.00	19	18
科技投入 /%	15.26	15.26	29	31
人力投入 /%	0.00	0.00	28	30
创新人才团队总量系数	0.00	0.00	4	15
R&D 人员占年末从业人员的比重 /%	0.00	0.00	28	28
经费投入 /%	30.53	30.53	28	28
人均科研经费 / 万元	7.69	7.69	17	20
人均 R&D 经费 / 万元	0.00	0.00	28	28
科技产出 /%	43.11	43.11	8	4
知识产出 /%	66.83	66.83	14	15
科技论文系数	2.37	2.37	22	21
知识产权系数	1.13	1.13	14	14
科技奖励 /%	0.00	0.00	11	12
科技成果系数	0.00	0.00	11	12
技术成果市场化水平 /%	50.12	50.12	1	1
人均技术成果成交额 / 万元	0.88	0.88	1	1
科技合作交流 /%	65.50	65.50	5	6
项目合作系数	1.59	1.59	5	6
论文论著合作系数	3.12	3.12	5	5
创新绩效 /%	70.16	70.16	4	3
科技服务 /%	60.00	60.00	8	9
科技服务系数	0.03	0.03	8	9
产学研结合 /%	100.00	100.00	1	1
产学研结合系数	2.00	2.00	2	1
创造效益 /%	36.62	36.62	7	7
经济效益系数	73.23	73.23	7	7

（二十三）贵州省山地农业机械研究所

年末从业人员 45 人；高学历以上人员 17 人，占年末从业人员的比例为 37.78%，居第 23 位；高职称以上人员 14 人，占年末从业人员的比例为 31.11%，居第 17 位；科研仪器设备资产原值 806.00 万元，人均科研仪器设备资产原值 17.91 万元，居第 6 位。

R&D 人员 33 人，占年末从业人员的比重为 73.33%，居第 15 位；科研经费 90.00 万元，人均科研经费 2.00 万元，居第 30 位；R&D 经费 9766.00 万元，人均 R&D 经费 217.02 万元，居第 8 位。

发表科技论文 9 篇（一般科技论文 5 篇，核心期刊 4 篇），科技论文系数为 0.89，居第 29 位；省内合作项目 2 项，省外合作项目 2 项，项目合作系数为 0.82，居第 13 位。

科技培训人数 580 人，对外科技咨询项数 11 项，科技特派员 3 人，科技服务系数为 0.01，居第 24 位。

贵州省山地农业机械研究所综合科技创新水平指数为 29.84%，居第 23 位，与上年相比，监测值上升 0.21 个百分点，位次上升 5 位。在 4 个一级指标中，科技创新环境和基础较上年上升 2.73 个百分点，位次上升 3 位。科技投入较上年下降 0.13 个百分点，位次上升 2 位。科技产出较上年下降 0.19 个百分点，位次上升 3 位。创新绩效较上年下降 2.50 个百分点，位次下降 2 位（表 4-23）。

表 4-23 贵州省山地农业机械研究所各级监测指标和位次与上年比较

指标名称	三级指标值		位次	
	2019 年	2018 年	2019 年	2018 年
综合指数 /%	29.84	29.63	23	28
科技创新环境和基础 /%	55.12	52.39	14	17
人力资源 /%	24.77	23.88	30	30
高层次科技人才系数	0.00	0.00	14	26
高学历以上人员占年末从业人员的比例 /%	37.78	31.71	23	24
高职称以上人员占年末从业人员的比例 /%	31.11	36.59	17	11
创新条件及平台 /%	75.36	71.39	7	8
人均科研仪器设备资产原值 / 万元	17.91	16.00	6	7
省级以上创新平台及载体系数	0.17	0.17	4	6
科技投入 /%	35.16	35.29	24	26
人力投入 /%	25.42	25.60	23	25
创新人才团队总量系数	0.00	0.00	4	15
R&D 人员占年末从业人员的比重 /%	73.33	80.49	15	12
经费投入 /%	44.89	44.98	24	26
人均科研经费 / 万元	2.00	2.20	30	27
人均 R&D 经费 / 万元	217.02	145.88	8	13
科技产出 /%	17.77	17.96	21	24

指标名称	三级指标值		位次	
	2019年	2018年	2019年	2018年
知识产出 /%	57.42	61.00	18	17
科技论文系数	0.89	1.32	29	28
知识产权系数	2.11	1.37	7	11
科技奖励 /%	0.00	0.00	11	12
科技成果系数	0.00	0.00	11	12
技术成果市场化水平 /%	0.00	0.00	2	2
人均技术成果成交额 / 万元	0.00	0.00	2	2
科技合作交流 /%	13.67	10.83	16	17
项目合作系数	0.82	0.65	13	16
论文论著合作系数	0.00	0.00	12	13
创新绩效 /%	7.00	9.50	28	26
科技服务 /%	20.00	20.00	24	23
科技服务系数	0.01	0.01	24	23
产学研结合 /%	0.00	6.25	17	17
产学研结合系数	0.00	0.05	17	17
创造效益 /%	0.00	0.00	18	16
经济效益系数	0.00	0.00	18	16

（二十四）贵州省分析测试研究院

年末从业人员340人；高学历以上人员54人，占年末从业人员的比例为15.88%，居第31位；高职称以上人员33人，占年末从业人员的比例为9.71%，居第32位；科研仪器设备资产原值5559.50万元，人均科研仪器设备资产原值16.35万元，居第8位。

科研经费1688.00万元，人均科研经费4.96万元，居第24位。

发表科技论文56篇（一般科技论文23篇，核心期刊13篇，三大检索工具收录13篇），科技论文系数为5.21，居第5位；省内合作项目1项，项目合作系数为0.12，居第22位。

技术服务收入2693.00万元，经济效益系数为828.62，居第2位。

贵州省分析测试研究院综合科技创新水平指数为28.55%，居第24位，与上年相比，监测值下降3.07个百分点，位次上升3位。在4个一级指标中，科技创新环境和基础较上年上升5.95个百分点，位次上升4位。科技投入较上年上升0.27个百分点，位次上升3位。科技产出较上年下降13.23个百分点，位次下降7位。创新绩效较上年不变，位次上升2位（表4-24）。

表 4-24 贵州省分析测试研究院各级监测指标和位次与上年比较

指标名称	三级指标值		位次	
	2019 年	2018 年	2019 年	2018 年
综合指数 /%	28.55	31.62	24	27
科技创新环境和基础 /%	40.00	34.05	20	24
人力资源 /%	42.19	42.16	18	27
高层次科技人才系数	0.00	0.00	14	26
高学历以上人员占年末从业人员的比例 /%	15.88	16.11	31	31
高职称以上人员占年末从业人员的比例 /%	9.71	9.17	32	33
创新条件及平台 /%	38.54	28.64	19	19
人均科研仪器设备资产原值 / 万元	16.35	3.54	8	27
省级以上创新平台及载体系数	0.00	0.00	19	18
科技投入 /%	25.19	24.92	26	29
人力投入 /%	0.00	0.00	28	30
创新人才团队总量系数	0.00	0.00	4	15
R&D 人员占年末从业人员的比重 /%	0.00	0.00	28	28
经费投入 /%	50.38	49.84	21	22
人均科研经费 / 万元	4.96	3.84	24	23
人均 R&D 经费 / 万元	0.00	0.00	28	28
科技产出 /%	24.29	37.52	17	10
知识产出 /%	64.67	100.00	16	1
科技论文系数	5.21	6.42	5	4
知识产权系数	0.51	1.24	22	13
科技奖励 /%	0.00	0.00	11	12
科技成果系数	0.00	0.00	11	12
技术成果市场化水平 /%	0.00	0.00	2	2
人均技术成果成交额 / 万元	0.00	0.00	2	2
科技合作交流 /%	32.50	50.08	10	8
项目合作系数	0.12	0.29	22	18
论文论著合作系数	2.44	3.62	6	4
创新绩效 /%	25.00	25.00	19	21
科技服务 /%	0.00	0.00	27	27
科技服务系数	0.00	0.00	27	27
产学研结合 /%	0.00	0.00	17	18
产学研结合系数	0.00	0.00	17	18
创造效益 /%	100.00	100.00	1	1
经济效益系数	828.62	251.08	2	3

（二十五）贵州省现代农业发展研究所

年末从业人员 40 人；高学历以上人员 30 人，占年末从业人员的比例为 75.00%，居第 2 位；高职称以上人员 12 人，占年末从业人员的比例为 30.00%，居第 20 位；科研仪器设备资产原值 369.00 万元，人均科研仪器设备资产原值 9.22 万元，居第 17 位。

R&D 人员 37 人，占年末从业人员的比重为 92.50%，居第 3 位；科研经费 150.00 万元，人均科研经费 3.75 万元，居第 26 位；R&D 经费 9317.00 万元，人均 R&D 经费 232.92 万元，居第 6 位。

发表科技论文 20 篇（一般科技论文 9 篇，核心期刊 8 篇，三大检索工具收录 3 篇），科技论文系数为 2.58，居第 20 位；省内合作项目 1 项，项目合作系数为 0.12，居第 22 位。

科技培训人数 1375 人，科技特派员 13 人，科技服务系数为 0.02，居第 19 位。

贵州省现代农业发展研究所综合科技创新水平指数为 27.97%，居第 25 位，与上年相比，监测值下降 4.14 个百分点，位次上升 1 位。在 4 个一级指标中，科技创新环境和基础较上年下降 19.58 个百分点，位次下降 5 位。科技投入较上年上升 1.57 个百分点，位次上升 4 位。科技产出较上年上升 1.02 个百分点，位次上升 4 位。创新绩效较上年不变，位次上升 1 位（表 4-25）。

表 4-25 贵州省现代农业发展研究所各级监测指标和位次与上年比较

指标名称	三级指标值		位次	
	2019 年	2018 年	2019 年	2018 年
综合指数 /%	27.97	32.11	25	26
科技创新环境和基础 /%	49.91	69.49	19	14
人力资源 /%	30.93	80.28	25	18
高层次科技人才系数	0.00	0.49	14	10
高学历以上人员占年末从业人员的比例 /%	75.00	67.44	2	3
高职称以上人员占年末从业人员的比例 /%	30.00	27.91	20	19
创新条件及平台 /%	62.56	62.30	16	16
人均科研仪器设备资产原值 / 万元	9.22	8.58	17	17
省级以上创新平台及载体系数	0.17	0.17	4	6
科技投入 /%	38.04	36.47	21	25
人力投入 /%	27.73	27.73	20	23
创新人才团队总量系数	0.00	0.00	4	15
R&D 人员占年末从业人员的比重 /%	92.50	86.05	3	9
经费投入 /%	48.35	45.21	22	25
人均科研经费 / 万元	3.75	2.21	26	26
人均 R&D 经费 / 万元	232.92	172.65	6	7
科技产出 /%	11.08	10.06	24	28
知识产出 /%	42.33	33.92	23	26

指标名称	三级指标值		位次	
	2019 年	2018 年	2019 年	2018 年
科技论文系数	2.58	2.42	20	19
知识产权系数	0.50	0.33	23	25
科技奖励 /%	0.00	0.00	11	12
科技成果系数	0.00	0.00	11	12
技术成果市场化水平 /%	0.00	0.00	2	2
人均技术成果成交额 / 万元	0.00	0.00	2	2
科技合作交流 /%	2.00	6.33	23	19
项目合作系数	0.12	0.29	22	18
论文论著合作系数	0.00	0.12	12	12
创新绩效 /%	14.00	14.00	23	24
科技服务 /%	40.00	40.00	19	19
科技服务系数	0.02	0.02	19	19
产学研结合 /%	0.00	0.00	17	18
产学研结合系数	0.00	0.00	17	18
创造效益 /%	0.00	0.00	18	16
经济效益系数	0.00	0.00	18	16

（二十六）贵州省复合改性聚合物材料工程技术研究中心

年末从业人员 138 人；高学历以上人员 86 人，占年末从业人员的比例为 62.32%，居第 8 位；高职称以上人员 44 人，占年末从业人员的比例为 31.88%，居第 16 位；科研仪器设备资产原值 571.70 万元，人均科研仪器设备资产原值 4.14 万元，居第 27 位。

科研经费 351.00 万元，人均科研经费 2.54 万元，居第 29 位。

发表科技论文 41 篇（核心期刊 21 篇，三大检索工具收录 20 篇），科技论文系数为 8.74，居第 2 位；省内合作项目 5 项，产学研项目 9 项，项目合作系数为 1.12，居第 10 位。

科技培训人数 580 人，对外科技咨询项数 75 项，科技特派员 13 人，科技服务系数为 0.03，居第 8 位；技术服务收入 5.00 万元，经济效益系数为 1.54，居第 16 位。

贵州省复合改性聚合物材料工程技术研究中心综合科技创新水平指数为 27.76%，居第 26 位，与上年相比，监测值下降 13.44 个百分点，位次下降 6 位。在 4 个一级指标中，科技创新环境和基础较上年上升 2.51 个百分点，位次上升 3 位。科技投入较上年下降 48.13 个百分点，位次下降 16 位。科技产出较上年下降 3.66 个百分点，位次上升 2 位。创新绩效较上年下降 5.04 个百分点，位次下降 1 位（表 4-26）。

表 4-26 贵州省复合改性聚合物材料工程技术研究中心各级监测指标和位次与上年比较

指标名称	三级指标值		位次	
	2019 年	2018 年	2019 年	2018 年
综合指数 /%	27.76	41.20	26	20
科技创新环境和基础 /%	27.50	24.99	24	27
人力资源 /%	47.98	47.86	11	26
高层次科技人才系数	0.00	0.00	14	26
高学历以上人员占年末从业人员的比例 /%	62.32	60.15	8	8
高职称以上人员占年末从业人员的比例 /%	31.88	32.33	16	16
创新条件及平台 /%	13.85	9.74	25	26
人均科研仪器设备资产原值 / 万元	4.14	3.01	27	28
省级以上创新平台及载体系数	0.00	0.00	19	18
科技投入 /%	8.27	56.40	31	15
人力投入 /%	0.00	60.00	28	13
创新人才团队总量系数	0.00	1.00	4	2
R&D 人员占年末从业人员的比重 /%	0.00	0.00	28	28
经费投入 /%	16.54	52.79	31	20
人均科研经费 / 万元	2.54	9.98	29	16
人均 R&D 经费 / 万元	0.00	0.00	28	28
科技产出 /%	29.67	33.33	12	14
知识产出 /%	100.00	100.00	1	1
科技论文系数	8.74	9.95	2	2
知识产权系数	6.69	6.33	1	1
科技奖励 /%	0.00	0.00	11	12
科技成果系数	0.00	0.00	11	12
技术成果市场化水平 /%	0.00	0.00	2	2
人均技术成果成交额 / 万元	0.00	0.00	2	2
科技合作交流 /%	18.67	33.33	13	11
项目合作系数	1.12	2.00	10	3
论文论著合作系数	0.00	0.00	12	13
创新绩效 /%	56.19	61.23	6	5
科技服务 /%	60.00	60.00	8	9
科技服务系数	0.03	0.03	8	9
产学研结合 /%	87.50	100.00	5	1
产学研结合系数	0.70	0.85	5	4
创造效益 /%	0.77	0.92	16	15
经济效益系数	1.54	1.85	16	15

（二十七）贵州省植物园

年末从业人员 89 人；高学历以上人员 45 人，占年末从业人员的比例为 50.56%，居第 16 位；高职称以上人员 21 人，占年末从业人员的比例为 23.60%，居第 26 位；科研仪器设备资产原值 317.00 万元，人均科研仪器设备资产原值 3.56 万元，居第 28 位。

R&D 人员 72 人，占年末从业人员的比重为 80.90%，居第 9 位；科研经费 940.00 万元，人均科研经费 10.56 万元，居第 14 位；R&D 经费 10 220.00 万元，人均 R&D 经费 114.83 万元，居第 18 位。

发表科技论文 37 篇（一般科技论文 22 篇，核心期刊 14 篇，三大检索工具收录 1 篇），科技论文系数为 3.63，居第 14 位；省内合作项目 1 项，省外合作项目 1 项，项目合作系数为 0.41，居第 19 位。

科技培训人数 670 人，对外科技咨询项数 3 项，科技特派员 17 人，科技服务系数为 0.02，居第 19 位。

贵州省植物园综合科技创新水平指数为 27.11%，居第 27 位，与上年相比，监测值下降 13.42 个百分点，位次下降 6 位。在 4 个一级指标中，科技创新环境和基础较上年下降 11.37 个百分点，位次下降 1 位。科技投入较上年下降 2.96 个百分点，位次上升 4 位。科技产出较上年下降 28.11 个百分点，位次下降 16 位。创新绩效较上年不变，位次上升 1 位（表 4-27）。

表 4-27　贵州省植物园各级监测指标和位次与上年比较

指标名称	三级指标值		位次	
	2019 年	2018 年	2019 年	2018 年
综合指数 /%	27.11	40.53	27	21
科技创新环境和基础 /%	22.13	33.50	26	25
人力资源 /%	43.05	71.05	16	21
高层次科技人才系数	0.00	0.22	14	21
高学历以上人员占年末从业人员的比例 /%	50.56	43.24	16	17
高职称以上人员占年末从业人员的比例 /%	23.60	24.32	26	25
创新条件及平台 /%	8.19	8.47	29	28
人均科研仪器设备资产原值 / 万元	3.56	4.28	28	25
省级以上创新平台及载体系数	0.00	0.00	19	18
科技投入 /%	63.04	66.00	8	12
人力投入 /%	40.00	85.84	4	9
创新人才团队总量系数	0.00	0.36	4	8
R&D 人员占年末从业人员的比重 /%	80.90	63.51	9	18
经费投入 /%	86.09	46.16	9	24
人均科研经费 / 万元	10.56	1.89	14	28
人均 R&D 经费 / 万元	114.83	93.70	18	17
科技产出 /%	10.62	38.73	25	9

续表

指标名称	三级指标值		位次	
	2019年	2018年	2019年	2018年
知识产出 /%	35.67	70.92	25	12
科技论文系数	3.63	3.16	14	14
知识产权系数	0.13	1.07	28	15
科技奖励 /%	0.00	70.00	11	3
科技成果系数	0.00	0.07	11	3
技术成果市场化水平 /%	0.00	0.00	2	2
人均技术成果成交额 / 万元	0.00	0.00	2	2
科技合作交流 /%	6.83	0.00	21	26
项目合作系数	0.41	0.00	19	25
论文论著合作系数	0.00	0.00	12	13
创新绩效 /%	14.00	14.00	23	24
科技服务 /%	40.00	40.00	19	19
科技服务系数	0.02	0.02	19	19
产学研结合 /%	0.00	0.00	17	18
产学研结合系数	0.00	0.00	17	18
创造效益 /%	0.00	0.00	18	16
经济效益系数	0.00	0.00	18	16

（二十八）贵州省农业科技信息研究所

年末从业人员45人；高学历以上人员18人，占年末从业人员的比例为40.00%，居第18位；高职称以上人员14人，占年末从业人员的比例为31.11%，居第17位；科研仪器设备资产原值709.00万元，人均科研仪器设备资产原值15.76万元，居第9位。

R&D人员34人，占年末从业人员的比重为75.56%，居第12位；科研经费140.00万元，人均科研经费3.11万元，居第27位；R&D经费5790.00万元，人均R&D经费128.67万元，居第17位。

发表科技论文12篇（一般科技论文9篇，核心期刊3篇），科技论文系数为0.95，居第28位。

科技培训人数500人，科技特派员14人，科技服务系数为0.02，居第19位。

贵州省农业科技信息研究所综合科技创新水平指数为26.14%，居第28位，与上年相比，监测值下降10.84个百分点，位次下降5位。在4个一级指标中，科技创新环境和基础较上年下降19.50个百分点，位次下降5位。科技投入较上年下降15.30个百分点，位次下降6位。科技产出较上年下降0.75个百分点，位次下降1位。创新绩效较上年下降12.50个百分点，位次下降3位（表4-28）。

表 4-28 贵州省农业科技信息研究所各级监测指标和位次与上年比较

指标名称	三级指标值		位次	
	2019 年	2018 年	2019 年	2018 年
综合指数 /%	26.14	36.98	28	23
科技创新环境和基础 /%	53.61	73.11	16	11
人力资源 /%	25.39	74.77	29	19
高层次科技人才系数	0.00	0.31	14	18
高学历以上人员占年末从业人员的比例 /%	40.00	37.78	18	21
高职称以上人员占年末从业人员的比例 /%	31.11	31.11	17	17
创新条件及平台 /%	72.43	72.00	10	7
人均科研仪器设备资产原值 / 万元	15.76	15.44	9	8
省级以上创新平台及载体系数	0.17	0.17	4	6
科技投入 /%	36.86	52.16	23	17
人力投入 /%	26.13	79.26	22	11
创新人才团队总量系数	0.00	0.64	4	6
R&D 人员占年末从业人员的比重 /%	75.56	55.56	12	22
经费投入 /%	47.60	25.06	23	29
人均科研经费 / 万元	3.11	1.78	27	30
人均 R&D 经费 / 万元	128.67	56.89	17	22
科技产出 /%	4.06	4.81	30	29
知识产出 /%	16.25	14.42	30	29
科技论文系数	0.95	1.63	28	27
知识产权系数	0.20	0.02	26	31
科技奖励 /%	0.00	0.00	11	12
科技成果系数	0.00	0.00	11	12
技术成果市场化水平 /%	0.00	0.00	2	2
人均技术成果成交额 / 万元	0.00	0.00	2	2
科技合作交流 /%	0.00	4.83	25	20
项目合作系数	0.00	0.29	25	18
论文论著合作系数	0.00	0.00	12	13
创新绩效 /%	14.00	26.50	23	20
科技服务 /%	40.00	40.00	19	19
科技服务系数	0.02	0.02	19	19
产学研结合 /%	0.00	31.25	17	13
产学研结合系数	0.00	0.25	17	13
创造效益 /%	0.00	0.00	18	16
经济效益系数	0.00	0.00	18	16

(二十九)贵州省水利科学研究院

年末从业人员 105 人;高学历以上人员 37 人,占年末从业人员的比例为 35.24%,居第 25 位;高职称以上人员 30 人,占年末从业人员的比例为 28.57%,居第 21 位;科研仪器设备资产原值 0.00 万元,人均科研仪器设备资产原值 0.00 万元,居第 32 位。

R&D 人员 79 人,占年末从业人员的比重为 75.24%,居第 13 位;科研经费 50.00 万元,人均科研经费 0.48 万元,居第 32 位;R&D 经费 6971.00 万元,人均 R&D 经费 66.39 万元,居第 23 位。

发表科技论文 32 篇(一般科技论文 22 篇,核心期刊 9 篇,三大检索工具收录 1 篇),科技论文系数为 2.84,居第 18 位。

技术服务收入 319.00 万元,经济效益系数为 98.15,居第 6 位。

贵州省水利科学研究院综合科技创新水平指数为 19.43%,居第 29 位,与上年相比,监测值下降 0.69 个百分点,位次不变。在 4 个一级指标中,科技创新环境和基础较上年下降 3.76 个百分点,位次下降 1 位。科技投入较上年下降 0.68 个百分点,位次上升 4 位。科技产出较上年下降 4.04 个百分点,位次下降 1 位。创新绩效较上年上升 12.27 个百分点,位次上升 1 位(表 4-29)。

表 4-29 贵州省水利科学研究院各级监测指标和位次与上年比较

指标名称	三级指标值		位次	
	2019 年	2018 年	2019 年	2018 年
综合指数 /%	19.43	20.12	29	29
科技创新环境和基础 /%	16.80	20.56	29	28
人力资源 /%	42.01	51.41	19	25
高层次科技人才系数	0.00	0.07	14	25
高学历以上人员占年末从业人员的比例 /%	35.24	30.28	25	26
高职称以上人员占年末从业人员的比例 /%	28.57	27.52	21	20
创新条件及平台 /%	0.00	0.00	32	32
人均科研仪器设备资产原值 / 万元	0.00	0.00	32	32
省级以上创新平台及载体系数	0.00	0.00	19	18
科技投入 /%	39.74	40.42	20	24
人力投入 /%	40.00	38.46	4	18
创新人才团队总量系数	0.00	0.00	4	15
R&D 人员占年末从业人员的比重 /%	75.24	60.55	13	21
经费投入 /%	39.47	42.37	27	27
人均科研经费 / 万元	0.48	0.96	32	32
人均 R&D 经费 / 万元	66.39	69.88	23	19
科技产出 /%	9.88	13.92	27	26

	三级指标值		位次	
指标名称	2019年	2018年	2019年	2018年
知识产出 /%	39.50	55.67	24	20
科技论文系数	2.84	4.63	18	9
知识产权系数	0.38	0.41	24	24
科技奖励 /%	0.00	0.00	11	12
科技成果系数	0.00	0.00	11	12
技术成果市场化水平 /%	0.00	0.00	2	2
人均技术成果成交额 / 万元	0.00	0.00	2	2
科技合作交流 /%	0.00	0.00	25	26
项目合作系数	0.00	0.00	25	25
论文论著合作系数	0.00	0.00	12	13
创新绩效 /%	12.27	0.00	27	28
科技服务 /%	0.00	0.00	27	27
科技服务系数	0.00	0.00	27	27
产学研结合 /%	0.00	0.00	17	18
产学研结合系数	0.00	0.00	17	18
创造效益 /%	49.08	0.00	6	16
经济效益系数	98.15	0.00	6	16

（三十）贵州省劳动保护科学技术研究院

年末从业人员 69 人；高学历以上人员 7 人，占年末从业人员的比例为 10.14%，居第 32 位；高职称以上人员 26 人，占年末从业人员的比例为 37.68%，居第 10 位；科研仪器设备资产原值 589.00 万元，人均科研仪器设备资产原值 8.54 万元，居第 21 位。

R&D 人员 14 人，占年末从业人员的比重为 20.29%，居第 26 位；科研经费 964.00 万元，人均科研经费 13.97 万元，居第 10 位；R&D 经费 2140.00 万元，人均 R&D 经费 31.01 万元，居第 26 位。

发表科技论文 8 篇（一般科技论文 8 篇），科技论文系数为 0.42，居第 31 位。

贵州省劳动保护科学技术研究院综合科技创新水平指数为 14.78%，居第 30 位，与上年相比，监测值下降 2.78 个百分点，位次不变。在 4 个一级指标中，科技创新环境和基础较上年上升 0.20 个百分点，位次上升 2 位。科技投入较上年下降 7.25 个百分点，位次上升 1 位。科技产出较上年下降 2.91 个百分点，位次下降 2 位。创新绩效较上年不变，位次下降 3 位（表 4-30）。

表 4-30 贵州省劳动保护科学技术研究院各级监测指标和位次与上年比较

指标名称	三级指标值		位次	
	2019年	2018年	2019年	2018年
综合指数 /%	14.78	17.56	30	30
科技创新环境和基础 /%	20.65	20.45	27	29
人力资源 /%	27.66	27.49	27	28
高层次科技人才系数	0.00	0.00	14	26
高学历以上人员占年末从业人员的比例 /%	10.14	9.46	32	33
高职称以上人员占年末从业人员的比例 /%	37.68	36.49	10	12
创新条件及平台 /%	15.98	15.75	24	22
人均科研仪器设备资产原值 / 万元	8.54	7.96	21	19
省级以上创新平台及载体系数	0.00	0.00	19	18
科技投入 /%	37.23	44.48	22	23
人力投入 /%	9.63	10.84	26	29
创新人才团队总量系数	0.00	0.00	4	15
R&D 人员占年末从业人员的比重 /%	20.29	21.62	26	27
经费投入 /%	64.83	78.11	18	12
人均科研经费 / 万元	13.97	20.46	10	6
人均 R&D 经费 / 万元	31.01	36.91	26	26
科技产出 /%	0.88	3.79	32	30
知识产出 /%	3.50	10.33	32	30
科技论文系数	0.42	0.89	31	30
知识产权系数	0.00	0.07	31	29
科技奖励 /%	0.00	0.00	11	12
科技成果系数	0.00	0.00	11	12
技术成果市场化水平 /%	0.00	0.00	2	2
人均技术成果成交额 / 万元	0.00	0.00	2	2
科技合作交流 /%	0.00	4.83	25	20
项目合作系数	0.00	0.29	25	18
论文论著合作系数	0.00	0.00	12	13
创新绩效 /%	0.00	0.00	31	28
科技服务 /%	0.00	0.00	27	27
科技服务系数	0.00	0.00	27	27
产学研结合 /%	0.00	0.00	17	18
产学研结合系数	0.00	0.00	17	18
创造效益 /%	0.00	0.00	18	16
经济效益系数	0.00	0.00	18	16

(三十一)贵州省冶金科学研究室

年末从业人员 10 人;高学历以上人员 4 人,占年末从业人员的比例为 40.00%,居第 18 位;高职称以上人员 10 人,占年末从业人员的比例为 100.00%,居第 1 位;科研仪器设备资产原值 5.50 万元,人均科研仪器设备资产原值 0.55 万元,居第 31 位。

R&D 人员 1 人,占年末从业人员的比重为 10.00%,居第 27 位;科研经费 6.00 万元,人均科研经费 0.60 万元,居第 31 位;R&D 经费 632.00 万元,人均 R&D 经费 63.20 万元,居第 24 位。

省内合作项目 1 项,项目合作系数为 0.12,居第 22 位。

技术服务收入 2.00 万元,经济效益系数为 0.62,居第 17 位。

贵州省冶金科学研究室综合科技创新水平指数为 5.58%,居第 31 位,与上年相比,监测值下降 0.87 个百分点,位次不变。在 4 个一级指标中,科技创新环境和基础较上年上升 0.04 个百分点,位次不变。科技投入较上年下降 10.80 个百分点,位次下降 2 位。科技产出较上年上升 5.19 个百分点,位次上升 2 位。创新绩效较上年上升 0.08 个百分点,位次下降 2 位(表 4-31)。

表 4-31 贵州省冶金科学研究室各级监测指标和位次与上年比较

指标名称	三级指标值		位次	
	2019 年	2018 年	2019 年	2018 年
综合指数 /%	5.58	6.45	31	31
科技创新环境和基础 /%	7.34	7.30	32	32
人力资源 /%	17.85	17.85	31	31
高层次科技人才系数	0.00	0.00	14	26
高学历以上人员占年末从业人员的比例 /%	40.00	40.00	18	20
高职称以上人员占年末从业人员的比例 /%	100.00	100.00	1	1
创新条件及平台 /%	0.34	0.26	31	31
人均科研仪器设备资产原值 / 万元	0.55	0.43	31	31
省级以上创新平台及载体系数	0.00	0.00	19	18
科技投入 /%	5.50	16.30	32	30
人力投入 /%	1.60	13.87	27	28
创新人才团队总量系数	0.00	0.00	4	15
R&D 人员占年末从业人员的比重 /%	10.00	110.00	27	2
经费投入 /%	9.41	18.74	32	30
人均科研经费 / 万元	0.60	0.70	31	33
人均 R&D 经费 / 万元	63.20	157.80	24	9
科技产出 /%	6.75	1.56	29	31

续表

指标名称	三级指标值		位次	
	2019年	2018年	2019年	2018年
知识产出 /%	25.00	4.25	28	32
科技论文系数	0.00	0.16	32	32
知识产权系数	0.60	0.07	21	29
科技奖励 /%	0.00	0.00	11	12
科技成果系数	0.00	0.00	11	12
技术成果市场化水平 /%	0.00	0.00	2	2
人均技术成果成交额 /万元	0.00	0.00	2	2
科技合作交流 /%	2.00	2.00	23	25
项目合作系数	0.12	0.12	22	24
论文论著合作系数	0.00	0.00	12	13
创新绩效 /%	0.08	0.00	30	28
科技服务 /%	0.00	0.00	27	27
科技服务系数	0.00	0.00	27	27
产学研结合 /%	0.00	0.00	17	18
产学研结合系数	0.00	0.00	17	18
创造效益 /%	0.31	0.00	17	16
经济效益系数	0.62	0.00	17	16

(三十二) 贵州省粮油科研设计所

年末从业人员4人；高学历以上人员1人，占年末从业人员的比例为25.00%，居第30位；高职称以上人员1人，占年末从业人员的比例为25.00%，居第25位；科研仪器设备资产原值97.00万元，人均科研仪器设备资产原值24.25万元，居第4位。

科研经费120.00万元，人均科研经费30.00万元，居第4位。

发表科技论文8篇（一般科技论文6篇，核心期刊2篇），科技论文系数为0.63，居第30位。

贵州省粮油科研设计所综合科技创新水平指数为4.69%，居第32位，与上年相比，监测值不变，位次不变。在4个一级指标中，科技创新环境和基础较上年不变，位次不变。科技投入较上年不变，位次上升2位。科技产出较上年不变，位次上升1位。创新绩效较上年不变，位次下降3位（表4-32）。

表 4-32 贵州省粮油科研设计所各级监测指标和位次与上年比较

指标名称	三级指标值		位次	
	2019 年	2018 年	2019 年	2018 年
综合指数 /%	4.69	4.69	32	32
科技创新环境和基础 /%	8.31	8.31	31	31
人力资源 /%	5.67	5.67	32	33
高层次科技人才系数	0.00	0.00	14	26
高学历以上人员占年末从业人员的比例 /%	25.00	25.00	30	28
高职称以上人员占年末从业人员的比例 /%	25.00	25.00	25	24
创新条件及平台 /%	10.07	10.07	26	24
人均科研仪器设备资产原值 / 万元	24.25	24.25	4	2
省级以上创新平台及载体系数	0.00	0.00	19	18
科技投入 /%	8.62	8.62	30	32
人力投入 /%	0.00	0.00	28	30
创新人才团队总量系数	0.00	0.00	4	15
R&D 人员占年末从业人员的比重 /%	0.00	0.00	28	28
经费投入 /%	17.24	17.24	30	31
人均科研经费 / 万元	30.00	30.00	4	2
人均 R&D 经费 / 万元	0.00	0.00	28	28
科技产出 /%	1.31	1.31	31	32
知识产出 /%	5.25	5.25	31	31
科技论文系数	0.63	0.63	30	31
知识产权系数	0.00	0.00	31	32
科技奖励 /%	0.00	0.00	11	12
科技成果系数	0.00	0.00	11	12
技术成果市场化水平 /%	0.00	0.00	2	2
人均技术成果成交额 / 万元	0.00	0.00	2	2
科技合作交流 /%	0.00	0.00	25	26
项目合作系数	0.00	0.00	25	25
论文论著合作系数	0.00	0.00	12	13
创新绩效 /%	0.00	0.00	31	28
科技服务 /%	0.00	0.00	27	27
科技服务系数	0.00	0.00	27	27
产学研结合 /%	0.00	0.00	17	18
产学研结合系数	0.00	0.00	17	18
创造效益 /%	0.00	0.00	18	16
经济效益系数	0.00	0.00	18	16

四、开发类科研院所综合科技创新水平评价

根据综合科技创新水平指数，全省14家科研院所分为3类。

第一类：综合科技创新水平指数高于30%的科研院所，有2所；

第二类：综合科技创新水平指数低于30%，但高于平均水平（20.15%）的科研院所，有6所；

第三类：综合科技创新水平指数低于平均水平的科研院所，有6所。

参照2018年综合科技创新水平指数排序，贵州省矿山安全科学研究院上升1位，贵州省新材料研究开发基地上升1位，贵州省冶金设计研究院上升1位，贵州省冶金化工研究所上升1位，贵州省机电研究设计院上升1位；贵州省化工研究院下降1位，贵州省生物技术研究开发基地下降1位，贵州省轻工业科学研究所下降1位，贵州省建筑材料科学研究设计院下降1位，贵州省工艺美术研究所下降1位；其余科研院所位次均不变（图4-11）。

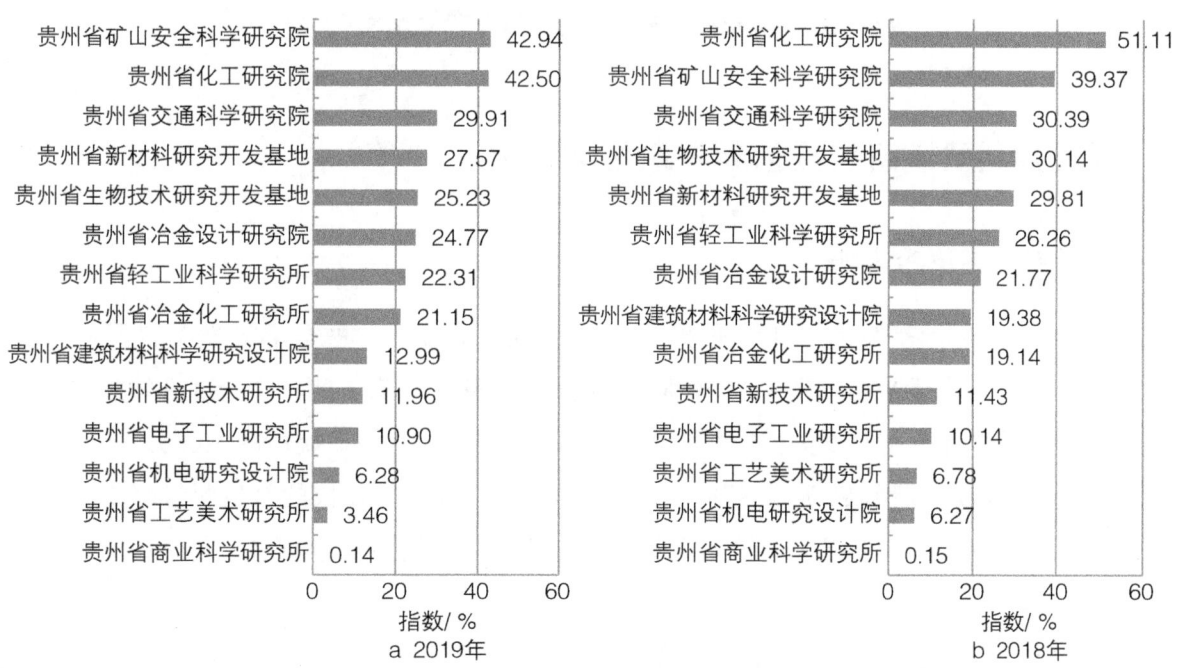

图4-11 综合科技创新水平指数排序

2019年与2018年监测结果相比，科研院所综合科技创新水平指数平均水平下降1.43个百分点，贵州省化工研究院、贵州省建筑材料科学研究设计院、贵州省生物技术研究开发基地等6所科研院所高于这一降幅（图4-12）。

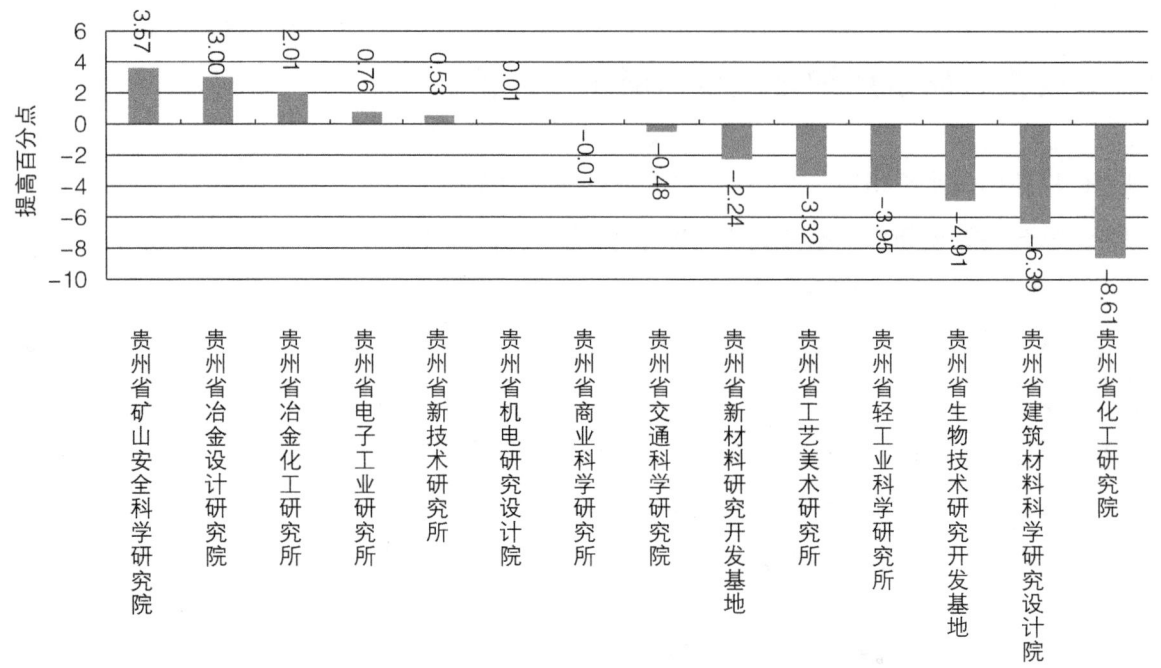

图 4-12　综合科技创新水平指数提高百分点排序

五、开发类科研院所科技创新一级指标评价

（一）科技创新环境和基础

科技创新环境和基础指数高于 40% 的开发类科研院所有 2 所，占全部开发类科研院所的 14.29%；低于 40%，但高于平均水平（22.50%）的开发类科研院所有 5 所，占全部开发类科研院所的 35.71%；低于平均水平的开发类科研院所有 7 所，占全部开发类科研院所的 50.00%。

参照 2018 年科研院所科技创新环境和基础指数排序，位次上升较快的是贵州省轻工业科学研究所，位次上升 2 位；位次下降较快的是贵州省化工研究院、贵州省建筑材料科学研究设计院（图 4-13）。

2019 年与 2018 年监测结果相比，科技创新环境和基础指数平均水平下降 5.10 个百分点，贵州省化工研究院、贵州省建筑材料科学研究设计院、贵州省新材料研究开发基地等 3 所科研院所高于这一降幅（图 4-14）。

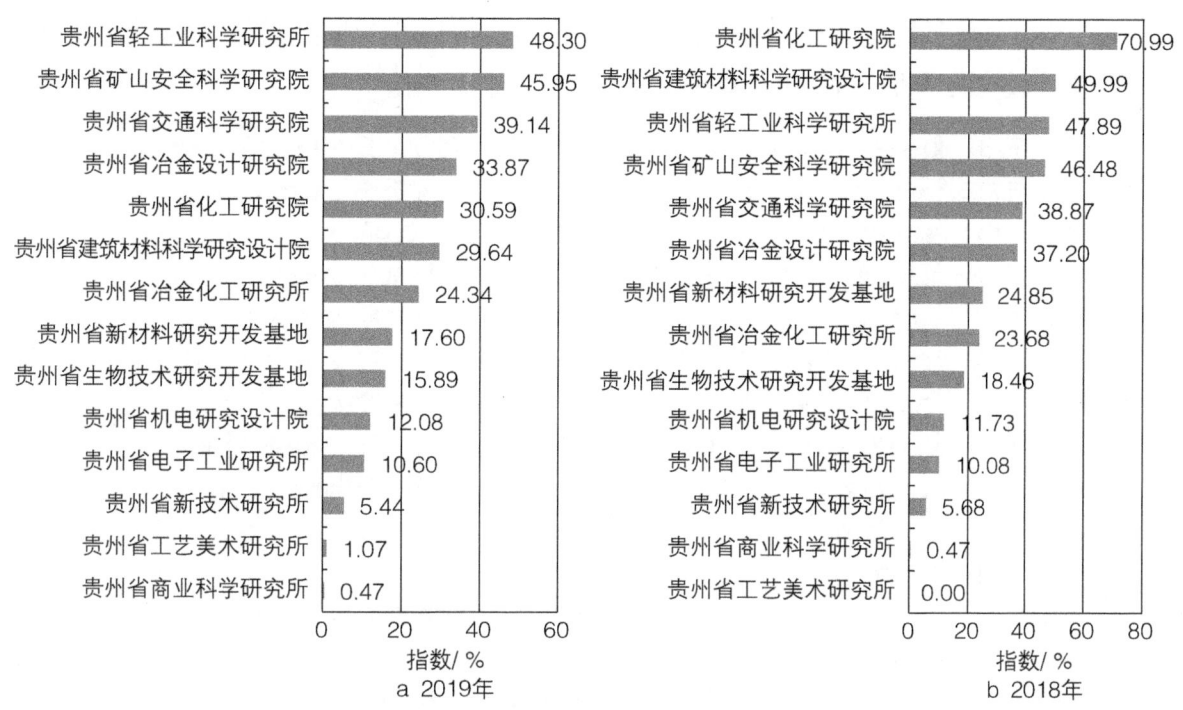

图 4-13 科技创新环境和基础指数排序

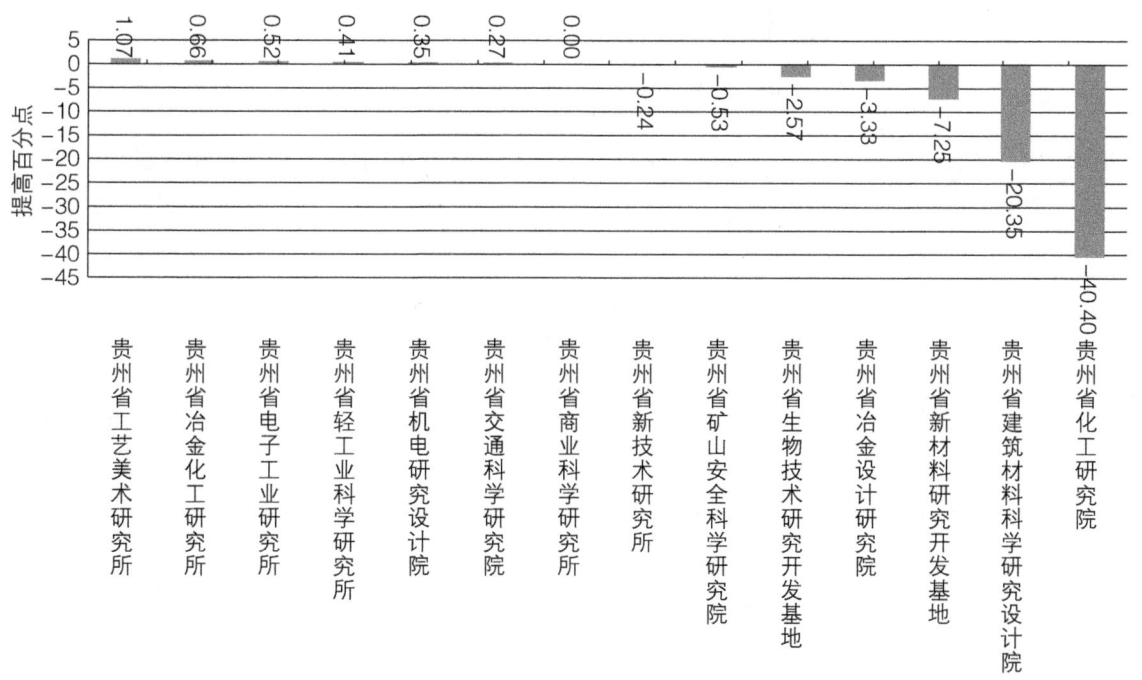

图 4-14 科技创新环境和基础指数提高百分点排序

（二）科技投入

科技投入指数高于 40% 的开发类科研院所有 3 所，占全部开发类科研院所的 21.43%；低于 40%，但高于平均水平（31.44%）的开发类科研院所有 4 所，占全部开发类科研院所的 28.57%；低于平均水平的开发类科研院所有 7 所，占全部开发类科研院所的 50.00%。

参照2018年科研院所科技投入指数排序，位次上升较快的是贵州省冶金设计研究院，位次上升4位；位次下降较快的是贵州省轻工业科学研究所，下降5位（图4-15）。

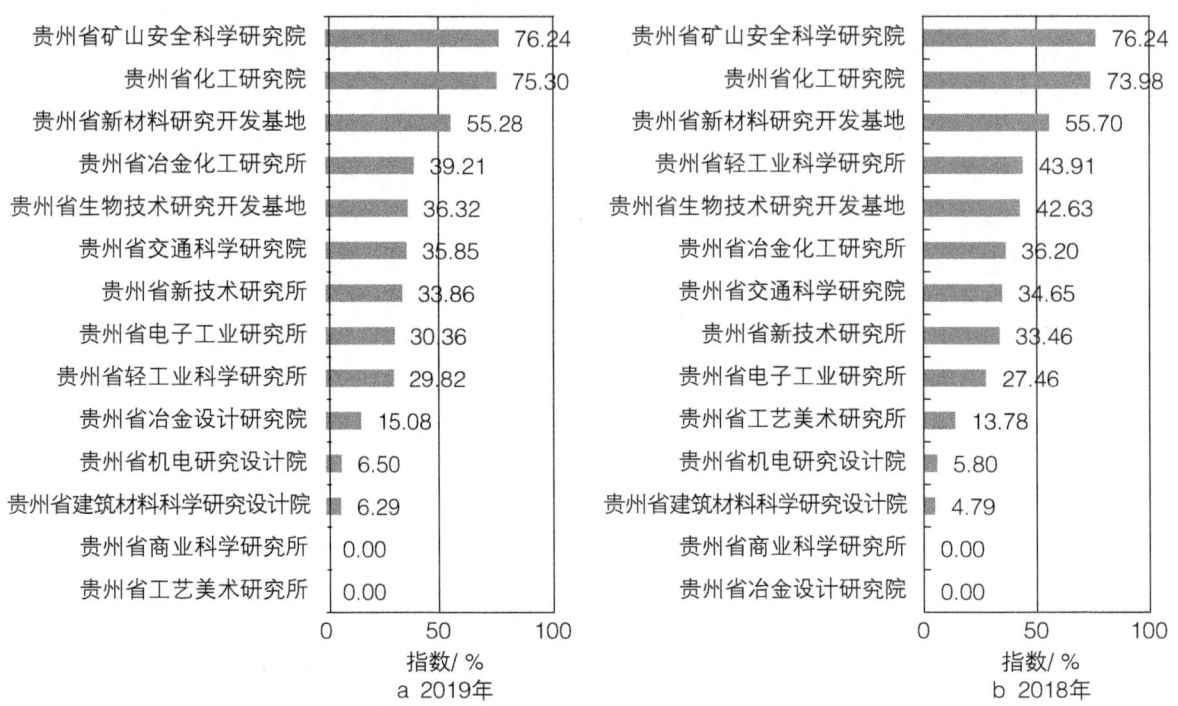

图4-15 科技投入指数排序

2019年与2018年监测结果相比，科技投入指数平均水平下降0.60个百分点，贵州省轻工业科学研究所、贵州省工艺美术研究所、贵州省生物技术研究开发基地等3所科研院所高于这一降幅（图4-16）。

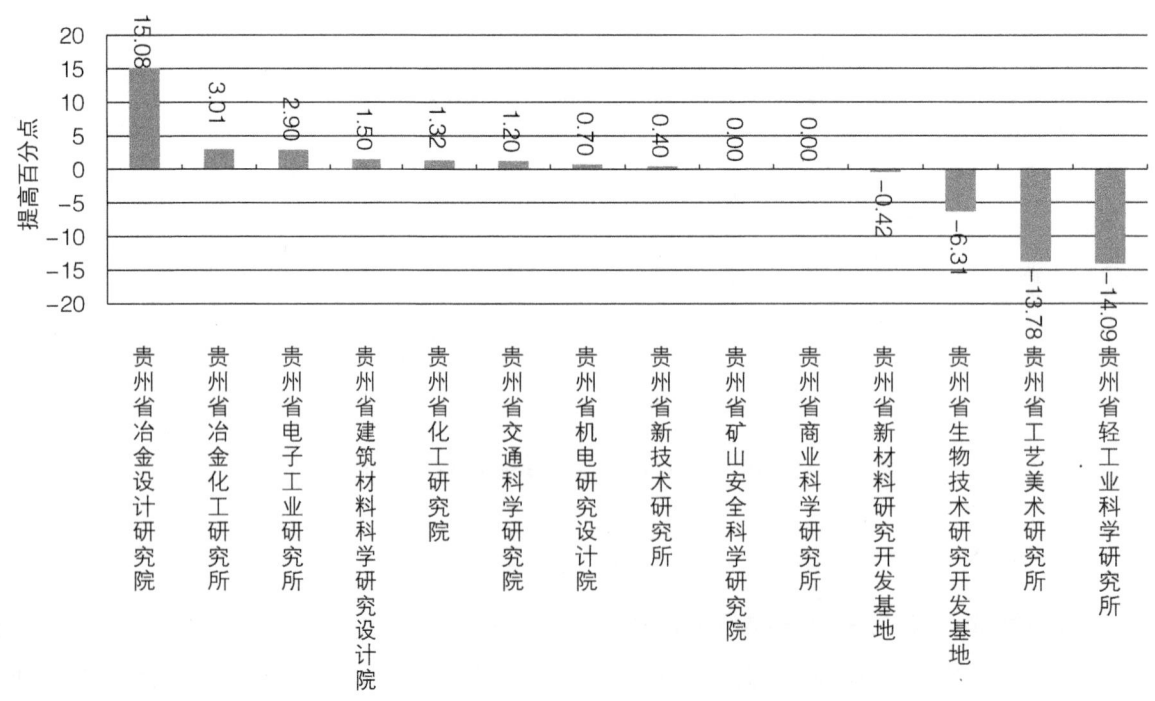

图4-16 科技投入指数提高百分点排序

（三）科技产出

科技产出指数高于40%的开发类科研院所有0所；低于40%，但高于平均水平（7.17%）的开发类科研院所有7所，占全部开发类科研院所的50.00%；低于平均水平的开发类科研院所有7所，占全部开发类科研院所的50.00%。

参照2018年科研院所科技产出指数排序，位次上升较快的是贵州省矿山安全科学研究院，位次上升4位；位次下降较快的是贵州省化工研究院，下降3位（图4-17）。

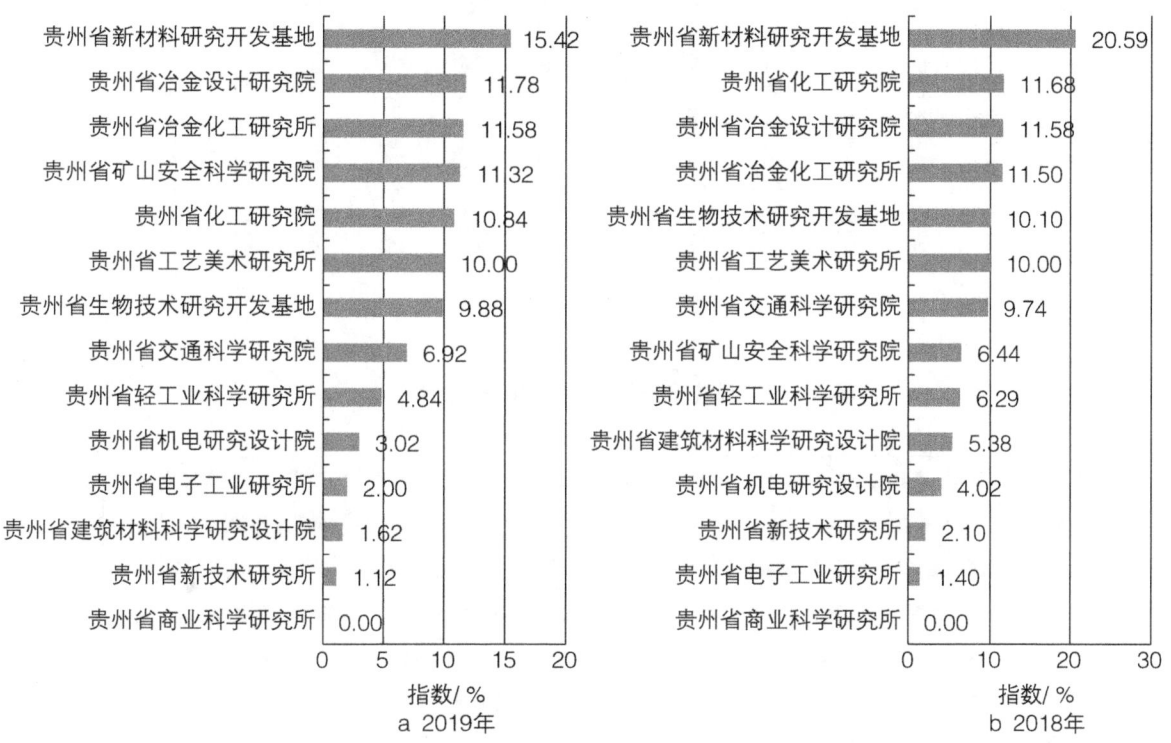

图4-17 科技产出指数排序

2019年与2018年监测结果相比，科技产出指数平均水平下降0.75个百分点，贵州省新材料研究开发基地、贵州省建筑材料科学研究设计院、贵州省交通科学研究院等7所科研院所高于这一降幅（图4-18）。

（四）创新绩效

创新绩效指数高于40%的开发类科研院所有5所，占全部开发类科研院所的35.71%；低于40%，但高于平均水平（22.59%）的开发类科研院所有1所，占全部开发类科研院所的7.14%；低于平均水平的开发类科研院所有8所，占全部开发类科研院所的57.14%。

参照2018年科研院所创新绩效指数排序，位次上升较快的是贵州省化工研究院，位次上升1位；位次下降较快的是贵州省轻工业科学研究所，下降2位（图4-19）。

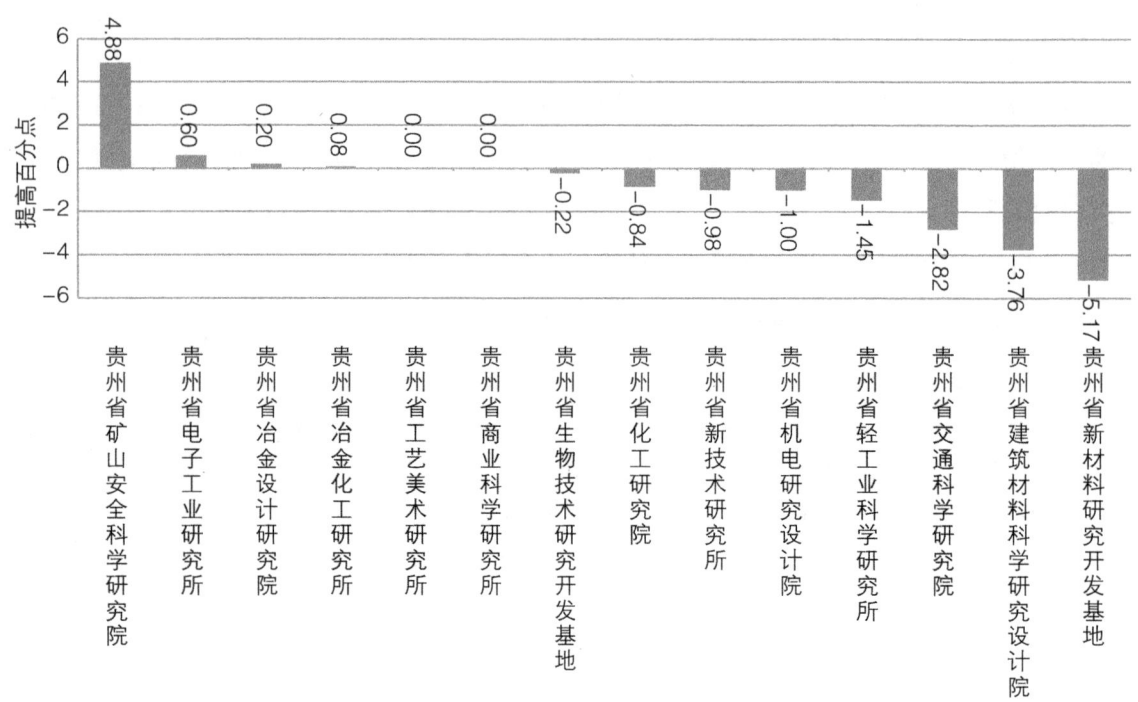

图 4-18　科技产出指数提高百分点排序

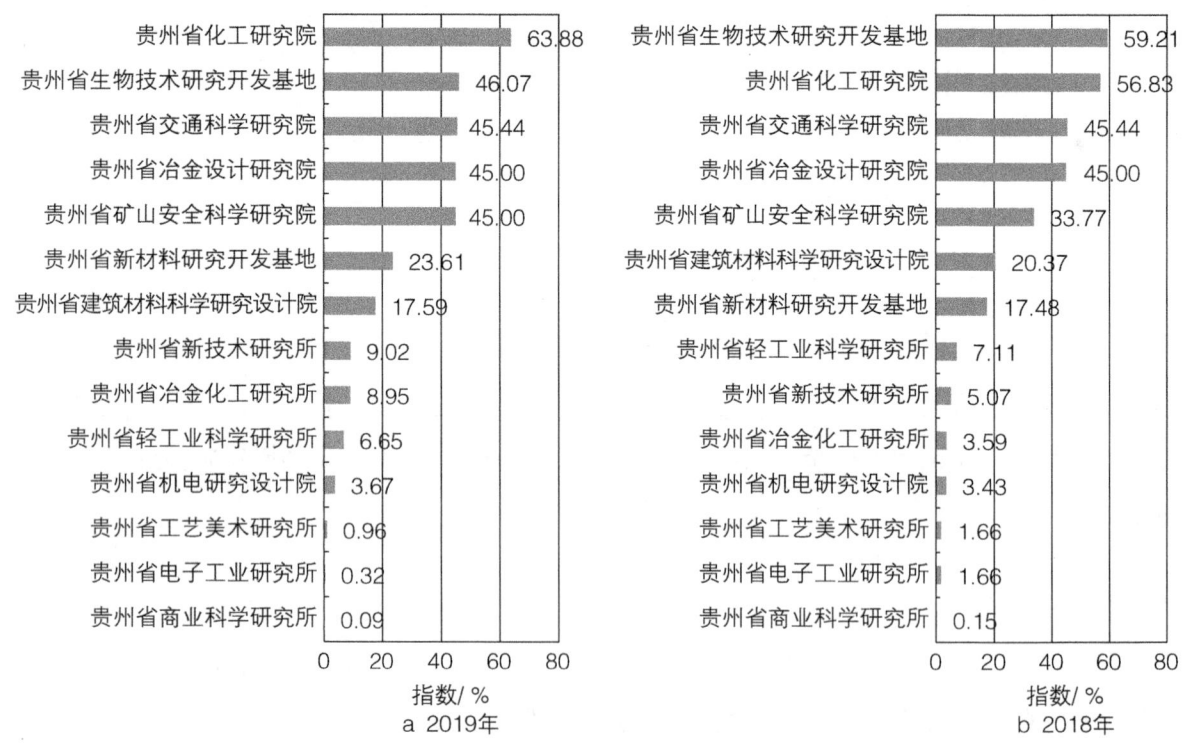

图 4-19　创新绩效指数排序

2019年与2018年监测结果相比，创新绩效指数平均水平提高1.11个百分点，贵州省矿山安全科学研究院、贵州省化工研究院、贵州省新材料研究开发基地等5所科研院所高于这一增幅（图4-20）。

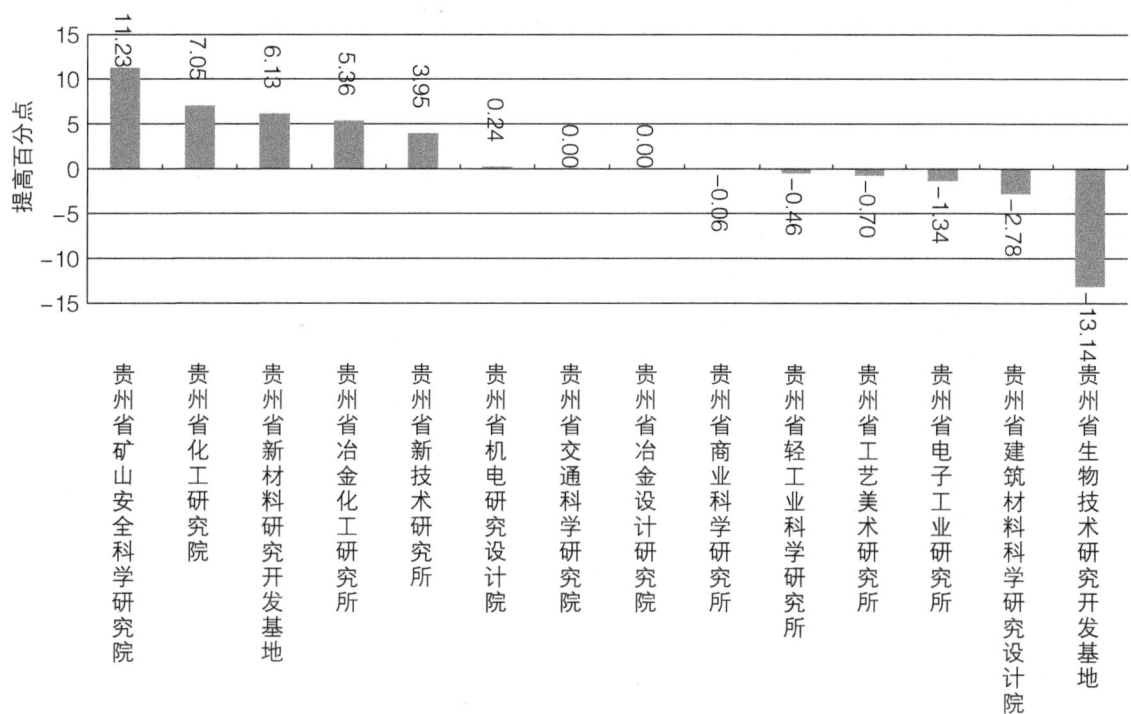

图 4-20 创新绩效指数提高百分点排序

六、开发类科研院所科技创新水平评价

（一）贵州省矿山安全科学研究院

年末从业人员 40 人；高学历以上人员 15 人，占年末从业人员的比例为 37.50%，居第 2 位；高职称以上人员 24 人，占年末从业人员的比例为 60.00%，居第 1 位；科研仪器设备资产原值 348.00 万元，人均科研仪器设备资产原值 8.70 万元，居第 3 位。

R&D 人员 40 人，占年末从业人员的比重为 100.00%，居第 1 位；科研经费 3988.00 万元，人均科研经费 99.70 万元，居第 1 位。

发表科技论文 11 篇（一般科技论文 8 篇，核心期刊 1 篇，三大检索工具收录 2 篇），科技论文系数为 1.16，居第 2 位；省内合作项目 192 项，项目合作系数为 22.59，居第 1 位。

技术服务收入 3631.00 万元，经济效益系数为 1117.23，居第 3 位。

贵州省矿山安全科学研究院综合科技创新水平指数为 42.94%，居第 1 位，与上年相比，监测值上升 3.57 个百分点，位次上升 1 位。在 4 个一级指标中，科技创新环境和基础较上年下降 0.53 个百分点，位次上升 2 位。科技投入较上年不变，位次不变。科技产出较上年上升 4.88 个百分点，位次上升 4 位。创新绩效较上年上升 11.23 个百分点，位次上升 1 位（表 4-33）。

表 4-33 贵州省矿山安全科学研究院各级监测指标和位次与上年比较

指标名称	三级指标值		位次	
	2019 年	2018 年	2019 年	2018 年
综合指数 /%	42.94	39.37	1	2
科技创新环境和基础 /%	45.95	46.48	2	4
人力资源 /%	24.04	25.36	3	5
高层次科技人才系数	0.00	0.00	1	3
高学历以上人员占年末从业人员的比例 /%	37.50	42.50	2	2
高职称以上人员占年末从业人员的比例 /%	60.00	60.00	1	1
创新条件及平台 /%	60.56	60.56	2	4
人均科研仪器设备资产原值 / 万元	8.70	8.70	3	2
省级以上创新平台及载体系数	0.17	0.17	2	2
科技投入 /%	76.24	76.24	1	1
人力投入 /%	20.80	20.80	1	3
创新人才团队总量系数	0.00	0.00	1	3
R&D 人员占年末从业人员的比重 /%	100.00	100.00	1	1
经费投入 /%	100.00	100.00	1	1
人均科研经费 / 万元	99.70	89.00	1	1
人均 R&D 经费 / 万元	90.32	143.10	2	1
科技产出 /%	11.32	6.44	4	8
知识产出 /%	31.60	7.20	8	12
科技论文系数	1.16	0.42	2	6
知识产权系数	0.40	0.06	8	13
科技奖励 /%	0.00	0.00	1	2
科技成果系数	0.00	0.00	1	2
技术成果市场化水平 /%	0.00	0.00	1	2
人均技术成果成交额 / 万元	0.00	0.00	1	2
科技合作交流 /%	50.00	50.00	2	1
项目合作系数	22.59	20.12	1	1
论文论著合作系数	0.00	0.00	2	2
创新绩效 /%	45.00	33.77	4	5
科技服务 /%	0.00	0.00	6	7
科技服务系数	0.00	0.00	6	7
产学研结合 /%	0.00	0.00	6	5
产学研结合系数	0.00	0.00	6	5
创造效益 /%	100.00	75.05	1	4
经济效益系数	1117.23	750.46	3	4

（二）贵州省化工研究院

年末从业人员 130 人；高学历以上人员 16 人，占年末从业人员的比例为 12.31%，居第 4 位；高职称以上人员 26 人，占年末从业人员的比例为 20.00%，居第 8 位；科研仪器设备资产原值 620.00 万元，人均科研仪器设备资产原值 4.77 万元，居第 8 位。

R&D 人员 45 人，占年末从业人员的比重为 34.62%，居第 5 位；科研经费 2084.00 万元，人均科研经费 16.03 万元，居第 3 位。

发表科技论文 8 篇（一般科技论文 8 篇），科技论文系数为 0.42，居第 5 位。

对外科技咨询项数 467 项，科技特派员 4 人，科技服务系数为 0.82，居第 1 位；技术服务收入 1902.00 万元，经济效益系数为 641.77，居第 5 位。

贵州省化工研究院综合科技创新水平指数为 42.50%，居第 2 位，与上年相比，监测值下降 8.61 个百分点，位次下降 1 位。在 4 个一级指标中，科技创新环境和基础较上年下降 40.40 个百分点，位次下降 4 位。科技投入较上年上升 1.32 个百分点，位次不变。科技产出较上年下降 0.84 个百分点，位次下降 3 位。创新绩效较上年上升 7.05 个百分点，位次上升 1 位（表 4-34）。

表 4-34 贵州省化工研究院各级监测指标和位次与上年比较

指标名称	三级指标值		位次	
	2019 年	2018 年	2019 年	2018 年
综合指数 /%	42.50	51.11	2	1
科技创新环境和基础 /%	30.59	70.99	5	1
人力资源 /%	20.30	70.30	5	1
高层次科技人才系数	0.00	0.15	1	1
高学历以上人员占年末从业人员的比例 /%	12.31	12.31	4	5
高职称以上人员占年末从业人员的比例 /%	20.00	20.00	8	8
创新条件及平台 /%	37.45	71.45	4	3
人均科研仪器设备资产原值 / 万元	4.77	4.77	8	7
省级以上创新平台及载体系数	0.00	0.17	3	2
科技投入 /%	75.30	73.98	2	2
人力投入 /%	17.66	17.66	3	5
创新人才团队总量系数	0.00	0.00	1	3
R&D 人员占年末从业人员的比重 /%	34.62	34.62	5	4
经费投入 /%	100.00	98.12	1	2
人均科研经费 / 万元	16.03	12.65	3	4
人均 R&D 经费 / 万元	27.38	51.00	6	3
科技产出 /%	10.84	11.68	5	2
知识产出 /%	54.20	58.40	2	1

续表

指标名称	三级指标值		位次	
	2019年	2018年	2019年	2018年
科技论文系数	0.42	0.84	5	4
知识产权系数	1.70	2.07	3	1
科技奖励/%	0.00	0.00	1	2
科技成果系数	0.00	0.00	1	2
技术成果市场化水平/%	0.00	0.00	1	2
人均技术成果成交额/万元	0.00	0.00	1	2
科技合作交流/%	0.00	0.00	7	6
项目合作系数	0.00	0.00	7	6
论文论著合作系数	0.00	0.00	2	2
创新绩效/%	63.88	56.83	1	2
科技服务/%	100.00	97.50	1	1
科技服务系数	0.82	0.78	1	1
产学研结合/%	0.00	0.00	6	5
产学研结合系数	0.00	0.00	6	5
创造效益/%	64.18	50.45	5	5
经济效益系数	641.77	504.54	5	5

（三）贵州省交通科学研究院

年末从业人员475人；高学历以上人员40人，占年末从业人员的比例为8.42%，居第9位；高职称以上人员72人，占年末从业人员的比例为15.16%，居第10位；科研仪器设备资产原值1740.00万元，人均科研仪器设备资产原值3.66万元，居第9位。

R&D人员49人，占年末从业人员的比重为10.32%，居第9位；科研经费102.00万元，人均科研经费0.21万元，居第11位。

发表科技论文5篇（一般科技论文5篇），科技论文系数为0.26，居第7位。

科技培训人数48人，科技服务系数为0.01，居第4位；技术服务收入6870.00万元，经济效益系数为2113.85，居第2位。

贵州省交通科学研究院综合科技创新水平指数为29.91%，居第3位，与上年相比，监测值下降0.48个百分点，位次不变。在4个一级指标中，科技创新环境和基础较上年上升0.27个百分点，位次上升2位。科技投入较上年上升1.20个百分点，位次上升1位。科技产出较上年下降2.82个百分点，位次下降1位。创新绩效较上年不变，位次不变（表4-35）。

表 4-35　贵州省交通科学研究院各级监测指标和位次与上年比较

指标名称	三级指标值		位次	
	2019 年	2018 年	2019 年	2018 年
综合指数 /%	29.91	30.39	3	3
科技创新环境和基础 /%	39.14	38.87	3	5
人力资源 /%	43.58	43.45	2	2
高层次科技人才系数	0.00	0.00	1	3
高学历以上人员占年末从业人员的比例 /%	8.42	8.08	9	7
高职称以上人员占年末从业人员的比例 /%	15.16	14.62	10	9
创新条件及平台 /%	36.18	35.81	5	5
人均科研仪器设备资产原值 / 万元	3.66	3.33	9	9
省级以上创新平台及载体系数	0.00	0.00	3	5
科技投入 /%	35.85	34.65	6	7
人力投入 /%	16.65	16.57	4	6
创新人才团队总量系数	0.00	0.00	1	3
R&D 人员占年末从业人员的比重 /%	10.32	9.42	9	9
经费投入 /%	44.08	42.40	7	7
人均科研经费 / 万元	0.21	0.12	11	11
人均 R&D 经费 / 万元	10.68	9.75	8	8
科技产出 /%	6.92	9.74	8	7
知识产出 /%	34.60	48.70	7	6
科技论文系数	0.26	0.32	7	7
知识产权系数	0.64	0.91	6	5
科技奖励 /%	0.00	0.00	1	2
科技成果系数	0.00	0.00	1	2
技术成果市场化水平 /%	0.00	0.00	1	2
人均技术成果成交额 / 万元	0.00	0.00	1	2
科技合作交流 /%	0.00	0.00	7	6
项目合作系数	0.00	0.00	7	6
论文论著合作系数	0.00	0.00	2	2
创新绩效 /%	45.44	45.44	3	3
科技服务 /%	1.25	1.25	4	5
科技服务系数	0.01	0.01	4	5
产学研结合 /%	0.00	0.00	6	5
产学研结合系数	0.00	0.00	6	5
创造效益 /%	100.00	100.00	1	1
经济效益系数	2113.85	3117.54	2	2

(四)贵州省新材料研究开发基地

年末从业人员 25 人;高学历以上人员 4 人,占年末从业人员的比例为 16.00%,居第 3 位;高职称以上人员 6 人,占年末从业人员的比例为 24.00%,居第 5 位;科研仪器设备资产原值 278.68 万元,人均科研仪器设备资产原值 11.15 万元,居第 1 位。

R&D 人员 17 人,占年末从业人员的比重为 68.00%,居第 3 位;科研经费 570.00 万元,人均科研经费 22.80 万元,居第 2 位。

发表科技论文 3 篇(一般科技论文 3 篇),科技论文系数为 0.16,居第 9 位;产学研项目 1 项,项目合作系数为 0.06,居第 5 位。

技术服务收入 48.70 万元,经济效益系数为 413.52,居第 6 位。

贵州省新材料研究开发基地综合科技创新水平指数为 27.57%,居第 4 位,与上年相比,监测值下降 2.24 个百分点,位次上升 1 位。在 4 个一级指标中,科技创新环境和基础较上年下降 7.25 个百分点,位次下降 1 位。科技投入较上年下降 0.42 个百分点,位次不变。科技产出较上年下降 5.17 个百分点,位次不变。创新绩效较上年上升 6.13 个百分点,位次上升 1 位(表 4-36)。

表 4-36 贵州省新材料研究开发基地各级监测指标和位次与上年比较

指标名称	三级指标值		位次	
	2019 年	2018 年	2019 年	2018 年
综合指数 /%	27.57	29.81	4	5
科技创新环境和基础 /%	17.60	24.85	8	7
人力资源 /%	9.71	33.05	8	4
高层次科技人才系数	0.00	0.07	1	2
高学历以上人员占年末从业人员的比例 /%	16.00	16.00	3	3
高职称以上人员占年末从业人员的比例 /%	24.00	24.00	5	5
创新条件及平台 /%	22.86	19.38	8	9
人均科研仪器设备资产原值 / 万元	11.15	8.54	1	3
省级以上创新平台及载体系数	0.00	0.00	3	5
科技投入 /%	55.28	55.70	3	3
人力投入 /%	11.84	15.04	5	7
创新人才团队总量系数	0.00	0.00	1	3
R&D 人员占年末从业人员的比重 /%	68.00	88.00	3	3
经费投入 /%	73.89	73.12	3	3
人均科研经费 / 万元	22.80	22.00	2	3
人均 R&D 经费 / 万元	168.72	40.80	1	4
科技产出 /%	15.42	20.59	1	1
知识产出 /%	51.60	51.10	4	4

续表

指标名称	三级指标值		位次	
	2019年	2018年	2019年	2018年
科技论文系数	0.16	0.11	9	10
知识产权系数	2.16	1.71	2	2
科技奖励 /%	0.00	14.00	1	1
科技成果系数	0.00	0.07	1	1
技术成果市场化水平 /%	0.00	0.00	1	2
人均技术成果成交额 / 万元	0.00	0.00	1	2
科技合作交流 /%	51.00	47.67	1	2
项目合作系数	0.06	0.06	5	5
论文论著合作系数	1.94	0.56	1	1
创新绩效 /%	23.61	17.48	6	7
科技服务 /%	0.00	0.00	6	7
科技服务系数	0.00	0.00	6	7
产学研结合 /%	25.00	25.00	2	2
产学研结合系数	0.30	0.30	2	2
创造效益 /%	41.35	27.74	6	7
经济效益系数	413.52	277.39	6	7

（五）贵州省生物技术研究开发基地

年末从业人员26人；高学历以上人员3人，占年末从业人员的比例为11.54%，居第5位；高职称以上人员3人，占年末从业人员的比例为11.54%，居第12位；科研仪器设备资产原值275.00万元，人均科研仪器设备资产原值10.58万元，居第2位。

R&D人员4人，占年末从业人员的比重为15.38%，居第8位；科研经费155.00万元，人均科研经费5.96万元，居第4位。

发表科技论文8篇（一般科技论文3篇，核心期刊4篇），科技论文系数为1.05，居第3位；省内合作项目2项，产学研项目1项，项目合作系数为0.29，居第3位。

科技培训人数55人，对外科技咨询项数9项，科技特派员1人，科技服务系数为0.02，居第3位；知识产权创造的直接效益760.00万元，技术服务收入2.00万元，经济效益系数为708.00，居第4位。

贵州省生物技术研究开发基地综合科技创新水平指数为25.23%，居第5位，与上年相比，监测值下降4.91个百分点，位次下降1位。在4个一级指标中，科技创新环境和基础较上年下降2.57个百分点，位次不变。科技投入较上年下降6.31个百分点，位次不变。科技产出较上年下降0.22个百分点，位次下降2位。创新绩效较上年下降13.14个百分点，位次下降1位（表4-37）。

表 4-37 贵州省生物技术研究开发基地各级监测指标和位次与上年比较

指标名称	三级指标值		位次	
	2019年	2018年	2019年	2018年
综合指数 /%	25.23	30.14	5	4
科技创新环境和基础 /%	15.89	18.46	9	9
人力资源 /%	5.72	6.56	11	11
高层次科技人才系数	0.00	0.00	1	3
高学历以上人员占年末从业人员的比例 /%	11.54	14.81	5	4
高职称以上人员占年末从业人员的比例 /%	11.54	11.11	12	11
创新条件及平台 /%	22.67	26.40	9	7
人均科研仪器设备资产原值 / 万元	10.58	12.78	2	1
省级以上创新平台及载体系数	0.00	0.00	3	5
科技投入 /%	36.32	42.63	5	5
人力投入 /%	2.73	24.94	9	2
创新人才团队总量系数	0.00	0.36	1	2
R&D 人员占年末从业人员的比重 /%	15.38	18.52	8	7
经费投入 /%	50.72	50.21	4	4
人均科研经费 / 万元	5.96	5.56	4	5
人均 R&D 经费 / 万元	5.38	11.78	9	7
科技产出 /%	9.88	10.10	7	5
知识产出 /%	47.00	48.10	6	7
科技论文系数	1.05	1.16	3	1
知识产权系数	0.73	0.73	5	7
科技奖励 /%	0.00	0.00	1	2
科技成果系数	0.00	0.00	1	2
技术成果市场化水平 /%	0.00	0.00	1	2
人均技术成果成交额 / 万元	0.00	0.00	1	2
科技合作交流 /%	4.83	4.83	4	3
项目合作系数	0.29	0.29	3	2
论文论著合作系数	0.00	0.00	2	2
创新绩效 /%	46.07	59.21	2	1
科技服务 /%	2.50	2.50	3	4
科技服务系数	0.02	0.02	3	4
产学研结合 /%	66.67	66.67	1	1
产学研结合系数	0.80	0.80	1	1
创造效益 /%	70.80	100.00	4	1
经济效益系数	708.00	1020.62	4	3

（六）贵州省冶金设计研究院

年末从业人员 589 人；高学历以上人员 56 人，占年末从业人员的比例为 9.51%，居第 6 位；高职称以上人员 94 人，占年末从业人员的比例为 15.96%，居第 9 位；科研仪器设备资产原值 492.30 万元，人均科研仪器设备资产原值 0.84 万元，居第 12 位。

科研经费 542.00 万元，人均科研经费 0.92 万元，居第 9 位。

发表科技论文 11 篇（一般科技论文 8 篇，核心期刊 3 篇），科技论文系数为 0.89，居第 4 位。

知识产权创造的直接效益 33 108.20 万元，技术服务收入 54 003.06 万元，经济效益系数为 36 990.60，居第 1 位。

贵州省冶金设计研究院综合科技创新水平指数为 24.77%，居第 6 位，与上年相比，监测值上升 3.00 个百分点，位次上升 1 位。在 4 个一级指标中，科技创新环境和基础较上年下降 3.33 个百分点，位次上升 2 位。科技投入较上年上升 15.08 个百分点，位次上升 3 位。科技产出较上年上升 0.20 个百分点，位次上升 1 位。创新绩效较上年不变，位次不变（表 4-38）。

表 4-38　贵州省冶金设计研究院各级监测指标和位次与上年比较

指标名称	三级指标值		位次	
	2019 年	2018 年	2019 年	2018 年
综合指数 /%	24.77	21.77	6	7
科技创新环境和基础 /%	33.87	37.20	4	6
人力资源 /%	43.85	43.00	1	3
高层次科技人才系数	0.00	0.00	1	3
高学历以上人员占年末从业人员的比例 /%	9.51	7.83	6	9
高职称以上人员占年末从业人员的比例 /%	15.96	12.12	9	10
创新条件及平台 /%	27.22	33.33	6	6
人均科研仪器设备资产原值 / 万元	0.84	1.16	12	12
省级以上创新平台及载体系数	0.00	0.00	3	5
科技投入 /%	15.08	0.00	10	13
人力投入 /%	0.00	0.00	10	10
创新人才团队总量系数	0.00	0.00	1	3
R&D 人员占年末从业人员的比重 /%	0.00	0.00	10	10
经费投入 /%	21.55	0.00	10	13
人均科研经费 / 万元	0.92	0.00	9	12
人均 R&D 经费 / 万元	0.00	0.00	10	10
科技产出 /%	11.78	11.58	2	3
知识产出 /%	58.90	57.90	1	2

续表

指标名称	三级指标值		位次	
	2019年	2018年	2019年	2018年
科技论文系数	0.89	0.79	4	5
知识产权系数	1.11	1.04	4	4
科技奖励/%	0.00	0.00	1	2
科技成果系数	0.00	0.00	1	2
技术成果市场化水平/%	0.00	0.00	1	2
人均技术成果成交额/万元	0.00	0.00	1	2
科技合作交流/%	0.00	0.00	7	6
项目合作系数	0.00	0.00	7	6
论文论著合作系数	0.00	0.00	2	2
创新绩效/%	45.00	45.00	4	4
科技服务/%	0.00	0.00	6	7
科技服务系数	0.00	0.00	6	7
产学研结合/%	0.00	0.00	6	5
产学研结合系数	0.00	0.00	6	5
创造效益/%	100.00	100.00	1	1
经济效益系数	36 990.60	33 282.55	1	1

（七）贵州省轻工业科学研究所

年末从业人员35人；高学历以上人员3人，占年末从业人员的比例为8.57%，居第8位；高职称以上人员8人，占年末从业人员的比例为22.86%，居第7位；科研仪器设备资产原值171.21万元，人均科研仪器设备资产原值4.89万元，居第7位。

R&D人员7人，占年末从业人员的比重为20.00%，居第7位；科研经费13.70万元，人均科研经费0.39万元，居第10位。

发表科技论文6篇（一般科技论文5篇，核心期刊1篇），科技论文系数为0.42，居第5位。

技术服务收入16.30万元，经济效益系数为55.09，居第11位。

贵州省轻工业科学研究所综合科技创新水平指数为22.31%，居第7位，与上年相比，监测值下降3.95个百分点，位次下降1位。在4个一级指标中，科技创新环境和基础较上年上升0.41个百分点，位次上升2位。科技投入较上年下降14.09个百分点，位次下降5位。科技产出较上年下降1.45个百分点，位次不变。创新绩效较上年下降0.46个百分点，位次下降2位（表4-39）。

表 4-39　贵州省轻工业科学研究所各级监测指标和位次与上年比较

指标名称	三级指标值		位次	
	2019 年	2018 年	2019 年	2018 年
综合指数 /%	22.31	26.26	7	6
科技创新环境和基础 /%	48.30	47.89	1	3
人力资源 /%	8.67	8.28	9	9
高层次科技人才系数	0.00	0.00	1	3
高学历以上人员占年末从业人员的比例 /%	8.57	7.89	8	8
高职称以上人员占年末从业人员的比例 /%	22.86	21.05	7	7
创新条件及平台 /%	74.72	74.29	1	1
人均科研仪器设备资产原值 / 万元	4.89	4.51	7	8
省级以上创新平台及载体系数	0.33	0.33	1	1
科技投入 /%	29.82	43.91	9	4
人力投入 /%	4.12	47.77	8	1
创新人才团队总量系数	0.00	0.73	1	1
R&D 人员占年末从业人员的比重 /%	20.00	18.42	7	8
经费投入 /%	40.84	42.26	8	8
人均科研经费 / 万元	0.39	1.00	10	10
人均 R&D 经费 / 万元	39.09	31.39	5	5
科技产出 /%	4.84	6.29	9	9
知识产出 /%	24.20	14.10	9	10
科技论文系数	0.42	0.26	5	8
知识产权系数	0.40	0.23	8	10
科技奖励 /%	0.00	0.00	1	2
科技成果系数	0.00	0.00	1	2
技术成果市场化水平 /%	0.00	11.58	1	1
人均技术成果成交额 / 万元	0.00	0.46	1	1
科技合作交流 /%	0.00	0.00	7	6
项目合作系数	0.00	0.00	7	6
论文论著合作系数	0.00	0.00	2	2
创新绩效 /%	6.65	7.11	10	8
科技服务 /%	0.00	0.00	6	7
科技服务系数	0.00	0.00	6	7
产学研结合 /%	20.83	20.83	3	3
产学研结合系数	0.25	0.25	3	3
创造效益 /%	5.51	6.55	11	10
经济效益系数	55.09	65.50	11	10

（八）贵州省冶金化工研究所

年末从业人员 38 人；高学历以上人员 18 人，占年末从业人员的比例为 47.37%，居第 1 位；高职称以上人员 16 人，占年末从业人员的比例为 42.11%，居第 2 位；科研仪器设备资产原值 316.00 万元，人均科研仪器设备资产原值 8.32 万元，居第 4 位。

R&D 人员 38 人，占年末从业人员的比重为 100.00%，居第 1 位；科研经费 124.00 万元，人均科研经费 3.26 万元，居第 5 位。

发表科技论文 12 篇（一般科技论文 1 篇，核心期刊 9 篇，三大检索工具收录 2 篇），科技论文系数为 2.05，居第 1 位；省内合作项目 4 项，产学研项目 4 项，项目合作系数为 0.71，居第 2 位。

技术服务收入 406.00 万元，经济效益系数为 124.92，居第 9 位。

贵州省冶金化工研究所综合科技创新水平指数为 21.15%，居第 8 位，与上年相比，监测值上升 2.01 个百分点，位次上升 1 位。在 4 个一级指标中，科技创新环境和基础较上年上升 0.66 个百分点，位次上升 1 位。科技投入较上年上升 3.01 个百分点，位次上升 2 位。科技产出较上年上升 0.08 个百分点，位次上升 1 位。创新绩效较上年上升 5.36 个百分点，位次上升 1 位（表 4-40）。

表 4-40 贵州省冶金化工研究所各级监测指标和位次与上年比较

指标名称	三级指标值		位次	
	2019 年	2018 年	2019 年	2018 年
综合指数 /%	21.15	19.14	8	9
科技创新环境和基础 /%	24.34	23.68	7	8
人力资源 /%	23.57	21.93	4	6
高层次科技人才系数	0.00	0.00	1	3
高学历以上人员占年末从业人员的比例 /%	47.37	43.59	1	1
高职称以上人员占年末从业人员的比例 /%	42.11	30.77	2	3
创新条件及平台 /%	24.85	24.85	7	8
人均科研仪器设备资产原值 / 万元	8.32	8.10	4	4
省级以上创新平台及载体系数	0.00	0.00	3	5
科技投入 /%	39.21	36.20	4	6
人力投入 /%	20.16	20.48	2	4
创新人才团队总量系数	0.00	0.00	1	3
R&D 人员占年末从业人员的比重 /%	100.00	100.00	1	1
经费投入 /%	47.37	42.94	5	6
人均科研经费 / 万元	3.26	1.28	5	9
人均 R&D 经费 / 万元	50.66	68.00	3	2
科技产出 /%	11.58	11.50	3	4
知识产出 /%	52.00	56.00	3	3

续表

指标名称	三级指标值 2019年	三级指标值 2018年	位次 2019年	位次 2018年
科技论文系数	2.05	1.05	1	2
知识产权系数	0.63	0.91	7	5
科技奖励/%	0.00	0.00	1	2
科技成果系数	0.00	0.00	1	2
技术成果市场化水平/%	0.00	0.00	1	2
人均技术成果成交额/万元	0.00	0.00	1	2
科技合作交流/%	11.83	3.00	3	5
项目合作系数	0.71	0.18	2	4
论文论著合作系数	0.00	0.00	2	2
创新绩效/%	8.95	3.59	9	10
科技服务/%	0.00	0.00	6	7
科技服务系数	0.00	0.00	6	7
产学研结合/%	16.67	4.17	4	4
产学研结合系数	0.20	0.05	4	4
创造效益/%	12.49	6.12	9	11
经济效益系数	124.92	61.23	9	11

（九）贵州省建筑材料科学研究设计院

年末从业人员98人；高学历以上人员4人，占年末从业人员的比例为4.08%，居第10位；高职称以上人员31人，占年末从业人员的比例为31.63%，居第3位；科研仪器设备资产原值592.00万元，人均科研仪器设备资产原值6.04万元，居第6位。

科研经费193.00万元，人均科研经费1.97万元，居第7位。

发表科技论文5篇（一般科技论文5篇），科技论文系数为0.26，居第7位；省内合作项目2项，项目合作系数为0.24，居第4位。

科技培训人数45人，对外科技咨询项数67项，科技服务系数为0.12，居第2位；技术服务收入891.00万元，经济效益系数为274.15，居第7位。

贵州省建筑材料科学研究设计院综合科技创新水平指数为12.99%，居第9位，与上年相比，监测值下降6.39个百分点，位次下降1位。在4个一级指标中，科技创新环境和基础较上年下降20.35个百分点，位次下降4位。科技投入较上年上升1.50个百分点，位次不变。科技产出较上年下降3.76个百分点，位次下降2位。创新绩效较上年下降2.78个百分点，位次下降1位（表4-41）。

表 4-41 贵州省建筑材料科学研究设计院各级监测指标和位次与上年比较

指标名称	三级指标值		位次	
	2019 年	2018 年	2019 年	2018 年
综合指数 /%	12.99	19.38	9	8
科技创新环境和基础 /%	29.64	49.99	6	2
人力资源 /%	16.37	16.37	6	7
高层次科技人才系数	0.00	0.00	1	3
高学历以上人员占年末从业人员的比例 /%	4.08	4.08	10	10
高职称以上人员占年末从业人员的比例 /%	31.63	31.63	3	2
创新条件及平台 /%	38.48	72.41	3	2
人均科研仪器设备资产原值 / 万元	6.04	6.03	6	5
省级以上创新平台及载体系数	0.00	0.17	3	2
科技投入 /%	6.29	4.79	12	12
人力投入 /%	0.00	0.00	10	10
创新人才团队总量系数	0.00	0.00	1	3
R&D 人员占年末从业人员的比重 /%	0.00	0.00	10	10
经费投入 /%	8.99	6.84	12	12
人均科研经费 / 万元	1.97	1.50	7	8
人均 R&D 经费 / 万元	0.00	0.00	10	10
科技产出 /%	1.62	5.38	12	10
知识产出 /%	6.10	24.90	12	8
科技论文系数	0.26	0.89	7	3
知识产权系数	0.07	0.32	12	9
科技奖励 /%	0.00	0.00	1	2
科技成果系数	0.00	0.00	1	2
技术成果市场化水平 /%	0.00	0.00	1	2
人均技术成果成交额 / 万元	0.00	0.00	1	2
科技合作交流 /%	4.00	4.00	5	4
项目合作系数	0.24	0.24	4	3
论文论著合作系数	0.00	0.00	2	2
创新绩效 /%	17.59	20.37	7	6
科技服务 /%	15.00	16.25	2	2
科技服务系数	0.12	0.13	2	2
产学研结合 /%	0.00	0.00	6	5
产学研结合系数	0.00	0.00	6	5
创造效益 /%	27.42	32.62	7	6
经济效益系数	274.15	326.15	7	6

（十）贵州省新技术研究所

年末从业人员 62 人；高学历以上人员 2 人，占年末从业人员的比例为 3.23%，居第 11 位；高职称以上人员 5 人，占年末从业人员的比例为 8.06%，居第 13 位；科研仪器设备资产原值 87.60 万元，人均科研仪器设备资产原值 1.41 万元，居第 11 位。

R&D 人员 16 人，占年末从业人员的比重为 25.81%，居第 6 位；科研经费 100.00 万元，人均科研经费 1.61 万元，居第 8 位。

发表科技论文 3 篇（一般科技论文 3 篇），科技论文系数为 0.16，居第 9 位；产学研项目 1 项，项目合作系数为 0.06，居第 5 位。

技术服务收入 473.00 万元，经济效益系数为 181.92，居第 8 位。

贵州省新技术研究所综合科技创新水平指数为 11.96%，居第 10 位，与上年相比，监测值上升 0.53 个百分点，位次不变。在 4 个一级指标中，科技创新环境和基础较上年下降 0.24 个百分点，位次不变。科技投入较上年上升 0.40 个百分点，位次上升 1 位。科技产出较上年下降 0.98 个百分点，位次下降 1 位。创新绩效较上年上升 3.95 个百分点，位次上升 1 位（表 4-42）。

表 4-42　贵州省新技术研究所各级监测指标和位次与上年比较

指标名称	三级指标值		位次	
	2019 年	2018 年	2019 年	2018 年
综合指数 /%	11.96	11.43	10	10
科技创新环境和基础 /%	5.44	5.68	12	12
人力资源 /%	4.18	4.43	12	12
高层次科技人才系数	0.00	0.00	1	3
高学历以上人员占年末从业人员的比例 /%	3.23	3.70	11	11
高职称以上人员占年末从业人员的比例 /%	8.06	9.26	13	12
创新条件及平台 /%	6.28	6.52	12	12
人均科研仪器设备资产原值 / 万元	1.41	1.62	11	11
省级以上创新平台及载体系数	0.00	0.00	3	5
科技投入 /%	33.86	33.46	7	8
人力投入 /%	7.55	7.41	7	8
创新人才团队总量系数	0.00	0.00	1	3
R&D 人员占年末从业人员的比重 /%	25.81	27.78	6	6
经费投入 /%	45.13	44.63	6	5
人均科研经费 / 万元	1.61	1.61	8	7
人均 R&D 经费 / 万元	22.95	25.78	7	6

续表

指标名称	三级指标值 2019年	三级指标值 2018年	位次 2019年	位次 2018年
科技产出 /%	1.12	2.10	13	12
知识产出 /%	5.10	10.50	13	11
科技论文系数	0.16	0.05	9	11
知识产权系数	0.07	0.20	12	11
科技奖励 /%	0.00	0.00	1	2
科技成果系数	0.00	0.00	1	2
技术成果市场化水平 /%	0.00	0.00	1	2
人均技术成果成交额 / 万元	0.00	0.00	1	2
科技合作交流 /%	1.00	0.00	6	6
项目合作系数	0.06		5	6
论文论著合作系数	0.00	0.00	2	2
创新绩效 /%	9.02	5.07	8	9
科技服务 /%	0.00	0.00	6	7
科技服务系数	0.00	0.00	6	7
产学研结合 /%	4.17	0.00	5	5
产学研结合系数	0.05	0.00	5	5
创造效益 /%	18.19	11.27	8	8
经济效益系数	181.92	112.69	8	8

（十一）贵州省电子工业研究所

年末从业人员17人；高职称以上人员5人，占年末从业人员的比例为29.41%，居第4位；科研仪器设备资产原值111.60万元，人均科研仪器设备资产原值6.56万元，居第5位。

R&D人员9人，占年末从业人员的比重为52.94%，居第4位。

技术服务收入23.00万元，经济效益系数为7.08，居第13位。

贵州省电子工业研究所综合科技创新水平指数为10.90%，居第11位，与上年相比，监测值上升0.76个百分点，位次不变。在4个一级指标中，科技创新环境和基础较上年上升0.52个百分点，位次不变。科技投入较上年上升2.90个百分点，位次上升1位。科技产出较上年上升0.60个百分点，位次上升2位。创新绩效较上年下降1.34个百分点，位次下降1位（表4-43）。

表 4-43 贵州省电子工业研究所各级监测指标和位次与上年比较

指标名称	三级指标值		位次	
	2019 年	2018 年	2019 年	2018 年
综合指数 /%	10.90	10.14	11	11
科技创新环境和基础 /%	10.60	10.08	11	11
人力资源 /%	6.33	6.71	10	10
高层次科技人才系数	0.00	0.00	1	3
高学历以上人员占年末从业人员的比例 /%	0.00	0.00	12	12
高职称以上人员占年末从业人员的比例 /%	29.41	30.00	4	4
创新条件及平台 /%	13.45	12.33	10	10
人均科研仪器设备资产原值 / 万元	6.56	5.58	5	6
省级以上创新平台及载体系数	0.00	0.00	3	5
科技投入 /%	30.36	27.46	8	9
人力投入 /%	7.86	4.74	6	9
创新人才团队总量系数	0.00	0.00	1	3
R&D 人员占年末从业人员的比重 /%	52.94	30.00	4	5
经费投入 /%	40.00	37.20	9	9
人均科研经费 / 万元	0.00	0.00	12	12
人均 R&D 经费 / 万元	44.65	3.65	4	9
科技产出 /%	2.00	1.40	11	13
知识产出 /%	10.00	7.00	11	13
科技论文系数	0.00	0.05	12	11
知识产权系数	0.20	0.13	11	12
科技奖励 /%	0.00	0.00	1	2
科技成果系数	0.00	0.00	1	2
技术成果市场化水平 /%	0.00	0.00	1	2
人均技术成果成交额 / 万元	0.00	0.00	1	2
科技合作交流 /%	0.00	0.00	7	6
项目合作系数	0.00	0.00	7	6
论文论著合作系数	0.00	0.00	2	2
创新绩效 /%	0.32	1.66	13	12
科技服务 /%	0.00	3.75	6	3
科技服务系数	0.00	0.03	6	3
产学研结合 /%	0.00	0.00	6	5
产学研结合系数	0.00	0.00	6	5
创造效益 /%	0.71	0.77	13	13
经济效益系数	7.08	7.69	13	13

(十二)贵州省机电研究设计院

年末从业人员 55 人;高学历以上人员 5 人,占年末从业人员的比例为 9.09%,居第 7 位;高职称以上人员 13 人,占年末从业人员的比例为 23.64%,居第 6 位;科研仪器设备资产原值 170.00 万元,人均科研仪器设备资产原值 3.09 万元,居第 10 位。

科研经费 175.30 万元,人均科研经费 3.19 万元,居第 6 位。

发表科技论文 3 篇(一般科技论文 3 篇),科技论文系数为 0.16,居第 9 位。

技术服务收入 175.30 万元,经济效益系数为 81.63,居第 10 位。

贵州省机电研究设计院综合科技创新水平指数为 6.28%,居第 12 位,与上年相比,监测值上升 0.01 个百分点,位次上升 1 位。在 4 个一级指标中,科技创新环境和基础较上年上升 0.35 个百分点,位次不变。科技投入较上年上升 0.70 个百分点,位次不变。科技产出较上年下降 1.00 个百分点,位次上升 1 位。创新绩效较上年上升 0.24 个百分点,位次不变(表 4-44)。

表 4-44 贵州省机电研究设计院各级监测指标和位次与上年比较

指标名称	三级指标值		位次	
	2019 年	2018 年	2019 年	2018 年
综合指数 /%	6.28	6.27	12	13
科技创新环境和基础 /%	12.08	11.73	10	10
人力资源 /%	11.29	10.87	7	8
高层次科技人才系数	0.00	0.00	1	3
高学历以上人员占年末从业人员的比例 /%	9.09	8.33	7	6
高职称以上人员占年末从业人员的比例 /%	23.64	21.67	6	6
创新条件及平台 /%	12.60	12.30	11	11
人均科研仪器设备资产原值 / 万元	3.09	2.83	10	10
省级以上创新平台及载体系数	0.00	0.00	3	5
科技投入 /%	6.50	5.80	11	11
人力投入 /%	0.00	0.00	10	10
创新人才团队总量系数	0.00	0.00	1	3
R&D 人员占年末从业人员的比重 /%	0.00	0.00	10	10
经费投入 /%	9.28	8.29	11	11
人均科研经费 / 万元	3.19	2.67	6	6
人均 R&D 经费 / 万元	0.00	0.00	10	10
科技产出 /%	3.02	4.02	10	11
知识产出 /%	15.10	20.10	10	9
科技论文系数	0.16	0.16	9	9
知识产权系数	0.27	0.37	10	8
科技奖励 /%	0.00	0.00	1	2

续表

指标名称	三级指标值		位次	
	2019年	2018年	2019年	2018年
科技成果系数	0.00	0.00	1	2
技术成果市场化水平 /%	0.00	0.00	1	2
人均技术成果成交额 / 万元	0.00	0.00	1	2
科技合作交流 /%	0.00	0.00	7	6
项目合作系数	0.00	0.00	7	6
论文论著合作系数	0.00	0.00	2	2
创新绩效 /%	3.67	3.43	11	11
科技服务 /%	0.00	0.00	6	7
科技服务系数	0.00	0.00	6	7
产学研结合 /%	0.00	0.00	6	5
产学研结合系数	0.00	0.00	6	5
创造效益 /%	8.16	7.63	10	9
经济效益系数	81.63	76.27	10	9

（十三）贵州省工艺美术研究所

年末从业人员7人；高职称以上人员1人，占年末从业人员的比例为14.29%，居第11位；科研仪器设备资产原值0.00万元，人均科研仪器设备资产原值0.00万元，居第14位。

科技培训人数80人，科技服务系数为0.01，居第4位；技术服务收入37.80万元，经济效益系数为11.63，居第12位。

贵州省工艺美术研究所综合科技创新水平指数为3.46%，居第13位，与上年相比，监测值下降3.32个百分点，位次下降1位。在4个一级指标中，科技创新环境和基础较上年上升1.07个百分点，位次上升1位。科技投入较上年下降13.78个百分点，位次下降3位。科技产出较上年不变，位次不变。创新绩效较上年下降0.70个百分点，位次不变（表4-45）。

表4-45 贵州省工艺美术研究所各级监测指标和位次与上年比较

指标名称	三级指标值		位次	
	2019年	2018年	2019年	2018年
综合指数 /%	3.46	6.78	13	12
科技创新环境和基础 /%	1.07	0.00	13	14
人力资源 /%	2.67	0.00	13	13
高层次科技人才系数	0.00	0.00	1	3
高学历以上人员占年末从业人员的比例 /%	0.00	0.00	12	12

续表

指标名称	三级指标值 2019年	三级指标值 2018年	位次 2019年	位次 2018年
高职称以上人员占年末从业人员的比例 /%	14.29	0.00	11	13
创新条件及平台 /%	0.00	0.00	14	14
人均科研仪器设备资产原值 / 万元	0.00	0.00	14	14
省级以上创新平台及载体系数	0.00	0.00	3	5
科技投入 /%	0.00	13.78	13	10
人力投入 /%	0.00	0.00	10	10
创新人才团队总量系数	0.00	0.00	1	3
R&D 人员占年末从业人员的比重 /%	0.00	0.00	10	10
经费投入 /%	0.00	19.68	13	10
人均科研经费 / 万元	0.00	25.00	12	2
人均 R&D 经费 / 万元	0.00	0.00	10	10
科技产出 /%	10.00	10.00	6	6
知识产出 /%	50.00	50.00	5	5
科技论文系数	0.00	0.00	12	13
知识产权系数	2.47	1.10	1	3
科技奖励 /%	0.00	0.00	1	2
科技成果系数	0.00	0.00	1	2
技术成果市场化水平 /%	0.00	0.00	1	2
人均技术成果成交额 / 万元	0.00	0.00	1	2
科技合作交流 /%	0.00	0.00	7	6
项目合作系数	0.00	0.00	7	6
论文论著合作系数	0.00	0.00	2	2
创新绩效 /%	0.96	1.66	12	12
科技服务 /%	1.25	1.25	4	5
科技服务系数	0.01	0.01	4	5
产学研结合 /%	0.00	0.00	6	5
产学研结合系数	0.00	0.00	6	5
创造效益 /%	1.16	2.71	12	12
经济效益系数	11.63	27.14	12	12

（十四）贵州省商业科学研究所

年末从业人员 6 人；科研仪器设备资产原值 3.20 万元，人均科研仪器设备资产原值 0.53 万元，居第 13 位。

技术服务收入 6.10 万元，经济效益系数为 1.88，居第 14 位。

贵州省商业科学研究所综合科技创新水平指数为 0.14%，居第 14 位，与上年相比，监测值下降 0.01 个百分点，位次不变。在 4 个一级指标中，科技创新环境和基础较上年不变，位次下降 1 位。科技投入较上年不变，位次不变。科技产出较上年不变，位次不变。创新绩效较上年下降 0.06 个百分点，位次不变（表 4-46）。

表 4-46 贵州省商业科学研究所各级监测指标和位次与上年比较

指标名称	三级指标值		位次	
	2019 年	2018 年	2019 年	2018 年
综合指数 /%	0.14	0.15	14	14
科技创新环境和基础 /%	0.47	0.47	14	13
人力资源 /%	0.00	0.00	14	13
高层次科技人才系数	0.00	0.00	1	3
高学历以上人员占年末从业人员的比例 /%	0.00	0.00	12	12
高职称以上人员占年末从业人员的比例 /%	0.00	0.00	14	13
创新条件及平台 /%	0.78	0.78	13	13
人均科研仪器设备资产原值 / 万元	0.53	0.53	13	13
省级以上创新平台及载体系数	0.00	0.00	3	5
科技投入 /%	0.00	0.00	13	13
人力投入 /%	0.00	0.00	10	10
创新人才团队总量系数	0.00	0.00	1	3
R&D 人员占年末从业人员的比重 /%	0.00	0.00	10	10
经费投入 /%	0.00	0.00	13	13
人均科研经费 / 万元	0.00	0.00	12	12
人均 R&D 经费 / 万元	0.00	0.00	10	10
科技产出 /%	0.00	0.00	14	14
知识产出 /%	0.00	0.00	14	14
科技论文系数	0.00	0.00	12	13
知识产权系数	0.00	0.00	14	14
科技奖励 /%	0.00	0.00	1	2
科技成果系数	0.00	0.00	1	2
技术成果市场化水平 /%	0.00	0.00	1	2
人均技术成果成交额 / 万元	0.00	0.00	1	2
科技合作交流 /%	0.00	0.00	7	6
项目合作系数	0.00	0.00	7	6
论文论著合作系数	0.00	0.00	2	2
创新绩效 /%	0.09	0.15	14	14

续表

指标名称	三级指标值		位次	
	2019 年	2018 年	2019 年	2018 年
科技服务 /%	0.00	0.00	6	7
科技服务系数	0.00	0.00	6	7
产学研结合 /%	0.00	0.00	6	5
产学研结合系数	0.00	0.00	6	5
创造效益 /%	0.19	0.34	14	14
经济效益系数	1.88	3.38	14	14

第五部分　产业园区科技创新评价报告

2019年，全省108家产业园区[①]科技创新统计监测评价结果如下。

一、产业园区综合科技创新水平评价

根据综合科技创新水平指数，将108家产业园区划分为3类（图5-1）。

第一类：综合科技创新水平指数高于30%的产业园区，有11家，占全部产业园区的10.19%。

第二类：综合科技创新水平指数低于30%，但高于平均水平（15.60%）的产业园区，有23家，占全部产业园区的21.30%。

第三类：综合科技创新水平指数低于平均水平（15.60%）的产业园区，有74家，占全部产业园区的68.52%。

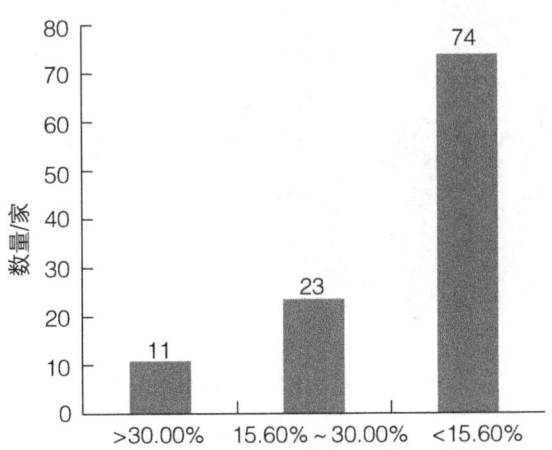

图 5-1　综合科技创新水平指数分布

2019年与2018年监测结果相比，综合科技创新水平指数平均水平比上年提高了0.35个百分点，毕节高新技术产业开发区、贵州碧江经济开发区（铜仁市碧江区循环经济工业园区）、贵州仁

---

① 产业园区是指工业园区、经济开发区、高（新）技术产业（化）园区（基地）及农业科技园区，涉及多个名称的产业园区，本报告中仅列出其中一个，具体见排位表。

怀黔北麻羊农业科技示范园区、贵州织金经济开发区（织金新型能源化工基地）、贵州白云农业科技示范园区等52家产业园区高于这一增幅；贵州镇远经济开发区、册亨县工业园区、贵州仁怀经济开发区（遵义市仁怀名酒工业园区）、贵州绥阳经济开发区（绥阳煤电化循环经济工业园区、绥阳风华工业园区）、贵州贵阳国家农业科技示范园区等34家产业园区降幅相对较大。

与2018年综合科技创新水平指数排序相比，毕节高新技术产业开发区、贵州仁怀黔北麻羊农业科技示范园区、贵州白云农业科技示范园区、贵州织金经济开发区（织金新型能源化工基地）、贵州岑巩经济开发区（岑巩工业园区）等产业园区位次上升较快；贵州镇远经济开发区、册亨县工业园区、赫章县产业园区、罗甸县农业科技示范园区、贵州道真特色中药材农业科技示范园区等产业园区位次相比上年下降较多。

二、产业园区科技创新一级指标评价

（一）科技创新环境

在科技创新环境指数的分布中，有34家产业园区高于平均水平（9.63%），其中高于30.00%的有8家，9.63%~30.00%的有26家；有74家产业园区低于平均水平（图5-2）。

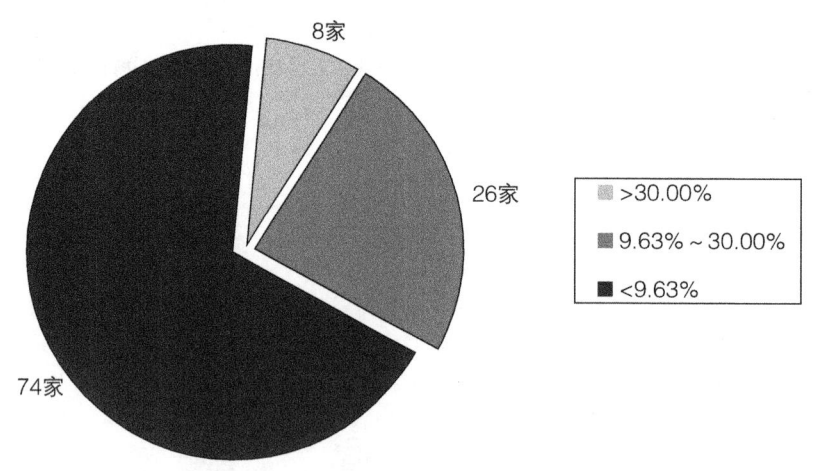

图5-2 科技创新环境指数分布

2019年与2018年监测结果相比，科技创新环境指数平均水平比上年下降了1.17个百分点。贵州碧江经济开发区（铜仁市碧江区循环经济工业园区）、贵州万山生态农业科技示范园区、罗甸县工业园区、贵州丹寨金钟经济开发区（丹寨金钟工业园区）、正安县白茶园区等41家产业园区高于去年水平；贵州仁怀经济开发区（遵义市仁怀名酒工业园区）、安顺高新区（黎阳高新技术工业园区）、贵州安顺西秀经济开发区（西秀产业园区）、贵州绥阳经济开发区（绥阳煤电化循环经济工业园区、绥阳风华工业园区）、松桃经济开发区（松桃工业园区）等37家产业园区低于上年水平。

参照2018年科技创新环境指数排序，贵州万山生态农业科技示范园区、贵州碧江经济开发区（铜仁市碧江区循环经济工业园区）、罗甸县工业园区、贵州丹寨金钟经济开发区（丹寨金钟工业园区）、长顺县威远工业园区等产业园区位次上升较快；罗甸县农业科技示范园区、贵州道真特色中药材农业科技示范园区、松桃经济开发区（松桃工业园区）、贵州绥阳经济开发区（绥阳煤电化循环经济工业园区、绥阳风华工业园区）、贵州洛贯经济开发区（从江洛贯工业园区、从江洛贯产业承接区）等产业园区相比上年位次下降较多。

（二）科技投入

在科技投入指数的分布中，有31家产业园区高于平均水平（11.79%），其中高于30.00%的有11家，11.79%～30.00%的有20家；有77家产业园区低于平均水平（图5-3）。

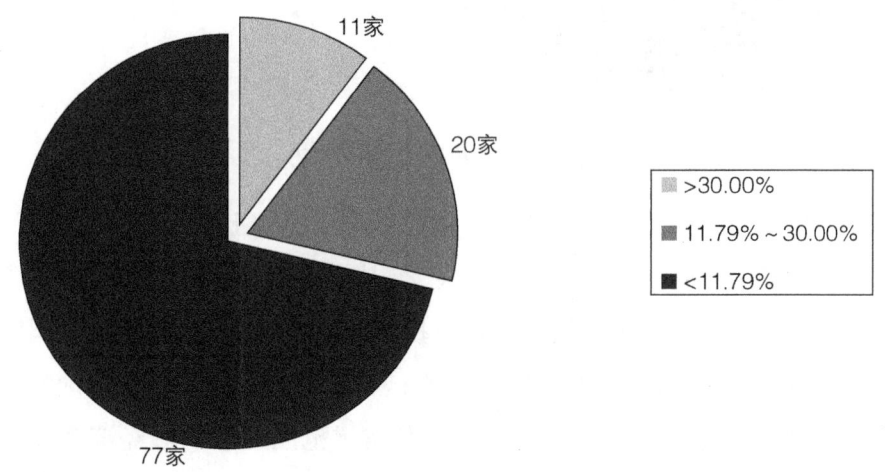

图5-3　科技投入指数分布

2019年与2018年监测结果相比，科技投入指数平均水平比上年上升了0.70个百分点。贵州仁怀黔北麻羊农业科技示范园区、安顺高新区（黎阳高新技术工业园区）、毕节高新技术产业开发区、黔西南高新技术产业开发区（顶效轻工业园区）、安顺经济技术开发区（安顺民用航空产业国家高技术产业基地）等72家产业园区高于去年水平；贵州镇远经济开发区、贵州道真特色中药材农业科技示范园区、黔南高新技术产业开发区、赤水市国家农业科技园区、石阡县工业园区等24家产业园区低于上年水平。

参照2018年科技投入指数排序，毕节高新技术产业开发区、贵州黔西经济开发区（黔西县循环经济产业园、毕节试验区黔西承接产业转移基地）、贵州仁怀黔北麻羊农业科技示范园区、贵州洛贯经济开发区（从江洛贯工业园区、从江洛贯产业承接区）、松桃经济开发区（松桃工业园区）等产业园区位次上升较快；贵州镇远经济开发区、贵州道真特色中药材农业科技示范园区、石阡县工业园区、贵州绥阳经济开发区（绥阳煤电化循环经济工业园区、绥阳风华工业园区）、贵州从江香猪农业科技示范园区等产业园区相比上年位次下降较多。

（三）创新产出

在创新产出指数的分布中，有40家产业园区高于平均水平（15.70%），其中高于30.00%的有13家，15.70%～30.00%的有27家；有68家产业园区低于平均水平（图5-4）。

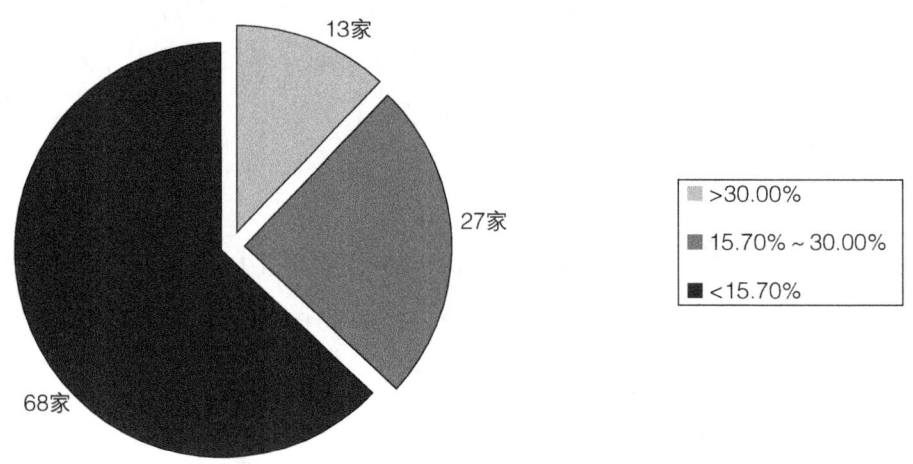

图5-4 创新产出指数分布

2019年与2018年监测结果相比，创新产出指数平均水平比上年上升了1.21个百分点。贵州碧江经济开发区（铜仁市碧江区循环经济工业园区）、毕节高新技术产业开发区、贵州惠水经济开发区[惠水县长田园区、惠水（长田）创新企业科技产业示范基地]、剑河工业园区、贵州省六盘水国家农业科技园区等63家产业园区高于去年水平；册亨县工业园区、贵阳国家级高新技术开发区（麦架—沙文高新技术产业园）、紫云果蔬农业科技示范园区、水城经济开发区（董地工业园区）、贵州独山经济开发区等27家产业园区低于上年水平。

参照2018年创新产出指数排序，毕节高新技术产业开发区、贵州洛贯经济开发区（从江洛贯工业园区、从江洛贯产业承接区）、剑河工业园区、贵州织金经济开发区（织金新型能源化工基地）、贵州岑巩经济开发区（岑巩工业园区）等产业园区位次上升较快；册亨县工业园区、紫云果蔬农业科技示范园区、水城经济开发区（董地工业园区）、贵州独山经济开发区、贵州镇远妩阳红桃农业科技示范园区等产业园区相比上年位次下降较多。

（四）创新绩效

在创新绩效指数的分布中，有42家产业园区高于平均水平（27.14%），其中高于30.00%的有38家，27.14%～30.00%的有4家；有66家产业园区低于平均水平（图5-5）。

2019年与2018年监测结果相比，创新绩效指数平均水平比上年上升了0.07个百分点。贵州岑巩经济开发区（岑巩工业园区）、毕节高新技术产业开发区、贵州织金经济开发区（织金新型能源化工基地）、贵州娄山关高新技术产业开发区（贵州娄山关经济开发区、遵义市桐梓煤电化工业园区）、贵州玉屏经济开发区（玉屏县承接转移产业园区、贵州玉屏新材料高新技术产业化基地）

等 67 家产业园区高于去年水平；贵州贵阳国家农业科技示范园区、赫章县产业园区、贵州黔南国家农业科技园区、水城经济开发区（董地工业园区）、六盘水水月产业园区等 37 家产业园区低于上年水平。

参照 2018 年创新绩效指数排序，毕节高新技术产业开发区、贵州白云农业科技示范园区、贵州岑巩经济开发区（岑巩工业园区）、贵州娄山关高新技术产业开发区（贵州娄山关经济开发区、遵义市桐梓煤电化工业园区）、贵州织金经济开发区（织金新型能源化工基地）等产业园区位次上升较快；赫章县产业园区、贵州镇远妩阳红桃农业科技示范园区、贵州贵阳国家农业科技示范园区、余庆县现代高效观光农业科技示范园、册亨县工业园区等产业园区相比上年位次下降较多。

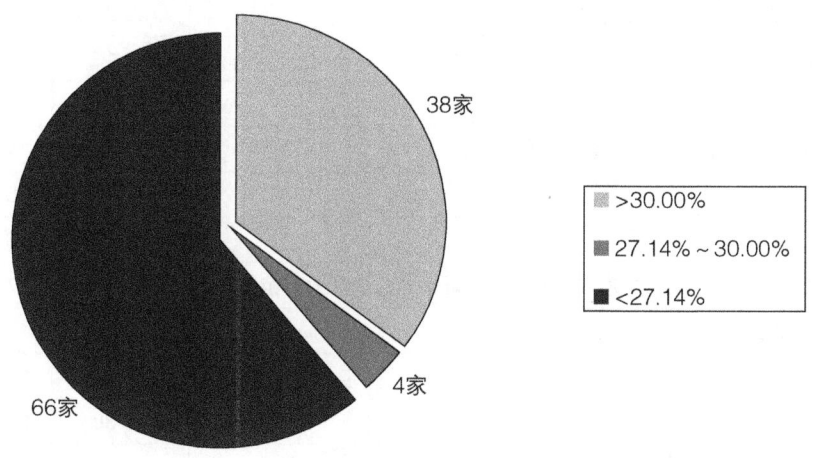

图 5-5　创新绩效指数分布

三、产业园区科技创新统计监测指数排位

（一）产业园区综合科技创新水平指数排位

综合科技创新水平指数是由科技创新环境、科技投入、创新产出和创新绩效 4 个一级指数加权综合而成（表 5-1）。

表 5-1　产业园区综合科技创新水平指数排位

产业园区名称	指数 /%	位次	增降幅	
			指数 /%	位次
贵阳国家级高新技术开发区（麦架—沙文高新技术产业园）	86.68	1	-2.46	0
贵阳国家经济技术开发区 [国家军民结合（装备制造）高新技术产业化基地、小河—孟关装备制造业生态工业园]	86.60	2	0.18	0
遵义国家经济技术开发区 [汇川机电制造工业园区、贵州遵义电器（气）装备高新技术产业化基地]	73.46	3	1.33	0
贵州航天高新技术产业园	70.34	4	1.20	0

续表

产业园区名称	指数/%	位次	增降幅	
			指数/%	位次
安顺高新区（黎阳高新技术工业园区）	69.74	5	2.44	0
贵州开阳经济开发区（开阳磷煤化工生态工业示范基地）	43.37	6	0.00	0
贵州安顺西秀经济开发区（西秀产业园区）	40.33	7	−1.93	0
黔南高新技术产业开发区	39.77	8	0.54	0
贵州瓮安经济开发区（瓮安工业园区）	35.32	9	0.45	1
安顺经济技术开发区（安顺民用航空产业国家高技术产业基地）	34.03	10	2.97	2
贵州仁怀经济开发区（遵义市仁怀名酒工业园区）	30.90	11	−4.08	−2
贵州贵阳国家农业科技示范园区	29.12	12	−3.41	−1
黔西南高新技术产业开发区（顶效轻工业园区）	28.77	13	2.45	1
贵州碧江经济开发区（铜仁市碧江区循环经济工业园区）	28.32	14	6.68	8
贵州黔南国家农业科技园区	27.49	15	−1.96	−2
贵州省六盘水国家农业科技园区	26.98	16	2.86	1
贵州惠水经济开发区[惠水县长田园区、惠水（长田）创新企业科技产业示范基地]	26.04	17	2.33	1
六盘水高新技术产业开发区	26.02	18	0.66	−2
赤水市国家农业科技园区	25.81	19	−0.18	−4
遵义高新技术产业开发区	24.38	20	3.12	3
关岭产业园区	23.74	21	0.44	−2
贵州兴仁经济开发区（兴仁县工业区）	22.42	22	3.04	4
赤水经济开发区（赤水竹业工业园区）	21.86	23	0.11	−2
六盘水水月产业园区	20.96	24	−1.18	−4
贵州印江经济开发区（印江自治县工业园区）	20.91	25	0.10	−1
贵州昌明经济开发区（贵定县城北工业园区、昌明工业园区）	19.59	26	0.86	1
花溪产业园区	19.06	27	2.38	2
贵州独山经济开发区	18.52	28	−0.97	−3
贵州大方经济开发区	17.57	29	1.06	1
都匀市绿茵湖产业园区（贵州都匀装备制造业科技产业化示范基地）	17.44	30	1.93	3
贵州苟江经济开发区（遵义市苟江冶金工业园区）	17.15	31	0.71	0
贵州思南经济开发区（思南工业园区）	16.27	32	0.06	0
贵州威宁经济开发区（威宁县产业园区）	16.22	33	1.79	3
贵州三穗经济开发区	15.82	34	1.55	3
正安县白茶园区	15.56	35	1.70	4
贵州纳雍经济开发区（纳雍县产业园区）	15.52	36	1.91	5
贵州娄山关高新技术产业开发区（贵州娄山关经济开发区、遵义市桐梓煤电化工业园区）	15.30	37	2.71	7
长顺县威远工业园区	14.89	38	0.92	0

续表

产业园区名称	指数 /%	位次	增降幅 指数 /%	增降幅 位次
铜仁高新技术产业开发区	14.82	39	1.65	4
贵州绥阳经济开发区（绥阳煤电化循环经济工业园区、绥阳风华工业园区）	14.44	40	−3.88	−12
贵州镇远妩阳红桃农业科技示范园区	14.37	41	−1.05	−7
贵州习水经济开发区	13.73	42	0.49	0
贵州玉屏经济开发区（玉屏县承接转移产业园区、贵州玉屏新材料高新技术产业化基地）	13.65	43	1.40	2
贵州黔西经济开发区（黔西县循环经济产业园、毕节试验区黔西承接产业转移基地）	13.15	44	1.74	5
贵州凤冈经济开发区（凤冈有机生态工业园区）	12.76	45	1.21	3
毕节高新技术产业开发区	12.66	46	7.85	46
贵州仁怀黔北麻羊农业科技示范园区	12.37	47	5.08	23
水城经济开发区（董地工业园区）	11.63	48	−3.01	−13
遵义市红花岗区健康医药产业化基地	11.25	49	−0.81	−3
贵州丹寨金钟经济开发区（丹寨金钟工业园区）	11.11	50	1.50	4
贵州岑巩经济开发区（岑巩工业园区）	10.87	51	3.36	17
紫云果蔬农业科技示范园区	10.47	52	−1.20	−5
贵州台江经济开发区（台江工业园区）	10.42	53	0.91	2
贵州织金经济开发区（织金新型能源化工基地）	10.37	54	3.44	19
松桃经济开发区（松桃工业园区）	10.32	55	−0.60	−5
贵州炉碧经济开发区（麻江碧波工业园区、凯里炉山工业园区、炉山—碧波工业园区）	10.26	56	1.23	5
水城县发耳煤电化产业园区	10.03	57	0.71	−1
贵州天柱油茶农业科技示范园区	9.86	58	−0.24	−5
贵州德江经济开发区（德江工业园区）	9.51	59	2.22	10
贵州黔东南国家农业科技园区	9.45	60	0.13	−3
镇宁自治县产业园区（辖镇宁县轻工产业园和安顺红星精细化工产业园）	9.06	61	−1.05	−9
贵州遵义烟草农业科技园区	8.93	62	−0.19	−3
贵州遵义辣椒农业科技园区	8.92	63	−0.35	−5
独山麻尾工业园区（独山高新技术产业园区）	8.69	64	0.05	−1
贵州务川县白山羊产业农业科技园区	8.60	65	0.37	−1
余庆县现代高效观光农业科技示范园	8.51	66	−0.58	−6
贵州白云农业科技示范园区	8.47	67	3.40	21
贞丰县工业园区	8.09	68	0.30	−2
石阡县工业园区	7.83	69	0.02	−4
修文县猕猴桃农业科技示范园区	7.62	70	0.53	1
黔东南国家农业科技园区岑巩杂交水稻制种产业核心区	7.45	71	0.77	4
贵州和平经济开发区（遵义市和平工业园区）	7.29	72	−0.45	−5

续表

产业园区名称	指数 /%	位次	增降幅 指数 /%	增降幅 位次
贵州洛贯经济开发区（从江洛贯工业园区、从江洛贯产业承接区）	7.01	73	0.89	8
遵义市务正道煤电铝循环经济工业园区	6.94	74	1.64	12
贵州印江食用菌农业科技示范园区	6.88	75	0.53	4
贵州省施秉农业科技园区	6.84	76	0.29	0
罗甸县工业园区	6.82	77	0.29	0
贵州丹寨铁皮石斛农业科技示范园区	6.73	78	0.04	-4
罗甸县农业科技示范园区	6.67	79	-2.25	-17
贵州江口果蔬农业科技示范园区	6.47	80	0.25	0
贵州赫章幼龄核桃—半夏套种科技示范园区	6.41	81	0.04	-3
贵州镇远经济开发区	6.12	82	-4.48	-31
贵州黎平经济开发区（黎平工业园区）	5.88	83	0.16	1
贵州黔东经济开发区（镇远黔东工业园区）	5.88	84	—	—
贵州习水县黔北麻羊农业科技园区	5.53	85	0.46	4
黄平工业园区	4.83	86	-0.02	5
贵州从江香猪农业科技示范园区	4.83	87	-0.31	0
普安县工业园区	4.35	88	-0.60	2
天柱县工业园区	4.30	89	—	—
贵州万山生态农业科技示范园区	4.22	90	0.92	6
贵州都匀经济开发区	3.87	91	-0.27	2
赫章县产业园区	3.74	92	-3.24	-20
贵州荔波樟江精品水果农业科技示范园区	3.44	93	0.02	2
贵州正安经济开发区（正安瑞濠工业园区）	3.21	94	0.31	3
剑河工业园区	3.20	95	2.60	12
贵州都匀毛尖茶农业科技示范园区	3.00	96	0.54	3
石阡县苔茶农业科技示范园区	2.85	97	-0.60	-3
天柱工业园区	2.60	98	0.55	3
贵州三都葡萄农业科技示范园区	2.58	99	0.04	-1
贵州道真特色中药材农业科技示范园区	2.07	100	-3.33	-15
贵州锦屏经济开发区	1.86	101	-0.38	-1
紫云自治县产业园区	1.83	102	0.00	0
钟山果蔬农业科技园区	1.73	103	0.59	0
册亨县工业园区	1.67	104	-4.30	-22
荔波工业园区	1.18	105	0.28	0
贵州长顺高钙苹果科技示范园区	0.64	106	-0.06	0

续表

产业园区名称	指数/%	位次	增降幅	
			指数/%	位次
江口县凯德特色产业园区	0.41	107	-0.72	-3
贵州麻江蓝莓农业科技示范园区	-0.92	108	0.24	0

注：增降幅一栏中"—"表示2018年未纳入统计监测的产业园区，2019年无增降幅数据。

（二）产业园区科技创新统计监测一级指数排位

如表5-2至表5-5所示。

表5-2 科技创新环境指数排位

产业园区名称	科技创新环境		万人从业人员发明专利申请量		创新创业平台系数	
	指数/%	位次	指标值/件	位次	指标值/%	位次
贵阳国家级高新技术开发区（麦架—沙文高新技术产业园）	97.25	1	108.77	15	6.31	1
遵义国家经济技术开发区[汇川机电制造工业园区、贵州遵义电器（气）装备高新技术产业化基地]	79.52	2	142.75	11	2.40	3
贵阳国家经济技术开发区[国家军民结合（装备制造）高新技术产业化基地、小河—孟关装备制造业生态工业园]	76.59	3	36.37	34	2.73	2
贵州航天高新技术产业园	76.00	4	349.14	8	2.08	4
贵州开阳经济开发区（开阳磷煤化工生态工业示范基地）	52.52	5	87.85	17	1.97	5
安顺高新区（黎阳高新技术工业园区）	44.18	6	81.67	19	1.31	7
贵州贵阳国家农业科技示范园区	42.49	7	29.84	38	1.76	6
正安县白茶园区	36.79	8	86.88	18	0.00	61
贵州兴仁经济开发区（兴仁县工业区）	22.60	9	288.16	10	0.04	49
石阡县工业园区	20.60	10	623.53	5	0.00	61
贵州碧江经济开发区（铜仁市碧江区循环经济工业园区）	20.03	11	45.97	31	0.29	20
贵州安顺西秀经济开发区（西秀产业园区）	19.65	12	25.79	40	0.67	8
贵州独山经济开发区	16.97	13	69.58	23	0.11	40
遵义市红花岗区健康医药产业化基地	16.91	14	125.17	13	0.61	9
贵州黔东南国家农业科技园区	16.80	15	126.02	12	0.24	25
遵义高新技术产业开发区	16.05	16	35.82	35	0.41	12
赤水市国家农业科技园区	15.94	17	48.07	30	0.27	23
赤水经济开发区（赤水竹业工业园区）	14.92	18	58.82	26	0.20	29
镇宁自治县产业园区（辖镇宁县轻工产业园和安顺红星精细化工产业园）	14.75	19	114.78	14	0.00	61
贵州三穗经济开发区	14.50	20	107.42	16	0.15	33

续表

产业园区名称	科技创新环境		万人从业人员发明专利申请量		创新创业平台系数	
	指数/%	位次	指标值/件	位次	指标值/%	位次
都匀市绿茵湖产业园区（贵州都匀装备制造业科技产业化示范基地）	13.99	21	50.80	29	0.12	36
安顺经济技术开发区（安顺民用航空产业国家高技术产业基地）	13.07	22	25.60	41	0.41	12
贵州黔南国家农业科技园区	12.17	23	27.48	39	0.31	18
贵州务川县白山羊产业农业科技园区	12.00	24	579.15	6	0.04	49
贵州仁怀黔北麻羊农业科技示范园区	11.50	25	5000.00	1	0.00	61
罗甸县工业园区	11.41	26	79.65	22	0.20	29
贵州天柱油茶农业科技示范园区	11.40	27	4000.00	2	0.08	43
贵州麻江蓝莓农业科技示范园区	11.37	28	625.00	4	0.09	41
贵州镇远妩阳红桃农业科技示范园区	11.37	28	869.57	3	0.09	41
贵州镇远经济开发区	11.18	30	80.26	21	0.07	46
贵州丹寨金钟经济开发区（丹寨金钟工业园区）	11.11	31	69.14	24	0.24	25
紫云果蔬农业科技示范园区	10.73	32	333.33	9	0.03	59
贵州习水县黔北麻羊农业科技园区	10.70	33	522.39	7	0.00	61
贵州娄山关高新技术产业开发区（贵州娄山关经济开发区、遵义市桐梓煤电化工业园区）	10.22	34	56.72	28	0.23	28
贵州玉屏经济开发区（玉屏县承接转移产业园区、贵州玉屏新材料高新技术产业化基地）	9.10	35	58.45	27	0.04	49
贵州荔波樟江精品水果农业科技示范园区	8.53	36	43.92	32	0.00	61
黔西南高新技术产业开发区（顶效轻工业园区）	8.30	37	23.98	43	0.12	36
贵州省六盘水国家农业科技园区	7.82	38	23.78	44	0.47	10
贵州惠水经济开发区[惠水县长田园区、惠水（长田）创新企业科技产业示范基地]	6.88	39	14.24	51	0.27	23
黔南高新技术产业开发区	6.70	40	3.47	66	0.45	11
贵州仁怀经济开发区（遵义市仁怀名酒工业园区）	6.12	41	9.26	56	0.04	49
贵州凤冈经济开发区（凤冈有机生态工业园区）	5.66	42	8.37	57	0.32	17
铜仁高新技术产业开发区	5.65	43	10.68	54	0.35	16
贵州万山生态农业科技示范园区	5.64	44	81.63	20	0.00	61
毕节高新技术产业开发区	5.44	45	2.13	72	0.40	14
六盘水高新技术产业开发区	5.32	46	4.33	62	0.31	18
贵州大方经济开发区	5.23	47	3.41	67	0.36	15
独山麻尾工业园区（独山高新技术产业园区）	5.18	48	40.21	33	0.00	61
贵州印江食用菌农业科技示范园区	4.97	49	60.61	25	0.03	59
贵州昌明经济开发区（贵定县城北工业园区、昌明工业园区）	4.95	50	13.28	53	0.13	35
贵州瓮安经济开发区（瓮安工业园区）	4.24	51	7.57	59	0.19	31

续表

产业园区名称	科技创新环境		万人从业人员发明专利申请量		创新创业平台系数	
	指数/%	位次	指标值/件	位次	指标值/%	位次
贵州都匀毛尖茶农业科技示范园区	4.22	52	30.36	37	0.04	49
贵州绥阳经济开发区（绥阳煤电化循环经济工业园区、绥阳风华工业园区）	3.78	53	17.63	47	0.12	36
贵州纳雍经济开发区（纳雍县产业园区）	3.65	54	0.74	76	0.28	21
贵州思南经济开发区（思南工业园区）	3.64	55	3.64	64	0.24	25
钟山果蔬农业科技园区	3.56	56	19.85	45	0.15	33
花溪产业园区	3.50	57	0.00	78	0.28	21
贵州洛贯经济开发区（从江洛贯工业园区、从江洛贯产业承接区）	3.46	58	30.92	36	0.00	61
贵州德江经济开发区（德江工业园区）	3.23	59	15.40	50	0.00	61
余庆县现代高效观光农业科技示范园	2.34	60	8.15	58	0.12	36
贵州遵义辣椒农业科技园区	2.11	61	0.13	77	0.16	32
贵州从江香猪农业科技示范园区	2.00	62	16.51	49	0.00	61
贵州黎平经济开发区（黎平工业园区）	1.90	63	17.93	46	0.00	61
石阡县苔茶农业科技示范园区	1.87	64	25.00	42	0.00	61
贵州江口果蔬农业科技示范园区	1.62	65	1.77	73	0.08	43
松桃经济开发区（松桃工业园区）	1.50	66	3.57	65	0.05	47
天柱县工业园区	1.41	67	13.69	52	0.00	61
水城经济开发区（董地工业园区）	1.40	68	4.43	61	0.00	61
贵州遵义烟草农业科技园区	1.34	69	17.11	48	0.00	61
修文县猕猴桃农业科技示范园区	1.21	70	3.09	69	0.00	61
长顺县威远工业园区	1.14	71	9.56	55	0.00	61
贵州白云农业科技示范园区	1.00	72	0.00	78	0.08	43
贵州和平经济开发区（遵义市和平工业园区）	0.87	73	5.52	60	0.00	61
贵州威宁经济开发区（威宁县产业园区）	0.81	74	3.20	68	0.00	61
贵州印江经济开发区（印江自治县工业园区）	0.78	75	4.22	63	0.00	61
贵州习水经济开发区	0.77	76	1.06	74	0.04	49
贵州赫章幼龄核桃—半夏套种科技示范园区	0.67	77	0.00	78	0.05	47
贵州丹寨铁皮石斛农业科技示范园区	0.50	78	0.00	78	0.04	49
贵州锦屏经济开发区	0.50	78	0.00	78	0.04	49
贵州苟江经济开发区（遵义市苟江冶金工业园区）	0.50	78	0.00	78	0.04	49
贵州炉碧经济开发区（麻江碧波工业园区、凯里炉山工业园区、炉山—碧波工业园区）	0.50	78	0.00	78	0.04	49
贵州省施秉农业科技园区	0.29	82	2.90	70	0.00	61

续表

产业园区名称	科技创新环境		万人从业人员发明专利申请量		创新创业平台系数	
	指数/%	位次	指标值/件	位次	指标值/%	位次
遵义市务正道煤电铝循环经济工业园区	0.29	83	2.84	71	0.00	61
贵州台江经济开发区（台江工业园区）	0.16	84	0.95	75	0.00	61
天柱工业园区	0.00	85	0.00	78	0.00	61
六盘水水月产业园区	0.00	85	0.00	78	0.00	61
罗甸县农业科技示范园区	0.00	85	0.00	78	0.00	61
剑河工业园区	0.00	85	0.00	78	0.00	61
黔东南国家农业科技园区岑巩杂交水稻制种产业核心区	0.00	85	0.00	78	0.00	61
贵州正安经济开发区（正安瑞濠工业园区）	0.00	85	0.00	78	0.00	61
贵州黔西经济开发区（黔西县循环经济产业园、毕节试验区黔西承接产业转移基地）	0.00	85	0.00	78	0.00	61
紫云自治县产业园区	0.00	85	0.00	78	0.00	61
贵州都匀经济开发区	0.00	85	0.00	78	0.00	61
贵州黔东经济开发区（镇远黔东工业园区）	0.00	85	0.00	78	0.00	61
贵州长顺高钙苹果科技示范园区	0.00	85	0.00	78	0.00	61
关岭产业园区	0.00	85	0.00	78	0.00	61
黄平工业园区	0.00	85	0.00	78	0.00	61
贵州织金经济开发区（织金新型能源化工基地）	0.00	85	0.00	78	0.00	61
贵州岑巩经济开发区（岑巩工业园区）	0.00	85	0.00	78	0.00	61
江口县凯德特色产业园区	0.00	85	0.00	78	0.00	61
普安县工业园区	0.00	85	0.00	78	0.00	61
册亨县工业园区	0.00	85	0.00	78	0.00	61
贵州三都葡萄农业科技示范园区	0.00	85	0.00	78	0.00	61
水城县发耳煤电化产业园区	0.00	85	0.00	78	0.00	61
赫章县产业园区	0.00	85	0.00	78	0.00	61
荔波工业园区	0.00	85	0.00	78	0.00	61
贵州道真特色中药材农业科技示范园区	0.00	85	0.00	78	0.00	61
贞丰县工业园区	0.00	85	0.00	78	0.00	61

表 5-3 科技投入指数排位

产业园区名称	科技投入		园区 R&D 投入占园区总产值的比重		万人从业人员科技活动人员数	
	指数/%	位次	指标值/%	位次	指标值/人	位次
贵阳国家级高新技术开发区（麦架—沙文高新技术产业园）	87.67	1	4.62	19	1909.72	22

第五部分 产业园区科技创新评价报告

续表

产业园区名称	科技投入		园区 R&D 投入占园区总产值的比重		万人从业人员科技活动人员数	
	指数/%	位次	指标值/%	位次	指标值/人	位次
贵阳国家经济技术开发区[国家军民结合（装备制造）高新技术产业化基地、小河—孟关装备制造业生态工业园]	85.67	2	2.53	27	2827.54	15
贵州瓮安经济开发区（瓮安工业园区）	71.13	3	8.96	11	697.30	39
关岭产业园区	60.63	4	77.28	3	0.00	87
贵州航天高新技术产业园	57.96	5	5.96	14	4399.81	9
遵义国家经济技术开发区[汇川机电制造工业园区、贵州遵义电器（气）装备高新技术产业化基地]	57.12	6	1.68	45	3943.88	12
安顺高新区（黎阳高新技术工业园区）	47.56	7	2.03	36	1313.67	25
黔南高新技术产业开发区	38.03	8	2.29	32	372.64	52
贵州开阳经济开发区（开阳磷煤化工生态工业示范基地）	33.48	9	3.38	22	74.27	74
贵州仁怀经济开发区（遵义市仁怀名酒工业园区）	30.90	10	0.49	71	594.81	42
六盘水水月产业园区	30.31	11	1.78	41	10 000.00	1
赤水市国家农业科技园区	29.91	12	3.30	23	5606.30	4
安顺经济技术开发区（安顺民用航空产业国家高技术产业基地）	29.63	13	2.48	28	1393.76	23
贵州贵阳国家农业科技示范园区	26.73	14	3.23	24	912.90	32
紫云果蔬农业科技示范园区	24.69	15	46.92	4	4166.67	10
贵州独山经济开发区	23.45	16	3.15	25	4543.33	8
黔西南高新技术产业开发区（顶效轻工业园区）	23.01	17	1.88	40	830.45	34
贵州镇远妩阳红桃农业科技示范园区	20.15	18	11.11	8	10 000.00	1
贵州省六盘水国家农业科技园区	20.01	19	17.43	7	2152.20	20
贵州仁怀黔北麻羊农业科技示范园区	19.23	20	184.10	2	3333.33	14
贵州安顺西秀经济开发区（西秀产业园区）	18.83	21	0.93	56	861.43	33
贵州赫章幼龄核桃—半夏套种科技示范园区	17.58	22	34.62	5	4555.56	7
余庆县现代高效观光农业科技示范园	17.25	23	24.99	6	421.20	50
贵州天柱油茶农业科技示范园区	17.09	24	187.75	1	4000.00	11
都匀市绿茵湖产业园区（贵州都匀装备制造业科技产业化示范基地）	16.38	25	2.07	35	977.39	30
贵州黔南国家农业科技园区	16.01	26	1.13	53	719.03	36
遵义市务正道煤电铝循环经济工业园区	15.41	27	9.96	9	51.14	78
贵州三穗经济开发区	15.41	28	8.35	12	914.06	31
罗甸县农业科技示范园区	15.32	29	9.14	10	2407.41	18
六盘水高新技术产业开发区	13.71	30	0.62	66	1239.18	27
贵州印江经济开发区（印江自治县工业园区）	12.17	31	2.01	37	574.54	44
毕节高新技术产业开发区	11.42	32	2.30	31	0.00	87

续表

产业园区名称	科技投入		园区R&D投入占园区总产值的比重		万人从业人员科技活动人员数	
	指数/%	位次	指标值/%	位次	指标值/人	位次
贵州务川县白山羊产业农业科技园区	11.19	33	5.46	16	3938.22	13
花溪产业园区	10.12	34	1.71	43	0.00	87
贵州印江食用菌农业科技示范园区	9.81	35	5.74	15	454.55	48
黔东南国家农业科技园区岑巩杂交水稻制种产业核心区	9.62	36	2.46	29	8913.04	3
赤水经济开发区（赤水竹业工业园区）	9.52	37	1.44	49	683.05	40
贵州娄山关高新技术产业开发区（贵州娄山关经济开发区、遵义市桐梓煤电化工业园区）	9.34	38	3.10	26	277.30	54
贵州丹寨金钟经济开发区（丹寨金钟工业园区）	9.07	39	5.35	17	199.53	61
独山麻尾工业园区（独山高新技术产业园区）	8.92	40	0.00	84	5104.54	5
贵州丹寨铁皮石斛农业科技示范园区	8.85	41	6.00	13	454.55	48
正安县白茶园区	8.74	42	5.10	18	42.04	79
贵州惠水经济开发区[惠水县长田园区、惠水（长田）创新企业科技产业示范基地]	8.63	43	0.56	69	704.94	37
水城经济开发区（董地工业园区）	8.13	44	0.83	60	177.16	65
贵州大方经济开发区	7.79	45	1.70	44	27.98	80
贵州洛贯经济开发区（从江洛贯工业园区、从江洛贯产业承接区）	7.46	46	3.96	20	220.85	60
贵州凤冈经济开发区（凤冈有机生态工业园区）	6.93	47	0.20	79	2045.37	21
贵州从江香猪农业科技示范园区	6.75	48	3.70	21	678.90	41
遵义高新技术产业开发区	6.65	49	1.19	52	4.63	85
贵州绥阳经济开发区（绥阳煤电化循环经济工业园区、绥阳风华工业园区）	6.61	50	1.73	42	267.71	55
贵州昌明经济开发区（贵定县城北工业园区、昌明工业园区）	6.53	51	0.71	63	182.05	64
水城县发耳煤电化产业园区	6.13	52	1.10	55	260.74	57
修文县猕猴桃农业科技示范园区	5.87	53	0.91	57	586.15	43
贵州江口果蔬农业科技示范园区	5.69	54	2.40	30	2.47	86
贵州岑巩经济开发区（岑巩工业园区）	5.13	55	0.58	68	2393.14	19
贵州黔西经济开发区（黔西县循环经济产业园、毕节试验区黔西承接产业转移基地）	4.24	56	0.69	64	0.00	87
贵州兴仁经济开发区（兴仁县工业区）	4.18	57	0.63	65	0.00	87
贵州万山生态农业科技示范园区	4.09	58	2.00	38	1306.12	26
松桃经济开发区（松桃工业园区）	4.07	59	0.87	58	54.66	77
贵州碧江经济开发区（铜仁市碧江区循环经济工业园区）	3.90	60	0.41	75	158.29	66
贵州遵义辣椒农业科技园区	3.67	61	0.79	62	116.41	69
黄平工业园区	3.64	62	2.27	33	145.23	67

第五部分 产业园区科技创新评价报告

续表

产业园区名称	科技投入		园区 R&D 投入占园区总产值的比重		万人从业人员科技活动人员数	
	指数/%	位次	指标值/%	位次	指标值/人	位次
贵州省施秉农业科技园区	3.57	63	2.18	34	98.55	71
贵州麻江蓝莓农业科技示范园区	3.54	64	0.00	86	4687.50	6
贵州德江经济开发区（德江工业园区）	3.39	65	1.93	39	225.41	59
贵州遵义烟草农业科技园区	3.32	66	1.24	50	701.45	38
贵州都匀毛尖茶农业科技示范园区	3.24	67	1.62	47	182.14	63
贵州思南经济开发区（思南工业园区）	3.21	68	0.53	70	64.55	75
铜仁高新技术产业开发区	3.09	69	0.47	72	320.34	53
贵州黔东南国家农业科技园区	2.82	70	1.20	51	480.75	46
贵州习水经济开发区	2.82	71	0.33	77	9.54	83
贵州习水县黔北麻羊农业科技园区	2.79	72	1.13	54	1343.28	24
遵义市红花岗区健康医药产业化基地	2.63	73	1.66	46	0.00	87
石阡县工业园区	2.56	74	0.00	86	2500.00	17
贵州荔波樟江精品水果农业科技示范园区	2.33	75	1.53	48	19.61	82
贵州纳雍经济开发区（纳雍县产业园区）	2.14	76	0.24	78	137.78	68
镇宁自治县产业园区（辖镇宁县轻工产业园和安顺红星精细化工产业园）	2.10	77	0.81	61	93.76	73
贵州长顺高钙苹果科技示范园区	2.06	78	0.83	59	1085.71	29
贵州道真特色中药材农业科技示范园区	1.99	79	0.00	86	2545.46	16
贵州镇远经济开发区	1.54	80	0.46	73	96.31	72
贵州黎平经济开发区（黎平工业园区）	1.38	81	0.36	76	0.00	87
贵州黔东经济开发区（镇远黔东工业园区）	1.38	82	0.46	73	0.00	87
贵州白云农业科技示范园区	1.23	83	0.09	81	1120.80	28
册亨县工业园区	1.14	84	0.62	67	0.00	87
贞丰县工业园区	1.06	85	0.00	86	803.37	35
石阡县苔茶农业科技示范园区	0.63	86	0.11	80	500.00	45
贵州炉碧经济开发区（麻江碧波工业园区、凯里炉山工业园区、炉山—碧波工业园区）	0.61	87	0.00	86	385.65	51
剑河工业园区	0.47	88	0.00	86	455.08	47
罗甸县工业园区	0.39	89	0.00	86	265.49	56
天柱工业园区	0.26	90	0.00	86	197.21	62
钟山果蔬农业科技园区	0.25	91	0.00	86	233.25	58
贵州和平经济开发区（遵义市和平工业园区）	0.22	92	0.00	86	99.30	70
赫章县产业园区	0.19	93	0.05	82	0.00	87

续表

产业园区名称	科技投入		园区 R&D 投入占园区总产值的比重		万人从业人员科技活动人员数	
	指数/%	位次	指标值/%	位次	指标值/人	位次
长顺县威远工业园区	0.15	94	0.03	83	0.00	87
贵州玉屏经济开发区（玉屏县承接转移产业园区、贵州玉屏新材料高新技术产业化基地）	0.13	95	0.00	86	63.43	76
天柱县工业园区	0.03	96	0.00	86	21.91	81
贵州三都葡萄农业科技示范园区	0.03	97	0.00	86	5.47	84
贵州都匀经济开发区	0.00	98	0.00	85	0.00	87
紫云自治县产业园区	0.00	99	0.00	86	0.00	87
贵州正安经济开发区（正安瑞濠工业园区）	0.00	99	0.00	86	0.00	87
贵州台江经济开发区（台江工业园区）	0.00	99	0.00	86	0.00	87
贵州苟江经济开发区（遵义市苟江冶金工业园区）	0.00	99	0.00	86	0.00	87
贵州威宁经济开发区（威宁县产业园区）	0.00	99	0.00	86	0.00	87
贵州锦屏经济开发区	0.00	99	0.00	86	0.00	87
贵州织金经济开发区（织金新型能源化工基地）	0.00	99	0.00	86	0.00	87
江口县凯德特色产业园区	0.00	99	0.00	86	0.00	87
普安县工业园区	0.00	99	0.00	86	0.00	87
荔波工业园区	0.00	99	0.00	86	0.00	87

表 5-4　创新产出指数排位

产业园区名称	创新产出		万人从业人员发明专利拥有量		高新技术企业数占企业总数的比重		拥有省级以上知名品牌或著名商标的企业数占园区总企业数的比重	
	指数/%	位次	指标值/件	位次	指标值/%	位次	指标值/%	位次
安顺高新区（黎阳高新技术工业园区）	96.43	1	195.79	9	6.10	17	2.16	59
贵阳国家经济技术开发区[国家军民结合（装备制造）高新技术产业化基地、小河—孟关装备制造业生态工业园]	92.75	2	74.03	16	12.16	9	7.30	28
遵义国家经济技术开发区[汇川机电制造工业园区、贵州遵义电器（气）装备高新技术产业化基地]	74.25	3	175.32	10	0.54	62	0.02	74
贵阳国家级高新技术开发区（麦架—沙文高新技术产业园）	73.45	4	161.61	11	1.42	54	0.00	76
贵州航天高新技术产业园	69.70	5	621.13	3	60.47	1	9.30	23
贵州安顺西秀经济开发区（西秀产业园区）	44.52	6	78.73	15	1.18	56	0.11	71

续表

产业园区名称	创新产出		万人从业人员发明专利拥有量		高新技术企业数占企业总数的比重		拥有省级以上知名品牌或著名商标的企业数占园区总企业数的比重	
	指数/%	位次	指标值/件	位次	指标值/%	位次	指标值/%	位次
贵州省六盘水国家农业科技园区	42.66	7	5.95	51	26.35	4	6.76	29
遵义高新技术产业开发区	40.43	8	16.85	41	34.68	3	0.81	70
贵州黔南国家农业科技园区	37.00	9	10.99	45	4.87	25	4.36	43
贵州惠水经济开发区[惠水县长田园区、惠水（长田）创新企业科技产业示范基地]	33.83	10	3.83	57	4.79	27	4.79	39
贵州碧江经济开发区（铜仁市碧江区循环经济工业园区）	33.01	11	19.35	37	4.01	33	4.63	40
贵州兴仁经济开发区（兴仁县工业区）	31.30	12	9.53	46	5.13	22	29.49	5
贵州开阳经济开发区（开阳磷煤化工生态工业示范基地）	30.77	13	39.53	23	11.11	11	8.64	24
长顺县威远工业园区	28.86	14	0.00	73	2.90	38	18.67	10
黔南高新技术产业开发区	27.42	15	41.69	20	4.23	29	2.82	55
赤水市国家农业科技园区	27.20	16	18.92	38	4.79	29	8.22	26
贵州印江经济开发区（印江自治县工业园区）	25.96	17	0.00	73	10.81	12	16.22	11
花溪产业园区	25.92	18	0.00	73	59.57	2	0.00	76
贵州德江经济开发区（德江工业园区）	23.87	19	30.80	29	0.76	60	13.64	13
贵州玉屏经济开发区（玉屏县承接转移产业园区、贵州玉屏新材料高新技术产业化基地）	23.84	20	103.22	12	2.01	49	5.37	36
贵州大方经济开发区	23.21	21	0.68	70	3.23	36	12.90	15
贵州贵阳国家农业科技示范园区	22.93	22	11.29	44	1.55	51	2.13	60
赤水经济开发区（赤水竹业工业园区）	22.03	23	22.15	34	2.73	41	6.56	32
六盘水高新技术产业开发区	21.92	24	3.25	60	1.45	53	0.05	72
贵州仁怀经济开发区（遵义市仁怀名酒工业园区）	21.25	25	5.74	52	2.75	40	6.59	31
安顺经济技术开发区（安顺民用航空产业国家高技术产业基地）	21.03	26	41.71	19	0.33	63	0.05	73
贵州思南经济开发区（思南工业园区）	20.82	27	2.73	62	7.09	15	5.51	34
贵州炉碧经济开发区（麻江碧波工业园区、凯里炉山工业园区、炉山—碧波工业园区）	20.63	28	0.00	73	4.55	28	7.58	27
贵州绥阳经济开发区（绥阳煤电化循环经济工业园区、绥阳风华工业园区）	18.55	29	1.60	68	15.48	6	2.38	58

续表

产业园区名称	创新产出		万人从业人员发明专利拥有量		高新技术企业数占企业总数的比重		拥有省级以上知名品牌或著名商标的企业数占园区总企业数的比重	
	指数/%	位次	指标值/件	位次	指标值/%	位次	指标值/%	位次
贵州娄山关高新技术产业开发区（贵州娄山关经济开发区、遵义市桐梓煤电化工业园区）	18.54	30	59.87	17	5.83	19	0.97	67
贵州苟江经济开发区（遵义市苟江冶金工业园区）	18.49	31	0.00	73	8.16	14	2.04	62
贵州纳雍经济开发区（纳雍县产业园区）	18.33	32	6.67	50	2.30	46	13.79	12
贵州白云农业科技示范园区	18.30	33	99.63	13	11.76	10	11.76	20
贵州黔西经济开发区（黔西县循环经济产业园、毕节试验区黔西承接产业转移基地）	18.22	34	0.00	73	5.88	18	10.29	21
贵州遵义辣椒农业科技园区	18.01	35	2.08	67	5.56	20	27.78	6
毕节高新技术产业开发区	17.62	36	0.00	73	10.26	13	1.71	63
贵州威宁经济开发区（威宁县产业园区）	16.57	37	44.80	18	2.20	47	3.30	51
贵州三穗经济开发区	16.52	38	11.72	42	4.88	24	12.20	18
贵州镇远妩阳红桃农业科技示范园区	16.08	39	434.78	4	0.00	66	166.67	1
贵州凤冈经济开发区（凤冈有机生态工业园区）	15.79	40	3.81	58	0.00	66	12.12	19
贵州岑巩经济开发区（岑巩工业园区）	15.48	41	16.87	40	5.43	21	3.26	52
贵州省施秉农业科技园区	14.79	42	26.09	33	6.67	16	13.33	14
黔西南高新技术产业开发区（顶效轻工业园区）	14.42	43	41.50	21	0.06	65	0.01	75
贵州瓮安经济开发区（瓮安工业园区）	14.11	44	4.32	56	2.38	45	3.33	50
都匀市绿茵湖产业园区（贵州都匀装备制造业科技产业化示范基地）	13.96	45	34.05	28	2.73	41	0.00	76
正安县白茶园区	13.91	46	3.36	59	0.00	66	55.00	3
贵州台江经济开发区（台江工业园区）	12.82	47	7.61	49	13.64	8	0.00	76
贵州黔东南国家农业科技园区	12.56	48	35.01	27	3.23	36	4.84	38
贵州昌明经济开发区（贵定县城北工业园区、昌明工业园区）	11.60	49	0.55	72	1.71	50	2.99	54
松桃经济开发区（松桃工业园区）	11.25	50	2.38	66	1.37	55	2.39	57
贵州遵义烟草农业科技园区	11.04	51	239.52	7	0.00	66	0.00	76
贵州独山经济开发区	10.33	52	3.16	61	0.00	66	0.97	68
贵州和平经济开发区（遵义市和平工业园区）	10.23	53	8.83	47	3.51	35	3.51	49
贵州丹寨金钟经济开发区（丹寨金钟工业园区）	10.10	54	35.56	26	2.05	48	1.37	66

续表

产业园区名称	创新产出		万人从业人员发明专利拥有量		高新技术企业数占企业总数的比重		拥有省级以上知名品牌或著名商标的企业数占园区总企业数的比重	
	指数/%	位次	指标值/件	位次	指标值/%	位次	指标值/%	位次
遵义市红花岗区健康医药产业化基地	9.92	55	0.00	73	20.00	5	0.00	76
贵州黔东经济开发区（镇远黔东工业园区）	9.89	56	0.00	73	2.70	43	5.41	35
罗甸县工业园区	9.76	57	0.00	73	4.23	29	1.41	65
贵州麻江蓝莓农业科技示范园区	9.71	58	312.50	6	0.00	66	4.17	44
贵州江口果蔬农业科技示范园区	9.60	59	0.00	73	0.00	66	24.14	7
贵州洛贯经济开发区（从江洛贯工业园区、从江洛贯产业承接区）	9.30	60	4.42	55	4.17	31	4.17	44
黔东南国家农业科技园区岑巩杂交水稻制种产业核心区	9.28	61	0.00	73	15.38	7	0.00	76
关岭产业园区	9.28	61	0.00	73	5.13	22	0.00	76
余庆县现代高效观光农业科技示范园	9.00	63	2.72	63	0.00	66	37.50	4
铜仁高新技术产业开发区	8.88	64	30.25	31	1.06	58	0.00	76
贵州丹寨铁皮石斛农业科技示范园区	8.64	65	909.09	2	0.00	66	0.00	76
贵州习水县黔北麻羊农业科技园区	8.24	66	223.88	8	0.00	66	0.00	76
贵州天柱油茶农业科技示范园区	8.16	67	2000.00	1	0.00	66	0.00	76
贵州黎平经济开发区（黎平工业园区）	8.16	68	2.56	65	0.57	61	4.02	46
贵州仁怀黔北麻羊农业科技示范园区	8.08	69	333.33	5	0.00	66	0.00	76
贵州务川县白山羊产业农业科技园区	7.40	70	38.61	24	0.00	66	22.22	8
剑河工业园区	7.31	71	0.00	73	4.17	31	0.00	76
镇宁自治县产业园区（辖镇宁县轻工产业园和安顺红星精细化工产业园）	6.79	72	0.00	73	3.85	34	0.00	76
贵州织金经济开发区（织金新型能源化工基地）	6.44	73	0.00	73	2.78	39	2.78	56
贵州印江食用菌农业科技示范园区	5.86	74	20.20	35	0.00	66	100.00	2
六盘水水月产业园区	5.35	75	28.99	32	1.54	52	0.00	76
贵州镇远经济开发区	5.27	76	40.13	22	0.13	64	0.00	76
贵州道真特色中药材农业科技示范园区	4.80	77	0.00	73	0.00	66	20.00	9
水城经济开发区（董地工业园区）	4.80	78	19.73	36	0.00	66	0.00	76
石阡县苔茶农业科技示范园区	4.76	79	37.50	25	0.00	66	6.25	33
黄平工业园区	4.74	80	0.00	73	2.56	44	0.00	76

续表

产业园区名称	创新产出		万人从业人员发明专利拥有量		高新技术企业数占企业总数的比重		拥有省级以上知名品牌或著名商标的企业数占园区总企业数的比重	
	指数/%	位次	指标值/件	位次	指标值/%	位次	指标值/%	位次
贵州从江香猪农业科技示范园区	4.40	81	0.00	73	0.00	66	10.00	22
贵州习水经济开发区	4.35	82	2.65	64	0.79	59	1.59	64
罗甸县农业科技示范园区	4.20	83	92.59	14	0.00	66	0.00	76
石阡县工业园区	3.68	84	17.65	39	0.00	66	5.26	37
贵州赫章幼龄核桃—半夏套种科技示范园区	3.30	85	0.00	73	0.00	66	12.50	16
贵州万山生态农业科技示范园区	3.30	85	0.00	73	0.00	66	12.50	16
贵州三都葡萄农业科技示范园区	3.27	87	0.00	73	0.00	66	8.33	25
遵义市务正道煤电铝循环经济工业园区	3.23	88	11.36	43	0.00	66	4.00	47
修文县猕猴桃农业科技示范园区	3.00	89	0.62	71	0.00	66	2.08	61
贵州都匀毛尖茶农业科技示范园区	2.71	90	30.36	30	0.00	66	0.00	76
天柱县工业园区	2.63	91	5.48	53	0.00	66	3.13	53
紫云自治县产业园区	2.44	92	0.00	73	1.12	57	0.00	76
贵州锦屏经济开发区	2.37	93	0.00	73	0.00	66	3.85	48
贵州荔波樟江精品水果农业科技示范园区	2.25	94	0.78	69	0.00	66	6.67	30
钟山果蔬农业科技园区	2.01	95	4.96	54	0.00	66	4.55	41
荔波工业园区	1.71	96	0.00	73	0.00	66	4.55	41
贵州正安经济开发区（正安瑞濠工业园区）	0.98	97	0.00	73	0.00	66	0.92	69
独山麻尾工业园区（独山高新技术产业园区）	0.76	98	8.04	48	0.00	66	0.00	76
贵州都匀经济开发区	0.64	99	0.00	73	0.00	66	0.00	76
水城县发耳煤电化产业园区	0.00	100	0.00	73	0.00	66	0.00	76
赫章县产业园区	0.00	100	0.00	73	0.00	66	0.00	76
贞丰县工业园区	0.00	100	0.00	73	0.00	66	0.00	76
册亨县工业园区	0.00	100	0.00	73	0.00	66	0.00	76
普安县工业园区	0.00	100	0.00	73	0.00	66	0.00	76
江口县凯德特色产业园区	0.00	100	0.00	73	0.00	66	0.00	76
贵州长顺高钙苹果科技示范园区	0.00	100	0.00	73	0.00	66	0.00	76
紫云果蔬农业科技示范园区	0.00	100	0.00	73	0.00	66	0.00	76
天柱工业园区	0.00	100	0.00	73	0.00	66	0.00	76

第五部分 产业园区科技创新评价报告

表 5-5 创新绩效指数排位

产业园区名称	创新绩效指数/%	位次	高新技术产业产值占园区总产值的比重 指标值/%	位次	园区人均工业增加值 指标值/万元	位次	园区进出口总额占园区总产值的比重 指标值/%	位次	每平方公里园区产值 指标值/万元	位次	园区利税总额占园区总产值的比重 指标值/%	位次
贵阳国家级高新技术开发区（麦架—沙文高新技术产业园）	94.47	1	49.24	11	32.64	15	4.31	8	202084.40	5	6.88	59
黔南高新技术产业开发区	93.98	2	46.18	15	26.03	22	3.95	9	194328.60	7	6.06	63
遵义国家经济技术开发区［汇川机电制造工业园区、贵州遵义电器（气）装备高新技术产业化基地］	90.74	3	23.85	29	32.59	16	1.20	32	61951.77	24	29.33	16
贵州国家经济技术开发区［国家军民结合（装备制造）高新技术产业化基地，小河—孟关装备制造业生态工业园］	88.80	4	90.00	4	14.74	44	1.42	28	51146.65	29	4.59	72
安顺高新区（黎阳高新技术工业园）	88.52	5	42.63	17	32.13	17	1.38	30	35884.16	39	3.57	78
贵州安顺西秀经济开发区（西秀产业园区）	86.97	6	24.90	28	13.63	46	2.36	17	209657.70	4	2.99	83
贵州航天高新技术产业园	84.21	7	100.00	3	24.03	23	6.27	7	781794.20	2	12.39	43
安顺经济技术开发区（安顺民用航空产业国家高新技术产业基地）	81.06	8	45.08	16	15.91	38	2.11	21	36443.69	38	9.54	52
黔西南高新技术产业开发区（顶效经工业园区）	79.40	9	46.60	14	13.14	47	0.05	58	131691.30	13	16.13	36
六盘水高新技术产业开发区	71.33	10	33.42	23	16.55	3	0.07	53	28008.38	47	2.52	90
贵州仁怀经济开发区（遵义市仁怀名酒工业园）	70.15	11	0.33	70	160.02	3	3.81	10	210299.20	3	39.31	9
贵州开阳经济开发区（开阳磷煤化工生态工业示范基地）	67.95	12	73.07	7	15.65	41	1.08	33	22640.88	54	2.58	89
贵州碧江经济开发区（铜仁市碧江循环经济工业园区）	66.20	13	35.25	20	12.13	49	0.05	56	23378.49	53	29.58	14

续表

产业园区名称	创新绩效		高新技术产业产值占园区总产值的比重		园区人均工业增加值		园区进出口总额占园区总产值的比重		每平方公里园区产值		园区利税总额占园区总产值的比重	
	指数/%	位次	指标值/%	位次	指标值/万元	位次	指标值/%	位次	指标值/万元	位次	指标值/%	位次
贵州昌明经济开发区(贵定县城北工业园区、昌明工业园区)	65.80	14	22.65	30	27.56	21	0.76	41	31300.48	43	24.67	22
贵州惠水经济开发区[惠水县长田园区、惠水(长田)创新企业科技产业示范基地]	59.64	15	11.61	37	19.41	30	0.05	57	30702.04	44	10.18	48
贵州苟江经济开发区(遵义市苟江冶金工业园区)	57.51	16	3.92	55	61.81	8	0.00	64	56344.41	26	4.91	69
贵州习水经济开发区	57.13	17	7.44	48	53.70	9	1.64	26	47080.84	31	21.78	25
贵州威宁经济开发区(威宁县产业园区)	55.44	18	26.95	27	12.44	48	1.67	25	49903.71	30	20.00	29
六盘水月产业园区	51.33	19	0.50	69	298.26	2	3.81	11	0.00	105	2.66	88
铜仁高新技术产业开发区	50.50	20	50.00	10	20.13	27	0.27	48	151437.50	12	7.54	58
赤水经济开发区(赤水竹业工业园区)	47.05	21	29.56	24	18.32	35	2.16	20	115317.30	17	8.78	54
贵州印江经济开发区(印江自治县工业园区)	46.55	22	9.57	44	19.10	33	2.70	15	116351.20	16	26.30	19
贵州黔南国家农业科技园区	45.76	23	11.12	39	15.38	42	0.06	54	18545.76	58	1.03	96
贵州瓮安经济开发区(瓮安工业园区)	44.51	24	8.56	47	3.69	69	1.25	31	18023.54	60	1.44	94
贵州纳雍经济开发区(纳雍县产业园区)	43.25	25	0.82	67	31.26	18	0.04	59	24213.62	50	24.96	21
贵州织金经济开发区(织金新型能源化工基地)	42.18	26	0.12	71	92.27	6	1.84	23	192000.00	8	15.03	38
贵州思南经济开发区(思南工业园区)	41.65	27	11.27	38	16.18	39	0.07	52	63853.14	22	21.06	27
水城县发耳煤电化产业园区	40.97	28	0.00	72	47.27	10	0.00	64	1296923.00	1	26.12	20
贞丰县工业园区	38.86	29	0.00	72	94.92	5	0.06	55	118639.30	15	70.21	5
花溪产业园区	37.76	30	28.01	26	22.33	25	0.00	62	31664.06	42	3.75	77

续表

产业园区名称	创新绩效		高新技术产业产值占园区总产值的比重		园区人均工业增加值		园区进出口总额占园区总产值的比重		每平方公里园区产值		园区利税总额占园区总产值的比重	
	指数/%	位次	指标值/%	位次	指标值/万元	位次	指标值/%	位次	指标值/万元	位次	指标值/%	位次
水城经济开发区（董地工业园区）	37.37	31	1.09	65	18.21	36	0.00	64	165294.80	10	2.41	92
贵州兴仁经济开发区（兴仁县工业园区）	36.27	32	3.40	59	68.19	7	0.42	44	191739.50	9	5.12	68
贵州大方经济开发区	36.13	33	4.57	53	14.66	45	0.82	40	46452.25	32	28.06	17
遵义高新技术产业开发区	35.24	34	4.12	54	6.43	59	1.73	24	119535.30	14	10.12	50
贵州省六盘水国家农业科技园区	33.10	35	7377.47	1	0.00	89	6.96	6	48.84	98	3.94	76
贵州合江经济开发区（合江工业园区）	32.71	36	48.51	12	7.81	58	0.00	64	161991.50	11	7.67	57
贵州黔西经济开发区（黔西县循环经济产业园、毕节试验区黔西承接产业转移基地）	32.08	37	3.78	56	39.17	11	0.13	51	70807.34	20	6.10	62
贵州绥阳经济开发区（绥阳煤电化循环经济工业园区、绥阳风华工业园区）	30.67	38	34.68	21	14.96	43	0.00	63	29615.38	45	13.24	41
长顺县威远工业园区	29.81	39	8.77	46	33.81	14	2.09	22	14934.61	62	6.49	60
贵阳贵阳国家农业科技示范园区	28.62	40	6.00	51	0.92	79	0.28	47	4392.75	71	11.65	45
都匀市绿茵湖产业园区（贵州都匀装备制造业科技产业化示范基地）	27.69	41	3.63	57	10.48	51	0.33	45	45810.59	33	5.57	66
赤水市国家农业科技园区	27.43	42	9.66	42	30.57	19	0.97	36	23999.50	51	26.58	18
松桃经济开发区（松桃工业园区）	27.11	43	18.13	32	8.09	57	1.39	29	45170.98	34	5.72	65
贵州独山经济开发区	24.95	44	35.49	19	3.78	67	18.51	2	23412.74	52	0.00	101
贵州娄山关高新技术产业开发区（遵义市桐梓煤电化工业园区）	24.48	45	80.77	5	8.67	54	0.15	50	40000.00	36	4.31	73
贵州凤冈经济开发区（凤冈有机生态工业园区）	24.05	46	0.00	72	11.88	50	3.73	12	54373.61	27	3.00	82

续表

产业园区名称	创新绩效		高新技术产业产值占园区总产值的比重		园区人均工业增加值		园区进出口总额占园区总产值的比重		每平方公里园区产值		园区利税总额占园区总产值的比重	
	指数/%	位次	指标值/%	位次	指标值/万元	位次	指标值/%	位次	指标值/万元	位次	指标值/%	位次
独山麻尾工业园区（独山高新技术产业园）	23.76	47	2.38	61	19.67	28	11.13	3	1271.92	85	1.94	93
修文县猕猴桃农业科技示范园区	23.56	48	0.00	72	1.90	73	0.00	64	1833.33	81	43.86	7
贵州岑巩经济开发区（岑巩工业园区）	23.43	49	10.19	40	22.43	24	10.44	4	44009.63	35	3.19	80
贵州玉屏经济开发区（玉屏新材料承接转移产业园、贵州玉屏新材料高新技术产业化基地）	23.18	50	12.02	36	4.68	63	0.69	42	21652.05	56	22.78	23
贵州遵义烟草农业科技园区	21.79	51	0.00	72	0.00	89	0.00	64	564.91	92	80.55	4
普安县工业园区	21.76	52	0.00	72	121.66	4	2.45	16	199885.00	6	4.00	74
遵义市红花岗区健康医药产业化基地	20.53	53	0.00	72	0.00	89	0.00	64	2779.21	75	408.39	2
贵州和平经济开发区（遵义市和平工业园区）	19.92	54	9.65	43	19.31	31	0.00	64	61309.21	25	2.76	86
贵州炉碧经济开发区（麻江碧波工业园区、凯里炉山工业园区、炉山—碧波工业园）	18.93	55	7.07	49	19.18	32	3.61	13	35606.18	40	2.88	85
赫章县产业园区	18.42	56	0.00	72	33.92	13	1.64	27	53109.14	28	10.00	51
贵州都匀经济开发区	18.41	57	22.05	31	2.49	72	2.29	18	2615.39	76	21.25	26
镇宁自治县产业园区（辖镇宁县轻工产业园和安顺红星精细化工产业园）	17.18	58	33.90	22	9.08	52	1.07	34	19355.53	57	7.85	56
贵州三穗经济开发区	16.69	59	13.72	34	4.30	66	34.22	1	16300.00	61	33.95	12
天柱县工业园区	16.12	60	2878.44	2	0.00	88	0.00	64	0.43	104	438073.40	1
贵州丹寨金钟经济开发区（丹寨金钟工业园区）	15.65	61	61.98	8	2.82	70	0.18	49	3896.31	72	49.67	6

续表

产业园区名称	创新绩效 指数/%	位次	高新技术产业产值占园区总产值的比重 指标值/%	位次	园区人均工业增加值 指标值/万元	位次	园区进出口总额占园区总产值的比重 指标值/%	位次	每平方公里园区产值 指标值/万元	位次	园区利税总额占园区总产值的比重 指标值/%	位次
贵州正安经济开发区（正安瑞濠工业园区）	14.57	62	0.00	72	18.58	34	0.31	46	70622.46	21	2.43	91
毕节高新技术产业开发区	14.29	63	0.00	72	0.00	89	2.21	19	87246.38	19	0.00	101
关岭产业园区	13.86	64	5.41	52	5.25	61	0.00	64	7405.02	67	36.30	11
贵州黎平经济开发区（黎平工业园区）	13.19	65	0.54	68	8.44	56	0.89	37	27909.38	48	5.36	67
天柱工业园区	12.59	66	0.00	72	8.98	53	0.00	64	18405.70	59	43.79	8
贵州黔东经济开发区（镇远黔东工业园区）	12.48	67	1.78	62	19.62	29	0.02	61	62078.54	23	6.05	64
贵州白云农业科技示范园区	12.07	68	0.99	66	0.00	89	0.00	64	39194.56	37	13.88	40
黄平工业园区	11.57	69	28.10	25	2.66	71	7.76	5	832.84	89	17.71	33
贵州遵义辣椒农业科技园区	9.97	70	0.00	72	0.06	85	0.00	64	9339.14	64	12.00	44
贵州仁怀黔北麻羊农业科技示范园区	9.36	71	40.44	18	20.87	26	0.00	64	114.61	96	17.30	34
石阡县工业园区	9.22	72	0.00	72	30.48	20	0.00	64	5024.63	70	117.37	3
贵州镇远经济开发区	9.21	73	1.78	62	1.65	75	0.02	60	28059.50	46	6.24	61
黔东南国家农业科技园区岑巩杂交水稻制种产业核心区	8.90	74	57.02	9	0.00	89	0.00	64	199.38	94	14.99	39
贵州三都葡萄农业科技示范园区	7.97	75	0.00	72	0.00	89	0.00	64	3559.13	73	16.25	35
贵州江口果蔬农业科技示范园区	7.82	76	0.00	72	0.00	89	0.00	64	638.71	91	12.71	42
罗甸县工业园区	7.47	77	0.00	72	17.57	37	1.02	35	31789.10	41	0.78	98
贵州黔东南国家农业科技示范园区	7.36	78	6.19	50	0.77	80	0.00	64	755.64	90	18.51	31
正安县白茶园区	7.03	79	0.00	72	0.13	84	0.43	43	1367.94	82	29.46	15
贵州丹寨铁皮石斛农业科技示范园区	6.92	80	47.33	13	1.59	76	0.00	64	200.00	93	4.67	71
册亨县工业园区	6.63	81	0.00	72	3733.33	1	0.00	64	101375.00	18	0.37	99

续表

产业园区名称	创新绩效指数/%	位次	高新技术产业产值占园区总产值的比重 指标值/%	位次	园区人均工业增加值 指标值/万元	位次	园区进出口总额占园区总产值的比重 指标值/%	位次	每平方公里园区产值 指标值/万元	位次	园区利税总额占园区总产值的比重 指标值/%	位次
遵义市务正道煤电铝循环经济工业园区	6.44	82	0.00	72	6.05	60	0.00	64	2579.65	77	38.01	10
贵州洛贯经济开发区（从江洛贯工业园区、从江洛贯产业承接区）	6.44	83	3.59	58	4.91	62	3.58	14	7977.78	66	10.17	49
贵州省施秉农业科技园区	6.37	84	9.31	45	0.14	83	0.00	64	1185.19	86	18.44	32
贵州镇远妩阳红桃农业科技示范园区	6.12	85	77.78	6	0.00	89	0.00	64	857.14	88	0.00	101
贵州印江食用菌农业科技示范园区	5.93	86	0.00	72	0.00	89	0.00	64	7985.05	65	22.45	24
紫云自治县产业园区	5.50	87	3.19	60	0.20	82	0.00	64	12150.76	63	8.88	53
贵州从江香猪农业科技示范园区	5.41	88	0.00	72	8.52	55	0.00	64	12.18	101	29.97	13
贵州锦屏经济开发区	5.26	89	0.00	72	0.00	89	0.00	64	26749.68	49	11.57	46
紫云果蔬农业科技示范园区	4.56	90	17.77	33	4.59	64	0.00	64	2852.85	74	19.93	30
贵州万山生态农业科技示范园区	4.39	91	12.62	35	4.38	65	0.00	64	174.13	95	20.55	28
剑河工业园区	4.35	92	0.00	72	0.00	89	0.89	38	22453.73	55	3.95	75
石阡县苔茶农业科技示范园区	4.31	93	9.93	41	0.00	87	0.00	64	12.26	100	11.08	47
罗甸县农业科技示范园区	4.08	94	1.62	64	37.89	12	0.00	64	2121.15	78	0.95	97
贵州德江经济开发区（德江工业园区）	3.44	95	0.00	72	1.13	78	0.00	64	9.55	102	4.78	70
荔波工业园区	3.34	96	0.00	72	3.69	68	0.00	64	0.00	105	3.15	81
贵州务川县白山羊产业农业园区	3.14	97	0.00	72	1.55	77	0.85	39	5748.76	68	15.14	37
江口县凯德特色产业园区	2.03	98	0.00	72	0.00	89	0.00	64	5307.43	69	2.88	84
贵州都匀毛尖茶农业科技示范园区	1.85	99	0.00	72	0.00	89	0.00	64	1853.00	80	1.28	95
贵州荔波樟江精品水果农业科技示范园区	1.80	100	0.00	72	0.00	82	0.00	64	35.15	99	8.67	55
钟山果蔬农业科技园区	1.69	101	0.00	72	0.00	89	0.00	64	1859.19	79	3.44	79
余庆县现代高效观光农业科技示范园	0.84	102	0.00	72	0.34	81	0.00	64	1343.38	83	2.72	87

续表

产业园区名称	创新绩效		高新技术产业产值占园区总产值的比重		园区人均工业增加值		园区进出口总额占园区总产值的比重		每平方公里园区产值		园区利税总额占园区总产值的比重	
	指数/%	位次	指标值/%	位次	指标值/万元	位次	指标值/%	位次	指标值/万元	位次	指标值/%	位次
贵州习水县黔北麻丰农业科技园区	0.40	103	0.00	72	0.00	89	0.00	64	0.00	105	0.14	100
贵州道真特色中药材农业科技示范园区	0.18	104	0.00	72	0.00	89	0.00	64	0.00	105	0.00	101
贵州长顺高钙苹果科技示范园区	0.10	105	0.00	72	0.05	86	0.00	64	1272.73	84	0.00	101
贵州天柱油茶农业科技示范园区	0.04	106	0.00	72	1.80	74	0.00	64	50.00	97	0.00	101
贵州赫章幼龄核桃—半夏套种科技示范园区	0.04	107	0.00	72	0.00	89	0.00	64	1040.00	87	0.00	101
贵州麻江蓝莓农业科技示范园区	-35.86	108	0.00	72	0.00	89	0.00	64	3.00	103	-224.00	108

第六部分 重点企业科技创新评价报告

2019年，全省748家重点企业科技创新统计监测评价结果如下。

一、重点企业综合科技创新水平评价

根据综合科技创新水平指数，将748家重点企业划分为3类（图6-1）。

第一类：综合科技创新水平指数高于30%的重点企业，有29家，占全部重点企业的3.88%。

第二类：综合科技创新水平指数低于30%，但高于平均水平（9.22%）的重点企业，有226家，占全部重点企业的30.21%。

第三类：综合科技创新水平指数低于平均水平（9.22%）的重点企业，有493家，占全部重点企业的65.91%。

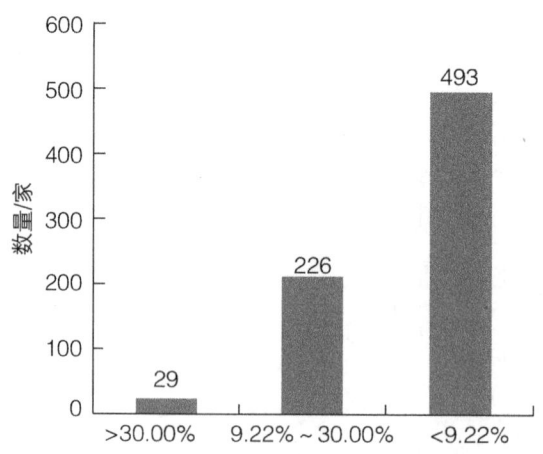

图 6-1 综合科技创新水平指数分布

2019年与2018年监测结果相比，综合科技创新水平指数平均水平比上年提高了0.04个百分点。贵州云峰药业有限公司、遵义市亿易通科技网络有限责任公司、贵州安大航空锻造有限责任公司、贵州西南制造产业园有限公司、贵州航天林泉电机有限公司等353家重点企业高于这一增幅；贵州赤天化桐梓化工有限公司、贵州贝加尔乐器有限公司、贵州人和信通科技有限公司、贵州黔龙图视科技有限公司、贵州百灵企业集团和仁堂药业有限公司等313家重点企业降幅相对较大。

参照2018年重点企业综合科技创新水平指数排序,贵州西南制造产业园有限公司、遵义市亿易通科技网络有限责任公司、贵州百胜工程建设咨询有限公司、贵州百科达科技有限公司、贵阳鑫泓工程技术有限公司位次上升较快;贵州赤天化桐梓化工有限公司、贵州贝加尔乐器有限公司、遵义航科机电有限公司、贵州精博高科科技有限公司、贵州黔龙图视科技有限公司位次下降较快。

二、重点企业科技创新一级指标评价

（一）科技创新条件及基础

在科技创新条件及基础指数的分布中,高于30.00%的重点企业有75家,占全部重点企业的10.03%;低于30.00%但高于平均水平（9.86%）的重点企业有145家,占全部重点企业的19.39%;低于平均水平的重点企业有528家,占全部重点企业的70.59%（图6-2）。

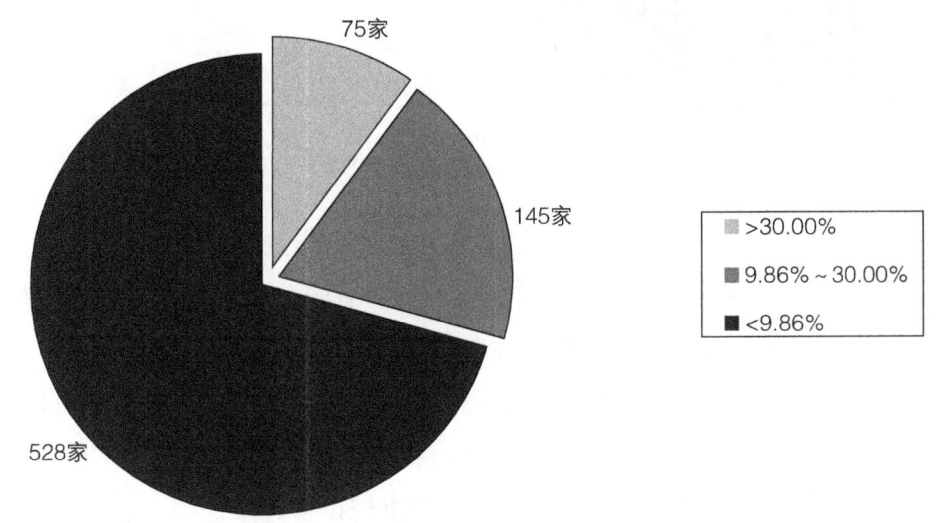

图6-2 科技创新条件及基础指数分布

2019年与2018年监测结果相比,重点企业科技创新条件及基础水平指数平均水平比上年降低了0.12个百分点。贵州贝加尔乐器有限公司、贵州人和信通科技有限公司、贵州凯襄新材料有限公司、贵州华宁科技股份有限公司、贵州瑞泰实业有限公司等129家重点企业高于这一降幅;贵州力创科技发展有限公司、贵州云峰药业有限公司、贵州联盛药业有限公司、贵阳动视云科技有限公司、贵州百胜工程建设咨询有限公司等162家重点企业增幅相对较大。

参照2018年科技创新条件及基础指数排序,贵阳动视云科技有限公司、普定县银丰农业科技发展有限公司、贵州三佳科技有限公司、贵阳明通炉料有限公司、安顺虹特滚珠丝杠有限责任公司位次上升较快;贵州贝加尔乐器有限公司、贵州人和信通科技有限公司、贵州楚智建材科技有限公司、遵义航科机电有限公司、贵州友擘机械制造有限公司位次下降较快。

（二）创新产出

在创新产出指数的分布中，高于30.00%的重点企业有31家，占全部重点企业的4.14%；低于30.00%但高于平均水平（5.54%）的重点企业有147家，占全部重点企业的19.65%；低于平均水平的重点企业有570家，占全部重点企业的76.20%（图6-3）。

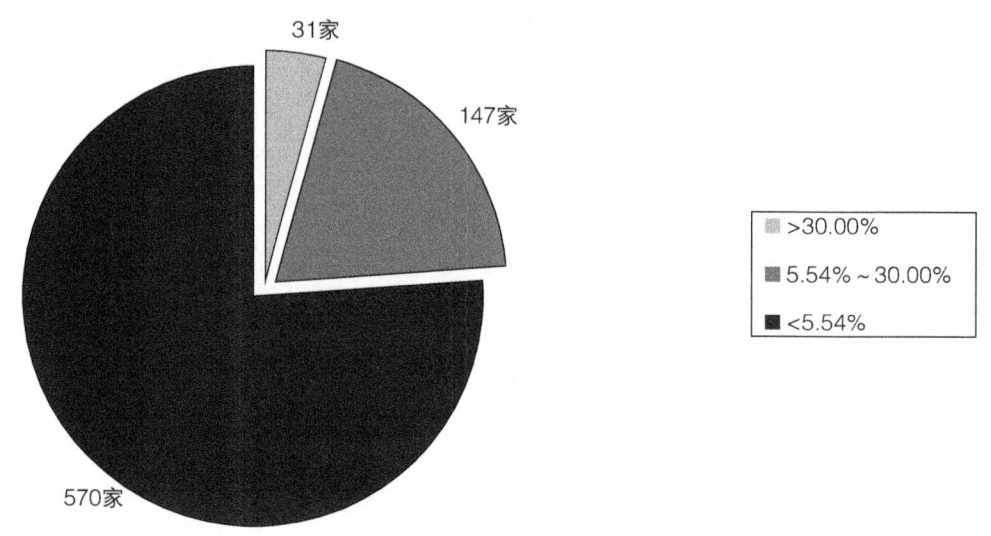

图6-3 创新产出指数分布

2019年与2018年监测结果相比，重点企业创新产出水平指数平均水平比上年提高了0.32个百分点。遵义市大地和电气有限公司、贵州火焰山电器股份有限公司、遵义天辉机电有限责任公司、贵州鸣腾科技有限公司、贵州威默电气成套设备有限公司等214家重点企业高于这一增幅；贵州贝加尔乐器有限公司、贵州千叶药品包装股份有限公司、贵州锦丰矿业有限公司、贵州华烽电器有限公司、贵州鼎盛建材实业有限公司等224家重点企业降幅相对较大。

参照2018年创新产出指数排序，贵州万顺豪环卫机械设备有限公司、遵义天辉机电有限责任公司、贵州威默电气成套设备有限公司、遵义铝业股份有限公司、贵州省煤矿设计研究院位次上升较快；贵州贝加尔乐器有限公司、贵州长通线缆有限公司、贵州水矿奥瑞安清洁能源有限公司、绥阳县耐环铝业有限公司、贵州伟力达电子有限公司位次下降较快。

（三）创新效益

在创新效益指数的分布中，高于30.00%的重点企业有88家，占全部重点企业的11.76%；低于30.00%但高于平均水平（13.89%）的重点企业有135家，占全部重点企业的18.05%；低于平均水平的重点企业有525家，占全部重点企业的70.19%（图6-4）。

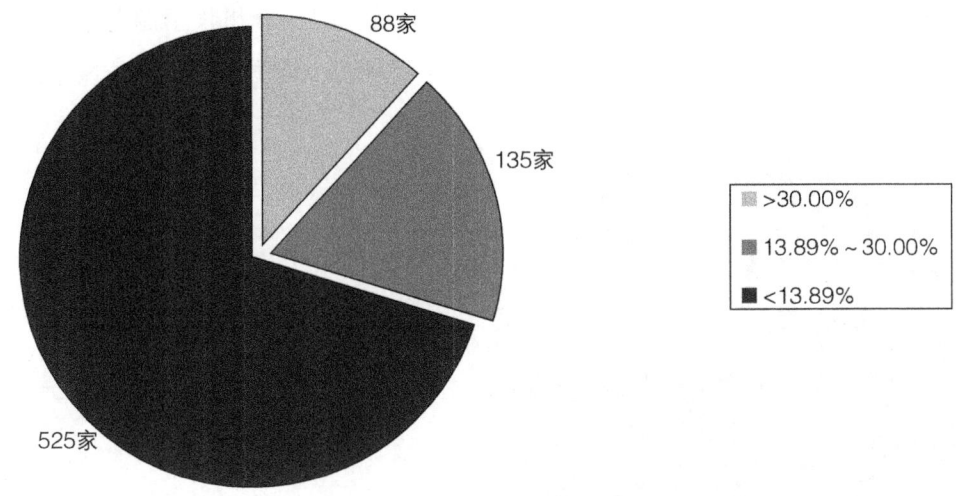

图 6-4 创新效益指数分布

2019 年与 2018 年监测结果相比，重点企业创新效益水平指数平均水平比上年提高了 0.19 个百分点。遵义市亿易通科技网络有限责任公司、遵义恒佳铝业有限公司、贵州西南制造产业园有限公司、贵阳航空电机有限公司、贵州全安密灵科技有限公司等 332 家重点企业高于这一增幅；贵州赤天化桐梓化工有限公司、贵州精工利鹏科技有限公司、贵州黔龙图视科技有限公司、贵州开磷集团矿肥有限责任公司、贵州亿程交通信息有限公司等 307 家重点企业降幅相对较大。

参照 2018 年创新效益指数排序，贵州鼎慧大数据科技有限公司、贵州西南制造产业园有限公司、遵义恒佳铝业有限公司、贵阳鑫泓工程技术有限公司、贵州合润铝业新材料科技股份有限公司位次上升较快；贵州赤天化桐梓化工有限公司、贵州亿程交通信息有限公司、贵州宏达环保科技有限公司、安顺市非凡创新科技有限公司、贵州精博高科科技有限公司位次下降较快。

（四）科技投入

在科技投入指数的分布中，高于 30.00% 的重点企业有 58 家，占全部重点企业的 7.75%；低于 30.00% 但高于平均水平（9.25%）的重点企业有 125 家，占全部重点企业的 16.71%；低于平均水平的重点企业有 565 家，占全部重点企业的 75.53%（图 6-5）。

2019 年与 2018 年监测结果相比，重点企业科技投入水平指数平均水平比上年降低了 0.28 个百分点。遵义市播州区苟江镇鑫欣源包装材料有限责任公司、贵州智能加数字科技有限公司、贵州蜂能科技发展有限公司、贵州德恒信安防工程有限公司、贵州长泰源节能建材股份有限公司等 229 家重点企业高于这一降幅；贵州钢绳股份有限公司、贵州博成科技有限公司、贵阳方舟科技股份有限公司、贵州云腾志远科技发展有限公司、遵义汇航机电有限公司等 346 家重点企业增幅相对较大。

参照 2018 年科技投入指数排序，贵州云智数据集团有限责任公司、贵州德瑞软件开发有限责任公司、贵州振华红云电子有限公司、绥阳县华丰电器有限公司、贵州毅博机械设备有限公司位次上升较快；遵义市播州区苟江镇鑫欣源包装材料有限责任公司、贵州长泰源节能建材股份有限公司、贵州地道药业有限公司、遵义航科机电有限公司、贵州汉沙科技有限公司位次下降较快。

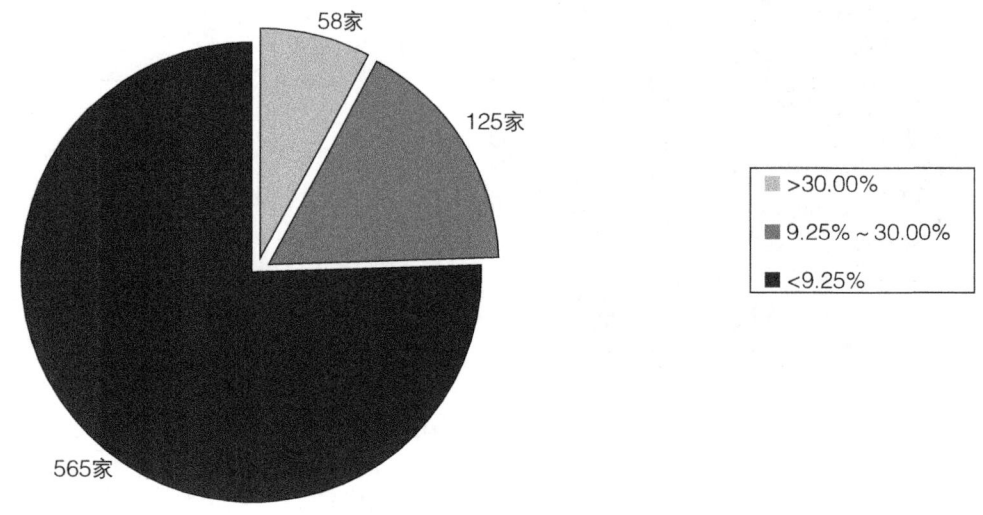

图 6-5　科技投入指数分布

三、重点企业科技创新统计监测指数排位

（一）重点企业综合科技创新水平指数排位

综合科技创新水平指数是由科技创新条件及基础、创新产出、创新效益和科技投入4个一级指数加权综合而成（表6-1）。

表 6-1　重点企业综合科技创新水平指数排位

企业名称	指数/%	位次	增降幅	
			指数/%	位次
贵州航天电器股份有限公司	59.87	1	3.01	0
瓮福（集团）有限责任公司	58.73	2	7.99	1
中国电建集团贵阳勘测设计研究院有限公司	58.33	3	1.55	-1
贵州钢绳股份有限公司	50.78	4	5.20	2
贵州航天林泉电机有限公司	47.39	5	10.24	8
贵州建工集团有限公司	46.49	6	4.11	2
贵州安大航空锻造有限责任公司	45.43	7	10.70	11
中国贵州茅台酒厂（集团）有限责任公司	45.02	8	-3.60	-3
贵州百灵企业集团仁和堂药业有限公司	44.88	9	-5.46	-5
贵州益佰制药股份有限公司	44.39	10	3.41	0

续表

企业名称	指数 /%	位次	增降幅 指数 /%	增降幅 位次
中国电建集团贵州电力设计研究院有限公司	43.96	11	5.05	0
江南机电设计研究所	42.13	12	0.33	-3
贵阳朗玛信息技术股份有限公司	39.71	13	1.12	-1
贵州航天控制技术有限公司	39.45	14	6.20	8
贵州省交通规划勘察设计研究院股份有限公司	38.92	15	3.57	1
中航贵州飞机有限责任公司	37.88	16	2.38	-1
中国航发贵州黎阳航空动力有限公司	37.59	17	2.85	0
国药集团同济堂贵州（制药）有限公司	37.03	18	5.36	6
贵州新联爆破工程集团有限公司	36.76	19	-6.86	-12
贵州航天天马机电科技有限公司	35.43	20	2.06	0
贵州航天电子科技有限公司	35.29	21	1.92	-2
贵州全安密灵科技有限公司	34.69	22	6.22	7
贵州凯星液力传动机械有限公司	34.25	23	-2.56	-9
贵州航天风华精密设备有限公司	33.11	24	5.18	11
贵州航宇科技发展股份有限公司	33.06	25	2.51	1
贵航发动机设计研究所	33.00	26	4.18	2
贵州省水利水电勘测设计研究院	32.53	27	-0.73	-6
贵州久联民爆器材发展股份有限公司	31.49	28	-0.73	-5
贵州力创科技发展有限公司	30.48	29	8.19	33
贵州安吉航空精密铸造有限责任公司	29.81	30	0.97	-3
中建四局第三建设有限公司	29.69	31	1.58	2
遵义钛业股份有限公司	29.37	32	4.74	20
首钢水城钢铁（集团）有限责任公司	29.16	33	1.83	4
贵阳航空电机有限公司	28.96	34	4.16	13
贵州詹阳动力重工有限公司	28.77	35	8.37	39
贵州川恒化工股份有限公司	28.41	36	2.33	4
贵州西南工具（集团）有限公司	27.96	37	1.86	2
贵州新安航空机械有限责任公司	27.93	38	2.42	6
中铁二局第一工程有限公司	27.52	39	1.51	3
中电科大数据研究院有限公司	27.35	40	9.90	49
中国振华（集团）新云电子元器件有限责任公司（国营第四三二六厂）	27.27	41	5.23	22
贵州航天乌江机电设备有限公司	27.27	42	—	—
际华三五三七制鞋有限责任公司	27.07	43	-0.91	-9
中国航空工业标准件制造有限责任公司	27.05	44	1.57	1

续表

企业名称	指数/%	位次	增降幅	
			指数/%	位次
贵州航天新力科技有限公司	27.00	45	−1.25	−15
贵州航天凯山石油仪器有限公司	26.92	46	0.55	−8
贵州丹寨宁航蜡染有限公司	26.67	47	0.65	−6
贵州建工集团第一建筑工程有限责任公司	26.40	48	5.59	25
贵州振华群英电器有限公司（国有第八九一厂）	26.23	49	−4.48	−24
遵义铝业股份有限公司	25.90	50	3.93	14
中国振华集团永光电子有限公司	25.37	51	4.14	18
贵阳时代沃顿科技有限公司	25.18	52	1.08	4
贵州云峰药业有限公司	25.05	53	16.57	217
贵州神奇药业有限公司	25.00	54	0.21	−6
中国振华集团云科电子有限公司	24.64	55	−2.72	−19
贵州浩博工程质量检测有限公司	24.57	56	−0.45	−10
贵州健兴药业有限公司	24.46	57	3.00	10
贵州联盛药业有限公司	24.41	58	5.78	26
贵州赤天化纸业股份有限公司	24.13	59	−0.15	−4
贵州成智重工科技有限公司	23.66	60	0.00	−1
贵州泰永长征技术股份有限公司	23.55	61	−0.40	−4
中航力源液压股份有限公司	23.42	62	2.56	10
贵州泰邦生物制品有限公司	23.19	63	—	—
贵州航天计量测试技术研究所	23.00	64	7.21	43
贵州火焰山电器股份有限公司	22.85	65	4.01	16
贵州红星发展股份有限公司	22.49	66	−2.18	−15
贵阳新天药业股份有限公司	22.28	67	2.81	10
贵州航天南海科技有限责任公司	21.95	68	2.34	8
贵州航天特种车有限责任公司	21.84	69	2.47	10
遵义市大地和电气有限公司	21.83	70	4.41	20
贵州勤邦食品安全科学技术有限公司	21.69	71	−2.73	−18
贵州拜特制药有限公司	21.63	72	−2.74	−18
贵州世农肥业有限公司	21.52	73	−0.43	−8
遵义市鑫远望科技有限公司	21.44	74	—	—
贵州石博士科技有限公司	21.37	75	6.61	43
中国水利水电第九工程局有限公司	21.36	76	−6.77	−44
贵州益华膜科技有限公司	20.82	77	2.07	5
贵州紫金矿业股份有限公司	20.74	78	8.87	102

续表

企业名称	指数 /%	位次	增降幅	
			指数 /%	位次
贵阳迪乐普科技有限公司	20.53	79	3.49	16
贵州森塑宇木塑有限公司	20.45	80	3.86	19
贵州华烽电器有限公司	20.42	81	-4.36	-32
贵州兴国新动力科技有限公司	20.37	82	1.68	1
贵州柏强制药有限公司	20.30	83	2.61	5
贵州火星探索科技有限公司	20.23	84	0.76	-6
贵阳新奇微波工业有限责任公司	20.17	85	1.58	0
贵州锦丰矿业有限公司	19.96	86	-4.81	-36
贵州振华华联电子有限公司	19.78	87	5.42	39
贵阳世纪恒通科技有限公司	19.67	88	7.04	64
贵州开磷集团矿肥有限责任公司	19.32	89	-4.37	-31
贵州源熙生物研发有限公司	19.30	90	-3.88	-30
贵州航锐航空精密零部件制造有限公司	19.08	91	1.77	0
贵州吉丰种业有限责任公司	18.95	92	0.68	-6
贵州凯科特材料有限公司	18.84	93	-2.18	-22
贵州群建精密机械有限公司	18.51	94	1.87	4
中铁八局集团第三工程有限公司	18.39	95	2.39	8
贵州中建建筑科研设计院有限公司	18.20	96	4.78	42
贵州顺安机电设备有限公司	17.99	97	-1.88	-22
贵州省创伟道环境科技有限公司	17.78	98	1.44	3
贵州长征电气有限公司	17.41	99	2.60	18
六盘水康博木塑科技有限公司	17.38	100	-1.49	-20
贵州黔通智联科技产业发展有限公司	17.32	101	5.08	70
中建四局安装工程有限公司	17.26	102	2.61	19
贵州矩阵科技有限公司	17.17	103	-3.98	-33
贵州三力制药股份有限公司	17.12	104	2.39	15
首钢贵阳特殊钢有限责任公司	16.89	105	-0.20	-11
贵阳语玩科技有限公司	16.82	106	5.60	92
贵州恒盛丝绸科技有限公司	16.47	107	6.67	132
贵州国宏正电气工程有限公司	16.27	108	1.73	16
遵义群建塑胶制品有限公司	16.08	109	0.51	0
贵阳永青仪电科技有限公司	15.97	110	0.96	5
贵州优联博睿科技有限公司	15.92	111	-0.50	-11
贵州航天云网科技有限公司	15.89	112	—	—

续表

企业名称	指数 /%	位次	增降幅	
			指数 /%	位次
贵州西牛王印务有限公司	15.81	113	—	—
贵州航天智慧农业有限公司	15.79	114	—	—
贵州省建筑材料科学研究设计院有限责任公司	15.45	115	−1.70	−23
瓮安县武江隆塑业有限责任公司	15.21	116	0.55	4
贵州省三穗县兴绿洲农业发展有限公司	15.15	117	—	—
贵阳普天物流技术有限公司	15.15	118	−0.42	−8
贵州天福化工有限责任公司	14.94	119	—	—
贵州通祥水务环境工程有限公司	14.93	120	2.14	28
贵州远程制药有限责任公司	14.92	121	−0.15	−8
贵州天安药业股份有限公司	14.87	122	2.77	53
贵州永吉印务股份有限公司	14.83	123	2.94	55
贵州汇诚优品科技有限公司	14.79	124	0.22	−1
贵州科伦药业有限公司	14.76	125	−0.65	−14
中黔电气集团股份有限公司	14.65	126	0.03	−4
贵州劲嘉新型包装材料有限公司	14.60	127	−1.25	−22
贵州大龙汇成新材料有限公司	14.57	128	0.16	−3
贵州卓豪农业科技股份有限公司	14.27	129	1.73	26
贵州万顺堂药业有限公司	14.21	130	0.00	−2
福泉大北农农业科技有限公司	14.10	131	0.17	1
贵州卓越天成软件有限公司	14.06	132	0.09	−2
贵州金玖生物技术有限公司	14.06	133	2.86	66
贵州剑河园方林业投资开发有限公司	14.06	134	—	—
贵州水矿控股集团有限责任公司	14.04	135	5.86	148
贵州恒瑞辰科技股份有限公司	14.04	136	0.45	−1
贵州正合博莱金属有限公司	14.01	137	2.86	64
贵州省煤矿设计研究院	13.98	138	2.48	51
贵州鸣腾科技有限公司	13.95	139	6.97	175
贵州绿盾征信大数据有限公司	13.87	140	0.10	−7
贵州贵航飞机设计研究所	13.85	141	1.58	29
贵州彩阳电暖科技有限公司	13.82	142	−2.99	−45
贵州威默电气成套设备有限公司	13.74	143	8.58	247
遵义恒佳铝业有限公司	13.73	144	7.64	201
贵州溪山科技有限公司	13.69	145	1.80	34
贵州比特软件有限公司	13.66	146	1.37	22

续表

企业名称	指数/%	位次	增降幅	
			指数/%	位次
贵州航太精密制造有限公司	13.37	147	−0.57	−16
贵州双木农机有限公司	13.30	148	2.06	49
遵义智鹏高新铝材有限公司	13.26	149	0.83	9
七冶建设有限责任公司	13.21	150	−0.19	−11
贵阳联合高温材料有限公司	13.10	151	0.71	11
贵州奥斯科尔科技实业有限公司	13.09	152	1.16	25
贵州晟博特科技有限公司	12.96	153	−0.10	−11
贵州黔驰信息股份有限公司	12.92	154	−2.41	−42
贵州中博宇科技有限公司	12.85	155	−0.42	−15
贵州海智科技有限公司	12.84	156	0.44	4
大方县九龙天麻开发有限公司	12.81	157	2.16	51
贵州西南制造产业园有限公司	12.74	158	10.40	467
贵州广济堂药业有限公司	12.71	159	2.18	54
贵州浩诚药业有限公司	12.69	160	−3.16	−56
贵州人和信通科技有限公司	12.68	161	−13.12	−118
贵州黔和物流有限公司	12.68	162	1.22	29
贵州雅光电子科技股份有限公司	12.62	163	−0.18	−17
贵阳动视云科技有限公司	12.59	164	7.18	206
贵阳华烽有色铸造有限公司	12.57	165	1.87	41
贵州万胜药业有限责任公司	12.55	166	−2.43	−50
贵州云科教服务有限公司	12.52	167	−1.20	−33
贵州志琦科技有限公司	12.46	168	0.00	−11
贵州省海美斯科技有限公司	12.45	169	0.03	−10
遵义天辉机电有限责任公司	12.36	170	8.33	296
贵州智诚科技有限公司	12.27	171	5.08	137
贵州英思普瑞信息技术有限公司	12.21	172	0.06	1
贵州大隆药业有限责任公司	12.11	173	1.60	41
贵州恒兴凯新型建材有限公司	12.04	174	1.09	29
绥阳县华丰电器有限公司	12.04	175	6.16	177
贵州百灵企业集团正鑫药业有限公司	11.97	176	0.60	16
贵州煌缔科技股份有限公司	11.94	177	−2.09	−48
贵州中联信科技有限公司	11.82	178	0.02	3
贵州威顿晶磷电子材料股份有限公司	11.82	179	1.02	26
黔西南州乐呵化工有限责任公司	11.81	180	3.40	95

续表

企业名称	指数/%	位次	增降幅 指数/%	位次
遵义汇航机电有限公司	11.79	181	4.38	121
中联创展信息技术股份有限公司	11.73	182	0.13	5
遵义市飞宇电子有限公司	11.69	183	1.39	36
贵州恒源远东液压系统技术有限公司	11.69	184	—	—
贵州黔力电器制造有限公司	11.60	185	0.59	17
贵州中航交通科技有限公司	11.52	186	0.02	4
贵州西瑞科技有限公司	11.47	187	1.31	35
六盘水创世纪科贸有限公司	11.46	188	−0.84	−21
贵州迦太利华信息科技有限公司	11.41	189	0.09	5
安顺德康农牧有限公司	11.38	190	−0.99	−27
贵州华城楼宇科技有限公司	11.36	191	−4.81	−89
贵州中航电梯有限责任公司	11.35	192	—	—
贵州宏宇药业有限公司	11.33	193	0.86	22
贵州金桥药业有限公司	11.29	194	−1.08	−30
遵义市倍缘化工有限责任公司	11.22	195	1.49	47
贵阳新天光电科技有限公司	11.14	196	0.53	14
贵州黎阳天翔科技有限公司	11.09	197	7.06	267
贵阳方舟科技股份有限公司	11.07	198	5.20	155
贵州中铝铝业有限公司	11.04	199	—	—
贵阳高新兆诚科技有限公司	10.98	200	−1.80	−53
贵州创天科技有限公司	10.96	201	−1.34	−35
遵义市润丰源钢铁铸造有限公司	10.92	202	0.33	9
国药集团贵州血液制品有限公司	10.88	203	2.43	71
贵州杰轩科技有限责任公司	10.80	204	0.94	32
普定县银丰农业科技发展有限公司	10.76	205	5.92	201
贵州科服科技集团有限责任公司	10.75	206	−0.61	−13
贵州久龙科技发展有限公司	10.73	207	−2.44	−66
贵州省万航电能科技有限公司	10.72	208	—	—
遵义天际机电有限责任公司	10.63	209	—	—
贵州省煤层气页岩气工程技术研究中心	10.60	210	1.79	53
贵州多维视科技有限公司	10.60	211	−1.59	−39
六枝特区华兴管业制品有限公司	10.59	212	—	—
贵州华康伟创科技有限公司	10.49	213	0.05	3
贵州联建土木工程质量检测监控中心有限公司	10.47	214	1.73	50

续表

企业名称	指数/%	位次	增降幅 指数/%	增降幅 位次
贵州安凯达实业股份有限公司	10.40	215	−0.51	−11
贵州守望领域数据智能有限公司	10.39	216	3.31	96
贵州卡布婴童用品有限责任公司	10.39	217	4.72	140
贵州宇鹏科技有限责任公司	10.35	218	0.26	11
贵阳明通炉料有限公司	10.35	219	6.05	219
贵州自由客网络技术有限公司	10.34	220	3.56	100
遵义市文杰机电有限责任公司	10.34	221	1.77	45
贵州能安机电设备制造有限公司	10.32	222	0.17	2
贵州振华红云电子有限公司	10.29	223	−0.35	−14
贵州圣济堂制药有限公司	10.29	224	—	—
贵阳中电高新数据科技有限公司	10.29	225	−1.02	−30
贵州宏达环保科技有限公司	10.26	226	−4.78	−112
贵州黎阳国际制造有限公司	10.23	227	0.09	−2
贵州华旭光电技术有限公司	10.18	228	—	—
贵州金田新材料科技有限公司	10.12	229	4.68	140
贵州天逸轩网络科技有限公司	10.12	230	−2.28	−69
贵阳德昌祥药业有限公司	10.11	231	−8.08	−144
贵州森阳科技有限公司	10.09	232	2.41	59
贵州百胜工程建设咨询有限公司	10.09	233	7.76	395
贵州车秘科技有限公司	10.01	234	3.68	103
贵州乐诚技术有限公司	9.97	235	−0.19	−12
贵州精立航太科技有限公司	9.97	236	−1.80	−53
贵州联洪合成材料有限公司	9.95	237	0.18	3
贵州中科恒运软件科技有限公司	9.94	238	−2.38	−73
贵州振华天通设备有限公司	9.79	239	0.15	6
贵阳电气控制设备有限公司	9.79	240	1.92	48
贵州博虹科技有限公司	9.78	241	—	—
贵州省瓮安县瓮福黄磷有限公司	9.70	242	0.57	12
贵州省安顺市智达公共安技术有限责任公司	9.68	243	−0.29	−12
贵州创奇环保科技股份有限公司	9.67	244	1.20	28
贵阳富源饲料有限公司	9.63	245	1.01	20
贵州博成科技有限公司	9.62	246	5.76	236
贵州长征电器成套有限公司	9.57	247	4.21	128
贵州盘江煤层气开发利用有限责任公司	9.51	248	0.11	0

续表

企业名称	指数/%	位次	增降幅 指数/%	增降幅 位次
贵州光大远航测绘工程有限公司	9.47	249	-0.63	-21
贵州兰诚硕测绘有限责任公司	9.45	250	-2.34	-68
贵州三超科技信息系统有限公司	9.40	251	0.00	-4
贵州秦泰药业有限公司	9.33	252	5.85	272
贵州信天游信息技术有限公司	9.32	253	-0.60	-20
贵州荣清工具有限公司	9.25	254	0.36	5
贵州捷盛钻具股份有限公司	9.22	255	-0.90	-29
贵州财富之舟科技有限公司	9.20	256	—	—
贵州瑞泰实业有限公司	9.15	257	-7.99	-164
贵州力登科技发展有限公司	9.14	258	1.13	27
贵州伊思特新技术发展有限责任公司	9.04	259	-1.33	-42
贵州亿垒科技有限公司	9.04	260	2.38	66
贵州东峰锑业股份有限公司	9.03	261	1.53	36
贵州百科达科技有限公司	8.99	262	7.11	389
康命源（贵州）科技发展有限公司	8.99	263	2.93	83
遵义长征汽车零部件有限公司	8.98	264	-0.31	-15
博文软件（贵州）有限公司	8.93	265	-3.00	-89
遵义市亿易通科技网络有限责任公司	8.89	266	12.93	432
贵阳鑫羿向科技有限公司	8.88	267	-3.99	-122
贵州鲸品汇电子商务有限公司	8.88	268	-0.38	-17
贵州电子商务云运营有限责任公司	8.88	269	-0.16	-13
遵义市永胜金属设备有限公司	8.84	270	-3.30	-96
都匀市英伦数字科技有限责任公司	8.82	271	—	—
习水县蓝岛电脑科技有限公司	8.80	272	-0.16	-14
六盘水中联工贸实业有限公司	8.77	273	1.83	43
贵州东冠科技有限公司	8.76	274	0.42	2
贵州志成恩予科技有限公司	8.71	275	0.41	2
遵义精星航天电器有限责任公司	8.67	276	-1.17	-38
贵州凯襄新材料有限公司	8.57	277	-7.23	-171
贵州秒银信诚科技有限公司	8.55	278	-1.13	-34
遵义市信欧建材有限公司	8.50	279	-0.36	-18
贵州诚安建设有限公司	8.50	280	-0.04	-12
江林（贵州）高科发展股份有限公司	8.42	281	-4.18	-128
贵州元能管业有限公司	8.41	282	-1.51	-48

续表

企业名称	指数 /%	位次	增降幅 指数 /%	增降幅 位次
贵州温商信息技术有限公司	8.38	283	1.32	30
贵州万通环保工程有限公司	8.30	284	—	—
贵州精忠橡塑实业有限公司	8.27	285	—	—
贵州安吉华元科技发展有限公司	8.24	286	2.05	54
埃柯赛环境科技（贵州）股份有限公司	8.24	287	0.01	−7
贵州航天风华实业有限公司	8.22	288	0.81	13
贵州天威建材科技有限责任公司	8.18	289	0.40	1
贵州详务节能建材有限公司	8.17	290	−0.94	−35
贵州金域医学检验中心有限公司	8.17	291	2.78	81
贵州吉兆电气工程技术有限公司	8.15	292	—	—
贵州信鸽科技有限公司	8.15	293	−2.52	−86
贵州惠沣众一机械制造有限公司	8.11	294	−1.09	−42
遵义宏港机械有限公司	8.11	295	−1.33	−49
遵义凯发新泉污水处理有限公司	8.08	296	5.42	317
贵阳鑫泓工程技术有限公司	8.07	297	6.42	360
贵阳市政建设有限责任公司	8.07	298	—	—
贵州恒信工程有限公司	8.04	299	−2.25	−79
贵州翰瑞电子有限公司	8.03	300	−1.68	−57
贵州良济药业有限公司	8.01	301	−0.18	−19
遵义双河生物燃料科技有限公司	7.96	302	0.72	5
贵州永兴建设工程质量检测有限公司	7.95	303	4.65	246
贵州鼎慧大数据科技有限公司	7.92	304	4.27	198
贵州华阳汽车零部件有限公司	7.90	305	−0.11	−19
贵州捷科特电气设备有限公司	7.90	306	—	—
贵阳新希望农业科技有限公司	7.86	307	−0.71	−40
贵州亿林建设工程有限公司	7.84	308	3.96	168
贵州金马包装材料有限公司	7.81	309	3.94	169
安顺虹特滚珠丝杠有限责任公司	7.79	310	4.43	227
贵州蜂能科技发展有限公司	7.73	311	−4.99	−160
贵阳天富长丰网络科技有限公司	7.66	312	−2.20	−75
贵州六合门业有限公司	7.62	313	0.17	−14
贵州东方世纪科技股份有限公司	7.57	314	1.08	15
贵州百灵企业集团和仁堂药业有限公司	7.48	315	−9.51	−219
贵州锐新科技有限公司	7.46	316	0.55	2

续表

企业名称	指数/%	位次	增降幅	
			指数/%	位次
贵州思索电子有限公司	7.45	317	−0.11	−22
贵州欧瑞欣合环保股份有限公司	7.42	318	1.09	18
贵州木弓贵芯微电子有限公司	7.38	319	2.22	74
贵州雏阳生态环保科技有限公司	7.38	320	—	—
都匀市大隆传动机械有限公司	7.35	321	3.73	185
贵州宏创信息技术有限公司	7.27	322	—	—
贵州匠人筑造工程咨询有限公司	7.23	323	2.01	62
贵州德恒信安防工程有限公司	7.23	324	−5.31	−170
贵州遵义驰宇精密机电制造有限公司	7.21	325	−0.30	−29
贵州铁建恒发新材料科技股份有限公司	7.18	326	1.38	28
贵州科库科技有限公司	7.18	327	5.09	315
贵阳华彩影视文化传媒有限公司	7.16	328	—	—
中国航发贵州航空发动机维修有限责任公司	7.16	329	−0.10	−23
贵州航天朝阳科技有限责任公司	7.11	330	1.20	20
贞丰县恒山建材有限责任公司	7.05	331	—	—
遵义强大博信知识产权服务有限公司	7.05	332	0.11	−17
遵义同兴源建材有限公司	7.04	333	1.96	62
贵州人和致远数据服务有限责任公司	7.01	334	3.79	223
贵州三佳科技有限公司	7.00	335	5.68	334
贵州华烽汽车零部件有限公司	6.99	336	−5.98	−192
贵州新华羲玻璃有限责任公司	6.99	337	−0.29	−32
贵州德鑫源电气有限公司	6.98	338	−0.10	−27
贵州兴泰科技有限公司	6.98	339	0.89	5
贵州小伙人信息技术有限公司	6.97	340	−2.31	−90
贵州中铝彩铝科技有限公司	6.97	341	2.51	82
遵义粒满丰肥业有限责任公司	6.93	342	1.38	22
贵阳德康农牧有限公司	6.91	343	2.56	90
贵州千叶药品包装股份有限公司	6.90	344	−6.56	−207
贵阳海之力液压有限公司	6.86	345	−5.89	−195
贵州凯里经济开发区中昊电子有限公司	6.85	346	−0.32	−37
力源液压系统（贵阳）有限公司	6.81	347	0.79	1
贵州涟江源建材有限公司	6.79	348	—	—
贵州苗药生物技术有限公司	6.73	349	0.05	−25
贵州天保生态股份有限公司	6.70	350	0.26	−18

续表

企业名称	指数 /%	位次	增降幅 指数 /%	增降幅 位次
贵州省德邦环保化工有限公司	6.69	351	5.20	311
贵州海跃科技发展有限公司	6.69	352	—	—
贵州苗药药业有限公司	6.67	353	−0.92	−59
贵州逸飞科技有限公司	6.58	354	3.70	239
贵州鼎盛建材实业有限公司	6.57	355	−9.19	−247
贵州林都园林工程有限公司	6.53	356	0.98	9
贵州玄德生物科技股份有限公司	6.53	357	3.07	172
贵州数据宝网络科技有限公司	6.53	358	−1.95	−87
贵州润生制药有限公司	6.46	359	−0.47	−42
贵州智通天下信息技术有限公司	6.44	360	−3.32	−119
贵州同成环境科技有限公司	6.42	361	−1.03	−63
贵州华美达科技有限公司	6.42	362	0.06	−28
贵州高卓皮具有限公司	6.35	363	—	—
遵义市大鼎正环保建材有限公司	6.34	364	0.94	7
贵州优好停车设备有限公司	6.34	365	−2.85	−112
中国建材检验认证集团贵州有限公司	6.33	366	−0.20	−39
贵州华云汽车饰件制造有限公司	6.31	367	−0.39	−44
遵义新利特金属材料科技有限公司	6.31	368	−0.42	−46
贵州西部农产品交易中心有限公司	6.31	369	2.44	111
贵州长通集团智造有限公司	6.29	370	0.80	−2
贵阳精彩数字印刷有限公司	6.26	371	1.47	38
遵义长征输配电设备有限公司	6.22	372	−4.32	−160
贵州新气象科技有限责任公司	6.22	373	−0.45	−48
贵州政立矿业有限公司	6.19	374	−0.66	−55
贵州莱利斯机械设计制造有限责任公司	6.19	375	1.00	11
贵州智慧共治信息科技有限公司	6.18	376	0.60	−13
贵州兴达兴建材股份有限公司	6.18	377	0.60	−15
通号建设集团贵州工程有限公司	6.17	378	−1.89	−94
遵义市龙驰生物科技有限公司	6.14	379	−1.46	−86
贵州铁建工程质量检测咨询有限公司	6.14	380	0.47	−22
贵州省电子证书有限公司	6.13	381	0.97	10
贵州苗仁堂制药有限责任公司	6.10	382	2.02	75
贵阳凯晟成科技有限公司	6.10	383	—	—
贵州新锦竹木制品有限公司	6.04	384	−1.82	−95

续表

企业名称	指数/%	位次	增降幅 指数/%	增降幅 位次
贵州杰源水务管理技术科技有限公司	5.92	385	1.31	29
贵州爱唐文化网络科技有限公司	5.85	386	—	—
贵州丽基新材料有限公司	5.80	387	0.17	−28
贵州西西洋教育科技有限公司	5.77	388	−0.43	−49
贵阳天龙摩擦材料有限公司	5.72	389	1.61	66
贵州津惠隆科技有限公司	5.71	390	2.38	155
遵义市精科信检测有限公司	5.69	391	−1.39	−81
贵州恒力源林业科技有限公司	5.65	392	−0.08	−37
遵义易拓网络服务有限公司	5.62	393	0.33	−12
贵州三泓药业股份有限公司	5.60	394	−3.38	−137
贵州安易和信科技有限公司	5.58	395	0.28	−15
贵州明峰工业废渣综合回收再利用有限公司	5.57	396	0.29	−14
贵州力强科技发展有限公司	5.57	397	−0.02	−36
贵州华信创新科技有限公司	5.56	398	1.06	20
贵州云博极讯科技有限责任公司	5.56	399	0.19	−25
贵州德良方药业股份有限公司	5.55	400	0.64	2
贵州开阳川东化工有限公司	5.54	401	1.14	27
贵州云腾志远科技发展有限公司	5.53	402	3.22	227
贵州黔元隆安装工程有限公司	5.52	403	1.32	43
航天云宏技术贵州有限公司	5.51	404	−6.00	−216
贵阳块数据城市建设有限公司	5.48	405	0.32	−16
贵州清风科技环保设备制造有限公司	5.47	406	—	—
贵州天能电力高科技有限公司	5.45	407	0.11	−31
贵州联韵智能声学科技有限公司	5.39	408	1.95	122
贵州梦动科技有限公司	5.38	409	—	—
贵州水矿奥瑞安清洁能源有限公司	5.35	410	−8.96	−283
贵州省欣紫鸿药用辅料有限公司	5.35	411	2.00	129
贵州省移塑管业有限公司	5.34	412	3.75	248
贵州金义磨料有限公司	5.33	413	1.06	27
贵阳力波机械传动有限公司	5.31	414	0.39	−13
贵州鑫都嘉汇科技有限责任公司	5.31	415	1.08	28
贵州万顺豪环卫机械设备有限公司	5.28	416	3.69	245
贵州世纪宏景软件有限公司	5.24	417	0.00	−33
云上（贵州）教育科技有限公司	5.12	418	—	—

续表

企业名称	指数 /%	位次	增降幅 指数 /%	增降幅 位次
贵州联众云医疗科技有限公司	5.12	419	0.95	30
贵州德润电力建设有限公司	5.10	420	−0.22	−42
贵州鼎立生物科技香料有限公司	5.09	421	0.04	−24
安顺新金秋科技股份有限公司	5.06	422	−1.07	−81
贵阳力泉液压技术有限公司	5.04	423	−3.85	−163
云上米度（贵州）科技有限公司	5.03	424	—	—
贵州房易通网络技术有限公司	5.01	425	0.55	−3
贵州银亨融通科技发展有限公司	5.01	426	0.22	−16
贵阳玉塑包装有限公司	4.99	427	−1.45	−96
绿地环保科技股份有限公司	4.98	428	−0.90	−77
贵州黄平富城实业有限公司	4.98	429	−0.51	−62
贵州全世通精密机械科技有限公司	4.96	430	−2.46	−130
贵州维讯光电科技有限公司	4.96	431	0.43	−14
贵州指趣网络科技有限公司	4.93	432	0.62	2
贵州云图瞰景地理信息技术有限公司	4.93	433	2.13	167
遵义市聚源建材有限公司	4.92	434	−6.38	−238
贵州航飞精密制造有限公司	4.91	435	−0.06	−37
贵州太瑞生诺生物医药有限公司	4.89	436	0.75	16
贵州惠波机械制造有限公司	4.89	437	2.20	173
贵州华宁科技股份有限公司	4.88	438	−7.40	−269
贵阳锐泰电力科技有限公司	4.83	439	−1.19	−92
贵州省首为电线电缆有限公司	4.79	440	−0.03	−33
贵州水务运营有限公司	4.78	441	0.83	31
贵州良济医疗器械有限公司	4.78	442	1.44	97
贵州唯捷众品信息技术有限公司	4.75	443	−0.84	−83
贵州鸿云联创科技有限公司	4.75	443	—	—
贵州云上诚创科技有限公司	4.70	445	2.43	187
贵州聚惠达科技有限公司	4.7	446	0.94	49
贵州皓科新型材料有限公司	4.68	447	−0.06	−35
贵州开阳三环磨料有限公司	4.67	448	0.84	37
遵义华富生物科技有限公司	4.66	449	−5.42	−219
贵州天地药业有限责任公司	4.64	450	−1.48	−107
贵州惠智电子技术有限责任公司	4.63	451	1.76	143
贵州硕利芮达科技有限公司	4.62	452	1.53	122

续表

企业名称	指数/%	位次	增降幅	
			指数/%	位次
贵州晟扬管道科技有限公司	4.54	453	−0.84	−80
贵州泰坦电气系统有限公司	4.54	454	1.22	93
黔南热线网络有限责任公司	4.49	455	0.04	−31
贵州红星发展大龙锰业有限责任公司	4.48	456	−0.28	−45
贵州中孚科技有限公司	4.48	457	−0.43	−54
贵阳四度空间文化传媒有限公司	4.44	458	−0.45	−54
贵州众诚兴业科教设备有限公司	4.43	459	0.07	−27
贵州凯敏博机电科技有限公司	4.42	460	—	—
遵义市旭辉新型节能建材有限公司	4.41	461	−0.05	−40
贵州新致普惠信息技术有限公司	4.40	462	0.35	−2
贵州九鼎成科技有限公司	4.40	463	−0.80	−76
贵州丰达轴承有限公司	4.39	464	0.25	−13
贵金玉科技发展有限公司	4.39	465	0.53	16
贵州特派克生物防治技术有限公司	4.38	466	−2.11	−138
贵州鼎成熔鑫科技有限公司	4.38	467	0.23	−17
遵义航天娄山电器化工有限公司	4.38	468	−0.48	−63
贵州中软云上数据技术服务有限公司	4.37	469	0.44	4
贵州希格玛技术工程有限公司	4.37	470	—	—
贵州英利达科贸有限公司	4.35	471	1.34	110
遵义拓特铸锻有限公司	4.34	472	−1.64	−123
贵州万恒科技发展有限公司	4.34	473	−3.02	−169
贵州广毅节能环保科技有限公司	4.33	474	1.03	74
安软科技集团（贵州）有限公司	4.33	475	−5.95	−254
贵州黔峰管业有限公司	4.33	476	−1.18	−110
贵州飞云岭药业股份有限公司	4.32	477	−1.00	−100
贵州非格斯科技有限公司	4.29	478	−0.64	−78
贵州西南管业有限公司	4.29	479	−1.95	−141
贵州佳联兴科技有限公司	4.28	480	−0.02	−45
贵州众和宏远科技有限公司	4.28	481	0.50	9
贵州千村节能环保科技开发有限公司	4.28	482	−0.10	−52
贵阳白云中航紧固件有限公司	4.24	483	0.78	44
贵州源溯科技有限公司	4.20	484	0.58	21
贵阳联诚欣业科技有限公司	4.19	485	0.89	65
贵州大博金太阳能光电有限公司	4.18	486	−0.42	−71

续表

企业名称	指数 /%	位次	增降幅	
			指数 /%	位次
贵州优特云科技有限公司	4.18	487	−0.11	−48
黔山良农有限公司	4.17	488	−4.67	−226
贵州坤盾天成科技有限公司	4.17	489	−0.45	−76
贵州数智联云科技有限公司	4.16	490	0.61	25
贵州烨阳科技发展有限公司	4.15	491	0.25	−17
贵州黔聚龙投资有限公司	4.15	492	1.07	84
贵州祥程佳和机械制造有限公司	4.12	493	0.16	−22
贵州智合时代传媒有限公司	4.11	494	0.06	−35
贵州阿凡提工业信息有限公司	4.09	495	0.05	−33
贵州众蓝科技有限公司	4.09	496	0.25	−13
贵阳高新益舸电子有限公司	4.07	497	−0.35	−72
贵州黔竹汇君科技有限公司	4.07	498	0.71	36
贵州天马环卫设备有限公司	4.06	499	−4.39	−226
贵州安康健科技有限公司	4.04	500	−0.76	−92
贵州垒华成工程试验检测有限责任公司	4.03	501	0.48	15
贵州征诚汇达通信工程有限公司	4.02	502	−0.28	−65
贵州鑫权懿科技发展有限公司	4.01	503	−0.21	−61
贵州天讯信息产业有限公司	3.97	504	0.36	3
贵州瑞普科技有限公司	3.96	505	−2.17	−163
贵阳企易云商科技发展有限公司	3.94	506	0.85	69
贵州楚智建材科技有限公司	3.94	507	−5.96	−272
贵阳华森建材有限公司	3.93	508	0.56	25
贵州响亮电子技术有限公司	3.92	509	0.11	−22
贵州晨智俊博科技有限公司	3.91	510	−0.27	−62
贵阳长治恒丰智能科技有限公司	3.91	511	0.26	−10
安顺文杰科技有限公司	3.90	512	−0.13	−45
贵州大兴旺新材料科技有限公司	3.88	513	−4.38	−235
贵州思源信息科技有限公司	3.84	514	—	—
贵阳鑫恒泰实业有限公司	3.84	515	0.28	−1
贵州多彩博虹科技有限公司	3.82	516	—	—
遵义春华新材料科技有限公司	3.82	517	−6.30	−290
贵阳兴意达天诚科技有限公司	3.82	518	0.46	17
贵州华森科技实业有限公司	3.80	519	0.06	−22
贵州卓讯软件股份有限公司	3.79	520	−0.34	−67

续表

企业名称	指数/%	位次	增降幅 指数/%	增降幅 位次
贵州恒源科创资源再生开发有限公司	3.77	521	-2.69	-191
贵州盛昌药业有限公司	3.76	522	0.01	-26
贵州岑祥资源科技有限责任公司	3.76	523	1.67	117
贵州中电通环境检测有限公司	3.75	524	-0.36	-70
贵阳新洋诚义齿有限公司	3.75	525	-0.62	-94
贵州泽涛科技有限公司	3.75	526	-0.02	-34
贵州立时恒升通信工程有限公司	3.73	527	-0.53	-86
贵州福斯特磨料磨具有限公司	3.73	528	0.40	15
贵州中节能天融兴德环保科技有限公司	3.72	529	0.56	36
贵州百能思信息科技有限公司	3.72	530	-0.34	-72
贵州金科成科技服务有限公司	3.72	531	-0.58	-95
贵州惠康盛电气有限公司	3.71	532	0.83	60
贵州山顺缆车有限公司	3.66	533	0.45	25
贵州忠义柒彩科技开发有限公司	3.66	534	0.12	-15
贵州纳雍博润环保科技有限公司	3.66	535	0.90	68
贵州中盛弘通科技有限公司	3.65	536	0.99	76
贵州大成玻璃工程有限责任公司	3.65	537	-0.08	-39
贵阳金利沅科技有限公司	3.65	538	-0.38	-73
安顺市成威科技有限公司	3.63	539	-0.16	-51
贵州创美鑫韵文化传媒有限公司	3.63	540	0.05	-29
贵州黔云联创网络科技有限公司	3.63	541	0.04	-31
贵州联众科创科技工程有限公司	3.63	542	0.06	-29
贵州航图教育科技有限公司	3.63	543	0.44	21
贵州天晟伟业科技有限公司	3.62	544	0.43	18
贵州禹之源生态环保有限公司	3.59	545	-0.27	-66
贵州环能地质咨询有限责任公司	3.54	546	-0.46	-78
贵州开拓未来计算机技术有限公司	3.54	547	-0.16	-48
贵州金农科技有限责任公司	3.54	548	-0.96	-129
贵阳玛莱特液压电磁科技有限公司	3.54	549	0.12	-18
贵州贵诚管业有限责任公司	3.52	550	0.19	-8
贵州英吉尔机械制造有限公司	3.52	551	-0.44	-81
贵阳创新天健科技有限公司	3.52	552	0.31	8
贵州天地科技实业有限公司	3.49	553	-0.70	-106
贵州万业包装有限公司	3.49	554	2.44	121

续表

企业名称	指数/%	位次	增降幅 指数/%	增降幅 位次
贵州新中盟机电设备有限公司	3.48	555	−0.10	−43
贵州康禾科技有限公司	3.48	556	—	—
贵州华诚天下节能科技有限公司	3.47	557	0.37	14
贵州云智数据集团有限责任公司	3.47	558	2.80	127
贵州根树林信息科技有限公司	3.46	559	−0.57	−96
贵州联创天健科技有限公司	3.44	560	−0.21	−60
贵州大鸟创新科技有限公司	3.42	561	−9.34	−412
遵义市金鼎农业科技有限公司	3.41	562	−4.80	−281
都匀市莘蕊科技有限公司	3.36	563	−0.46	−77
遵义市播州区苟江镇鑫欣源包装材料有限责任公司	3.36	564	−9.16	−408
绥阳县耐环铝业有限公司	3.35	565	−1.83	−177
贵州光能科技有限公司	3.34	566	−0.30	−63
贵州正合伟业科技有限责任公司	3.34	567	−0.17	−46
贵州海誉科技股份有限公司	3.33	568	1.88	97
贵州众智恒生态科技有限公司	3.33	569	0.43	22
贵州长泰源节能建材股份有限公司	3.32	570	−4.06	−267
贵州创新睿界科技有限公司	3.31	571	−0.57	−94
贵州科讯达科技有限公司	3.31	572	0.81	49
贵阳盛通宏业科技有限公司	3.30	573	0.06	−17
兴义市黔城商品混凝土有限公司	3.29	574	—	—
松桃华艺科技有限公司	3.28	575	—	—
贵阳飞丝特科技有限公司	3.28	576	0.00	−24
贵州九龙科技发展有限公司	3.26	577	—	—
贵州俊丰源环保科技有限公司	3.26	578	0.23	1
贵州百事通建筑安装工程有限公司	3.25	579	−1.70	−180
贵州伟力达电子有限公司	3.25	580	−6.69	−348
贵州卓品汇成套设备工程有限公司	3.25	581	−0.28	−61
龙里县粤盛型材有限公司	3.22	582	−0.38	−73
贵州百善坊教育科技有限公司	3.22	583	—	—
贵阳富世通科技有限公司	3.19	584	−0.07	−31
贵州北极光原生态农业开发有限公司	3.19	585	0.22	0
贵州中消云泰和安科技有限公司	3.19	586	0.58	29
贵阳华丰航空科技有限公司	3.18	587	3.18	105
贵州信方达信息咨询有限公司	3.17	588	−0.08	−33

续表

企业名称	指数/%	位次	增降幅	
			指数/%	位次
贵阳新同舟科技有限公司	3.16	589	0.18	−5
铜仁市海创信息科技有限公司	3.16	590	−0.20	−54
贵州金鑫博睿科技有限公司	3.15	591	−0.36	−69
贵州博德恒泰科技有限公司	3.15	592	−1.41	−176
贵州恒绿源环保有限公司	3.14	593	0.39	11
贵州长圣信息工程有限公司	3.14	594	0.12	−14
贵州长通线缆有限公司	3.14	595	−4.47	−303
贵州金山国土勘测工程有限公司	3.13	596	0.49	18
贵州杰傲建材有限责任公司	3.13	597	−0.07	−36
贵州迈锐钻探设备制造有限公司	3.13	598	−2.19	−219
遵义市汇川区吉美电镀有限责任公司	3.12	599	0.19	−12
贵州天成中源科技有限公司	3.12	600	0.00	−32
贵州联掌慧信息技术有限公司	3.10	601	−0.18	−50
遵义鑫华源电力设备有限公司	3.10	602	−0.05	−35
贵州恩科达医疗科技有限公司	3.09	603	−0.74	−119
贵阳鑫辰宇办公设备有限公司	3.09	604	0.23	−9
贵州兴洪波科技有限公司	3.08	605	−0.81	−130
贵州好住理网络科技有限公司	3.08	606	1.41	49
松桃华艺科技有限公司	3.07	607	−1.43	−187
贵州华良电气有限公司	3.06	608	0.93	29
贵州省源单新材料科技有限公司	3.06	609	−0.26	−63
贵州文博科技有限公司	3.04	610	−1.37	−184
贵州黔莱亚科技有限公司	3.03	611	−0.73	−120
贵州黔龙图视科技有限公司	3.03	612	−10.50	−476
贵定县恒伟玻璃制品有限公司	3.03	613	0.06	−27
贵州省建筑设计研究院有限责任公司	2.99	614	−1.40	−185
贵州源塑实业有限公司	2.99	615	0.90	26
贵州华星冶金有限公司	2.96	616	1.06	34
贵州海跃模具有限公司	2.96	617	1.24	37
贵州安泰晟达通信工程有限公司	2.96	618	−0.51	−92
贵州微兄弟信息技术有限公司	2.96	619	−0.42	−87
遵义天力环境工程有限责任公司	2.95	620	−0.21	−54
贵州迅达信息产业发展有限公司	2.95	621	1.15	31
贵州金瑞渐成电子有限公司	2.95	622	0.23	−16

续表

企业名称	指数 /%	位次	增降幅 指数 /%	增降幅 位次
贵州天地荣科技有限公司	2.94	623	−0.27	−64
贵州省恒力源林业科技有限公司	2.92	624	−0.07	−42
贵州智教云教育科技有限公司	2.92	625	−0.18	−53
贵州益恒创兴科技有限公司	2.91	626	0.10	−29
贵州远东兄弟钻探有限公司	2.88	627	−0.45	−86
贵州朗科电气有限公司	2.88	628	0.28	−11
贵州源诚利华技术有限公司	2.87	629	—	—
贵州毅博机械设备有限公司	2.86	630	0.93	18
贵州中星网络科技有限公司	2.86	631	−0.90	−138
贵州嘉智信联科技有限公司	2.86	632	−1.36	−187
贵州省遵义市辉煌种业有限公司	2.84	633	−0.22	−55
贞丰县贵耀材料科技有限公司	2.84	634	−0.80	−130
贵州辰阳星睿科技有限公司	2.84	634	0.03	−36
贵阳大数据交易所	2.84	636	−0.09	−48
贵州兆浪科技实业有限公司	2.81	637	−1.29	−181
贵州中科信达科技有限公司	2.80	638	−2.36	−244
贵州通勤汇嘉科技有限公司	2.78	639	−0.69	−114
贵州优行车联科技有限公司	2.78	640	0.11	−29
贵州贵玻玻璃有限公司	2.76	641	0.02	−36
贵州乐创方舟科技文化有限公司	2.74	642	−1.02	−148
贵州嘉锐恒大科技有限公司	2.73	643	−0.38	−74
贵州省锦屏县华绿炭素有限公司	2.70	644	—	—
贵州普济生物技术有限公司	2.69	645	−4.08	−324
贵州省达济环保科技有限公司	2.67	646	−0.42	−73
贵州宏志数码科技工程有限公司	2.63	647	0.44	−12
贵州智博云网络科技有限公司	2.60	648	−0.31	−58
贵州盛方信息科技有限公司	2.59	649	−0.89	−126
黔南州金安电子安防服务有限公司	2.59	650	−0.22	−51
贵州道兴建设工程检测有限责任公司	2.57	651	−0.79	−113
贵州政和信息科技有限公司	2.57	652	−0.98	−134
贵州普利英吉科技有限公司	2.56	653	−0.14	−45
贵州永恒光科技有限公司	2.56	654	−2.59	−262
贵州顺健制药有限公司	2.55	655	0.01	−35
贵州木易精细陶瓷有限责任公司	2.55	656	−0.44	−73

续表

企业名称	指数/%	位次	增降幅 指数/%	增降幅 位次
遵义长征电器制造有限公司	2.55	657	0.46	−14
贵州永成科技有限公司	2.52	658	−0.74	−104
贵州文华信息技术股份有限公司	2.51	659	—	—
贵州加来智能科技有限公司	2.48	660	0.02	−38
贵州好百年住宅工业有限公司	2.47	661	−0.14	−45
贵州合润铝业新材料科技股份有限公司	2.46	662	2.67	33
贵州恒科电子科技有限公司	2.46	663	−1.32	−174
贵阳高新泰丰航空航天科技有限公司	2.45	664	0.24	−30
贵州云谷数据有限公司	2.44	665	0.80	−6
贵州智联云弛软件科技有限公司	2.42	666	0.06	−42
毕节市斯翔安防科技有限公司	2.42	667	0.08	−41
贵州兆浪科技实业有限公司	2.41	668	−0.27	−59
贵州康建电力设备有限公司	2.40	669	1.41	8
贵州数易联科技有限公司	2.39	670	−0.33	−63
贵州瑞恩检测技术有限公司	2.36	671	−0.56	−82
贵州鑫桥建设工程有限公司	2.33	672	−0.74	−95
遵义航科机电有限公司	2.32	673	−9.44	−489
贵州美洁环卫工程有限责任公司	2.30	674	−0.26	−56
贵州德瑞软件开发有限责任公司	2.29	675	1.51	5
遵义市友联包装实业有限公司	2.27	676	0.16	−37
贵州弘康药业有限公司	2.27	677	0.18	−33
贵州创米科技有限公司	2.23	678	—	—
贵阳方舟高新技术有限公司	2.23	679	−0.10	−52
贵州智能加数字科技有限公司	2.22	680	−5.69	−393
安顺市虹翼特种钢球制造有限公司	2.22	681	−0.97	−118
贵州华龙电子设备有限公司	2.20	682	−0.90	−112
贵州贤俊龙彩印有限公司	2.20	683	—	—
黔南滑动轴承有限公司	2.18	684	0.02	−48
贵州海普科技有限公司	2.17	685	−0.27	−62
贵定县洪福环保科技有限公司	2.16	686	−0.06	−53
贵州鑫轩贵钢结构机械有限公司	2.14	687	−2.27	−260
贵州银通三联科技有限公司	2.14	688	−1.41	−171
贵州黔力重工有限公司	2.13	689	−1.47	−181
贵州恒和制药有限公司	2.12	690	−4.24	−355

续表

企业名称	指数/%	位次	增降幅 指数/%	增降幅 位次
贵州蓝天远泰科技有限公司	2.04	691	−0.79	−95
遵义朝宇锅炉有限公司	2.02	692	0.35	−36
贵州长信天鹰信息系统有限公司	1.94	693	−0.20	−55
贵州航火电器有限公司	1.88	694	−0.03	−45
贵州天虹志远电线电缆有限公司	1.88	695	−0.05	−48
贵州盛峰药用包装有限公司	1.88	696	−0.89	−94
遵义汇峰智能系统有限责任公司	1.84	697	−0.44	−66
贵州友擘机械制造有限公司	1.80	698	−6.46	−419
贵州巨凯科技有限公司	1.74	699	−0.80	−80
贵州诚致未来科技有限公司	1.71	700	−0.24	−54
贵阳天马测绘技术有限公司	1.69	701	−1.08	−100
贵州元方志擎科技有限公司	1.63	702	−0.41	−57
贵州汉沙科技有限公司	1.60	703	−1.86	−175
贵州佳网科技发展有限公司	1.59	704	−0.69	−74
贵州省瓮安兴农磷化工有限责任公司	1.53	705	0.14	−37
贵州华峰志远商贸有限公司	1.48	706	0.00	−43
贵州车联邦网络科技有限公司	1.48	707	2.19	−10
贵州科华交通建设工程有限公司	1.41	708	−0.02	−42
贵州长宇电力电气有限公司	1.35	709	−0.30	−51
贵州贝加尔乐器有限公司	1.31	710	−20.00	−642
贵州远诚自控科技有限公司	1.28	711	0.19	−39
贵州楠天新型建材科技开发有限公司	1.22	712	0.99	−23
贵州大西南工程检测有限公司	1.07	713	−0.39	−49
黔南州联合电子网络系统有限公司	1.03	714	—	—
贵州奥申信息技术发展有限公司	1.03	715	0.01	−39
贵州云图时代信息技术有限公司	1.02	716	−0.04	−42
贵州永美健医疗器械有限公司	0.98	717	0.32	−31
贵州尚品创意网络科技有限公司	0.98	718	−0.27	−48
铜仁文馨高效节能门窗有限公司	0.86	719	−0.21	−46
瓮安鑫源环保建材有限公司	0.85	720	0.04	−41
贵州恒泰祥工程建设有限公司	0.82	721	—	—
贵州鑫源道建材科技有限公司	0.79	722	—	—
贵州华立通科技发展有限公司	0.78	723	0.02	−41
贵州宏信创达工程检测咨询有限公司	0.72	724	−0.04	−43
中通友源建设有限公司	0.50	725	−0.25	−42

续表

企业名称	指数/%	位次	增降幅	
			指数/%	位次
普定全成电子有限公司	0.45	726	−0.22	−42
贵阳博烁科技有限公司	0.43	727	—	—
六盘水市钟山区泉辰科技有限责任公司	0.39	728	−0.24	−41
黔南州黔程科技有限公司	0.38	729	0.29	−38
路鑫机械有限公司	0.33	730	−0.28	−42
贵州汇龙源电气有限公司	0.30	731	−0.84	−60
贵阳市启沃富科技有限公司	0.29	732	−3.70	−263
铜仁市碧江区安智科技有限公司	0.28	733	−1.45	−80
贵州红达世纪工程有限公司	0.26	734	—	—
遵义航大海电器有限公司	0.20	735	—	—
遵义市利升机械加工有限公司	0.10	736	−0.81	−58
贵州众志达成科贸有限公司	0.08	737	—	—
黔西南州富洪茶叶有限公司	0.07	738	—	—
贵州同成沁溢水务环境有限公司	0.06	739	−0.04	−49
三穗县富源精品水果专业合作社	0.02	740	—	—
贵州德隆水泥有限公司	0	741	0	−49
贵州亿全科技有限公司	0	741	0	−49
安顺市非凡创新科技有限公司	0	741	−4.21	−297
贵州地道药业有限公司	−0.29	744	0.38	−48
贵州精博高科科技有限公司	−0.45	745	−8.97	−476
贵州亿程交通信息有限公司	−1.85	746	−6.91	−350
贵州精工利鹏科技有限公司	−2.67	747	−9.07	−414
贵州赤天化桐梓化工有限公司	−8.76	748	−31.64	−687

（二）重点企业科技创新统计监测一级指数排位

如表 6-2 至表 6-5 所示。

表 6-2 科技创新条件及基础指数排位

企业名称	科技创新条件及基础		创新平台系数		人均发明专利申请量	
	指数/%	位次	指标值	位次	指标值/件	位次
中国电建集团贵阳勘测设计研究院有限公司	99.78	1	0.51	2	0.10	42
中国电建集团贵州电力设计研究院有限公司	96.21	2	0.32	10	0.07	60

续表

企业名称	科技创新条件及基础		创新平台系数		人均发明专利申请量	
	指数/%	位次	指标值	位次	指标值/件	位次
贵州建工集团有限公司	86.20	3	0.47	3	0.01	211
贵州航天控制技术有限公司	85.36	4	0.36	8	0.03	111
贵州凯星液力传动机械有限公司	85.33	5	0.34	9	0.07	62
贵阳朗玛信息技术股份有限公司	84.22	6	0.29	15	0.02	142
贵州航天林泉电机有限公司	82.60	7	0.25	19	0.03	107
中航贵州飞机有限责任公司	81.20	8	0.37	6	0.01	224
贵州钢绳股份有限公司	80.14	9	0.32	10	0.01	219
贵州新联爆破工程集团有限公司	79.21	10	0.37	6	0.03	117
贵州力创科技发展有限公司	77.88	11	0.24	20	0.16	19
瓮福（集团）有限责任公司	76.69	12	0.73	1	0.01	218
贵州航天乌江机电设备有限责任公司	74.26	13	0.29	15	0.04	93
贵州航天电器股份有限公司	70.96	14	0.19	30	0.03	115
贵州安吉航空精密铸造有限责任公司	70.33	15	0.31	12	0.01	199
中国航发贵州黎阳航空动力有限公司	69.08	16	0.19	30	0.02	156
贵州航天新力科技有限公司	65.50	17	0.22	24	0.05	77
贵州益佰制药股份有限公司	63.28	18	0.39	5	0.00	243
贵州益华膜科技有限公司	62.53	19	0.27	17	0.15	20
贵州西南工具（集团）有限公司	62.06	20	0.24	20	0.03	112
贵州安大航空锻造有限责任公司	61.91	21	0.12	54	0.05	83
贵阳航空电机有限公司	61.28	22	0.12	54	0.04	92
贵州百灵企业集团仁和堂药业有限公司	60.08	23	0.41	4	0.01	231
贵州航天天马机电科技有限公司	59.39	24	0.12	54	0.03	118
贵州世农肥业有限公司	59.31	25	0.31	12	0.05	86
中电科大数据研究院有限公司	58.78	26	0.10	59	0.10	39
中国航空工业标准件制造有限责任公司	58.70	27	0.12	54	0.03	132
江南机电设计研究所	58.47	28	0.05	130	0.12	33
贵州联盛药业有限公司	58.28	29	0.08	62	0.19	17
贵州航天电子科技有限公司	57.69	30	0.07	77	0.08	59
贵州航天风华精密设备有限公司	55.56	31	0.14	45	0.03	134
贵州新安航空机械有限责任公司	55.06	32	0.08	62	0.05	85
贵州振华群英电器有限公司（国有第八九一厂）	54.69	33	0.20	27	0.02	148
贵州航宇科技发展股份有限公司	53.71	34	0.24	20	0.02	138
贵州省水利水电勘测设计研究院	50.89	35	0.17	33	0.03	131

续表

企业名称	科技创新条件及基础		创新平台系数		人均发明专利申请量	
	指数/%	位次	指标值	位次	指标值/件	位次
贵州浩博工程质量检测有限公司	50.00	36	0.31	12	0.00	251
中国贵州茅台酒厂（集团）有限责任公司	49.88	37	0.27	17	0.00	250
贵州云峰药业有限公司	49.26	38	0.24	20	0.03	110
贵州凯科特材料有限公司	48.88	39	0.20	27	0.06	70
贵州全安密灵科技有限公司	48.83	40	0.00	385	0.41	5
贵州省交通规划勘察设计研究院股份有限公司	48.51	41	0.14	45	0.02	168
贵州航天南海科技有限责任公司	48.14	42	0.08	62	0.05	82
贵航发动机设计研究所	47.68	43	0.00	385	0.08	50
贵州詹阳动力重工有限公司	47.55	44	0.15	39	0.02	180
贵州航天凯山石油仪器有限公司	47.30	45	0.07	77	0.12	32
遵义钛业股份有限公司	45.21	46	0.19	30	0.02	173
贵州久联民爆器材发展股份有限公司	43.82	47	0.22	24	0.00	248
贵州群建精密机械有限公司	41.77	48	0.20	27	0.01	186
贵州成智重工科技有限公司	40.73	49	0.14	45	0.08	56
贵州泰永长征技术股份有限公司	40.30	50	0.17	33	0.02	165
贵阳时代沃顿科技有限公司	39.10	51	0.07	77	0.05	76
贵阳世纪恒通科技有限公司	38.71	52	0.17	33	0.01	215
贵州兴国新动力科技有限公司	38.68	53	0.17	33	0.05	87
贵州赤天化纸业股份有限公司	38.20	54	0.15	39	0.02	182
遵义市鑫远望科技有限公司	37.97	55	0.07	77	0.34	7
贵州中建建筑科研设计院有限公司	37.23	56	0.07	77	0.06	72
贵州建工集团第一建筑工程有限责任公司	36.77	57	0.07	77	0.02	147
贵州勤邦食品安全科学技术有限公司	36.72	58	0.22	24	0.00	251
贵州石博士科技有限公司	36.01	59	0.07	77	0.09	44
贵州振华华联电子有限公司	34.94	60	0.07	77	0.03	133
贵州航天云网科技有限公司	34.15	61	0.02	146	0.14	24
贵州航天智慧农业有限公司	34.15	61	0.02	146	0.14	22
中铁二局第一工程有限公司	33.98	63	0.08	62	0.01	211
贵州广济堂药业有限公司	33.79	64	0.08	62	0.08	50
中建四局第三建设有限公司	33.78	65	0.05	130	0.01	227
贵州航天特种车有限责任公司	33.63	66	0.07	77	0.04	100
中国振华（集团）新云电子元器件有限责任公司（国营第四三二六厂）	33.09	67	0.14	45	0.01	214
贵阳永青仪电科技有限公司	32.65	68	0.17	33	0.01	222

续表

企业名称	科技创新条件及基础		创新平台系数		人均发明专利申请量	
	指数/%	位次	指标值	位次	指标值/件	位次
贵州航太精密制造有限公司	32.55	69	0.15	39	0.02	140
贵阳动视云科技有限公司	32.50	70	0.00	385	0.21	13
国药集团同济堂贵州（制药）有限公司	32.42	71	0.15	39	0.01	213
贵州西牛王印务有限公司	30.90	72	0.07	77	0.04	103
贵州火星探索科技有限公司	30.65	73	0.02	146	0.61	2
贵阳普天物流技术有限公司	30.29	74	0.14	45	0.01	192
贵州华烽电器有限公司	30.03	75	0.07	77	0.02	177
贵州紫金矿业股份有限公司	29.78	76	0.14	45	0.01	204
贵州川恒化工股份有限公司	29.62	77	0.15	39	0.00	232
中国振华集团永光电子有限公司	28.61	78	0.07	77	0.01	183
际华三五三七制鞋有限责任公司	28.51	79	0.07	77	0.01	186
贵阳语玩科技有限公司	28.32	80	0.02	146	0.13	26
中联创展信息技术股份有限公司	28.32	80	0.02	146	0.20	14
贵州省三穗县兴绿洲农业发展有限公司	28.25	82	0.17	33	0.00	251
贵州百胜工程建设咨询有限公司	27.86	83	0.02	146	0.07	61
贵州金玖生物技术有限公司	27.50	84	0.14	45	0.02	170
绥阳县华丰电器有限公司	26.79	85	0.02	146	0.10	43
贵州秦泰药业有限公司	25.98	86	0.02	146	0.12	30
贵州恒盛丝绸科技有限公司	25.98	86	0.02	146	0.12	30
贵阳新天光电科技有限公司	25.64	88	0.14	45	0.00	232
贵州省创伟道环境科技有限公司	25.50	89	0.00	385	0.50	3
贵州大隆药业有限责任公司	25.50	89	0.00	385	0.11	36
贵州省煤矿设计研究院	25.42	91	0.15	39	0.00	251
康命源（贵州）科技发展有限公司	24.86	92	0.08	62	0.03	114
遵义市亿易通科技网络有限责任公司	24.33	93	0.00	385	0.23	12
遵义市飞宇电子有限公司	23.85	94	0.07	77	0.03	124
贵州吉丰种业有限责任公司	23.65	95	0.02	146	0.38	6
贵州匠人筑造工程咨询有限公司	23.65	95	0.02	146	0.50	3
贵州红星发展股份有限公司	23.61	97	0.10	59	0.01	226
贵州通祥水务环境工程有限公司	23.17	98	0.00	385	1.75	1
中铁八局集团第三工程有限公司	23.12	99	0.07	77	0.01	205
贵州雅光电子科技股份有限公司	22.70	100	0.08	62	0.02	163
首钢贵阳特殊钢有限责任公司	22.60	101	0.14	45	0.00	251

续表

企业名称	科技创新条件及基础		创新平台系数		人均发明专利申请量	
	指数/%	位次	指标值	位次	指标值/件	位次
习水县蓝岛电脑科技有限公司	22.48	102	0.02	146	0.27	9
贵州森塑宇木塑有限公司	22.48	102	0.02	146	0.25	10
贵州车秘科技有限公司	22.16	104	0.00	385	0.09	46
贵州中科恒运软件科技有限公司	22.00	105	0.00	385	0.12	34
六盘水康博木塑科技有限公司	22.00	105	0.00	385	0.20	15
中航力源液压股份有限公司	21.94	107	0.07	77	0.01	206
中国水利水电第九工程局有限公司	21.80	108	0.07	77	0.00	251
贵州航天计量测试技术研究所	21.54	109	0.05	130	0.04	99
贵州长征电器成套有限公司	20.85	110	0.00	385	0.09	47
普定县银丰农业科技发展有限公司	20.83	111	0.00	385	0.10	38
贵州三佳科技有限公司	20.83	111	0.00	385	0.13	27
贵州智诚科技有限公司	20.51	113	0.00	385	0.07	64
江林（贵州）高科发展股份有限公司	20.39	114	0.02	146	0.09	45
贵州黔和物流有限公司	20.23	115	0.00	385	0.09	49
遵义市润丰源钢铁铸造有限公司	20.15	116	0.02	146	0.11	35
贵州荣清工具有限公司	20.15	116	0.02	146	0.20	15
贵州威顿晶磷电子材料股份有限公司	20.11	118	0.07	77	0.03	127
贵州捷盛钻具股份有限公司	20.11	118	0.07	77	0.03	127
贵州大龙汇成新材料有限公司	20.01	120	0.07	77	0.01	196
贵州永兴建设工程质量检测有限公司	19.80	121	0.02	146	0.06	71
贵州丹寨宁航蜡染有限公司	19.77	122	0.12	54	0.00	251
埃柯赛环境科技（贵州）股份有限公司	19.67	123	0.00	385	0.13	27
贵州黔驰信息股份有限公司	19.51	124	0.07	77	0.04	101
贵州省建筑材料科学研究设计院有限责任公司	19.39	125	0.07	77	0.03	120
贵阳凯晟成科技有限公司	18.98	126	0.02	146	0.10	40
贵州振华红云电子有限公司	18.65	127	0.08	62	0.01	217
遵义双河生物燃料科技有限公司	18.50	128	0.00	385	0.25	10
贵阳明通炉料有限公司	18.50	128	0.00	385	0.10	37
遵义汇航机电有限公司	18.50	128	0.00	385	0.13	25
遵义市永胜金属设备有限公司	18.48	131	0.02	146	0.08	57
贵州开磷集团矿肥有限责任公司	18.27	132	0.02	146	0.01	202
贵州天安药业股份有限公司	17.74	133	0.05	130	0.02	145
贵州黎阳国际制造有限公司	17.72	134	0.07	77	0.01	195

续表

企业名称	科技创新条件及基础		创新平台系数		人均发明专利申请量	
	指数/%	位次	指标值	位次	指标值/件	位次
贵州金域医学检验中心有限公司	17.62	135	0.07	77	0.01	200
安顺虹特滚珠丝杠有限责任公司	17.33	136	0.00	385	0.18	18
遵义粒满丰肥业有限责任公司	17.33	136	0.00	385	0.15	20
贵阳迪乐普科技有限公司	17.33	136	0.00	385	0.33	8
贵州新华羲玻璃有限责任公司	17.19	139	0.02	146	0.04	97
贵州金田新材料科技有限公司	17.02	140	0.02	146	0.05	81
贵州万胜药业有限责任公司	16.95	141	0.10	59	0.00	251
贵州赤天化桐梓化工有限公司	16.86	142	0.08	62	0.00	244
贵州黎阳天翔科技有限公司	16.79	143	0.05	130	0.02	138
遵义群建塑胶制品有限公司	16.68	144	0.07	77	0.01	191
贵州双木农机有限公司	16.57	145	0.07	77	0.02	158
贵州火焰山电器股份有限公司	16.54	146	0.07	77	0.02	159
贵州普济生物技术有限公司	16.48	147	0.02	146	0.08	52
贵州煌缔科技股份有限公司	16.18	148	0.08	62	0.01	222
贵州同成环境科技有限公司	16.17	149	0.00	385	0.14	23
贵州杰源水务管理技术科技有限公司	16.17	149	0.00	385	0.10	40
贵州科库科技有限公司	16.17	149	0.00	385	0.13	27
中国振华集团云科电子有限公司	15.67	152	0.07	77	0.01	224
贵州精工利鹏科技有限公司	15.33	153	0.00	385	0.06	67
贵州劲嘉新型包装材料有限公司	15.07	154	0.07	77	0.01	203
六盘水中联工贸实业有限公司	15.06	155	0.02	146	0.04	93
贵州精忠橡塑实业有限公司	14.88	156	0.07	77	0.01	210
首钢水城钢铁（集团）有限责任公司	14.86	157	0.07	77	0.00	249
贵州华旭光电技术有限公司	14.81	158	0.05	130	0.03	108
贵州宇鹏科技有限责任公司	14.80	159	0.00	385	0.09	48
贵州拜特制药有限公司	14.56	160	0.07	77	0.01	221
贵州省移塑管业有限公司	14.33	161	0.00	385	0.08	58
中黔电气集团股份有限公司	14.25	162	0.07	77	0.01	194
贵州中航电梯有限责任公司	14.20	163	0.07	77	0.00	237
贵州水矿控股集团有限责任公司	14.12	164	0.08	62	0.00	251
贵州科伦药业有限公司	14.12	164	0.08	62	0.00	251
贵州思索电子有限公司	14.12	164	0.08	62	0.00	251
贵州苗药药业有限公司	14.12	164	0.08	62	0.00	251

续表

企业名称	科技创新条件及基础		创新平台系数		人均发明专利申请量	
	指数/%	位次	指标值	位次	指标值/件	位次
贵州玄德生物科技股份有限公司	14.12	164	0.08	62	0.00	251
贵州神奇药业有限公司	14.10	169	0.07	77	0.00	242
中建四局安装工程有限公司	14.09	170	0.00	385	0.01	209
贵州省德邦环保化工有限公司	13.99	171	0.02	146	0.07	64
都匀市大隆传动机械有限公司	13.99	171	0.02	146	0.07	64
贵阳新天药业股份有限公司	13.95	173	0.07	77	0.00	246
贵州宏宇药业有限公司	13.77	174	0.07	77	0.01	206
贵州锦丰矿业有限公司	13.72	175	0.05	130	0.00	236
贵州六合门业有限公司	13.66	176	0.00	385	0.08	52
贵阳鑫泓工程技术有限公司	13.66	176	0.00	385	0.08	52
遵义市龙驰生物科技有限公司	13.66	176	0.00	385	0.08	52
贵州力登科技发展有限公司	13.36	179	0.02	146	0.06	68
贵州宏达环保科技有限公司	13.23	180	0.07	77	0.01	230
贵阳富源饲料有限公司	13.21	181	0.00	385	0.04	97
贵州雏阳生态环保科技有限公司	13.04	182	0.00	385	0.07	63
贵州正合博莱金属有限公司	13.02	183	0.02	146	0.01	186
贞丰县恒山建材有限责任公司	13.01	184	0.00	385	0.06	73
贵州航锐航空精密零部件制造有限公司	12.98	185	0.07	77	0.00	238
贵州永吉印务股份有限公司	12.84	186	0.07	77	0.00	245
贵州远程制药有限责任公司	12.65	187	0.07	77	0.00	247
贵州黔力电器制造有限公司	12.29	188	0.02	146	0.05	83
贵州浩诚药业有限公司	11.98	189	0.02	146	0.05	88
贵州安吉华元科技发展有限公司	11.81	190	0.02	146	0.04	104
遵义市精科信检测有限公司	11.68	191	0.00	385	0.05	75
贵州柏强制药有限公司	11.62	192	0.02	146	0.03	127
贵阳力波机械传动有限公司	11.48	193	0.02	146	0.05	78
大方县九龙天麻开发有限公司	11.41	194	0.02	146	0.04	95
贵州省煤层气页岩气工程技术研究中心	11.30	195	0.07	77	0.00	251
中国航发贵州航空发动机维修有限责任公司	11.30	195	0.07	77	0.00	251
遵义长征汽车零部件有限公司	11.30	195	0.07	77	0.00	251
贵州彩阳电暖科技有限公司	11.30	195	0.07	77	0.00	251
遵义精星航天电器有限责任公司	11.30	195	0.07	77	0.00	251
博文软件（贵州）有限公司	11.30	195	0.07	77	0.00	251

续表

企业名称	科技创新条件及基础		创新平台系数		人均发明专利申请量	
	指数/%	位次	指标值	位次	指标值/件	位次
贵州详务节能建材有限公司	11.30	195	0.07	77	0.00	251
贵州振华天通设备有限公司	11.30	195	0.07	77	0.00	251
贵州世纪宏景软件有限公司	11.30	195	0.07	77	0.00	251
贵州润生制药有限公司	11.30	195	0.07	77	0.00	251
贵州蜂能科技发展有限公司	11.30	195	0.07	77	0.00	251
贵州凯里经济开发区中昊电子有限公司	11.30	195	0.07	77	0.00	251
贵州剑河园方林业投资开发有限公司	11.24	207	0.00	385	0.02	152
贵州圣济堂制药有限公司	11.07	208	0.02	146	0.02	175
贵州苗仁堂制药有限责任公司	10.93	209	0.02	146	0.04	102
贵州西部农产品交易中心有限公司	10.81	210	0.02	146	0.05	88
贵州惠波机械制造有限公司	10.81	210	0.02	146	0.05	88
黔西南州乐呵化工有限责任公司	10.64	212	0.02	146	0.03	125
贵州数据宝网络科技有限公司	10.64	212	0.02	146	0.03	125
遵义恒佳铝业有限公司	10.60	214	0.00	385	0.03	116
贵州国宏正电气工程有限公司	10.54	215	0.00	385	0.06	68
贵州欧瑞欣合环保股份有限公司	10.44	216	0.02	146	0.03	130
贵州卡布婴童用品有限责任公司	10.33	217	0.02	146	0.00	238
贵阳德昌祥药业有限公司	10.29	218	0.05	130	0.00	234
贵州盘江煤层气开发利用有限责任公司	10.27	219	0.00	385	0.03	122
贵州金桥药业有限公司	9.96	220	0.02	146	0.02	173
贵州中铝彩铝科技有限公司	9.83	221	0.00	385	0.05	78
贵州东方世纪科技股份有限公司	9.81	222	0.02	146	0.02	143
贵阳天龙摩擦材料有限公司	9.77	223	0.02	146	0.03	118
贵州省欣紫鸿药用辅料有限公司	9.76	224	0.00	385	0.04	95
贵州华云汽车饰件制造有限公司	9.56	225	0.02	146	0.03	123
贵州津惠隆科技有限公司	9.51	226	0.00	385	0.06	73
贵州华阳汽车零部件有限公司	9.44	227	0.02	146	0.02	150
贵州天保生态股份有限公司	9.42	228	0.02	146	0.02	151
贵阳锐泰电力科技有限公司	9.34	229	0.02	146	0.04	106
贵州莱利斯机械设计制造有限责任公司	8.99	230	0.00	385	0.04	91
贵州千叶药品包装股份有限公司	8.88	231	0.00	385	0.02	154
贵州安凯达实业股份有限公司	8.82	232	0.02	146	0.02	172
贵州鸣腾科技有限公司	8.67	233	0.00	385	0.05	78

续表

企业名称	科技创新条件及基础		创新平台系数		人均发明专利申请量	
	指数/%	位次	指标值	位次	指标值/件	位次
贵州泰邦生物制品有限公司	8.47	234	0.05	130	0.00	251
贵州苗药生物技术有限公司	8.47	234	0.05	130	0.00	251
贵州天能电力高科技有限公司	8.47	234	0.05	130	0.00	251
七冶建设有限责任公司	8.47	234	0.05	130	0.00	251
贵州航天风华实业有限公司	8.47	234	0.05	130	0.00	251
贵州精立航太科技有限公司	8.21	239	0.02	146	0.02	153
贵州全世通精密机械科技有限公司	8.18	240	0.02	146	0.02	155
贵州人和致远数据服务有限责任公司	8.06	241	0.02	146	0.02	159
贵州金马包装材料有限公司	8.05	242	0.00	385	0.03	121
贵州卓豪农业科技股份有限公司	7.93	243	0.02	146	0.02	162
贵州联建土木工程质量检测监控中心有限公司	7.79	244	0.00	385	0.04	105
贵州维讯光电科技有限公司	7.76	245	0.02	146	0.02	167
贵州健兴药业有限公司	7.59	246	0.02	146	0.01	208
遵义长征输配电设备有限公司	7.51	247	0.00	385	0.03	108
贵州铁建恒发新材料科技股份有限公司	7.48	248	0.02	146	0.02	143
贵州遵义驰宇精密机电制造有限公司	7.45	249	0.02	146	0.02	180
兴义市黔城商品混凝土有限公司	7.33	250	0.00	385	0.03	113
贵州长通集团智造有限公司	7.25	251	0.00	385	0.03	135
力源液压系统（贵阳）有限公司	7.24	252	0.02	146	0.02	149
贵州贵航飞机设计研究所	7.23	253	0.00	385	0.02	170
贵州恒力源林业科技有限公司	7.07	254	0.00	385	0.02	141
贵州皓科新型材料有限公司	6.40	255	0.02	146	0.02	175
贵州金义磨料有限公司	6.29	256	0.02	146	0.02	179
贵州力强科技发展有限公司	6.13	257	0.02	146	0.01	183
贵州涟江源建材有限公司	6.04	258	0.00	385	0.02	137
贵州海跃科技发展有限公司	5.98	259	0.02	146	0.01	189
贵州长征电气有限公司	5.77	260	0.02	146	0.00	235
贵州顺安机电设备有限公司	5.71	261	0.00	385	0.02	146
贵州新致普惠信息技术有限公司	5.65	262	0.03	143	0.00	251
贵州黔龙图视科技有限公司	5.65	262	0.03	143	0.00	251
贵州东冠科技有限公司	5.65	262	0.03	143	0.00	251
贵州智通天下信息技术有限公司	5.56	265	0.02	146	0.01	201
贵阳精彩数字印刷有限公司	4.92	266	0.00	385	0.03	135

续表

企业名称	科技创新条件及基础		创新平台系数		人均发明专利申请量	
	指数/%	位次	指标值	位次	指标值/件	位次
国药集团贵州血液制品有限公司	4.76	267	0.02	146	0.01	228
贵州守望领域数据智能有限公司	4.67	268	0.00	385	0.02	178
绿地环保科技股份有限公司	4.48	269	0.02	146	0.00	240
贵州信鸽科技有限公司	4.17	270	0.00	385	0.02	157
贵州远东兄弟钻探有限公司	4.05	271	0.00	385	0.02	161
贵州航飞精密制造有限公司	4.01	272	0.00	385	0.01	198
六枝特区华兴管业制品有限公司	3.98	273	0.02	146	0.00	251
贵州爱唐文化网络科技有限公司	3.90	274	0.00	385	0.02	164
贵州硕利芮达科技有限公司	3.79	275	0.00	385	0.02	166
遵义航天娄山电器化工有限公司	3.75	276	0.00	385	0.02	168
贵阳白云中航紧固件有限公司	3.46	277	0.00	385	0.01	215
贵阳华丰航空科技有限公司	3.28	278	0.00	385	0.01	185
贵州航天朝阳科技有限责任公司	3.12	279	0.00	385	0.01	190
通号建设集团贵州工程有限公司	3.11	280	0.00	385	0.01	228
贵阳块数据城市建设有限公司	3.00	281	0.00	385	0.01	193
贵州华城楼宇科技有限公司	2.88	282	0.00	385	0.01	196
贵州财富之舟科技有限公司	2.83	283	0.00	385	0.00	240
贵州祥程佳和机械制造有限公司	2.82	284	0.02	146	0.00	251
瓮安县武江隆塑业有限责任公司	2.82	284	0.02	146	0.00	251
贵州智慧共治信息科技有限公司	2.82	284	0.02	146	0.00	251
贵阳高新益舸电子有限公司	2.82	284	0.02	146	0.00	251
贵州华森科技实业有限公司	2.82	284	0.02	146	0.00	251
贵州福斯特磨料磨具有限公司	2.82	284	0.02	146	0.00	251
贵州黔元隆安装工程有限公司	2.82	284	0.02	146	0.00	251
贵州鑫源道建材科技有限公司	2.82	284	0.02	146	0.00	251
贵州九鼎成科技有限公司	2.82	284	0.02	146	0.00	251
贵州宏创信息技术有限公司	2.82	284	0.02	146	0.00	251
贵州联洪合成材料有限公司	2.82	284	0.02	146	0.00	251
贵州秒银信诚科技有限公司	2.82	284	0.02	146	0.00	251
贵州泽涛科技有限公司	2.82	284	0.02	146	0.00	251
贵州万顺堂药业有限公司	2.82	284	0.02	146	0.00	251
贵阳新洋诚义齿有限公司	2.82	284	0.02	146	0.00	251
贵州聚惠达科技有限公司	2.82	284	0.02	146	0.00	251

续表

企业名称	科技创新条件及基础		创新平台系数		人均发明专利申请量	
	指数/%	位次	指标值	位次	指标值/件	位次
贵阳鑫恒泰实业有限公司	2.82	284	0.02	146	0.00	251
贵州明峰工业废渣综合回收再利用有限公司	2.82	284	0.02	146	0.00	251
遵义市金鼎农业科技有限公司	2.82	284	0.02	146	0.00	251
贵州开阳川东化工有限公司	2.82	284	0.02	146	0.00	251
贵州西西洋教育科技有限公司	2.82	284	0.02	146	0.00	251
贵州贵诚管业有限责任公司	2.82	284	0.02	146	0.00	251
贵阳方舟高新技术有限公司	2.82	284	0.02	146	0.00	251
贵州科服科技集团有限责任公司	2.82	284	0.02	146	0.00	251
贵州黔聚龙投资有限公司	2.82	284	0.02	146	0.00	251
贵阳新奇微波工业有限责任公司	2.82	284	0.02	146	0.00	251
安顺文杰科技有限公司	2.82	284	0.02	146	0.00	251
贵州响亮电子技术有限公司	2.82	284	0.02	146	0.00	251
贵阳金利沅科技有限公司	2.82	284	0.02	146	0.00	251
贵州省达济环保科技有限公司	2.82	284	0.02	146	0.00	251
贵州恒信工程有限公司	2.82	284	0.02	146	0.00	251
遵义宏港机械有限公司	2.82	284	0.02	146	0.00	251
贵州久龙科技发展有限公司	2.82	284	0.02	146	0.00	251
遵义市汇川区吉美电镀有限责任公司	2.82	284	0.02	146	0.00	251
贵州惠康盛电气有限公司	2.82	284	0.02	146	0.00	251
贵州晟博特科技有限公司	2.82	284	0.02	146	0.00	251
贵州兴达兴建材股份有限公司	2.82	284	0.02	146	0.00	251
贵州惠沣众一机械制造有限公司	2.82	284	0.02	146	0.00	251
贵州金科成科技服务有限公司	2.82	284	0.02	146	0.00	251
贵州省万航电能科技有限公司	2.82	284	0.02	146	0.00	251
贵州兆浪科技实业有限公司	2.82	284	0.02	146	0.00	251
贵州奥斯科尔科技实业有限公司	2.82	284	0.02	146	0.00	251
遵义铝业股份有限公司	2.82	284	0.02	146	0.00	251
航天云宏技术贵州有限公司	2.82	284	0.02	146	0.00	251
安顺市成威科技有限公司	2.82	284	0.02	146	0.00	251
贵州省首为电线电缆有限公司	2.82	284	0.02	146	0.00	251
贵州恒瑞辰科技股份有限公司	2.82	284	0.02	146	0.00	251
贵州黔竹汇君科技有限公司	2.82	284	0.02	146	0.00	251
贵州大成玻璃工程有限责任公司	2.82	284	0.02	146	0.00	251

续表

企业名称	科技创新条件及基础		创新平台系数		人均发明专利申请量	
	指数/%	位次	指标值	位次	指标值/件	位次
贵州俊丰源环保科技有限公司	2.82	284	0.02	146	0.00	251
贵州元能管业有限公司	2.82	284	0.02	146	0.00	251
贵州阿凡提工业信息有限公司	2.82	284	0.02	146	0.00	251
绥阳县耐环铝业有限公司	2.82	284	0.02	146	0.00	251
贵阳华彩影视文化传媒有限公司	2.82	284	0.02	146	0.00	251
贵州万恒科技发展有限公司	2.82	284	0.02	146	0.00	251
贵州自由客网络技术有限公司	2.82	284	0.02	146	0.00	251
贵州鼎慧大数据科技有限公司	2.82	284	0.02	146	0.00	251
贵州天福化工有限责任公司	2.82	284	0.02	146	0.00	251
贵州威默电气成套设备有限公司	2.82	284	0.02	146	0.00	251
贵州长通线缆有限公司	2.82	284	0.02	146	0.00	251
遵义天际机电有限责任公司	2.82	284	0.02	146	0.00	251
贵州溪山科技有限公司	2.82	284	0.02	146	0.00	251
贵州丽基新材料有限公司	2.82	284	0.02	146	0.00	251
贵金玉科技发展有限公司	2.82	284	0.02	146	0.00	251
贵州德润电力建设有限公司	2.82	284	0.02	146	0.00	251
贵州天地科技实业有限公司	2.82	284	0.02	146	0.00	251
贵州广毅节能环保科技有限公司	2.82	284	0.02	146	0.00	251
贵州英思普瑞信息技术有限公司	2.82	284	0.02	146	0.00	251
贵州恒兴凯新型建材有限公司	2.82	284	0.02	146	0.00	251
遵义市聚源建材有限公司	2.82	284	0.02	146	0.00	251
遵义春华新材料科技有限公司	2.82	284	0.02	146	0.00	251
贵阳华森建材有限公司	2.82	284	0.02	146	0.00	251
贵州乐诚技术有限公司	2.82	284	0.02	146	0.00	251
贵州矩阵科技有限公司	2.82	284	0.02	146	0.00	251
贵州凯襄新材料有限公司	2.82	284	0.02	146	0.00	251
贵州捷科特电气设备有限公司	2.82	284	0.02	146	0.00	251
贵州水矿奥瑞安清洁能源有限公司	2.82	284	0.02	146	0.00	251
贵州禹之源生态环保有限公司	2.82	284	0.02	146	0.00	251
贵州省电子证书有限公司	2.82	284	0.02	146	0.00	251
贵州银亨融通科技发展有限公司	2.82	284	0.02	146	0.00	251
贵州环能地质咨询有限责任公司	2.82	284	0.02	146	0.00	251
遵义新利特金属材料科技有限公司	2.82	284	0.02	146	0.00	251

续表

企业名称	科技创新条件及基础		创新平台系数		人均发明专利申请量	
	指数/%	位次	指标值	位次	指标值/件	位次
龙里县粤盛型材有限公司	2.82	284	0.02	146	0.00	251
贵州联众云医疗科技有限公司	2.82	284	0.02	146	0.00	251
遵义拓特铸锻有限公司	2.82	284	0.02	146	0.00	251
贵州华烽汽车零部件有限公司	2.82	284	0.02	146	0.00	251
贞丰县贵耀材料科技有限公司	2.82	284	0.02	146	0.00	251
贵州锐新科技有限公司	2.82	284	0.02	146	0.00	251
贵州德良方药业股份有限公司	2.82	284	0.02	146	0.00	251
贵州鑫权懿科技发展有限公司	2.82	284	0.02	146	0.00	251
中国建材检验认证集团贵州有限公司	2.82	284	0.02	146	0.00	251
贵州亿垒科技有限公司	2.82	284	0.02	146	0.00	251
贵州东峰锑业股份有限公司	2.82	284	0.02	146	0.00	251
贵州鑫都嘉汇科技有限责任公司	2.82	284	0.02	146	0.00	251
贵州非格斯科技有限公司	2.82	284	0.02	146	0.00	251
贵州创美鑫韵文化传媒有限公司	2.82	284	0.02	146	0.00	251
贵州黄平富城实业有限公司	2.82	284	0.02	146	0.00	251
贵州源熙生物研发有限公司	2.82	284	0.02	146	0.00	251
贵州天威建材科技有限责任公司	2.82	284	0.02	146	0.00	251
贵州飞云岭药业股份有限公司	2.82	284	0.02	146	0.00	251
贵州能安机电设备制造有限公司	2.82	284	0.02	146	0.00	251
六盘水创世纪科贸有限公司	2.82	284	0.02	146	0.00	251
贵州省安顺市智达公共安技术有限责任公司	2.82	284	0.02	146	0.00	251
贵州兴洪波科技有限公司	2.82	284	0.02	146	0.00	251
遵义强大博信知识产权服务有限公司	2.82	284	0.02	146	0.00	251
贵州华良电气有限公司	2.82	284	0.02	146	0.00	251
贵州鸿云联创科技有限公司	2.82	284	0.02	146	0.00	251
贵州指趣网络科技有限公司	2.82	284	0.02	146	0.00	251
黔南热线网络有限责任公司	2.82	284	0.02	146	0.00	251
贵州创奇环保科技股份有限公司	2.82	284	0.02	146	0.00	251
遵义市播州区苟江镇鑫欣源包装材料有限责任公司	2.82	284	0.02	146	0.00	251
贵州汇诚优品科技有限公司	2.82	284	0.02	146	0.00	251
遵义天辉机电有限责任公司	2.82	284	0.02	146	0.00	251
贵州智合时代传媒有限公司	2.82	284	0.02	146	0.00	251
贵州黔峰管业有限公司	2.82	284	0.02	146	0.00	251

续表

企业名称	科技创新条件及基础		创新平台系数		人均发明专利申请量	
	指数/%	位次	指标值	位次	指标值/件	位次
贵州云谷数据有限公司	2.82	284	0.02	146	0.00	251
贵州恒源远东液压系统技术有限公司	2.82	284	0.02	146	0.00	251
贵州中航交通科技有限公司	2.82	284	0.02	146	0.00	251
贵州志琦科技有限公司	2.82	284	0.02	146	0.00	251
贵州鼎盛建材实业有限公司	2.82	284	0.02	146	0.00	251
贵州众诚兴业科教设备有限公司	2.82	284	0.02	146	0.00	251
贵州黔云联创网络科技有限公司	2.82	284	0.02	146	0.00	251
贵州新锦竹木制品有限公司	2.82	284	0.02	146	0.00	251
贵州中联信科技有限公司	2.82	284	0.02	146	0.00	251
贵州鑫轩贵钢结构机械有限公司	2.82	284	0.02	146	0.00	251
贵州云博极讯科技有限责任公司	2.82	284	0.02	146	0.00	251
贵州多维视科技有限公司	2.82	284	0.02	146	0.00	251
贵州道兴建设工程检测有限责任公司	2.82	284	0.02	146	0.00	251
贵州中博宇科技有限公司	2.82	284	0.02	146	0.00	251
贵州伟力达电子有限公司	2.82	284	0.02	146	0.00	251
贵州华宁科技股份有限公司	2.82	284	0.02	146	0.00	251
贵州源诚利华技术有限公司	2.82	284	0.02	146	0.00	251
贵州中铝铝业有限公司	2.82	284	0.02	146	0.00	251
贵州瑞泰实业有限公司	2.82	284	0.02	146	0.00	251
贵州兰诚硕测绘有限责任公司	2.82	284	0.02	146	0.00	251
黔山良农有限公司	2.82	284	0.02	146	0.00	251
遵义市大鼎正环保建材有限公司	2.82	284	0.02	146	0.00	251
贵阳力泉液压技术有限公司	2.82	284	0.02	146	0.00	251
贵州众和宏远科技有限公司	2.82	284	0.02	146	0.00	251
贵州水务运营有限公司	2.82	284	0.02	146	0.00	251
贵州政立矿业有限公司	2.82	284	0.02	146	0.00	251
贵州坤盾天成科技有限公司	2.82	284	0.02	146	0.00	251
贵阳联合高温材料有限公司	2.82	284	0.02	146	0.00	251
贵州优好停车设备有限公司	2.82	284	0.02	146	0.00	251
贵州三泓药业股份有限公司	2.82	284	0.02	146	0.00	251
贵州智博云网络科技有限公司	2.82	284	0.02	146	0.00	251
贵州大鸟创新科技有限公司	2.82	284	0.02	146	0.00	251
贵州航图教育科技有限公司	2.82	284	0.02	146	0.00	251

续表

企业名称	科技创新条件及基础		创新平台系数		人均发明专利申请量	
	指数/%	位次	指标值	位次	指标值/件	位次
贵州黔通智联科技产业发展有限公司	2.82	284	0.02	146	0.00	251
贵州创天科技有限公司	2.82	284	0.02	146	0.00	251
遵义智鹏高新铝材有限公司	2.82	284	0.02	146	0.00	251
贵阳电气控制设备有限公司	2.82	284	0.02	146	0.00	251
贵州省瓮安县瓮福黄磷有限公司	2.82	284	0.02	146	0.00	251
贵州恒源科创资源再生开发有限公司	2.82	284	0.02	146	0.00	251
贵州永恒光科技有限公司	2.82	284	0.02	146	0.00	251
贵州大博金太阳能光电有限公司	2.82	284	0.02	146	0.00	251
贵州百事通建筑安装工程有限公司	2.82	284	0.02	146	0.00	251
贵州晟扬管道科技有限公司	2.82	284	0.02	146	0.00	251
贵州梦动科技有限公司	2.82	284	0.02	146	0.00	251
遵义市信欧建材有限公司	2.82	284	0.02	146	0.00	251
贵阳高新泰丰航空航天科技有限公司	2.82	284	0.02	146	0.00	251
遵义华富生物科技有限公司	2.82	284	0.02	146	0.00	251
贵州华美达科技有限公司	2.82	284	0.02	146	0.00	251
贵州华信创新科技有限公司	2.82	284	0.02	146	0.00	251
贵州佳联兴科技有限公司	2.82	284	0.02	146	0.00	251
安顺新金秋科技股份有限公司	2.82	284	0.02	146	0.00	251
贵州山顺缆车有限公司	2.82	284	0.02	146	0.00	251
贵州联韵智能声学科技有限公司	2.82	284	0.02	146	0.00	251
毕节市斯翔安防科技有限公司	2.82	284	0.02	146	0.00	251
贵州毅博机械设备有限公司	2.82	284	0.02	146	0.00	251
遵义市倍缘化工有限责任公司	2.82	284	0.02	146	0.00	251
贵州铁建工程质量检测咨询有限公司	2.14	455	0.00	385	0.01	219
贵州忠义柒彩科技开发有限公司	0.00	456	0.00	385	0.00	251
贵州西南制造产业园有限公司	0.00	456	0.00	385	0.00	251
贵州宏志数码科技工程有限公司	0.00	456	0.00	385	0.00	251
贵州云智数据集团有限责任公司	0.00	456	0.00	385	0.00	251
贵阳博烁科技有限公司	0.00	456	0.00	385	0.00	251
贵州开拓未来计算机技术有限公司	0.00	456	0.00	385	0.00	251
遵义易拓网络服务有限公司	0.00	456	0.00	385	0.00	251
贵阳中电高新数据科技有限公司	0.00	456	0.00	385	0.00	251
贵州卓品汇成套设备工程有限公司	0.00	456	0.00	385	0.00	251

续表

企业名称	科技创新条件及基础		创新平台系数		人均发明专利申请量	
	指数/%	位次	指标值	位次	指标值/件	位次
贵州红星发展大龙锰业有限责任公司	0.00	456	0.00	385	0.00	251
贵州高卓皮具有限公司	0.00	456	0.00	385	0.00	251
贵州万顺豪环卫机械设备有限公司	0.00	456	0.00	385	0.00	251
贵州吉兆电气工程技术有限公司	0.00	456	0.00	385	0.00	251
贵州木易精细陶瓷有限责任公司	0.00	456	0.00	385	0.00	251
贵州天逸轩网络科技有限公司	0.00	456	0.00	385	0.00	251
贵州天成中源科技有限公司	0.00	456	0.00	385	0.00	251
贵州鑫桥建设工程有限公司	0.00	456	0.00	385	0.00	251
遵义市大地和电气有限公司	0.00	456	0.00	385	0.00	251
贵州兆浪科技实业有限公司	0.00	456	0.00	385	0.00	251
贵州嘉锐恒大科技有限公司	0.00	456	0.00	385	0.00	251
贵州博成科技有限公司	0.00	456	0.00	385	0.00	251
贵州省恒力源林业科技有限公司	0.00	456	0.00	385	0.00	251
贵州同成沁溢水务环境有限公司	0.00	456	0.00	385	0.00	251
三穗县富源精品水果专业合作社	0.00	456	0.00	385	0.00	251
贵州天马环卫设备有限公司	0.00	456	0.00	385	0.00	251
贵州海誉科技股份有限公司	0.00	456	0.00	385	0.00	251
贵州鲸品汇电子商务有限公司	0.00	456	0.00	385	0.00	251
贵州远诚自控科技有限公司	0.00	456	0.00	385	0.00	251
贵州英利达科贸有限公司	0.00	456	0.00	385	0.00	251
贵州房易通网络技术有限公司	0.00	456	0.00	385	0.00	251
贵州顺健制药有限公司	0.00	456	0.00	385	0.00	251
贵州众志达成科贸有限公司	0.00	456	0.00	385	0.00	251
贵州创米科技有限公司	0.00	456	0.00	385	0.00	251
贵州中星网络科技有限公司	0.00	456	0.00	385	0.00	251
贵阳飞丝特科技有限公司	0.00	456	0.00	385	0.00	251
贵州好百年住宅工业有限公司	0.00	456	0.00	385	0.00	251
贵州智能加数字科技有限公司	0.00	456	0.00	385	0.00	251
贵州晨智俊博科技有限公司	0.00	456	0.00	385	0.00	251
贵州新中盟机电设备有限公司	0.00	456	0.00	385	0.00	251
遵义长征电器制造有限公司	0.00	456	0.00	385	0.00	251
贵州省锦屏县华绿炭素有限公司	0.00	456	0.00	385	0.00	251
贵阳鑫辰宇办公设备有限公司	0.00	456	0.00	385	0.00	251

续表

企业名称	科技创新条件及基础		创新平台系数		人均发明专利申请量	
	指数/%	位次	指标值	位次	指标值/件	位次
贵州中电通环境检测有限公司	0.00	456	0.00	385	0.00	251
贵州英吉尔机械制造有限公司	0.00	456	0.00	385	0.00	251
遵义天力环境工程有限责任公司	0.00	456	0.00	385	0.00	251
贵州太瑞生诺生物医药有限公司	0.00	456	0.00	385	0.00	251
贵州金农科技有限责任公司	0.00	456	0.00	385	0.00	251
贵州康禾科技有限公司	0.00	456	0.00	385	0.00	251
都匀市英伦数字科技有限责任公司	0.00	456	0.00	385	0.00	251
贵阳企易云商科技发展有限公司	0.00	456	0.00	385	0.00	251
贵州文华信息技术股份有限公司	0.00	456	0.00	385	0.00	251
贵州百能思信息科技有限公司	0.00	456	0.00	385	0.00	251
贵州瑞恩检测技术有限公司	0.00	456	0.00	385	0.00	251
贵州友擘机械制造有限公司	0.00	456	0.00	385	0.00	251
贵州新气象科技有限责任公司	0.00	456	0.00	385	0.00	251
贵州乐创方舟科技文化有限公司	0.00	456	0.00	385	0.00	251
贵州亿林建设工程有限公司	0.00	456	0.00	385	0.00	251
贵州北极光原生态农业开发有限公司	0.00	456	0.00	385	0.00	251
贵州红达世纪工程有限公司	0.00	456	0.00	385	0.00	251
铜仁文馨高效节能门窗有限公司	0.00	456	0.00	385	0.00	251
中通友源建设有限公司	0.00	456	0.00	385	0.00	251
贵州杰轩科技有限责任公司	0.00	456	0.00	385	0.00	251
贵州嘉智信联科技有限公司	0.00	456	0.00	385	0.00	251
贵州中消云泰和安科技有限公司	0.00	456	0.00	385	0.00	251
贵州恒和制药有限公司	0.00	456	0.00	385	0.00	251
贵州银通三联科技有限公司	0.00	456	0.00	385	0.00	251
贵州翰瑞电子有限公司	0.00	456	0.00	385	0.00	251
都匀市莘蕊科技有限公司	0.00	456	0.00	385	0.00	251
贵州德瑞软件开发有限责任公司	0.00	456	0.00	385	0.00	251
贵州巨凯科技有限公司	0.00	456	0.00	385	0.00	251
贵州千村节能环保科技开发有限公司	0.00	456	0.00	385	0.00	251
贵州信天游信息技术有限公司	0.00	456	0.00	385	0.00	251
贵州联众科创科技工程有限公司	0.00	456	0.00	385	0.00	251
贵州百灵企业集团和仁堂药业有限公司	0.00	456	0.00	385	0.00	251
贵州兴泰科技有限公司	0.00	456	0.00	385	0.00	251

续表

企业名称	科技创新条件及基础		创新平台系数		人均发明专利申请量	
	指数/%	位次	指标值	位次	指标值/件	位次
贵州朗科电气有限公司	0.00	456	0.00	385	0.00	251
贵州三力制药股份有限公司	0.00	456	0.00	385	0.00	251
贵州温商信息技术有限公司	0.00	456	0.00	385	0.00	251
贵州杰傲建材有限责任公司	0.00	456	0.00	385	0.00	251
贵州好住理网络科技有限公司	0.00	456	0.00	385	0.00	251
云上米度（贵州）科技有限公司	0.00	456	0.00	385	0.00	251
贵州万通环保工程有限公司	0.00	456	0.00	385	0.00	251
贵州中孚科技有限公司	0.00	456	0.00	385	0.00	251
贵州车联邦网络科技有限公司	0.00	456	0.00	385	0.00	251
贵州联掌慧信息技术有限公司	0.00	456	0.00	385	0.00	251
贵阳盛通宏业科技有限公司	0.00	456	0.00	385	0.00	251
贵州光大远航测绘工程有限公司	0.00	456	0.00	385	0.00	251
贵州海跃模具有限公司	0.00	456	0.00	385	0.00	251
贵州比特软件有限公司	0.00	456	0.00	385	0.00	251
贵州楚智建材科技有限公司	0.00	456	0.00	385	0.00	251
贵定县洪福环保科技有限公司	0.00	456	0.00	385	0.00	251
贵州佳网科技发展有限公司	0.00	456	0.00	385	0.00	251
贵阳创新天健科技有限公司	0.00	456	0.00	385	0.00	251
贵州恩科达医疗科技有限公司	0.00	456	0.00	385	0.00	251
贵州康建电力设备有限公司	0.00	456	0.00	385	0.00	251
贵阳兴意达天诚科技有限公司	0.00	456	0.00	385	0.00	251
贵阳德康农牧有限公司	0.00	456	0.00	385	0.00	251
贵州德隆水泥有限公司	0.00	456	0.00	385	0.00	251
贵州百善坊教育科技有限公司	0.00	456	0.00	385	0.00	251
贵州政和信息科技有限公司	0.00	456	0.00	385	0.00	251
贵州立时恒升通信工程有限公司	0.00	456	0.00	385	0.00	251
贵州鼎成熔鑫科技有限公司	0.00	456	0.00	385	0.00	251
贵州华龙电子设备有限公司	0.00	456	0.00	385	0.00	251
贵州长信天鹰信息系统有限公司	0.00	456	0.00	385	0.00	251
贵州大西南工程检测有限公司	0.00	456	0.00	385	0.00	251
贵州辰阳星睿科技有限公司	0.00	456	0.00	385	0.00	251
贵州光能科技有限公司	0.00	456	0.00	385	0.00	251
贵州云上诚创科技有限公司	0.00	456	0.00	385	0.00	251

续表

企业名称	科技创新条件及基础		创新平台系数		人均发明专利申请量	
	指数/%	位次	指标值	位次	指标值/件	位次
松桃华艺科技有限公司	0.00	456	0.00	385	0.00	251
贵州汉沙科技有限公司	0.00	456	0.00	385	0.00	251
黔南州黔程科技有限公司	0.00	456	0.00	385	0.00	251
贵州华康伟创科技有限公司	0.00	456	0.00	385	0.00	251
贵州省遵义市辉煌种业有限公司	0.00	456	0.00	385	0.00	251
贵州诚安建设有限公司	0.00	456	0.00	385	0.00	251
铜仁市碧江区安智科技有限公司	0.00	456	0.00	385	0.00	251
贵州多彩博虹科技有限公司	0.00	456	0.00	385	0.00	251
贵州微兄弟信息技术有限公司	0.00	456	0.00	385	0.00	251
遵义航科机电有限公司	0.00	456	0.00	385	0.00	251
贵州天虹志远电线电缆有限公司	0.00	456	0.00	385	0.00	251
贵州惠智电子技术有限责任公司	0.00	456	0.00	385	0.00	251
贵州数易联科技有限公司	0.00	456	0.00	385	0.00	251
贵州九龙科技发展有限公司	0.00	456	0.00	385	0.00	251
贵州众智恒生态科技有限公司	0.00	456	0.00	385	0.00	251
贵州特派克生物防治技术有限公司	0.00	456	0.00	385	0.00	251
贵阳玉塑包装有限公司	0.00	456	0.00	385	0.00	251
贵州盛峰药用包装有限公司	0.00	456	0.00	385	0.00	251
贵州奥申信息技术发展有限公司	0.00	456	0.00	385	0.00	251
贵阳联诚欣业科技有限公司	0.00	456	0.00	385	0.00	251
贵州凯敏博机电科技有限公司	0.00	456	0.00	385	0.00	251
贵州根树林信息科技有限公司	0.00	456	0.00	385	0.00	251
安顺市非凡创新科技有限公司	0.00	456	0.00	385	0.00	251
贵州垒华成工程试验检测有限责任公司	0.00	456	0.00	385	0.00	251
贵州人和信通科技有限公司	0.00	456	0.00	385	0.00	251
贵阳高新兆诚科技有限公司	0.00	456	0.00	385	0.00	251
普定全成电子有限公司	0.00	456	0.00	385	0.00	251
云上（贵州）教育科技有限公司	0.00	456	0.00	385	0.00	251
贵州美洁环卫工程有限责任公司	0.00	456	0.00	385	0.00	251
贵州迅达信息产业发展有限公司	0.00	456	0.00	385	0.00	251
路鑫机械有限公司	0.00	456	0.00	385	0.00	251
贵阳市政建设有限责任公司	0.00	456	0.00	385	0.00	251
贵州科华交通建设工程有限公司	0.00	456	0.00	385	0.00	251

续表

企业名称	科技创新条件及基础		创新平台系数		人均发明专利申请量	
	指数/%	位次	指标值	位次	指标值/件	位次
贵州盛昌药业有限公司	0.00	456	0.00	385	0.00	251
贵阳四度空间文化传媒有限公司	0.00	456	0.00	385	0.00	251
贵州创新睿界科技有限公司	0.00	456	0.00	385	0.00	251
贵阳新希望农业科技有限公司	0.00	456	0.00	385	0.00	251
贵州通勤汇嘉科技有限公司	0.00	456	0.00	385	0.00	251
贵州华峰志远商贸有限公司	0.00	456	0.00	385	0.00	251
遵义市旭辉新型节能建材有限公司	0.00	456	0.00	385	0.00	251
贵州元方志擎科技有限公司	0.00	456	0.00	385	0.00	251
贵阳大数据交易所	0.00	456	0.00	385	0.00	251
贵州恒绿源环保有限公司	0.00	456	0.00	385	0.00	251
贵阳海之力液压有限公司	0.00	456	0.00	385	0.00	251
贵州合润铝业新材料科技股份有限公司	0.00	456	0.00	385	0.00	251
贵州信方达信息咨询有限公司	0.00	456	0.00	385	0.00	251
贵阳富世通科技有限公司	0.00	456	0.00	385	0.00	251
贵定县恒伟玻璃制品有限公司	0.00	456	0.00	385	0.00	251
贵州迦太利华信息科技有限公司	0.00	456	0.00	385	0.00	251
遵义鑫华源电力设备有限公司	0.00	456	0.00	385	0.00	251
贵州普利英吉科技有限公司	0.00	456	0.00	385	0.00	251
贵州智教云教育科技有限公司	0.00	456	0.00	385	0.00	251
贵州联创天健科技有限公司	0.00	456	0.00	385	0.00	251
贵州思源信息科技有限公司	0.00	456	0.00	385	0.00	251
贵州加来智能科技有限公司	0.00	456	0.00	385	0.00	251
贵州天地药业有限责任公司	0.00	456	0.00	385	0.00	251
贵州黔力重工有限公司	0.00	456	0.00	385	0.00	251
贵阳玛莱特液压电磁科技有限公司	0.00	456	0.00	385	0.00	251
贵州安易和信科技有限公司	0.00	456	0.00	385	0.00	251
贵州中科信达科技有限公司	0.00	456	0.00	385	0.00	251
黔南滑动轴承有限公司	0.00	456	0.00	385	0.00	251
贵州优行车联科技有限公司	0.00	456	0.00	385	0.00	251
贵州中盛弘通科技有限公司	0.00	456	0.00	385	0.00	251
贵州华星冶金有限公司	0.00	456	0.00	385	0.00	251
贵州电子商务云运营有限责任公司	0.00	456	0.00	385	0.00	251
贵州卓越天成软件有限公司	0.00	456	0.00	385	0.00	251

续表

企业名称	科技创新条件及基础		创新平台系数		人均发明专利申请量	
	指数/%	位次	指标值	位次	指标值/件	位次
贵州中软云上数据技术服务有限公司	0.00	456	0.00	385	0.00	251
贵州迈锐钻探设备制造有限公司	0.00	456	0.00	385	0.00	251
贵州逸飞科技有限公司	0.00	456	0.00	385	0.00	251
贵州盛方信息科技有限公司	0.00	456	0.00	385	0.00	251
贵州三超科技信息系统有限公司	0.00	456	0.00	385	0.00	251
贵州丰达轴承有限公司	0.00	456	0.00	385	0.00	251
贵州亿程交通信息有限公司	0.00	456	0.00	385	0.00	251
贵州尚品创意网络科技有限公司	0.00	456	0.00	385	0.00	251
安软科技集团（贵州）有限公司	0.00	456	0.00	385	0.00	251
贵州精博高科科技有限公司	0.00	456	0.00	385	0.00	251
贵州金瑞渐成电子有限公司	0.00	456	0.00	385	0.00	251
贵州云图瞰景地理信息技术有限公司	0.00	456	0.00	385	0.00	251
贵州纳雍博润环保科技有限公司	0.00	456	0.00	385	0.00	251
贵州百科达科技有限公司	0.00	456	0.00	385	0.00	251
贵州益恒创兴科技有限公司	0.00	456	0.00	385	0.00	251
六盘水市钟山区泉辰科技有限责任公司	0.00	456	0.00	385	0.00	251
贵州恒泰祥工程建设有限公司	0.00	456	0.00	385	0.00	251
贵州大兴旺新材料科技有限公司	0.00	456	0.00	385	0.00	251
贵州诚致未来科技有限公司	0.00	456	0.00	385	0.00	251
贵州征诚汇达通信工程有限公司	0.00	456	0.00	385	0.00	251
贵州森阳科技有限公司	0.00	456	0.00	385	0.00	251
贵州海普科技有限公司	0.00	456	0.00	385	0.00	251
遵义汇峰智能系统有限责任公司	0.00	456	0.00	385	0.00	251
贵州瑞普科技有限公司	0.00	456	0.00	385	0.00	251
贵州源塑实业有限公司	0.00	456	0.00	385	0.00	251
贵州汇龙源电气有限公司	0.00	456	0.00	385	0.00	251
贵州唯捷众品信息技术有限公司	0.00	456	0.00	385	0.00	251
贵州永成科技有限公司	0.00	456	0.00	385	0.00	251
贵州绿盾征信大数据有限公司	0.00	456	0.00	385	0.00	251
贵州省瓮安兴农磷化工有限责任公司	0.00	456	0.00	385	0.00	251
遵义同兴源建材有限公司	0.00	456	0.00	385	0.00	251
贵州良济医疗器械有限公司	0.00	456	0.00	385	0.00	251
贵州清风科技环保设备制造有限公司	0.00	456	0.00	385	0.00	251

续表

企业名称	科技创新条件及基础		创新平台系数		人均发明专利申请量	
	指数/%	位次	指标值	位次	指标值/件	位次
贵州金鑫博睿科技有限公司	0.00	456	0.00	385	0.00	251
贵州博德恒泰科技有限公司	0.00	456	0.00	385	0.00	251
贵州贤俊龙彩印有限公司	0.00	456	0.00	385	0.00	251
贵州弘康药业有限公司	0.00	456	0.00	385	0.00	251
贵州优特云科技有限公司	0.00	456	0.00	385	0.00	251
贵阳天马测绘技术有限公司	0.00	456	0.00	385	0.00	251
松桃华艺科技有限公司	0.00	456	0.00	385	0.00	251
贵阳天富长丰网络科技有限公司	0.00	456	0.00	385	0.00	251
贵州省海美斯科技有限公司	0.00	456	0.00	385	0.00	251
贵阳华烽有色铸造有限公司	0.00	456	0.00	385	0.00	251
贵州希格玛技术工程有限公司	0.00	456	0.00	385	0.00	251
贵州泰坦电气系统有限公司	0.00	456	0.00	385	0.00	251
贵阳市启沃富科技有限公司	0.00	456	0.00	385	0.00	251
黔南州联合电子网络系统有限公司	0.00	456	0.00	385	0.00	251
贵州岑祥资源科技有限责任公司	0.00	456	0.00	385	0.00	251
贵州金山国土勘测工程有限公司	0.00	456	0.00	385	0.00	251
贵州德恒信安防工程有限公司	0.00	456	0.00	385	0.00	251
贵州源溯科技有限公司	0.00	456	0.00	385	0.00	251
贵州百灵企业集团正鑫药业有限公司	0.00	456	0.00	385	0.00	251
贵州鼎立生物科技香料有限公司	0.00	456	0.00	385	0.00	251
遵义市友联包装实业有限公司	0.00	456	0.00	385	0.00	251
贵州云腾志远科技发展有限公司	0.00	456	0.00	385	0.00	251
贵州楠天新型建材科技开发有限公司	0.00	456	0.00	385	0.00	251
安顺德康农牧有限公司	0.00	456	0.00	385	0.00	251
遵义航大海电器有限公司	0.00	456	0.00	385	0.00	251
安顺市虹翼特种钢球制造有限公司	0.00	456	0.00	385	0.00	251
贵阳新同舟科技有限公司	0.00	456	0.00	385	0.00	251
贵州安康健科技有限公司	0.00	456	0.00	385	0.00	251
贵州良济药业有限公司	0.00	456	0.00	385	0.00	251
贵州志成恩予科技有限公司	0.00	456	0.00	385	0.00	251
福泉大北农农业科技有限公司	0.00	456	0.00	385	0.00	251
贵州正合伟业科技有限责任公司	0.00	456	0.00	385	0.00	251
贵州永美健医疗器械有限公司	0.00	456	0.00	385	0.00	251

续表

企业名称	科技创新条件及基础		创新平台系数		人均发明专利申请量	
	指数/%	位次	指标值	位次	指标值/件	位次
贵州海智科技有限公司	0.00	456	0.00	385	0.00	251
贵州博虹科技有限公司	0.00	456	0.00	385	0.00	251
贵州长泰源节能建材股份有限公司	0.00	456	0.00	385	0.00	251
遵义凯发新泉污水处理有限公司	0.00	456	0.00	385	0.00	251
贵州万业包装有限公司	0.00	456	0.00	385	0.00	251
铜仁市海创信息科技有限公司	0.00	456	0.00	385	0.00	251
贵州天晟伟业科技有限公司	0.00	456	0.00	385	0.00	251
贵州长圣信息工程有限公司	0.00	456	0.00	385	0.00	251
黔西南州富洪茶叶有限公司	0.00	456	0.00	385	0.00	251
贵州智联云弛软件科技有限公司	0.00	456	0.00	385	0.00	251
贵州贝加尔乐器有限公司	0.00	456	0.00	385	0.00	251
黔南州金安电子安防服务有限公司	0.00	456	0.00	385	0.00	251
贵州德鑫源电气有限公司	0.00	456	0.00	385	0.00	251
贵州省建筑设计研究院有限责任公司	0.00	456	0.00	385	0.00	251
贵州地道药业有限公司	0.00	456	0.00	385	0.00	251
贵州中节能天融兴德环保科技有限公司	0.00	456	0.00	385	0.00	251
贵阳鑫羿向科技有限公司	0.00	456	0.00	385	0.00	251
贵州天地荣科技有限公司	0.00	456	0.00	385	0.00	251
贵州恒科电子科技有限公司	0.00	456	0.00	385	0.00	251
贵州林都园林工程有限公司	0.00	456	0.00	385	0.00	251
贵州贵玻玻璃有限公司	0.00	456	0.00	385	0.00	251
贵州黔莱亚科技有限公司	0.00	456	0.00	385	0.00	251
贵州宏信创达工程检测咨询有限公司	0.00	456	0.00	385	0.00	251
贵州烨阳科技发展有限公司	0.00	456	0.00	385	0.00	251
贵州长宇电力电气有限公司	0.00	456	0.00	385	0.00	251
贵州天讯信息产业有限公司	0.00	456	0.00	385	0.00	251
贵州亿全科技有限公司	0.00	456	0.00	385	0.00	251
贵州科讯达科技有限公司	0.00	456	0.00	385	0.00	251
遵义市利升机械加工有限公司	0.00	456	0.00	385	0.00	251
贵州伊思特新技术发展有限责任公司	0.00	456	0.00	385	0.00	251
贵州省源单新材料科技有限公司	0.00	456	0.00	385	0.00	251
贵州开阳三环磨料有限公司	0.00	456	0.00	385	0.00	251
贵州华诚天下节能科技有限公司	0.00	456	0.00	385	0.00	251

续表

企业名称	科技创新条件及基础		创新平台系数		人均发明专利申请量	
	指数/%	位次	指标值	位次	指标值/件	位次
贵州云科教服务有限公司	0.00	456	0.00	385	0.00	251
贵州数智联云科技有限公司	0.00	456	0.00	385	0.00	251
贵州蓝天远泰科技有限公司	0.00	456	0.00	385	0.00	251
贵州安泰晟达通信工程有限公司	0.00	456	0.00	385	0.00	251
贵州优联博睿科技有限公司	0.00	456	0.00	385	0.00	251
贵州众蓝科技有限公司	0.00	456	0.00	385	0.00	251
贵州木弓贵芯微电子有限公司	0.00	456	0.00	385	0.00	251
遵义市文杰机电有限责任公司	0.00	456	0.00	385	0.00	251
贵州文博科技有限公司	0.00	456	0.00	385	0.00	251
瓮安鑫源环保建材有限公司	0.00	456	0.00	385	0.00	251
贵州西南管业有限公司	0.00	456	0.00	385	0.00	251
贵阳长治恒丰智能科技有限公司	0.00	456	0.00	385	0.00	251
贵州卓讯软件股份有限公司	0.00	456	0.00	385	0.00	251
遵义朝宇锅炉有限公司	0.00	456	0.00	385	0.00	251
贵州华立通科技发展有限公司	0.00	456	0.00	385	0.00	251
贵州航火电器有限公司	0.00	456	0.00	385	0.00	251
贵州西瑞科技有限公司	0.00	456	0.00	385	0.00	251
贵州小伙人信息技术有限公司	0.00	456	0.00	385	0.00	251
贵州云图时代信息技术有限公司	0.00	456	0.00	385	0.00	251
贵阳方舟科技股份有限公司	0.00	456	0.00	385	0.00	251

表6-3 创新产出指数排位

企业名称	创新产出		知识产权系数		人均发明专利拥有量		科技成果（奖励）系数		品牌建设系数	
	指数/%	位次	指标值	位次	指标值/件	位次	指标值	位次	指标值（项当量）	位次
瓮福（集团）有限责任公司	70.79	1	2.19	59	0.08	114	0.43	7	0.57	11
贵州航天电器股份有限公司	67.58	2	19.91	2	0.06	135	0.06	34	0.57	11
贵州安大航空锻造有限责任公司	56.22	3	3.47	24	0.08	112	0.49	6	0.00	148
贵州航天林泉电机有限公司	51.87	4	3.21	31	0.04	174	0.43	7	0.00	148
贵州神奇药业有限公司	51.27	5	6.67	6	0.07	122	0.00	42	0.57	9
贵州百灵企业集团仁和堂药业有限公司	50.63	6	1.31	122	0.04	167	0.09	24	0.58	8
贵州火焰山电器股份有限公司	50.62	7	0.79	241	0.04	178	2.14	2	0.57	15

续表

企业名称	创新产出		知识产权系数		人均发明专利拥有量		科技成果（奖励）系数		品牌建设系数	
	指数/%	位次	指标值	位次	指标值/件	位次	指标值	位次	指标值（项当量）	位次
中国电建集团贵阳勘测设计研究院有限公司	49.08	8	44.83	1	0.12	78	0.06	34	0.00	62
贵州丹寨宁航蜡染有限公司	48.00	9	0.00	603	1.04	12	0.29	12	0.00	148
国药集团同济堂贵州（制药）有限公司	46.47	10	0.79	241	0.10	97	0.00	42	1.72	4
贵州益佰制药股份有限公司	46.22	11	0.97	170	0.03	187	0.00	42	1.15	7
中国贵州茅台酒厂（集团）有限责任公司	42.43	12	1.17	136	0.00	322	0.00	42	3.74	3
贵州航天电子科技有限公司	40.13	13	4.72	13	0.12	84	0.17	14	0.00	98
贵航发动机设计研究所	39.05	14	16.15	3	0.06	139	0.00	42	0.00	148
贵州航天计量测试技术研究所	38.94	15	2.13	61	0.17	58	0.00	42	51.85	1
贵州钢绳股份有限公司	38.59	16	3.24	29	0.01	297	0.00	42	0.57	18
中国振华集团云科电子有限公司	38.17	17	3.67	18	0.08	115	0.17	14	0.00	62
中国振华（集团）新云电子元器件有限责任公司（国营第四三二六厂）	37.45	18	2.36	52	0.07	121	0.17	14	0.00	62
中航力源液压股份有限公司	35.85	19	2.48	45	0.05	150	0.14	17	0.00	148
贵州航天风华精密设备有限公司	33.39	20	3.23	30	0.05	148	0.09	24	0.00	148
贵州成智重工科技有限公司	33.06	21	1.05	158	1.90	5	0.00	42	0.00	98
贵州久联民爆器材发展股份有限公司	32.93	22	0.52	336	0.00	312	0.14	17	0.00	98
贵阳新奇微波工业有限责任公司	32.77	23	0.77	243	1.00	13	0.00	42	0.00	148
贵州奥斯科尔科技实业有限公司	32.42	24	0.40	393	2.19	3	0.00	42	0.00	40
贵阳华烽有色铸造有限公司	32.32	25	0.32	426	1.08	11	0.00	42	0.00	148
中国航发贵州黎阳航空动力有限公司	32.30	26	7.04	5	0.04	180	0.00	42	0.00	148
贵州航宇科技发展股份有限公司	31.94	27	1.27	126	0.12	79	0.09	24	0.00	148
贵阳朗玛信息技术股份有限公司	30.70	28	5.23	10	0.06	143	0.00	42	0.00	25
遵义市大地和电气有限公司	30.63	29	1.33	119	0.01	294	1.29	4	0.00	148
贵州省水利水电勘测设计研究院	30.54	30	2.43	48	0.02	227	0.34	11	0.00	148
贵州省交通规划勘察设计研究院股份有限公司	30.11	31	3.52	22	0.03	207	0.11	21	0.00	148
贵州鸣腾科技有限公司	29.98	32	1.00	165	0.05	155	2.14	2	0.00	148
贵州航天凯山石油仪器有限公司	29.65	33	2.27	54	0.34	36	0.00	42	0.00	148
贵州航天天马机电科技有限公司	29.43	34	3.73	17	0.10	91	0.00	42	0.00	148
中黔电气集团股份有限公司	29.26	35	0.35	418	0.56	20	0.00	42	0.00	148
贵州省建筑材料科学研究设计院有限责任公司	29.04	36	0.47	363	0.51	22	0.00	42	0.00	148
中电科大数据研究院有限公司	29.00	37	2.73	38	0.18	57	0.00	42	0.00	98

续表

企业名称	创新产出		知识产权系数		人均发明专利拥有量		科技成果（奖励）系数		品牌建设系数	
	指数/%	位次	指标值	位次	指标值/件	位次	指标值	位次	指标值（项当量）	位次
江南机电设计研究所	28.72	38	2.68	41	0.15	66	0.00	42	0.00	148
遵义天辉机电有限责任公司	28.40	39	0.40	393	0.00	326	9.00	1	0.00	148
贵州凯星液力传动机械有限公司	28.33	40	1.76	75	0.22	47	0.00	42	0.00	62
贵州威默电气成套设备有限公司	28.11	41	0.11	545	0.00	326	1.29	4	0.00	148
中航贵州飞机有限责任公司	28.03	42	2.48	45	0.01	299	0.14	17	0.00	148
贵阳时代沃顿科技有限公司	27.86	43	1.93	71	0.13	72	0.00	42	0.00	98
际华三五三七制鞋有限责任公司	27.63	44	2.27	54	0.05	154	0.00	42	0.00	40
贵州全安密灵科技有限公司	27.57	45	6.59	7	0.41	27	0.00	42	0.00	148
贵州省创伟道环境科技有限公司	27.55	46	1.47	102	0.33	38	0.00	42	1.29	6
贵州泰永长征技术股份有限公司	27.38	47	1.56	95	0.12	81	0.00	42	0.00	148
贵州航锐航空精密零部件制造有限公司	26.97	48	0.64	278	0.19	54	0.00	42	0.00	148
贵州川恒化工股份有限公司	26.27	49	0.77	243	0.07	125	0.00	42	0.00	31
贵州新安航空机械有限责任公司	25.86	50	3.59	20	0.06	140	0.00	42	0.00	148
贵阳新天药业股份有限公司	25.69	51	0.31	443	0.05	157	0.00	42	0.00	29
贵州红星发展股份有限公司	25.63	52	0.23	495	0.06	135	0.00	42	0.00	148
遵义钛业股份有限公司	25.57	53	1.41	108	0.01	260	0.00	42	0.57	11
贵州詹阳动力重工有限公司	25.40	54	1.65	83	0.03	214	0.09	24	0.00	47
贵州恒盛丝绸科技有限公司	25.05	55	1.05	158	0.00	326	0.43	7	0.00	148
中国振华集团永光电子有限公司	24.94	56	2.12	62	0.03	190	0.06	34	0.00	62
贵州顺安机电设备有限公司	24.87	57	0.24	483	0.39	29	0.00	42	0.00	148
中国电建集团贵州电力设计研究院有限公司	24.78	58	7.29	4	0.03	212	0.09	24	0.00	148
贵州西南工具（集团）有限公司	24.65	59	3.49	23	0.07	117	0.00	42	0.00	39
贵州安吉航空精密铸造有限责任公司	24.30	60	1.63	88	0.02	221	0.00	42	0.00	148
贵州远程制药有限责任公司	24.16	61	0.04	593	0.01	281	0.00	42	0.57	16
遵义天际机电有限公司	24.00	62	0.00	603	0.00	326	0.43	7	0.00	148
大方县九龙天麻开发有限公司	23.54	63	0.45	364	0.08	106	0.00	42	5.14	2
中铁二局第一工程有限公司	23.42	64	3.31	27	0.02	249	0.00	42	0.00	148
遵义市倍缘化工有限责任公司	23.29	65	0.04	593	1.08	10	0.00	42	0.00	148
贵州华烽电器有限公司	23.25	66	1.09	146	0.04	176	0.00	42	0.00	148
贵州财富之舟科技有限公司	22.53	67	0.24	483	0.06	137	0.00	42	0.00	62
贵州贵航飞机设计研究所	22.31	68	0.69	262	0.14	68	0.00	42	0.00	148
贵州源熙生物研发有限公司	22.22	69	0.21	497	2.18	4	0.00	42	0.00	62

续表

企业名称	创新产出		知识产权系数		人均发明专利拥有量		科技成果（奖励）系数		品牌建设系数	
	指数/%	位次	指标值	位次	指标值/件	位次	指标值	位次	指标值（项当量）	位次
贵州建工集团有限公司	21.74	70	4.83	12	0.01	305	0.00	42	0.00	148
贵州彩阳电暖科技有限公司	21.49	71	0.45	364	0.01	257	0.00	42	0.57	10
贵州云峰药业有限公司	21.45	72	0.33	423	0.03	218	0.00	42	0.57	11
贵州省万航电能科技有限公司	21.05	73	0.29	448	0.02	244	0.00	42	1.71	5
中国航空工业标准件制造有限责任公司	20.98	74	3.31	27	0.02	225	0.00	42	0.00	62
贵州浩诚药业有限公司	20.70	75	0.08	559	0.05	163	0.00	42	0.57	20
贵州赤天化桐梓化工有限公司	20.59	76	0.27	453	0.00	316	0.00	42	0.57	18
遵义智鹏高新铝材有限公司	20.56	77	1.52	98	0.00	326	0.00	42	0.57	21
瓮安县武江隆塑业有限责任公司	20.49	78	0.99	167	1.67	7	0.00	42	0.00	148
贵州航天南海科技有限责任公司	20.09	79	2.19	59	0.05	158	0.06	34	0.00	148
贵州宏达环保科技有限公司	20.05	80	0.23	495	0.15	63	0.00	42	0.00	148
贵州百科达科技有限公司	19.85	81	0.80	206	0.00	326	0.00	42	0.57	16
贵州振华群英电器有限公司（国有第八九一厂）	19.53	82	4.28	14	0.04	186	0.00	42	0.00	148
首钢水城钢铁（集团）有限责任公司	19.27	83	1.72	79	0.00	314	0.00	42	0.00	38
中国水利水电第九工程局有限公司	19.18	84	2.97	34	0.00	326	0.20	13	0.00	98
贵州新联爆破工程集团有限公司	19.06	85	3.45	25	0.03	217	0.09	24	0.00	148
贵州煌缔科技股份有限公司	18.78	86	0.09	558	0.17	59	0.00	42	0.00	98
贵州振华华联电子有限公司	17.98	87	2.73	38	0.04	183	0.00	42	0.00	148
贵州航天新力科技有限公司	17.86	88	1.08	150	0.07	116	0.00	42	0.00	62
中建四局第三建设有限公司	17.48	89	4.95	11	0.01	306	0.00	42	0.00	148
贵州人和信通科技有限公司	17.18	90	0.80	206	3.00	1	0.00	42	0.00	148
贵州航天特种车有限责任公司	17.05	91	1.57	91	0.07	124	0.00	42	0.00	148
贵州勤邦食品安全科学技术有限公司	16.81	92	1.97	69	0.42	26	0.00	42	0.00	98
贵州黔龙图视科技有限公司	16.54	93	0.16	518	1.25	9	0.00	42	0.00	98
贵州中航交通科技有限公司	16.30	94	1.09	146	0.83	15	0.00	42	0.00	148
贵州航天控制技术有限公司	16.30	94	2.99	33	0.03	213	0.00	42	0.00	148
贵州省三穗县兴绿洲农业发展有限公司	16.17	96	0.57	313	0.01	288	0.00	42	0.43	22
贵阳普天物流技术有限公司	15.37	97	0.60	303	0.06	141	0.00	42	0.00	148
贵州森塑宇木塑有限公司	15.36	98	0.48	347	0.88	14	0.00	42	0.00	148
贵阳迪乐普科技有限公司	14.84	99	2.21	57	1.50	8	0.00	42	0.00	148
贵州万顺豪环卫机械设备有限公司	14.36	100	0.08	559	0.00	326	0.00	42	0.43	23
安顺德康农牧有限公司	14.09	101	0.00	603	0.32	40	0.00	42	0.00	148

续表

企业名称	创新产出		知识产权系数		人均发明专利拥有量		科技成果（奖励）系数		品牌建设系数	
	指数/%	位次	指标值	位次	指标值/件	位次	指标值	位次	指标值（项当量）	位次
贵州开磷集团矿肥有限责任公司	13.88	102	3.79	16	0.01	264	0.00	42	0.00	148
贵州西南制造产业园有限公司	13.88	103	0.00	603	2.75	2	0.00	42	0.00	148
贵州中建建筑科研设计院有限公司	13.57	104	2.25	56	0.04	181	0.09	24	0.00	148
贵州黔和物流有限公司	13.35	105	1.71	80	0.24	45	0.00	42	0.00	148
贵州数据宝网络科技有限公司	13.17	106	1.40	109	0.16	62	0.00	42	0.00	148
贵州锐新科技有限公司	13.01	107	0.00	603	0.34	36	0.00	42	0.00	148
贵州通祥水务环境工程有限公司	12.96	108	1.59	89	1.75	6	0.00	42	0.00	148
贵阳语玩科技有限公司	12.85	109	2.71	40	0.20	52	0.00	42	0.00	54
贵州兴泰科技有限公司	12.75	110	0.37	404	0.79	17	0.00	42	0.00	148
贵州航天乌江机电设备有限责任公司	12.36	111	1.44	105	0.04	165	0.00	42	0.00	148
贵州泰邦生物制品有限公司	11.95	112	1.68	81	0.03	211	0.06	34	0.00	98
贵州威顿晶磷电子材料股份有限公司	11.88	113	0.43	376	0.12	82	0.00	42	0.00	62
贵州天福化工有限责任公司	11.82	114	0.36	414	0.03	202	0.00	42	0.00	148
贵州雅光电子科技股份有限公司	11.68	115	0.60	303	0.06	131	0.00	42	0.00	40
贵州逸飞科技有限公司	11.63	116	0.00	603	0.50	23	0.00	42	0.00	148
贵阳德昌祥药业有限公司	11.58	117	5.64	9	0.04	177	0.00	42	0.00	31
贵阳方舟科技股份有限公司	11.50	118	1.25	128	0.12	80	0.00	42	0.00	148
贵州宏宇药业有限公司	11.45	119	0.45	364	0.14	70	0.00	42	0.00	35
贵州黔驰信息股份有限公司	11.08	120	3.91	15	0.02	233	0.11	21	0.00	62
遵义铝业股份有限公司	10.83	121	0.93	182	0.00	321	0.14	17	0.00	62
贵州大龙汇成新材料有限公司	10.80	122	0.59	306	0.03	200	0.00	42	0.00	148
贵州金桥药业有限公司	10.61	123	2.11	64	0.05	146	0.00	42	0.00	148
遵义市鑫远望科技有限公司	10.40	124	1.73	78	0.34	35	0.00	42	0.00	148
贵州柏强制药有限公司	10.36	125	0.24	483	0.10	88	0.00	42	0.00	40
贵州恒瑞辰科技股份有限公司	10.21	126	0.08	559	0.38	31	0.00	42	0.00	148
贵州千叶药品包装股份有限公司	10.00	127	0.20	503	0.06	133	0.00	42	0.00	148
贵州安凯达实业股份有限公司	9.70	128	2.39	51	0.06	132	0.00	42	0.00	62
贵州三力制药股份有限公司	9.33	129	0.24	483	0.05	159	0.00	42	0.00	47
贵阳航空电机有限公司	9.33	130	3.64	19	0.01	281	0.00	42	0.00	148
遵义市润丰源钢铁铸造有限公司	9.25	131	0.12	542	0.50	23	0.00	42	0.00	148
贵州群建精密机械有限公司	9.19	132	0.81	204	0.04	185	0.00	42	0.00	98
贵州高卓皮具有限公司	9.13	133	0.00	603	0.50	23	0.00	42	0.00	148
遵义宏港机械有限公司	9.00	134	0.00	603	0.75	18	0.00	42	0.00	148

续表

企业名称	创新产出		知识产权系数		人均发明专利拥有量		科技成果（奖励）系数		品牌建设系数	
	指数/%	位次	指标值	位次	指标值/件	位次	指标值	位次	指标值（项当量）	位次
贵州良济药业有限公司	8.92	135	2.29	53	0.05	147	0.00	42	0.00	62
贵州长征电气有限公司	8.55	136	0.24	483	0.03	215	0.00	42	0.00	148
贵州鼎立生物科技香料有限公司	8.53	137	0.48	347	0.35	34	0.00	42	0.00	148
贵阳海之力液压有限公司	8.23	138	0.13	535	0.80	16	0.00	42	0.00	148
贵州联盛药业有限公司	8.18	139	2.03	67	0.07	126	0.00	42	0.00	27
贵州同成环境科技有限公司	8.17	140	0.04	593	0.71	19	0.00	42	0.00	148
博文软件（贵州）有限公司	7.95	141	2.21	57	0.19	53	0.00	42	0.00	148
贵州优联博睿科技有限公司	7.94	142	0.37	404	0.55	21	0.00	42	0.00	148
普定县银丰农业科技发展有限公司	7.94	143	0.25	476	0.20	49	0.00	42	0.00	98
贵州正合博莱金属有限公司	7.74	144	1.35	117	0.02	236	0.00	42	0.00	62
六盘水中联工贸实业有限公司	7.73	145	0.20	503	0.00	99	0.00	42	0.00	148
贵州西牛王印务有限公司	7.49	146	1.67	82	0.03	204	0.00	42	0.00	148
贵州矩阵科技有限公司	7.37	147	0.97	170	0.00	326	0.11	21	0.00	148
贵州精立航太科技有限公司	7.34	148	0.37	404	0.10	90	0.00	42	0.00	148
贵州苗药生物技术有限公司	7.33	149	1.07	152	0.27	41	0.00	42	0.00	62
贵州航天云网科技有限公司	7.12	150	5.73	8	0.02	232	0.00	42	0.00	148
贵州优好停车设备有限公司	7.05	151	0.16	518	0.18	56	0.00	42	0.00	148
贵州华烽汽车零部件有限公司	7.00	152	0.05	578	0.10	96	0.00	42	0.00	148
贵州振华天通设备有限公司	6.97	153	0.49	340	0.21	48	0.00	42	0.00	148
贵州博成科技有限公司	6.96	154	0.59	306	0.38	31	0.00	42	0.00	148
贵州航飞精密制造有限公司	6.67	155	0.69	262	0.05	153	0.00	42	0.00	148
遵义精星航天电器有限责任公司	6.63	156	1.45	104	0.02	222	0.00	42	0.00	148
贵州遵义驰宇精密机电制造有限公司	6.60	157	0.49	340	0.07	123	0.00	42	0.00	148
贵州万恒科技发展有限公司	6.58	158	0.20	503	0.38	31	0.00	42	0.00	148
贵州万胜药业有限责任公司	6.50	159	1.09	146	0.06	137	0.00	42	0.00	98
贵州建工集团第一建筑工程有限责任公司	6.40	160	1.33	119	0.01	285	0.00	42	0.00	148
贵州省煤层气页岩气工程技术研究中心	6.30	161	0.00	603	0.04	182	0.09	24	0.00	148
安顺市虹翼特种钢球制造有限公司	6.28	162	0.03	599	0.00	326	0.00	42	0.00	148
贵阳明通炉料有限公司	6.24	163	0.17	515	0.24	44	0.00	42	0.00	148
贵州百灵企业集团和仁堂药业有限公司	6.08	164	0.00	603	0.07	129	0.00	42	0.00	148
贵州新华羲玻璃有限责任公司	6.06	165	1.40	109	0.04	171	0.00	42	0.00	148
绥阳县华丰电器有限公司	6.00	166	0.32	426	0.10	98	0.00	42	0.00	148

第六部分 重点企业科技创新评价报告

续表

企业名称	创新产出		知识产权系数		人均发明专利拥有量		科技成果（奖励）系数		品牌建设系数	
	指数/%	位次	指标值	位次	指标值/件	位次	指标值	位次	指标值（项当量）	位次
首钢贵阳特殊钢有限责任公司	5.96	167	0.29	448	0.01	306	0.00	42	0.00	98
贵州劲嘉新型包装材料有限公司	5.94	168	0.67	270	0.04	179	0.00	42	0.00	148
遵义市信欧建材有限公司	5.92	169	0.11	545	0.38	30	0.00	42	0.00	148
贵州吉丰种业有限责任公司	5.90	170	2.41	50	0.23	46	0.00	42	0.00	148
贵州剑河园方林业投资开发有限公司	5.90	171	1.37	114	0.02	231	0.00	42	0.00	98
贵阳永青仪电科技有限公司	5.80	172	1.96	70	0.01	269	0.00	42	0.00	54
贵州宏创信息技术有限公司	5.71	173	0.91	186	0.00	326	0.09	24	0.00	148
贵州红星发展大龙锰业有限责任公司	5.67	174	0.00	603	0.01	296	0.00	42	0.00	148
绿地环保科技股份有限公司	5.65	175	3.05	32	0.01	260	0.00	42	0.00	148
贵州精忠橡塑实业有限公司	5.58	176	0.35	418	0.03	194	0.00	42	0.00	98
贵州详务节能建材有限公司	5.57	177	0.67	270	0.25	42	0.00	42	0.00	35
贵州省煤矿设计研究院	5.55	178	0.75	248	0.00	326	0.09	24	0.00	148
贵州东方世纪科技股份有限公司	5.50	179	1.43	106	0.05	160	0.00	42	0.00	148
贵阳玉塑包装有限公司	5.47	180	0.00	603	0.33	38	0.00	42	0.00	54
贵州顺健制药有限公司	5.46	181	0.00	603	0.07	128	0.00	42	0.00	98
贵州天威建材科技有限责任公司	5.37	182	0.08	559	0.03	199	0.06	34	0.00	148
贵州健兴药业有限公司	5.35	183	1.48	101	0.02	248	0.00	42	0.00	98
贵州卓豪农业科技股份有限公司	5.05	184	1.85	73	0.00	326	0.06	34	0.00	98
贵州联建土木工程质量检测监控中心有限公司	4.91	185	0.40	393	0.11	85	0.00	42	0.00	148
贵州兴国新动力科技有限公司	4.78	186	2.57	43	0.05	162	0.00	42	0.00	98
贵州海跃模具有限公司	4.74	187	0.05	578	0.13	71	0.00	42	0.00	148
贵州三泓药业股份有限公司	4.73	188	0.00	603	0.14	69	0.00	42	0.00	62
贵州圣济堂制药有限公司	4.69	189	0.65	276	0.02	236	0.00	42	0.00	24
贵州石博士科技有限公司	4.60	190	1.11	144	0.05	148	0.00	42	0.00	148
贵州天地药业有限公司	4.57	191	0.72	258	0.01	262	0.00	42	0.00	62
遵义恒佳铝业有限公司	4.51	192	1.16	137	0.03	196	0.00	42	0.00	148
中联创展信息技术股份有限公司	4.46	193	2.88	37	0.05	163	0.00	42	0.00	54
贵州中航电梯有限责任公司	4.42	194	2.51	44	0.01	302	0.00	42	0.00	98
贞丰县恒山建材有限责任公司	4.41	195	0.49	340	0.01	254	0.06	34	0.00	148
贵州力登科技发展有限公司	4.40	196	0.15	533	0.25	42	0.00	42	0.00	148
贵州黎阳国际制造有限公司	4.34	197	1.76	75	0.01	272	0.00	42	0.00	148
遵义华富生物科技有限公司	4.29	198	0.24	483	0.40	28	0.00	42	0.00	148

续表

企业名称	创新产出		知识产权系数		人均发明专利拥有量		科技成果（奖励）系数		品牌建设系数	
	指数/%	位次	指标值	位次	指标值/件	位次	指标值	位次	指标值（项当量）	位次
贵州铁建恒发新材料科技股份有限公司	4.19	199	0.25	476	0.12	83	0.00	42	0.00	148
贵州广济堂药业有限公司	4.17	200	1.28	124	0.06	142	0.00	42	0.00	148
贵阳新天光电科技有限公司	4.16	201	0.95	180	0.01	272	0.00	42	0.00	54
贵州新锦竹木制品有限公司	4.09	202	0.57	313	0.05	145	0.00	42	0.00	62
贵州凯里经济开发区中昊电子有限公司	4.07	203	0.03	599	0.04	168	0.00	42	0.00	148
贵州伊思特新技术发展有限责任公司	4.01	204	0.16	518	0.10	87	0.00	42	0.00	148
贵州航太精密制造有限公司	3.99	205	0.55	317	0.04	173	0.00	42	0.00	31
贵州西部农产品交易中心有限公司	3.97	206	2.07	66	0.09	101	0.00	42	0.00	40
贵州海誉科技股份有限公司	3.91	207	0.16	518	0.09	104	0.00	42	0.00	148
兴义市黔城商品混凝土有限公司	3.88	208	0.17	515	0.08	106	0.00	42	0.00	148
埃柯赛环境科技（贵州）股份有限公司	3.86	209	0.48	347	0.13	74	0.00	42	0.00	148
贵州科伦药业有限公司	3.83	210	0.00	603	0.01	276	0.00	42	0.00	98
贵州润生制药有限公司	3.73	211	1.65	83	0.02	224	0.00	42	0.00	30
遵义鑫华源电力设备有限公司	3.73	212	0.11	545	0.07	118	0.00	42	0.00	148
贵州金玖生物技术有限公司	3.60	213	0.17	515	0.04	165	0.00	42	0.00	98
贵州力创科技发展有限公司	3.59	214	3.59	20	0.00	326	0.00	42	0.00	98
贵州捷盛钻具股份有限公司	3.56	215	0.87	195	0.03	207	0.00	42	0.00	98
遵义汇航机电有限公司	3.52	216	0.73	256	0.13	73	0.00	42	0.00	148
贵州泰坦电气系统有限公司	3.51	217	0.91	186	0.10	88	0.00	42	0.00	148
贵阳鑫泓工程技术有限公司	3.50	218	1.08	150	0.17	60	0.00	42	0.00	148
贵州荣清工具有限公司	3.46	219	0.81	204	0.20	50	0.00	42	0.00	148
贵州万顺堂药业有限公司	3.42	220	0.00	603	0.04	172	0.00	42	0.00	54
贵州凯科特材料有限公司	3.40	221	3.40	26	0.00	326	0.00	42	0.00	148
力源液压系统（贵阳）有限公司	3.31	222	0.20	503	0.09	105	0.00	42	0.00	148
贵州天安药业股份有限公司	3.31	223	0.67	270	0.02	242	0.00	42	0.00	47
贵州赤天化纸业股份有限公司	3.28	224	1.37	114	0.01	310	0.00	42	0.00	148
贵州黎阳天翔科技有限公司	3.23	225	1.23	130	0.02	242	0.00	42	0.00	148
遵义市文杰机电有限责任公司	3.20	226	0.00	603	0.10	91	0.00	42	0.00	148
贵州航天朝阳科技有限责任公司	3.20	227	0.33	423	0.05	151	0.00	42	0.00	148
贵州大隆药业有限责任公司	3.18	228	2.47	47	0.01	271	0.00	42	0.00	98
江林（贵州）高科发展股份有限公司	3.02	229	0.49	340	0.09	100	0.00	42	0.00	148
贵州杰源水务管理技术科技有限公司	3.01	230	0.36	414	0.20	50	0.00	42	0.00	148
贵州鼎成熔鑫科技有限公司	3.00	231	0.08	559	0.06	134	0.00	42	0.00	148

续表

企业名称	创新产出		知识产权系数		人均发明专利拥有量		科技成果（奖励）系数		品牌建设系数	
	指数/%	位次	指标值	位次	指标值/件	位次	指标值	位次	指标值（项当量）	位次
贵州欧瑞欣合环保股份有限公司	3.00	232	0.93	182	0.03	209	0.00	42	0.00	98
贵州振华红云电子有限公司	2.96	233	0.40	393	0.01	286	0.00	42	0.00	148
贵州世农肥业有限公司	2.96	234	1.39	111	0.05	160	0.00	42	0.00	148
贵州中铝铝业有限公司	2.95	235	0.37	404	0.01	276	0.00	42	0.00	148
贵州华阳汽车零部件有限公司	2.95	236	0.25	476	0.03	205	0.00	42	0.00	148
安顺虹特滚珠丝杠有限责任公司	2.94	237	0.41	392	0.18	55	0.00	42	0.00	148
贵州百胜工程建设咨询有限公司	2.93	238	2.93	35	0.00	326	0.00	42	0.00	148
康命源（贵州）科技发展有限公司	2.92	239	0.91	186	0.02	233	0.00	42	0.00	98
遵义市飞宇电子有限公司	2.92	240	2.92	36	0.00	326	0.00	42	0.00	148
遵义市永胜金属设备有限公司	2.90	241	0.45	364	0.08	111	0.00	42	0.00	148
贵州千村节能环保科技开发有限公司	2.89	242	0.64	278	0.14	67	0.00	42	0.00	148
遵义群建塑胶制品有限公司	2.88	243	0.92	185	0.01	266	0.00	42	0.00	148
遵义市龙驰生物科技有限公司	2.86	244	0.44	371	0.17	60	0.00	42	0.00	148
贵州全世通精密机械科技有限公司	2.81	245	0.72	258	0.03	201	0.00	42	0.00	98
贵州联众云医疗科技有限公司	2.79	246	0.80	206	0.11	86	0.00	42	0.00	148
贵州迦太利华信息科技有限公司	2.76	247	1.39	111	0.02	244	0.00	42	0.00	148
贵阳世纪恒通科技有限公司	2.75	248	0.84	200	0.00	315	0.00	42	0.00	47
贵州拜特制药有限公司	2.73	249	0.13	535	0.01	266	0.00	42	0.00	54
遵义拓特铸锻有限公司	2.68	250	0.00	603	0.03	216	0.00	42	0.00	148
贵州金农科技有限责任公司	2.67	251	2.67	42	0.00	326	0.00	42	0.00	148
贵州智诚科技有限公司	2.66	252	1.99	68	0.01	293	0.00	42	0.00	148
贵州国宏正电气工程有限公司	2.65	253	0.52	336	0.13	74	0.00	42	0.00	148
贵州东峰锑业股份有限公司	2.63	254	0.00	603	0.02	240	0.00	42	0.00	148
贵州航天风华实业有限公司	2.59	255	0.52	336	0.03	209	0.00	42	0.00	148
贵州益华膜科技有限公司	2.58	256	0.25	476	0.15	63	0.00	42	0.00	148
遵义粒满丰肥业有限责任公司	2.53	257	0.20	503	0.15	63	0.00	42	0.00	148
贵州地道药业有限公司	2.51	258	0.00	603	0.00	326	0.00	42	0.00	62
贵州华云汽车饰件制造有限公司	2.48	259	1.03	162	0.03	203	0.00	42	0.00	148
贵州长征电器成套有限公司	2.47	260	1.00	165	0.03	197	0.00	42	0.00	62
贵州航天智慧农业有限公司	2.43	261	2.43	48	0.00	326	0.00	42	0.00	98
贵州金域医学检验中心有限公司	2.41	262	0.48	347	0.01	289	0.00	42	0.00	148
贵州紫金矿业股份有限公司	2.41	263	0.49	340	0.01	304	0.00	42	0.00	148
贵州凯襄新材料有限公司	2.38	264	0.01	601	0.07	120	0.00	42	0.00	148

续表

企业名称	创新产出		知识产权系数		人均发明专利拥有量		科技成果（奖励）系数		品牌建设系数	
	指数/%	位次	指标值	位次	指标值/件	位次	指标值	位次	指标值（项当量）	位次
遵义航天娄山电器化工有限公司	2.37	265	0.12	542	0.05	152	0.00	42	0.00	47
中铁八局集团第三工程有限公司	2.37	266	1.11	144	0.00	319	0.00	42	0.00	148
贵州岑祥资源科技有限责任公司	2.37	267	0.48	347	0.09	101	0.00	42	0.00	148
贵州惠沣众一机械制造有限公司	2.33	268	0.00	603	0.07	129	0.00	42	0.00	148
贵州盛昌药业有限公司	2.33	269	0.20	503	0.13	74	0.00	42	0.00	98
贵州黔通智联科技产业发展有限公司	2.32	270	1.57	91	0.01	266	0.00	42	0.00	34
七冶建设有限责任公司	2.31	271	0.43	376	0.00	325	0.00	42	0.00	148
通号建设集团贵州工程有限公司	2.27	272	0.99	167	0.01	306	0.00	42	0.00	148
贵州德良方药业股份有限公司	2.26	273	0.88	193	0.02	240	0.00	42	0.00	98
贵州楚智建材科技有限公司	2.26	274	1.09	146	0.08	113	0.00	42	0.00	62
贵州中铝彩铝科技有限公司	2.25	275	0.65	276	0.05	155	0.00	42	0.00	148
贵阳锐泰电力科技有限公司	2.22	276	1.35	117	0.04	184	0.00	42	0.00	148
贵州六合门业有限公司	2.18	277	0.97	170	0.08	106	0.00	42	0.00	148
贵州卡布婴童用品有限责任公司	2.13	278	2.12	62	0.00	326	0.00	42	0.00	47
贵州火星探索科技有限公司	2.08	279	2.08	65	0.00	326	0.00	42	0.00	148
贵州三佳科技有限公司	2.04	280	1.24	129	0.03	219	0.00	42	0.00	148
六枝特区华兴管业制品有限公司	1.96	281	0.08	559	0.00	326	0.00	42	0.00	148
贵州恒力源林业科技有限公司	1.95	282	1.27	126	0.01	291	0.00	42	0.00	62
中国航发贵州航空发动机维修有限责任公司	1.94	283	0.00	603	0.01	284	0.00	42	0.00	148
贵阳动视云科技有限公司	1.89	284	1.88	72	0.00	326	0.00	42	0.00	62
遵义长征输配电设备有限公司	1.86	285	0.37	404	0.03	188	0.00	42	0.00	148
贵州华宁科技股份有限公司	1.86	286	0.32	426	0.04	169	0.00	42	0.00	148
贵州宇鹏科技有限责任公司	1.86	287	0.60	303	0.09	101	0.00	42	0.00	148
贵州政立矿业有限公司	1.86	288	1.20	134	0.01	311	0.00	42	0.00	148
中建四局安装工程有限公司	1.84	289	1.21	133	0.00	322	0.00	42	0.00	148
贵州思索电子有限公司	1.84	290	1.84	74	0.00	326	0.00	42	0.00	148
福泉大北农农业科技有限公司	1.77	291	1.07	152	0.01	274	0.00	42	0.00	148
贵州华城楼宇科技有限公司	1.77	292	0.36	414	0.02	228	0.00	42	0.00	148
贵州林都园林工程有限公司	1.76	293	1.76	75	0.00	326	0.00	42	0.00	148
贵州普济生物技术有限公司	1.76	294	0.55	317	0.08	106	0.00	42	0.00	98
贵州杰傲建材有限责任公司	1.75	295	0.00	603	0.07	118	0.00	42	0.00	148
贵州锦丰矿业有限公司	1.72	296	0.45	364	0.00	319	0.00	42	0.00	148

续表

企业名称	创新产出		知识产权系数		人均发明专利拥有量		科技成果（奖励）系数		品牌建设系数	
	指数/%	位次	指标值	位次	指标值/件	位次	指标值	位次	指标值（项当量）	位次
贵州万业包装有限公司	1.70	297	0.21	497	0.03	191	0.00	42	0.00	148
贵阳精彩数字印刷有限公司	1.69	298	0.89	192	0.03	219	0.00	42	0.00	148
六盘水康博木塑科技有限公司	1.69	299	0.83	202	0.03	191	0.00	42	0.00	62
贵州涟江源建材有限公司	1.68	300	0.25	476	0.02	223	0.00	42	0.00	148
贵州飞云岭药业股份有限公司	1.67	301	0.32	426	0.01	257	0.00	42	0.00	98
贵州森阳科技有限公司	1.66	302	0.45	364	0.08	106	0.00	42	0.00	148
贵阳富源饲料有限公司	1.66	303	1.65	83	0.00	326	0.00	42	0.00	98
贵州溪山科技有限公司	1.65	304	1.65	83	0.00	326	0.00	42	0.00	148
航天云宏技术贵州有限公司	1.65	304	1.65	83	0.00	326	0.00	42	0.00	148
贵州盘江煤层气开发利用有限责任公司	1.64	306	0.97	170	0.01	301	0.00	42	0.00	148
遵义长征汽车零部件有限公司	1.61	307	0.27	453	0.01	256	0.00	42	0.00	148
贵阳块数据城市建设有限公司	1.59	308	1.59	89	0.00	326	0.00	42	0.00	148
贵州东冠科技有限公司	1.58	309	1.57	91	0.00	326	0.00	42	0.00	98
贵州比特软件有限公司	1.57	310	1.57	91	0.00	326	0.00	42	0.00	148
贵州维讯光电科技有限公司	1.57	311	0.88	193	0.01	287	0.00	42	0.00	148
贵州天地荣科技有限公司	1.55	312	1.55	96	0.00	326	0.00	42	0.00	148
贵州永兴建设工程质量检测有限公司	1.55	312	1.55	96	0.00	326	0.00	42	0.00	148
贵州贵玻玻璃有限公司	1.55	314	0.08	559	0.03	197	0.00	42	0.00	148
贵州省首为电线电缆有限公司	1.54	315	0.04	593	0.13	74	0.00	42	0.00	148
贵州西南管业有限公司	1.52	316	1.52	98	0.00	326	0.00	42	0.00	148
贵阳德康农牧有限公司	1.52	317	0.80	206	0.01	264	0.00	42	0.00	148
遵义市精科信检测有限公司	1.50	318	0.75	248	0.02	244	0.00	42	0.00	148
贵州大博金太阳能光电有限公司	1.49	319	0.11	545	0.02	233	0.00	42	0.00	148
贵州中博宇科技有限公司	1.49	320	1.49	100	0.00	326	0.00	42	0.00	148
黔西南州乐呵化工有限责任公司	1.47	321	1.47	102	0.00	326	0.00	42	0.00	148
贵阳高新益舸电子有限公司	1.47	322	0.05	578	0.02	226	0.00	42	0.00	148
贵州创奇环保科技股份有限公司	1.46	323	0.01	601	0.03	205	0.00	42	0.00	148
贵阳华丰航空科技有限公司	1.46	324	0.73	256	0.01	253	0.00	42	0.00	148
贵州硕利芮达科技有限公司	1.43	325	1.43	106	0.00	326	0.00	42	0.00	148
贵州黄平富城实业有限公司	1.41	326	0.08	559	0.01	269	0.00	42	0.00	148
贵州瑞泰实业有限公司	1.41	327	0.77	243	0.00	318	0.00	42	0.00	148
贵州黔峰管业有限公司	1.40	328	0.00	603	0.02	230	0.00	42	0.00	148
贵州省德邦环保化工有限公司	1.40	329	0.31	443	0.07	126	0.00	42	0.00	148

续表

企业名称	创新产出		知识产权系数		人均发明专利拥有量		科技成果（奖励）系数		品牌建设系数	
	指数/%	位次	指标值	位次	指标值/件	位次	指标值	位次	指标值（项当量）	位次
贵州丽基新材料有限公司	1.40	330	0.48	347	0.04	169	0.00	42	0.00	148
贵州兴达兴建材股份有限公司	1.39	331	1.39	111	0.00	326	0.00	42	0.00	98
贵州长通集团智造有限公司	1.39	332	0.71	261	0.01	289	0.00	42	0.00	148
贵州百灵企业集团正鑫药业有限公司	1.39	333	0.00	603	0.02	239	0.00	42	0.00	98
贵阳凯晟成科技有限公司	1.37	334	0.04	593	0.10	91	0.00	42	0.00	148
贵州万通环保工程有限公司	1.36	335	1.36	116	0.00	326	0.00	42	0.00	98
贵州恒兴凯新型建材有限公司	1.36	336	0.35	418	0.06	143	0.00	42	0.00	148
贵州华星冶金有限公司	1.34	337	0.00	603	0.01	262	0.00	42	0.00	148
遵义市聚源建材有限公司	1.34	338	0.48	347	0.03	191	0.00	42	0.00	148
贵州天马环卫设备有限公司	1.33	339	0.00	603	0.10	91	0.00	42	0.00	148
贵州特派克生物防治技术有限公司	1.33	339	0.00	603	0.10	91	0.00	42	0.00	148
贵州省欣紫鸿药用辅料有限公司	1.32	341	1.32	121	0.00	326	0.00	42	0.00	148
贵州天逸轩网络科技有限公司	1.31	342	1.31	122	0.00	326	0.00	42	0.00	148
贵州华旭光电技术有限公司	1.31	343	0.44	371	0.03	188	0.00	42	0.00	148
贵阳鑫辰宇办公设备有限公司	1.28	344	1.28	124	0.00	326	0.00	42	0.00	148
贵州皓科新型材料有限公司	1.23	345	0.49	340	0.02	249	0.00	42	0.00	98
贵阳鑫恒泰实业有限公司	1.23	346	0.56	315	0.01	300	0.00	42	0.00	148
贵州源诚利华技术有限公司	1.23	347	1.23	130	0.00	326	0.00	42	0.00	148
贵州鼎慧大数据科技有限公司	1.23	347	1.23	130	0.00	326	0.00	42	0.00	148
贵阳白云中航紧固件有限公司	1.21	349	0.56	315	0.00	313	0.00	42	0.00	148
云上米度（贵州）科技有限公司	1.20	350	1.20	134	0.00	326	0.00	42	0.00	98
贵阳华森建材有限公司	1.15	351	1.15	138	0.00	326	0.00	42	0.00	148
遵义易拓网络服务有限公司	1.15	351	1.15	138	0.00	326	0.00	42	0.00	148
遵义新利特金属材料科技有限公司	1.13	353	1.13	140	0.00	326	0.00	42	0.00	148
贵州三超科技信息系统有限公司	1.12	354	1.12	141	0.00	326	0.00	42	0.00	148
毕节市斯翔安防科技有限公司	1.12	354	1.12	141	0.00	326	0.00	42	0.00	148
遵义市亿易通科技网络有限责任公司	1.12	354	1.12	141	0.00	326	0.00	42	0.00	148
贵州大鸟创新科技有限公司	1.12	357	0.21	497	0.04	175	0.00	42	0.00	148
贵州海跃科技发展有限公司	1.10	358	0.39	401	0.01	257	0.00	42	0.00	148
贵阳电气控制设备有限公司	1.07	359	0.39	401	0.01	291	0.00	42	0.00	62
贵州银通三联科技有限公司	1.07	360	1.07	152	0.00	326	0.00	42	0.00	148
遵义强大博信知识产权服务有限公司	1.07	360	1.07	152	0.00	326	0.00	42	0.00	148
贵阳大数据交易所	1.07	360	1.07	152	0.00	326	0.00	42	0.00	148

续表

企业名称	创新产出		知识产权系数		人均发明专利拥有量		科技成果（奖励）系数		品牌建设系数	
	指数/%	位次	指标值	位次	指标值/件	位次	指标值	位次	指标值（项当量）	位次
贵州科服科技集团有限责任公司	1.07	360	1.07	152	0.00	326	0.00	42	0.00	148
贵州坤盾天成科技有限公司	1.04	364	0.32	426	0.01	254	0.00	42	0.00	148
贵州阿凡提工业信息有限公司	1.04	365	1.04	160	0.00	326	0.00	42	0.00	148
贵州金田新材料科技有限公司	1.04	365	1.04	160	0.00	326	0.00	42	0.00	148
国药集团贵州血液制品有限公司	1.02	367	0.36	414	0.01	306	0.00	42	0.00	148
遵义长征电器制造有限公司	1.02	368	0.27	453	0.02	247	0.00	42	0.00	148
贵阳新洋诚义齿有限公司	1.02	369	0.32	426	0.01	279	0.00	42	0.00	148
贵州永恒光科技有限公司	1.01	370	1.01	163	0.00	326	0.00	42	0.00	148
贵阳鑫羿向科技有限公司	1.01	370	1.01	163	0.00	326	0.00	42	0.00	148
贵州鼎盛建材实业有限公司	1.01	372	0.16	518	0.03	195	0.00	42	0.00	148
贵州金马包装材料有限公司	1.00	373	0.31	443	0.01	279	0.00	42	0.00	148
贵州水矿控股集团有限责任公司	0.99	374	0.99	167	0.00	326	0.00	42	0.00	148
贵州苗仁堂制药有限责任公司	0.99	375	0.15	533	0.02	238	0.00	42	0.00	26
贵州人和致远数据服务有限责任公司	0.98	376	0.97	170	0.00	326	0.00	42	0.00	62
贵州永吉印务股份有限公司	0.98	377	0.33	423	0.00	317	0.00	42	0.00	148
贵州省安顺市智达公共安技术有限责任公司	0.97	378	0.96	175	0.00	326	0.00	42	0.00	62
贵州响亮电子技术有限公司	0.96	379	0.96	175	0.00	326	0.00	42	0.00	148
贵州弘康药业有限公司	0.96	379	0.96	175	0.00	326	0.00	42	0.00	148
贵州巨凯科技有限公司	0.96	379	0.96	175	0.00	326	0.00	42	0.00	148
贵州北极光原生态农业开发有限公司	0.96	379	0.96	175	0.00	326	0.00	42	0.00	148
贵州智通天下信息技术有限公司	0.96	383	0.25	476	0.01	278	0.00	42	0.00	98
贵州铁建工程质量检测咨询有限公司	0.95	384	0.28	451	0.01	298	0.00	42	0.00	148
贵州乐诚技术有限公司	0.95	385	0.95	180	0.00	326	0.00	42	0.00	148
贵州水务运营有限公司	0.94	386	0.21	497	0.01	252	0.00	42	0.00	148
贵州英思普瑞信息技术有限公司	0.93	387	0.93	182	0.00	326	0.00	42	0.00	148
贵州鑫桥建设工程有限公司	0.91	388	0.24	483	0.01	295	0.00	42	0.00	148
贵州天成中源科技有限公司	0.91	389	0.91	186	0.00	326	0.00	42	0.00	148
贵州瑞普科技有限公司	0.91	389	0.91	186	0.00	326	0.00	42	0.00	148
贵州智合时代传媒有限公司	0.91	389	0.91	186	0.00	326	0.00	42	0.00	148
贵州苗药药业有限公司	0.87	392	0.19	513	0.01	303	0.00	42	0.00	40
贵州省电子证书有限公司	0.87	393	0.87	195	0.00	326	0.00	42	0.00	148
贵州精工利鹏科技有限公司	0.87	393	0.87	195	0.00	326	0.00	42	0.00	148

续表

企业名称	创新产出		知识产权系数		人均发明专利拥有量		科技成果（奖励）系数		品牌建设系数	
	指数/%	位次	指标值	位次	指标值/件	位次	指标值	位次	指标值（项当量）	位次
贵州宏志数码科技工程有限公司	0.85	395	0.85	198	0.00	326	0.00	42	0.00	148
贵州恒信工程有限公司	0.85	395	0.85	198	0.00	326	0.00	42	0.00	148
贵州科库科技有限公司	0.84	397	0.84	200	0.00	326	0.00	42	0.00	148
贵州银亨融通科技发展有限公司	0.83	398	0.83	202	0.00	326	0.00	42	0.00	148
贵州玄德生物科技股份有限公司	0.80	399	0.07	577	0.01	251	0.00	42	0.00	54
松桃华艺科技有限公司	0.80	400	0.80	206	0.00	326	0.00	42	0.00	148
贵州优行车联科技有限公司	0.80	400	0.80	206	0.00	326	0.00	42	0.00	148
贵州多彩博虹科技有限公司	0.80	400	0.80	206	0.00	326	0.00	42	0.00	148
贵州佳联兴科技有限公司	0.80	400	0.80	206	0.00	326	0.00	42	0.00	148
贵州烨阳科技发展有限公司	0.80	400	0.80	206	0.00	326	0.00	42	0.00	148
贵州众智恒生态科技有限公司	0.80	400	0.80	206	0.00	326	0.00	42	0.00	148
贵州恒泰祥工程建设有限公司	0.80	400	0.80	206	0.00	326	0.00	42	0.00	148
贵州天讯信息产业有限公司	0.80	400	0.80	206	0.00	326	0.00	42	0.00	148
贵州乐创方舟科技文化有限公司	0.80	400	0.80	206	0.00	326	0.00	42	0.00	148
贵州泽涛科技有限公司	0.80	400	0.80	206	0.00	326	0.00	42	0.00	148
贵州中联信科技有限公司	0.80	400	0.80	206	0.00	326	0.00	42	0.00	148
贵州新中盟机电设备有限公司	0.80	400	0.80	206	0.00	326	0.00	42	0.00	148
贵州海普科技有限公司	0.80	400	0.80	206	0.00	326	0.00	42	0.00	148
贵州立时恒升通信工程有限公司	0.80	400	0.80	206	0.00	326	0.00	42	0.00	148
贵州朗科电气有限公司	0.80	400	0.80	206	0.00	326	0.00	42	0.00	148
贵州智联云弛软件科技有限公司	0.80	400	0.80	206	0.00	326	0.00	42	0.00	148
贵州长圣信息工程有限公司	0.80	400	0.80	206	0.00	326	0.00	42	0.00	148
贵州好住理网络科技有限公司	0.80	400	0.80	206	0.00	326	0.00	42	0.00	148
贵州鑫都嘉汇科技有限责任公司	0.80	400	0.80	206	0.00	326	0.00	42	0.00	148
贵州黔云联创网络科技有限公司	0.80	400	0.80	206	0.00	326	0.00	42	0.00	148
铜仁市碧江区安智科技有限公司	0.80	400	0.80	206	0.00	326	0.00	42	0.00	148
贵州海智科技有限公司	0.80	400	0.80	206	0.00	326	0.00	42	0.00	148
贵州亿林建设工程有限公司	0.80	400	0.80	206	0.00	326	0.00	42	0.00	148
贵州中消云泰和安科技有限公司	0.80	400	0.80	206	0.00	326	0.00	42	0.00	148
贵州聚惠达科技有限公司	0.80	400	0.80	206	0.00	326	0.00	42	0.00	148
贵州嘉锐恒大科技有限公司	0.80	400	0.80	206	0.00	326	0.00	42	0.00	148
贵州百能思信息科技有限公司	0.80	400	0.80	206	0.00	326	0.00	42	0.00	148
贵州益恒创兴科技有限公司	0.80	400	0.80	206	0.00	326	0.00	42	0.00	148

续表

企业名称	创新产出		知识产权系数		人均发明专利拥有量		科技成果（奖励）系数		品牌建设系数	
	指数/%	位次	指标值	位次	指标值/件	位次	指标值	位次	指标值（项当量）	位次
贵州中节能天融兴德环保科技有限公司	0.80	400	0.80	206	0.00	326	0.00	42	0.00	148
贵州希格玛技术工程有限公司	0.80	400	0.80	206	0.00	326	0.00	42	0.00	148
贵州征诚汇达通信工程有限公司	0.80	400	0.80	206	0.00	326	0.00	42	0.00	148
遵义汇峰智能系统有限责任公司	0.78	431	0.00	603	0.02	229	0.00	42	0.00	148
贵州津惠隆科技有限公司	0.77	432	0.77	243	0.00	326	0.00	42	0.00	148
贵州亿垒科技有限公司	0.77	432	0.77	243	0.00	326	0.00	42	0.00	148
贵州元方志擎科技有限公司	0.75	434	0.75	248	0.00	326	0.00	42	0.00	148
贵州正合伟业科技有限责任公司	0.75	434	0.75	248	0.00	326	0.00	42	0.00	148
贵州汇龙源电气有限公司	0.75	434	0.75	248	0.00	326	0.00	42	0.00	148
贵阳四度空间文化传媒有限公司	0.75	434	0.75	248	0.00	326	0.00	42	0.00	148
贵州众蓝科技有限公司	0.75	434	0.75	248	0.00	326	0.00	42	0.00	148
贵州华峰志远商贸有限公司	0.75	434	0.75	248	0.00	326	0.00	42	0.00	148
贵州省建筑设计研究院有限责任公司	0.74	440	0.11	545	0.00	324	0.00	42	0.00	148
贵州晟博特科技有限公司	0.72	441	0.72	258	0.00	326	0.00	42	0.00	148
贵州鑫轩贵钢结构机械有限公司	0.70	442	0.00	603	0.01	274	0.00	42	0.00	148
贵州世纪宏景软件有限公司	0.70	443	0.64	278	0.00	326	0.00	42	0.00	28
贵阳博烁科技有限公司	0.69	444	0.69	262	0.00	326	0.00	42	0.00	148
贵阳联诚欣业科技有限公司	0.69	444	0.69	262	0.00	326	0.00	42	0.00	148
贵州中盛弘通科技有限公司	0.69	444	0.69	262	0.00	326	0.00	42	0.00	148
贵阳天马测绘技术有限公司	0.69	444	0.69	262	0.00	326	0.00	42	0.00	148
贵州鸿云联创科技有限公司	0.69	444	0.69	262	0.00	326	0.00	42	0.00	148
贵州省瓮安县瓮福黄磷有限公司	0.69	449	0.00	603	0.01	281	0.00	42	0.00	148
遵义双河生物燃料科技有限公司	0.68	450	0.68	269	0.00	326	0.00	42	0.00	148
贵州黔力电器制造有限公司	0.67	451	0.67	270	0.00	326	0.00	42	0.00	148
贵州雏阳生态环保科技有限公司	0.67	451	0.67	270	0.00	326	0.00	42	0.00	148
贵州俊丰源环保科技有限公司	0.67	451	0.67	270	0.00	326	0.00	42	0.00	148
黔山良农有限公司	0.65	454	0.63	298	0.00	326	0.00	42	0.00	35
贵阳长治恒丰智能科技有限公司	0.64	455	0.64	278	0.00	326	0.00	42	0.00	98
贵州华森科技实业有限公司	0.64	456	0.64	278	0.00	326	0.00	42	0.00	148
贵州众诚兴业科教设备有限公司	0.64	456	0.64	278	0.00	326	0.00	42	0.00	148
贵州大兴旺新材料科技有限公司	0.64	456	0.64	278	0.00	326	0.00	42	0.00	148
贵州华美达科技有限公司	0.64	456	0.64	278	0.00	326	0.00	42	0.00	148
贵州光能科技有限公司	0.64	456	0.64	278	0.00	326	0.00	42	0.00	148

续表

企业名称	创新产出		知识产权系数		人均发明专利拥有量		科技成果（奖励）系数		品牌建设系数	
	指数/%	位次	指标值	位次	指标值/件	位次	指标值	位次	指标值（项当量）	位次
贵阳飞丝特科技有限公司	0.64	456	0.64	278	0.00	326	0.00	42	0.00	148
贵州联众科创科技工程有限公司	0.64	456	0.64	278	0.00	326	0.00	42	0.00	148
贵阳兴意达天诚科技有限公司	0.64	456	0.64	278	0.00	326	0.00	42	0.00	148
贵州智慧共治信息科技有限公司	0.64	456	0.64	278	0.00	326	0.00	42	0.00	148
贵州恒科电子科技有限公司	0.64	456	0.64	278	0.00	326	0.00	42	0.00	148
贵州西西洋教育科技有限公司	0.64	456	0.64	278	0.00	326	0.00	42	0.00	148
贵阳创新天健科技有限公司	0.64	456	0.64	278	0.00	326	0.00	42	0.00	148
贵州恒源远东液压系统技术有限公司	0.64	456	0.64	278	0.00	326	0.00	42	0.00	148
贵州政和信息科技有限公司	0.64	456	0.64	278	0.00	326	0.00	42	0.00	148
贵州百善坊教育科技有限公司	0.64	456	0.64	278	0.00	326	0.00	42	0.00	148
贵州恒绿源环保有限公司	0.64	456	0.64	278	0.00	326	0.00	42	0.00	148
贵州匠人筑造工程咨询有限公司	0.63	472	0.63	298	0.00	326	0.00	42	0.00	148
贵州恒和制药有限公司	0.62	473	0.61	300	0.00	326	0.00	42	0.00	98
贵州宏信创达工程检测咨询有限公司	0.61	474	0.61	300	0.00	326	0.00	42	0.00	148
贵州金义磨料有限公司	0.61	474	0.61	300	0.00	326	0.00	42	0.00	148
贵阳企易云商科技发展有限公司	0.59	476	0.59	306	0.00	326	0.00	42	0.00	148
贵阳新同舟科技有限公司	0.59	476	0.59	306	0.00	326	0.00	42	0.00	148
贵州源塑实业有限公司	0.59	476	0.59	306	0.00	326	0.00	42	0.00	148
贵州天晟伟业科技有限公司	0.59	476	0.59	306	0.00	326	0.00	42	0.00	148
贵州云博极讯科技有限责任公司	0.59	476	0.59	306	0.00	326	0.00	42	0.00	148
贵州秦泰药业有限公司	0.55	481	0.55	317	0.00	326	0.00	42	0.00	148
贵州鑫权懿科技发展有限公司	0.53	482	0.53	320	0.00	326	0.00	42	0.00	148
贵州德恒信安防工程有限公司	0.53	482	0.53	320	0.00	326	0.00	42	0.00	148
贵州思源信息科技有限公司	0.53	482	0.53	320	0.00	326	0.00	42	0.00	148
贵州科华交通建设工程有限公司	0.53	482	0.53	320	0.00	326	0.00	42	0.00	148
贵州晨智俊博科技有限公司	0.53	482	0.53	320	0.00	326	0.00	42	0.00	148
贵州汇诚优品科技有限公司	0.53	482	0.53	320	0.00	326	0.00	42	0.00	148
贵州九龙科技发展有限公司	0.53	482	0.53	320	0.00	326	0.00	42	0.00	148
遵义凯发新泉污水处理有限公司	0.53	482	0.53	320	0.00	326	0.00	42	0.00	148
贵州兰诚硕测绘有限责任公司	0.53	482	0.53	320	0.00	326	0.00	42	0.00	148
贵州华诚天下节能科技有限公司	0.53	482	0.53	320	0.00	326	0.00	42	0.00	148
都匀市莘蕊科技有限公司	0.53	482	0.53	320	0.00	326	0.00	42	0.00	148
贵州华康伟创科技有限公司	0.53	482	0.53	320	0.00	326	0.00	42	0.00	148

续表

企业名称	创新产出		知识产权系数		人均发明专利拥有量		科技成果（奖励）系数		品牌建设系数	
	指数/%	位次	指标值	位次	指标值/件	位次	指标值	位次	指标值（项当量）	位次
贵州金鑫博睿科技有限公司	0.53	482	0.53	320	0.00	326	0.00	42	0.00	148
贵州智教云教育科技有限公司	0.53	482	0.53	320	0.00	326	0.00	42	0.00	148
贵州云图时代信息技术有限公司	0.53	482	0.53	320	0.00	326	0.00	42	0.00	148
贵州垒华成工程试验检测有限责任公司	0.53	482	0.53	320	0.00	326	0.00	42	0.00	148
贵州省移塑管业有限公司	0.51	498	0.51	339	0.00	326	0.00	42	0.00	148
安顺新金秋科技股份有限公司	0.51	499	0.49	340	0.00	326	0.00	42	0.00	47
贵州中科信达科技有限公司	0.50	500	0.48	347	0.00	326	0.00	42	0.00	40
贵州莱利斯机械设计制造有限责任公司	0.49	501	0.48	347	0.00	326	0.00	42	0.00	62
贵州纳雍博润环保科技有限公司	0.48	502	0.48	347	0.00	326	0.00	42	0.00	148
贵州信方达信息咨询有限公司	0.48	502	0.48	347	0.00	326	0.00	42	0.00	148
贵州梦动科技有限公司	0.48	502	0.48	347	0.00	326	0.00	42	0.00	148
贵州盛方信息科技有限公司	0.48	502	0.48	347	0.00	326	0.00	42	0.00	148
贵阳玛莱特液压电磁科技有限公司	0.48	502	0.48	347	0.00	326	0.00	42	0.00	148
贵州毅博机械设备有限公司	0.48	502	0.48	347	0.00	326	0.00	42	0.00	148
贵州康禾科技有限公司	0.48	502	0.48	347	0.00	326	0.00	42	0.00	148
贵州远诚自控科技有限公司	0.45	509	0.45	364	0.00	326	0.00	42	0.00	148
贵州安吉华元科技发展有限公司	0.44	510	0.44	371	0.00	326	0.00	42	0.00	148
贵阳市政建设有限责任公司	0.44	510	0.44	371	0.00	326	0.00	42	0.00	148
贵阳力泉液压技术有限公司	0.44	510	0.44	371	0.00	326	0.00	42	0.00	148
贵州黔聚龙投资有限公司	0.43	513	0.43	376	0.00	326	0.00	42	0.00	148
贵州安康健科技有限公司	0.43	513	0.43	376	0.00	326	0.00	42	0.00	148
贵阳华彩影视文化传媒有限公司	0.43	513	0.43	376	0.00	326	0.00	42	0.00	148
贵州云智数据集团有限责任公司	0.43	513	0.43	376	0.00	326	0.00	42	0.00	148
遵义同兴源建材有限公司	0.43	513	0.43	376	0.00	326	0.00	42	0.00	148
安软科技集团（贵州）有限公司	0.43	513	0.43	376	0.00	326	0.00	42	0.00	148
遵义市旭辉新型节能建材有限公司	0.43	513	0.43	376	0.00	326	0.00	42	0.00	148
黔南滑动轴承有限公司	0.43	513	0.43	376	0.00	326	0.00	42	0.00	148
贵州黔元隆安装工程有限公司	0.43	513	0.43	376	0.00	326	0.00	42	0.00	148
贵州兴洪波科技有限公司	0.43	513	0.43	376	0.00	326	0.00	42	0.00	148
贵州杰轩科技有限责任公司	0.43	513	0.43	376	0.00	326	0.00	42	0.00	148
贵州德润电力建设有限公司	0.43	513	0.43	376	0.00	326	0.00	42	0.00	148
贵州联韵智能声学科技有限公司	0.43	513	0.43	376	0.00	326	0.00	42	0.00	148
贵州诚安建设有限公司	0.43	513	0.43	376	0.00	326	0.00	42	0.00	148

续表

企业名称	创新产出		知识产权系数		人均发明专利拥有量		科技成果（奖励）系数		品牌建设系数	
	指数/%	位次	指标值	位次	指标值/件	位次	指标值	位次	指标值（项当量）	位次
贵州太瑞生诺生物医药有限公司	0.40	527	0.40	393	0.00	326	0.00	42	0.00	148
贵州恒源科创资源再生开发有限公司	0.40	527	0.40	393	0.00	326	0.00	42	0.00	148
普定全成电子有限公司	0.40	527	0.40	393	0.00	326	0.00	42	0.00	148
贵州贤俊龙彩印有限公司	0.40	527	0.40	393	0.00	326	0.00	42	0.00	148
贵州天保生态股份有限公司	0.39	531	0.39	401	0.00	326	0.00	42	0.00	148
贵州禹之源生态环保有限公司	0.38	532	0.37	404	0.00	326	0.00	42	0.00	98
贵州黔力重工有限公司	0.38	532	0.37	404	0.00	326	0.00	42	0.00	98
遵义春华新材料科技有限公司	0.37	534	0.37	404	0.00	326	0.00	42	0.00	148
黔南热线网络有限责任公司	0.37	534	0.37	404	0.00	326	0.00	42	0.00	148
贵州云科教服务有限公司	0.37	534	0.37	404	0.00	326	0.00	42	0.00	148
贵州良济医疗器械有限公司	0.35	537	0.35	418	0.00	326	0.00	42	0.00	148
贵阳金利沅科技有限公司	0.35	537	0.35	418	0.00	326	0.00	42	0.00	148
贵州亿程交通信息有限公司	0.32	539	0.32	426	0.00	326	0.00	42	0.00	148
贵阳市启沃富科技有限公司	0.32	539	0.32	426	0.00	326	0.00	42	0.00	148
贵州美洁环卫工程有限责任公司	0.32	539	0.32	426	0.00	326	0.00	42	0.00	148
贵州华信创新科技有限公司	0.32	539	0.32	426	0.00	326	0.00	42	0.00	148
贵金玉科技发展有限公司	0.32	539	0.32	426	0.00	326	0.00	42	0.00	148
都匀市英伦数字科技有限责任公司	0.32	539	0.32	426	0.00	326	0.00	42	0.00	148
贵州迈锐钻探设备制造有限公司	0.32	539	0.32	426	0.00	326	0.00	42	0.00	148
贵州惠康盛电气有限公司	0.32	539	0.32	426	0.00	326	0.00	42	0.00	148
贵州恩科达医疗科技有限公司	0.32	539	0.32	426	0.00	326	0.00	42	0.00	148
贵州安易和信科技有限公司	0.32	539	0.32	426	0.00	326	0.00	42	0.00	148
贵州捷科特电气设备有限公司	0.32	539	0.32	426	0.00	326	0.00	42	0.00	148
贵州爱唐文化网络科技有限公司	0.31	550	0.31	443	0.00	326	0.00	42	0.00	62
贵州车秘科技有限公司	0.31	551	0.31	443	0.00	326	0.00	42	0.00	148
贵州中科恒运软件科技有限公司	0.29	552	0.29	448	0.00	326	0.00	42	0.00	148
贵州惠波机械制造有限公司	0.28	553	0.28	451	0.00	326	0.00	42	0.00	148
贵州智能加数字科技有限公司	0.27	554	0.27	453	0.00	326	0.00	42	0.00	148
贵阳方舟高新技术有限公司	0.27	554	0.27	453	0.00	326	0.00	42	0.00	148
贵州西瑞科技有限公司	0.27	554	0.27	453	0.00	326	0.00	42	0.00	148
贵州新致普惠信息技术有限公司	0.27	554	0.27	453	0.00	326	0.00	42	0.00	148
贵州创米科技有限公司	0.27	554	0.27	453	0.00	326	0.00	42	0.00	148
贵州数智联云科技有限公司	0.27	554	0.27	453	0.00	326	0.00	42	0.00	148

续表

企业名称	创新产出		知识产权系数		人均发明专利拥有量		科技成果（奖励）系数		品牌建设系数	
	指数/%	位次	指标值	位次	指标值/件	位次	指标值	位次	指标值（项当量）	位次
贵州华立通科技发展有限公司	0.27	554	0.27	453	0.00	326	0.00	42	0.00	148
贵州科讯达科技有限公司	0.27	554	0.27	453	0.00	326	0.00	42	0.00	148
贵州惠智电子技术有限责任公司	0.27	554	0.27	453	0.00	326	0.00	42	0.00	148
贵州指趣网络科技有限公司	0.27	554	0.27	453	0.00	326	0.00	42	0.00	148
贵州长信天鹰信息系统有限公司	0.27	554	0.27	453	0.00	326	0.00	42	0.00	148
贵州通勤汇嘉科技有限公司	0.27	554	0.27	453	0.00	326	0.00	42	0.00	148
贵州志琦科技有限公司	0.27	554	0.27	453	0.00	326	0.00	42	0.00	148
贵阳天富长丰网络科技有限公司	0.27	554	0.27	453	0.00	326	0.00	42	0.00	148
贵州鑫源道建材科技有限公司	0.27	554	0.27	453	0.00	326	0.00	42	0.00	148
贵州自由客网络技术有限公司	0.27	554	0.27	453	0.00	326	0.00	42	0.00	148
贵州红达世纪工程有限公司	0.27	554	0.27	453	0.00	326	0.00	42	0.00	148
贵州环能地质咨询有限责任公司	0.27	554	0.27	453	0.00	326	0.00	42	0.00	148
贵州文华信息技术股份有限公司	0.27	554	0.27	453	0.00	326	0.00	42	0.00	148
贵州非格斯科技有限公司	0.27	554	0.27	453	0.00	326	0.00	42	0.00	148
贵州信鸽科技有限公司	0.25	574	0.25	476	0.00	326	0.00	42	0.00	148
贵州双木农机有限公司	0.25	575	0.24	483	0.00	326	0.00	42	0.00	62
贵州蜂能科技发展有限公司	0.24	576	0.24	483	0.00	326	0.00	42	0.00	98
遵义朝宇锅炉有限公司	0.24	577	0.24	483	0.00	326	0.00	42	0.00	148
贵州大西南工程检测有限公司	0.24	577	0.24	483	0.00	326	0.00	42	0.00	148
贵州德鑫源电气有限公司	0.24	577	0.24	483	0.00	326	0.00	42	0.00	148
贵州金科成科技服务有限公司	0.21	580	0.21	497	0.00	326	0.00	42	0.00	148
贵州开拓未来计算机技术有限公司	0.21	580	0.21	497	0.00	326	0.00	42	0.00	148
贵州力强科技发展有限公司	0.20	582	0.20	503	0.00	326	0.00	42	0.00	148
贵州守望领域数据智能有限公司	0.20	582	0.20	503	0.00	326	0.00	42	0.00	148
都匀市大隆传动机械有限公司	0.20	582	0.20	503	0.00	326	0.00	42	0.00	148
贵阳力波机械传动有限公司	0.20	582	0.20	503	0.00	326	0.00	42	0.00	148
贵州中电通环境检测有限公司	0.19	586	0.19	513	0.00	326	0.00	42	0.00	148
遵义市大鼎正环保建材有限公司	0.16	587	0.16	518	0.00	326	0.00	42	0.00	148
贵州金瑞渐成电子有限公司	0.16	587	0.16	518	0.00	326	0.00	42	0.00	148
贵州英吉尔机械制造有限公司	0.16	587	0.16	518	0.00	326	0.00	42	0.00	148
贵州省海美斯科技有限公司	0.16	587	0.16	518	0.00	326	0.00	42	0.00	148
贵州百事通建筑安装工程有限公司	0.16	587	0.16	518	0.00	326	0.00	42	0.00	148
贵州汉沙科技有限公司	0.16	587	0.16	518	0.00	326	0.00	42	0.00	148

续表

企业名称	创新产出		知识产权系数		人均发明专利拥有量		科技成果（奖励）系数		品牌建设系数	
	指数/%	位次	指标值	位次	指标值/件	位次	指标值	位次	指标值（项当量）	位次
习水县蓝岛电脑科技有限公司	0.16	587	0.16	518	0.00	326	0.00	42	0.00	148
贵州联掌慧信息技术有限公司	0.16	587	0.16	518	0.00	326	0.00	42	0.00	148
贵州航火电器有限公司	0.16	587	0.16	518	0.00	326	0.00	42	0.00	148
贵州联洪合成材料有限公司	0.16	587	0.16	518	0.00	326	0.00	42	0.00	148
贵州长泰源节能建材股份有限公司	0.14	597	0.13	535	0.00	326	0.00	42	0.00	62
贞丰县贵耀材料科技有限公司	0.13	598	0.13	535	0.00	326	0.00	42	0.00	148
贵州伟力达电子有限公司	0.13	598	0.13	535	0.00	326	0.00	42	0.00	148
遵义航大海电器有限公司	0.13	598	0.13	535	0.00	326	0.00	42	0.00	148
贵州忠义柒彩科技开发有限公司	0.13	598	0.13	535	0.00	326	0.00	42	0.00	148
贵州远东兄弟钻探有限公司	0.12	602	0.12	542	0.00	326	0.00	42	0.00	148
龙里县粤盛型材有限公司	0.11	603	0.11	545	0.00	326	0.00	42	0.00	98
贵州山顺缆车有限公司	0.11	604	0.11	545	0.00	326	0.00	42	0.00	148
贵州卓讯软件股份有限公司	0.11	604	0.11	545	0.00	326	0.00	42	0.00	148
贵州凯敏博机电科技有限公司	0.11	604	0.11	545	0.00	326	0.00	42	0.00	148
贵州云上诚创科技有限公司	0.11	604	0.11	545	0.00	326	0.00	42	0.00	148
贵州佳网科技发展有限公司	0.11	604	0.11	545	0.00	326	0.00	42	0.00	148
贵州省瓮安兴农磷化工有限责任公司	0.11	604	0.11	545	0.00	326	0.00	42	0.00	148
贵州源溯科技有限公司	0.11	604	0.11	545	0.00	326	0.00	42	0.00	148
中国建材检验认证集团贵州有限公司	0.08	611	0.08	559	0.00	326	0.00	42	0.00	148
贵州天虹志远电线电缆有限公司	0.08	611	0.08	559	0.00	326	0.00	42	0.00	148
贵州能安机电设备制造有限公司	0.08	611	0.08	559	0.00	326	0.00	42	0.00	148
贵州精博高科科技有限公司	0.08	611	0.08	559	0.00	326	0.00	42	0.00	148
贵州永美健医疗器械有限公司	0.08	611	0.08	559	0.00	326	0.00	42	0.00	148
贵州晟扬管道科技有限公司	0.08	611	0.08	559	0.00	326	0.00	42	0.00	148
贵州明峰工业废渣综合回收再利用有限公司	0.08	611	0.08	559	0.00	326	0.00	42	0.00	148
贵阳天龙摩擦材料有限公司	0.08	611	0.08	559	0.00	326	0.00	42	0.00	148
贵州中软云上数据技术服务有限公司	0.08	611	0.08	559	0.00	326	0.00	42	0.00	148
贵州康建电力设备有限公司	0.08	611	0.08	559	0.00	326	0.00	42	0.00	148
贵州兆浪科技实业有限公司	0.06	621	0.05	578	0.00	326	0.00	42	0.00	98
贵州优特云科技有限公司	0.05	622	0.05	578	0.00	326	0.00	42	0.00	148
贵州九鼎成科技有限公司	0.05	622	0.05	578	0.00	326	0.00	42	0.00	148
贵州数易联科技有限公司	0.05	622	0.05	578	0.00	326	0.00	42	0.00	148

续表

企业名称	创新产出		知识产权系数		人均发明专利拥有量		科技成果（奖励）系数		品牌建设系数	
	指数/%	位次	指标值	位次	指标值/件	位次	指标值	位次	指标值（项当量）	位次
贵州省锦屏县华绿炭素有限公司	0.05	622	0.05	578	0.00	326	0.00	42	0.00	148
贵州祥程佳和机械制造有限公司	0.05	622	0.05	578	0.00	326	0.00	42	0.00	148
安顺市成威科技有限公司	0.05	622	0.05	578	0.00	326	0.00	42	0.00	148
贵州创天科技有限公司	0.05	622	0.05	578	0.00	326	0.00	42	0.00	148
贵州久龙科技发展有限公司	0.05	622	0.05	578	0.00	326	0.00	42	0.00	148
贵州永成科技有限公司	0.05	622	0.05	578	0.00	326	0.00	42	0.00	148
贵州云腾志远科技发展有限公司	0.05	622	0.05	578	0.00	326	0.00	42	0.00	148
贵州开阳川东化工有限公司	0.05	622	0.05	578	0.00	326	0.00	42	0.00	148
贵州天能电力高科技有限公司	0.04	633	0.04	593	0.00	326	0.00	42	0.00	148
贵州长通线缆有限公司	0.01	634	0.00	603	0.00	326	0.00	42	0.00	62
遵义航科机电有限公司	0.01	634	0.00	603	0.00	326	0.00	42	0.00	62
云上（贵州）教育科技有限公司	0.01	634	0.00	603	0.00	326	0.00	42	0.00	62
贵州省遵义市辉煌种业有限公司	0.01	634	0.00	603	0.00	326	0.00	42	0.00	62
贵州丰达轴承有限公司	0.00	638	0.00	603	0.00	326	0.00	42	0.00	98
贵州贝加尔乐器有限公司	0.00	639	0.00	603	0.00	326	0.00	42	0.00	148
贵州天地科技实业有限公司	0.00	639	0.00	603	0.00	326	0.00	42	0.00	148
贵州秒银信诚科技有限公司	0.00	639	0.00	603	0.00	326	0.00	42	0.00	148
贵州安泰晟达通信工程有限公司	0.00	639	0.00	603	0.00	326	0.00	42	0.00	148
贵州卓品汇成套设备工程有限公司	0.00	639	0.00	603	0.00	326	0.00	42	0.00	148
三穗县富源精品水果专业合作社	0.00	639	0.00	603	0.00	326	0.00	42	0.00	148
贵州普利英吉科技有限公司	0.00	639	0.00	603	0.00	326	0.00	42	0.00	148
贵州亿全科技有限公司	0.00	639	0.00	603	0.00	326	0.00	42	0.00	148
贵州中星网络科技有限公司	0.00	639	0.00	603	0.00	326	0.00	42	0.00	148
贵州贵诚管业有限责任公司	0.00	639	0.00	603	0.00	326	0.00	42	0.00	148
贵州黔竹汇君科技有限公司	0.00	639	0.00	603	0.00	326	0.00	42	0.00	148
中通友源建设有限公司	0.00	639	0.00	603	0.00	326	0.00	42	0.00	148
贵州省源单新材料科技有限公司	0.00	639	0.00	603	0.00	326	0.00	42	0.00	148
安顺市非凡创新科技有限公司	0.00	639	0.00	603	0.00	326	0.00	42	0.00	148
贵州奥申信息技术发展有限公司	0.00	639	0.00	603	0.00	326	0.00	42	0.00	148
安顺文杰科技有限公司	0.00	639	0.00	603	0.00	326	0.00	42	0.00	148
贵州德隆水泥有限公司	0.00	639	0.00	603	0.00	326	0.00	42	0.00	148
贵州瑞恩检测技术有限公司	0.00	639	0.00	603	0.00	326	0.00	42	0.00	148

续表

企业名称	创新产出		知识产权系数		人均发明专利拥有量		科技成果（奖励）系数		品牌建设系数	
	指数/%	位次	指标值	位次	指标值/件	位次	指标值	位次	指标值（项当量）	位次
遵义市播州区苟江镇鑫欣源包装材料有限责任公司	0.00	639	0.00	603	0.00	326	0.00	42	0.00	148
贵州绿盾征信大数据有限公司	0.00	639	0.00	603	0.00	326	0.00	42	0.00	148
路鑫机械有限公司	0.00	639	0.00	603	0.00	326	0.00	42	0.00	148
贵州翰瑞电子有限公司	0.00	639	0.00	603	0.00	326	0.00	42	0.00	148
瓮安鑫源环保建材有限公司	0.00	639	0.00	603	0.00	326	0.00	42	0.00	148
贵州诚致未来科技有限公司	0.00	639	0.00	603	0.00	326	0.00	42	0.00	148
遵义天力环境工程有限责任公司	0.00	639	0.00	603	0.00	326	0.00	42	0.00	148
遵义市金鼎农业科技有限公司	0.00	639	0.00	603	0.00	326	0.00	42	0.00	148
贵阳新希望农业科技有限公司	0.00	639	0.00	603	0.00	326	0.00	42	0.00	148
贵州小伙人信息技术有限公司	0.00	639	0.00	603	0.00	326	0.00	42	0.00	148
贵州加来智能科技有限公司	0.00	639	0.00	603	0.00	326	0.00	42	0.00	148
贵阳盛通宏业科技有限公司	0.00	639	0.00	603	0.00	326	0.00	42	0.00	148
贵州文博科技有限公司	0.00	639	0.00	603	0.00	326	0.00	42	0.00	148
贵州清风科技环保设备制造有限公司	0.00	639	0.00	603	0.00	326	0.00	42	0.00	148
贵阳富世通科技有限公司	0.00	639	0.00	603	0.00	326	0.00	42	0.00	148
贵州德瑞软件开发有限责任公司	0.00	639	0.00	603	0.00	326	0.00	42	0.00	148
贵州卓越天成软件有限公司	0.00	639	0.00	603	0.00	326	0.00	42	0.00	148
贵州航图教育科技有限公司	0.00	639	0.00	603	0.00	326	0.00	42	0.00	148
贵州联创天健科技有限公司	0.00	639	0.00	603	0.00	326	0.00	42	0.00	148
贵州华龙电子设备有限公司	0.00	639	0.00	603	0.00	326	0.00	42	0.00	148
贵州楠天新型建材科技开发有限公司	0.00	639	0.00	603	0.00	326	0.00	42	0.00	148
铜仁市海创信息科技有限公司	0.00	639	0.00	603	0.00	326	0.00	42	0.00	148
黔南州黔程科技有限公司	0.00	639	0.00	603	0.00	326	0.00	42	0.00	148
贵州元能管业有限公司	0.00	639	0.00	603	0.00	326	0.00	42	0.00	148
贵州众和宏远科技有限公司	0.00	639	0.00	603	0.00	326	0.00	42	0.00	148
绥阳县耐环铝业有限公司	0.00	639	0.00	603	0.00	326	0.00	42	0.00	148
贵州道兴建设工程检测有限责任公司	0.00	639	0.00	603	0.00	326	0.00	42	0.00	148
黔西南州富洪茶叶有限公司	0.00	639	0.00	603	0.00	326	0.00	42	0.00	148
贵州长宇电力电气有限公司	0.00	639	0.00	603	0.00	326	0.00	42	0.00	148
黔南州金安电子安防服务有限公司	0.00	639	0.00	603	0.00	326	0.00	42	0.00	148
贵州光大远航测绘工程有限公司	0.00	639	0.00	603	0.00	326	0.00	42	0.00	148
贵州迅达信息产业发展有限公司	0.00	639	0.00	603	0.00	326	0.00	42	0.00	148

续表

企业名称	创新产出		知识产权系数		人均发明专利拥有量		科技成果（奖励）系数		品牌建设系数	
	指数/%	位次	指标值	位次	指标值/件	位次	指标值	位次	指标值（项当量）	位次
贵州省达济环保科技有限公司	0.00	639	0.00	603	0.00	326	0.00	42	0.00	148
贵州微兄弟信息技术有限公司	0.00	639	0.00	603	0.00	326	0.00	42	0.00	148
贵州众志达成科贸有限公司	0.00	639	0.00	603	0.00	326	0.00	42	0.00	148
贵州大成玻璃工程有限责任公司	0.00	639	0.00	603	0.00	326	0.00	42	0.00	148
贵州浩博工程质量检测有限公司	0.00	639	0.00	603	0.00	326	0.00	42	0.00	148
贵州中孚科技有限公司	0.00	639	0.00	603	0.00	326	0.00	42	0.00	148
贵州创新睿界科技有限公司	0.00	639	0.00	603	0.00	326	0.00	42	0.00	148
贵州云图瞰景地理信息技术有限公司	0.00	639	0.00	603	0.00	326	0.00	42	0.00	148
贵州吉兆电气工程技术有限公司	0.00	639	0.00	603	0.00	326	0.00	42	0.00	148
黔南州联合电子网络系统有限公司	0.00	639	0.00	603	0.00	326	0.00	42	0.00	148
贵阳联合高温材料有限公司	0.00	639	0.00	603	0.00	326	0.00	42	0.00	148
贵州省恒力源林业科技有限公司	0.00	639	0.00	603	0.00	326	0.00	42	0.00	148
贵州友擘机械制造有限公司	0.00	639	0.00	603	0.00	326	0.00	42	0.00	148
贵州合润铝业新材料科技股份有限公司	0.00	639	0.00	603	0.00	326	0.00	42	0.00	148
贵州信天游信息技术有限公司	0.00	639	0.00	603	0.00	326	0.00	42	0.00	148
贵州温商信息技术有限公司	0.00	639	0.00	603	0.00	326	0.00	42	0.00	148
贵州华良电气有限公司	0.00	639	0.00	603	0.00	326	0.00	42	0.00	148
贵定县洪福环保科技有限公司	0.00	639	0.00	603	0.00	326	0.00	42	0.00	148
贵州云谷数据有限公司	0.00	639	0.00	603	0.00	326	0.00	42	0.00	148
贵阳中电高新数据科技有限公司	0.00	639	0.00	603	0.00	326	0.00	42	0.00	148
遵义市利升机械加工有限公司	0.00	639	0.00	603	0.00	326	0.00	42	0.00	148
贵州车联邦网络科技有限公司	0.00	639	0.00	603	0.00	326	0.00	42	0.00	148
贵州英利达科贸有限公司	0.00	639	0.00	603	0.00	326	0.00	42	0.00	148
贵州根树林信息科技有限公司	0.00	639	0.00	603	0.00	326	0.00	42	0.00	148
贵定县恒伟玻璃制品有限公司	0.00	639	0.00	603	0.00	326	0.00	42	0.00	148
贵州水矿奥瑞安清洁能源有限公司	0.00	639	0.00	603	0.00	326	0.00	42	0.00	148
贵州兆浪科技实业有限公司	0.00	639	0.00	603	0.00	326	0.00	42	0.00	148
贵州辰阳星睿科技有限公司	0.00	639	0.00	603	0.00	326	0.00	42	0.00	148
贵州木弓贵芯微电子有限公司	0.00	639	0.00	603	0.00	326	0.00	42	0.00	148
贵州黔莱亚科技有限公司	0.00	639	0.00	603	0.00	326	0.00	42	0.00	148
贵州福斯特磨料磨具有限公司	0.00	639	0.00	603	0.00	326	0.00	42	0.00	148
贵州尚品创意网络科技有限公司	0.00	639	0.00	603	0.00	326	0.00	42	0.00	148
松桃华艺科技有限公司	0.00	639	0.00	603	0.00	326	0.00	42	0.00	148

续表

企业名称	创新产出		知识产权系数		人均发明专利拥有量		科技成果（奖励）系数		品牌建设系数	
	指数/%	位次	指标值	位次	指标值/件	位次	指标值	位次	指标值（项当量）	位次
贵州创美鑫韵文化传媒有限公司	0.00	639	0.00	603	0.00	326	0.00	42	0.00	148
贵州博虹科技有限公司	0.00	639	0.00	603	0.00	326	0.00	42	0.00	148
贵州鲸品汇电子商务有限公司	0.00	639	0.00	603	0.00	326	0.00	42	0.00	148
贵州好百年住宅工业有限公司	0.00	639	0.00	603	0.00	326	0.00	42	0.00	148
贵州房易通网络技术有限公司	0.00	639	0.00	603	0.00	326	0.00	42	0.00	148
铜仁文馨高效节能门窗有限公司	0.00	639	0.00	603	0.00	326	0.00	42	0.00	148
六盘水市钟山区泉辰科技有限责任公司	0.00	639	0.00	603	0.00	326	0.00	42	0.00	148
贵州开阳三环磨料有限公司	0.00	639	0.00	603	0.00	326	0.00	42	0.00	148
贵州盛峰药用包装有限公司	0.00	639	0.00	603	0.00	326	0.00	42	0.00	148
贵州新气象科技有限责任公司	0.00	639	0.00	603	0.00	326	0.00	42	0.00	148
贵州广毅节能环保科技有限公司	0.00	639	0.00	603	0.00	326	0.00	42	0.00	148
遵义市汇川区吉美电镀有限责任公司	0.00	639	0.00	603	0.00	326	0.00	42	0.00	148
六盘水创世纪科贸有限公司	0.00	639	0.00	603	0.00	326	0.00	42	0.00	148
贵州电子商务云运营有限责任公司	0.00	639	0.00	603	0.00	326	0.00	42	0.00	148
贵州同成沁溢水务环境有限公司	0.00	639	0.00	603	0.00	326	0.00	42	0.00	148
贵州唯捷众品信息技术有限公司	0.00	639	0.00	603	0.00	326	0.00	42	0.00	148
贵州嘉智信联科技有限公司	0.00	639	0.00	603	0.00	326	0.00	42	0.00	148
贵州多维视科技有限公司	0.00	639	0.00	603	0.00	326	0.00	42	0.00	148
贵州木易精细陶瓷有限责任公司	0.00	639	0.00	603	0.00	326	0.00	42	0.00	148
遵义市友联包装实业有限公司	0.00	639	0.00	603	0.00	326	0.00	42	0.00	148
贵州博德恒泰科技有限公司	0.00	639	0.00	603	0.00	326	0.00	42	0.00	148
贵阳高新兆诚科技有限公司	0.00	639	0.00	603	0.00	326	0.00	42	0.00	148
贵阳高新泰丰航空航天科技有限公司	0.00	639	0.00	603	0.00	326	0.00	42	0.00	148
贵州蓝天远泰科技有限公司	0.00	639	0.00	603	0.00	326	0.00	42	0.00	148
贵州金山国土勘测工程有限公司	0.00	639	0.00	603	0.00	326	0.00	42	0.00	148
贵州志成恩予科技有限公司	0.00	639	0.00	603	0.00	326	0.00	42	0.00	148
贵州智博云网络科技有限公司	0.00	639	0.00	603	0.00	326	0.00	42	0.00	148

表6-4 创新效益指数排位

企业名称	创新效益		利税总额占企业主营业务收入的比重		新产品销售收入占企业主营业务收入的比重		全员劳动生产率	
	指数/%	位次	指标值/%	位次	指标值/%	位次	指标值/（万元/人）	位次
贵州健兴药业有限公司	93.47	1	22.80	71	99.14	170	153.81	5

续表

企业名称	创新效益		利税总额占企业主营业务收入的比重		新产品销售收入占企业主营业务收入的比重		全员劳动生产率	
	指数/%	位次	指标值/%	位次	指标值/%	位次	指标值/(万元/人)	位次
遵义铝业股份有限公司	90.52	2	9.43	198	86.07	272	149.18	7
贵州拜特制药有限公司	82.28	3	86.58	6	100.00	5	151.25	6
贵州泰邦生物制品有限公司	79.69	4	30.27	40	100.55	3	89.74	16
贵州省交通规划勘察设计研究院股份有限公司	74.08	5	23.29	67	67.66	464	72.74	24
贵州锦丰矿业有限公司	73.94	6	40.79	21	100.00	5	54.05	45
贵州黔通智联科技产业发展有限公司	71.12	7	9.89	187	83.31	294	176.38	4
中国电建集团贵阳勘测设计研究院有限公司	68.80	8	6.22	261	70.12	427	62.57	35
国药集团同济堂贵州(制药)有限公司	68.22	9	29.32	42	56.75	579	71.98	25
贵州柏强制药有限公司	66.22	10	18.18	105	100.00	5	137.37	10
贵州航天电器股份有限公司	66.13	11	15.49	126	82.33	303	29.42	108
贵州三力制药股份有限公司	65.95	12	0.00	504	91.00	228	90.22	15
瓮福(集团)有限责任公司	65.23	13	6.78	252	60.85	546	39.29	73
中国贵州茅台酒厂(集团)有限责任公司	64.30	14	89.95	5	0.00	633	233.39	3
贵州赤天化纸业股份有限公司	60.43	15	4.06	326	78.30	348	71.35	26
首钢水城钢铁(集团)有限责任公司	60.14	16	5.27	279	12.15	617	22.62	155
贵州安大航空锻造有限责任公司	56.26	17	15.00	130	63.10	517	39.57	71
贵州川恒化工股份有限公司	55.87	18	14.40	136	85.08	277	43.55	62
贵州百灵企业集团仁和堂药业有限公司	54.64	19	6.86	249	82.24	305	41.85	65
贵州益佰制药股份有限公司	53.82	20	22.40	77	90.19	237	17.71	200
贵州航天控制技术有限公司	53.80	21	13.68	141	100.00	5	37.86	78
贵州永吉印务股份有限公司	52.86	22	40.21	24	93.50	208	63.59	33
中建四局安装工程有限公司	52.29	23	6.15	264	74.81	377	30.83	100
贵州建工集团第一建筑工程有限责任公司	51.64	24	2.26	399	63.85	510	37.21	81
贵州百灵企业集团正鑫药业有限公司	51.41	25	38.59	27	62.41	527	97.93	14
贵州紫金矿业股份有限公司	50.91	26	3.20	365	100.00	5	38.05	76
中国电建集团贵州电力设计研究院有限公司	50.25	27	7.70	233	68.06	455	36.55	82
贵阳新天药业股份有限公司	49.50	28	14.80	131	99.80	160	31.43	96
中建四局第三建设有限公司	49.34	29	2.29	398	63.15	516	23.66	142
贵州石博士科技有限公司	48.00	30	22.90	70	90.00	241	83.20	19
贵州新联爆破工程集团有限公司	47.85	31	6.71	255	60.73	548	29.31	110

续表

企业名称	创新效益		利税总额占企业主营业务收入的比重		新产品销售收入占企业主营业务收入的比重		全员劳动生产率	
	指数/%	位次	指标值/%	位次	指标值/%	位次	指标值/(万元/人)	位次
贵州开磷集团矿肥有限责任公司	47.30	32	-1.99	677	68.40	452	51.23	47
中铁八局集团第三工程有限公司	46.32	33	1.73	420	66.76	476	33.10	89
贵州科伦药业有限公司	46.16	34	46.07	16	99.34	167	42.22	64
江南机电设计研究所	46.16	35	1.93	409	79.57	339	32.26	92
贵州建工集团有限公司	46.13	36	2.93	377	0.00	633	65.49	30
贵州天福化工有限责任公司	45.85	37	3.60	344	100.00	5	24.65	131
贵州守望领域数据智能有限公司	45.82	38	0.00	504	100.00	5	4176.90	1
贵州全安密灵科技有限公司	45.79	39	22.01	81	92.51	218	86.89	17
贵州迦太利华信息科技有限公司	44.41	40	7.57	236	85.80	273	41.45	66
贵州水矿控股集团有限责任公司	44.29	41	2.83	383	36.58	594	15.85	223
贵州自由客网络技术有限公司	43.93	42	1.74	419	100.00	5	65.00	32
贵州省水利水电勘测设计研究院	43.87	43	4.13	324	61.47	538	53.79	46
贵州天安药业股份有限公司	43.29	44	34.70	32	80.18	325	57.70	40
国药集团贵州血液制品有限公司	43.10	45	15.55	125	100.00	5	73.43	23
贵州航天天马机电科技有限公司	43.09	46	4.17	321	72.61	398	22.33	156
贵阳中电高新数据科技有限公司	42.95	47	5.06	287	94.97	197	141.00	9
贵州航宇科技发展股份有限公司	42.95	48	11.17	165	93.60	206	39.45	72
贵州恒瑞辰科技股份有限公司	42.64	49	-0.87	670	93.57	207	105.31	12
遵义钛业股份有限公司	42.33	50	8.98	206	100.00	5	11.27	310
贵州钢绳股份有限公司	42.11	51	5.65	274	66.56	478	12.35	284
贵州劲嘉新型包装材料有限公司	41.82	52	38.74	25	85.39	275	63.36	34
贵州华城楼宇科技有限公司	41.76	53	1.98	407	53.52	580	99.30	13
中国振华集团永光电子有限公司	41.46	54	29.59	41	98.38	175	34.00	87
遵义恒佳铝业有限公司	41.24	55	0.32	490	100.00	5	17.15	207
贵州博虹科技有限公司	41.16	56	0.00	504	85.00	279	146.67	8
贵州詹阳动力重工有限公司	41.07	57	4.45	310	88.51	258	14.65	235
贵阳航空电机有限公司	40.79	58	1.90	411	89.23	254	45.83	55
中铁二局第一工程有限公司	40.64	59	0.15	500	67.09	472	21.61	162
贵州森阳科技有限公司	39.48	60	0.00	504	100.00	5	84.92	18
首钢贵阳特殊钢有限责任公司	39.31	61	1.50	431	75.51	371	14.50	239
贵阳电气控制设备有限公司	39.03	62	25.72	57	62.80	521	69.85	27
贵州久联民爆器材发展股份有限公司	38.23	63	11.50	162	4.87	624	18.04	194

续表

企业名称	创新效益		利税总额占企业主营业务收入的比重		新产品销售收入占企业主营业务收入的比重		全员劳动生产率	
	指数/%	位次	指标值/%	位次	指标值/%	位次	指标值/(万元/人)	位次
贵州中铝铝业有限公司	37.96	64	0.13	501	81.99	309	11.84	299
贵州诚安建设有限公司	37.87	65	0.28	493	100.00	5	7.73	411
贵州红星发展股份有限公司	37.45	66	20.29	92	82.85	301	27.41	116
贵阳世纪恒通科技有限公司	37.16	67	7.11	245	86.22	271	17.89	196
遵义凯发新泉污水处理有限公司	37.03	68	23.03	69	0.00	633	373.03	2
贵州航天林泉电机有限公司	36.79	69	9.82	189	62.20	532	27.91	114
贵州省瓮安县瓮福黄磷有限公司	36.72	70	0.00	504	69.97	435	24.28	134
黔西南州乐呵化工有限责任公司	36.70	71	35.57	28	97.99	177	59.94	36
贵州航天风华精密设备有限公司	36.42	72	1.71	421	66.80	474	7.29	424
贵阳朗玛信息技术股份有限公司	36.39	73	24.53	63	100.00	5	23.79	139
遵义市鑫远望科技有限公司	36.38	74	0.00	504	68.96	447	77.52	22
七冶建设有限责任公司	35.97	75	3.38	352	0.00	633	41.11	67
贵阳新希望农业科技有限公司	35.96	76	4.32	316	81.79	312	37.48	79
贵阳市政建设有限责任公司	35.38	77	0.00	504	60.18	558	9.84	341
贵州正合博莱金属有限公司	35.02	78	0.07	503	81.77	313	3.54	573
中国振华集团云科电子有限公司	34.59	79	40.36	23	9.75	619	65.09	31
贵州西南制造产业园有限公司	34.54	80	-0.48	664	63.37	513	82.92	20
贵州长征电气有限公司	33.90	81	31.67	38	90.43	231	31.77	95
中国水利水电第九工程局有限公司	33.82	82	0.53	481	62.61	525	0.00	685
贵州航锐航空精密零部件制造有限公司	33.73	83	48.10	14	77.02	355	49.69	48
贵州东峰锑业股份有限公司	33.25	84	48.53	12	100.00	5	40.62	68
贵州翰瑞电子有限公司	32.40	85	0.00	504	99.17	169	0.71	661
中航力源液压股份有限公司	31.28	86	14.47	134	100.00	5	19.87	176
贵州万通环保工程有限公司	31.25	87	10.55	176	8.69	620	58.24	38
贵州亿林建设工程有限公司	30.31	88	1.82	415	100.00	5	59.20	37
贵阳天富长丰网络科技有限公司	29.59	89	1.96	408	974.17	1	56.13	42
瓮安县武江隆塑业有限责任公司	29.57	90	0.00	504	58.91	571	69.35	28
贵州盘江煤层气开发利用有限责任公司	29.56	91	22.30	79	86.52	269	44.85	58
安顺德康农牧有限公司	29.48	92	22.80	72	100.00	5	47.05	53
贵阳德康农牧有限公司	29.27	93	35.36	31	100.00	5	46.03	54
贵州凯襄新材料有限公司	29.21	94	2.89	380	83.41	292	49.48	50
遵义智鹏高新铝材有限公司	29.16	95	-0.17	662	60.00	567	10.34	329

续表

企业名称	创新效益		利税总额占企业主营业务收入的比重		新产品销售收入占企业主营业务收入的比重		全员劳动生产率	
	指数/%	位次	指标值/%	位次	指标值/%	位次	指标值/(万元/人)	位次
贵州联建土木工程质量检测监控中心有限公司	28.85	96	0.00	504	0.00	633	82.43	21
贵州中航电梯有限责任公司	28.59	97	4.41	312	99.74	161	12.72	273
贵州圣济堂制药有限公司	28.51	98	18.30	104	20.02	611	57.92	39
中航贵州飞机有限责任公司	28.51	99	−16.70	707	58.79	573	24.00	137
贵州百灵企业集团和仁堂药业有限公司	28.26	100	45.00	18	0.00	633	65.84	29
贵州卡布婴童用品有限责任公司	28.18	101	9.48	197	90.00	241	3.19	582
贵州大龙汇成新材料有限公司	28.11	102	15.29	129	94.40	202	19.68	177
贵州航天电子科技有限公司	28.02	103	10.44	178	79.75	336	24.55	132
贵阳时代沃顿科技有限公司	27.41	104	23.70	64	0.00	633	56.97	41
遵义同兴源建材有限公司	26.31	105	0.00	504	100.00	5	49.00	52
贵州云峰药业有限公司	26.27	106	40.53	22	100.00	5	36.47	83
贵州振华群英电器有限公司（国有第八九一厂）	26.12	107	18.44	103	96.93	183	23.08	148
贵州航天智慧农业有限公司	26.11	108	3.66	340	75.36	373	14.40	241
际华三五三七制鞋有限责任公司	25.96	109	12.61	150	68.00	458	13.66	254
贵州万胜药业有限责任公司	25.88	110	10.41	179	98.10	176	32.04	94
贵州西牛王印务有限公司	25.81	111	15.95	122	65.51	490	39.61	70
中国振华（集团）新云电子元器件有限责任公司（国营第四三二六厂）	25.55	112	32.26	36	0.00	633	44.06	60
贵州汇诚优品科技有限公司	25.36	113	6.78	252	79.10	343	54.61	44
贵州惠沣众一机械制造有限公司	25.27	114	31.96	37	69.00	445	49.63	49
遵义长征汽车零部件有限公司	24.92	115	34.56	33	96.26	188	30.87	99
贵州神奇药业有限公司	24.86	116	16.44	117	83.07	299	20.89	168
贵州联盛药业有限公司	24.67	117	16.07	119	71.29	414	42.37	63
贵州金桥药业有限公司	24.55	118	16.44	116	99.44	166	12.08	294
贵州金马包装材料有限公司	24.44	119	16.34	118	100.00	151	31.34	97
贵州金田新材料科技有限公司	24.27	120	4.14	323	75.46	372	27.29	118
贵州新气象科技有限责任公司	24.22	121	45.74	17	95.00	195	37.34	80
贵州金玖生物技术有限公司	23.24	122	27.77	49	100.00	5	30.09	105
贵州黎阳天翔科技有限公司	23.18	123	47.91	15	0.00	633	49.36	51
贵州新安航空机械有限责任公司	22.78	124	3.84	333	90.97	229	28.42	112
贵州航天特种车有限责任公司	22.75	125	0.22	498	76.00	366	12.76	271

续表

企业名称	创新效益		利税总额占企业主营业务收入的比重		新产品销售收入占企业主营业务收入的比重		全员劳动生产率	
	指数/%	位次	指标值/%	位次	指标值/%	位次	指标值/(万元/人)	位次
贵阳精彩数字印刷有限公司	22.63	126	10.06	184	80.16	326	45.25	56
贵州泰永长征技术股份有限公司	22.48	127	19.37	98	83.48	291	20.65	172
贵州群建精密机械有限公司	22.43	128	9.89	186	87.32	263	23.01	149
贵州鼎慧大数据科技有限公司	22.37	129	65.50	9	86.77	266	32.70	90
中国航空工业标准件制造有限责任公司	22.27	130	8.84	210	65.68	489	14.43	240
贵州航天凯山石油仪器有限公司	22.09	131	10.61	175	100.00	5	27.56	115
贵州政立矿业有限公司	22.05	132	27.31	52	87.58	261	24.13	135
贵州省煤矿设计研究院	22.04	133	17.97	106	0.00	633	56.00	43
贵州华旭光电技术有限公司	21.81	134	0.00	504	81.85	311	23.72	141
贵州振华华联电子有限公司	21.77	135	21.27	84	75.76	370	21.62	161
贵阳富源饲料有限公司	21.62	136	1.12	457	100.00	5	10.66	323
贵州安凯达实业股份有限公司	21.30	137	17.95	107	78.80	345	30.25	103
贵州林都园林工程有限公司	21.10	138	22.35	78	63.46	512	31.31	98
贵州航天乌江机电设备有限责任公司	20.82	139	2.96	376	67.43	466	16.41	217
贵阳语玩科技有限公司	20.81	140	17.74	109	100.00	5	29.28	111
贵州明峰工业废渣综合回收再利用有限公司	20.53	141	0.66	475	100.00	5	23.51	143
贵州兴达兴建材股份有限公司	20.49	142	19.50	97	70.97	420	29.52	106
贵州海跃科技发展有限公司	20.44	143	13.74	140	100.00	5	34.57	85
贵州开阳三环磨料有限公司	20.33	144	−2.45	678	100.00	150	7.60	416
贵州远程制药有限责任公司	20.31	145	10.90	168	91.64	224	12.74	272
贵州涟江源建材有限公司	20.28	146	0.00	504	60.52	552	37.90	77
贵州凯科特材料有限公司	20.17	147	9.98	185	100.00	5	21.93	159
贵州航天风华实业有限公司	20.16	148	0.59	479	71.43	412	12.32	285
贵州世农肥业有限公司	20.14	149	15.38	128	69.23	443	38.37	75
通号建设集团贵州工程有限公司	20.05	150	5.61	275	0.00	633	43.80	61
贵州天威建材科技有限责任公司	19.86	151	0.00	504	82.69	302	24.10	136
贵州良济药业有限公司	19.76	152	9.43	199	94.85	199	17.74	197
贵州华烽电器有限公司	19.76	153	5.27	280	96.96	181	8.88	371
贵州宏创信息技术有限公司	19.72	154	21.25	85	79.04	344	30.79	101
贵州大隆药业有限责任公司	19.69	155	10.94	167	100.00	5	20.77	171
贵州航天新力科技有限公司	19.65	156	10.81	171	67.10	471	21.04	166
贵州航天计量测试技术研究所	19.39	157	8.52	217	82.94	300	14.00	250

续表

企业名称	创新效益		利税总额占企业主营业务收入的比重		新产品销售收入占企业主营业务收入的比重		全员劳动生产率	
	指数/%	位次	指标值/%	位次	指标值/%	位次	指标值/(万元/人)	位次
遵义市旭辉新型节能建材有限公司	19.34	158	24.56	62	99.98	153	22.86	152
贵州联韵智能声学科技有限公司	19.34	159	0.00	504	100.00	5	18.33	188
贵州铁建工程质量检测咨询有限公司	19.20	160	20.15	94	90.79	230	26.33	124
贵州省电子证书有限公司	19.19	161	38.66	26	100.00	5	23.98	138
贵州华阳汽车零部件有限公司	19.13	162	16.94	113	67.92	460	28.38	113
贵州晟扬管道科技有限公司	19.07	163	0.00	504	100.00	5	29.40	109
遵义强大博信知识产权服务有限公司	18.74	164	74.28	7	100.00	5	18.09	192
贵阳永青仪电科技有限公司	18.74	165	13.04	147	65.00	499	18.47	186
贵州勤邦食品安全科学技术有限公司	18.53	166	10.10	183	89.83	251	32.37	91
贵州西南工具（集团）有限公司	18.40	167	27.48	50	98.80	171	14.34	244
贵州良济医疗器械有限公司	18.15	168	16.03	120	71.23	415	33.45	88
贵州智通天下信息技术有限公司	18.09	169	0.70	473	99.83	158	26.87	122
贵州宏宇药业有限公司	18.06	170	12.01	159	77.79	352	25.45	129
遵义群建塑胶制品有限公司	17.85	171	4.49	308	73.49	388	15.70	226
贵州水矿奥瑞安清洁能源有限公司	17.68	172	13.75	139	100.00	5	26.95	121
贵州卓豪农业科技股份有限公司	17.60	173	8.08	223	62.90	519	23.30	145
遵义宏港机械有限公司	17.39	174	11.35	163	13.21	615	44.39	59
贵州天保生态股份有限公司	17.24	175	0.00	504	100.00	5	21.29	164
贵州中航交通科技有限公司	17.20	176	3.43	348	83.30	295	30.64	102
贵州安吉华元科技发展有限公司	17.04	177	22.47	76	70.68	422	25.81	126
贵州长通集团智造有限公司	16.98	178	8.87	208	0.28	632	45.03	57
贵州中建建筑科研设计院有限公司	16.96	179	0.00	504	85.04	278	22.87	150
贵阳德昌祥药业有限公司	16.67	180	-34.87	723	68.41	451	38.52	74
贵州黔元隆安装工程有限公司	16.52	181	2.43	395	100.00	5	21.34	163
中国建材检验认证集团贵州有限公司	16.48	182	4.74	302	100.00	5	25.83	125
贵州长泰源节能建材股份有限公司	16.39	183	0.00	504	83.07	298	24.53	133
贵州贵航飞机设计研究所	16.23	184	2.69	385	100.00	5	19.60	178
贵州详务节能建材有限公司	16.20	185	100.00	3	100.00	5	6.06	470
贵州云图瞰景地理信息技术有限公司	16.16	186	18.48	102	70.96	421	26.83	123
贵州铁建恒发新材料科技股份有限公司	15.91	187	1.30	445	100.00	5	17.72	198
贵州彩阳电暖科技有限公司	15.81	188	43.15	19	100.00	5	5.25	504
贵州省海美斯科技有限公司	15.77	189	0.57	480	96.19	191	9.74	345

续表

企业名称	创新效益		利税总额占企业主营业务收入的比重		新产品销售收入占企业主营业务收入的比重		全员劳动生产率	
	指数/%	位次	指标值/%	位次	指标值/%	位次	指标值/(万元/人)	位次
遵义市大地和电气有限公司	15.55	190	-3.37	683	100.00	5	8.19	392
贵州欧瑞欣合环保股份有限公司	15.50	191	25.27	58	53.44	581	23.18	146
贵州力创科技发展有限公司	15.44	192	4.02	327	62.25	531	19.36	179
贵州黄平富城实业有限公司	15.41	193	11.69	160	62.57	526	21.25	165
贵州宇鹏科技有限责任公司	15.34	194	105.17	2	100.00	5	3.80	560
贵州恒力源林业科技有限公司	15.26	195	4.48	309	100.00	5	13.87	252
贵州航天云网科技有限公司	15.18	196	6.00	266	0.00	633	39.77	69
贵州纳雍博润环保科技有限公司	15.15	197	23.51	66	100.00	5	16.36	218
贵州水务运营有限公司	15.13	198	20.26	93	97.10	179	17.00	208
贵州英利达科贸有限公司	15.06	199	25.96	56	100.00	5	17.47	203
贵州威默电气成套设备有限公司	15.03	200	4.99	290	99.45	165	14.20	247
贵州云上诚创科技有限公司	14.93	201	0.00	504	62.14	534	30.15	104
贵州凯敏博机电科技有限公司	14.88	202	16.86	114	100.00	5	18.08	193
中国航发贵州航空发动机维修有限责任公司	14.80	203	1.03	463	90.33	234	12.17	291
贵州房易通网络技术有限公司	14.75	204	29.15	43	89.94	249	16.66	212
遵义市聚源建材有限公司	14.73	205	-3.19	681	100.00	5	19.07	180
贵州省恒力源林业科技有限公司	14.63	206	0.00	504	99.95	156	13.38	262
贵州矩阵科技有限公司	14.62	207	24.60	61	409.16	2	16.64	213
贵阳鑫泓工程技术有限公司	14.62	208	48.11	13	100.00	5	11.85	298
贵州鼎盛建材实业有限公司	14.56	209	18.99	100	91.55	226	17.72	199
贵州瑞泰实业有限公司	14.54	210	19.10	99	68.02	457	12.58	276
贵州力强科技发展有限公司	14.51	211	4.17	322	79.74	337	14.64	236
贵州优好停车设备有限公司	14.45	212	4.90	296	100.00	5	18.96	182
贵州乐诚技术有限公司	14.40	213	10.87	169	43.17	588	27.37	117
遵义市永胜金属设备有限公司	14.39	214	14.47	133	68.74	450	23.10	147
贵州德润电力建设有限公司	14.33	215	0.00	504	100.00	5	8.68	375
贵阳新天光电科技有限公司	14.31	216	11.23	164	92.90	213	13.20	265
贵州指趣网络科技有限公司	14.29	217	4.40	313	100.00	5	13.46	259
贵州安吉航空精密铸造有限责任公司	14.18	218	0.61	478	57.43	577	2.81	600
贵州力登科技发展有限公司	14.06	219	31.51	39	62.32	529	20.54	174
贵州航太精密制造有限公司	14.05	220	14.04	138	64.36	504	21.98	158

续表

企业名称	创新效益		利税总额占企业主营业务收入的比重		新产品销售收入占企业主营业务收入的比重		全员劳动生产率	
	指数/%	位次	指标值/%	位次	指标值/%	位次	指标值/(万元/人)	位次
云上米度（贵州）科技有限公司	14.05	221	4.85	298	100.00	5	18.12	191
贵州梦动科技有限公司	13.98	222	0.00	504	79.27	342	21.64	160
遵义精星航天电器有限责任公司	13.97	223	1.55	428	75.10	375	12.99	266
贵州万顺堂药业有限公司	13.87	224	22.52	75	90.01	239	12.11	293
福泉大北农农业科技有限公司	13.87	225	1.27	447	90.00	247	10.60	325
贵州恒兴凯新型建材有限公司	13.76	226	1.09	458	75.30	374	22.86	151
贵州中软云上数据技术服务有限公司	13.72	227	14.18	137	94.96	198	15.72	225
贵州振华天通设备有限公司	13.62	228	12.28	154	92.49	219	16.80	210
贵州振华红云电子有限公司	13.62	229	9.73	191	100.00	5	9.19	364
遵义长征输配电设备有限公司	13.58	230	11.52	161	80.93	318	16.50	216
贵州优特云科技有限公司	13.51	231	0.00	504	100.00	5	14.59	238
贵州金义磨料有限公司	13.49	232	7.40	237	92.00	220	12.96	268
贵州鑫都嘉汇科技有限责任公司	13.34	233	4.65	306	80.20	324	20.81	169
贵州源溯科技有限公司	13.29	234	25.05	60	100.00	5	12.70	274
贵州威顿晶磷电子材料股份有限公司	13.23	235	0.00	504	71.71	409	18.58	184
贵州福斯特磨料磨具有限公司	13.16	236	0.48	484	40.00	591	27.29	119
贵阳新奇微波工业有限责任公司	13.15	237	26.90	54	100.00	5	11.23	311
贵州通祥水务环境工程有限公司	13.10	238	12.88	149	90.36	233	16.11	220
贵州飞云岭药业股份有限公司	13.04	239	15.72	124	67.04	473	14.80	233
贵州省煤层气页岩气工程技术研究中心	13.01	240	1.31	443	100.00	5	15.02	232
贵州航天朝阳科技有限责任公司	12.97	241	0.27	494	95.53	192	14.18	248
贵州捷盛钻具股份有限公司	12.96	242	20.61	90	65.23	492	10.77	320
贵阳块数据城市建设有限公司	12.94	243	19.69	96	0.00	633	32.15	93
贵州天地药业有限责任公司	12.94	244	0.00	504	100.00	5	7.13	432
贵州鼎成熔鑫科技有限公司	12.94	245	9.71	192	99.99	152	12.18	290
贵州长征电器成套有限公司	12.90	246	9.12	204	79.98	333	15.38	228
普定县银丰农业科技发展有限公司	12.87	247	17.80	108	100.00	5	12.21	289
贵阳力泉液压技术有限公司	12.76	248	4.99	291	91.23	227	15.90	222
贵州银亨融通科技发展有限公司	12.75	249	-1.02	672	71.00	418	20.93	167
贵州新致普惠信息技术有限公司	12.74	250	2.49	393	100.00	5	9.68	348
贵州黔和物流有限公司	12.74	251	4.91	295	100.00	5	0.00	685
贵州精忠橡塑实业有限公司	12.70	252	7.16	244	65.00	498	18.18	189

第六部分 重点企业科技创新评价报告

续表

企业名称	创新效益		利税总额占企业主营业务收入的比重		新产品销售收入占企业主营业务收入的比重		全员劳动生产率	
	指数/%	位次	指标值/%	位次	指标值/%	位次	指标值/(万元/人)	位次
贵州精立航太科技有限公司	12.61	253	16.52	115	85.62	274	13.40	261
贵阳大数据交易所	12.60	254	0.00	504	0.00	633	35.99	84
贵阳天龙摩擦材料有限公司	12.59	255	13.17	146	100.00	5	11.02	316
贵州遵义驰宇精密机电制造有限公司	12.57	256	7.18	243	86.54	268	9.75	344
力源液压系统（贵阳）有限公司	12.54	257	10.77	173	72.74	395	17.41	204
安软科技集团（贵州）有限公司	12.52	258	-0.61	667	100.00	5	14.37	242
贵定县恒伟玻璃制品有限公司	12.47	259	0.00	504	85.00	280	7.91	402
贵州比特软件有限公司	12.44	260	3.85	332	96.70	186	15.25	230
贵州航天南海科技有限责任公司	12.40	261	0.00	504	33.49	599	15.83	224
贵州万业包装有限公司	12.39	262	0.50	482	92.57	217	13.37	263
安顺新金秋科技股份有限公司	12.39	263	3.26	360	94.19	203	13.57	256
贵州合润铝业新材料科技股份有限公司	12.28	264	-319.11	745	0.00	633	113.25	11
贵阳白云中航紧固件有限公司	12.27	265	20.76	87	92.74	215	5.37	498
贵州西瑞科技有限公司	12.21	266	13.63	143	73.91	384	16.92	209
贵州黔峰管业有限公司	12.21	267	0.00	504	72.52	399	9.88	339
都匀市大隆传动机械有限公司	12.20	268	56.96	11	32.04	601	16.73	211
贵州英吉尔机械制造有限公司	12.17	269	3.24	361	76.18	365	16.56	215
贵州新锦竹木制品有限公司	12.15	270	0.00	504	45.31	587	23.74	140
贵州黔驰信息股份有限公司	12.11	271	0.00	504	74.15	381	18.53	185
贵阳玉塑包装有限公司	12.08	272	2.11	404	0.00	633	34.09	86
贵州雅光电子科技股份有限公司	11.99	273	9.58	195	62.15	533	12.97	267
贵州火焰山电器股份有限公司	11.99	274	3.80	335	89.76	253	8.02	398
遵义市飞宇电子有限公司	11.97	275	20.62	89	90.00	241	6.70	451
贵州大博金太阳能光电有限公司	11.96	276	7.90	224	100.00	5	6.47	460
贵州唯捷众品信息技术有限公司	11.93	277	0.00	504	77.92	351	17.97	195
贵州中孚科技有限公司	11.88	278	7.25	242	100.00	5	12.29	287
贵州迈锐钻探设备制造有限公司	11.88	279	6.20	262	80.00	328	13.93	251
贵州惠智电子技术有限责任公司	11.86	280	28.80	46	81.88	310	8.33	388
贵州西西洋教育科技有限公司	11.85	281	0.00	504	60.16	561	17.61	201
贵州省万航电能科技有限公司	11.85	282	3.01	373	100.00	5	10.87	319
贵州中节能天融兴德环保科技有限公司	11.84	283	7.79	230	72.29	402	15.60	227
贵州安易和信科技有限公司	11.84	284	22.67	73	70.67	423	14.64	237

续表

企业名称	创新效益		利税总额占企业主营业务收入的比重		新产品销售收入占企业主营业务收入的比重		全员劳动生产率	
	指数/%	位次	指标值/%	位次	指标值/%	位次	指标值/(万元/人)	位次
贵阳高新益舸电子有限公司	11.82	285	10.69	174	98.77	172	9.28	361
贵州丽基新材料有限公司	11.81	286	6.72	254	100.00	5	11.29	309
贵州西南管业有限公司	11.78	287	3.31	357	100.00	5	9.06	367
贵州智慧共治信息科技有限公司	11.77	288	5.79	270	100.00	5	11.59	305
贵州苗药药业有限公司	11.73	289	11.08	166	100.00	5	6.74	449
贵州华烽汽车零部件有限公司	11.72	290	1.42	436	90.00	241	9.84	340
贵阳明通炉料有限公司	11.71	291	13.51	144	61.40	539	17.24	206
贵州烨阳科技发展有限公司	11.65	292	8.81	211	72.13	404	16.07	221
贵州立时恒升通信工程有限公司	11.63	293	91.75	4	73.22	390	0.13	680
贵州天马环卫设备有限公司	11.59	294	6.19	263	64.00	506	18.14	190
遵义市大鼎正环保建材有限公司	11.59	295	2.55	391	100.00	5	9.50	353
贵州成智重工科技有限公司	11.50	296	4.59	307	100.00	5	9.59	350
遵义市信欧建材有限公司	11.47	297	4.07	325	100.00	5	11.53	306
贵州多彩博虹科技有限公司	11.41	298	0.00	504	84.94	284	14.36	243
贵州凯星液力传动机械有限公司	11.39	299	0.00	504	51.95	582	11.11	314
贵州德鑫源电气有限公司	11.36	300	2.65	387	100.00	5	11.36	308
遵义拓特铸锻有限公司	11.36	301	6.35	259	76.56	362	12.05	295
贵州众和宏远科技有限公司	11.31	302	3.66	342	67.33	467	13.70	253
贵州特派克生物防治技术有限公司	11.30	303	12.88	148	22.72	607	25.04	130
贵州省建筑设计研究院有限责任公司	11.24	304	10.37	180	0.00	633	22.81	153
贵州华良电气有限公司	11.22	305	9.36	201	100.00	5	9.32	357
贵州华森科技实业有限公司	11.21	306	5.09	286	80.98	316	12.55	277
贵阳新洋诚义齿有限公司	11.18	307	8.84	209	100.00	5	8.64	376
贵州东冠科技有限公司	11.16	308	5.10	285	86.72	267	9.16	365
贵州中铝彩铝科技有限公司	11.15	309	2.15	402	100.00	5	10.07	335
贵州金域医学检验中心有限公司	11.15	310	18.86	101	0.00	633	23.34	144
贵州爱唐文化网络科技有限公司	11.13	311	17.58	110	100.00	5	7.26	426
贵州长通线缆有限公司	10.98	312	0.00	504	14.42	613	27.22	120
贵州高卓皮具有限公司	10.97	313	26.04	55	100.00	5	6.00	472
贵阳联合高温材料有限公司	10.96	314	8.54	216	98.52	174	9.23	363
贵州卓讯软件股份有限公司	10.91	315	4.93	293	93.13	209	10.05	336
贵州皓科新型材料有限公司	10.90	316	3.66	341	100.00	5	8.60	378

续表

企业名称	创新效益		利税总额占企业主营业务收入的比重		新产品销售收入占企业主营业务收入的比重		全员劳动生产率	
	指数/%	位次	指标值/%	位次	指标值/%	位次	指标值/(万元/人)	位次
贵阳华森建材有限公司	10.89	317	2.84	382	100.00	5	8.30	389
贵阳金利沅科技有限公司	10.82	318	5.25	282	66.67	477	8.88	372
贵州吉丰种业有限责任公司	10.77	319	3.35	354	80.00	329	13.41	260
贵州凯里经济开发区中昊电子有限公司	10.76	320	8.25	222	100.00	5	5.83	477
贵州征诚汇达通信工程有限公司	10.75	321	74.25	8	76.65	361	0.50	670
贵州黎阳国际制造有限公司	10.73	322	2.61	389	20.12	610	19.00	181
贵州鸿云联创科技有限公司	10.70	323	7.39	238	93.01	211	10.14	334
贵州省遵义市辉煌种业有限公司	10.68	324	0.00	504	100.00	5	10.00	338
贵阳方舟科技股份有限公司	10.68	325	4.33	315	43.00	589	15.32	229
贵州浩博工程质量检测有限公司	10.59	326	5.20	284	100.03	4	8.13	394
贵州云科教服务有限公司	10.58	327	41.75	20	94.84	200	2.47	617
贵州广毅节能环保科技有限公司	10.54	328	7.88	226	83.76	289	9.49	354
贵州贵诚管业有限责任公司	10.52	329	1.31	444	92.85	214	6.31	465
贵州思索电子有限公司	10.52	330	9.33	203	62.88	520	11.07	315
贵州贤俊龙彩印有限公司	10.42	331	0.00	504	100.00	5	0.70	662
贵州华美达科技有限公司	10.41	332	2.71	384	70.00	434	12.23	288
贵州联洪合成材料有限公司	10.37	333	4.84	299	68.24	454	11.66	302
贵阳鑫恒泰实业有限公司	10.37	333	1.07	460	80.68	320	6.67	452
贵州国宏正电气工程有限公司	10.34	335	63.55	10	63.55	511	3.67	568
云上（贵州）教育科技有限公司	10.30	336	0.00	504	0.00	633	29.43	107
贵州黔力电器制造有限公司	10.29	337	6.22	260	84.59	285	9.32	358
遵义市播州区苟江镇鑫欣源包装材料有限责任公司	10.22	338	0.00	504	100.00	5	3.88	556
贵州兆浪科技实业有限公司	10.16	339	7.03	248	100.00	5	6.42	461
贵州坤盾天成科技有限公司	10.16	340	1.79	417	79.80	334	9.11	366
贵州天讯信息产业有限公司	10.15	341	0.00	504	36.96	593	20.56	173
贵州金山国土勘测工程有限公司	10.10	342	0.00	504	99.93	157	7.76	408
贵州卓越天成软件有限公司	10.08	343	0.00	504	100.00	5	8.63	377
贵州聚惠达科技有限公司	10.08	344	17.13	112	84.96	283	8.25	391
贵州众蓝科技有限公司	10.05	345	15.97	121	57.05	578	13.36	264
贵州智诚科技有限公司	10.04	346	3.72	337	76.77	360	9.70	347
贵阳兴意达天诚科技有限公司	10.00	347	3.98	328	72.39	401	12.41	281

续表

企业名称	创新效益		利税总额占企业主营业务收入的比重		新产品销售收入占企业主营业务收入的比重		全员劳动生产率	
	指数/%	位次	指标值/%	位次	指标值/%	位次	指标值/(万元/人)	位次
贵州百能思信息科技有限公司	9.99	348	4.28	317	78.67	346	10.47	328
贵州根树林信息科技有限公司	9.95	349	9.68	193	70.00	432	11.13	313
贵州数智联云科技有限公司	9.94	350	5.57	276	100.00	5	6.80	444
贵州丰达轴承有限公司	9.92	351	22.12	80	73.75	387	8.50	382
贵州锐新科技有限公司	9.92	352	9.88	188	99.54	164	5.24	506
贵州希格玛技术工程有限公司	9.92	353	−3.81	686	100.00	5	9.00	369
贵州莱利斯机械设计制造有限责任公司	9.91	354	0.42	486	84.98	282	7.94	401
贵州德良方药业股份有限公司	9.90	355	−19.96	710	100.00	5	9.80	342
贵州华云汽车饰件制造有限公司	9.82	356	6.53	256	79.27	341	9.27	362
贵州黔聚龙投资有限公司	9.81	357	5.96	267	66.12	482	12.32	286
遵义市倍缘化工有限责任公司	9.81	358	3.90	330	81.46	315	9.58	351
贵州楚智建材科技有限公司	9.80	359	1.81	416	100.00	5	7.36	418
贵州中盛弘通科技有限公司	9.80	360	1.61	425	60.44	554	15.15	231
遵义市润丰源钢铁铸造有限公司	9.79	361	1.69	422	96.77	185	7.98	399
贵州科库科技有限公司	9.77	362	33.76	34	100.00	5	1.09	651
绥阳县华丰电器有限公司	9.76	363	4.91	294	80.00	329	7.65	415
贵航发动机设计研究所	9.75	364	4.22	320	0.00	633	25.57	127
贞丰县恒山建材有限责任公司	9.75	365	0.00	504	96.88	184	6.92	435
贵州九龙科技发展有限公司	9.70	366	8.70	214	88.17	259	7.84	405
贵州天能电力高科技有限公司	9.68	367	4.67	305	64.47	503	11.99	297
贵州华星冶金有限公司	9.66	368	1.37	438	61.52	537	2.70	606
贵州中科恒运软件科技有限公司	9.65	369	0.00	504	71.88	406	12.40	282
贵州泰坦电气系统有限公司	9.64	370	7.85	228	90.41	232	6.78	445
贵州鸣腾科技有限公司	9.63	371	3.08	370	100.00	5	6.47	458
贵州英思普瑞信息技术有限公司	9.63	372	2.06	406	92.94	212	5.75	481
贵州丹寨宁航蜡染有限公司	9.62	373	35.44	30	90.21	236	2.25	623
遵义市文杰机电有限责任公司	9.62	374	27.37	51	71.88	407	7.08	433
贵州浩诚药业有限公司	9.61	375	−6.96	691	100.00	5	7.28	425
贵州华康伟创科技有限公司	9.60	376	0.92	465	74.02	383	12.16	292
遵义天际机电有限责任公司	9.59	377	5.38	278	77.73	353	8.80	374
贵州山顺缆车有限公司	9.52	378	0.90	466	100.00	5	6.60	456
贵州华诚天下节能科技有限公司	9.50	379	9.79	190	73.00	393	10.33	330

续表

企业名称	创新效益		利税总额占企业主营业务收入的比重		新产品销售收入占企业主营业务收入的比重		全员劳动生产率	
	指数/%	位次	指标值/%	位次	指标值/%	位次	指标值/(万元/人)	位次
贵州华宁科技股份有限公司	9.49	380	2.19	400	71.60	410	10.54	326
贵阳四度空间文化传媒有限公司	9.48	381	0.77	470	100.00	5	6.90	437
贵州省建筑材料科学研究设计院有限责任公司	9.48	382	0.00	504	68.86	448	12.42	280
贵州众诚兴业科教设备有限公司	9.47	383	5.41	277	78.51	347	9.29	360
贵州长圣信息工程有限公司	9.41	384	20.62	88	85.23	276	5.48	491
贵州玄德生物科技股份有限公司	9.40	385	−2.87	679	74.48	380	10.62	324
贵州盛峰药用包装有限公司	9.39	386	0.00	504	75.80	369	10.01	337
贵州垒华成工程试验检测有限责任公司	9.38	387	1.79	418	100.00	5	6.33	463
贵州云博极讯科技有限责任公司	9.38	388	8.32	220	100.00	5	5.06	513
贵州红星发展大龙锰业有限责任公司	9.36	389	3.63	343	13.81	614	12.50	279
大方县九龙天麻开发有限公司	9.31	390	1.20	453	99.96	154	5.35	501
贵阳华烽有色铸造有限公司	9.30	391	7.81	229	72.11	405	10.22	333
贵州绿盾征信大数据有限公司	9.26	392	5.24	283	100.00	5	5.29	503
贵州火星探索科技有限公司	9.23	393	0.00	504	88.84	256	8.02	397
贵州禹之源生态环保有限公司	9.23	394	0.79	469	100.00	5	6.01	471
遵义易拓网络服务有限公司	9.19	395	3.22	362	100.00	5	5.38	497
贵州雏阳生态环保科技有限公司	9.13	396	4.68	303	99.55	163	4.38	539
贵州人和致远数据服务有限责任公司	9.12	397	7.34	240	77.20	354	7.76	409
贵州联众云医疗科技有限公司	9.12	398	−14.18	704	100.00	5	8.54	381
贵州三超科技信息系统有限公司	9.10	399	1.06	461	61.31	540	10.99	318
黔南热线网络有限责任公司	9.10	400	0.00	504	99.81	159	5.84	476
贵州杰傲建材有限责任公司	9.08	401	8.63	215	76.79	359	7.33	422
贵阳华彩影视文化传媒有限公司	9.01	402	0.00	504	88.54	257	7.86	404
贵州贵玻玻璃有限公司	8.99	403	1.22	452	60.17	560	10.69	322
贵州非格斯科技有限公司	8.98	404	0.77	472	96.24	189	6.10	469
贵州溪山科技有限公司	8.95	405	0.00	504	100.00	5	5.40	496
遵义双河生物燃料科技有限公司	8.95	406	1.42	435	100.00	5	5.00	516
贵州东方世纪科技股份有限公司	8.95	407	−29.90	719	82.20	307	12.52	278
贵州省欣紫鸿药用辅料有限公司	8.95	408	0.00	504	65.78	488	10.70	321
贵州响亮电子技术有限公司	8.94	409	6.14	265	72.71	396	8.09	395
贵州岑祥资源科技有限责任公司	8.93	410	0.00	504	0.00	633	25.50	128

续表

企业名称	创新效益		利税总额占企业主营业务收入的比重		新产品销售收入占企业主营业务收入的比重		全员劳动生产率	
	指数/%	位次	指标值/%	位次	指标值/%	位次	指标值/（万元/人）	位次
贵州联创天健科技有限公司	8.92	411	0.26	496	97.06	180	4.14	543
贵州大成玻璃工程有限责任公司	8.91	412	0.00	504	100.00	5	4.06	545
贵州维讯光电科技有限公司	8.89	413	−1.30	674	89.98	248	4.04	546
龙里县粤盛型材有限公司	8.89	413	1.07	459	100.00	5	3.87	557
贵州好百年住宅工业有限公司	8.89	415	0.00	504	100.00	5	3.87	558
贵阳动视云科技有限公司	8.87	416	−6.73	690	96.95	182	4.56	532
贵州天晟伟业科技有限公司	8.86	417	4.37	314	60.30	556	11.47	307
贵阳富世通科技有限公司	8.83	418	0.00	504	100.00	5	4.41	538
贵州卓品汇成套设备工程有限公司	8.82	419	32.70	35	76.26	363	3.17	585
贵州九鼎成科技有限公司	8.81	420	21.70	82	100.00	5	0.74	660
贵州恒源远东液压系统技术有限公司	8.79	421	6.47	258	90.21	235	5.45	493
贵州电子商务云运营有限责任公司	8.79	422	10.22	181	0.00	633	22.01	157
贵州省首为电线电缆有限公司	8.75	423	0.66	476	100.00	5	4.64	528
贵州逸飞科技有限公司	8.75	424	0.69	474	94.11	204	5.58	486
贵州恒源科创资源再生开发有限公司	8.75	425	2.13	403	100.00	5	4.07	544
贵阳高新兆诚科技有限公司	8.73	426	7.57	235	72.65	397	8.50	383
贵金玉科技发展有限公司	8.71	427	29.08	45	65.01	495	5.67	485
绥阳县耐环铝业有限公司	8.71	428	3.43	349	80.00	329	6.77	446
贵州联众科创科技工程有限公司	8.70	429	2.90	378	64.97	500	9.36	356
贵州恩科达医疗科技有限公司	8.69	430	0.00	504	93.87	205	5.70	484
贵州康建电力设备有限公司	8.69	431	−1.38	675	90.01	240	5.43	494
贵州财富之舟科技有限公司	8.69	432	3.05	371	0.00	633	17.25	205
贵州恒盛丝绸科技有限公司	8.64	433	−21.53	712	100.00	5	5.52	490
贵州恒科电子科技有限公司	8.63	434	1.36	439	100.00	5	3.49	574
贵州光大远航测绘工程有限公司	8.62	435	13.66	142	70.58	426	7.32	423
贵州瑞恩检测技术有限公司	8.62	436	0.00	504	93.12	210	5.18	509
贵州太瑞生诺生物医药有限公司	8.60	437	0.00	504	99.20	168	4.52	534
贵阳鑫辰宇办公设备有限公司	8.60	438	3.41	351	69.56	441	7.86	403
遵义长征电器制造有限公司	8.59	439	4.67	304	91.91	222	3.75	561
贵州中联信科技有限公司	8.58	440	7.35	239	84.24	287	5.76	480
贵州润生制药有限公司	8.57	441	−0.56	666	67.32	468	7.19	430
遵义新利特金属材料科技有限公司	8.54	442	2.99	375	72.13	403	8.37	386

续表

企业名称	创新效益		利税总额占企业主营业务收入的比重		新产品销售收入占企业主营业务收入的比重		全员劳动生产率	
	指数/%	位次	指标值/%	位次	指标值/%	位次	指标值/(万元/人)	位次
安顺市成威科技有限公司	8.49	443	2.39	397	91.90	223	2.55	616
贵阳海之力液压有限公司	8.47	444	1.48	432	80.52	321	7.72	413
安顺文杰科技有限公司	8.45	445	3.90	331	100.00	5	3.10	588
贵阳普天物流技术有限公司	8.44	446	-2.88	680	58.67	574	-1.47	721
贵州永兴建设工程质量检测有限公司	8.41	447	5.78	271	68.34	453	6.66	453
贵阳创新天健科技有限公司	8.38	448	3.17	367	60.60	550	10.30	332
贵州佳联兴科技有限公司	8.34	449	0.77	471	69.92	438	8.80	373
贵州天地荣科技有限公司	8.34	450	0.00	504	80.23	323	7.34	421
贵州百事通建筑安装工程有限公司	8.33	451	1.43	434	100.00	5	2.95	590
贵州中博宇科技有限公司	8.33	452	0.00	504	91.98	221	5.37	500
遵义春华新材料科技有限公司	8.28	453	3.27	359	86.82	265	5.15	510
贵州海智科技有限公司	8.25	454	3.33	356	100.00	5	2.69	609
贵州鑫权懿科技发展有限公司	8.23	455	5.89	268	83.22	296	5.52	488
安顺虹特滚珠丝杠有限责任公司	8.22	456	5.26	281	83.16	297	5.73	483
贵州盛昌药业有限公司	8.22	457	3.83	334	100.00	5	2.56	614
遵义市金鼎农业科技有限公司	8.22	458	1.22	451	66.09	483	7.20	428
贵州苗仁堂制药有限责任公司	8.21	459	0.00	504	80.50	322	6.88	439
贵州木弓贵芯微电子有限公司	8.20	460	9.63	194	61.79	536	8.92	370
贵州双木农机有限公司	8.18	461	10.55	177	74.05	382	5.31	502
贵州创美鑫韵文化传媒有限公司	8.11	462	1.56	427	100.00	5	2.78	604
贵州光能科技有限公司	8.09	463	0.00	504	60.00	566	10.32	331
贵阳玛莱特液压电磁科技有限公司	8.06	464	2.42	396	100.00	5	2.43	619
贵州车秘科技有限公司	8.01	465	0.00	504	80.96	317	6.47	459
贵州环能地质咨询有限责任公司	7.94	466	12.21	156	70.04	429	5.83	478
黔南州金安电子安防服务有限公司	7.92	467	0.00	504	0.00	633	22.63	154
贵州弘康药业有限公司	7.91	468	0.00	504	100.00	5	-0.42	716
贵州省德邦环保化工有限公司	7.88	469	0.31	491	65.87	487	6.32	464
贵州开阳川东化工有限公司	7.86	470	0.00	504	41.18	590	6.00	473
都匀市莘蕊科技有限公司	7.86	471	0.46	485	100.00	5	2.23	624
黔山良农有限公司	7.85	472	-16.18	705	100.00	5	5.25	505
中联创展信息技术股份有限公司	7.82	473	1.87	413	76.93	357	4.73	523
贵州大兴旺新材料科技有限公司	7.82	474	-9.96	697	75.96	368	7.82	407

续表

企业名称	创新效益		利税总额占企业主营业务收入的比重		新产品销售收入占企业主营业务收入的比重		全员劳动生产率	
	指数/%	位次	指标值/%	位次	指标值/%	位次	指标值/(万元/人)	位次
都匀市英伦数字科技有限责任公司	7.81	475	3.91	329	70.65	424	7.34	420
贵州正合伟业科技有限责任公司	7.80	476	1.53	429	68.00	458	5.43	495
贵州佳网科技发展有限公司	7.80	477	0.00	504	94.81	201	3.18	583
遵义市友联包装实业有限公司	7.79	478	0.00	504	73.10	391	1.32	644
贵州永恒光科技有限公司	7.78	479	8.71	213	81.59	314	4.04	547
贵州新中盟机电设备有限公司	7.77	480	0.00	504	100.00	5	2.03	627
绿地环保科技股份有限公司	7.76	481	−4.77	687	72.40	400	3.98	551
贵阳新同舟科技有限公司	7.74	482	1.24	448	60.17	559	8.48	384
贵州秦泰药业有限公司	7.74	483	0.00	504	49.44	584	11.17	312
贵定县洪福环保科技有限公司	7.72	484	0.64	477	100.00	5	1.20	646
贵州联掌慧信息技术有限公司	7.69	485	0.00	504	100.00	5	1.88	629
贵州开拓未来计算机技术有限公司	7.66	486	12.46	151	4.11	625	18.46	187
习水县蓝岛电脑科技有限公司	7.66	487	−1.26	673	94.99	196	2.90	594
贵州晟博特科技有限公司	7.65	488	2.44	394	71.32	413	6.85	442
贵州北极光原生态农业开发有限公司	7.63	489	14.47	135	63.02	518	6.14	467
贵州迅达信息产业发展有限公司	7.63	490	1.35	441	62.36	528	1.61	638
贵州木易精细陶瓷有限责任公司	7.60	491	3.00	374	67.68	463	6.81	443
贵州康禾科技有限公司	7.58	492	17.40	111	66.00	485	4.69	525
贵州荣清工具有限公司	7.56	493	8.97	207	80.13	327	3.68	564
贵州优联博睿科技有限公司	7.55	494	5.76	272	100.00	5	0.36	674
贵州千村节能环保科技开发有限公司	7.54	495	0.00	504	92.60	216	2.93	592
六盘水中联工贸实业有限公司	7.53	496	1.24	449	66.24	480	3.38	577
贵州祥程佳和机械制造有限公司	7.52	497	0.00	504	100.00	5	1.15	647
遵义天辉机电有限责任公司	7.47	498	−0.05	661	90.00	241	2.81	601
贵州华信创新科技有限公司	7.47	499	15.47	127	63.27	514	5.47	492
贵州金鑫博睿科技有限公司	7.43	500	35.47	29	60.52	551	1.74	633
贵州创新睿界科技有限公司	7.43	501	1.14	456	84.99	281	3.93	554
贵州全世通精密机械科技有限公司	7.40	502	−12.16	702	100.00	5	−2.90	725
贵州车联邦网络科技有限公司	7.40	503	217.18	1	0.00	633	1.01	655
遵义朝宇锅炉有限公司	7.34	504	1.52	430	66.05	484	6.13	468
贵州晨智俊博科技有限公司	7.29	505	0.93	464	99.95	155	0.62	665
中国航发贵州黎阳航空动力有限公司	7.28	506	0.00	504	0.00	633	20.81	170
贵阳飞丝特科技有限公司	7.27	507	3.54	346	60.46	553	6.98	434

续表

企业名称	创新效益		利税总额占企业主营业务收入的比重		新产品销售收入占企业主营业务收入的比重		全员劳动生产率	
	指数/%	位次	指标值/%	位次	指标值/%	位次	指标值/(万元/人)	位次
贵阳长治恒丰智能科技有限公司	7.22	508	0.00	504	58.82	572	8.57	380
贵州三泓药业股份有限公司	7.18	509	3.37	353	60.18	557	5.24	507
贵州捷科特电气设备有限公司	7.17	510	1.06	462	82.32	304	3.74	562
贵州兴国新动力科技有限公司	7.14	511	−22.70	714	74.73	378	9.71	346
遵义航天娄山电器化工有限公司	7.09	512	8.29	221	73.85	386	3.38	578
贵州中消云泰和安科技有限公司	7.07	513	7.04	247	73.04	392	3.68	566
贵州阿凡提工业信息有限公司	7.07	514	3.71	338	60.93	544	6.41	462
贵州兰诚硕测绘有限责任公司	7.06	515	2.87	381	84.40	286	2.16	626
贵阳联诚欣业科技有限公司	7.05	516	1.88	412	71.00	419	5.22	508
贵州众智恒生态科技有限公司	7.05	517	0.26	495	72.96	394	4.30	541
贵州伊思特新技术发展有限责任公司	7.03	518	−16.18	706	100.00	5	2.95	591
贵州智合时代传媒有限公司	7.03	519	0.00	504	82.03	308	3.48	576
贵州科服科技集团有限责任公司	7.03	520	4.27	318	70.00	433	5.11	511
贵州元方志擎科技有限公司	7.02	521	2.90	379	36.41	595	11.75	301
贵州文博科技有限公司	7.02	522	3.41	350	60.04	563	6.75	447
遵义天力环境工程有限责任公司	7.01	523	0.00	504	60.00	564	7.73	412
贵州益华膜科技有限公司	6.95	524	−0.76	668	100.00	5	−0.03	714
贵州吉兆电气工程技术有限公司	6.95	525	8.76	212	65.22	493	4.82	520
贵州鑫桥建设工程有限公司	6.94	526	0.00	504	67.16	469	−1.67	722
贵阳企易云商科技发展有限公司	6.93	527	−0.92	671	100.00	5	−0.02	713
贵州金瑞渐成电子有限公司	6.92	528	0.00	504	75.99	367	3.93	555
贵阳华丰航空科技有限公司	6.90	529	28.25	48	65.00	497	0.00	685
博文软件（贵州）有限公司	6.87	530	25.12	59	0.00	633	14.31	246
遵义鑫华源电力设备有限公司	6.86	531	1.61	424	70.61	425	1.87	630
贵州兴泰科技有限公司	6.84	532	27.22	53	61.23	541	1.69	634
贵州朗科电气有限公司	6.83	533	0.00	504	80.00	332	3.23	580
贵州创天科技有限公司	6.80	534	0.30	492	89.84	250	1.35	641
贵州天逸轩网络科技有限公司	6.79	535	8.41	219	64.71	501	4.68	526
贵州百科达科技有限公司	6.78	536	4.88	297	70.03	430	4.00	549
贵州安康健科技有限公司	6.75	537	0.00	504	60.00	564	6.60	455
铜仁市海创信息科技有限公司	6.74	538	9.54	196	68.05	456	3.63	570
贵州能安机电设备制造有限公司	6.74	539	3.21	363	76.89	358	2.62	612
贵州恒和制药有限公司	6.72	540	−7.13	692	70.06	428	5.83	479

续表

企业名称	创新效益		利税总额占企业主营业务收入的比重		新产品销售收入占企业主营业务收入的比重		全员劳动生产率	
	指数/%	位次	指标值/%	位次	指标值/%	位次	指标值/(万元/人)	位次
黔南滑动轴承有限公司	6.69	541	0.00	504	69.95	436	4.87	519
贵州百善坊教育科技有限公司	6.69	542	0.00	504	76.99	356	3.68	564
贵州惠波机械制造有限公司	6.67	543	7.65	234	67.65	465	3.73	563
六盘水创世纪科贸有限公司	6.63	544	0.00	504	83.97	288	0.99	656
贵州津惠隆科技有限公司	6.60	545	0.00	504	79.69	338	2.46	618
贵州省锦屏县华绿炭素有限公司	6.57	546	−6.36	689	100.00	5	0.00	685
贵州六合门业有限公司	6.57	547	1.62	423	66.77	475	5.03	514
贵州博德恒泰科技有限公司	6.56	548	9.33	202	62.78	522	4.27	542
贵州恒信工程有限公司	6.47	549	10.77	172	23.08	606	11.63	303
贵州航火电器有限公司	6.47	550	4.99	289	60.72	549	4.55	533
贵州鼎立生物科技香料有限公司	6.45	551	4.44	311	70.00	431	2.39	621
贵州安泰晟达通信工程有限公司	6.45	552	19.86	95	69.66	440	0.42	673
遵义市汇川区吉美电镀有限责任公司	6.44	553	3.04	372	69.34	442	3.36	579
六枝特区华兴管业制品有限公司	6.42	554	0.00	504	83.69	290	0.00	685
贵州志琦科技有限公司	6.41	555	−9.67	696	95.47	193	1.10	650
贵州美洁环卫工程有限责任公司	6.41	556	0.00	504	83.33	293	1.33	643
遵义航科机电有限公司	6.33	557	0.00	504	67.88	461	4.31	540
贵州惠康盛电气有限公司	6.30	558	−24.64	717	100.00	5	2.63	610
贵州大鸟创新科技有限公司	6.29	559	−7.28	693	86.89	264	1.93	628
贵州中星网络科技有限公司	6.26	560	0.00	504	63.20	515	3.67	569
贵州天地科技实业有限公司	6.24	561	0.00	504	69.94	437	2.80	602
贵州杰轩科技有限责任公司	6.21	562	0.17	499	87.93	260	0.00	684
贵阳盛通宏业科技有限公司	6.20	563	1.36	440	71.46	411	3.10	589
贵州黔莱亚科技有限公司	6.19	564	7.86	227	69.05	444	2.20	625
贵州恒绿源环保有限公司	6.16	565	0.00	504	0.00	633	17.60	202
贵州楠天新型建材科技开发有限公司	6.08	566	12.22	155	73.89	385	0.00	685
贵州黔云联创网络科技有限公司	6.08	567	14.57	132	0.00	633	14.31	245
贵州信天游信息技术有限公司	6.06	568	0.00	504	62.76	523	4.75	521
贵州智教云教育科技有限公司	6.04	569	0.00	504	59.03	569	4.95	518
贵州创奇环保科技股份有限公司	6.04	570	−8.92	695	74.88	376	2.70	607
松桃华艺科技有限公司	6.03	571	3.48	347	64.00	507	3.63	570
航天云宏技术贵州有限公司	6.02	572	0.00	504	98.60	173	−2.67	724
贵州辰阳星睿科技有限公司	6.02	573	0.00	504	71.07	417	2.55	615

第六部分 重点企业科技创新评价报告

续表

企业名称	创新效益		利税总额占企业主营业务收入的比重		新产品销售收入占企业主营业务收入的比重		全员劳动生产率	
	指数/%	位次	指标值/%	位次	指标值/%	位次	指标值/(万元/人)	位次
贵州文华信息技术股份有限公司	5.98	574	3.11	369	51.12	583	4.50	536
贵州友擘机械制造有限公司	5.98	575	0.00	504	79.77	335	0.00	685
贵州嘉智信联科技有限公司	5.94	576	6.85	250	74.68	379	0.61	666
松桃华艺科技有限公司	5.92	577	0.00	504	64.01	505	4.01	548
贵州蓝天远泰科技有限公司	5.89	578	1.28	446	0.00	633	16.57	214
遵义市精科信检测有限公司	5.88	579	−22.44	713	90.01	238	2.91	593
贵州奥斯科尔科技实业有限公司	5.88	580	−11.50	701	60.15	562	6.75	448
贵州省安顺市智达公共安技术有限责任公司	5.88	581	0.49	483	73.31	389	1.77	632
贵州加来智能科技有限公司	5.87	582	−3.31	682	60.84	547	5.06	512
贵州微兄弟信息技术有限公司	5.85	583	2.50	392	68.96	446	2.35	622
贵州通勤汇嘉科技有限公司	5.84	584	0.00	504	77.94	350	0.00	685
中黔电气集团股份有限公司	5.80	585	−1.93	676	65.10	494	2.70	608
贵州金科成科技服务有限公司	5.79	586	7.76	231	58.67	575	3.20	581
贵州西部农产品交易中心有限公司	5.79	587	−10.19	698	0.00	633	18.68	183
贵州亿垒科技有限公司	5.77	588	0.23	497	58.34	576	4.71	524
贵州源塑实业有限公司	5.76	589	−0.18	663	82.23	306	−0.35	715
贵州德恒信安防工程有限公司	5.71	590	0.00	504	61.00	543	3.98	550
贵州航飞精密制造有限公司	5.68	591	8.44	218	0.00	633	14.15	249
贵州泽涛科技有限公司	5.56	592	0.00	504	76.22	364	0.59	667
贵州长信天鹰信息系统有限公司	5.53	593	0.36	489	61.15	542	2.79	603
贵州瑞普科技有限公司	5.50	594	10.14	182	0.00	633	13.66	255
贵州益恒创兴科技有限公司	5.48	595	12.41	152	62.32	530	0.64	664
贵州黔力重工有限公司	5.47	596	−44.47	727	100.00	5	3.94	553
贵州广济堂药业有限公司	5.43	597	−7.48	694	79.50	340	−0.66	717
贵州元能管业有限公司	5.40	598	3.33	355	35.00	597	7.52	417
贵州兆浪科技实业有限公司	5.38	599	0.00	504	60.30	555	2.63	611
贵州志成恩予科技有限公司	5.34	600	0.00	504	63.99	508	2.41	620
贵州科华交通建设工程有限公司	5.32	601	0.00	504	66.42	479	1.05	652
黔南州联合电子网络系统有限公司	5.17	602	1.40	437	64.63	502	1.05	653
贞丰县贵耀材料科技有限公司	5.15	603	3.14	368	0.00	633	13.47	258
贵阳力波机械传动有限公司	5.14	604	22.58	74	32.26	600	3.67	567
贵州省达济环保科技有限公司	5.13	605	1.18	454	68.84	449	0.27	677

续表

企业名称	创新效益		利税总额占企业主营业务收入的比重		新产品销售收入占企业主营业务收入的比重		全员劳动生产率	
	指数/%	位次	指标值/%	位次	指标值/%	位次	指标值/(万元/人)	位次
贵州天虹志远电线电缆有限公司	5.12	606	2.08	405	0.00	633	13.55	257
贵州华龙电子设备有限公司	5.09	607	-0.76	669	71.10	416	0.34	675
贵州三佳科技有限公司	5.06	608	1.45	433	46.71	586	3.55	572
贵阳鑫羿向科技有限公司	5.05	609	0.37	488	63.93	509	1.51	639
贵阳迪乐普科技有限公司	5.05	610	-18.37	708	87.32	262	0.48	672
贵州远东兄弟钻探有限公司	5.05	611	5.66	273	24.31	605	7.84	406
康命源（贵州）科技发展有限公司	4.97	612	20.90	86	0.00	633	7.19	431
贵州千叶药品包装股份有限公司	4.95	613	12.13	157	16.20	612	3.48	575
贵州金农科技有限责任公司	4.94	614	0.00	504	88.93	255	-5.27	730
六盘水康博木塑科技有限公司	4.90	615	5.85	269	99.73	162	-7.93	739
贵州尚品创意网络科技有限公司	4.88	616	-30.88	721	0.00	633	20.18	175
贵州杰源水务管理技术科技有限公司	4.85	617	20.30	91	0.00	633	9.77	343
贵州兴洪波科技有限公司	4.80	618	0.00	504	67.76	462	0.13	681
贵州省源单新材料科技有限公司	4.72	619	12.34	153	0.00	633	11.00	317
贵州博成科技有限公司	4.68	620	0.00	504	24.84	603	8.34	387
贵州信方达信息咨询有限公司	4.65	621	-25.15	718	100.00	5	-1.75	723
贵州鲸品汇电子商务有限公司	4.63	622	0.00	504	66.00	486	0.00	685
贵州百胜工程建设咨询有限公司	4.61	623	6.53	257	0.00	633	11.61	304
贵州道兴建设工程检测有限责任公司	4.59	624	1.92	410	0.00	633	12.69	275
贵州伟力达电子有限公司	4.58	625	-5.73	688	36.34	596	6.89	438
贵州苗药生物技术有限公司	4.55	626	2.18	401	29.29	602	6.23	466
贵阳高新泰丰航空航天科技有限公司	4.52	627	0.00	504	0.00	633	12.91	270
贵州宏志数码科技工程有限公司	4.50	628	2.65	386	0.00	633	12.00	296
贵州秒银信诚科技有限公司	4.47	629	0.00	504	58.96	570	0.92	657
贵州小伙人信息技术有限公司	4.35	630	0.00	504	61.98	535	0.00	685
贵州中科信达科技有限公司	4.34	631	3.17	366	24.39	604	6.55	457
贵州普利英吉科技有限公司	4.33	632	0.00	504	0.00	633	12.38	283
贵州煌缔科技股份有限公司	4.20	633	0.00	504	38.46	592	3.14	587
贵州海跃模具有限公司	4.19	634	23.21	68	0.00	633	7.20	429
贵州省创伟道环境科技有限公司	4.12	635	12.09	158	0.00	633	9.32	359
贵州云智数据集团有限责任公司	4.12	636	0.00	504	0.00	633	11.78	300
贵州嘉锐恒大科技有限公司	4.06	637	-11.11	699	62.70	524	1.11	649
贵州乐创方舟科技文化有限公司	4.05	638	-30.48	720	65.30	491	4.59	530

续表

企业名称	创新效益		利税总额占企业主营业务收入的比重		新产品销售收入占企业主营业务收入的比重		全员劳动生产率	
	指数/%	位次	指标值/%	位次	指标值/%	位次	指标值/(万元/人)	位次
贵州万顺豪环卫机械设备有限公司	4.00	639	9.09	205	0.00	633	9.50	352
贵州盛方信息科技有限公司	3.96	640	13.21	145	0.00	633	8.58	379
遵义华富生物科技有限公司	3.86	641	-58.48	732	100.00	5	2.71	605
贵州源诚利华技术有限公司	3.75	642	0.00	504	47.38	585	0.56	668
贵州好住理网络科技有限公司	3.74	643	-11.20	700	0.00	633	12.96	269
贵州信鸽科技有限公司	3.67	644	0.00	504	0.00	633	10.47	327
贵州源熙生物研发有限公司	3.66	645	5.00	288	0.00	633	9.44	355
贵州政和信息科技有限公司	3.65	646	0.00	504	90.00	241	-7.60	738
贵州俊丰源环保科技有限公司	3.56	647	28.46	47	0.00	633	4.48	537
贵州华立通科技发展有限公司	3.50	648	7.76	232	0.00	633	8.41	385
贵州黔竹汇君科技有限公司	3.50	649	2.63	388	12.35	616	6.61	454
贵州数易联科技有限公司	3.46	650	1.33	442	0.00	633	9.63	349
贵州优行车联科技有限公司	3.45	651	10.81	170	0.00	633	7.66	414
贵州鑫轩贵钢结构机械有限公司	3.43	652	2.60	390	4.10	626	7.95	400
贵州硕利芮达科技有限公司	3.42	653	3.58	345	0.00	633	9.03	368
贵州中电通环境检测有限公司	3.41	654	7.26	241	0.00	633	8.27	390
贵州思源信息科技有限公司	3.32	655	-36.99	724	100.00	5	-3.15	726
遵义粒满丰肥业有限责任公司	3.16	656	-19.10	709	59.98	568	0.78	658
江林(贵州)高科发展股份有限公司	3.16	657	-0.52	665	20.41	609	4.75	522
贵州天成中源科技有限公司	3.11	658	3.67	339	0.00	633	8.14	393
贵州省移塑管业有限公司	3.10	659	0.00	504	21.33	608	4.57	531
贵州恒泰祥工程建设有限公司	2.89	660	1.56	426	0.00	633	7.74	410
贵州温商信息技术有限公司	2.88	661	6.84	251	0.00	633	6.85	441
贵州忠义柒彩科技开发有限公司	2.83	662	0.00	504	0.00	633	8.08	396
贵阳锐泰电力科技有限公司	2.71	663	0.00	504	67.13	470	-6.25	733
贵州科讯达科技有限公司	2.68	664	0.00	504	10.49	618	5.52	489
贵州汉沙科技有限公司	2.58	665	0.00	504	0.00	633	7.36	419
贵州世纪宏景软件有限公司	2.56	666	4.83	300	8.61	621	4.59	529
贵州永成科技有限公司	2.54	667	0.00	504	0.00	633	7.25	427
贵州省瓮安兴农磷化工有限责任公司	2.44	668	0.00	504	34.64	598	0.00	685
贵州华峰志远商贸有限公司	2.44	669	1.16	455	0.00	633	6.71	450
毕节市斯翔安防科技有限公司	2.43	670	9.40	200	0.00	633	4.96	517
贵州奥申信息技术发展有限公司	2.40	671	0.00	504	0.00	633	6.85	440

续表

企业名称	创新效益		利税总额占企业主营业务收入的比重		新产品销售收入占企业主营业务收入的比重		全员劳动生产率	
	指数/%	位次	指标值/%	位次	指标值/%	位次	指标值/(万元/人)	位次
贵州巨凯科技有限公司	2.30	672	4.94	292	2.62	628	5.01	515
埃柯赛环境科技（贵州）股份有限公司	2.28	673	29.09	44	0.00	633	0.70	663
遵义汇峰智能系统有限责任公司	2.12	674	1.22	450	60.91	545	-7.20	737
遵义市龙驰生物科技有限公司	2.05	675	0.00	504	0.00	633	5.85	475
六盘水市钟山区泉辰科技有限责任公司	1.94	676	0.00	504	0.00	633	5.55	487
黔南州黔程科技有限公司	1.88	677	0.00	504	0.00	633	5.37	499
中电科大数据研究院有限公司	1.87	678	-45.22	728	0.00	633	16.16	219
贵州久龙科技发展有限公司	1.79	679	-30.94	722	89.81	252	-6.83	736
安顺市虹翼特种钢球制造有限公司	1.66	680	23.67	65	0.00	633	0.00	685
贵州创米科技有限公司	1.66	681	3.77	336	0.00	633	3.97	552
路鑫机械有限公司	1.63	682	0.00	504	0.00	633	4.65	527
贵州海誉科技股份有限公司	1.58	683	0.00	504	0.00	633	4.52	535
贵州贝加尔乐器有限公司	1.57	684	21.35	83	0.00	633	0.00	685
贵州万恒科技发展有限公司	1.54	685	0.40	487	5.59	623	3.18	584
贵州新华羲玻璃有限责任公司	1.52	686	7.88	225	0.00	633	1.78	631
贵州云腾志远科技发展有限公司	1.44	687	-13.65	703	0.00	633	6.90	436
贵阳方舟高新技术有限公司	1.41	688	4.76	301	0.00	633	2.87	596
贵州航图教育科技有限公司	1.39	689	-81.74	737	100.00	5	0.32	676
贵州森塑宇木塑有限公司	1.36	690	-110.37	742	100.00	5	5.99	474
贵州智联云弛软件科技有限公司	1.24	691	3.30	358	7.35	622	1.35	642
贵州顺健制药有限公司	1.18	692	-52.25	730	0.00	633	14.67	234
贵阳博烁科技有限公司	1.13	693	15.82	123	0.00	633	0.00	685
贵州长宇电力电气有限公司	1.10	694	0.00	504	0.00	633	3.14	586
贵阳市启沃富科技有限公司	0.99	695	0.00	504	0.00	633	2.82	598
贵州云谷数据有限公司	0.98	696	0.00	504	0.00	633	2.81	599
贵州红达世纪工程有限公司	0.90	697	0.00	504	0.00	633	2.58	613
遵义航大海电器有限公司	0.82	698	3.20	364	0.00	633	1.69	635
贵州大西南工程检测有限公司	0.73	699	-3.56	685	0.00	633	2.83	597
中通友源建设有限公司	0.72	700	0.87	467	0.00	633	1.50	640
贵阳天马测绘技术有限公司	0.70	701	1.82	414	0.00	633	1.63	636
贵州省三穗县兴绿洲农业发展有限公司	0.57	702	0.00	504	0.00	633	1.63	637
遵义市利升机械加工有限公司	0.51	703	7.06	246	0.00	633	0.00	685
贵州众志达成科贸有限公司	0.41	704	0.00	504	0.00	633	1.03	654

续表

企业名称	创新效益		利税总额占企业主营业务收入的比重		新产品销售收入占企业主营业务收入的比重		全员劳动生产率	
	指数/%	位次	指标值/%	位次	指标值/%	位次	指标值/(万元/人)	位次
遵义市亿易通科技网络有限责任公司	0.41	705	-94.68	738	100.00	5	0.11	682
贵州汇龙源电气有限公司	0.40	706	0.00	504	0.00	633	1.14	648
贵州永美健医疗器械有限公司	0.38	707	0.00	504	1.46	630	0.78	659
黔西南州富洪茶叶有限公司	0.35	708	4.23	319	0.00	633	0.00	685
贵州同成沁溢水务环境有限公司	0.28	709	0.00	504	3.90	627	0.00	685
贵州人和信通科技有限公司	0.24	710	-42.04	725	65.01	496	-3.92	728
铜仁市碧江区安智科技有限公司	0.19	711	-3.51	684	0.00	633	1.24	645
贵州智博云网络科技有限公司	0.18	712	0.00	504	0.00	633	0.50	671
贵州诚致未来科技有限公司	0.15	713	0.82	468	0.00	633	0.25	678
三穗县富源精品水果专业合作社	0.08	714	0.00	504	0.00	633	0.22	679
贵州云图时代信息技术有限公司	0.02	715	0.11	502	0.00	633	0.00	683
贵州智能加数字科技有限公司	0.00	716	0.00	504	0.00	633	0.00	685
贵州德瑞软件开发有限责任公司	0.00	716	0.00	504	0.00	633	0.00	685
贵州远诚自控科技有限公司	0.00	716	0.00	504	0.00	633	0.00	685
贵州德隆水泥有限公司	0.00	716	0.00	504	0.00	633	0.00	685
普定全成电子有限公司	0.00	716	0.00	504	0.00	633	0.00	685
安顺市非凡创新科技有限公司	0.00	716	0.00	504	0.00	633	0.00	685
贵州宏信创达工程检测咨询有限公司	0.00	716	0.00	504	0.00	633	0.00	685
贵州清风科技环保设备制造有限公司	0.00	716	0.00	504	0.00	633	0.00	685
贵州鑫源道建材科技有限公司	0.00	716	0.00	504	0.00	633	0.00	685
贵州亿全科技有限公司	0.00	716	0.00	504	0.00	633	0.00	685
贵州同成环境科技有限公司	-0.34	726	0.00	504	0.00	633	-0.96	719
铜仁文馨高效节能门窗有限公司	-0.43	727	0.00	504	0.00	633	-1.23	720
贵州多维视科技有限公司	-0.75	728	-23.07	715	91.61	225	-16.00	741
贵州银通三联科技有限公司	-1.63	729	-73.43	736	80.93	319	-6.16	732
贵州剑河园方林业投资开发有限公司	-1.79	730	-98.74	740	97.44	178	-3.27	727
兴义市黔城商品混凝土有限公司	-1.90	731	0.00	504	2.55	629	-5.98	731
瓮安鑫源环保建材有限公司	-1.92	732	-24.06	716	0.86	631	-0.82	718
贵阳凯晟成科技有限公司	-2.19	733	-20.87	711	69.69	439	-16.40	742
贵州毅博机械设备有限公司	-2.34	734	-47.83	729	0.00	633	2.89	595
贵州顺安机电设备有限公司	-3.07	735	-42.63	726	100.00	5	-23.99	743
贵州数据宝网络科技有限公司	-3.83	736	0.00	504	100.00	5	-36.76	745
贵州蜂能科技发展有限公司	-4.05	737	-59.31	733	0.00	633	0.53	669

续表

企业名称	创新效益		利税总额占企业主营业务收入的比重		新产品销售收入占企业主营业务收入的比重		全员劳动生产率	
	指数/%	位次	指标值/%	位次	指标值/%	位次	指标值/(万元/人)	位次
贵州匠人筑造工程咨询有限公司	-4.83	738	-111.60	743	66.17	481	-4.66	729
贵州地道药业有限公司	-5.21	739	-72.30	735	0.00	633	0.00	685
贵州海普科技有限公司	-5.48	740	-97.22	739	0.00	633	3.83	559
贵州宏达环保科技有限公司	-6.67	741	-57.95	731	78.00	349	-24.27	744
贵州精博高科科技有限公司	-9.92	742	-161.81	744	100.00	5	-15.88	740
贵州亿程交通信息有限公司	-12.43	743	-72.16	734	86.45	270	-38.92	746
遵义汇航机电有限公司	-18.99	744	-393.17	747	96.59	187	5.74	482
贵州普济生物技术有限公司	-21.08	745	-369.08	746	100.00	5	-6.31	734
贵州黔龙图视科技有限公司	-31.84	746	-517.24	748	95.30	194	-6.39	735
贵州精工利鹏科技有限公司	-36.91	747	0.00	504	71.85	408	-121.52	747
贵州赤天化桐梓化工有限公司	-102.03	748	-104.24	741	96.21	190	-185.56	748

表6-5 科技投入指数排位

企业名称	科技投入		企业R&D投入占企业主营业务收入的比重		研发人员占年末从业人员数的比重		技术成果引进、转化金额占企业主营业务收入的比重	
	指数/%	位次	指标值/%	位次	指标值/%	位次	指标值/%	位次
贵州卓越天成软件有限公司	48.17	1	67.60	23	92.86	46	100.00	6
贵州优联博睿科技有限公司	48.11	2	153.61	6	72.73	86	200.00	1
贵州绿盾征信大数据有限公司	48.09	3	64.76	25	100.00	8	100.00	6
贵州矩阵科技有限公司	45.32	4	31.00	68	90.00	50	177.88	3
贵州源熙生物研发有限公司	44.79	5	52.85	32	72.73	86	92.68	25
贵州海智科技有限公司	43.81	6	17.38	121	66.67	99	100.00	6
福泉大北农农业科技有限公司	43.18	7	5.01	481	50.00	168	100.00	6
贵州国宏正电气工程有限公司	43.09	8	9.85	224	68.75	95	147.38	4
贵州钢绳股份有限公司	42.98	9	48.87	34	23.68	440	0.00	179
贵阳迪乐普科技有限公司	42.94	10	9.06	236	50.00	168	99.99	14
贵州比特软件有限公司	42.82	11	19.23	110	66.67	99	96.70	20
贵州溪山科技有限公司	42.79	12	14.93	148	76.19	74	97.65	19
贵州晟博特科技有限公司	42.05	13	4.54	510	46.15	208	100.00	6
六盘水康博木塑科技有限公司	41.59	14	7.58	287	40.00	247	99.73	15
贵州志琦科技有限公司	41.57	15	9.08	235	38.46	267	190.94	2
贵州云科教服务有限公司	41.16	16	9.41	229	63.64	111	94.84	23

续表

企业名称	科技投入		企业R&D投入占企业主营业务收入的比重		研发人员占年末从业人员数的比重		技术成果引进、转化金额占企业主营业务收入的比重	
	指数/%	位次	指标值/%	位次	指标值/%	位次	指标值/%	位次
贵阳联合高温材料有限公司	40.80	17	15.27	144	30.77	348	98.52	18
贵州火星探索科技有限公司	40.37	18	21.51	98	111.11	6	88.84	30
贵州多维视科技有限公司	40.17	19	17.53	119	55.56	148	89.86	28
贵州中博宇科技有限公司	40.13	20	9.70	227	50.00	168	91.98	26
贵州浩博工程质量检测有限公司	39.83	21	4.69	501	26.79	403	100.00	6
贵州森塑宇木塑有限公司	39.79	22	0.00	671	31.25	342	100.00	6
遵义汇航机电有限公司	39.61	23	11.22	196	30.43	356	96.59	21
贵州剑河园方林业投资开发有限公司	39.34	24	4.59	508	16.96	548	100.00	6
贵州顺安机电设备有限公司	38.86	25	5.09	463	17.98	528	99.62	16
贵州万顺堂药业有限公司	38.83	26	4.60	507	19.01	510	99.43	17
江南机电设计研究所	38.65	27	1.02	655	82.46	59	79.57	36
贵州久龙科技发展有限公司	38.61	28	2.31	640	60.00	123	89.81	29
遵义市大地和电气有限公司	38.13	29	4.25	540	9.06	680	104.25	5
贵州杰轩科技有限责任公司	37.71	30	0.00	671	175.00	2	87.93	31
六盘水创世纪科贸有限公司	37.71	31	12.85	168	150.00	3	83.97	33
贵州英思普瑞信息技术有限公司	37.21	32	5.07	464	25.81	412	92.94	24
贵州省海美斯科技有限公司	37.00	33	4.02	566	10.00	668	96.19	22
贵阳高新兆诚科技有限公司	36.93	34	44.31	37	84.85	55	72.65	48
贵州建工集团有限公司	36.75	35	2.13	644	16.17	565	0.00	179
中国航发贵州黎阳航空动力有限公司	36.70	36	23.07	92	11.96	641	0.00	179
贵州中联信科技有限公司	36.65	37	9.04	237	44.44	219	84.24	32
贵州吉丰种业有限责任公司	36.45	38	6.19	361	69.23	93	82.59	35
贵州恒源远东液压系统技术有限公司	36.13	39	8.67	245	22.73	456	90.21	27
贵州西瑞科技有限公司	35.80	40	29.72	71	106.67	7	73.91	45
贵州创天科技有限公司	35.54	41	10.73	204	50.00	168	78.96	38
贵州汇诚优品科技有限公司	35.43	42	8.22	260	85.71	52	79.10	37
贵州航天电器股份有限公司	34.54	43	10.70	206	24.94	427	0.00	179
贵州华康伟创科技有限公司	33.66	44	7.96	275	100.00	8	74.02	44
贵州天逸轩网络科技有限公司	33.46	45	40.54	42	58.82	132	64.71	59
贵州科服科技集团有限责任公司	33.27	46	23.99	88	46.67	205	70.00	51
贵州能安机电设备制造有限公司	32.97	47	7.68	282	36.67	286	76.89	39
贵州恒兴凯新型建材有限公司	32.71	48	8.10	270	38.89	262	75.30	40
贵州信天游信息技术有限公司	32.44	49	38.12	52	100.00	8	62.76	64

续表

企业名称	科技投入		企业R&D投入占企业主营业务收入的比重		研发人员占年末从业人员数的比重		技术成果引进、转化金额占企业主营业务收入的比重	
	指数/%	位次	指标值/%	位次	指标值/%	位次	指标值/%	位次
贵州鲸品汇电子商务有限公司	31.82	50	20.07	105	100.00	8	66.00	54
贵州兴国新动力科技有限公司	31.35	51	5.81	393	30.77	348	74.73	42
贵州温商信息技术有限公司	31.21	52	33.76	60	36.00	295	65.00	58
贵州光大远航测绘工程有限公司	30.99	53	24.44	86	24.56	430	70.58	50
六枝特区华兴管业制品有限公司	30.89	54	6.64	334	0.00	697	83.69	34
贵州志成恩予科技有限公司	30.57	55	14.71	150	100.00	8	63.99	61
首钢水城钢铁（集团）有限责任公司	30.56	56	1.79	648	18.87	511	3.24	146
贵阳鑫羿向科技有限公司	30.27	57	12.05	181	66.67	99	63.93	62
贵州省安顺市智达公共安技术有限责任公司	30.05	58	11.67	191	20.00	492	73.31	47
贵州人和信通科技有限公司	29.92	59	20.00	106	100.00	8	60.74	70
遵义群建塑胶制品有限公司	29.90	60	3.46	595	18.75	513	73.49	46
遵义市文杰机电有限责任公司	29.82	61	8.38	253	25.00	415	71.88	49
贵州双木农机有限公司	29.79	62	8.15	264	17.65	535	74.05	43
贵航发动机设计研究所	29.67	63	77.06	21	84.37	56	0.00	179
贵州创奇环保科技股份有限公司	29.28	64	5.18	452	13.89	607	74.88	41
贵州卓豪农业科技股份有限公司	28.99	65	5.09	461	40.74	244	63.15	63
贵州三超科技信息系统有限公司	28.98	66	6.25	360	62.07	119	61.31	67
贵州兰诚硕测绘有限责任公司	28.69	67	6.32	352	33.33	316	66.64	53
都匀市英伦数字科技有限责任公司	28.64	68	15.54	140	42.86	230	60.87	69
贵州联洪合成材料有限公司	28.50	69	6.85	320	24.00	434	68.24	52
贵州电子商务云运营有限公司	28.49	70	12.83	169	37.33	280	60.00	72
贵阳新奇微波工业有限责任公司	28.03	71	8.46	248	30.00	363	65.15	56
中国贵州茅台酒厂（集团）有限责任公司	27.83	72	0.25	668	3.80	693	0.00	179
贵州秒银信诚科技有限公司	27.82	73	5.20	449	100.00	8	58.96	73
贵州亿垒科技有限公司	27.81	74	31.40	67	30.00	363	58.34	74
贵州力创科技发展有限公司	27.36	75	6.26	358	28.69	376	62.25	65
贵州吉兆电气工程技术有限公司	27.05	76	5.26	441	25.00	415	65.22	55
贵州元能管业有限公司	26.52	77	16.67	127	40.00	247	55.33	75
贵州长征电气有限公司	26.49	78	3.09	622	13.82	608	65.05	57
贵州博成科技有限公司	26.36	79	38.32	50	31.25	342	51.90	77
际华三五三七制鞋有限责任公司	25.85	80	4.22	543	12.83	623	60.06	71
贵州伊思特新技术发展有限责任公司	25.73	81	5.55	413	16.67	553	64.17	60

续表

企业名称	科技投入		企业R&D投入占企业主营业务收入的比重		研发人员占年末从业人员数的比重		技术成果引进、转化金额占企业主营业务收入的比重	
	指数/%	位次	指标值/%	位次	指标值/%	位次	指标值/%	位次
贵州信鸽科技有限公司	25.18	82	227.31	4	100.00	8	34.33	89
贵州黔力电器制造有限公司	25.08	83	7.17	307	35.71	296	55.21	76
中建四局第三建设有限公司	24.53	84	3.20	614	16.08	566	0.00	179
贵州乐诚技术有限公司	24.43	85	21.03	100	47.24	202	43.17	82
贵州小伙人信息技术有限公司	24.40	86	20.81	101	0.00	697	61.98	66
贵州德恒信安防工程有限公司	23.71	87	5.31	434	10.00	668	61.00	68
贵州恒信工程有限公司	23.15	88	18.46	115	75.00	76	42.31	84
贵州木弓贵芯微电子有限公司	22.96	89	57.95	27	57.14	136	30.53	91
贵州捷科特电气设备有限公司	22.65	90	10.43	211	40.00	247	46.58	80
贵州蜂能科技发展有限公司	22.57	91	25.00	83	47.37	200	39.63	86
贵阳方舟科技股份有限公司	21.95	92	15.00	147	30.58	352	43.00	83
贵州清风科技环保设备制造有限公司	21.89	93	34.97	58	0.00	697	50.22	78
贵州丹寨宁航蜡染有限公司	21.61	94	36.47	55	14.58	592	44.85	81
瓮福（集团）有限责任公司	21.11	95	3.87	579	13.45	613	0.00	179
贵州云腾志远科技发展有限公司	20.90	96	20.24	103	75.00	76	35.29	88
贵州瑞泰实业有限公司	20.44	97	6.47	343	14.08	603	47.45	79
贵州全安密灵科技有限公司	20.19	98	4.33	532	33.80	313	41.87	85
贵州建工集团第一建筑工程有限责任公司	19.86	99	3.85	580	24.10	433	0.00	179
中国电建集团贵阳勘测设计研究院有限公司	19.59	100	3.13	618	34.92	304	0.00	179
贵州东冠科技有限公司	18.56	101	6.00	380	53.03	160	32.00	90
贵州德鑫源电气有限公司	18.55	102	56.54	29	0.00	697	35.34	87
贵阳华彩影视文化传媒有限公司	18.10	103	26.07	77	66.67	99	26.07	95
贵州智诚科技有限公司	17.34	104	21.81	97	80.00	64	21.81	99
贵州益佰制药股份有限公司	15.74	105	11.72	189	13.45	614	0.00	179
中铁二局第一工程有限公司	15.47	106	3.39	600	12.07	640	0.00	179
遵义铝业股份有限公司	15.35	107	3.22	607	15.50	580	0.00	179
贵州航天林泉电机有限公司	15.29	108	10.03	220	29.19	373	10.21	114
贵州勤邦食品安全科学技术有限公司	15.06	109	132.20	9	51.11	165	6.78	126
贵州航天特种车有限责任公司	15.06	110	4.17	552	21.43	476	28.72	93
贵州百灵企业集团仁和堂药业有限公司	14.99	111	6.48	342	24.91	428	0.57	172
遵义市信欧建材有限公司	14.90	112	7.35	297	53.85	154	22.48	98
中电科大数据研究院有限公司	14.31	113	57.85	28	74.56	84	0.00	179

续表

企业名称	科技投入		企业R&D投入占企业主营业务收入的比重		研发人员占年末从业人员数的比重		技术成果引进、转化金额占企业主营业务收入的比重	
	指数/%	位次	指标值/%	位次	指标值/%	位次	指标值/%	位次
遵义新利特金属材料科技有限公司	14.24	114	7.21	303	53.85	154	20.41	100
中航贵州飞机有限责任公司	13.88	115	6.49	341	14.89	588	0.00	179
贵州华美达科技有限公司	13.77	116	70.00	22	100.00	8	0.00	179
遵义易拓网络服务有限公司	13.77	117	5.99	381	50.00	168	19.83	102
中国水利水电第九工程局有限公司	13.58	118	3.42	597	0.00	697	0.00	179
贵州省煤层气页岩气工程技术研究中心	13.14	119	88.76	16	50.91	167	0.00	179
贵州华信创新科技有限公司	13.08	120	15.28	143	62.50	116	15.28	104
遵义市大鼎正环保建材有限公司	13.07	121	5.69	399	14.63	591	29.32	92
贵州开阳川东化工有限公司	12.99	122	6.01	377	10.55	661	28.39	94
贵州航天电子科技有限公司	12.92	123	13.63	161	43.23	229	3.17	149
七冶建设有限责任公司	12.82	124	0.05	670	23.28	446	0.00	179
贵州精立航太科技有限公司	12.80	125	8.07	271	23.47	442	24.71	96
贵州航天天马机电科技有限公司	12.54	126	5.96	385	39.33	258	0.00	179
贵州省三穗县兴绿洲农业发展有限公司	12.49	127	7.58	286	20.17	488	24.28	97
贵州安易和信科技有限公司	12.47	128	90.10	15	92.31	48	0.00	179
航天云宏技术贵州有限公司	12.43	129	319.97	2	51.43	163	0.00	179
云上（贵州）教育科技有限公司	12.24	130	97.55	13	137.50	4	0.00	179
贵州太瑞生诺生物医药有限公司	12.21	131	85.34	18	76.47	73	0.00	179
贵州忠义柒彩科技开发有限公司	12.20	132	64.90	24	70.83	90	0.00	179
贵州黔龙图视科技有限公司	12.10	133	103.89	11	75.00	76	0.00	179
贵州益华膜科技有限公司	12.09	134	87.99	17	61.54	121	0.00	179
贵州海普科技有限公司	12.08	135	175.00	5	100.00	8	0.00	179
贵州宇鹏科技有限责任公司	12.08	136	254.60	3	63.64	111	0.00	179
贵州思源信息科技有限公司	12.08	137	101.40	12	83.33	57	0.00	179
贵州中电通环境检测有限公司	12.06	138	90.29	14	100.00	8	0.00	179
贵州久联民爆器材发展股份有限公司	12.02	139	0.35	666	13.99	604	0.00	179
贵州省交通规划勘察设计研究院股份有限公司	11.77	140	3.95	576	36.90	282	0.00	179
贵州智慧共治信息科技有限公司	11.72	141	53.72	31	68.42	96	0.00	179
贵州人和致远数据服务有限责任公司	11.49	142	41.20	41	56.31	143	1.47	158
贵州云博极讯科技有限责任公司	11.23	143	51.44	33	80.00	64	0.00	179
贵州航天朝阳科技有限责任公司	11.11	144	39.18	45	55.84	147	0.00	179
贵州车秘科技有限公司	11.09	145	141.81	7	38.67	265	0.00	179

续表

企业名称	科技投入		企业R&D投入占企业主营业务收入的比重		研发人员占年末从业人员数的比重		技术成果引进、转化金额占企业主营业务收入的比重	
	指数/%	位次	指标值/%	位次	指标值/%	位次	指标值/%	位次
中建四局安装工程有限公司	10.90	146	3.67	589	16.40	562	0.00	179
贵阳海之力液压有限公司	10.78	147	32.27	64	100.00	8	4.15	139
贵州科讯达科技有限公司	10.76	148	6.29	354	100.00	8	11.00	112
贵阳航空电机有限公司	10.73	149	10.62	207	31.96	334	0.00	179
贵州黔竹汇君科技有限公司	10.67	150	1.24	654	50.00	168	12.35	108
中国振华（集团）新云电子元器件有限责任公司（国营第四三二六厂）	10.62	151	10.86	202	27.88	389	0.00	179
贵州鼎盛建材实业有限公司	10.59	152	77.44	20	22.58	462	3.19	148
贵州航图教育科技有限公司	10.57	153	45.21	36	100.00	8	0.00	179
中铁八局集团第三工程有限公司	10.55	154	3.39	601	23.08	448	0.00	179
贵州通祥水务环境工程有限公司	10.50	155	12.86	167	100.00	8	8.71	116
贵州瑞普科技有限公司	10.37	156	42.38	40	83.33	57	0.00	179
贵阳联诚欣业科技有限公司	10.29	157	16.78	126	50.00	168	6.92	124
贵州爱唐文化网络科技有限公司	10.24	158	12.02	183	43.64	228	9.86	115
贵州硕利芮达科技有限公司	10.23	159	38.95	47	49.12	197	0.00	179
贵州安康健科技有限公司	10.23	160	38.20	51	66.67	99	0.00	179
贵州云智数据集团有限责任公司	10.06	161	61.70	26	33.33	316	0.00	179
贵州西西洋教育科技有限公司	10.02	162	39.50	43	36.21	293	0.00	179
贵州中航交通科技有限公司	9.93	163	10.36	212	66.67	99	7.56	119
贵州毅博机械设备有限公司	9.93	163	39.01	46	60.00	123	0.00	179
遵义市飞宇电子有限公司	9.84	165	9.87	222	10.00	668	20.00	101
贵州航天控制技术有限公司	9.84	166	6.37	349	33.38	315	0.00	179
贵州联盛药业有限公司	9.81	167	8.76	244	15.56	577	17.52	103
瓮安县武江隆塑业有限责任公司	9.80	168	7.53	289	100.00	8	7.53	120
中国振华集团永光电子有限公司	9.76	169	7.57	288	22.49	464	7.69	118
中国电建集团贵州电力设计研究院有限公司	9.70	170	3.37	602	37.50	273	0.00	179
贵州中科恒运软件科技有限公司	9.68	171	31.46	66	80.77	63	0.00	179
贵州丰达轴承有限公司	9.63	172	7.37	295	37.50	273	11.80	110
遵义市亿易通科技网络有限责任公司	9.57	173	114.89	10	28.57	377	0.00	179
贵州紫金矿业股份有限公司	9.54	174	3.14	617	35.20	302	0.10	177
贵州鼎慧大数据科技有限公司	9.50	175	33.03	61	100.00	8	0.00	179
贵阳企易云商科技发展有限公司	9.50	176	43.27	39	42.86	230	0.00	179

续表

企业名称	科技投入		企业R&D投入占企业主营业务收入的比重		研发人员占年末从业人员数的比重		技术成果引进、转化金额占企业主营业务收入的比重	
	指数/%	位次	指标值/%	位次	指标值/%	位次	指标值/%	位次
贵州唯捷众品信息技术有限公司	9.44	177	31.93	65	75.00	76	0.00	179
中国振华集团云科电子有限公司	9.41	178	7.48	291	30.19	361	5.40	135
贵州黎阳国际制造有限公司	9.39	179	12.09	178	41.35	242	0.00	179
博文软件（贵州）有限公司	9.39	180	30.12	69	66.67	99	0.00	179
贵阳四度空间文化传媒有限公司	9.30	181	32.47	63	100.00	8	0.00	179
贵阳永青仪电科技有限公司	9.27	182	9.13	234	16.94	549	12.23	109
贵州省创伟道环境科技有限公司	9.27	183	37.90	53	44.44	219	0.00	179
贵州丽基新材料有限公司	9.25	184	6.72	331	62.50	116	6.72	127
中国建材检验认证集团贵州有限公司	9.23	185	29.94	70	92.00	49	0.00	179
贵州黔驰信息股份有限公司	9.17	186	26.19	76	74.51	85	0.00	179
贵州德瑞软件开发有限责任公司	9.16	187	54.90	30	30.00	363	0.00	179
贵州晨智俊博科技有限公司	9.16	188	46.27	35	37.50	273	0.00	179
遵义强大博信知识产权服务有限公司	9.10	189	29.00	72	78.26	69	0.00	179
贵阳长治恒丰智能科技有限公司	9.08	190	5.49	416	50.00	168	6.86	125
贵州健兴药业有限公司	9.06	191	3.84	581	22.22	465	0.00	179
贵州宏达环保科技有限公司	9.06	192	13.16	165	56.41	141	0.73	169
贵州普济生物技术有限公司	9.04	193	84.21	19	25.00	415	0.00	179
贵州六合门业有限公司	8.95	194	38.91	48	41.67	238	0.00	179
贵州天成中源科技有限公司	8.91	195	27.83	75	80.00	64	0.00	179
贵州德良方药业股份有限公司	8.74	196	8.89	240	17.76	534	15.02	105
贵州惠智电子技术有限责任公司	8.72	197	18.31	116	51.43	163	0.00	179
贵州航天云网科技有限公司	8.72	198	7.84	278	49.50	196	0.00	179
贵阳朗玛信息技术股份有限公司	8.65	199	7.66	283	26.12	411	1.11	164
贵州振华天通设备有限公司	8.61	200	38.35	49	36.84	283	0.00	179
贵州希格玛技术工程有限公司	8.59	201	25.45	79	66.67	99	0.00	179
贵州银通三联科技有限公司	8.58	202	25.29	80	100.00	8	0.00	179
贵州智能加数字科技有限公司	8.55	203	25.22	81	50.00	168	0.00	179
贵州凯星液力传动机械有限公司	8.55	204	5.76	396	31.96	333	7.53	121
贵阳动视云科技有限公司	8.50	205	18.06	117	67.61	97	0.00	179
贵州大兴旺新材料科技有限公司	8.48	206	5.11	457	81.82	61	5.11	136
贵州省源单新材料科技有限公司	8.46	207	133.02	8	19.23	507	0.00	179
贵州中孚科技有限公司	8.41	208	23.28	90	63.64	111	0.00	179
贵州贵航飞机设计研究所	8.40	209	10.20	216	55.13	152	0.00	179

续表

企业名称	科技投入		企业R&D投入占企业主营业务收入的比重		研发人员占年末从业人员数的比重		技术成果引进、转化金额占企业主营业务收入的比重	
	指数/%	位次	指标值/%	位次	指标值/%	位次	指标值/%	位次
贵州数智联云科技有限公司	8.39	210	22.33	95	63.16	115	0.00	179
贵州安吉航空精密铸造有限责任公司	8.39	211	10.21	215	20.37	484	0.00	179
贵州信方达信息咨询有限公司	8.38	212	23.33	89	55.56	148	0.00	179
贵州匠人筑造工程咨询有限公司	8.38	213	23.19	91	60.00	123	0.00	179
贵州好住理网络科技有限公司	8.37	214	22.82	94	77.78	71	0.00	179
贵州雏阳生态环保科技有限公司	8.35	215	10.46	210	28.57	377	10.46	113
贵州房易通网络技术有限公司	8.25	216	15.67	138	100.00	8	0.00	179
贵阳盛通宏业科技有限公司	8.22	217	21.94	96	60.00	123	0.00	179
贵州航天计量测试技术研究所	8.21	218	4.29	535	81.08	62	0.60	171
贵州三泓药业股份有限公司	8.15	219	17.34	122	48.84	198	0.00	179
贵州振华红云电子有限公司	8.07	220	7.41	294	14.78	589	13.20	107
贵州永成科技有限公司	7.99	221	19.26	109	75.00	76	0.00	179
贵州垄华成工程试验检测有限责任公司	7.98	222	18.98	112	64.29	110	0.00	179
贵州华烽电器有限公司	7.94	223	10.85	203	27.59	394	0.00	179
贵州开拓未来计算机技术有限公司	7.79	224	14.22	154	100.00	8	0.00	179
贵州川恒化工股份有限公司	7.79	225	5.12	456	21.89	471	1.60	156
贵州智联云弛软件科技有限公司	7.75	226	20.20	104	46.67	205	0.00	179
遵义钛业股份有限公司	7.74	227	4.17	553	29.98	367	1.08	165
贵州广济堂药业有限公司	7.68	228	39.47	44	25.35	414	0.00	179
贵州航天风华精密设备有限公司	7.68	229	3.67	588	19.84	502	0.00	179
贵州九鼎成科技有限公司	7.66	230	15.81	136	100.00	8	0.00	179
贵州千村节能环保科技开发有限公司	7.61	231	15.48	141	50.00	168	0.00	179
遵义华富生物科技有限公司	7.61	232	15.80	137	60.00	123	0.00	179
贵州祥程佳和机械制造有限公司	7.58	233	10.56	208	53.85	154	1.24	162
贵州天威建材科技有限责任公司	7.57	234	5.58	409	51.02	166	0.00	179
贵州省水利水电勘测设计研究院	7.49	235	3.68	587	31.51	340	0.00	179
贵州省首为电线电缆有限公司	7.49	236	14.10	155	100.00	8	0.00	179
贵州智博云网络科技有限公司	7.45	237	14.29	152	50.00	168	0.00	179
松桃华艺科技有限公司	7.44	238	14.00	157	57.14	136	0.00	179
松桃华艺科技有限公司	7.44	239	14.00	158	57.14	136	0.00	179
云上米度（贵州）科技有限公司	7.43	240	12.65	171	100.00	8	0.00	179
贵州中铝铝业有限公司	7.43	241	3.19	615	24.58	429	3.19	147
贵州新安航空机械有限责任公司	7.42	242	8.18	263	30.23	360	1.80	155

续表

企业名称	科技投入		企业R&D投入占企业主营业务收入的比重		研发人员占年末从业人员数的比重		技术成果引进、转化金额占企业主营业务收入的比重	
	指数/%	位次	指标值/%	位次	指标值/%	位次	指标值/%	位次
贵州众蓝科技有限公司	7.41	243	12.21	176	71.43	89	0.00	179
黔南热线网络有限责任公司	7.40	244	28.23	74	37.50	273	0.00	179
贵州优行车联科技有限公司	7.39	245	21.23	99	42.86	230	0.00	179
贵金玉科技发展有限公司	7.38	246	12.06	180	60.00	123	0.00	179
贵州华烽汽车零部件有限公司	7.38	247	16.38	129	40.59	245	0.00	179
贵州海誉科技股份有限公司	7.37	248	9.25	232	66.07	109	0.00	179
贵州博德恒泰科技有限公司	7.35	249	13.19	164	50.00	168	0.00	179
贵州安大航空锻造有限责任公司	7.33	250	3.56	590	17.82	532	0.00	179
贵州创新睿界科技有限公司	7.31	251	12.50	172	77.78	71	0.00	179
贵州创米科技有限公司	7.28	252	24.59	85	40.00	247	0.00	179
贵州莱利斯机械设计制造有限责任公司	7.27	253	8.41	249	68.89	94	0.00	179
贵州康禾科技有限公司	7.27	254	11.89	187	53.85	154	0.00	179
铜仁市海创信息科技有限公司	7.24	255	11.98	184	57.14	136	0.00	179
贵州黔莱亚科技有限公司	7.18	256	18.04	118	44.44	219	0.00	179
贵州金科成科技服务有限公司	7.16	257	10.95	201	100.00	8	0.00	179
贵阳玛莱特液压电磁科技有限公司	7.14	258	28.44	73	35.29	300	0.00	179
贵州兴泰科技有限公司	7.14	259	36.46	56	28.57	377	0.00	179
贵州微兄弟信息技术有限公司	7.14	260	11.04	199	66.67	99	0.00	179
贵州林都园林工程有限公司	7.14	261	4.32	533	52.17	161	0.00	179
贵州津惠隆科技有限公司	7.13	262	10.30	213	50.00	168	0.00	179
江林（贵州）高科发展股份有限公司	7.13	263	5.00	487	43.75	226	3.40	145
贵州航天凯山石油仪器有限公司	7.12	264	9.96	221	41.33	243	0.00	179
贵州中科信达科技有限公司	7.12	265	8.94	239	100.00	8	0.00	179
贵州世农肥业有限公司	7.10	266	4.62	504	13.95	605	13.46	106
贵州华城楼宇科技有限公司	7.04	267	2.99	632	67.05	98	0.00	179
贵州金农科技有限责任公司	7.02	268	8.21	261	63.64	111	0.00	179
贵州联众云医疗科技有限公司	7.01	269	24.76	84	36.84	283	0.00	179
中联创展信息技术股份有限公司	7.01	270	7.05	312	59.09	131	0.00	179
贵州安吉华元科技发展有限公司	6.99	271	15.18	145	40.24	246	0.00	179
贵州恒瑞辰科技股份有限公司	6.97	272	6.99	316	50.00	168	0.00	179
贵州聚惠达科技有限公司	6.96	273	9.03	238	100.00	8	0.00	179
贵州梦动科技有限公司	6.95	274	17.08	124	38.61	266	0.00	179

续表

企业名称	科技投入		企业R&D投入占企业主营业务收入的比重		研发人员占年末从业人员数的比重		技术成果引进、转化金额占企业主营业务收入的比重	
	指数/%	位次	指标值/%	位次	指标值/%	位次	指标值/%	位次
贵阳世纪恒通科技有限公司	6.94	275	4.39	523	15.07	586	4.39	138
安顺新金秋科技股份有限公司	6.92	276	7.02	314	53.33	158	0.00	179
贵州智合时代传媒有限公司	6.92	277	8.40	250	75.00	76	0.00	179
贵州特派克生物防治技术有限公司	6.91	278	8.11	269	100.00	8	0.00	179
贵州华旭光电技术有限公司	6.91	279	3.02	628	62.07	119	0.00	179
贵阳语玩科技有限公司	6.88	280	24.15	87	29.58	368	0.00	179
贵州恒绿源环保有限公司	6.87	281	8.23	259	100.00	8	0.00	179
贵州华宁科技股份有限公司	6.86	282	5.85	391	50.00	168	0.00	179
贵州非格斯科技有限公司	6.83	283	7.87	277	55.56	148	0.00	179
埃柯赛环境科技（贵州）股份有限公司	6.83	284	346.32	1	6.25	683	0.00	179
贵州天讯信息产业有限公司	6.81	285	6.05	375	56.00	146	0.00	179
贵州迦太利华信息科技有限公司	6.81	286	5.44	422	31.82	337	0.00	179
贵阳中电高新数据科技有限公司	6.80	287	6.10	367	60.00	123	0.00	179
黔山良农有限公司	6.80	288	32.55	62	28.13	385	0.00	179
贵州世纪宏景软件有限公司	6.79	289	7.30	300	66.67	99	0.00	179
贵州普利英吉科技有限公司	6.79	290	6.37	347	52.00	162	0.00	179
安软科技集团（贵州）有限公司	6.79	291	6.73	330	58.33	133	0.00	179
贵州森阳科技有限公司	6.78	292	5.09	462	50.00	168	0.00	179
贵州黔通智联科技产业发展有限公司	6.78	292	1.81	647	45.00	217	0.00	179
贵州联众科创科技工程有限公司	6.78	294	5.99	382	78.57	67	0.00	179
贵州鑫都嘉汇科技有限责任公司	6.78	295	7.34	298	133.33	5	0.00	179
贵州云图瞰景地理信息技术有限公司	6.78	296	6.27	357	60.00	123	0.00	179
贵州鸿云联创科技有限公司	6.78	297	6.75	326	78.57	67	0.00	179
贵州泽涛科技有限公司	6.77	298	7.33	299	50.00	168	0.00	179
贵州乐创方舟科技文化有限公司	6.76	299	7.20	305	50.00	168	0.00	179
贵州百善坊教育科技有限公司	6.75	300	43.27	38	20.00	492	0.00	179
贵州云上诚创科技有限公司	6.74	301	7.14	308	75.00	76	0.00	179
贵州新中盟机电设备有限公司	6.74	302	6.83	322	50.00	168	0.00	179
贵州诚致未来科技有限公司	6.74	303	6.99	317	100.00	8	0.00	179
贵州新锦竹木制品有限公司	6.73	304	4.91	495	32.61	331	5.49	134
贵州嘉锐恒大科技有限公司	6.73	305	6.74	329	62.50	116	0.00	179
贵州东方世纪科技股份有限公司	6.73	306	16.86	125	34.88	305	0.00	179

续表

企业名称	科技投入		企业R&D投入占企业主营业务收入的比重		研发人员占年末从业人员数的比重		技术成果引进、转化金额占企业主营业务收入的比重	
	指数/%	位次	指标值/%	位次	指标值/%	位次	指标值/%	位次
贵州百科达科技有限公司	6.72	307	6.49	340	58.33	133	0.00	179
贵州众智恒生态科技有限公司	6.72	308	6.10	366	58.33	133	0.00	179
贵州数易联科技有限公司	6.71	309	6.33	351	72.73	86	0.00	179
贵州新联爆破工程集团有限公司	6.70	310	3.21	612	17.19	544	0.00	179
贵州天晟伟业科技有限公司	6.70	311	5.85	390	53.33	158	0.00	179
贵州力登科技发展有限公司	6.68	312	5.61	408	75.00	76	0.00	179
贵州西南制造产业园有限公司	6.68	313	4.34	530	375.00	1	0.00	179
贵州佳联兴科技有限公司	6.67	314	6.00	379	50.00	168	0.00	179
贵州嘉智信联科技有限公司	6.67	315	6.37	347	57.14	136	0.00	179
贵州安泰晟达通信工程有限公司	6.67	316	6.55	337	50.00	168	0.00	179
贵州源塑实业有限公司	6.66	317	6.07	371	55.56	148	0.00	179
贵州荣清工具有限公司	6.66	318	6.14	364	50.00	168	0.00	179
贵阳块数据城市建设有限公司	6.66	319	0.00	671	100.00	8	0.00	179
贵州阿凡提工业信息有限公司	6.64	320	5.33	433	56.25	144	0.00	179
贵阳天富长丰网络科技有限公司	6.64	321	5.47	420	100.00	8	0.00	179
贵州联创天健科技有限公司	6.63	322	4.41	519	78.26	69	0.00	179
贵州惠康盛电气有限公司	6.62	323	5.75	397	50.00	168	0.00	179
遵义同兴源建材有限公司	6.62	324	4.07	562	56.25	144	0.00	179
贵州盛方信息科技有限公司	6.61	325	4.11	558	82.14	60	0.00	179
贵州惠沣众一机械制造有限公司	6.60	326	15.08	146	21.74	472	6.13	130
贵阳创新天健科技有限公司	6.59	327	5.13	455	50.00	168	0.00	179
贵阳力泉液压技术有限公司	6.59	328	5.18	450	50.00	168	0.00	179
贵州政和信息科技有限公司	6.59	329	17.50	120	40.00	247	0.00	179
贵州俊丰源环保科技有限公司	6.57	330	8.85	241	25.00	415	7.41	122
贵州众诚兴业科教设备有限公司	6.56	331	8.00	273	47.06	203	0.00	179
贵州万通环保工程有限公司	6.56	332	0.45	663	56.41	141	0.00	179
遵义天辉机电有限责任公司	6.56	333	5.06	466	39.29	259	3.43	144
贵州文博科技有限公司	6.55	334	4.76	498	54.55	153	0.00	179
贵州辰阳星睿科技有限公司	6.55	335	4.99	488	50.00	168	0.00	179
贵阳飞丝特科技有限公司	6.54	336	4.21	545	50.00	168	0.00	179
中国航空工业标准件制造有限责任公司	6.53	337	5.67	401	21.01	480	0.00	179
都匀市莘蕊科技有限公司	6.53	338	14.76	149	41.67	238	0.00	179

企业名称	科技投入		企业R&D投入占企业主营业务收入的比重		研发人员占年末从业人员数的比重		技术成果引进、转化金额占企业主营业务收入的比重	
	指数/%	位次	指标值/%	位次	指标值/%	位次	指标值/%	位次
贵州征诚汇达通信工程有限公司	6.53	339	25.15	82	33.33	316	0.00	179
贵阳兴意达天诚科技有限公司	6.51	340	3.91	577	85.71	52	0.00	179
贵州中星网络科技有限公司	6.43	341	7.00	315	46.15	208	0.00	179
习水县蓝岛电脑科技有限公司	6.42	342	7.50	290	46.67	205	0.00	179
贵州中软云上数据技术服务有限公司	6.42	343	0.00	671	88.14	51	0.00	179
贵州中铝彩铝科技有限公司	6.41	344	16.64	128	37.50	273	0.00	179
贵州威默电气成套设备有限公司	6.39	345	4.46	515	45.35	215	0.00	179
贵州伟力达电子有限公司	6.37	346	3.49	593	100.00	8	0.00	179
绥阳县华丰电器有限公司	6.36	347	5.36	430	45.12	216	0.00	179
首钢贵阳特殊钢有限责任公司	6.36	348	3.96	573	10.49	662	0.00	179
贵州烨阳科技发展有限公司	6.33	349	5.38	426	47.37	200	0.00	179
贵州益恒创兴科技有限公司	6.31	350	9.38	230	44.44	219	0.00	179
贵州卓讯软件股份有限公司	6.30	351	0.00	671	92.50	47	0.00	179
贵州凯科特材料有限公司	6.27	352	14.28	153	30.49	354	0.00	179
遵义市倍缘化工有限责任公司	6.27	353	6.29	355	45.83	212	0.00	179
贵阳时代沃顿科技有限公司	6.27	354	6.83	323	21.56	475	0.00	179
贵州浩诚药业有限公司	6.26	355	8.77	243	25.00	415	6.14	129
贵州泰坦电气系统有限公司	6.25	356	7.93	276	27.59	395	5.65	132
遵义市鑫远望科技有限公司	6.23	357	0.00	671	100.00	8	0.00	179
贵州省煤矿设计研究院	6.23	358	2.29	641	21.31	478	7.79	117
贵州正合伟业科技有限责任公司	6.22	359	5.23	442	45.45	213	0.00	179
遵义天力环境工程有限责任公司	6.21	360	0.00	671	100.00	8	0.00	179
贵州泰邦生物制品有限公司	6.20	361	5.46	421	17.87	529	0.00	179
贵州智教云教育科技有限公司	6.20	362	5.84	392	46.15	208	0.00	179
贵州翰瑞电子有限公司	6.20	363	4.64	503	22.16	468	0.00	179
贵州博虹科技有限公司	6.19	364	1.57	652	100.00	8	0.00	179
贵州亿林建设工程有限公司	6.16	365	5.76	395	44.44	219	0.00	179
贵州云谷数据有限公司	6.15	366	35.77	57	19.35	504	0.00	179
贵州天地科技实业有限公司	6.15	367	0.00	671	76.00	75	0.00	179
贵州通勤汇嘉科技有限公司	6.14	368	0.00	671	70.83	90	0.00	179
贵州卡布婴童用品有限责任公司	6.13	369	3.95	575	17.08	545	0.00	179
贵州中消云泰和安科技有限公司	6.13	370	6.11	365	45.45	213	0.00	179

续表

企业名称	科技投入		企业R&D投入占企业主营业务收入的比重		研发人员占年末从业人员数的比重		技术成果引进、转化金额占企业主营业务收入的比重	
	指数/%	位次	指标值/%	位次	指标值/%	位次	指标值/%	位次
贵州光能科技有限公司	6.12	371	0.00	671	100.00	8	0.00	179
贵州天福化工有限责任公司	6.09	372	3.03	625	20.07	491	0.00	179
贵州广毅节能环保科技有限公司	6.09	373	0.00	671	100.00	8	0.00	179
贵州联掌慧信息技术有限公司	6.06	374	0.00	671	61.54	121	0.00	179
贵州金瑞渐成电子有限公司	6.06	375	0.00	671	70.00	92	0.00	179
贵州赤天化纸业股份有限公司	6.05	376	3.52	592	16.07	567	2.43	151
贵州源溯科技有限公司	6.05	377	0.00	671	85.71	52	0.00	179
贵州精博高科科技有限公司	6.04	378	0.00	671	50.00	168	0.00	179
贵阳明通炉料有限公司	6.03	379	5.02	477	44.83	218	0.00	179
贵州金鑫博睿科技有限公司	6.03	380	11.76	188	40.00	247	0.00	179
贵阳富源饲料有限公司	6.03	381	5.67	403	18.62	515	5.67	131
贵州银亨融通科技发展有限公司	6.03	382	6.81	325	42.86	230	0.00	179
贵州苗药生物技术有限公司	6.02	383	3.54	591	46.15	208	0.00	179
贵州鑫权懿科技发展有限公司	6.01	384	8.37	255	42.86	230	0.00	179
力源液压系统（贵阳）有限公司	6.01	385	10.50	209	39.13	261	0.00	179
安顺文杰科技有限公司	6.01	386	34.91	59	20.00	492	0.00	179
贵州中盛弘通科技有限公司	5.95	387	5.58	410	44.44	219	0.00	179
贵州卓品汇成套设备工程有限公司	5.94	388	12.74	170	38.46	267	0.00	179
贵州奥斯科尔科技实业有限公司	5.93	389	12.44	173	38.10	271	0.00	179
贵州铁建工程质量检测咨询有限公司	5.92	390	7.36	296	17.42	540	7.36	123
贵州百能思信息科技有限公司	5.92	391	5.00	485	44.44	219	0.00	179
贵州振华群英电器有限公司（国有第八九一厂）	5.91	392	11.21	197	18.69	514	0.00	179
贵州西南管业有限公司	5.91	393	1.34	653	12.94	621	11.39	111
贵州宏志数码科技工程有限公司	5.90	394	0.00	671	47.73	199	0.00	179
遵义恒佳铝业有限公司	5.89	395	3.12	620	18.47	520	0.00	179
贵州根树林信息科技有限公司	5.88	396	5.28	438	43.75	226	0.00	179
贵州黔云联创网络科技有限公司	5.88	397	6.28	356	42.86	230	0.00	179
贵州航宇科技发展股份有限公司	5.86	398	4.82	496	23.31	445	0.86	168
遵义市龙驰生物科技有限公司	5.85	399	7.98	274	41.67	238	0.00	179
贵州优特云科技有限公司	5.84	400	11.52	192	35.29	300	0.00	179
贵州金玖生物技术有限公司	5.83	401	6.60	335	37.61	272	0.00	179

续表

企业名称	科技投入		企业R&D投入占企业主营业务收入的比重		研发人员占年末从业人员数的比重		技术成果引进、转化金额占企业主营业务收入的比重	
	指数/%	位次	指标值/%	位次	指标值/%	位次	指标值/%	位次
贵州省瓮安县瓮福黄磷有限公司	5.76	402	3.69	586	26.67	404	0.00	179
贵阳新同舟科技有限公司	5.76	403	5.05	468	42.86	230	0.00	179
贵州正合博莱金属有限公司	5.73	404	3.00	629	13.95	605	0.00	179
贵州苗仁堂制药有限责任公司	5.73	405	13.85	160	34.62	306	0.00	179
贵州中建建筑科研设计院有限公司	5.72	406	8.82	242	30.71	351	0.00	179
贵阳富世通科技有限公司	5.71	407	0.00	671	47.06	203	0.00	179
贵州煌缔科技股份有限公司	5.70	408	0.00	671	42.77	237	0.00	179
贵州盛昌药业有限公司	5.69	409	18.82	113	31.25	342	0.00	179
贵州迅达信息产业发展有限公司	5.68	410	4.95	492	38.81	263	0.00	179
贵州高卓皮具有限公司	5.68	411	22.92	93	27.78	390	0.00	179
贵州华诚天下节能科技有限公司	5.66	412	16.13	133	33.33	316	0.00	179
贵州航天南海科技有限责任公司	5.64	413	6.38	345	22.92	452	0.00	179
贵州凯敏博机电科技有限公司	5.63	414	5.62	407	41.67	238	0.00	179
贵州红星发展股份有限公司	5.61	415	3.03	627	22.56	463	0.00	179
贵州德润电力建设有限公司	5.60	416	5.10	460	38.71	264	0.00	179
贵州石博士科技有限公司	5.56	417	3.41	599	36.84	283	0.00	179
贵州天能电力高科技有限公司	5.56	418	16.09	134	30.43	356	0.00	179
贵州黔元隆安装工程有限公司	5.55	419	5.30	436	40.00	247	0.00	179
贵阳凯晟成科技有限公司	5.53	420	6.71	332	40.00	247	0.00	179
贵州彩阳电暖科技有限公司	5.53	421	5.64	406	34.22	311	0.00	179
贵州良济药业有限公司	5.51	422	6.17	362	31.91	335	0.00	179
贵州北极光原生态农业开发有限公司	5.51	423	10.99	200	36.36	287	0.00	179
贵州新气象科技有限责任公司	5.51	424	6.15	363	39.29	259	0.00	179
贵州省锦屏县华绿炭素有限公司	5.49	425	20.42	102	28.57	377	0.00	179
贵州西南工具（集团）有限公司	5.48	426	12.02	182	14.48	597	3.72	140
黔西南州乐呵化工有限责任公司	5.47	427	4.08	560	33.65	314	1.22	163
贵州水矿控股集团有限责任公司	5.44	428	0.54	660	2.43	694	0.00	179
贵州黔聚龙投资有限公司	5.42	429	8.13	266	36.36	287	0.00	179
贵州万恒科技发展有限公司	5.41	430	8.38	252	37.50	273	0.00	179
贵阳力波机械传动有限公司	5.40	431	5.38	427	40.00	247	0.00	179
都匀市大隆传动机械有限公司	5.40	432	13.31	163	33.33	316	0.00	179
遵义春华新材料科技有限公司	5.39	433	8.67	246	26.32	408	3.60	142

续表

企业名称	科技投入		企业R&D投入占企业主营业务收入的比重		研发人员占年末从业人员数的比重		技术成果引进、转化金额占企业主营业务收入的比重	
	指数/%	位次	指标值/%	位次	指标值/%	位次	指标值/%	位次
贵阳天马测绘技术有限公司	5.38	434	19.91	107	27.59	395	0.00	179
贵州逸飞科技有限公司	5.37	435	11.17	198	34.62	306	0.00	179
贵州天马环卫设备有限公司	5.37	436	5.00	482	40.00	247	0.00	179
遵义双河生物燃料科技有限公司	5.36	437	13.12	166	33.33	316	0.00	179
国药集团同济堂贵州（制药）有限公司	5.36	438	2.78	637	18.85	512	0.00	179
贵州航天新力科技有限公司	5.36	439	7.60	285	23.34	443	0.26	174
贵州英利达科贸有限公司	5.34	440	5.16	453	40.00	247	0.00	179
贵州省电子证书有限公司	5.32	441	8.38	254	34.48	309	0.00	179
贵州省万航电能科技有限公司	5.32	442	6.46	344	18.18	524	6.46	128
贵州百胜工程建设咨询有限公司	5.29	443	4.79	497	20.25	486	5.60	133
遵义航天娄山电器化工有限公司	5.25	444	7.18	306	36.21	293	0.00	179
贵州众和宏远科技有限公司	5.25	445	5.03	474	37.50	273	0.00	179
贵州创美鑫韵文化传媒有限公司	5.23	446	8.34	256	36.36	287	0.00	179
贵州凯襄新材料有限公司	5.23	447	3.05	624	37.21	281	0.00	179
贵州加来智能科技有限公司	5.21	448	16.27	130	29.03	374	0.00	179
贵州航天智慧农业有限公司	5.19	449	3.00	631	30.93	347	0.00	179
贵州航天风华实业有限公司	5.19	450	2.41	639	33.95	312	0.00	179
贵州多彩博虹科技有限公司	5.19	451	12.10	177	30.30	359	0.00	179
贵州楚智建材科技有限公司	5.19	452	5.22	445	38.46	267	0.00	179
贵州黎阳天翔科技有限公司	5.17	453	6.25	359	30.49	354	0.00	179
贵州振华华联电子有限公司	5.17	454	10.18	217	16.89	551	0.00	179
贵州兴洪波科技有限公司	5.16	455	4.98	490	38.46	267	0.00	179
贵州指趣网络科技有限公司	5.15	456	15.58	139	20.26	485	0.00	179
贵阳锐泰电力科技有限公司	5.15	457	7.47	292	35.71	296	0.00	179
贵阳普天物流技术有限公司	5.10	458	7.12	310	22.03	469	0.00	179
贵州联建土木工程质量检测监控中心有限公司	5.10	459	14.55	151	27.27	398	0.00	179
贵州百灵企业集团正鑫药业有限公司	5.09	460	3.35	604	33.02	330	0.00	179
贵州朗科电气有限公司	5.09	461	8.15	265	35.00	303	0.00	179
贵州岑祥资源科技有限责任公司	5.07	462	4.36	528	36.36	287	0.00	179
贵州赤天化桐梓化工有限公司	5.04	463	3.95	574	6.00	685	0.00	179
贵州思索电子有限公司	5.04	464	4.18	551	35.44	299	0.00	179

续表

企业名称	科技投入		企业R&D投入占企业主营业务收入的比重		研发人员占年末从业人员数的比重		技术成果引进、转化金额占企业主营业务收入的比重	
	指数/%	位次	指标值/%	位次	指标值/%	位次	指标值/%	位次
贵州恩科达医疗科技有限公司	5.03	465	15.40	142	28.57	377	0.00	179
贵州西部农产品交易中心有限公司	5.03	466	5.77	394	36.36	287	0.00	179
安顺德康农牧有限公司	5.03	467	16.19	132	20.00	492	0.00	179
贵州成智重工科技有限公司	5.02	468	6.37	346	34.43	310	0.00	179
贵州鼎立生物科技香料有限公司	4.95	469	6.70	333	34.62	306	0.00	179
瓮安鑫源环保建材有限公司	4.94	470	36.95	54	10.00	668	0.00	179
贵州文华信息技术股份有限公司	4.93	471	4.27	538	36.36	287	0.00	179
贵州锦丰矿业有限公司	4.93	472	3.42	598	12.27	635	0.00	179
贵州航太精密制造有限公司	4.90	473	19.45	108	20.16	489	0.00	179
遵义宏港机械有限公司	4.90	474	2.21	643	25.00	415	4.56	137
安顺市成威科技有限公司	4.87	475	18.98	111	20.14	490	0.00	179
贵州华云汽车饰件制造有限公司	4.86	476	17.29	123	23.53	441	0.00	179
遵义粒满丰肥业有限责任公司	4.85	477	7.46	293	23.08	448	3.61	141
贵州省德邦环保化工有限公司	4.80	478	6.09	368	33.33	316	0.00	179
贵州恒源科创资源再生开发有限公司	4.79	479	8.57	247	31.71	339	0.00	179
贵阳新天药业股份有限公司	4.76	480	4.00	568	13.55	612	0.00	179
贵州万胜药业有限责任公司	4.75	481	2.81	636	31.88	336	0.00	179
贵州华龙电子设备有限公司	4.75	482	4.16	554	35.71	296	0.00	179
遵义汇峰智能系统有限责任公司	4.74	483	18.55	114	22.22	465	0.00	179
六盘水中联工贸实业有限公司	4.71	484	11.69	190	23.93	436	0.00	179
贵州环能地质咨询有限责任公司	4.69	485	6.07	369	33.33	316	0.00	179
贵州立时恒升通信工程有限公司	4.67	486	6.56	336	33.33	316	0.00	179
贵阳方舟高新技术有限公司	4.66	487	14.07	156	18.25	523	1.54	157
贵州九龙科技发展有限公司	4.65	488	6.07	372	33.33	316	0.00	179
贵州大成玻璃工程有限责任公司	4.64	489	5.23	443	33.33	316	0.00	179
遵义市精科信检测有限公司	4.60	490	13.86	159	25.45	413	0.00	179
贵州远诚自控科技有限公司	4.59	491	5.04	469	33.33	316	0.00	179
遵义市润丰源钢铁铸造有限公司	4.59	492	11.95	185	27.78	390	0.00	179
中黔电气集团股份有限公司	4.58	493	11.41	193	26.19	410	0.00	179
贵州智通天下信息技术有限公司	4.58	494	6.49	339	29.47	370	0.00	179
贵州响亮电子技术有限公司	4.57	495	6.05	376	31.37	341	0.00	179
贵州火焰山电器股份有限公司	4.54	496	4.73	499	30.10	362	0.00	179

续表

企业名称	科技投入		企业R&D投入占企业主营业务收入的比重		研发人员占年末从业人员数的比重		技术成果引进、转化金额占企业主营业务收入的比重	
	指数/%	位次	指标值/%	位次	指标值/%	位次	指标值/%	位次
贵州长宇电力电气有限公司	4.54	497	6.53	338	30.56	353	0.00	179
遵义市汇川区吉美电镀有限责任公司	4.53	498	5.18	451	32.43	332	0.00	179
贵州三力制药股份有限公司	4.52	499	3.21	610	18.12	525	0.00	179
贵州开磷集团矿肥有限责任公司	4.51	500	0.40	665	16.07	568	0.00	179
贵州大鸟创新科技有限公司	4.50	501	10.72	205	28.00	386	0.00	179
贵州神奇药业有限公司	4.48	502	3.73	585	20.25	486	0.00	179
贵州秦泰药业有限公司	4.48	503	5.51	415	31.03	346	0.00	179
贵州坤盾天成科技有限公司	4.46	504	7.77	280	27.78	390	0.00	179
贵州中节能天融兴德环保科技有限公司	4.45	505	8.12	267	28.30	384	0.00	179
贵州金山国土勘测工程有限公司	4.45	506	16.19	131	22.00	470	0.00	179
贵州水矿奥瑞安清洁能源有限公司	4.43	507	11.89	186	26.32	408	0.00	179
贵州力强科技发展有限公司	4.28	508	4.18	550	28.57	377	0.00	179
贵州黔和物流有限公司	4.27	509	4.20	547	27.94	388	0.00	179
遵义长征输配电设备有限公司	4.27	509	5.01	480	29.31	372	0.00	179
贞丰县贵耀材料科技有限公司	4.26	511	5.03	471	18.60	517	2.12	153
遵义市金鼎农业科技有限公司	4.25	512	5.47	419	28.89	375	0.00	179
遵义精星航天电器有限责任公司	4.24	513	5.86	389	21.67	473	0.00	179
遵义航科机电有限公司	4.22	514	5.02	475	30.43	356	0.00	179
贵州詹阳动力重工有限公司	4.21	515	2.92	635	11.68	649	0.00	179
贵州源诚利华技术有限公司	4.19	516	5.04	470	29.55	369	0.00	179
贵州良济医疗器械有限公司	4.19	517	5.15	454	30.00	363	0.00	179
贵州雅光电子科技股份有限公司	4.19	518	12.06	179	16.48	561	0.00	179
贵州云峰药业有限公司	4.18	519	4.94	494	26.89	402	0.00	179
贵州柏强制药有限公司	4.17	520	4.00	569	19.31	505	0.00	179
贵州汉沙科技有限公司	4.16	521	11.32	195	25.00	415	0.00	179
大方县九龙天麻开发有限公司	4.15	522	12.44	174	22.92	452	0.00	179
贵州英吉尔机械制造有限公司	4.14	523	10.05	219	22.83	454	0.00	179
贵州长征电器成套有限公司	4.13	524	5.42	423	27.69	393	0.00	179
贵州木易精细陶瓷有限责任公司	4.11	525	6.84	321	27.50	397	0.00	179
贵州安凯达实业股份有限公司	4.10	526	4.99	489	24.44	431	0.00	179
贵州山顺缆车有限公司	4.09	527	8.39	251	26.67	404	0.00	179
贵州兆浪科技实业有限公司	4.07	528	6.82	324	26.92	401	0.00	179

续表

企业名称	科技投入		企业R&D投入占企业主营业务收入的比重		研发人员占年末从业人员数的比重		技术成果引进、转化金额占企业主营业务收入的比重	
	指数/%	位次	指标值/%	位次	指标值/%	位次	指标值/%	位次
贵阳华烽有色铸造有限公司	4.06	529	7.22	302	27.03	400	0.00	179
贵州长圣信息工程有限公司	4.06	529	10.27	214	25.00	415	0.00	179
贵州省瓮安兴农磷化工有限责任公司	4.03	531	0.00	671	33.33	316	0.00	179
黔南州金安电子安防服务有限公司	4.02	532	0.00	671	33.33	316	0.00	179
贵州航锐航空精密零部件制造有限公司	4.00	533	7.11	311	18.31	521	0.00	179
贵州贝加尔乐器有限公司	3.97	534	25.46	78	9.52	679	0.00	179
贵州巨凯科技有限公司	3.96	535	2.29	642	23.81	438	2.29	152
贵阳鑫辰宇办公设备有限公司	3.93	536	0.50	662	31.82	337	0.00	179
贵州省移塑管业有限公司	3.92	537	9.83	225	24.00	434	0.00	179
贵州兴达兴建材股份有限公司	3.84	538	4.39	522	23.85	437	0.00	179
贵阳电气控制设备有限公司	3.83	539	4.23	542	21.43	476	0.00	179
贵州道兴建设工程检测有限责任公司	3.80	540	5.34	432	25.00	415	0.00	179
铜仁文馨高效节能门窗有限公司	3.79	541	0.00	671	31.25	342	0.00	179
贵州省达济环保科技有限公司	3.78	542	9.33	231	23.08	448	0.00	179
贵阳玉塑包装有限公司	3.75	543	5.02	478	26.67	404	0.00	179
贵州禹之源生态环保有限公司	3.72	544	0.00	671	30.77	348	0.00	179
贵州科库科技有限公司	3.72	545	7.04	313	25.00	415	0.00	179
安顺虹特滚珠丝杠有限责任公司	3.72	546	4.21	546	27.27	398	0.00	179
贵州美洁环卫工程有限责任公司	3.69	547	4.44	516	26.67	404	0.00	179
中航力源液压股份有限公司	3.68	548	3.21	611	13.66	611	0.00	179
贵州黔力重工有限公司	3.68	549	5.66	404	25.00	415	0.00	179
贵州红星发展大龙锰业有限责任公司	3.64	550	3.12	621	10.20	665	0.00	179
贵州宏创信息技术有限公司	3.64	551	4.40	520	25.00	415	0.00	179
康命源（贵州）科技发展有限公司	3.61	552	5.00	486	20.92	482	0.00	179
绥阳县耐环铝业有限公司	3.61	553	5.36	429	24.44	431	0.00	179
贵州鼎成熔鑫科技有限公司	3.57	554	6.33	350	22.73	456	0.00	179
毕节市斯翔安防科技有限公司	3.57	555	0.00	671	29.41	371	0.00	179
贵州东峰锑业股份有限公司	3.54	556	4.28	536	19.63	503	0.09	178
贵州玄德生物科技股份有限公司	3.52	557	8.18	262	20.59	483	0.00	179
贵州永美健医疗器械有限公司	3.51	558	7.23	301	22.73	456	0.00	179
贵州金义磨料有限公司	3.50	559	4.66	502	23.08	448	0.00	179
贵州铁建恒发新材料科技股份有限公司	3.49	560	4.38	525	23.26	447	0.00	179

续表

企业名称	科技投入		企业R&D投入占企业主营业务收入的比重		研发人员占年末从业人员数的比重		技术成果引进、转化金额占企业主营业务收入的比重	
	指数/%	位次	指标值/%	位次	指标值/%	位次	指标值/%	位次
遵义市聚源建材有限公司	3.48	561	5.11	457	23.33	444	0.00	179
贵州锐新科技有限公司	3.47	562	0.00	671	28.00	386	0.00	179
贵州鸣腾科技有限公司	3.47	563	10.15	218	20.00	492	0.00	179
贵阳市政建设有限责任公司	3.46	564	3.21	609	1.80	695	0.00	179
贵州蓝天远泰科技有限公司	3.44	565	0.00	671	28.57	377	0.00	179
贵州遵义驰宇精密机电制造有限公司	3.44	566	5.42	425	19.08	509	0.47	173
贵州大西南工程检测有限公司	3.43	567	9.15	233	20.00	492	0.00	179
贵州永兴建设工程质量检测有限公司	3.42	568	5.22	444	21.01	481	0.21	175
贵州云图时代信息技术有限公司	3.41	569	4.33	531	20.00	492	0.00	179
贵州科伦药业有限公司	3.39	570	3.13	619	14.58	593	0.00	179
贵阳高新泰丰航空航天科技有限公司	3.38	571	5.20	448	22.73	456	0.00	179
贵州宏宇药业有限公司	3.37	572	5.98	383	19.13	508	0.00	179
贵州大隆药业有限责任公司	3.35	573	4.72	500	16.67	553	1.26	161
贵州航天乌江机电设备有限责任公司	3.34	574	3.42	596	14.57	594	0.00	179
贵州百事通建筑安装工程有限公司	3.34	575	5.56	412	22.73	456	0.00	179
贵州华阳汽车零部件有限公司	3.33	576	4.46	514	15.97	571	1.44	159
贵州天虹志远电线电缆有限公司	3.32	577	3.14	616	18.54	519	0.00	179
贵州群建精密机械有限公司	3.30	578	4.60	505	15.22	583	0.00	179
贵州远东兄弟钻探有限公司	3.30	579	6.06	373	21.15	479	0.00	179
贵州金域医学检验中心有限公司	3.26	580	5.96	384	12.71	624	0.00	179
遵义天际机电有限责任公司	3.24	581	15.97	135	11.43	651	0.00	179
贵州欧瑞欣合环保股份有限公司	3.23	582	5.48	418	19.27	506	0.00	179
贵州天地荣科技有限公司	3.22	583	5.21	446	22.22	465	0.00	179
贵州润生制药有限公司	3.22	584	9.44	228	15.08	585	0.00	179
贵州诚安建设有限公司	3.19	585	0.40	664	22.81	455	0.00	179
贵州杰傲建材有限责任公司	3.16	586	5.42	424	17.86	530	1.06	166
贵州天安药业股份有限公司	3.15	587	4.35	529	13.30	616	0.00	179
中国航发贵州航空发动机维修有限责任公司	3.15	588	4.54	511	16.25	564	0.00	179
贵州天保生态股份有限公司	3.12	589	4.60	506	18.62	515	0.00	179
贵州海跃科技发展有限公司	3.10	590	5.49	417	20.00	492	0.00	179
贵州水务运营有限公司	3.09	591	6.74	327	18.57	518	0.00	179

续表

企业名称	科技投入		企业R&D投入占企业主营业务收入的比重		研发人员占年末从业人员数的比重		技术成果引进、转化金额占企业主营业务收入的比重	
	指数/%	位次	指标值/%	位次	指标值/%	位次	指标值/%	位次
贵州自由客网络技术有限公司	3.09	592	3.36	603	16.67	553	0.00	179
贵州华峰志远商贸有限公司	3.09	593	1.65	651	23.81	438	0.00	179
贵州维讯光电科技有限公司	3.09	594	5.94	386	18.26	522	0.00	179
贵州惠波机械制造有限公司	3.07	595	2.94	634	22.73	456	0.00	179
贵州黄平富城实业有限公司	3.07	596	5.06	465	16.97	547	0.00	179
贵州航飞精密制造有限公司	3.06	597	9.86	223	11.80	645	0.70	170
贵州泰永长征技术股份有限公司	3.05	598	4.39	524	10.16	666	1.36	160
贵州黔峰管业有限公司	3.04	599	4.06	564	18.09	526	0.00	179
国药集团贵州血液制品有限公司	3.04	600	3.79	584	16.06	569	0.00	179
贵州永吉印务股份有限公司	3.04	601	3.21	608	12.66	627	0.00	179
贵州中航电梯有限责任公司	3.03	602	3.48	594	10.98	656	0.00	179
贵州长信天鹰信息系统有限公司	3.02	603	5.02	476	20.00	492	0.00	179
贵州明峰工业废渣综合回收再利用有限公司	2.95	604	4.00	571	17.65	535	0.00	179
贵州恒盛丝绸科技有限公司	2.94	605	6.29	353	17.24	543	0.00	179
贵阳天龙摩擦材料有限公司	2.92	606	7.21	304	16.92	550	0.00	179
贵阳德昌祥药业有限公司	2.90	607	5.29	437	15.49	581	0.00	179
贵州涟江源建材有限公司	2.89	608	4.05	565	17.28	542	0.00	179
贵州省欣紫鸿药用辅料有限公司	2.89	609	5.37	428	18.06	527	0.00	179
遵义市友联包装实业有限公司	2.87	610	6.07	370	15.58	576	0.00	179
黔南滑动轴承有限公司	2.86	611	8.03	272	16.67	553	0.00	179
贵州拜特制药有限公司	2.86	612	3.33	605	10.94	657	0.00	179
贵州贵诚管业有限责任公司	2.85	613	8.24	258	14.12	602	0.00	179
贵州金桥药业有限公司	2.85	614	1.86	645	16.87	552	0.00	179
贵州大龙汇成新材料有限公司	2.84	615	3.97	572	10.29	664	0.00	179
龙里县粤盛型材有限公司	2.83	616	6.00	378	17.54	538	0.00	179
贵阳华森建材有限公司	2.83	617	6.74	328	16.67	553	0.00	179
贵州省遵义市辉煌种业有限公司	2.82	618	3.80	583	20.00	492	0.00	179
贵州海跃模具有限公司	2.81	619	5.89	388	17.78	533	0.00	179
贵州金田新材料科技有限公司	2.80	620	3.26	606	14.40	598	0.00	179
通号建设集团贵州工程有限公司	2.78	621	0.17	669	17.06	546	0.00	179
贵阳鑫恒泰实业有限公司	2.77	622	5.06	467	15.34	582	0.00	179

续表

企业名称	科技投入		企业R&D投入占企业主营业务收入的比重		研发人员占年末从业人员数的比重		技术成果引进、转化金额占企业主营业务收入的比重	
	指数/%	位次	指标值/%	位次	指标值/%	位次	指标值/%	位次
贵州联韵智能声学科技有限公司	2.77	623	4.30	534	15.52	579	0.00	179
遵义长征汽车零部件有限公司	2.76	624	4.42	518	15.65	575	0.00	179
贵州好百年住宅工业有限公司	2.76	625	0.52	661	21.67	474	0.00	179
贵州劲嘉新型包装材料有限公司	2.74	626	4.07	561	12.98	620	0.00	179
贵州千叶药品包装股份有限公司	2.74	627	4.14	555	13.82	608	0.00	179
贵州数据宝网络科技有限公司	2.74	627	3.91	578	17.31	541	0.00	179
贵州天地药业有限责任公司	2.74	629	0.00	671	17.47	539	0.00	179
贵阳鑫泓工程技术有限公司	2.74	630	7.12	309	16.67	553	0.00	179
贵州顺健制药有限公司	2.72	631	13.32	162	9.84	676	0.00	179
贵州西牛王印务有限公司	2.71	632	4.47	513	11.80	644	0.00	179
贵阳金利沅科技有限公司	2.70	633	4.38	526	15.85	572	0.00	179
兴义市黔城商品混凝土有限公司	2.69	634	3.06	623	10.00	668	3.06	150
贵州鑫桥建设工程有限公司	2.66	635	4.20	548	14.89	587	0.00	179
贵阳新希望农业科技有限公司	2.65	636	1.66	650	14.50	596	0.00	179
贵州华森科技实业有限公司	2.65	637	5.35	431	16.36	563	0.00	179
贵州长通集团智造有限公司	2.64	638	4.20	549	14.17	601	0.00	179
贵州凯里经济开发区中昊电子有限公司	2.62	639	5.94	387	14.69	590	0.00	179
贵州迈锐钻探设备制造有限公司	2.62	640	5.72	398	15.79	573	0.00	179
贵州康建电力设备有限公司	2.55	641	6.06	374	15.22	583	0.00	179
贵州瑞恩检测技术有限公司	2.54	642	6.94	319	14.55	595	0.00	179
贵州大博金太阳能光电有限公司	2.54	643	4.00	570	15.69	574	0.00	179
贵州优好停车设备有限公司	2.52	644	5.03	473	16.00	570	0.00	179
贵州华星冶金有限公司	2.51	645	4.13	556	12.42	634	0.00	179
绿地环保科技股份有限公司	2.47	646	7.83	279	9.57	677	0.00	179
贵阳新天光电科技有限公司	2.47	647	4.02	567	12.44	633	0.00	179
贵州精工利鹏科技有限公司	2.47	648	7.65	284	12.66	627	0.00	179
贵定县洪福环保科技有限公司	2.44	649	5.00	483	15.56	577	0.00	179
遵义鑫华源电力设备有限公司	2.43	650	5.11	459	14.29	599	0.00	179
遵义市播州区苟江镇鑫欣源包装材料有限责任公司	2.43	651	5.69	400	13.27	617	0.00	179
贵州金马包装材料有限公司	2.43	652	4.37	527	13.13	618	0.00	179
贵州开阳三环磨料有限公司	2.42	653	3.20	613	11.64	650	0.00	179

续表

企业名称	科技投入		企业R&D投入占企业主营业务收入的比重		研发人员占年末从业人员数的比重		技术成果引进、转化金额占企业主营业务收入的比重	
	指数/%	位次	指标值/%	位次	指标值/%	位次	指标值/%	位次
贵州友擘机械制造有限公司	2.40	654	2.99	633	16.67	553	0.00	179
贵阳德康农牧有限公司	2.40	655	12.21	175	5.19	686	0.00	179
贵州全世通精密机械科技有限公司	2.38	656	4.95	493	13.13	618	0.00	179
普定县银丰农业科技发展有限公司	2.37	657	8.12	267	12.24	636	0.00	179
贵州恒和制药有限公司	2.35	658	5.28	439	14.29	599	0.00	179
贵州威顿晶磷电子材料股份有限公司	2.34	659	9.72	226	7.59	681	0.00	179
贵州新华羲玻璃有限责任公司	2.28	660	4.26	539	11.83	643	0.00	179
贵阳高新益舸电子有限公司	2.26	661	8.27	257	10.47	663	0.00	179
贵阳白云中航紧固件有限公司	2.25	662	4.96	491	11.24	652	0.00	179
遵义拓特铸锻有限公司	2.24	663	5.54	414	11.69	648	0.00	179
遵义智鹏高新铝材有限公司	2.21	664	0.00	671	17.65	535	0.00	179
贵阳华丰航空科技有限公司	2.19	665	5.65	405	12.68	626	0.00	179
贵州奥申信息技术发展有限公司	2.18	666	0.00	671	17.86	530	0.00	179
贵州鑫轩贵钢结构机械有限公司	2.16	667	4.06	563	12.50	629	0.00	179
贵州航火电器有限公司	2.15	668	5.28	440	12.70	625	0.00	179
贵州恒科电子科技有限公司	2.15	669	5.67	402	12.22	638	0.00	179
贵州盘江煤层气开发利用有限责任公司	2.15	670	4.23	541	10.06	667	0.00	179
贵州捷盛钻具股份有限公司	2.15	671	3.82	582	11.72	647	0.00	179
贵州宏信创达工程检测咨询有限公司	2.14	672	0.00	671	11.74	646	0.00	179
贵州亿程交通信息有限公司	2.14	673	4.28	537	11.93	642	0.00	179
贵州苗药药业有限公司	2.13	674	5.31	435	10.99	655	0.00	179
贵定县恒伟玻璃制品有限公司	2.13	675	4.21	544	10.00	668	0.00	179
贵州皓科新型材料有限公司	2.11	676	4.52	512	12.90	622	0.00	179
贞丰县恒山建材有限责任公司	2.11	677	7.69	281	0.00	697	3.53	143
贵州省建筑设计研究院有限责任公司	2.11	678	0.78	658	7.32	682	0.20	176
遵义长征电器制造有限公司	2.10	679	5.03	472	12.50	629	0.00	179
贵州政立矿业有限公司	2.08	680	4.12	557	10.00	668	0.00	179
贵州飞云岭药业股份有限公司	2.05	681	4.59	509	10.67	660	0.00	179
遵义凯发新泉污水处理有限公司	2.04	682	0.00	671	16.67	553	0.00	179
贵阳新洋诚义齿有限公司	2.02	683	5.56	411	11.11	653	0.00	179
贵州万业包装有限公司	2.00	684	2.75	638	13.33	615	0.00	179
贵州贵玻玻璃有限公司	1.97	685	5.00	484	10.77	659	0.00	179

续表

企业名称	科技投入		企业R&D投入占企业主营业务收入的比重		研发人员占年末从业人员数的比重		技术成果引进、转化金额占企业主营业务收入的比重	
	指数/%	位次	指标值/%	位次	指标值/%	位次	指标值/%	位次
贵州纳雍博润环保科技有限公司	1.92	686	5.02	479	11.11	653	0.00	179
遵义朝宇锅炉有限公司	1.90	687	1.77	649	13.73	610	0.00	179
遵义市永胜金属设备有限公司	1.90	688	5.21	447	10.81	658	0.00	179
贵州远程制药有限责任公司	1.80	689	4.09	559	4.52	690	0.00	179
贵州详务节能建材有限公司	1.75	690	11.32	194	5.00	687	0.00	179
贵州圣济堂制药有限公司	1.67	691	3.00	630	4.84	689	0.00	179
遵义市旭辉新型节能建材有限公司	1.66	692	0.68	659	12.24	636	0.00	179
贵州弘康药业有限公司	1.59	693	0.00	671	12.50	629	0.00	179
贵州福斯特磨料磨具有限公司	1.58	694	0.00	671	12.50	629	0.00	179
贵州兆浪科技实业有限公司	1.52	695	0.31	667	12.12	639	0.00	179
中通友源建设有限公司	1.45	696	3.03	626	1.78	696	0.00	179
贵州新致普惠信息技术有限公司	1.43	697	4.40	521	4.94	688	0.00	179
贵州精忠橡塑实业有限公司	1.33	698	0.00	671	9.54	678	0.00	179
普定全成电子有限公司	1.32	699	0.00	671	10.00	668	0.00	179
贵州恒力源林业科技有限公司	0.99	700	0.89	657	3.97	692	0.95	167
贵州长通线缆有限公司	0.93	701	0.91	656	6.25	683	0.00	179
贵州科华交通建设工程有限公司	0.75	702	6.96	318	0.00	697	0.00	179
贵州万顺豪环卫机械设备有限公司	0.69	703	1.82	646	4.00	691	0.00	179
贵州三佳科技有限公司	0.69	704	0.00	671	0.00	697	1.90	154
贵州华良电气有限公司	0.46	705	4.43	517	0.00	697	0.00	179
贵州鑫源道建材科技有限公司	0.04	706	0.00	671	0.00	697	0.00	179
贵州合润铝业新材料科技股份有限公司	0.00	707	0.00	671	0.00	697	0.00	179
铜仁市碧江区安智科技有限公司	0.00	707	0.00	671	0.00	697	0.00	179
贵州元方志擎科技有限公司	0.00	707	0.00	671	0.00	697	0.00	179
贵阳大数据交易所	0.00	707	0.00	671	0.00	697	0.00	179
遵义航大海电器有限公司	0.00	707	0.00	671	0.00	697	0.00	179
贵阳博烁科技有限公司	0.00	707	0.00	671	0.00	697	0.00	179
贵州红达世纪工程有限公司	0.00	707	0.00	671	0.00	697	0.00	179
安顺市非凡创新科技有限公司	0.00	707	0.00	671	0.00	697	0.00	179
贵州同成环境科技有限公司	0.00	707	0.00	671	0.00	697	0.00	179
贵州德隆水泥有限公司	0.00	707	0.00	671	0.00	697	0.00	179
贵州恒泰祥工程建设有限公司	0.00	707	0.00	671	0.00	697	0.00	179

续表

企业名称	科技投入		企业R&D投入占企业主营业务收入的比重		研发人员占年末从业人员数的比重		技术成果引进、转化金额占企业主营业务收入的比重	
	指数/%	位次	指标值/%	位次	指标值/%	位次	指标值/%	位次
贵州楠天新型建材科技开发有限公司	0.00	707	0.00	671	0.00	697	0.00	179
黔南州联合电子网络系统有限公司	0.00	707	0.00	671	0.00	697	0.00	179
黔西南州富洪茶叶有限公司	0.00	707	0.00	671	0.00	697	0.00	179
贵州同成沁溢水务环境有限公司	0.00	707	0.00	671	0.00	697	0.00	179
贵阳市启沃富科技有限公司	0.00	707	0.00	671	0.00	697	0.00	179
贵州贤俊龙彩印有限公司	0.00	707	0.00	671	0.00	697	0.00	179
贵州永恒光科技有限公司	0.00	707	0.00	671	0.00	697	0.00	179
贵州亿全科技有限公司	0.00	707	0.00	671	0.00	697	0.00	179
贵州百灵企业集团和仁堂药业有限公司	0.00	707	0.00	671	0.00	697	0.00	179
贵州地道药业有限公司	0.00	707	0.00	671	0.00	697	0.00	179
贵州佳网科技发展有限公司	0.00	707	0.00	671	0.00	697	0.00	179
贵州尚品创意网络科技有限公司	0.00	707	0.00	671	0.00	697	0.00	179
贵州财富之舟科技有限公司	0.00	707	0.00	671	0.00	697	0.00	179
路鑫机械有限公司	0.00	707	0.00	671	0.00	697	0.00	179
贵州汇龙源电气有限公司	0.00	707	0.00	671	0.00	697	0.00	179
贵州省建筑材料科学研究设计院有限责任公司	0.00	707	0.00	671	0.00	697	0.00	179
贵州华立通科技发展有限公司	0.00	707	0.00	671	0.00	697	0.00	179
贵州省恒力源林业科技有限公司	0.00	707	0.00	671	0.00	697	0.00	179
遵义市利升机械加工有限公司	0.00	707	0.00	671	0.00	697	0.00	179
贵州晟扬管道科技有限公司	0.00	707	0.00	671	0.00	697	0.00	179
贵州盛峰药用包装有限公司	0.00	707	0.00	671	0.00	697	0.00	179
黔南州黔程科技有限公司	0.00	707	0.00	671	0.00	697	0.00	179
贵阳精彩数字印刷有限公司	0.00	707	0.00	671	0.00	697	0.00	179
六盘水市钟山区泉辰科技有限责任公司	0.00	707	0.00	671	0.00	697	0.00	179
贵州车联邦网络科技有限公司	0.00	707	0.00	671	0.00	697	0.00	179
安顺市虹翼特种钢球制造有限公司	0.00	707	0.00	671	0.00	697	0.00	179
贵州守望领域数据智能有限公司	0.00	707	0.00	671	0.00	697	0.00	179
贵州长泰源节能建材股份有限公司	0.00	707	0.00	671	0.00	697	0.00	179
贵州众志达成科贸有限公司	0.00	707	0.00	671	0.00	697	0.00	179
三穗县富源精品水果专业合作社	0.00	707	0.00	671	0.00	697	0.00	179
贵州杰源水务管理技术科技有限公司	0.00	707	0.00	671	0.00	697	0.00	179

附录 A 科技创新统计监测指标体系

附表 A-1 市（州）科技创新统计监测指标体系

一级指标	二级指标	统计指标	监测指标
科技创新环境和基础	科技意识	科技型企业备案/家	科技型企业备案/家
		发明专利申请量/件、年末总人口数/人	万人发明专利申请量/件
	科技创新条件及载体	市州及以上科研机构数/个、工程技术研究中心/个、企业技术研究中心/个、重点实验室/个	万名就业人员拥有的创新机构数/个
		就业人员数/人	
		规模以上工业企业办科研机构数/个	规模以上工业企业办科研机构数占规模以上工业企业数比重/%
		规模以上工业企业数/个	
		国家（省）级高新技术产业开发区/个、国家（省）级高新技术产业基地/个、国家（省）级高技术产业基地/个、国家（省）级工业园区/个、国家（省）级经济技术开发区/个、国家（省）级农业科技园区及科技孵化器/个	创新园区系数
科技投入	人力投入	大专以上学历人数/人	万人大专以上学历人数/人
		年末总人口数/人	
		全社会口径R&D人员数/人	万人R&D人员数/人
	财力投入	规模以上工业企业R&D经费支出/万元、规模以上工业企业技术改造经费支出/万元	规模以上工业企业R&D经费支出和技术改造经费支出占主营业务收入比重/%
		规模以上工业企业主营业务收入/万元	

续表

一级指标	二级指标	统计指标	监测指标
科技产出	创新成果	获国家科学技术奖数/个、获省级科学技术奖数/个	获上级部门科技奖励系数
		发明专利授权量/件	万人发明专利授权量/件
		发明专利拥有量/件	万人发明专利拥有量/件
	高新技术产业化	高新技术产业产值/万元	高新技术产业产值占工业总产值比重/%
		规模以上工业企业总产值/亿元	
		规模以上工业企业新产品销售收入/万元	规模以上工业企业新产品销售收入占主营业务收入比重/%
科技促进经济社会发展	经济发展方式转变	就业人员数/人	全社会劳动生产率/(万元/人)
		能源消费总量/吨标准煤	综合能耗产出率/(万元/吨标准煤)
	环境改善	城市空气环境质量达到二级以上天数/天、二氧化硫去除率/%、化学需氧量去除率/%、氮氧化物去除率/%	环境质量指数/%
		工业二氧化硫去除量/吨、工业二氧化硫排放量/吨、工业烟尘粉尘去除量/吨、工业烟尘粉尘排放量/吨、一般工业固体废物综合利用量/吨、一般工业固体废物处置量/吨、一般工业固体废物产生量/吨	环境污染治理指数/%
	社会生活信息化	电信业务总量/亿元	人均电信业务总量/元
		年末互联网宽带接入用户数/户	万人互联网宽带接入用户数/户
		年末固定电话用户数/户	百人固定电话和移动电话用户数/户

附录 A
科技创新统计监测指标体系

附表 A-2 县（市、区、特区）科技创新统计监测指标体系

一级指标	统计指标	监测指标
科技投入	规模以上工业企业 R&D 经费支出 / 万元	规模以上工业企业 R&D 经费支出增长率 /%
	财政支出中科学技术支出 / 万元、一般公共预算支出 / 万元	财政支出中科学技术支出占一般公共预算支出比重 /%
		财政支出中科学技术支出占一般公共预算支出比重增长率 /%
科技环境和基础	规模以上工业企业研究与发展（R&D）人员数 / 人、年末常住人口 / 万人	万人规模以上工业企业研究与发展（R&D）人员数 / 人
		万人规模以上工业企业研究与发展（R&D）人员数增长率 /%
	有 R&D 活动的企业数 / 家、规模以上工业企业数 / 家	有 R&D 活动的企业占比 /%
		有 R&D 活动的企业占比增长率 /%
	专利申请量 / 件、年末常住人口 / 万人	万人专利申请量 / 件
		万人专利申请量增长率 /%
科技产出	发明专利拥有量 / 件、年末常住人口 / 万人	万人有效发明专利拥有量 / 件
		万人有效发明专利拥有量增长率 /%
	高新技术企业数 / 家、规模以上工业企业数 / 家	高新技术企业数占规模以上企业比例 /%
		高新技术企业数占规模以上企业比例增长率 /%
	技术合同交易额 / 万元、年末常住人口 / 万人	万人技术合同交易额 / 万元
		万人技术合同交易额增长率 /%
	高新技术产业产值 / 亿元	高新技术产业产值 / 亿元
		高新技术产业产值增长率 /%

附表 A-3　高等院校、科研院所科技创新统计监测指标体系

一级指标	二级指标	统计指标	监测指标
科技创新环境和基础	人力资源	院士/人、长江学者/人、百人计划入选者/人、万人计划入选者/人、国家杰出青年科学基金获得者/人、百千万人才/人、十百千人才/人、省核心专家/人、省管专家/人、享受国务院特殊津贴专家/人、人才基地/个、优秀青年科技人才/人	高层次科技人才系数
		硕士以上学位人员数/人	高学历以上人员占年末从业人员的比例/%
		年末从业人员数/人	
		高职称以上人员数/人	高职称以上人员占年末从业人员的比例/%
	创新条件及平台	大型科研仪器设备原值/万元	人均科研仪器设备资产原值/万元
		工程技术研究中心数/个、重点实验室数/个	省级以上创新平台及载体系数
		重点学科/个	学科建设系数
		研究生在校生人数/人、总在校生人数/人	研究生在校生人数占总在校生人数的比重/%
科技投入	人力投入	R&D 人员数/人	R&D 人员占年末从业人员的比重/%
		科技创新人才团队/个、人才基地/个	创新人才团队总量系数
	经费投入	省级以上科技项目经费/万元、企业委托项目经费/万元	人均科研经费/万元
		R&D 经费/万元	人均 R&D 经费/万元
科技产出	知识产出	发表科技论文数/篇	科技论文系数
		专利申请量/件、专利授权量/件、发明专利拥有量/件、形成标准数/个、软件著作权数/个、集成电路布图设计登记数/个、新药证书数/个、农作物新品种授予数/个、植物新品种权授予数/个、科技著作数/部	知识产权系数
	科技奖励	获国家科学技术奖数/个、获省级科学技术奖数/个	科技成果系数
	技术成果市场化水平	技术市场成交合同金额/万元	人均技术市场成交合同金额/万元

续表

一级指标	二级指标	统计指标	监测指标
科技产出	科技合作交流	境外合作项目/项、省外合作项目/项、省内合作项目/项、产学研项目/项	项目合作系数
		境外论文论著合作/篇、省外论文论著合作/篇、省内论文论著合作/篇	论文论著合作系数
创新绩效	科技服务	科技培训人员/人、科技特派员/人、对外科技咨询项数/项	科技服务系数
	产学研结合	与企业联合建立平台/个、与企业组建产学研战略联盟/个、产学研项目/项	产学研结合系数
	创造效益	知识产权创造的直接效益/万元、技术服务收入/万元、生产性收入/万元	经济效益系数

附表 A-4 产业园区科技创新统计监测指标体系

一级指标	统计指标	监测指标
科技创新环境	专利申请量/件	万人从业人员专利申请量/件
	科技企业孵化器/个、众创空间/个、星创天地/个、工程技术研究中心/个、工程研究中心/个、工程实验室/个、重点实验室/个、企业技术中心/个	创新创业平台数/个
科技投入	园区 R&D 投入/万元、园区总产值/万元	园区 R&D 投入占园区总产值的比重/%
	年末从业人员/人、科技活动人员/人	万人从业人员科技活动人员数/人
创新产出	发明专利拥有量/件	万人从业人员发明专利拥有量/件
	高新技术企业数/家	高新技术企业数占企业总数的比重/%
	拥有省级以上知名品牌或著名商标的企业数/家	拥有省级以上知名品牌或著名商标的企业数占园区总企业数的比重/%
创新绩效	高新技术产业产值/万元	高新技术产业产值占园区总产值的比重/%
	园区工业增加值/万元	园区人均工业增加值/万元
	园区进出口总额/万元	园区进出口总额占园区总产值的比重/%
	园区占地面积/平方公里	每平方公里园区产值/万元
	园区利税总额/万元	园区利税总额占园区总产值的比重/%

附表 A-5 重点企业科技创新统计监测指标体系

一级指标	统计指标	监测指标
科技创新条件及基础	国家工程技术研究中心/个、省工程技术研究中心/个、国家级工程研究中心/个、国家地方联合工程研究中心/个、省级工程研究中心/个、国家级工程实验室/个、国家地方联合工程实验室/个、省级工程实验室/个、国家重点实验室/个、省重点实验室/个、国家级企业技术中心/个、省级企业技术中心/个、研发机构/个	创新平台系数
	发明专利申请量/件	人均发明专利申请量/件
科技投入	技术成果引进金额/万元、技术成果转化金额/万元、企业主营业务收入/万元	技术成果引进、转化金额占企业主营业务收入的比重/%
	研发人员/人、年末从业人员数/人	研发人员占年末从业人员数的比重/%
	企业R&D投入/万元、企业主营业务收入/万元	企业R&D投入占企业主营业务收入的比重/%
创新产出	发明专利申请量/件、实用新型专利申请量/件、外观设计专利申请量/件、发明专利授权量/件、实用新型专利授权量/件、外观设计专利授权量/件、形成国家标准数/个、形成行业标准数/个、形成地方标准数/个、形成企业标准数/个、软件著作权数/件、集成电路布图设计登记数/件、新药证书数/个、农作物新品种授予数/个、植物新品种权授予数/个	知识产权系数
	发明专利拥有量/件、年末从业人员数/人	人均发明专利拥有量/件
	有效注册商标数/件、贵州省著名商标数/件、驰名商标数/件、地理标志产品数/件	品牌建设系数
	国家科学技术奖/项、省级科学技术最高奖/项、省级科学技术一等奖/项、省级科学技术二等奖/项、省级科学技术三等奖/项	科技成果（奖励）系数
创新效益	新产品销售收入/万元、企业主营业务收入/万元	新产品销售收入占企业主营业务收入的比重/%
	利税总额/万元、企业主营业务收入/万元	利税总额占企业主营业务收入的比重/%
	劳动者报酬/万元、生产税净额/万元、固定资产折旧/万元、营业盈余/万元	全员劳动生产率/(万元/人)

附录 B 监测方法

综合评价的方法很多,每种方法都有理论和实际价值,但也存在一定的局限性。课题组通过几种方法的对比研究,结合贵州省的实际情况,采用与《全国科技创新统计监测报告》中同样的方法——综合指数法,对各级指标进行合成。各级监测值均可称为"指数",计算方法如下。

①将各三级指标除以相应的监测标准,得到三级指标的监测值,即三级指标相应的指数,计算方法为

$$d_{ijk}=\frac{x_{ijk}}{x_k} \times 100\%。$$

其中,x_{ijk} 为第 i 个一级指标下、第 j 个二级指标下的第 k 个三级指标;x_k 为第 k 个三级指标相应的标准值;当 $d_{ijk} \geqslant 100$ 时,取 100 为其上限值。

②二级指标监测值(二级指数)d_{ij} 由三级指标监测值加权综合而成,即

$$d_{ij}=\sum_{k=1}^{n_j} w_{ijk}d_{ijk}。$$

其中,w_{ijk} 为各三级指标监测值相应的权数;n_j 为第 j 个二级指标下设的三级指标的个数。

③一级指标监测值(一级指数)由二级指标监测值加权综合而成,即

$$d_i=\sum_{k=1}^{n_i} w_{ij}d_{ij}。$$

其中,w_{ij} 为各二级指标监测值相应的权数;n_i 为第 i 个一级指标下设的二级指标的个数。

④总监测值(总指数)由一级指标加权综合而成,即

$$d=\sum_{i=1}^{n} w_i d_i。$$

其中,w_i 为各一级指标监测值相应的权数;n 为一级指标的个数。

附录 C 主要指标解释

1. 研发人员：指参与研究与试验发展项目研究、管理和辅助工作的人员。包括项目组（课题）人员、企业科技行政管理人员和直接为项目（课题）活动提供服务的辅助人员，不包括全年从事研究与试验发展活动工作量不到 0.1 年的人员。反映投入从事拥有自主知识产权的研究开发活动的人力规模。

2. 年末从业人员：指从事一定的社会劳动并取得劳动报酬或经营收入的年末实有人员数。包括园内企业在岗职工、再就业的离退休人员、聘用的外籍人员和港澳台人员、领取补贴的兼职人员、直接支付工资的劳务工等，不包括离开单位后仍保留劳动关系的职工。

3. 科技企业孵化器：指以促进科技成果转化和产业化、培育科技型中小企业和高新技术人才为宗旨的科技创业服务机构。本指标界定为省级以上科技企业孵化器，由科技部或省科技厅认定并挂牌。

4. 高新技术企业：指按照《高新技术企业认定管理办法》和《高新技术企业认定管理工作指引》评选，科技部批复认定的企业。

5. 创新型企业：包括国家创新型企业（由科技部、国务院国有资产监督管理委员会和中华全国总工会认定）和省创新型企业（由省科技厅、省经信委、省国资委和省总工会认定）。

6. 科研机构：指有明确的研究方向和任务，有一定水平的学术带头人和一定数量、质量的研究人员，有开展研究工作的基本条件，长期有组织地从事研究与开发活动的机构。

7. 园区 R&D 投入：指统计年度内园区用于基础研究、应用研究和试验发展的经费之和，包括实际用于研究与试验发展活动的人员劳务费、原材料费、固定资产购建费、管理费及其他费用支出。

8. 专利申请量：指调查单位在报告年度内向专利行政部门提出专利申请并被受理的件数。

9. 专利授权量：指报告期内由专利行政部门授予专利权的件数，是发明、实用新型、外观设计 3 种专利授权数的总和。

10. 高新技术产业产值：指按照省科技厅、省统计局联合制定的《贵州省高新技术产业统计分类目录》确定的产业产值。

11. 新产品产值：指报告年度园区内企业生产的新产品的产值。新产品是指采用新技术原理、新设计构思研制、生产的全新产品，或在结构、材质、工艺等某一方面有所突破，或较原产品有明显改进，从而显著提高了产品性能或扩大了使用功能，并对提高经济效益具有一定作用的产品，由省经信委认定并在有效期之内的产品。

12. 园区总产值：指园区在一定时期内生产的所有最终商品和劳务的市场价值总和。

13. 工业总产值：指园区内工业企业在本年度生产的以货币形式表现的工业最终产品和提供工业劳务活动的总价值量。

14. 园区进出口总额：指园内企业实际进出我国国境的货物（包括贸易和非贸易）的价值总和。主要包括对外贸易实际进出口货物，来料加工装配、补偿贸易、进料加工进出口货物，国家间及国际组织无偿援助物资和赠送品，华侨、港澳台同胞和外籍华人捐赠品，租赁期满归承租人所有的租赁货物，边境地方贸易及边境地区小额贸易进出口货物（边民互市贸易除外），中外合资企业、合作经营企业、外商独资经营企业进出口货物和公用物品，到、离岸价格在规定限额以上的进出口货样和广告品（无商业价值、无使用价值和免费提供出口的除外），从保税仓库提取在中国境内销售的进出口货物，以及其他进出口货物。其汇率参照2014年国家外汇管理局官方网站公布的12月人民币对美元汇率。

15. 园区工业增加值：是园内工业企业在报告期内以货币形式表现的工业生产活动的最终成果，是企业生产过程中新增加的价值。

16. 园区占地面积：指园区已经完成建设的用地总面积。

17. 利税总额：指园区内企业利润总额与税金总额之和。利润总额：指企业在生产经营过程中的各种收入扣除各种耗费后的盈余，反映企业在报告期内实现的亏盈总额，包括营业利润、补贴收入、投资净收益和营业外收支净额。根据会计"利润表"中对应指标的本期累计数填列。税金总额：指企业在报告期应上交的各项税金，本年应交增值税大于零时，税金总额=主营业务税金及附加+本年应交增值税；本年应交增值税小于零时，税金总额=主营业务税金及附加。

18. 工程技术研究中心：包括国家工程技术研究中心（由科技部认定）和省工程技术研究中心（由省科技厅认定）。

19. 工程研究中心：包括国家工程研究中心、国家地方联合工程研究中心（由国家发展改革委认定）和省工程研究中心（由省发展改革委认定）。

20. 工程实验室：包括国家工程实验室、国家地方联合工程实验室（由国家发展改革委认定）和省工程实验室（由省发展改革委认定）。

21. 重点实验室：包括国家、省部共建重点实验室（由科技部进行评估）和省重点实验室（由省科技厅进行评估）。

22. 企业技术中心：包括国家级企业技术中心（由国家发展改革委会同科技部、财政部、海关总署、国家税务总局根据《国家认定企业技术中心管理办法》认定）和省级企业技术中心（由省经济和信息化委员会牵头挂牌认定）。

23. 研发机构：指在区内设立的独立或非独立的具有自主研发能力的技术创新组织载体。

24. 主营业务收入：指企业在销售商品、提供劳务等日常活动中所产生的收入总额，根据会计"利润表"中"主营业务收入"项的本年累计数填报。

25. 企业 R&D 投入：指统计年度内企业用于基础研究、应用研究和试验发展的经费之和，包括实际用于研究与试验发展活动的人员劳务费、原材料费、固定资产购建费、管理费及其他费用支出。

26. 技术成果引进金额：指企业在报告期内用于购买国外技术的费用支出，包括产品设计、工艺流程、图纸、配方、专利等技术资料的费用支出，以及购买关键设备、仪器、样机和样件等的费用支出。

27. 技术成果转化金额：指用于技术成果转化的经费。

28. 高新技术产品：指符合国家《高新技术产品参考目录》的产品。

29. 国家科学技术奖：指获得的中华人民共和国颁发的最高科学技术奖、国家自然科学奖、国家科学技术发明奖、国家科学技术进步奖、中华人民共和国国际科学技术合作奖。

30. 省级科学技术奖：指获得的省人民政府颁发的科学技术奖，包括省最高科学技术奖、省科学进步奖、省科学技术成果转化奖、省科学技术合作奖。

31. 有效注册商标数：指商标所有人在商标注册成功后，从核准注册日或续展日开始算起，有效期为 10 年之内的商标注册数。

32. 贵州省著名商标数：根据《贵州省著名商标认定和保护办法》，通过贵州省著名商标评审委员会的评审，由省工商局发布公告并颁发贵州省著名商标证书且在有效期内的商标数目。

33. 驰名商标：指国家市场监督管理总局根据《商标法》认定的商标。

34. 地理标志产品数：根据《地理标志产品保护规定》《商标法》《农产品地理标志管理办法》，由当地县级以上人民政府指定的地理标志产品保护申请机构或人民政府认定的协会和企业提出申请，并经相关部门审查通过、公告的产品数目。

35. 软件著作权数：指报告年度内调查单位向国家版权局提出登记申请并被受理登记的软件著作权数。

36. 集成电路布图设计登记数：指报告年度内调查单位向知识产权行政部门提出登记申请并被受理登记的集成电路布图设计的件数。

37. 新药证书数：指新药经申请、检验、审评、生产现场检查合格后，由国家食品药品监督管理局（SFDA）审核授予的证书数目。

38. 植物新品种权授予数：指报告年度内调查单位向农业、林业行政部门（审批机关）提出申请并被授予植物新品种的项数。

39. 农作物新品种授予数：指通过省或国家农作物品种审定委员会审定通过的品种数。

40. 形成标准数：指报告年度内调查单位在自主研发或自主知识产权基础上形成的国家或行业标准，且经有关部门批准后的数目。

41. 劳动者报酬：指劳动者从事生产活动而获得的各种形式的报酬，包括工资、奖金、福利费、实物报酬、各种补贴、津贴及单位为劳动者缴纳的社会保险费等。个体劳动者通过生产经营获得的纯收入全部视为劳动者报酬，包括个人所得的劳动报酬和经营获得的利润。

42. 生产税净额：指生产税减去生产补贴后的差额。生产税是指政府对生产单位从事生产、销售和经营活动，以及因从事这些活动使用某些生产要素所征收的各种税、附加费和规费，具体包括销售税金及附加、增值税、营业税、管理费中列支的各种税、应交纳的排污费、教育费附加和水电费附加、烟酒专卖上缴政府的专项收入等。补贴是指政府对生产单位在生产经营活动中由于政策性原因而产生的亏损所给予的财政补贴，通常包括国家财政对企业的政策性亏损补贴等。与生产税相反，补贴作为负税处理。

43. 固定资产折旧：指生产单位在核算期内因生产经营活动而损耗的固定资产价值，反映了固定资产在当期生产中的价值转移。

各类企业的固定资产折旧是指从成本费用中实际提取的折旧费，包括对固定资产提取的折旧，也包括按产量提取的更新改造基金、油田维护费、补提折旧等。对不计提折旧的政府机关、学校、医院、部队等非营利性行政事业单位和居民住房，其固定资产折旧按照一定的折旧率乘以固定资产原值计算得出。原则上，固定资产折旧应以按重置价值估价的固定资产为基础来计算，但是由于我国尚不具备对全社会固定资产进行重估价的条件，所以目前固定资产折旧以固定资产原值为基础来确定。

44. 营业盈余：营业盈余是一个平衡项，等于总产出减去中间投入后，再减去劳动报酬、固定资产折旧和生产税净额后的余额。实际上，营业盈余等于常住单位所创造的增加值在对劳动者进行分配、上缴国家税收（不包括所得税）、对固定资产进行价值补偿后，所余下的由单位从事增加值创造而应得到的份额。营业盈余相当于企业的营业利润，但是要扣除从利润中支付给劳动者个人的部分。